Contemporary Abstract Algebra

현대대수학 바이블 10판

지은이 **Joseph A. Gallian**

미국 노트르담대학교에서 박사 학위를 취득했다. 교육 및 전시 활동을 통해 수많은 국가상을 받았으며, MAA(Mathematical Association of America)의 제2부회장을 거쳐 회장을 역임했다. 또 40개 국가의 위원회에서 활동했으며, 그중 10곳에서 위원장을 역임했다. 100편 이상의 논문을 발표했고 6권의 책을 집필했다. 뉴욕 타임스, 워싱턴 포스트, 보스턴 글로브, 뉴스위크 등 전 세계 뉴스 매체에 그의 업적에 관한 수많은 기사가 게재되어 있다.

옮긴이 **한빛수학교재연구소**

한빛수학교재연구소에서는 이공계열 공통 수학 및 수학 관련 학과 전공 교재에 적합한 번역서와 집필서를 기획하여 출간하고 있다.

감수 **김연수**

카이스트 수학과를 졸업한 뒤 미국 퍼듀대학교 수학과에서 박사 학위를 취득했다. 현재는 전남대학교 수학교육과 교수로 재직 중이다. 주요 연구 분야는 정수론으로, 현재 랭글랜즈 프로그램(Langlands program)을 연구하고 있다.

현대대수학 바이블 10판

초판발행 2024년 12월 6일

지은이 Joseph A. Gallian / **옮긴이** 한빛수학교재연구소 / **감수** 김연수 / **펴낸이** 전태호
펴낸곳 한빛아카데미(주) / **주소** 서울시 서대문구 연희로2길 62 한빛아카데미(주) 2층
전화 02-336-7112 / **팩스** 02-336-7199
등록 2013년 1월 14일 제2017-000063호 / **ISBN** 979-11-5664-042-4 93410

책임편집 김은정 / **기획 · 편집** 조우리
디자인 이아란 / **전산편집** 임희남 / **제작** 박성우, 김정우
영업 김태진, 김성삼, 이정훈, 임현기, 이성훈, 김주성 / **마케팅** 김호철, 심지연

이 책에 대한 의견이나 오탈자 및 잘못된 내용은 출판사 홈페이지나 아래 이메일로 알려주십시오.
파본은 구매처에서 교환하실 수 있습니다. 책값은 뒤표지에 표시되어 있습니다.

홈페이지 www.hanbit.co.kr / 이메일 question@hanbit.co.kr

Contemporary Abstract Algebra, 10th edition

Contemporary Abstract Algebra

현대대수학 바이블 10판

Joseph A. Gallian 지음
한빛수학교재연구소 옮김 김연수 감수

한빛아카데미
Hanbit Academy, Inc.

지은이 머리말

> 당신의 걸음 속도에 맞게 조절하고, 원할 때 멈춰라. 가로막고, 앞뒤로 뛰어넘고, 끼어들어도 괜찮다. 이 책은 마치 웃음을 자아내듯이 쉽게 읽힐 것이다. 당신이 얻을 수 있는 작은 것들이 가득 차 있으니 마음껏 즐겨라.
>
> **윌리스 고스 레지어(Willis Goth Regier), *In Praise of Flattery, 2007***

이 책의 초판을 집필한 지 30년이 넘었지만 목표는 여전히 동일하다. 이 책을 통해 학생들이 전통적인 주제에 대한 기초를 탄탄히 쌓길 바란다. 그리고 독자들에게 추상대수학이 현대적인 주제임을 인식시키고, 추상대수학의 개념과 방법론을 현업 수학자, 컴퓨터 과학자, 물리학자 및 화학자들이 활용하고 있다는 사실을 깨닫게 하고 싶다. 또한 추상대수학과 정수론, 기하학 사이의 연계성을 이해하길 바란다. 학생들이 직접 계산하고 증명할 수 있도록 돕고, 이 책을 즐겁게 읽게 만들고 싶다. 마지막으로 이 분야에 대한 저자의 열정을 독자에게 전달하고자 한다.

교육 연구에 따르면, 풀이가 제시된 예제와 연습문제를 적절히 결합하여 학습하는 것이 수학을 배우는 데 효과적이라고 한다. 이에 따라 이 책은 예제와 연습문제를 중심으로 구성했다. 예제를 통해 정의, 정리, 증명 방법을 명확히 이해할 수 있다. 연습문제는 개념 이해를 돕고 통찰력을 제공하며, 학생들의 증명 능력을 키워준다. 연습문제는 기초부터 심화까지 수준별로 다양하게 구성되어 있어, 강의자는 학생들의 수준에 맞는 문제를 선택할 수 있다. 연습문제는 이후에 종종 소개될 정의, 개념, 정리를 미리 제시하기도 한다. 또한 특별한 경우에 초점을 맞추고, 이를 독자에게 일반화하도록 요구하는 문제도 다수 구성했다. 일반화는 학생들이 익혀야 할 중요한 기술이지만 보통 충분히 연습하지 않는 영역이다. 비록 강의자가 강의 시간에 이 책의 응용 사례를 다루지 않더라도, 이 책에 응용 사례를 포함시킴으로써 학생들에게 이론의 실용성을 잘 보여줄 수 있을 것이다.

10판에서는 새로운 예제, 연습문제, 인용구 등을 추가하여 이전 판의 포괄적이고 생동감 있는 매력을 더욱 강화했다.

- 군, 환, 체에 대한 광범위한 내용과 비전통적인 특별한 주제를 다양하게 구성
- 계산 및 이론에 대한 약 1,900개의 연습문제를 적절히 조합하여 여러 장의 개념을 통합
- 홀수 번 연습문제에 대한 풀이와 힌트를 온라인에서 제공
- 기본적인 계산 문제부터 복잡한 계산 문제까지 포함하는 약 300개의 예제 구성
- 추측과 가설을 강조하는 대화형 소프트웨어를 활용한 컴퓨터 연습문제를 온라인에서 제공

- 일상생활뿐만 아니라 과학 및 컴퓨팅 분야에서의 다양한 응용 사례 수록
- 수학 분야와 관련된 인물과 사건을 조명하는 수많은 역사적 기록과 전기 포함
- 동기부여를 위해 유머를 담은 인용문 수록
- 수백 개의 그림과 표 수록

독자를 위한 이 책의 원서 해답집(ISBN:9780367766801)은 CRC Press 웹사이트에서 구매할 수 있다. 홀수 번 전체와 짝수 번 대다수의 연습문제에 대한 자세한 풀이를 담고 있다. CRC Press에서 강의자 인증을 받은 경우, 다음 웹사이트에서 강의자용 자료를 받을 수 있다.

https://www.routledge.com/Contemporary-Abstract-Algebra/Gallian/p/book/9780367651787

또한 아래 웹사이트에서는 다음과 같은 내용을 포함한 이 책의 풍부한 온라인 보조자료를 받을 수 있다.

http://www.d.umn.edu/~jgallian

- 설명이 포함된 참/거짓 문제
- 플래시 카드
- 추상대수학 학습, 증명 그리고 추상대수학이 중요한 이유에 대한 에세이
- 추상대수학 관련 웹사이트 및 소프트웨어 패키지 등에 대한 자료

이번 10판을 출판할 수 있는 기회를 제공해준 CRC Press의 로버트 로스(Robert Ross)에게 감사 인사를 전하고 싶다. 또한 이번 판의 LaTeX 파일을 제작한 샤리야르 로샨 자미르(Shahriyar Roshan Zamir), 샤시 쿠마르(Shashi Kumar), 스캇 마틴(Scott Martin)에게도 깊은 감사의 뜻을 전한다. 마지막으로 원서 표지에 단순 리 군(simple Lie group) E_8의 멋진 이미지를 사용하도록 허락해준 존 스템브리지(John Stembridge)에게도 감사드린다.

Joseph A. Gallian

미리보기

정의

본문에서 기억해야 할 주요 개념을 보여준다.

핵심 용어

본문의 핵심 용어는 진하게 표기해 구분한다.

정리

본문에서 중요한 명제를 뽑아 정리로 소개한다.

$$\langle 1\rangle = \langle 1\rangle,\ \langle 3\rangle = \{3, 1\},\ \langle 5\rangle = \{5, 1\},\ \langle 7\rangle = \{7, 1\}$$

따라서 $U(8)$의 임의의 원소 a에 대해 $U(8) \neq \langle a\rangle$이므로 $U(8)$은 순환군이 아니다.

이제 앞의 예를 통해 살펴본 순환군을 추상적으로 다루고 관련한 주요 성질을 설명할 준비가 되었다.

> **정리 4.1 $a^i = a^j$에 대한 판정법**
> G가 군이고 a가 G의 원소라고 하자. a가 무한 위수를 가지면 $a^i = a^j$일 필요충분조건은 $i = j$이다. 또 a가 유한 위수 n을 가지면 $\langle a\rangle = \{e, a, a^2, \cdots, a^{n-1}\}$이고, $a^i = a^j$일 필요충분조건은 n이 $i-j$를 나누는 것이다.

증명

a가 무한 위수를 가지면, a^n이 항등원이 되는 0이 아닌 정수 n이 존재하지 않는다. $a^i = a^j$은 $a^{i-j} = e$를 의미하므로 분명히 $i-j=0$이다. 이로써 첫 번째 명제를 증명했다.

이제 $|a| = n$이라 가정하고 $\langle a\rangle = \{e, a, a^2, \cdots, a^{n-1}\}$임을 증명하자. 분명히 $e, a, \cdots, a^{n-1}$은 $\langle a\rangle$의 원소이다. 다음으로 a^k을 $\langle a\rangle$의 임의의 원소라고 가정하면 나눗셈 알고리즘에 의해 다음을 만족하는 정수 q와 r이 존재한다.

$$k = nq + r,\ 0 \le r < n$$

그러면 $a^k = a^{nq+r} = a^{nq}a^r = (a^n)^q a^r = ea^r = a^r$이다. 따라서 $a^k \in \{e, a, a^2, \cdots, a^{n-1}\}$이다. 이로써 $\langle a\rangle = \{e, a, a^2, \cdots, a^{n-1}\}$임을 증명했다.

다음으로 $a^i = a^j$이라 가정하고 n이 $i-j$를 나누는 것을 증명하자. $a^i = a^j$은 $a^{i-j} = e$를 의미한다. 다시 나눗셈 알고리즘에 의해 다음을 만족하는 정수 q와 r이 존재한다.

$$i - j = nq + r,\ 0 \le r < n$$

그러면 $a^{i-j} = a^{nq+r}$이고, $e = a^{i-j} = a^{nq+r} = (a^n)^q a^r = e^q a^r = ea^r = a^r$이다. n은 $a^n = e$를 만족하는 가장 작은 양의 정수이므로 $r = 0$이어야 한다. 따라서 n은 $i-j$를 나눈다.

증명

본문에 소개한 정리 · 따름정리 · 보조정리가 성립하는 이유를 제시한다.

따름정리

앞서 소개한 내용으로부터 바로 유도되는 명제를 소개한다.

한 두 벡터가 서로 다른 효과를 만들기도 한다. 지렛대의 받침점에서 2피트 떨어진 곳에 위치한 10파운드 추는 1피트 떨어진 곳에 위치한 10파운드 추와 다른 효과를 만든다. 그러나 선형대수학에서는 크기와 방향이 같은 벡터를 모두 동일한 벡터로 간주한다. 이러한 구분을 정확히 하기 위해서는 상등(equality)이라는 개념의 적절한 일반화가 필요하다. 즉, 주어진 상황에서 두 양이 동일한지 여부를 결정하는 공식적인 체계가 필요하다. 이 체계를 동치관계라고 한다.

> **정의 동치관계**
> 집합 S에서의 **동치관계**(equivalence relation)는 다음을 만족하는 집합 S의 원소들의 순서쌍 집합 R이다.
> (1) 모든 원소 $a \in S$에 대해 $(a, a) \in R$이다. (반사성)
> (2) $(a, b) \in R$이면 $(b, a) \in R$이다. (대칭성)
> (3) $(a, b) \in R$이고 $(b, c) \in R$이면 $(a, c) \in R$이다. (추이성)

R이 집합 S에서의 동치관계일 때, $(a, b) \in R$ 대신 aRb로 쓰는 것이 관례이다. 또한 동치관계는 상등이라는 개념의 일반화이므로, 관계를 나타내기 위해 $a \approx b$, $a \equiv b$, $a \sim b$와 같은 기호를 주로 이용한다. 이 기호들을 이용하면 동치관계에 대한 세 가지 조건은 각각 (1) $a \sim a$, (2) $a \sim b \Rightarrow b \sim a$, (3) $a \sim b$, $b \sim c \Rightarrow a \sim c$가 된다. $\sim$가 집합 S에서의 동치관계이고 $a \in S$이면 집합 $[a] = \{x \in S \mid x \sim a\}$를 집합 S의 a를 포함하는 **동치류**(equivalence class)라고 한다.

EX 0.16 평면에서 모든 삼각형의 모임을 집합 S라고 하자. $a, b \in S$일 때 두 삼각형 a와 b가 닮음이면, 즉 a와 b의 대응하는 세 각의 크기가 각각 같다면 $a \sim b$라고 정의한다. 그러면 $\sim$는 집합 S에서의 동치관계이다.

EX 0.17 모든 실계수 다항식의 모임을 집합 S라고 하자. $f, g \in S$일 때 두 다항식 f와 g의 미분이 같으면, 즉 $f' = g'$이면 $f \sim g$라고 정의한다. 그러면 $\sim$는 S에서의 동치관계이다. 미분이 같은 두 다항식은 상수항만 다를 수 있으므로, 집합 S의 모든 f에 대해 $[f] = \{f + c \mid c$는 실수$\}$이다.

EX

본문에서 다룬 개념들을 적용한 문제를 담았다.

[정리 4.1]은 원소의 위수와 군의 위수에 대한 기호와 용어를 이중으로 사용해야 하는 이유를 보여준다.

> **따름정리 1 $|a| = |\langle a\rangle|$**
> 군의 임의의 원소 a에 대해 $|a| = |\langle a\rangle|$이다.

[따름정리 2]는 [정리 4.1]의 특별한 경우로서 자주 사용되므로 따로 언급할 가치가 있다.

> **따름정리 2 $a^k = e$일 필요충분조건은 $|a|$가 k를 나누는 것이다**
> 군의 임의의 원소 a에 대해 $a^k = e$일 필요충분조건은 $|a|$가 k를 나누는 것이다.

증명

[정리 4.1]을 통해 $a^k = e$일 필요충분조건은 n이 $k - 0 = k$를 나누는 것임을 알 수 있다. ■

[따름정리 2]를 재구성한 다음 정리는 다양한 상황에서 유용하게 사용된다.

> **따름정리 3 $a^k = e$일 필요충분조건은 k가 $|a|$의 배수**
> 군의 임의의 원소 a에 대해 $a^k = e$일 필요충분조건은 k가 $|a|$의 배수인 것이다.

[연습문제 3.52], [연습문제 3.54]에서는 일반적으로 $|ab|$, $|a|$, $|b|$ 사이에 어떠한 관계도 성립하지 않음을 설명했다. 믿기 어렵겠지만, $|a|$와 $|b|$를 통해 $|ab|$의 어떠한 것도 알 수 없다. 그러나 다음과 같은 유용한 사실이 있다(자세한 설명은 [연습문제 4.23] 참고).

> **따름정리 4 $|ab|$와 $|a||b|$ 사이의 관계**
> 유한군의 원소 a, b에 대해 $ab = ba$이면 $|ab|$는 $|a||b|$를 나눈다.

증명

$|a| = m$, $|b| = n$이라 하면 $(ab)^{mn} = (a^m)^n (b^n)^m = e^n e^m = e$이다. 따라서 [정리 4.1]의 [따름정리 2]에 의해 $|ab|$는 mn을 나눈다. ■

보조정리

2-순환치환 β_i에 대해 $\epsilon = \beta_1\beta_2 \cdots \beta_r$이면 r은 짝수이다.

증명

항등치환인 홀수개의 2-순환치환들의 곱인 $\beta_1\beta_2 \cdots \beta_r$이 있다고 하자. 2-순환치환은 항등치환이 아니므로 분명히 $r \neq 1$이다. $\beta_1 = (ab)$라고 하자. a를 포함하는 2-순환치환 $\beta_i (i > 1)$가 존재해야 한다. 그렇지 않으면 순환치환들의 곱이 a를 b로 보내기 때문이다. 이를 만족하는 i가 최소인 순환치환들의 곱을 $\beta_1\beta_2 \cdots \beta_r$이라 가정하자. 또 $\beta_1\beta_2 \cdots \beta_r$을 모든 순환치환 중 가장 적은 수의 a를 성분으로 갖는 순환치환들의 곱이라고 가정할 수 있다. $i = 2$이면 $\beta_1\beta_2$는 $(ab)(ab)$ 또는 $(ab)(ac)$ 형태이다. 이때 $c \neq b$이다($(ca) = (ac)$이므로 두 번째 순환치환에서 a를 앞에 둘 수 있다). $\beta_1\beta_2 = (ab)(ab) = \epsilon$인 경우, $\beta_1\beta_2$를 삭제하면 a의 개수가 적은 홀수개의 2-순환치환을 포함한 곱이 되며, 이는 a가 곱에서 가장 적게 나타난다는 가정에 모순이다. $\beta_1\beta_2 = (ab)(ac)$, $c \neq b$이면 $(ab)(ac) = (ac)(bc)$이므로, 첫 번째 순환치환에서 a를 포함하는 항등치환과 동일하며 $\beta_1\beta_2 \cdots \beta_r$보다 성분 a의 개수가 하나 더 적은 r개의 2-순환치환들의 곱 $\beta_1'\beta_2' \cdots \beta_r$을 얻기 위해 $\beta_1\beta_2 = (ab)(ac)$를 $\beta_1'\beta_2' = (ac)(bc)$로 바꿀 수 있다. 이 결과는 모순이므로 $i > 2$라고 가정할 수 있다. $\beta_i = (ac)$라 하자.

보조정리

본문의 주요 내용이나 정리를 뒷받침하는 명제를 소개한다.

연습문제

학습한 내용을 제대로 이해했는지 연습문제로 확인한다.

3장 연습문제

증명의 목적은 이해하는 것이지 확인하는 것이 아니다.

아놀드 로스(Arnold Ross)

3.1 다음의 각 군에 대해 군의 위수와 군의 각 원소의 위수를 구하라. 그리고 군의 원소의 위수와 군의 위수 사이에 어떤 관계가 성립하는지 설명하라.

$$\mathbb{Z}_{12},\ U(10),\ U(12),\ U(20),\ D_4$$

3.2 $\mathbb{Q}$를 덧셈에 대한 유리수 집합의 군이라 하고, $\mathbb{Q}^*$를 곱셈에 대한 0이 아닌 유리수 집합의 군이라고 하자. $\mathbb{Q}$에서 $\left\langle \frac{1}{2} \right\rangle$의 모든 원소를 나열하고, $\mathbb{Q}^*$에서 $\left\langle \frac{1}{2} \right\rangle$의 모든 원소를 나열하라.

3.3 [연습문제 3.2]와 동일한 $\mathbb{Q}$와 $\mathbb{Q}^*$에 대해 각 원소의 위수를 구하라.

3.4 모든 군의 원소 a에 대해 $|a| = |a^{-1}|$임을 증명하라.

3.5 군의 원소 a에 대해 $|a| = m$이라고 하자. n과 m이 서로소이면 a는 군의 어떤 원소의 n제곱으로 표현할 수 있음을 보여라.

3.6 군 G의 공집합이 아닌 부분집합 H가 연산에 대해 닫혀있지만 G의 부분군은 아니라고 한다. 이를 만족하는 덧셈에 대한 군 G의 예를 제시하라. 그리고 곱셈에 대한 군 G에 대해 동일한 작업을 수행하라.

3.7 위수를 실제로 계산하지 않고, $\mathbb{Z}_{30}$의 두 쌍의 원소 $\{2, 28\}$, $\{8, 22\}$의 위수가 같은 이유를 설명하라. 마찬가지로 $U(15)$의 두 쌍의 원소 $\{2, 8\}$, $\{7, 13\}$의 위수가 같은 이유를 설명하라.

3.8 군 $\mathbb{Z}_{12}$에서 각 경우에 대해 $|a|$, $|b|$, $|a+b|$를 구하라.

(a) $a = 6,\ b = 2$

(b) $a = 3,\ b = 8$

(c) $a = 5,\ b = 4$

닐스 헨리크 아벨(Niels Henrik Abel)

아벨은 수학자들이 500년 동안 꾸준히 연구해야 할 것을 남겼다.

샤를 에르미트(Charles Hermite)

19세기 아주 유명한 수학자 중 한 사람인 아벨은 1802년 8월 5일 노르웨이에서 태어났다. 그는 16세부터 뉴턴(Newton), 오일러(Euler), 라그랑주(Lagrange), 가우스(Gauss) 등의 고전 수학책들을 읽기 시작했다. 18세의 나이에 아벨은 아버지가 돌아가시면서 가족의 생계를 책임져야 했다. 사립학교 학생들의 과외와 일당제 일을 하면서도 수학에 대한 연구는 계속했다. 19세 때는 수백 년 동안 수학자들을 괴롭혀 온 문제를 해결했다. 그는 4차 이하의 방정식과 다르게 일반적인 5차 방정식의 해는 유한개의 대수식으로 표현할 수 없음을 증명했다.

아벨은 오늘날 추상대수학이라는 분야가 출현하기 훨씬 이전에 사망했지만, 5차방정식 문제에 대한 그의 해답은 대수학의 많은 분야에 대한 토대를 마련했다. 아벨은 그의 연구가 인정받기 시작할 즈음 결핵에 걸렸고, 1829년 4월 6일 26세의 나이로 사망했다.

노벨상에는 수학자에 관한 상이 없었기 때문에 2002년 노르웨이 정부는 아벨을 기리기 위해 '수학의 노벨상'인 아벨상(Abel prize)을 제정했다. 상금이 약 100만 달러에 달하는 아벨상은 이제 노벨상에 버금가는 상으로 여겨진다. 다음 그림은 1948년 노르웨이에서 처음 발행한 500크로네 지폐이다.

수학자 전기

대수학 분야와 관련한 수학자의 전기를 간략히 소개한다.

- **강의자용 : 강의보조자료 다운로드**

  한빛출판네트워크(http://www.hanbit.co.kr) 접속 → [교수전용] 클릭 → [강의자료] 클릭 → 도서명 검색

- **학습자용 : 일부 연습문제 해답**

  한빛출판네트워크(http://www.hanbit.co.kr) 접속 → [고객센터] 클릭 → [자료실] 클릭 → 도서명 검색

감수자 머리말

추상대수학은 대학교에서 배우는 여러 수학 과목 중에서도 중 · 고등학교 수학과 밀접하게 연결된 수학 분야이다. 그럼에도 많은 학생들이 현대대수학을 어려워하는 이유는 중 · 고등학교 수학에서 배운 기본 개념과의 연결성을 놓친 채, 공리적인 접근에만 치중하기 때문일 것이다. 이럴 때는 잠시 멈추고 중학교 교과서를 펼쳐 정수의 연산(덧셈과 곱셈)과 그 연산에 적용되는 법칙을 되짚어보면 큰 도움이 될 것이다.

사실 추상대수학의 모든 개념은 이러한 기초적인 아이디어에서 출발하여 점진적으로 개념을 일반화하고 추상화하며, 군, 환, 체와 같은 다양한 대수적 개념을 정의하는 방식으로 전개된다. 이 과정에서 중요한 것은 '예제'를 통해 개념을 이해하는 것이다. 새로운 개념을 공부하기에 앞서 그 개념이 어떤 예제에서 유래했는지를 먼저 살펴본다면, 개념을 자연스럽게 이해할 수 있을 뿐 아니라 억지로 외울 필요조차 느끼지 않을 것이다.

Joseph A. Gallian의 『Contemporary Abstract Algebra, 10th ed.』는 이러한 학습 과정에 최적화된 교재로, 추상대수학의 핵심 개념인 군, 환, 체 등을 이해하는 데 필요한 풍부한 예제와 연습문제를 제공한다.

이 책의 감수를 맡으면서 여러 가지 고민이 있었다. 감수는 많은 시간과 에너지가 소요되는 작업이며, 아무리 완벽을 기해도 감수자로서의 부족함이나 아쉬움이 남기 마련이기 때문이다. 원서의 정교한 내용을 독자들이 정확히 이해하고 공감할 수 있도록 전달하는 일은 생각보다 훨씬 더 섬세한 노력이 요구된다. 특히 추상대수학처럼 난도가 높은 내용을 다룰 때는 작은 오역이나 미묘한 표현의 차이가 독자의 이해에 혼란을 줄 수 있기에 더욱 신중하게 접근해야 했다. 원서의 정교한 논리와 내용을 한국어로 정확히 전달하려면 단순한 번역과 감수를 넘어, 수학적 사고와 감각을 공유하는 일이 필요했다.

그럼에도 불구하고 감수를 맡게 된 이유는, 더 많은 독자에게 추상대수학의 매력과 가치를 전달하고 싶었기 때문이다. 추상대수학은 그 자체로 매우 도전적이지만, 논리력과 사고력을 확장시키는 중요한 분야이다. 개념과 정의를 이해하고 이를 문제 해결에 적용함으로써 느끼는 성취감은 매우 값진 경험이 될 것이다.

추상대수학은 단순히 어려운 학문이 아니다. 수학적 사고의 폭을 넓히고 문제를 대수학적 언어로 사고하는 능력을 길러주는 도구이다. 이 책이 독자에게 그런 길잡이가 되어, 추상대수학을 두려워하지 않고 도전과 성취의 기쁨을 느낄 수 있는 과목으로 받아들이기를 바란다. 더 나아가, 이 책이 독자에게 수학을 넘어 논리와 구조를 이해하는 학문적 틀을 제공하며, 그들이 앞으로 다양한 문제를 해결할 수 있는 사고의 기반을 마련하기를 기대한다.

김연수

목차

0

도입
Preliminaries

"합동 연산을 처음 보면 너무 추상적이라 실세계에 응용될 수 없다고 생각한다."

에드워드 프렌켈(Edward Frenkel), *Love and Math : The Heart of Hidden Reality*

"매일 매일의 모든 생각을 정리하고 발전시키는 것이 과학이다."

알베르트 아인슈타인(Albert Einstein), *Physics and Reality*

0.1 정수의 성질

추상대수학의 많은 부분이 정수와 집합의 성질과 관련이 있다. 이 절에서는 앞으로 추상대수학을 공부하기 위해 필요한 정수와 집합의 성질을 간추려 정리할 것이다. 앞으로 자주 사용할 정수의 주요한 성질이 바로 **정렬 원리**(well ordering principle)이다. 이 성질은 일반적인 연산의 성질로 증명할 수 없으므로 공리로 간주한다.

정렬 원리

공집합이 아닌 양의 정수 집합의 모든 부분집합은 최소 원소를 갖는다.

나눗셈 개념은 정수론에서 기본적인 역할을 한다. 정수 s, $t(t \neq 0)$에 대해 $s = tu$를 만족하는 정수 u가 존재하면 정수 t를 정수 s의 **약수**(divisor)라 하고 $t \mid s$[1]로 표기한다. t가 s의 약수가 아니라면 $t \nmid s$로 표기한다. 약수가 1과 자기 자신뿐인 1보다 큰 양의 정수를 **소수**(prime)라고 한다. 또한 $s = tu$를 만족하는 정수 u가 존재하면, 즉 정수 t가 정수 s의 약수이면 정수 s를 정수 t의 **배수**(multiple)라고 한다.

정렬 원리의 첫 번째 응용으로서, 앞으로 자주 사용할 정수의 기본 성질을 알아보자.

정리 0.1 나눗셈 알고리즘(division algorithm)

임의의 정수 a, $b(b > 0)$에 대해 $a = bq + r$, $0 \leq r < b$를 만족하는 유일한 정수 q, r이 존재한다.

증명

먼저 정리의 존재성을 증명한다. 집합 S를 $S = \{a - bk \mid k\text{는 정수}, a - bk \geq 0\}$이라고 하자. $0 \in S$이면 b가 a를 나누고, 따라서 $q = \dfrac{a}{b}$, $r = 0$은 정리의 조건을 만족한다. 이제 $0 \notin S$라 가정하자. S는 공집합이 아니므로($0 \notin S$이므로 $a \neq 0$이다. $a > 0$이면 $a - b \cdot 0 \in S$이고, $a < 0$이면 $a - b(2a) = a(1 - 2b) \in S$이다), 정렬 원리에 의해 집합 S는 최소 원소를 갖는다. 그 원소를 $r = a - bq$라고 하자. $a = bq + r$이고 $r \geq 0$이므로 $r < b$임을 증명하면 된다. $r \geq b$이면 $a - b(q+1) = a - bq - b = r - b \geq 0$이므로 $a - b(q+1) \in S$이다. 그러나 $a - b(q+1) < a - bq$

1 't가 s를 나눈다'라고 읽는다.

이고, $a-bq$가 집합 S의 최소 원소이므로 $r<b$이다.

q와 r의 유일성을 증명하기 위해 q, q', r, r'이 존재하여 다음을 만족한다고 가정하자.

$$a=bq+r,\ 0\le r<b\text{이고 } a=bq'+r',\ 0\le r'<b$$

편의상 $r'\ge r$이라고 가정하자. 그러면 $bq+r=bq'+r'$이고 $b(q-q')=r'-r$이다. 따라서 b는 $r'-r$을 나누고 $0\le r'-r\le r'<b$이다. 즉, $r'-r=0$이므로 $r'=r$, $q'=q$이다. ■

EX 0.1 $a=17$, $b=5$에 대해 나눗셈 알고리즘을 적용하면 $17=5\cdot 3+2$이다. 또한 $a=-23$, $b=6$에 대해 나눗셈 알고리즘을 적용하면 $-23=6\cdot(-4)+1$이다.

이 책의 여러 부분에서 어떤 정수 a, b에 대해 b가 a를 나눈다는 것을 보일 것이다. 일반적으로 이를 보이는 가장 좋은 방법은 $a=bq+r\ (0\le r<b)$로 나타낸 후, a와 b의 성질을 이용해 $r=0$임을 보이는 것이다. [정리 0.2]의 증명이 그러한 예 중 하나이다.

정의 최대공약수, 서로소인 정수

영이 아닌 두 정수 a, b의 모든 공약수 중 가장 큰 공약수를 a와 b의 **최대공약수**(GCD; Greatest Common Divisor)라 하고 $\gcd(a, b)$로 표기한다. $\gcd(a, b)=1$이면 a와 b는 **서로소**(relatively prime)라고 한다.

두 정수의 최대공약수에 대한 다음 성질은 추상대수학에서 매우 중요하다. 이 정리의 증명은 나눗셈 알고리즘의 응용이기도 하고, 정렬 원리 두 번째 응용이기도 하다.

정리 0.2 최대공약수는 일차결합이다

영이 아닌 임의의 두 정수 a, b에 대해 $\gcd(a, b)=as+bt$를 만족하는 정수 s, t가 존재한다. 이때 $\gcd(a, b)$는 $as+bt$ 형태의 가장 작은 양의 정수이다.

증명

집합 S를 $S=\{am+bn \mid m, n\text{이 정수이고, } am+bn>0\}$이라 하자. S가 공집합이 아니므로 (m, n의 선택에 따라 $am+bn<0$이면, m, n을 각각 $-m$, $-n$으로 대체), 정렬 원리에 의해 S는 최소 원소를 갖는다. 이 최소 원소를 $d=as+bt$라 하자.

이제 $d=\gcd(a, b)$임을 증명하자. 이를 증명하기 위해 나눗셈 알고리즘을 이용하여 $a=dq+r$ $(0 \le r < d)$이라 하자. 만약 $r>0$이면 다음이 성립한다.

$$r=a-dq=a-(as+bt)q=a-asq-btq=a(1-sq)+b(-tq) \in S$$

이 결과는 d가 집합 S의 최소 원소라는 사실에 모순이다. 따라서 $r=0$이고 d는 a를 나눈다. 같은 방법으로 d는 b도 나눈다. 따라서 d는 a와 b의 공약수이다. 이제 d'을 a와 b의 또 다른 공약수라 하고 $a=d'h$, $b=d'k$라 하면 다음이 성립한다.

$$d=as+bt=(d'h)s+(d'k)t=d'(hs+kt)$$

따라서 d'은 d의 약수이다. 그러므로 a와 b의 모든 공약수 중 d가 가장 크다. ■

a와 b가 서로소인 [정리 0.2]의 특수한 경우는 추상대수학에서 매우 중요하므로 다음과 같이 [따름정리]로 정리한다.

따름정리

정수 a, b가 서로소일 필요충분조건은 $as+bt=1$을 만족하는 정수 s, t가 존재하는 것이다.

EX 0.2 $\gcd(4, 15)=1$, $\gcd(4, 10)=2$, $\gcd(2^2 \cdot 3^2 \cdot 5, 2 \cdot 3^3 \cdot 7^2)=2 \cdot 3^2$이다. 여기서 4와 15는 서로소이고, 4와 10은 서로소가 아니다. 또한 $4 \cdot 4+15 \cdot (-1)=1$이고 $4 \cdot (-2)+10 \cdot 1=2$이다.

EX 0.3 임의의 정수 n에 대해 정수 $n+1$과 n^2+n+1은 서로소이다. 이 결과는 $n^2+n+1-n(n+1)=1$을 통해 보일 수 있다.

유클리드 원론에 등장한 다음 [보조정리 0.1]은 굉장히 자주 사용된다.

보조정리 0.1 유클리드의 보조정리(Euclid's lemma)

p가 ab를 나누는 소수이면 p가 a를 나누거나 b를 나눈다. 즉, 다음과 같다.

$$p \mid ab \Rightarrow p \mid a \text{ 또는 } p \mid b$$

증명

p가 ab를 나누지만 a는 나누지 못하는 소수라 가정하자. 이제 p가 b를 나눈다는 것을 보여야 한다. p가 a를 나누지 못하므로 $1 = as + pt$를 만족하는 정수 s, t가 존재한다. 따라서 $b = abs + ptb$이고, p가 이 식의 우변을 나누므로 p가 b를 나눈다. ■

유클리드의 보조정리는 p가 소수가 아니면 거짓이다. 왜냐하면 $6 \mid (4 \cdot 3)$이지만 $6 \nmid 4$, $6 \nmid 3$이기 때문이다. 소수는 왜 중요할까? 다음 정리는 소수가 모든 정수의 구성 요소임을 보여준다. 이 책에서는 이 정리를 언급하지 않은 채로 자주 사용할 것이다.

정리 0.3 산술의 기본정리(fundamental theorem of arithmetic)

1보다 큰 모든 정수는 소수이거나 소수들의 곱이다. 이 곱은 인수들이 나타나는 순서를 무시하면 유일하다. 즉, 소수 p_i, q_j에 대해 $n = p_1p_2 \cdots p_r$이고 $n = q_1q_2 \cdots q_s$이면 $r = s$이고 q_j의 첨자를 적당히 재배치하면 모든 i에 대해 $p_i = q_i$이다.

[정리 0.3]의 존재성 부분은 뒤에서 살펴볼 [EX 0.14]에서 증명한다. 유일성 부분은 유클리드의 보조정리에 대한 결과이다([연습문제 0.31] 참고). [정리 0.3]을 응용하면 다음 [EX 0.4]와 같이 재미있는 결과를 보일 수도 있다.

EX 0.4 1보다 큰 임의의 정수 n에 대해 $\sqrt[n]{2}$는 무리수이다. 두 정수 a, b에 대해 $\sqrt[n]{2} = \frac{a}{b}$이고 $\frac{a}{b}$가 기약분수이면 $a^n = 2b^n$이다. [정리 0.3]에 의하면 2가 a를 나누므로 $a = 2c$라고 할 수 있다. 따라서 $2^n c^n = 2b^n$이므로 $2^{n-1}c^n = b^n$이다. 즉, 2는 b를 나눈다. 이 결과는 $\frac{a}{b}$가 기약분수라는 가정에 모순이다.

정의 최소공배수

영이 아닌 두 정수 a, b의 모든 양의 공배수 중 가장 작은 공배수를 a와 b의 **최소공배수**(LCM; Least Common Multiple)라 하고 $\mathrm{lcm}(a, b)$로 표기한다.

a와 b의 모든 공배수는 $\mathrm{lcm}(a, b)$의 배수가 되는데, 이에 대한 증명은 [연습문제 0.12]에서 확인한다.

EX 0.5 $\text{lcm}(4, 6) = 12$, $\text{lcm}(4, 8) = 8$, $\text{lcm}(10, 12) = 60$, $\text{lcm}(6, 5) = 30$, $\text{lcm}(2^2 \cdot 3^2 \cdot 5,\ 2 \cdot 3^3 \cdot 7^2) = 2^2 \cdot 3^3 \cdot 5 \cdot 7^2$

0.2 합동 연산

나눗셈 알고리즘의 또 다른 중요한 응용은 합동 연산이다. 합동 연산은 자주 사용하는 계산 방법을 추상화한 것이다. 예를 들어 지금이 9월이라면 25개월 후는 몇 월일까? 물론 답은 10월이지만 흥미로운 사실은 9월부터 시작해 25개월을 직접 세어 답에 도달한 것이 아니라는 점이다. 직접 세는 대신 단순히 $25 = 2 \cdot 12 + 1$을 관찰해 9월에 1개월을 더했다. 마찬가지로 오늘이 수요일이면 23일 후는 금요일이 될 것이다. 이 경우에는 $23 = 7 \cdot 3 + 2$라는 점에 주목하여 23일을 직접 세는 대신 수요일에 2일을 더해 답을 구했다. 만약 전기가 26시간 동안 끊겨져 있었다면 $26 = 2 \cdot 12 + 2$이므로 시계를 2시간 앞당겨야 한다. 놀랍게도 이와 같은 간단한 아이디어는 수학과 컴퓨터과학 분야에서 많이 응용되는데, 이 절에서는 그중 몇 가지 예를 살펴볼 것이다.

다음으로 몇 가지 편리한 기호를 알아보자. a를 n으로 나눌 때 q가 몫이고 r이 나머지가 되어 $a = qn + r$이라면 $a \bmod n = r$로 표기한다. 따라서 다음이 성립한다.

- $3 = 1 \cdot 2 + 1$이므로 $3 \bmod 2 = 1$이다.
- $6 = 3 \cdot 2 + 0$이므로 $6 \bmod 2 = 0$이다.
- $11 = 3 \cdot 3 + 2$이므로 $11 \bmod 3 = 2$이다.
- $62 = 0 \cdot 85 + 62$이므로 $62 \bmod 85 = 62$이다.
- $-2 = (-1) \cdot 15 + 13$이므로 $-2 \bmod 15 = 13$이다.

일반적으로 a와 b가 정수이고 n이 양의 정수일 때, $a \bmod n = b \bmod n$일 필요충분조건은 n이 $a - b$를 나누는 것이다([연습문제 0.9] 참고).

아래 [EX 0.6]에서 $\bmod n$에 대한 덧셈과 곱셈을 사용할 것이다. $ab \bmod n$ 또는 $(a+b) \bmod n$을 계산할 때, a 또는 b가 n보다 큰 경우에는 $a \bmod n$ 또는 $b \bmod n$을 먼저 계산한 후에 연산하면 더 간단하다. 예를 들어 $(27 \cdot 36) \bmod 11$을 계산하려면 $27 \bmod 11 = 5$, $36 \bmod 11 = 3$이므로 $(27 \cdot 36) \bmod 11 = (5 \cdot 3) \bmod 11 = 4$이다([연습문제 0.11] 참고).

합동 연산은 위조 또는 오류를 감지하기 위해 식별번호에 추가 숫자를 할당하는 데 자주 사용된다. 이와 관련한 두 가지 응용을 살펴보자.

EX 0.6 미국 우체국 우편환의 식별번호는 [그림 0.1]과 같이 10자릿수와 **검사숫자**(check digit)라고 하는 추가 숫자로 구성된다. 검사숫자는 10자릿수의 mod9에 대한 결과이다. 따라서 3953988164 mod 9 = 2이므로, 3953988164의 검사숫자는 2이다.[2] 만약 (검사숫자를 계산하는 프로그램이 있는) 컴퓨터에 실수로 39539881642를 39559881642(네 번째 숫자가 오류)로 입력하면 컴퓨터는 검사숫자를 4로 계산하지만, 입력된 검사숫자는 2이므로 오류를 감지한 것이다.

[그림 0.1] 우편환

앞서 미국 우체국에서 사용한 방법은 숫자 하나가 잘못 입력된 모든 한 자릿수 오류를 감지하지 못한다([연습문제 0.41] 참고). 그러나 인접한 두 숫자의 위치가 바뀌는 것(전치)을 포함한 거의 모든 오류뿐만 아니라, 각 자리 숫자에 대한 모든 한 자릿수 오류를 쉽게 감지하는 방법이 있다. 이러한 방법 중 하나는 소매 품목에 범용 상품 부호(UPC ; Universal Product Code)를 할당하는 데 사용된다([그림 0.2] 참고). UPC 식별번호는 12자릿수이다. 처음 6개의 숫자는 제조업체를 식별하고, 다음 5개의 숫자는 제품을 식별하며, 마지막 자리 숫자는 검사숫자이다(대부분 제품의 경우 12번째 숫자는 인쇄하지 않고 바코드로만 표시한다). [그림 0.2]에서 검사숫자는 8이다.

[그림 0.2] UPC 바코드

2 Nmod9의 값은 계산기로 쉽게 계산된다. N을 9로 나누었을 때의 나머지가 r이고 $N=9q+r$이면 계산기 화면에 $N\div 9$는 $q.rrrrr\cdots$로 나타나는데, 이때 소수점 아래 첫째 자리 숫자가 검사숫자이다. 예를 들어, 3953988164 ÷ 9 = 439332018.222이므로 검사숫자는 2이다. 만약 N의 자릿수가 너무 많으면 N의 각 자리 숫자의 합으로 N을 대신하여 9로 나눈다. 따라서 3953988164 mod 9 = 56 mod 9 = 2이다. 3953988164 mod 9의 값은 구글에서 '3953988164 mod9'를 검색하여 구할 수도 있다.

검사숫자를 계산하는 방법을 설명하기 위해 다음과 같은 두 개의 k-순서쌍에 대한 내적 표기법을 소개한다.

$$(a_1,\ a_2,\cdots,\ a_k)\cdot(w_1,\ w_2,\cdots,\ w_k)=a_1w_1+a_2w_2+\cdots+a_kw_k$$

UPC 식별번호가 $a_1a_2\cdots a_{12}$인 제품의 경우에는 다음 조건을 만족한다.

$$(a_1,\ a_2,\cdots,\ a_{12})\cdot(3,\ 1,\ 3,\ 1,\cdots,\ 3,\ 1)\bmod 10=0$$

예를 들어 [그림 0.2]의 UPC 식별번호가 위 조건을 만족하면 다음 식이 성립한다.

$$\begin{aligned}(0\cdot 3+2\cdot 1+1\cdot 3+0\cdot 1+0\cdot 3+0\cdot 1+6\cdot 3+5\cdot 1+8\cdot 3\\+9\cdot 1+7\cdot 3+8\cdot 1)\bmod 10=90\bmod 10=0\end{aligned}$$

검사숫자의 계산에서 사용한 고정된 k-순서쌍을 **가중치벡터**(weighting vector)라고 한다.

이제 [그림 0.2]의 UPC 식별번호를 컴퓨터에 입력할 때 숫자 한 개를 잘못 입력하는 한 자릿수 오류가 발생했다고 가정하자. 예를 들어 021000958978을 입력했다고 하자(7번째 숫자를 잘못 입력함). 그러면 컴퓨터가 다음과 같이 계산한다.

$$0\cdot 3+2\cdot 1+1\cdot 3+0\cdot 1+0\cdot 3+0\cdot 1+9\cdot 3+5\cdot 1+8\cdot 3+9\cdot 1+7\cdot 3+8\cdot 1=99$$

$99\bmod 10\neq 0$이므로 입력한 수는 틀린 값이다. 일반적으로 모든 한 자릿수 오류에서의 계산 결과는 mod10으로 0이 아니다. UPC 체계의 장점은 인접한 두 숫자의 위치가 바뀌는 것을 포함한 거의 모든 오류뿐만 아니라, 모든 한 자릿수 오류를 쉽게 감지한다는 것이다. 예를 들어 [그림 0.2]에서 제시한 식별번호를 021000658798로 입력했다고 가정해보자. 검사숫자 앞의 마지막 두 자리 숫자가 바뀌었다. 이때 내적을 계산한 결과가 $94\bmod 10\neq 0$이므로 오류를 감지한다. 사실 인접한 두 숫자 a와 b의 전치 오류를 감지하지 못하는 경우는 $|a-b|=5$인 경우뿐이다. 이를 증명하기 위해 다음과 같은 형태의 전치 오류를 살펴보자.

$$a_1a_2\cdots a_ia_{i+1}\cdots a_{12}\ \rightarrow\ a_1a_2\cdots a_{i+1}a_i\cdots a_{12}$$

위와 같은 형태의 전치 오류를 감지하지 못할 필요충분조건은 다음과 같다.

$$(a_1,\ a_2,\cdots,\ a_{i+1},\ a_i,\cdots,\ a_{12})\cdot(3,\ 1,\ 3,\ 1,\cdots,\ 3,\ 1)\bmod 10=0$$

즉, 오류를 감지하지 못할 필요충분조건은 다음과 같다.

$$\begin{aligned}&(a_1,\ a_2,\cdots,\ a_{i+1},\ a_i,\cdots,\ a_{12})\cdot(3,\ 1,\ 3,\ 1,\cdots,\ 3,\ 1)\bmod 10\\=&(a_1,\ a_2,\cdots,\ a_i,\ a_{i+1},\cdots,\ a_{12})\cdot(3,\ 1,\ 3,\ 1,\cdots,\ 3,\ 1)\bmod 10\end{aligned}$$

위 식을 다음과 같이 간단히 나타낼 수 있다.

$$(3a_{i+1}+a_i)\bmod 10=(3a_i+a_{i+1})\bmod 10 \quad (i\text{가 짝수인 경우})$$
$$(a_{i+1}+3a_i)\bmod 10=(a_i+3a_{i+1})\bmod 10 \quad (i\text{가 홀수인 경우})$$

두 경우 모두 $2(a_{i+1}-a_i)\bmod 10=0$으로 정리된다. 따라서 $a_{i+1}\neq a_i$이면 $|a_{i+1}-a_i|=5$이다.

유럽에서는 13자리 제품 식별번호를 사용하는데, 이를 준수하기 위해 미국 기업들도 2005년부터 13자리 제품 식별번호를 사용하기 시작했다. 13자리 식별번호에 대한 가중치벡터는 (1, 3, 1, 3, ⋯ , 3, 1)이다. 수표에 인쇄된 식별번호(왼쪽 하단의 두 콜론 사이에 있음)는 8자릿수 $a_1a_2\cdots a_8$과 검사숫자 a_9로 이루어져 있고 다음 식을 만족한다.

$$(a_1,\ a_2,\cdots,\ a_9)\cdot(7,\ 3,\ 9,\ 7,\ 3,\ 9,\ 7,\ 3,\ 9)\bmod 10=0$$

UPC 체계의 경우와 마찬가지로, 이 방법은 모든 한 자리 숫자 오류와 $|a-b|=5$인 경우를 제외한 인접한 두 숫자 a와 b의 전치에 대한 모든 오류를 감지한다. 그러나 이 방법은 $\cdots abc\cdots \rightarrow \cdots cba\cdots$ 형태의 오류 대부분을 감지하는 반면, UPC 체계는 이러한 형태의 오류를 감지하지 못한다.

5장에서는 수에 검사숫자를 할당하는 보다 정교한 방법을 살펴본다. 합동 연산은 유한개의 경우만을 확인함으로써 임의의 양의 정수에 대해 가분성(divisibility)과 관련한 명제를 증명할 때 자주 사용한다.

EX 0.7 '연속하는 세 정수의 세제곱의 합은 9로 나누어진다.'는 명제를 생각해보자. 이 명제는 임의의 정수 n에 대해 방정식 $(n^3+(n+1)^3+(n+2)^3)\bmod 9=0$이 성립하는 것과 동치이다. 이 식을 증명하기 위해서는 합동 연산의 성질에 따라 $n=0,\ 1,\cdots,\ 8$에 대해 식이 참인지 확인하면 된다.

종종 합동 연산은 특정 방정식이 유리수 해를 갖지 않음을 보이는 데 사용된다.

EX 0.8 $x^2-y^2=1002$를 만족하는 정수 x와 y가 존재하지 않음을 보이기 위해 mod 4에 대한 합동 연산을 사용한다. 먼저 $x^2-y^2=1002$를 만족하는 정수가 존재한다고 가정하자. 그런 다음 양변에 mod 4를 취하면 $(x^2-y^2)\bmod 4=2$에 대한 정수해가 존재한다. 임의의 정수 n에 대해 $n\bmod 4=0$ 또는 2이면 $n^2\bmod 4=0$이고, $n\bmod 4=1$ 또는 3이면 $n^2\bmod 4=1$이다. 그러나 mod 4에 대한 정수 제곱의 차는 오직 0, 1, $-1\bmod 4=3$뿐이므로 모순이다.

20세기 초기에 0과 1의 문자열에 mod2를 추가함으로써 비즈니스, 산업, 기술 및 과학 분야의 혁명을 위한 토대가 마련될 것이라 생각한 사람은 아무도 없었을 것이다. [EX 0.9]는 mod2 연산을 회로 설계에 적용한 것이다. 이후 다른 장에서도 mod2 연산에 대한 더 많은 응용을 살펴볼 것이다.

EX 0.9 논리 게이트(logic gate)

전자공학에서 논리 게이트는 두 가지 가능한 상태(켜짐 또는 꺼짐)를 입력으로 받아들이고 하나의 출력(켜짐 또는 꺼짐)을 내는 장치이다. 논리 게이트는 0과 1을 이용해 mod2에 대한 합동 연산으로 편리하게 모델링할 수 있다. AND 게이트는 두 입력이 모두 1인 경우에만 1을 출력한다. OR(포함적 논리합) 게이트는 적어도 하나의 입력이 1인 경우 1을 출력한다. XOR(배타적 논리합)은 정확히 하나의 입력이 1인 경우에만 1을 출력한다. MAJ(다수)는 최소 두 개의 입력이 1인 경우에만 세 개의 입력에 대해 1을 출력한다. 이러한 논리 게이트는 다음과 같이 0, 1과 mod2에 대한 합동 연산을 이용해 함수로 편리하게 모델링할 수 있다.

$x \text{ AND } y$	xy
$x \text{ OR } y$	$x+y+xy$
$x \text{ XOR } y$	$x+y$
$\text{MAJ}(x, y, z)$	$xz+xy+yz$

0.3 복소수

복소수 $\mathbb{C}$는 실수 a, b에 대해 $a+b\sqrt{-1}$ 형태로 나타낼 수 있다. 수 $\sqrt{-1}$은 성질 $\sqrt{(-1)^2} = -1$로 정의한다. 일반적으로 $\sqrt{-1}$은 i로 표기한다. 즉, $i^2 = -1$이다. $a+bi$ 형태로 나타낸 복소수를 **표준**(standard) 표기법이라고 한다. 경우에 따라서는 복소수 $a+bi$를 다른 형태로 나타내는 게 편리하기도 하다. 이를 나타내기 위해 복소수 $a+bi$를 **실수축**(real axis)이라고 하는 수평축과 **허수축**(imaginary axis)이라고 하는 수직 i축으로 이루어진 평면 위의 점 (a, b)로 나타낸다. 점 $a+bi$에서 원점까지의 거리는 $r=\sqrt{a^2+b^2}$이고 종종 $|a+bi|$로 표기하며, 이를 $a+bi$의 **노름**(norm)이라고 한다. 원점에서 $a+bi$까지 선분을 그리고, 그 선분과 양의 실수축이 이루는 각을 θ로 나타내면 $a+bi$를 $r(\cos\theta+i\sin\theta)$로 나타낼 수 있다. 이와 같은 $a+bi$의 형태를 **극형식**(polar form)이라고 한다. 극형식의 장점은 [정리 0.4]의 (5), (6)에서 확인해보자.

정리 0.4 복소수의 성질

(1) **덧셈에 대해 닫혀있음** : $(a+bi)+(c+di)=(a+c)+(b+d)i$

(2) **곱셈에 대해 닫혀있음** : $(a+bi)(c+di)=(ac)+(ad)i+(bc)i+(bd)i^2$

$$=(ac-bd)+(ad+bc)i$$

(3) **나눗셈에 대해 닫혀있음** : $\dfrac{(a+bi)}{(c+di)}=\dfrac{(a+bi)(c-di)}{(c+di)(c-di)}=\dfrac{(ac+bd)+(bc-ad)i}{c^2+d^2}$

$$=\frac{(ac+bd)}{c^2+d^2}+\frac{(bc-ad)}{c^2+d^2}i \quad (c+di\neq 0)$$

(4) **켤레복소수** : $(a+bi)(a-bi)=a^2+b^2$

(5) **역원** : 영이 아닌 모든 복소수 $a+bi$에 대해 $(a+bi)(c+di)=1$을 만족하는 복소수 $c+di$가 존재한다(즉, $\mathbb{C}$ 에 $(a+bi)^{-1}$이 존재한다).

(6) **제곱** : 모든 복소수 $a+bi=r(\cos\theta+i\sin\theta)$와 양의 정수 n에 대해 다음이 성립한다.

$$(a+bi)^n=(r(\cos\theta+i\sin\theta))^n=r^n(\cos n\theta+i\sin n\theta)$$

(7) **$a+bi$의 n제곱근** : 임의의 양의 정수 n에 대해 $a+bi=r(\cos\theta+i\sin\theta)$의 서로 다른 n개의 n제곱근은 다음과 같다.

$$k=0,\ 1,\cdots,\ n-1\text{에 대해 } \sqrt[n]{r}\left(\cos\frac{\theta+2\pi k}{n}+i\sin\frac{\theta+2\pi k}{n}\right)$$

증명

(1)과 (2)는 정의이다. (4)는 (2)에 의해 성립한다. (6)은 이후 [EX 0.13]에서 증명한다. (7)은 (6)에 의해 성립한다. ■

[EX 0.10]과 [EX 0.11]은 복소수의 성질을 보여준다.

EX 0.10

- $(3+5i)+(-5+2i)=-2+7i$
- $(3+5i)(-5+2i)=-25+(-19)i=-25-19i$
- $\dfrac{3+5i}{-2+7i}=\dfrac{3+5i}{-2+7i}\cdot\dfrac{-2-7i}{-2-7i}=\dfrac{29-31i}{53}=\dfrac{29}{53}+\dfrac{-31i}{53}$
- $(3+5i)(3-5i)=9+25=34$
- $(3+5i)^{-1}=\dfrac{3}{34}-\dfrac{5}{34}i$

EX 0.11

- $(-1+i)^4 = \left\{\sqrt{2}\left(\cos\frac{3\pi}{4}+i\sin\frac{3\pi}{4}\right)\right\}^4 = \sqrt{2^4}\left(\cos\frac{4\cdot 3\pi}{4}+i\sin\frac{4\cdot 3\pi}{4}\right)$

$$= 4(\cos 3\pi + i\sin 3\pi) = -4$$

- $i = \cos\frac{\pi}{2}+i\sin\frac{\pi}{2}$의 세제곱근 3개는 다음과 같다.

$$\cos\frac{\pi}{6}+i\sin\frac{\pi}{6} = \frac{\sqrt{3}}{2}+\frac{1}{2}i$$

$$\cos\left(\frac{\pi}{6}+\frac{2\pi}{3}\right)+i\sin\left(\frac{\pi}{6}+\frac{2\pi}{3}\right) = -\frac{\sqrt{3}}{2}+\frac{1}{2}i$$

$$\cos\left(\frac{\pi}{6}+\frac{4\pi}{3}\right)+i\sin\left(\frac{\pi}{6}+\frac{4\pi}{3}\right) = -i$$

0.4 수학적 귀납법

앞으로 사용할 수학적 귀납법에 의한 증명은 두 가지 형태가 있다. 두 가지 모두 정렬 원리와 동치이다. 수학적 귀납법의 명확한 정의는 16세기에 등장했다. 1575년 갈릴레오의 스승인 프란체스코 마우롤리코(Francisco Maurolico, 1494~1575)는 $1+3+5+\cdots+(2n-1)=n^2$임을 증명하는 데 수학적 귀납법을 사용했고, 블레즈 파스칼(Blaise Pascal, 1623~1662)은 오늘날 파스칼 삼각형이라고 하는 이항정리의 계수에 관한 식을 정의하는 데 수학적 귀납법을 사용했다. **수학적 귀납법**(mathematical induction)이라는 용어는 오거스터스 드 모르간(Augustus De Morgan)이 명명했다.

정리 0.5 수학적 귀납법의 첫 번째 원리

a를 포함하는 정수 집합을 S라고 하자. $n \geq a$인 어떤 정수 n이 집합 S에 포함되면 정수 $n+1$도 집합 S에 포함된다고 가정하자. 그러면 집합 S는 a보다 크거나 같은 모든 정수를 포함한다.

증명

[연습문제 0.33]을 참고한다. ■

따라서 양의 정수에 대한 어떤 명제가 임의의 양의 정수에 대해 참임을 증명하기 위해 수학적 귀납법을 사용하려면, 먼저 명제가 정수 1에 대해 참인지 확인해야 한다. 그런 다음 명제가 정수 n에 대해 참이라 가정하고, 이 가정을 이용해 정수 $n+1$에 대해 명제가 참임을 증명해야 한다.

[EX 0.12]에서는 평면 기하학에 대한 몇 가지 사실을 사용한다. 자와 컴퍼스가 주어지면 직각을 작도할 수 있음을 상기하자.

EX 0.12 자, 컴퍼스, 단위길이가 주어질 때, 수학적 귀납법을 이용해 임의의 양의 정수 n에 대해 길이가 $\sqrt{n}$인 선분을 작도할 수 있음을 증명한다. $n=1$인 경우는 가정에 의해 성립한다. 이제 길이가 $\sqrt{n}$인 선분을 작도할 수 있다고 가정하자. 그런 다음 자와 컴퍼스를 이용해 높이가 1이고 밑변의 길이가 $\sqrt{n}$인 직각삼각형을 만든다. 이 삼각형의 빗변의 길이는 $\sqrt{n+1}$이다. 따라서 수학적 귀납법에 의해 임의의 양의 정수 n에 대해 길이가 $\sqrt{n}$인 선분을 작도할 수 있다.

EX 0.13 **드 므와브르 정리(De Moivre's theorem)**

수학적 귀납법을 이용해 임의의 양의 정수 n과 임의의 실수 θ에 대해 $(\cos\theta+i\sin\theta)^n=\cos n\theta+i\sin n\theta$임을 증명한다. 여기서 i는 허수 $\sqrt{-1}$이다. 이 명제는 $n=1$일 때 참이다. 이제 n에 대해 명제가 참이라고 가정하자. $(\cos\theta+i\sin\theta)^{n+1}=\cos(n+1)\theta+i\sin(n+1)\theta$가 성립함을 증명해야 한다. 다음 식을 살펴보자.

$$\begin{aligned}(\cos\theta+i\sin\theta)^{n+1}&=(\cos\theta+i\sin\theta)^n(\cos\theta+i\sin\theta)\\&=(\cos n\theta+i\sin n\theta)(\cos\theta+i\sin\theta)\\&=\cos n\theta\cos\theta+i(\sin n\theta\cos\theta+\sin\theta\cos n\theta)-\sin n\theta\sin\theta\end{aligned}$$

이제 $\cos(\alpha+\beta)$와 $\sin(\alpha+\beta)$에 대한 삼각함수 항등식을 적용하면 위 식은 $\cos(n+1)\theta+i\sin(n+1)\theta$가 된다. 따라서 수학적 귀납법에 의해 주어진 명제는 임의의 양의 정수 n에 대해 참이다.

사실 많은 경우에, 주어진 명제가 정수 n에 대해 참이라는 가정으로 그 명제가 정수 $n+1$에 대해 참이라고 증명하기는 쉽지 않다. 이러한 경우에는 수학적 귀납법과 동치인 다음 정리를 이용하는 것이 더 쉬울 수 있다. 몇몇 저자들은 이 공식을 **강한 수학적 귀납법**(strong form of mathematical induction)이라고 한다.

정리 0.6 수학적 귀납법의 두 번째 원리

S가 a를 포함하는 정수 집합이라고 하자. n보다 작고 a보다 크거나 같은 모든 정수가 S에 포함되면 n이 집합 S에 포함된다고 가정하자. 그러면 집합 S는 a보다 크거나 같은 모든 정수를 포함한다.

증명

증명은 독자에게 남긴다. ■

이러한 형태의 수학적 귀납법을 이용하기 위해 먼저 주어진 명제가 정수 a에 대해 참임을 보인다. 그런 다음 a보다 크거나 같고 n보다 작은 모든 정수에 대해 주어진 명제가 참이라고 가정하고, 이 가정을 이용해 그 명제가 정수 n에 대해 참임을 증명한다.

EX 0.14 $a = 2$에 대한 수학적 귀납법의 두 번째 원리를 이용해 산술의 기본정리에 대한 존재성을 증명하자. S를 소수이거나 소수들의 곱인 1보다 큰 정수들의 집합이라고 하자. 분명히 $2 \in S$이다. 이제 정수 n에 대해 $2 \leq k < n$인 모든 정수 k가 집합 S에 포함된다고 가정하자. $n \in S$임을 보여야 한다. 만약 n이 소수이면 정의에 따라 $n \in S$이다. n이 소수가 아니면 $1 < a < n$, $1 < b < n$에 대해 n은 ab 형태로 나타낼 수 있다. a, b가 모두 S에 포함된다고 가정했으므로, a, b는 각각 소수이거나 소수들의 곱이다. 따라서 n도 소수들의 곱이다. 이로써 증명을 마친다.

수학적 귀납법의 첫 번째 원리보다 두 번째 원리로 산술의 기본정리를 증명하는 것이 더 자연스럽다. 어떤 특정한 정수를 소인수분해했더라도, 이 소인수분해 결과는 그다음으로 큰 정수를 소인수분해하는 데 아무런 도움이 되지 않는다. 가령 5280을 소인수분해했다고 해서 5281을 소인수분해하는 데 도움이 될까?

[EX 0.15]는 과학 잡지 Discovery 1988년 1월호의 〈Brain Boggler〉 편에 나온 문제이다.[3] 이와 같은 문제는 종종 치킨 맥너겟 문제, 우표 문제 또는 프로베니우스 동전 문제라고 한다. 원래 맥도날드는 치킨 너겟을 9개와 20개 팩으로 판매했다. 두 가지 팩의 조합으로 구매할 수 없는 가장 큰 너겟 개수는 151개다.

EX 0.15 케이커타운 포커 클럽에서는 5달러 상당의 파란색 칩과 8달러 상당의 빨간색 칩을 사용한다. 그렇다면 베팅할 수 없는 가장 큰 금액은 얼마일까?

3 "Brain Boggler" by Maxwell Carver. Copytight © 1988 by Discover Magazine

이 문제를 파악하기 위해 파란색 칩과 빨간색 칩의 다양한 조합을 생각해보면 베팅할 수 있는 금액은 5, 8, 10, 13, 15, 16, 18, 20, 21, 23, 24, 25, 26, 28, 29, 30, 31, 32, 33, 34, 35, 36, 37, 38, 39, 40이다. 즉 베팅할 수 없는 가장 큰 금액은 27달러일 것이다. 그러나 이 결과를 어떻게 확신할 수 있을까? 27보다 큰 모든 정수가 $a \cdot 5 + b \cdot 8$ 형태로 표현될 수 있음을 증명하기만 하면 된다. 여기서 a와 b는 음이 아닌 정수이며, $a \cdot 5 + b \cdot 8$을 배팅하는 데 필요한 a는 파란색 칩의 개수를 나타내고 b는 빨간색 칩의 개수를 나타낸다. 수학적 귀납법의 첫 번째 원리와 두 번째 원리를 비교하는 게 목적이므로, 두 원리를 이용해 각각 증명한다.

음이 아닌 정수 a, b에 대해 $a \cdot 5 + b \cdot 8$ 형태의 28보다 크거나 같은 모든 정수의 집합을 S라고 하자. 분명히 $28 \in S$이다. 이제 어떤 정수 $n \in S$가 $n = a \cdot 5 + b \cdot 8$이라고 가정하자. $n + 1 \in S$임을 보여야 한다. 먼저 $n \geq 28$이므로 a와 b는 모두 3보다 작을 수 없다. 만약 $a \geq 3$이면 다음과 같다.

$$\begin{aligned} n+1 &= (a \cdot 5 + b \cdot 8) + \{(-3) \cdot 5 + 2 \cdot 8\} \\ &= (a-3) \cdot 5 + (b+2) \cdot 8 \end{aligned}$$

(칩의 관점에서 위 방정식은 파란색 칩 3개를 제거하고 빨간색 칩 2개를 추가해 베팅 금액을 n에서 $n+1$로 증가시킬 수 있다는 의미이다.) 또한 $b \geq 3$이면 다음과 같다.

$$\begin{aligned} n+1 &= (a \cdot 5 + b \cdot 8) + (5 \cdot 5 - 3 \cdot 8) \\ &= (a+5) \cdot 5 + (b-3) \cdot 8 \end{aligned}$$

(위 방정식은 빨간색 칩 3개를 제거하고 파란색 칩 5개를 추가하면 베팅 금액이 1 증가할 수 있다는 의미이다.) 이로써 증명을 마친다.

같은 명제를 두 번째 원리로 증명하기 위해, 먼저 정수 28, 29, 30, 31, 32가 모두 집합 S에 포함된다는 것을 확인할 수 있다. 이제 어떤 정수 $n > 32$에 대해 집합 S가 $28 \leq k < n$인 모든 정수 k를 포함한다고 가정하자. $n \in S$임을 보여야 한다. $n - 5 \in S$이므로 $n - 5 = a \cdot 5 + b \cdot 8$을 만족하는 음이 아닌 정수 a, b가 존재한다. $n = (a+1) \cdot 5 + b \cdot 8$이므로 n은 집합 S에 포함된다.

0.5 동치관계

수학에서는 한 맥락에서 다르게 보이는 것을 다른 맥락에서는 동등하게 취급하기도 한다. 우리는 이미 그러한 예를 확인했다. 합 $2+1$과 $4+4$는 일반적인 연산에서는 확실히 다르지만, 법 5에 대한 합동 연산에서는 동일하다. 또한 평면에서 서로 다른 위치에 있는 합동인 삼각형은 서로 다른 삼각형이지만 평면 기하학에서는 종종 동일한 삼각형으로 본다. 물리학에서는 크기와 방향이 동일한 두 벡터가 서로 다른 효과를 만들기도 한다. 지렛대의 받침점에서 2피트 떨어진 곳에 위치한 10파운드 추는 1피트 떨어진 곳에 위치한 10파운드 추와 다른 효과를 만든다. 그러나 선형대수학에서는 크기와 방향이 같은 벡터를 모두 동일한 벡터로 간주한다. 이러한 구분을 정확히 하기 위해서는 상등(equality)이라는 개념의 적절한 일반화가 필요하다. 즉, 주어진 상황에서 두 양이 동일한지 여부를 결정하는 공식적인 체계가 필요하다. 이 체계를 동치관계라고 한다.

정의 동치관계

집합 S에서의 **동치관계**(equivalence relation)는 다음을 만족하는 집합 S의 원소들의 순서쌍 집합 R이다.

(1) 모든 원소 $a \in S$에 대해 $(a, a) \in R$이다. (반사성)

(2) $(a, b) \in R$이면 $(b, a) \in R$이다. (대칭성)

(3) $(a, b) \in R$이고 $(b, c) \in R$이면 $(a, c) \in R$이다. (추이성)

R이 집합 S에서의 동치관계일 때, $(a, b) \in R$ 대신 aRb로 쓰는 것이 관례이다. 또한 동치관계는 상등이라는 개념의 일반화이므로, 관계를 나타내기 위해 $a \approx b$, $a \equiv b$, $a \sim b$와 같은 기호를 주로 이용한다. 이 기호들을 이용하면 동치관계에 대한 세 가지 조건은 각각 (1) $a \sim a$, (2) $a \sim b \Rightarrow b \sim a$, (3) $a \sim b$, $b \sim c \Rightarrow a \sim c$가 된다. $\sim$가 집합 S에서의 동치관계이고 $a \in S$이면 집합 $[a] = \{x \in S \mid x \sim a\}$를 집합 S의 a를 포함하는 **동치류**(equivalence class)라고 한다.

EX 0.16 평면에서 모든 삼각형의 모임을 집합 S라고 하자. $a, b \in S$일 때 두 삼각형 a와 b가 닮음이면, 즉 a와 b의 대응하는 세 각의 크기가 각각 같다면 $a \sim b$라고 정의한다. 그러면 $\sim$는 집합 S에서의 동치관계이다.

EX 0.17 모든 실계수 다항식의 모임을 집합 S라고 하자. $f, g \in S$일 때 두 다항식 f와 g의 미분이 같으면, 즉 $f' = g'$이면 $f \sim g$라고 정의한다. 그러면 $\sim$는 S에서의 동치관계이다. 미분이 같은 두 다항식은 상수항만 다를 수 있으므로, 집합 S의 모든 f에 대해 $[f] = \{f + c \mid c\text{는 실수}\}$이다.

EX 0.18 S를 정수 집합, n을 양의 정수라 하자. $a, b \in S$일 때 $a \bmod n = b \bmod n$이면, 즉 $a-b$가 n으로 나누어떨어지면 $a \equiv b$라고 정의한다. 그러면 $\equiv$는 집합 S에서의 동치관계이고 $[a] = \{a + kn \mid k \in S\}$이다. 이와 같은 관계는 추상대수학에서 중요하므로 이 관계가 실제로 동치관계인지 확인하는 어려움을 감수할 필요가 있다. 분명히 $a-a$는 n으로 나누어떨어지므로 집합 S의 모든 a에 대해 $a \equiv a$이다. 다음으로 $a \equiv b$, 즉 $a-b = rn$이라고 가정하자. 그러면 $b-a = (-r)n$이므로 $b \equiv a$이다. 마지막으로 $a \equiv b$이고 $b \equiv c$, 즉 $a-b = rn$이고 $b-c = sn$이라고 가정하자. 그러면 $a-c = (a-b)+(b-c) = rn+sn = (r+s)n$이므로 $a \equiv c$이다.

EX 0.19 $\equiv$를 [EX 0.18]과 같이 정의하고 $n=7$이라 하면 $16 \equiv 2$, $9 \equiv -5$, $24 \equiv 3$이다. 또한 $[1] = \{\cdots, -20, -13, -6, 1, 8, 15, \cdots\}$이고 $[4] = \{\cdots, -17, -10, -3, 4, 11, 18, \cdots\}$이다.

EX 0.20 $S = \{(a, b) \mid a, b$는 정수, $b \neq 0\}$이라 하자. $(a, b), (c, d) \in S$일 때, $ad = bc$이면 $(a, b) \approx (c, d)$라고 정의한다. 그러면 $\approx$는 집합 S에서의 동치관계이다. 사실 이 예는 분수 개념에서 기인한다. $\frac{a}{b} = \frac{c}{d}$이면 순서쌍 (a, b)와 (c, d)는 동치이다. $\approx$가 집합 S에서의 동치관계임을 확인해보자. 먼저 $ab = ba$이므로 $(a, b) \approx (a, b)$이다. 다음으로 $(a, b) \approx (c, d)$라 가정하면 $ad = bc$이다. 따라서 곱셈에 대한 교환법칙에 의해 $cb = da$이므로 $(c, d) \approx (a, b)$이다. 마지막으로 $(a, b) \approx (c, d)$, $(c, d) \approx (e, f)$라 가정하고 $(a, b) \approx (e, f)$임을 증명하자. 이는 $ad = bc$, $cf = de$를 이용해 $af = be$임을 보이는 것과 같다. $ad = bc$의 양변에 f를 곱하고 cf를 de로 바꾸면 $adf = bcf = bde$이다. 이때 $d \neq 0$이므로 첫 번째 항과 마지막 항에서 d를 소거할 수 있다. 그러면 $af = be$이다.

정의 분할

집합 S의 **분할**(partition)은 합집합이 S가 되며 각각이 서로소[4]이고 공집합이 아닌 S의 부분집합들의 모임이다.

4 (감수) 두 집합 A, B에 대해 $A \cap B = \varnothing$일 때, A와 B를 **서로소**(disjoint)라고 한다.

[그림 0.3]은 4개의 부분집합으로 이루어진 한 집합의 분할을 보여준다.

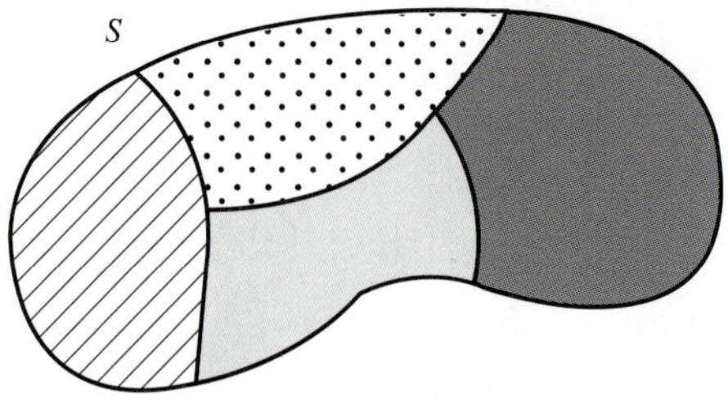

[그림 0.3] 4개의 부분집합으로 이루어진 집합 S의 분할

EX 0.21 집합 $\{0\}$, $\{1, 2, 3, \cdots\}$, $\{\cdots, -3, -2, -1\}$은 정수 집합의 분할이다.

EX 0.22 음이 아닌 정수 집합과 양이 아닌 정수 집합은 모두 0을 포함하여 서로소가 되지 않으므로, 정수 집합의 분할이 아니다.

다음 정리는 동치관계와 분할이 밀접하게 연관됨을 보여준다.

정리 0.7 동치류 분할

집합 S에서의 동치관계에 관한 동치류는 집합 S의 분할을 구성한다. 역으로 집합 S의 임의의 분할 P에 대해 동치류가 P의 원소가 되는 집합 S에서의 동치관계가 존재한다.

증명

$\sim$[5]를 집합 S에서의 동치관계라고 하자. 임의의 $a \in S$에 대해 반사성에 의해 $a \in [a]$이다. 따라서 $[a]$는 공집합이 아니고, 모든 동치류의 합집합은 S이다. 이제 $[a]$와 $[b]$가 서로 다른 동치류라 가정하고 $[a] \cap [b] = \varnothing$ 임을 보여야 한다. 이를 증명하기 위해 $c \in [a] \cap [b]$라 가정하고 $[a] \subseteq [b]$임을 보일 것이다. 만약 $x \in [a]$이면 $c \sim a$, $c \sim b$, $x \sim a$이다. 또한 대칭성에 의해 $a \sim c$이다. 따라서 추이성에 의해 $x \sim c$이고, 또 다시 추이성에 의해 $x \sim b$이다. 이로써 $[a] \subseteq [b]$임을 증명했다. 같은 방법에 의해 $[b] \subseteq [a]$이다. 따라서 $[a] = [b]$이므로, $[a]$와 $[b]$가 서로 다른 동치류라는 가정에 모순이다.

---

5 (감수) $\sim$는 틸더(tilde)라고 읽는다.

이제 역을 증명하기 위해 P를 합집합이 S가 되며 각각이 서로소이고 공집합이 아닌 S의 부분집합들의 모임이라고 가정하자. 그리고 a와 b가 이 모임의 동일한 부분집합에 속하는 경우를 $a \sim b$라 정의하자. $\sim$가 집합 S에서의 동치관계임을 보이는 것은 [연습문제 0.51]로 남긴다. ■

0.6 함수(사상)

함수 개념은 거의 모든 수학 분야에서 중심적인 역할을 하지만, 함수와 관련한 용어와 기호는 매우 다양하다. 이 절에서는 앞으로 사용할 용어와 기호를 정의한다.

정의 함수(사상)

집합 A에서 집합 B로의 **함수**(function) 또는 **사상**(mapping) ϕ는 집합 A의 각 원소 a에 집합 B의 원소 b를 정확히 하나씩 대응하는 규칙이다. 이때 A를 함수 ϕ의 **정의역**(domain)이라 하고, B를 함수 ϕ의 **공역**(codomain)이라고 한다. 함수 ϕ에 의해 a가 b에 대응하면 b를 ϕ에 대한 a의 **상**(image)이라고 한다. 집합 A의 원소들의 모든 상으로 이루어진 집합 B의 부분집합을 함수 ϕ의 **치역**(range)이라고 한다.

집합 A에서 집합 B로의 함수 ϕ는 $\phi: A \to B$로 표기한다. 또한 함수 ϕ에 의해 a가 b로 대응할 때 $\phi(a) = b$ 또는 $\phi: a \to b$로 표기한다.

어떤 집합에서는 하나의 동일한 원소를 여러 가지 방법으로 표현할 수 있다. 이러한 집합에서 함수를 정의할 때는 각 원소에 대응하는 함숫값이 그 원소가 표현되는 방식에 따라 달라지는 것이 아니라, 그 원소 자체에 의해 결정됨을 확인해야 한다. 예를 들어 유리수에서 정수로 가는 대응 $\phi\left(\frac{a}{b}\right) = a + b$의 경우, $\frac{1}{2} = \frac{2}{4}$이지만 $\phi\left(\frac{1}{2}\right) \neq \phi\left(\frac{2}{4}\right)$이므로 함수가 아니다. 주어진 대응이 함수인지 확인하기 위해서는 $x_1 = x_2$라 가정하고 $\phi(x_1) = \phi(x_2)$가 성립함을 증명해야 한다.

정의 합성함수

$\phi: A \to B$와 $\psi: B \to C$에 대해 **합성함수**(composition function) $\psi\phi$는 집합 A의 모든 원소 a에 대해 $(\psi\phi)(a) = \psi(\phi(a))$로 정의되는 집합 A에서 집합 C로의 함수이다.

미분적분학에서는 두 함수 f와 g의 합성함수를 $(f \circ g)(x)$로 표기하고 $(f \circ g)(x) = f(g(x))$라 정의했다. 여기서는 함수를 합성할 때 $\circ$를 생략하고 fg로 표기한다.

EX 0.23 두 함수 $f(x) = 2x + 3$과 $g(x) = x^2 + 1$에 대해 $(fg)(5) = f(g(5)) = f(26) = 55$이고 $(gf)(5) = g(f(5)) = g(13) = 170$이다. 일반적으로는 다음과 같다.

$$(fg)(x) = f(g(x)) = f(x^2 + 1) = 2(x^2 + 1) + 3 = 2x^2 + 5$$
$$(gf)(x) = g(f(x)) = g(2x + 3) = (2x + 3)^2 + 1 = 4x^2 + 12x + 9 + 1 = 4x^2 + 12x + 10$$

따라서 일반적으로 함수 fg와 gf는 같지 않음을 알 수 있다.

이제 자주 등장하는 몇 가지 함수에 대해 알아보자.

정의 단사함수

함수 $\phi: A \to B$가 임의의 a_1, $a_2 \in A$에 대해 다음 조건을 만족하면 **단사함수**(one-to-one function) 또는 **일대일함수**라고 한다.

$$\phi(a_1) = \phi(a_2) \text{이면 } a_1 = a_2 \text{이다.}$$

집합 B의 한 원소는 집합 A의 오직 한 원소에 대한 상이 될 수 있으므로 단사(일대일)라는 용어를 사용한다. 또한 '$a_1 \neq a_2$이면 $\phi(a_1) \neq \phi(a_2)$'인 경우에도 ϕ는 단사함수이다. 즉, 집합 A의 서로 다른 원소는 집합 B의 서로 다른 원소에 대응한다. [그림 0.4]를 통해 확인해보자.

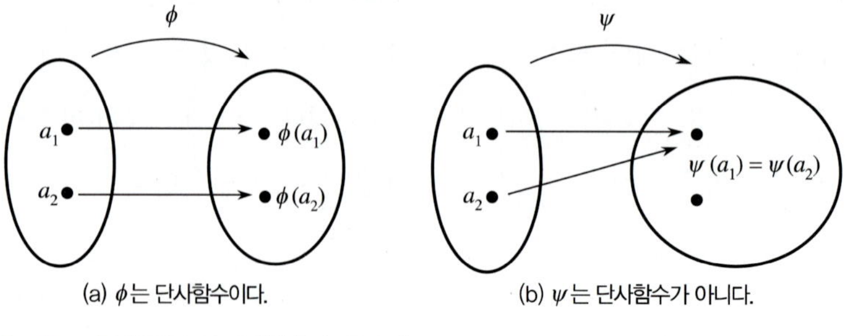

[그림 0.4] 단사함수와 단사함수가 아닌 예

정의 전사함수

집합 B의 모든 원소가 집합 A의 적어도 한 원소에 대한 상이면, 집합 A에서 집합 B로의 함수 ϕ를 **전사함수**(onto function) 또는 **위로의 함수**라고 한다. 즉, 집합 B의 각 원소 b에 대해 집합 A의 원소 a가 적어도 하나 존재하여 $\phi(a)=b$를 만족할 때, $\phi: A \to B$가 전사함수이다.

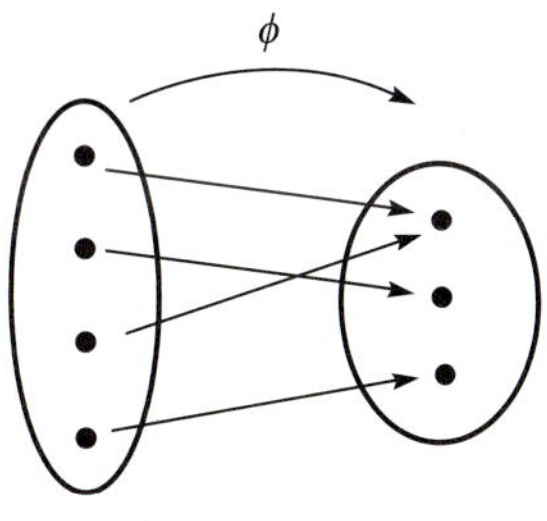

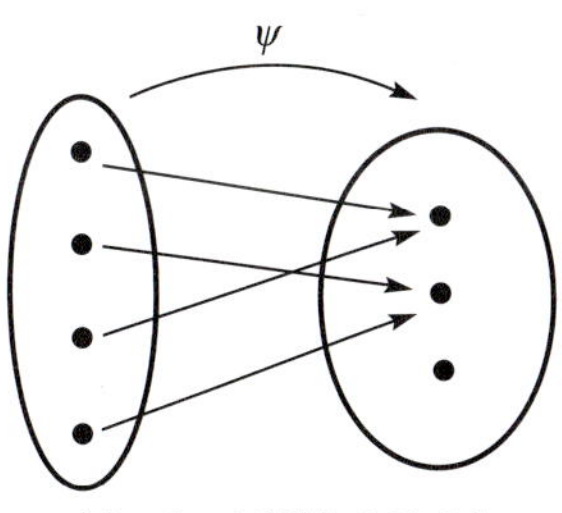

[그림 0.5] 전사함수와 전사함수가 아닌 예

다음 정리에서는 필요한 함수의 성질 몇 가지를 요약한다.

정리 0.8 함수의 성질

세 함수 $\alpha: A \to B$, $\beta: B \to C$, $\gamma: C \to D$에 대해 다음이 성립한다.

(1) $\gamma(\beta\alpha) = (\gamma\beta)\alpha$ (결합법칙)

(2) α와 β가 단사함수이면 $\beta\alpha$도 단사함수이다.

(3) α와 β가 전사함수이면 $\beta\alpha$도 전사함수이다.

(4) α가 전단사함수[6]이면 집합 B에서 집합 A로의 전사함수 α^{-1}가 존재하여 집합 A의 모든 원소 a에 대해 $(\alpha^{-1}\alpha)(a) = a$이고, 집합 B의 모든 원소 b에 대해 $(\alpha\alpha^{-1})(b) = b$이다.

증명

여기서는 **(1)**만 증명한다. $a \in A$라 하면 $(\gamma(\beta\alpha))(a) = \gamma((\beta\alpha)(a)) = \gamma(\beta(\alpha(a)))$이다. 한편, $((\gamma\beta)\alpha)(a) = (\gamma\beta)(\alpha(a)) = \gamma(\beta(\alpha(a)))$이다. 따라서 $\gamma(\beta\alpha) = (\gamma\beta)\alpha$이다. ■

α가 전단사함수일 때, [정리 0.8]의 **(4)**에서 설명한 함수 α^{-1}는 $\alpha(s) = t$이면 $\alpha^{-1}(t) = s$라는 성질을 만족한다는 사실을 알아두면 유용하다. 즉, α^{-1}에 의한 t의 상은 α에 의해 t로 대응하는 유일한 원소 s이다. 사실상 α는 보내는 일을 하고, α^{-1}는 되돌려 보내는 일을 한다.

6 (감수) 전사함수이고 단사함수인 함수를 **전단사함수**(bijection)라고 한다.

EX 0.24 $\mathbb{Z}$ 는 정수 집합, $\mathbb{R}$ 은 실수 집합, $\mathbb{N}$ 은 음이 아닌 정수 집합을 나타낸다고 할 때, 다음 표는 단사함수와 전사함수의 성질에 대한 몇 가지 예를 보여준다.

정의역	공역	규칙	단사함수	전사함수
$\mathbb{Z}$	$\mathbb{Z}$	$x \to x^3$	○	×
$\mathbb{R}$	$\mathbb{R}$	$x \to x^3$	○	○
$\mathbb{Z}$	$\mathbb{N}$	$x \to \lvert x \rvert$	×	○
$\mathbb{Z}$	$\mathbb{Z}$	$x \to x^2$	×	×

처음 두 경우에서 $x \to x^3$이 단사함수인지 확인하기 위해 $x^3 = y^3$일 때 등호의 양변에 세제곱근을 취해 $x = y$를 얻을 수 있다. $x \to x^3$으로 주어진 $\mathbb{Z}$ 에서 $\mathbb{Z}$ 로의 함수는 2가 어떤 정수의 세제곱이 될 수 없으므로 전사함수가 아니다. 그러나 모든 실수는 자신의 세제곱근의 세제곱이므로(즉, $\sqrt[3]{b} \to b$), $x \to x^3$으로 주어진 $\mathbb{R}$ 에서 $\mathbb{R}$ 로의 함수는 전사함수이다. 나머지 예에 대한 증명은 독자에게 남긴다.

0장 연습문제

> 이스라엘 라디오 방송에서 5분간 인터뷰를 했는데, 그 인터뷰에서 2,000년도 훨씬 이전에 유클리드가 소수는 무한히 많음을 증명했다고 말했다. 즉시 사회자는 "지금도 여전히 소수가 무한히 많이 있습니까?"라고 되물었다.
>
> **노가 알론(Noga Alon)**

0.1 각 $n = 5, 8, 12, 20, 25$에 대해 n보다 작은 양의 정수 중 n과 서로소인 것을 모두 구하라.

0.2 다음을 구하라.

(a) $\gcd(2, 10)$, $\text{lcm}(2, 10)$

(b) $\gcd(20, 8)$, $\text{lcm}(20, 8)$

(c) $\gcd(12, 40)$, $\text{lcm}(12, 40)$

(d) $\gcd(21, 50)$, $\text{lcm}(21, 50)$

(e) $\gcd(p^2q^2, pq^3)$, $\text{lcm}(p^2q^2, pq^3)$ (p, q는 서로 다른 소수)

0.3 다음을 구하라.

$$51 \bmod 13,\ 342 \bmod 85,\ 62 \bmod 15,\ 10 \bmod 15,\ (82 \cdot 73) \bmod 7,$$
$$(51+68) \bmod 7,\ (35 \cdot 24) \bmod 11,\ (47+68) \bmod 11$$

0.4 $1=7 \cdot s+11 \cdot t$를 만족하는 정수 s와 t를 구하고, s와 t는 유일하지 않음을 보여라.

0.5 유한한 정수 집합에 있는 모든 원소의 공배수는 최소공배수의 배수임을 증명하라.

0.6 임의의 연속인 세 정수 $n,\ n+1,\ n+2$ 중 적어도 하나는 3으로 나누어떨어짐을 증명하라.

0.7 a와 b가 양의 정수이면 $ab=\mathrm{lcm}(a, b) \cdot \gcd(a, b)$임을 보여라.

0.8 두 정수 a, b가 정수 c의 약수라고 하자. a와 b가 서로소이면 ab가 c의 약수임을 증명하라. 또한 a와 b가 서로소가 아니고 ab가 c의 약수가 아닌 예를 찾으라.

0.9 두 정수 a, b와 양의 정수 n에 대해 n이 $a-b$의 약수일 필요충분조건은 $a \bmod n=b \bmod n$임을 증명하라.

0.10 $d=\gcd(a, b)$라 하자. $a=da'$, $b=db'$이면 $\gcd(a', b')=1$임을 보여라.

0.11 n을 1보다 큰 고정된 양의 정수라고 하자. $a \bmod n=a'$이고 $b \bmod n=b'$이면 $(a+b) \bmod n=(a'+b') \bmod n$이고 $(ab) \bmod n=(a'b') \bmod n$임을 증명하라.[7]

0.12 a, b가 양의 정수이고 $d=\gcd(a, b)$, $m=\mathrm{lcm}(a, b)$라고 하자. a와 b의 공약수 t가 d의 약수이고, a와 b의 공배수 s가 m의 배수임을 증명하라.

0.13 n, a가 양의 정수이고 $d=\gcd(a, n)$이라고 하자. 방정식 $ax \bmod n=1$이 해를 가질 필요충분조건이 $d=1$임을 보여라.[8]

0.14 모든 n에 대해 $5n+3$과 $7n+4$가 서로소임을 보여라.

0.15 m과 n이 서로소이고 r이 임의의 정수라고 하자. $mx+ny=r$을 만족하는 정수 x와 y가 존재함을 보여라.

0.16 p, q, r을 3이 아닌 소수라고 하자. $p^2+q^2+r^2$이 3으로 나누어떨어짐을 보여라.

---

7 이 문제는 6장, 8장, 10장, 15장에서 다시 언급한다.
8 이 문제는 2장에서 다시 언급한다.

0.17 3보다 큰 모든 소수는 $6n+1$ 또는 $6n+5$ 형태로 나타낼 수 있음을 증명하라.

0.18 $7^{1000}\mathrm{mod}6$과 $6^{1001}\mathrm{mod}7$을 구하라.

0.19 정수 a, b, s, t에 대해 $a\mathrm{mod}st=b\mathrm{mod}st$이면 $a\mathrm{mod}s=b\mathrm{mod}s$이고 $a\mathrm{mod}t=b\mathrm{mod}t$임을 보여라. 그리고 이 명제의 역이 성립하기 위한 s와 t의 조건을 구하라.[9]

0.20 n이 1보다 큰 정수이고 $(n-1)!=1\mathrm{mod}n$이면 n이 소수임을 증명하라.

0.21 $\gcd(a, bc)=1$일 필요충분조건은 $\gcd(a, b)=1$과 $\gcd(a, c)=1$임을 보여라.[10]

0.22 소수 p_1, p_2, $\cdots$, p_n에 대해 $p_1p_2\cdots p_n+1$은 이 소수들 중 어느 것으로도 나누어떨어지지 않음을 보여라.

0.23 소수는 무한히 많음을 증명하라.

힌트 [연습문제 0.22]를 이용한다.

0.24 임의의 복소수 z_1, z_2에 대해 $|z_1z_2|=|z_1||z_2|$임을 증명하라.

0.25 $1+xy$로 모델링된 논리 게이트 $x\mathrm{NAND}y$가 1인 경우를 설명하는 필요충분조건(if and only if) 명제를 제시하라. 또 $1+x+y$로 모델링된 논리 게이트 $x\mathrm{XNOR}y$가 1인 경우를 설명하는 필요충분조건 명제를 제시하라.

0.26 입력 0, 1과 mod2에 대한 연산에 대해 공식 $z+xy+xz$의 출력을 '만약 x가 $\cdots$이면, 그렇지 않으면 $\cdots$'의 형태로 설명하라.

0.27 임의의 양의 정수 n에 대해 n개의 원소들로 이루어진 집합이 정확히 2^n개의 부분집합(공집합과 전체집합 포함)을 가짐을 증명하라.

0.28 임의의 양의 정수 n에 대해 $2^n3^{2n}-1$이 항상 17로 나누어떨어짐을 증명하라.

0.29 n, $n+1$, $n+2, \cdots$, $n+200$이 모두 합성수가 되는 어떤 양의 정수 n이 존재함을 증명하라.

0.30 **[일반화된 유클리드의 보조정리]** 소수 p가 $a_1a_2\cdots a_n$의 약수이면 p가 a_1, $a_2, \cdots$, a_n 중 적어도 하나의 약수임을 증명하라.

---

9 이 문제는 8장에서 다시 언급한다.
10 이 문제는 8장에서 다시 언급한다.

0.31 [연습문제 0.30]을 이용해 산술의 기본정리의 유일성 부분을 증명하라.

0.32 7달러와 9달러 상당의 칩으로 베팅할 수 없는 가장 큰 금액을 구하고, 그 값이 맞는지 수학적 귀납법의 첫 번째 원리와 두 번째 원리를 각각 이용해 증명하라.

0.33 수학적 귀납법의 첫 번째 원리가 정렬 원리의 결과임을 증명하라.

0.34 피보나치 수 $1,\ 1,\ 2,\ 3,\ 5,\ 8,\ 13,\ 21,\ 34, \cdots$는 일반적으로 $f_1 = 1,\ f_2 = 1,\ f_n = f_{n-1} + f_{n-2}\ (n \geq 3)$로 정의한다. n번째 피보나치 수 f_n이 $f_n < 2^n$을 만족함을 증명하라.

0.35 모든 양의 정수 n에 대해 $n^3 + (n+1)^3 + (n+2)^3$이 9의 배수임을 n에 관한 수학적 귀납법으로 증명하라.

0.36 양의 정수인 매개변수 n에 관한 명제가 있고 이 명제가 특정한 n에 대해 참일 때, $n+2$에 대해서도 참임을 보이고자 한다. 이 명제가 모든 양의 정수에 대해 참임을 증명하려면 어떤 전략을 세워야 하는지를 설명하라.

0.37 스티비 원더의 앨범 <Songs in the Key of Life>의 'As'라는 곡에서 $8 \times 8 \times 8 = 4$라는 식을 언급한다. 법 n에 대해 이 식이 참이 되도록 하는 모든 정수 n을 구하라.

0.38 모든 정수 n에 대해 $n^3 \bmod 6 = n \bmod 6$임을 증명하라.

0.39 오전 2시에서 3,736시간 지난 후의 시각을 구하라.

0.40 식별번호가 7234541780인 우편환에서 검사숫자를 구하라.

0.41 우편환에서 검사숫자가 아닌 다른 숫자 중 하나가 0에서 9로 바뀌거나 또는 9에서 0으로 바뀌는 경우, 검사숫자로 이 오류를 감지할 수 없음을 증명하라. 그리고 이 오류를 제외한 한 자릿수 오류는 모두 감지할 수 있음을 증명하라.

0.42 우편환 식별번호와 검사숫자가 21720421168에서 27750421168로 잘못 입력되었을 때, 검사숫자가 이 오류를 감지할 수 있는지를 설명하라.

0.43 우편환 검사숫자 체계에서 검사숫자가 뒤바뀌지 않는 한, 서로 인접한 두 숫자가 바뀌는 전치 오류 $\cdots ab \cdots \rightarrow \cdots ba \cdots (a \neq b)$는 감지할 수 없음을 증명하라.

0.44 수 N에 대한 우편환의 검사숫자가 실수 $N \div 9$를 소수로 표기할 때 반복해서 나타나는 숫자임을 설명하라.

0.45 10자리 국제표준도서번호(ISBN-10) $a_1a_2a_3a_4a_5a_6a_7a_8a_9a_{10}$은 $(a_1, a_2, \cdots, a_{10}) \cdot (10, 9, 8, 7, 6, 5, 4, 3, 2, 1) \bmod 11 = 0$이라는 성질을 갖는다. 여기서 a_{10}은 검사숫자이다. 위와 같은 내적을 0으로 만들기 위해 검사숫자 a_{10}이 10이 되는 경우도 있는데, 이때 문자 X를 검사숫자로 사용한다. 이 책의 ISBN-10에 대한 검사숫자를 확인하라.

0.46 물음표(?) 부분이 훼손된 ISBN-10인 0-716?-2841-9에서 훼손된 숫자를 구하라.

0.47 ISBN-10에서 연속인 세 자릿수 abc가 bca로 섞였다고 가정하자. 이러한 상황에서 어떤 오류가 감지되지 않는지를 설명하라.

0.48 S를 실수 집합이라고 하자. $a, b \in S$에 대해 $a-b$가 정수이면 $a \sim b$로 정의하자. $\sim$가 S에서의 동치관계임을 보이고, S의 동치류를 구하라.

0.49 S를 정수 집합이라고 하자. $a, b \in S$에 대해 $ab \geq 0$이면 aRb로 정의한다. R은 S에서의 동치관계인가?

0.50 S를 정수 집합이라고 하자. $a, b \in S$에 대해 $a+b$가 짝수이면 aRb로 정의한다. R이 동치관계임을 증명하고, S의 동치류를 구하라.

0.51 $\sim$가 S에서의 동치관계임을 보임으로써 [정리 0.7]의 증명을 완성하라.

0.52 연속인 세 개의 홀수인 소수는 오직 3, 5, 7임을 증명하라.

* 이 장을 위한 컴퓨터 연습문제는 http://www.d.umn.edu/~jgallian에서 확인할 수 있다.

1

군의 개요
Introduction to Groups

"그리고 대칭은 [양자 물리학을 위한] 이러한 모델을 만드는 데 사용된 강력한 지침 원리이다. 모델이 대칭적일수록 분석하기가 더 쉽다."

에드워드 프렌켈(Edward Frenkel), *Love and Math*

"대칭은 예술과 자연에서 매우 중요한 의미를 지닌 방대한 주제이다. 수학은 대칭의 근본 원리이며, 수학적 지능이 작용하는 방식을 보여주기 위해 더 적합한 주제를 찾기는 어려울 것이다."

헤르만 바일(Hermann Weyl), *Symmetry*

1.1 정사각형의 대칭

평면에서 정사각형 영역을 제거한다고 가정하면, 어떤 방식으로든 이 정사각형 영역을 움직여서 원래 위치해 있던 평면에 놓을 수 있을 것이다. 이 장의 목표는 이러한 과정을 수행할 수 있는 가능한 모든 방법을 설명하는 것이다. 더 구체적으로 말하면 정사각형의 처음 위치와 움직인 후 마지막 위치 사이의 가능한 관계를 이동과 관련해 설명하려고 한다. 그러나 이동 자체보다는 이동 결과를 더 중요하게 다룬다. 예를 들어 90° 회전과 450° 회전은 모든 지점에서 동일한 결과를 보이므로 같은 것으로 간주한다. 이렇게 단순화함으로써 목표에 더 쉽게 다가갈 수 있다.

먼저 정사각형 영역이 (유리와 같이) 투명하고, 각 모서리가 파란색, 흰색, 분홍색, 녹색으로 표시되어 있다고 하자. 그러면 결과가 서로 다른 이동을 쉽게 구분할 수 있다. 이렇게 색칠한 정사각형을 이용하면 정사각형을 재배치할 수 있는 가능한 모든 방법을 간단하게 설명할 수 있다. [그림 1.1]을 살펴보자. 정사각형의 이동이 아무리 복잡하더라도 [그림 1.1]의 8가지 중 하나와 동일함을 보이면

R_0 = 0° 회전(위치 변화 없음)

R_{90} = 90° 회전(반시계방향)

R_{180} = 180° 회전

R_{270} = 270° 회전

H = 수평축을 기준으로 대칭이동

V = 수직축을 기준으로 대칭이동

D = 주대각선을 기준으로 대칭이동

D' = 다른 대각선을 기준으로 대칭이동

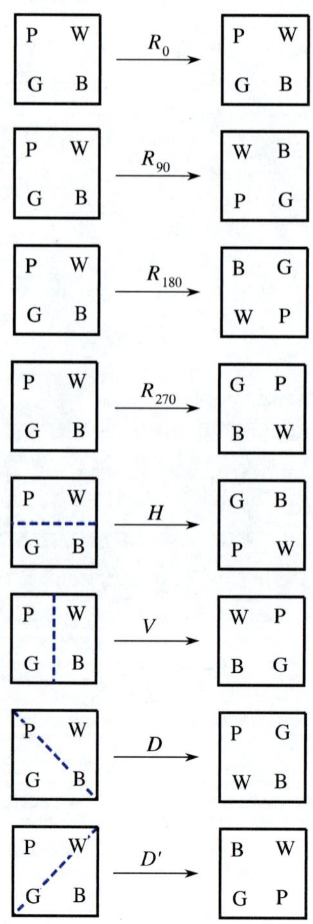

[그림 1.1] 정사각형의 대칭

된다. 이러한 주장은 정사각형의 최종 위치가 특정 모서리의 위치와 방향(위 또는 아래)에 의해 완전히 결정되는 것을 관찰함으로써 증명할 수 있다. 주어진 모서리는 분명히 4개의 위치와 2개의 방향(위, 아래)을 가지므로 최종 위치는 정확히 8가지이다.

이제 정사각형의 모든 이동이 [그림 1.1]의 8가지 중 하나와 동일하다는 사실에 대한 몇 가지 결과를 자세히 알아보자. 다음과 같이 정사각형을 반시계방향으로 90° 회전한 후 수평축을 기준으로 대칭이동했다고 가정하자.

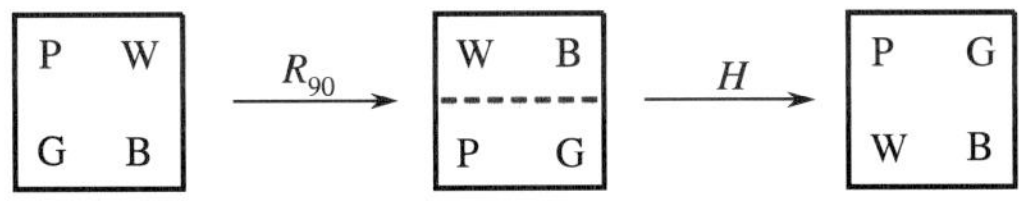

위와 같은 예를 통해 연속된 두 번의 이동이 단일 이동인 D가 됨을 알 수 있다. 즉, 단일 이동을 수행하기 위해 두 이동을 합성할 수 있다. 실제로 8가지 이동은 정사각형 영역에서 자기 자신으로 가는 함수로 볼 수 있으므로, 두 번의 이동은 합성함수를 이용해 구할 수 있다. 따라서 위의 이동은 $HR_{90} = D$로 나타낸다.[1] 8가지 이동 R_0, R_{90}, R_{180}, R_{270}, H, V, D, D'은 합성함수라는 연산과 함께 **위수가 8인 정이면체군**(dihedral group of order 8)이라고 하는 수학적 구조를 만든다(군의 위수는 군에 포함하는 원소의 개수이다). 이 군을 D_4로 표기한다. 이 절에서는 군의 형식적인 정의를 소개하는 대신, D_4를 통해 군의 성질들을 살펴본다.

계산의 편의를 위해 다음과 같이 D_4에 대한 **연산표**(operation table)인 **케일리 표**(Cayley table)[2]를 작성했다. 표에서 동그라미로 표기한 부분이 $D = HR_{90}$ 연산의 결과이다(일반적으로 ab는 왼쪽 끝에 a가 있는 행과 맨 위에 b가 있는 열의 교차점에 있는 항목이다).

	R_0	R_{90}	R_{180}	R_{270}	H	V	D	D'
R_0	R_0	R_{90}	R_{180}	R_{270}	H	V	D	D'
R_{90}	R_{90}	R_{180}	R_{270}	R_0	D'	D	H	V
R_{180}	R_{180}	R_{270}	R_0	R_{90}	V	H	D'	D
R_{270}	R_{270}	R_0	R_{90}	R_{180}	D	D'	V	H
H	H	$\textcircled{D}$	V	D'	R_0	R_{180}	R_{90}	R_{270}
V	V	D'	H	D	R_{180}	R_0	R_{270}	R_{90}
D	D	V	D'	H	R_{270}	R_{90}	R_0	R_{180}
D'	D'	H	D	V	R_{90}	R_{270}	R_{180}	R_0

1 합성함수 fg는 'g 다음에 f가 오는 것'을 의미하기 때문이다.
2 1854년에 이 표를 처음 소개한 영국 수학자 아서 케일리(Arthur Cayley)의 이름을 따서 명명했다.

표가 이렇게 잘 정돈된 것은 결코 우연이 아니다. 이 표의 가장 중요한 특징은 새로운 이동을 도입하지 않고 내부가 모두 채워졌다는 점이다. 이 결과는 앞서 설명했듯이, 연속적인 모든 이동이 8가지 이동 중 하나와 같기 때문이다. 대수적으로 보면 A와 B가 D_4에 포함될 때, AB도 D_4에 포함된다. 이 성질은 수학 체계에서 군이 되기 위한 조건 중 하나로, **닫혀있음**(closure)이라고 한다.

다음으로 D_4의 임의의 원소 A에 대해 $AR_0 = R_0A = A$가 성립한다. 즉, 임의의 원소 A를 R_0의 왼쪽과 오른쪽 중 어디에 결합하더라도 다시 A가 된다. 이러한 성질을 만족하는 원소 R_0을 **항등원**(identity)이라고 하며, 모든 군은 항등원을 갖는다. 또한 D_4의 각 원소 A에 대해 $AB= BA = R_0$을 만족하는 D_4의 원소 B는 오직 하나만 존재한다. 이때 원소 B를 원소 A의 **역원**(inverse)이라고 하며, 반대로 원소 A도 원소 B의 역원이라고 한다. 예를 들어 R_{90}과 R_{270}은 서로 역원이고, H는 자기 자신의 역원이다. 두 원소 A와 B가 서로의 역원이면 원소 B는 원소 A가 '하는 것'을 '되돌리는 것'을 의미한다. 즉 $AB= BA = R_0$으로, 두 원소 A와 B를 합성하면 어떤 순서로든 R_0이 되므로 이동이 없음을 의미한다.

이 표의 또 다른 놀라운 특징은 D_4의 모든 원소가 각 행과 열에 정확히 한 번씩만 나타난다는 점이다. 이는 모든 군이 반드시 갖는 성질이며, 실제로 표를 처음 구성할 때 이 사실을 염두에 두면 매우 유용하다.

D_4의 또 다른 특별한 성질이 있다. 표를 보면 $HD \neq DH$이지만 $R_{90}R_{180} = R_{180}R_{90}$이다. 따라서 군에서는 ab와 ba가 같을 수도 있고 다를 수도 있다. 군의 임의의 원소 a, b에 대해 $ab = ba$이면 그 군은 **교환법칙**(commutative law)을 만족한다고 하거나, **가환군**(abelian group)[3] 또는 **아벨군**이라고 한다. 그렇지 않으면 **비가환군**(non-abelian group) 또는 **비아벨군**이라고 한다.

지금까지 D_4를 통해 군을 정의하는 네 가지 조건 중 세 가지를 설명했다. 그 세 가지는 닫혀있음, 항등원의 존재성, 역원의 존재성이다. 군이 되기 위해 필요한 남은 조건은 **결합법칙**(associative law)이다. 즉, 주어진 집합의 모든 원소 a, b, c에 대해 $(ab)c = a(bc)$가 성립해야 한다. 따라서 D_4가 실제로 군이 됨을 확인하려면 D_4에서 a, b, c의 모든 조합 $8^3 = 512$가지에 대해 결합법칙이 성립함을 보여야 한다. 그러나 실제로 이 방법은 거의 이용하지 않는다. 앞서 설명했듯이, D_4의 원소를 정사각형 위의 8가지 함수로 보면 연산은 함수의 합성이다. 그런데 함수의 합성은 결합법칙을 만족하므로 이 결과를 확인할 필요가 없다.

3 위대한 노르웨이 수학자 닐스 헨리크 아벨(Niels Abel)을 기리기 위해 명명했다.

1.2 정이면체군

앞서 살펴본 정사각형의 이동에 대한 분석은 정삼각형, 정오각형 등의 모든 정n각형($n \geq 3$)에도 비슷하게 적용할 수 있다. 이렇게 얻은 각 군을 **위수가 $2n$인 정이면체군**(dihedral group of order $2n$)이라고 하며 D_n으로 표기한다.

정이면체군은 예술과 자연에서 흔히 볼 수 있다. 바닥재, 도자기, 건물의 장식에 사용되는 대부분의 무늬는 정이면체군의 한 종류인 대칭군이다. 기업들의 로고 또한 정다각형의 대칭군인 정이면체군을 많이 사용한다. 크라이슬러(Chrysler)의 로고는 대칭군 D_5의 형태이고, 메르세데스-벤츠(Mercedes-Benz)의 로고는 대칭군 D_3의 형태이다. 또한 흔히 볼 수 있는 5개의 점을 연결한 별은 대칭군 D_5의 형태이고, 극피동물에 포함된 바다 생물인 불가사리, 해삼, 갯고사리, 연잎성게류 역시 대칭군 D_5의 형태이다. 눈송이는 대칭군 D_6의 형태이다([연습문제 1.19] 참고).

화학자들은 대칭성에 따라 분자를 분류한다. 뿐만 아니라 궤도 계산, 원자와 분자의 에너지 준위 결정, 분자 진동 연구 등에도 대칭성이 적용된다. [그림 1.2]의 암모니아(NH_3)와 같은 피라미드형 분자는 대칭군 D_3의 형태이다.

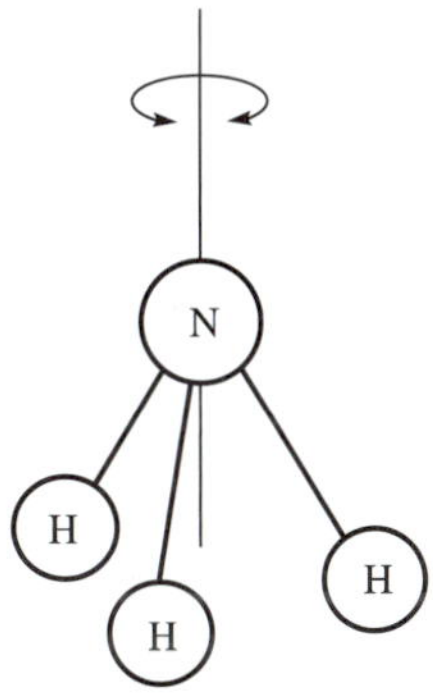

[그림 1.2] 대칭군 D_3의 형태인 피라미드형 분자

광물학자들은 결정체[4]의 원자 구성에 대한 2차원 X선 투시를 연구하여 결정체의 내부 구조를 결정한다. 투시된 영상에 존재하는 대칭은 결정체 내부의 대칭을 나타낸다. 일반적으로 발생하는 대칭 패턴은 D_4와 D_6이다([그림 1.3] 참고). 흥미롭게도 결정체가 D_n($n = 5$ 또는 $n > 6$)의 대칭 패턴을 갖는 것은 수학적으로 불가능하다.

4 입자가 3차원의 불연속적인 패턴으로 배열된 단단한 물체로, 식탁용 소금과 설탕이 그 예이다.

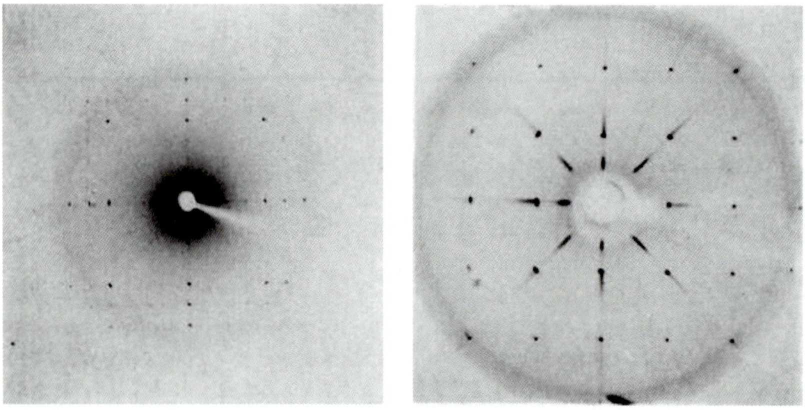

[그림 1.3] 결정체에서 D_4의 대칭 패턴을 보여주는 X선 회절 사진

위수가 $2n$인 정이면체군을 **정n각형의 대칭군**(group of symmetries of a regular n-gon)이라고도 한다. 평면에서 도형 F의 **평면대칭**(plane symmetry)[5]은 F의 상이 F이며 거리를 보존하는 평면에서 자기 자신으로 가는 전사함수이다. 즉, 평면의 임의의 점 p, q에 대해 p의 상과 q의 상 사이의 거리는 p와 q 사이의 거리와 같다. 평면도형의 **대칭군**(symmetry group)은 그 도형에 대한 모든 대칭의 집합이다. 3차원 대칭 또한 비슷한 방법으로 정의한다. 평면 위의 한 점에 대한 회전이동은 평면대칭이고, 3차원 공간에 있는 직선에 대한 회전이동은 3차원 대칭이다. 마찬가지로 평면 또는 3차원 공간에서의 모든 평행이동은 대칭이다.

직선 L에 대한 반사이동(reflection across a line L)은 직선 L 위의 모든 점을 고정하고 직선 L 위에 있지 않은 임의의 점 Q를 점 Q'으로 대응하여, 직선 L이 두 점 Q와 Q'을 연결하는 선분의 수직 이등분선이 되도록 하는 함수이다([그림 1.4(a)] 참고). [그림 1.4]는 회전이동과는 다른 반사이동의 특성을 보여준다. 시계방향 나선의 반사 이미지는 반시계방향 나선이며 그 반대의 경우도 마찬가지이다. 특히 회전이동은 방향을 유지하지만, 반사이동은 방향을 반대로 한다는 점에 유의한다. 이 사실은 앞으로 자주 사용할 것이다. 또한 반사이동은 손의 방향을 반전시킨다([그림 1.4(c)] 참고). 이 사실은 화학에서도 중요하게 사용된다.

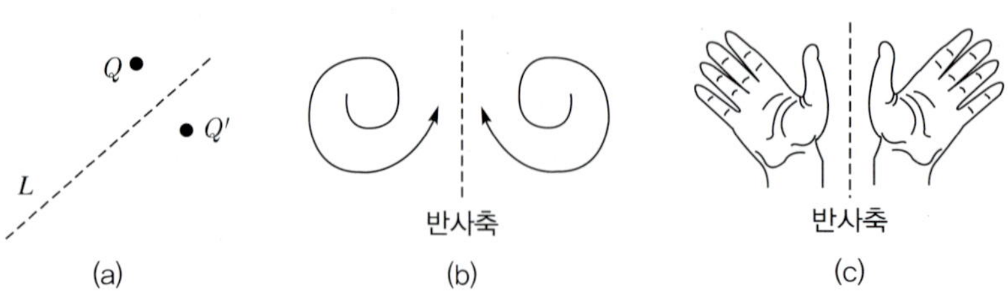

[그림 1.4] 반사 이미지

5 대칭이라는 용어는 '동일한 척도'를 의미하는 그리스어 symmetros에서 유래되었다.

3차원 공간에서 평면에 대한 반사이동도 비슷하게 정의한다. 3차원 공간에서 직선 L에 대한 180° 회전이동을 직선 L을 포함하는 평면으로 한정하면, 그 평면에서의 직선 L에 대한 반사이동과 일치한다. 따라서 정이면체군에서는 3차원 공간에서의 대칭축에 대한 대칭이동(예 H, V, D, D')이 2차원 평면에서의 직선에 대한 반사이동이다. 직선에 대한 반사이동이 2차원 평면의 이동으로 표현할 수 없는 평면대칭인 것처럼, 평면에 대한 반사이동 또한 3차원 공간의 이동으로 표현할 수 없는 3차원 대칭이다. 예를 들어 컵을 이등분하는 평면에 대한 반사이동은 반사이동대칭이지만, 이 대칭은 3차원 공간의 이동으로는 표현할 수 없다.

회전이동은 가능하지만 반사이동은 불가능한 물체와 도형들이 많이 존재한다. 다른 대칭은 포함하지 않고, 회전이동 0°, $\frac{360°}{n}$, $\frac{(2)360°}{n}$, $\cdots$, $\frac{(n-1)(360°)}{n}$ 로만 이루어진 대칭군을 **위수가 n 인 순환회전군**(cyclic rotation group of ordrer n)이라 하고 $\langle R_{360/n} \rangle$ 으로 표기한다. 정이면체군과 더불어 순환회전군은 예술, 디자인, 자연현상 등에서 매우 좋은 소재이다. [그림 1.5]는 위수가 2, 3, 4, 5,6, 8, 16, 20인 순환회전군을 사용한 기업체의 로고이다. 대칭에 대해서는 26장에서 더 자세히 살펴본다.

[그림 1.5] 순환회전군 형태의 로고

1장 연습문제

> 수학을 배우는 유일한 길은 수학을 공부하는 것이다.
>
> **헐모시 팔(Halmos Pál),** *A Hilbert Space Problem Book*

1.1 도형과 단어를 이용해 D_3(정삼각형의 대칭(회전, 반사)들의 집합)의 각 대칭에 대해 설명하라.

1.2 D_3의 케일리 표를 작성하라. D_3은 가환군인가?

1.3 D_4에서 다음을 만족하는 모든 X를 찾으라.

(a) $X^3 = V$ (b) $X^3 = R_{90}$ (c) $X^3 = R_0$

(d) $X^2 = R_0$ (e) $X^2 = H$

1.4 도형이나 단어를 이용해 D_5(정오각형의 대칭(회전, 반사)들의 집합)의 원소에 대해 설명하라.

1.5 $n \geq 3$에 대해 D_n의 원소를 설명하라. D_n의 원소는 몇 개인가?

힌트 n이 짝수일 때와 홀수일 때의 두 가지 경우를 고려해야 한다.

1.6 D_n에서 연속적인 두 번의 반사이동이 회전이동임을 기하학적으로 보여라.

1.7 D_n에서 연속적인 두 번의 회전이동이 회전이동임을 기하학적으로 보여라.

1.8 D_n에서 회전이동과 반사이동을 연속으로 하면 순서와 관계없이 반사이동임을 기하학적으로 보여라.

1.9 회전이동을 수 1에 대응하고 반사이동을 수 -1에 대응하자. D_n의 두 원소를 곱하는 것이 각 원소에 대응하는 두 수를 곱하는 것과 유사함을 보여라.

1.10 D_n에서의 회전이동 r_1, r_2, r_3과 반사이동 f_1, f_2, f_3에 대해 $r_1r_2f_1r_3f_2f_3r_3$이 회전이동인지, 반사이동인지를 결정하라.

1.11 a, b, c가 정이면체군의 원소일 때, $a^2b^4ac^5a^3c$가 회전이동인지, 반사이동인지를 결정하라.

1.12 정이면체군의 원소 X가 m번의 회전이동과 n번의 반사이동의 곱이라고 가정할 때, 다음 문장을 완성하라.

X가 회전이동일 필요충분조건은 ______________이다.

1.13 $AB = BC$이고 $A \neq C$인 D_4의 원소 A, B, C를 찾으라(즉, 이런 형태의 소거법칙은 성립하지 않는다).

1.14 다음 그림이 군 D_n에 대해 무엇을 증명하는지 설명하라.

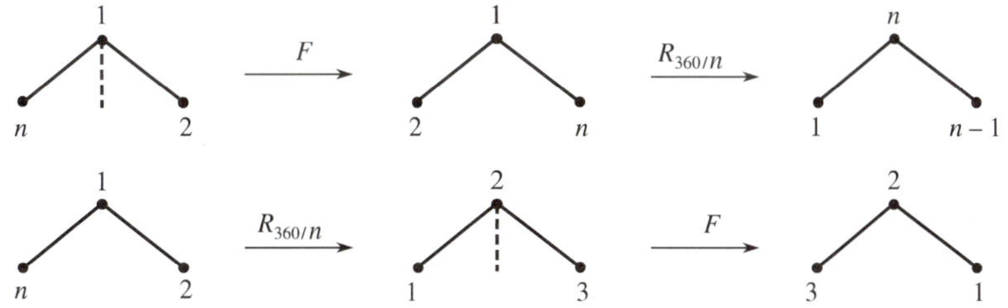

1.15 정사각형이 아닌 직사각형의 대칭에 대해 설명하고, 이에 관한 케일리 표를 작성하라. 이 군이 가환군인지 확인하고, 정이면체군과 어떤 공통점을 갖는지를 설명하라.

1.16 직사각형도 마름모도 아닌 평행사변형의 대칭과 직사각형이 아닌 마름모의 대칭에 대해 설명하라.

1.17 원이 아닌 타원의 대칭에 대해 설명하고, 쌍곡선의 대칭에 대해 설명하라.

1.18 문자 H가 동일한 간격으로 나열된 무한히 긴 띠의 대칭을 설명하라. 이 나열에 관한 대칭군은 가환군인가?

$\cdots$ HHHH $\cdots$

1.19 다음 그림[6]의 각 눈송이에 대한 대칭군을 구하라. 또한 약간의 오차는 무시하고 반사대칭축을 구하라.

6 Snow Crystals by W. A. Bentley and W. J. Humphreys) Copyright © 1962 Dover Publications

1.20 다음 그림[7]과 같은 인간 면역 결핍 바이러스(HIV)의 단면에 대한 바깥 부분의 대칭군을 구하라.

1.21 X, Y, R_{90}을 D_4의 원소라고 하자. $Y \neq R_{90}$이고 $X^2 Y = R_{90}$일 때, Y를 구하고 그 이유를 설명하라.

1.22 약간의 오차는 무시하고 다음 각 그림에 대한 대칭군을 구하라.

1.23 n이 3보다 크거나 같은 양의 정수라고 할 때, D_n이 R_{180}을 포함할 필요충분조건은 n이 짝수인 것임을 증명하라.

1.24 F가 정이면체군 D_n의 반사이동일 때, $X^2 = F$를 만족하는 D_n의 모든 원소 X와 $X^3 = F$를 만족하는 D_n의 모든 원소 X를 구하라.

7 이 그림은 조지 V. 켈빈(George V. Kelvin)이 제공했다.

닐스 헨리크 아벨(Niels Henrik Abel)

아벨은 수학자들이 500년 동안 꾸준히 연구해야 할 것을 남겼다.

샤를 에르미트(Charles Hermite)

19세기 아주 유명한 수학자 중 한 사람인 아벨은 1802년 8월 5일 노르웨이에서 태어났다. 그는 16세부터 뉴턴(Newton), 오일러(Euler), 라그랑주(Lagrange), 가우스(Gauss) 등의 고전 수학책들을 읽기 시작했다. 18세의 나이에 아벨은 아버지가 돌아가시면서 가족의 생계를 책임져야 했다. 사립학교 학생들의 과외와 일당제 일을 하면서도 수학에 대한 연구는 계속했다. 19세 때는 수백 년 동안 수학자들을 괴롭혀 온 문제를 해결했다. 그는 4차 이하의 방정식과 다르게 일반적인 5차 방정식의 해는 유한번의 사칙연산과 거듭제곱근으로 표현할 수 없음을 증명했다.

아벨은 오늘날 추상대수학이라는 분야가 출현하기 훨씬 이전에 사망했지만, 5차방정식 문제에 대한 그의 해답은 대수학의 많은 분야에 대한 토대를 마련했다. 아벨은 그의 연구가 인정받기 시작할 즈음 결핵에 걸렸고, 1829년 4월 6일 26세의 나이로 사망했다.

노벨상에는 수학자에 관한 상이 없었기 때문에 2002년 노르웨이 정부는 아벨을 기리기 위해 '수학의 노벨상'인 아벨상(Abel prize)을 제정했다. 상금이 약 100만 달러에 달하는 아벨상은 이제 노벨상에 버금가는 상으로 여겨진다. 다음 그림은 1948년 노르웨이에서 처음 발행한 500크로네 지폐이다.

이 책의 뒷부분에서는 아벨상 수상자인 존 톰슨(John Thompson)과 앤드루 와일스(Andrew Wiles)에 대한 전기도 소개할 것이다.

2

군
Groups

"군이 드러나거나 도입될 때마다 혼돈 속에서 단순함이 비교적 명확해졌다."

에릭 템플 벨(Eric Temple Bell), *Mathematics : Queen and Servant of Science*

"가능한 한 많은 예제를 푸는 것은 모든 개념을 철저히 이해하는 데 필수이며, 새로운 것을 익힐 때 첫 번째로 해야 할 일이다."

헐모시 팔(Halmos Pál)

2.1 군의 정의와 예

군(group)이라는 용어는 합성 연산에 대해 닫혀있는 유한집합에서의 단사함수 집합을 설명하기 위해 1830년경 에바리스트 갈루아(Évariste Galois)가 처음 사용했다. 대부분의 기본적인 수학 개념과 마찬가지로, 군의 현대적 정의는 오랜 진화 과정의 결과이다. 이 정의는 1882년 하인리히 베버(Heinrich Weber)와 발터 폰 다이크(Walther von Dyck)가 제안했지만, 20세기까지 보편적으로 받아들여지지 않았다.

정의 이항연산

집합 G에서의 **이항연산**(binary operation)은 G의 원소들의 각 순서쌍을 G의 한 원소로 대응하는 함수이다.

집합 G에서의 이항연산은 집합 G의 원소들의 순서쌍을 집합 G의 새로운 원소로 결합하는 방법(또는 공식)이다. 이 조건을 **닫혀있음**(closure)이라고 한다. 우리에게 익숙한 이항연산은 정수들의 덧셈, 뺄셈, 곱셈 등이다. 정수의 나눗셈은 정수에 대한 이항연산이 아니다. 왜냐하면 정수를 정수로 나누었을 때 정수가 아닌 경우도 있기 때문이다.

집합 $\mathbb{Z}_n = \{0, 1, 2, \cdots, n-1\}$에서 법 n에 대한 덧셈과 곱셈은 추상대수학에서 매우 중요한 이항연산이다. $\mathbb{Z}_n$에서 법 n에 대해 덧셈만 사용하는 경우와 덧셈과 곱셈을 모두 사용하는 경우가 있는데, 이 두 경우는 문맥상에서 확실히 구분된다. 예를 들어 $\mathbb{Z}_n$의 원소로 이루어진 행렬의 곱셈에서는 법 n에 대한 덧셈과 곱셈 모두가 필요하다.

정의 군

집합 G가 한 이항연산(보통 곱셈이라고 함)을 갖는 집합이라고 하자. 이 이항연산은 집합 G의 원소들의 순서쌍 (a, b)를 집합 G의 원소로 대응하며 ab로 표기하는 연산이다. 집합 G가 다음 세 가지 성질을 만족하면 이 이항연산에 대한 **군**(group)이라고 한다.

(1) **결합법칙**(associative law) : 이항연산이 결합법칙을 만족한다. 즉, 집합 G의 모든 원소 a, b, c에 대해 $(ab)c = a(bc)$이다.

(2) **항등원**(identity) : 집합 G의 모든 원소 a에 대해 $ae = ea = a$를 만족하는 원소 e가 집합 G에 존재하고, 이 원소를 항등원이라고 한다.

(3) **역원**(inverse) : 집합 G의 각 원소 a에 대해 $ab = ba = e$를 만족하는 원소 b가 집합 G에 존재하고, 이 원소를 a의 역원이라고 한다.

다시 말해, 군은 결합법칙을 만족하고 항등원을 가지며 모든 원소가 역원을 갖고, 두 원소의 곱이 다시 그 집합에 속하는 연산을 갖는 집합이다. 군이 되는지를 확인하기 위해서는 연산에 대해 닫혀 있음을 꼭 확인해야 한다([EX 2.5] 참고). 또한 a가 b의 역원이면 b도 a의 역원임을 알아야 한다.

군의 임의의 원소 a, b에 대해 $ab = ba$가 성립하면 그 군을 **가환군**(abelian group) 또는 **아벨군**이라고 한다. 만약 $ab \neq ba$ 인 원소 a, b가 존재하면 그 군을 **비가환군**(non-abelian group) 또는 **비아벨군**이라고 한다. 처음 등장하는 군에 대해서는 가환군인지 아닌지를 확인해야 한다.

이제 군의 형식적인 정의를 확인했으므로 좋은 예를 다뤄보자. 이러한 예들은 앞으로 이 책의 정리를 설명하는 데 사용된다(정리의 본질을 파악하는 가장 좋은 방법은 예를 통해 살펴보는 것이다). 학습을 진행하면서 직감과 추측만으로 예를 대할 수 있는데, 다음과 같은 예들을 완벽히 이해하려면 이 책에서 생략된 부분을 찾아 보완하며 공부해야 한다.

EX 2.1 정수 집합 $\mathbb{Z}$[1], 유리수 집합 $\mathbb{Q}$, 실수 집합 $\mathbb{R}$은 모두 덧셈에 대해 군이다. 각 경우에서 항등원은 0이고 원소 a의 역원은 $-a$이다.

EX 2.2 정수 집합 $\mathbb{Z}$는 곱셈에 대해 군이 아니다. 왜냐하면 항등원이 1이므로 군의 성질 (3)을 만족하지 않기 때문이다. 예를 들어 $5b = 1$을 만족하는 정수 b가 존재하지 않는다.

EX 2.3 복소수 집합의 부분집합 $\{1, -1, i, -i\}$는 복소수의 곱셈에 대해 군이다. -1의 역원은 자기 자신이고, i의 역원은 $-i$이며 그 반대도 마찬가지이다.

EX 2.4 양의 유리수 집합 $\mathbb{Q}^+$는 곱셈에 대해 군이다. 임의의 양의 유리수 a의 역원은 $\frac{1}{a} = a^{-1}$이다.

EX 2.5 양의 무리수 전체와 1로 구성된 집합 S는 곱셈에 대해 군의 정의에 주어진 세 가지 성질을 모두 만족하지만 군이 아니다. 실제로 $\sqrt{2} \cdot \sqrt{2} = 2$이므로 S는 곱셈에 대해 닫혀있지 않다.

---

1 수에 대한 독일어 Zahlen으로부터 유래된 표기이다.

EX 2.6 $\begin{bmatrix} a & b \\ c & d \end{bmatrix}$ 형태인 직사각형 배열을 2×2 행렬이라고 한다. 실수 성분으로 이루어진 모든 2×2 행렬의 집합은 다음과 같은 행렬 덧셈에 대한 군이다.

$$\begin{bmatrix} a_1 & b_1 \\ c_1 & d_1 \end{bmatrix}+\begin{bmatrix} a_2 & b_2 \\ c_2 & d_2 \end{bmatrix}=\begin{bmatrix} a_1+a_2 & b_1+b_2 \\ c_1+c_2 & d_1+d_2 \end{bmatrix}$$

이 군의 항등원은 $\begin{bmatrix} 0 & 0 \\ 0 & 0 \end{bmatrix}$이고, $\begin{bmatrix} a & b \\ c & d \end{bmatrix}$의 역원은 $\begin{bmatrix} -a & -b \\ -c & -d \end{bmatrix}$이다.

EX 2.7 $n\geq 1$에 대해 집합 $\mathbb{Z}_n=\{0, 1, 2, \cdots, n-1\}$은 법 n에 관한 덧셈에 대해 군이다. $\mathbb{Z}_n$의 임의의 원소 $j>0$에 대해 j의 역원은 $n-j$이다. 이와 같은 군을 일반적으로 **법 n에 대한 정수 집합들의 군**(group of integers modulo n)이라고 한다.

앞에서 살펴본 것처럼 실수 집합, 실수 성분으로 이루어진 2×2 행렬 집합, 법 n에 대한 정수 집합은 모두 덧셈에 대해 군이다. 그렇다면 곱셈에 대해서는 어떨까? 각 집합에는 곱셈에 대해 역원을 갖지 않는 원소들이 존재한다. 그러나 단순히 역원이 존재하지 않는 원소들을 제거함으로써 각 집합들이 곱셈에 대해 군이 되게 만들 수 있다. [EX 2.8], [EX 2.9], [EX 2.11]은 이러한 과정을 보여준다.

EX 2.8 0이 아닌 실수들의 집합 $\mathbb{R}^*$는 일반적인 곱셈에 대한 군이다. 이 군의 항등원은 1이고, a의 역원은 $\frac{1}{a}$이다.

EX 2.9 2×2 행렬 $\begin{bmatrix} a & b \\ c & d \end{bmatrix}$[2]의 **행렬식**(determinant)은 $ad-bc$이다. 2×2 행렬 A의 행렬식은 $\det A$로 표기한다. 성분이 실수이고 행렬식이 0이 아닌 2×2 행렬의 집합을 $GL(2, \mathbb{R})$이라고 하자.

$$GL(2, \mathbb{R})=\left\{\begin{bmatrix} a & b \\ c & d \end{bmatrix}\middle|\, a, b, c, d\in\mathbb{R}, ad-bc\neq 0\right\}$$

$GL(2, \mathbb{R})$은 다음과 같은 행렬 곱셈에 대해 비가환군이다.

$$\begin{bmatrix} a_1 & b_1 \\ c_1 & d_1 \end{bmatrix}\begin{bmatrix} a_2 & b_2 \\ c_2 & d_2 \end{bmatrix}=\begin{bmatrix} a_1a_2+b_1c_2 & a_1b_2+b_1d_2 \\ c_1a_2+d_1c_2 & c_1b_2+d_1d_2 \end{bmatrix}$$

2 간단히 살펴보기 위해 행렬은 2×2인 경우로 제한했다. 그러나 이 장에서 다룰 예는 $n\times n$ 행렬로 일반화된다.

$GL(2, \mathbb{R})$이 군임을 확인하기 위해 첫 번째로 행렬식이 0이 아닌 두 행렬을 곱한 결과인 행렬의 행렬식도 0이 아님을 보여야 한다. 이는 임의의 2×2 행렬 A, B에 대해 $\det(AB) = (\det A)(\det B)$가 성립하므로 증명된다. 결합법칙은 직접 계산하여 확인할 수 있다. 항등원은 $\begin{bmatrix} 1 & 0 \\ 0 & 1 \end{bmatrix}$이고, $\begin{bmatrix} a & b \\ c & d \end{bmatrix}$의 역원[3]은 다음과 같다($GL(2, \mathbb{R})$의 정의에 있는 조건 $ad - bc \neq 0$이 여기에 쓰인다).

$$\begin{bmatrix} \dfrac{d}{ad-bc} & \dfrac{-b}{ad-bc} \\ \dfrac{-c}{ad-bc} & \dfrac{a}{ad-bc} \end{bmatrix}$$

특히 행렬식은 그 행렬의 역원이 존재하는지를 결정한다. 행렬식에 대한 또 다른 유용한 공식은 $\det(A^{-1}) = (\det A)^{-1}$이다. $GL(2, \mathbb{R})$을 실수 집합 $\mathbb{R}$ 위의 2×2 행렬에 대한 **일반선형군**(general linear group)이라고 한다. 이 군은 비가환군의 매우 중요한 예이다.

EX 2.10 실수 성분으로 이루어진 모든 2×2 행렬의 집합은 [EX 2.9]에서 정의한 연산에 대해 군이 아니다. 행렬식이 0인 행렬은 역행렬을 갖지 않는다.

앞에서 실수 집합의 부분집합과 2×2 행렬 집합의 부분집합을 곱셈에 대한 군으로 만드는 방법을 소개했다. 다음으로 법 n에 관한 곱셈에 대해 정수 집합을 생각해보자.

1장에서는 수평축, 수직축, 주대각선축의 직관적인 개념으로 D_4에서 4개의 반사이동을 지정하여 정이면체군을 소개했고, 곱셈 연산을 하기 위해 케일리 표를 사용했다. 4보다 큰 정수의 경우, 반사이동을 설명하는 자연스러운 비슷한 방법이 없으며 케일리 표가 너무 복잡해진다. 뿐만 아니라 큰 n에 대해 정n각형에서의 연산은 실용적이지 않다. [EX 2.11]은 모든 정이면체군을 대수적으로 설명하고, 간단한 방법으로 곱셈 연산을 할 수 있는 정이면체군의 성질을 보여준다.

EX 2.11 **정이면체군에 대한 대수적 접근**

D_n에서 R은 $R_{360/n}$이고 F는 반사이동이라고 하면 다음과 같다.

$$D_n = \{R_0, R, R^2, \cdots, R^{n-1}, F, RF, R^2F, \cdots, R^{n-1}F\}$$

곱셈 연산을 수행하는 과정을 보면 모든 대칭은 자기 자신이 역원이기 때문에 $FF = R_0$이고 $R^iFR^iF = R_0$이다. 이 식을 재배열하면 $R^iF = F^{-1}R^{-i} = FR^{-i}$이 된다. 즉, R의 지수 부분의

3 (감수) 이 역원은 선형대수학에서 역행렬이라고 한다.

부호를 바꾸면 R^i과 F의 위치를 항상 바꿀 수 있다. 특히 이 관계는 회전이동과 반사이동의 곱을 재배열할 수 있는 교환법칙과 같은 성질을 제공한다. 예를 들어 $n=10$인 경우 다음과 같다.

$$R^{10}=R_0,\quad R^3FR^7F=R^3FFR^{-7}=R^3R^{-7}=R^{-4}=R^6,$$
$$FR^4=R^{-4}F=R^6F,\quad FR^{-3}F=R^3FF=R^3$$

$a\neq 0$인 실수 a, b에 대해 방정식 $ax=b$는 유일한 해 $x=a^{-1}b$를 갖는다. 대조적으로 $\mathbb{Z}_n$에서 $a\neq b$인 a, b에 대해서는 방정식 $ax=b$가 해를 갖지 않거나 유일한 해 또는 여러 가지 해를 가질 수 있다. [EX 2.12]는 $\mathbb{Z}_n$에서 $ax=1$을 만족하는 원소 a가 특별한 의미를 갖는다는 것을 보여준다.

EX 2.12 레온하르트 오일러(Leonhard Euler, 1761)

[연습문제 0.13]에 의해 정수 a가 법 n에 관한 곱셈에 대해 역원을 가질 필요충분조건은 a와 n이 서로소인 것이다. 임의의 양의 정수 n에 대해 $U(n)$을 n보다 작고 n과 서로소인 모든 양의 정수들의 집합으로 정의하자. 그러면 $U(n)$은 법 n에 관한 곱셈에 대해 군이다(이 과정에서 집합이 닫혀있는지 직접 확인하자). $n=10$에 대해 $U(10)=\{1,\ 3,\ 7,\ 9\}$이고, $U(10)$의 케일리 표는 다음과 같다.

mod10	1	3	7	9
1	1	3	7	9
3	3	9	1	7
7	7	1	9	3
9	9	7	3	1

($ab\bmod n$은 $a\cdot b=nq+r$, $0\le r<n$을 만족하는 유일한 값 r이며, $a\cdot b$는 일반적인 곱셈임을 상기하자). n이 소수일 때 $U(n)=\{1,\ 2,\cdots,\ n-1\}$이다.

1895년에 출간된 책 『Lehrbuch der Algebra』에서 하인리히 베버는 군 $U(n)$을 유한 가환군의 가장 중요한 예로 자세히 다루었다.

EX 2.13 집합 $\{0,\ 1,\ 2,\ 3\}$은 법 4에 관한 곱셈에 대해 군이 아니다. 왜냐하면 1, 3은 역원을 갖지만 0, 2는 역원을 갖지 않기 때문이다.

EX 2.14 정수 집합은 뺄셈에 대해 군이 아니다. 왜냐하면 뺄셈 연산이 결합법칙을 만족하지 않기 때문이다.

현명한 독자라면 지금까지 살펴본 예를 참고하여 자신만의 예를 만들어보길 바란다. 책에 주어진 내용을 그대로 받기만 하지 말고 적극적으로 공부하라.

EX 2.15 복소수 집합 $\mathbb{C}=\{a+bi \mid a, b\in\mathbb{R},\ i^2=1\}$은 연산 $(a+bi)+(c+di)=(a+c)+(b+d)i$에 대해 군이다. 이때 $a+bi$의 역원은 $-a-bi$이다. 0을 제외한 복소수 집합 $\mathbb{C}^*$는 연산 $(a+bi)(c+di)=(ac-bd)+(ad+bc)i$에 대해 군이다. 이때 $a+bi$의 역원은 $\frac{1}{a+bi}=\frac{1}{a+bi}\frac{a-bi}{a-bi}=\frac{1}{a^2+b^2}a-\frac{1}{a^2+b^2}bi$이다.

EX 2.16 다음은 $n\geq 1$인 모든 정수 n에 대해 1의 복소수 n제곱근(즉, x^n-1의 복소근)의 집합이다.

$$\left\{\cos\frac{k\cdot 360^\circ}{n}+i\sin\frac{k\cdot 360^\circ}{n}\ \middle|\ k=0, 1, 2, \cdots, n-1\right\}$$

이 집합은 곱셈에 대한 군이다([EX 0.13]의 드 므와브르 정리 참고). 이 군과 [EX 2.3]의 군을 비교하라.

0장에서 살펴본 복소수 $\cos\theta+i\sin\theta$는 실수축과 허수축으로 이루어진 평면 위의 점 $(\cos\theta, \sin\theta)$로 기하학적으로 표현할 수 있다. 이때 θ는 원점과 점 $(\cos\theta, \sin\theta)$를 연결하는 선분과 양의 실수축이 이루는 각이다. 따라서 $x^6=1$의 복소근 6개는 [그림 2.1]과 같이 반지름이 1인 원 위에 60°만큼 떨어진 지점에 각각 위치한다.

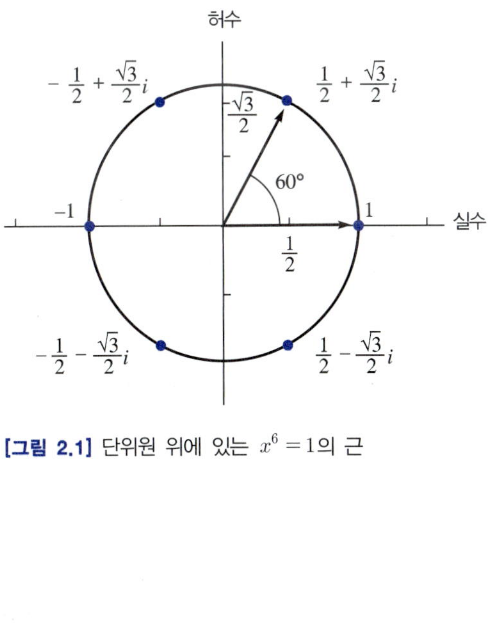

[그림 2.1] 단위원 위에 있는 $x^6=1$의 근

EX 2.17 집합 $\mathbb{R}^n = \{(a_1, a_2, \cdots, a_n) \mid a_1, a_2, \cdots, a_n \in \mathbb{R}\}$은 성분별 덧셈인 $(a_1, a_2, \cdots, a_n) + (b_1, b_2, \cdots, b_n) = (a_1 + b_1, a_2 + b_2, \cdots, a_n + b_n)$에 대해 군이다.

EX 2.18 행렬식이 1이고 $\mathbb{Q}$ (유리수), $\mathbb{R}$ (실수), $\mathbb{C}$ (복소수), $\mathbb{Z}_p$(p는 소수)의 성분으로 이루어진 모든 2×2 행렬의 집합은 행렬 곱셈에 대해 각각 비가환군이다. 이 군들을 각각 $\mathbb{Q}$, $\mathbb{R}$, $\mathbb{C}$, $\mathbb{Z}_p$ 위의 2×2 행렬에 대한 **특수선형군**(special linear group)이라고 한다. $\mathbb{Q}$, $\mathbb{R}$, $\mathbb{C}$, $\mathbb{Z}_p$ 중 하나를 F라고 할 때, 위와 같은 특수선형군을 $SL(2, F)$로 표기한다. 군 $SL(2, F)$에 대해, [EX 2.9]에 주어진 행렬 $\begin{bmatrix} a & b \\ c & d \end{bmatrix}$의 역원에 대한 공식은 $\begin{bmatrix} d & -b \\ -c & a \end{bmatrix}$로 간단해진다. $F = \mathbb{Z}_p$인 경우에는 합동 연산을 이용해 행렬식, 행렬 곱셈, 역원을 계산한다. $SL(2, \mathbb{Z}_5)$의 원소인 행렬 $A = \begin{bmatrix} 3 & 4 \\ 4 & 4 \end{bmatrix}$를 생각해보자. $\det A = (3 \cdot 4 - 4 \cdot 4) \bmod 5 = -4 \bmod 5 = 1$이고, 행렬 A의 역원은 $\begin{bmatrix} 4 & -4 \\ 4 & 3 \end{bmatrix} = \begin{bmatrix} 4 & 1 \\ 1 & 3 \end{bmatrix}$이다. 법 5에 대한 합동 연산에서는 $\begin{bmatrix} 3 & 4 \\ 4 & 4 \end{bmatrix}\begin{bmatrix} 4 & 1 \\ 1 & 3 \end{bmatrix} = \begin{bmatrix} 1 & 0 \\ 0 & 1 \end{bmatrix}$임에 유의한다.

[EX 2.9]는 다음과 같은 일반적인 경우의 특수한 예이다.

EX 2.19 F가 $\mathbb{Q}$, $\mathbb{R}$, $\mathbb{C}$, $\mathbb{Z}_p$(p는 소수) 중 하나라고 하자. 행렬식이 0이 아니고 F의 성분으로 이루어진 모든 2×2 행렬의 집합 $GL(2, F)$는 행렬 곱셈에 대해 비가환군이다. [EX 2.18]에서처럼 F가 $\mathbb{Z}_p$일 때 행렬식, 행렬 곱셈, 역원을 계산하는 데 합동 연산이 사용된다. [EX 2.9]에 주어진 행렬 $\begin{bmatrix} a & b \\ c & d \end{bmatrix}$의 역원 공식에서 $ad - bc$로 나누는 것을 법 p에 대해 $(ad - bc)$의 역원을 곱하는 것으로 해석한다면 이 공식은 $GL(2, \mathbb{Z}_p)$에 대해서도 성립한다. 예를 들어 $GL(2, \mathbb{Z}_7)$에서 행렬 $\begin{bmatrix} 4 & 5 \\ 6 & 3 \end{bmatrix}$을 생각해보자. 그러면 행렬식 $(ad - bc) \bmod 7$은 $(12 - 30) \bmod 7 = -18 \bmod 7 = 3$이고, $(3 \cdot 5) \bmod 7 = 1$이므로 3의 역원은 5이다. 따라서 행렬 $\begin{bmatrix} 4 & 5 \\ 6 & 3 \end{bmatrix}$의 역원은 $\begin{bmatrix} 3 \cdot 5 & 2 \cdot 5 \\ 1 \cdot 5 & 4 \cdot 5 \end{bmatrix} = \begin{bmatrix} 1 & 3 \\ 5 & 6 \end{bmatrix}$이다. $GL(2, \mathbb{Z}_7)$에서 $\begin{bmatrix} 4 & 5 \\ 6 & 3 \end{bmatrix}\begin{bmatrix} 1 & 3 \\ 5 & 6 \end{bmatrix} = \begin{bmatrix} 1 & 0 \\ 0 & 1 \end{bmatrix}$임을 직접 확인해보자.

군 $GL(n, F)$를 F 위의 $n \times n$ 행렬에 대한 **일반선형군**(general linear group)이라고 한다.

EX 2.20 집합 $\{1, 2, \cdots, n-1\}$이 법 n에 관한 곱셈에 대해 군이기 위한 필요충분조건은 n이 소수인 것이다.

지금까지 살펴본 다양한 군을 [표 2.1]에 정리했다. 앞의 예를 통해 알 수 있듯이, 군이라는 것은 매우 광범위한 개념이다. 공리적으로 접근하는 이유는 이러한 성질을 갖는 다양한 예를 허용하기에 충분히 일반적이면서 흥미로운 결과를 이끌어내도록 구체적인 성질을 찾기 위함이다.

추상대수학의 목표는 연산의 특정한 성질에 의존하지 않는 대수적 체계(즉, 하나 또는 그 이상의 이항연산을 갖는 집합)에 대한 진리를 발견하는 것이다. 우리가 이미 알고 있거나 알 필요가 있는 모든 것은 특정한 성질을 갖는 연산이다. 이러한 성질의 결과를 추론하고자 한다. 이와 같은 이유로 이 분야의 수학을 추상대수학이라고 한다. 그러나 특정한 군을 논의할 때는 반드시 특정한 연산이 (암시적으로라도) 주어져야만 한다.

[표 2.1] 군의 예들에 대한 정리(F는 $\mathbb{Q}$, $\mathbb{R}$, $\mathbb{C}$, $\mathbb{Z}_p$ 중 하나이고, L은 반사이동이다.)

군	연산	항등원	원소 형태	역원	가환군
$\mathbb{Z}$	덧셈	0	k	$-k$	○
$\mathbb{Q}^+$	곱셈	1	m/n $(m, n>0)$	n/m	○
$\mathbb{Z}_n$	법 n에 대한 덧셈	0	k	$n-k$	○
$\mathbb{R}^*$	곱셈	1	x	$1/x$	○
$\mathbb{C}^*$	곱셈	1	$a+bi$	$\frac{1}{a^2+b^2}a-\frac{1}{a^2+b^2}bi$	○
$GL(2, F)$	행렬 곱셈	$\begin{bmatrix}1&0\\0&1\end{bmatrix}$	$\begin{bmatrix}a&b\\c&d\end{bmatrix}$ $(ad-bc\neq 0)$	$\begin{bmatrix}\frac{d}{ad-bc}&\frac{-b}{ad-bc}\\\frac{-c}{ad-bc}&\frac{a}{ad-bc}\end{bmatrix}$	×
$U(n)$	법 n에 대한 곱셈	1	k $(\gcd(k, n)=1)$	$kx \bmod n=1$의 해	○
$\mathbb{R}^n$	성분별 덧셈	$(0, 0, \cdots, 0)$	$(a_1, a_2, \cdots, a_n)$	$(-a_1, -a_2, \cdots, -a_n)$	○
$SL(2, F)$	행렬 곱셈	$\begin{bmatrix}1&0\\0&1\end{bmatrix}$	$\begin{bmatrix}a&b\\c&d\end{bmatrix}$ $(ad-bc=1)$	$\begin{bmatrix}d&-b\\-c&a\end{bmatrix}$	×
D_n	합성	R_0	R_α, L	$R_{360-\alpha}$, L	×

2.2 군의 기본 성질

지금까지 군의 다양한 예를 살펴봤으니, 이제 군들이 공통으로 갖는 몇 가지 성질을 알아보자. 우선 정의로부터 몇 가지 근본적인 의문점이 생긴다. 모든 군은 항등원을 갖는데, 그렇다면 군이 2개 이상의 항등원을 가질 수 있을까? 또한 모든 군의 원소는 역원을 갖는데, 하나의 원소가 2개 이상의 역원을 가질 수 있을까? 앞에서 살펴본 예들을 보면 그렇지 않다고 답할 수 있다. 그러나 이와 같은 예로 한정하여 답한 것일 뿐, 모든 군에 대해 성립한다는 의미는 아니다. 즉, 각 예의 군은 모든 군이 갖는 성질이 아닌 고유한 성질을 가질 수 있으므로 예를 통해 모든 군이 유일한 항등원을 갖는다고 증명할 수는 없다. 따라서 특정한 몇 가지 군에 의존하는 주장이 아니라, 추상적인 원소로 이루어진 모든 군에 대해 그러한 성질이 성립함을 보여야 한다. 다음 세 가지 정리는 이와 같은 추상적인 접근 방식으로 증명한다.

정리 2.1 항등원의 유일성

군 G의 항등원은 유일하다.

증명

e와 e'이 모두 군 G의 항등원이라고 하면 다음이 성립한다.

(1) 군 G의 모든 원소 a에 대해 $ae = a$이다.

(2) 군 G의 모든 원소 a에 대해 $e'a = a$이다.

(1)에서 $a = e'$으로 선택하고 (2)에서 $a = e$로 선택하면 $e'e = e'$이고 $e'e = e$이다. 따라서 e와 e'은 모두 $e'e$와 같다. 즉, $e = e'$이다. ■

[정리 2.1]에 의해 군의 '항등원'은 유일하다고 명확히 설명할 수 있고 e로 표기할 수 있다(항등원을 나타내는 독일어가 Einheit이기 때문).

정리 2.2 소거법칙

군 G에서는 좌우 소거법칙이 성립한다. 즉 $ba = ca$이면 $b = c$이고, $ab = ac$이면 $b = c$이다.

증명

$ba = ca$라 하고 a'을 a의 역원이라고 하자. $ba = ca$의 양변 오른쪽에 a'을 곱하면 $(ba)a' = (ca)a'$이다. 결합법칙에 의해 $b(aa') = c(aa')$이다. 그러면 $be = ce$이므로 $b = c$이다. 마찬가지로 $ab = ac$의 양변 왼쪽에 a'을 곱하면 $b = c$임을 증명할 수 있다. ■

소거법칙을 이용하면 케일리 표의 각 행과 열에는 군의 원소가 꼭 한 번만 나타남을 증명할 수 있다([연습문제 2.33] 참고). 또한 소거법칙에 의해 군의 원소의 역원은 유일함을 보일 수 있다.

정리 2.3 역원의 유일성

군 G의 임의의 원소 a에 대해 $ab = ba = e$를 만족하는 원소 b가 유일하게 존재한다.

증명

b와 c를 a의 역원이라고 하자. 그러면 $ab = e$이고 $ac = e$이므로 $ab = ac$이다. 이 식의 양변에서 a를 소거하면 $b = c$이다. ■

항등원의 경우와 마찬가지로, [정리 2.3]에 의해 군의 원소 g의 '역원'이 유일하다고 명확히 말할 수 있고 g^{-1}로 표기할 수 있다. 이 표기법은 실수의 곱셈 연산에서 역수를 표현하는 것과 같은 방법이다. 비슷한 방법으로 n이 양의 정수일 때, 결합법칙에 의해 다음과 같은 인수 n개의 곱을 g^n으로 표기할 수 있다.

$$\underbrace{gg\cdots g}_{n\text{개의 인수}}$$

$g^0 = e$로 정의하고, n이 음의 정수일 때 $g^n = (g^{-1})^{|n|}$으로 정의한다(예를 들어 $g^{-3} = (g^{-1})^3$). 실수와는 달리 추상적인 군에서는 $g^{1/2}$과 같이 정수가 아닌 지수를 허용하지 않는다. 그러나 군에서 성립하는 지수법칙이 있다. 모든 정수 m, n과 군의 원소 g에 대해 $g^m g^n = g^{m+n}$, $(g^m)^n = g^{mn}$이다. $g^m g^n$과 $(g^m)^n$은 실수에 대한 지수법칙과 동일하지만, 군의 두 개의 원소를 포함하는 지수 법칙은 일반적으로 성립하지 않는다. 따라서 일반적으로 군에서는 $(ab)^2 = a^2b^2$이 아니라 $(ab)^2 = abab$이다. $(ab)^{-2}$에서 괄호를 제거하려면 $(ab)^{-2} = ((ab)^{-1})^2 = (b^{-1}a^{-1})^2 = b^{-1}a^{-1}b^{-1}a^{-1}$으로 계산해야 한다. 따라서 $(ab)^n \neq a^nb^n$이다([연습문제 2.25]와 [연습문제 2.36] 참고).

각 군의 원소 a에 대한 역원의 유일성으로 알 수 있는 중요한 사실이 있다. 바로 군의 모든 원소 b에 대해 방정식 $ax = b$와 $xa = b$의 해가 군에서 유일하게 존재한다는 것이다. 즉, 첫 번째 경우에는 해가 $x = a^{-1}b$이고, 두 번째 경우에는 해가 $x = ba^{-1}$이다. 반대로 mod6에 관한 곱셈 연산에 대해 집합 $\{0, 1, 2, 3, 4, 5\}$에서 방정식 $2x = 4$의 해는 $x = 2$와 $x = 5$이다. 그러나 이 집합은 mod6에 관한 곱셈에 대해 군이 아니다.

또한 이항연산이 $+$로 표기되는 덧셈인 군을 다룰 때 연산 표기법에 주의를 기울여야 한다. 곱셈으로 표현된 정의와 군의 성질을 덧셈으로 바꿔야 한다. 예를 들어 g의 역원은 $-g$로, g^3은 $g+g+g$를 의미하는 $3g$로, g^{-3}은 $(-g)+(-g)+(-g)$를 의미하는 $-3g$로 바꿔야 한다. 덧셈 표기법을 사용하는 경우 ng를 n과 g의 곱셈으로 해석하면 안 된다. 왜냐하면 n은 군의 원소가 아닐 수도 있기 때문이다.[4] [표 2.2]는 곱셈군과 덧셈군의 일반적인 표기법과 용어를 보여준다. 실수의 경우와

4 (감수) 여기서 ng는 g를 n번 연산한 것으로 n은 정수이다. 따라서 군의 원소가 아닐 수 있다.

마찬가지로 $a+(-b)$의 약자로 $a-b$를 사용한다.

[표 2.2] 곱셈군과 덧셈군

곱셈군		덧셈군	
$a \cdot b$ 또는 ab	곱셈	$a+b$	덧셈
e 또는 1	항등원 또는 1	0	0
a^{-1}	a의 곱셈에 대한 역원	$-a$	a의 덧셈에 대한 역원
a^n	a의 거듭제곱	na	a의 배수
ab^{-1}	분수	$a-b$	뺄셈

결합법칙에 의해 $(ab)c$ 또는 $a(bc)$를 abc로 표현할 수 있다. 실제로 수학적 귀납법과 결합법칙을 여러 번 적용하면 일반적인 결합법칙이 성립함을 알 수 있다. 즉, 군의 원소의 곱셈에서 괄호를 임의로 추가하거나 삭제해도 그 결과에 영향을 주지 않는다. 따라서 다음이 성립한다.

$$a^2(bcdb^2)=a^2b(cd)b^2=(a^2b)(cd)b^2=a(abcdb)b$$

군에서 $(ab)^n \neq a^n b^n$이지만 $(ab)^{-1}$, a^{-1}, b^{-1} 사이에는 다음과 같은 간단한 관계가 성립한다.

정리 2.4 양말-신발 성질(socks-shoes property)
군의 원소 a, b에 대해 $(ab)^{-1}=b^{-1}a^{-1}$이다.

증명

$(ab)(ab)^{-1}=e$이고 $(ab)(b^{-1}a^{-1})=a(bb^{-1})a^{-1}=aea^{-1}=aa^{-1}=e$이므로, [정리 2.3]에 의해 $(ab)^{-1}=b^{-1}a^{-1}$이다. ■

2.3 역사적 기록

교환법칙이 성립하지 않는 행렬 곱셈에 대해 알아보고 이 장을 마무리한다. 1925년의 양자론은 성가시고 당혹스러운 모호함으로 가득 차 있었다. 이러한 문제의 원인을 파악한 사람이 베르너 하이젠베르크(Werner Heisenberg)였다. 그는 양자론에서 고전적인 푸리에 급수에 해당하는 것들의 곱셈에 대해 교환법칙이 반드시 성립하는 것은 아님을 관찰했다. 이 사실은 대담한 그에게 깊은 충격을 주었다. 그는 나중에 다음과 같이 회고했다.

"나의 논문에서 XY와 YX가 같지 않다는 사실에 동의하기까지 매우 힘들었다. 이는 전체 구조를 어렵게 하는 유일한 것이었다. 이 어려움만 아니면 나는 완벽히 행복했을 것이다. 그러나 이 어려움은 날 곤란하게 했고 해결할 수 없었다."

하이젠베르크는 스승인 막스 보른(Max Born)에게 자신의 아이디어가 출판할 가치가 있는지 물었다. 보른은 하이젠베르크의 새로운 접근 방식에 깊은 인상을 받았고 다음과 같이 기록했다.

"출판을 위해 하이젠베르크의 논문을 물리학 저널(Zeitschrift für Physik)에 보낸 후, 그의 기호 곱셈에 대해 곰곰이 생각해보았다. 그리고 이는 내가 밤잠을 설치면서 온종일 고민하던 것에 대한 해답을 가졌음을 깨달았다. 또한 우리가 수년간 해결하려고 애쓴 것에 대한 근본적인 이론이 숨겨져 있음을 느꼈다. 1925년 7월 10일 어느 날 아침에 영감이 떠올랐는데, 하이젠베르크의 기호 곱셈은 내가 학생 시절부터 브레슬라우에서 로사네스의 강의를 통해 잘 알고 있던 행렬 미적분에 지나지 않았다."

보른과 그의 제자 파스쿠알 요르단(Pascual Jordan)은 하이젠 베르크의 이론을 행렬로 재해석했다. 물론 이 공식에 대한 소유권은 하이젠베르크에게 있었다. 이에 대해 보른은 자서전에서 다음과 같이 한탄했다.

"오늘날 많은 책에서는 하이젠베르크의 행렬, 하이젠베르크의 교환법칙, 디랙의 장 양자화를 예외 없이 언급한다. 사실 하이젠베르크는 그 당시 행렬에 대해 잘 알지 못해서 따로 행렬에 대해 연구해야만 했다."

1933년 이 연구에 대한 업적으로 디랙, 슈뢰딩거와 함께 노벨상을 받게 되었다는 소식을 듣자마자 하이젠베르크는 보른에게 다음과 같은 편지를 썼다.

"내가 오랫동안 당신에게 소식을 전하지 못하고 당신이 축하해준 것에 대해 감사하지 못한 것은 나의 양심의 가책 때문이었다. 괴팅겐에서 당신과 요르단과 함께한 연구에 대한 업적으로 나 혼자만 노벨상을 받게 되었다는 사실이 괴로워서 당신에게 소식을 전하는 것조차 힘들었다. 물론 지금은 우리 공동의 노력이 높이 평가되어 매우 기쁘고 함께 연구했던 아름다운 시간을 회상하면 즐겁다. 당신과 요르단이 양자역학에 얼마나 위대한 공헌을 했는지 모든 훌륭한 물리학자들이 알고 있으리라 믿는다. 그리고 이 사실은 외부의 잘못된 결정에 의해 바뀌지 않을 것이라는 것도 믿는다. 아직도 나는 혼자서 할 수 있는 것이 아무것도 없으며, 예전에 당신과 함께한 훌륭한 연구에 대해 감사의 말을 전하며 스스로 조금 부끄러움을 느낀다."

그러나 이 이야기는 보른이 양자역학에 대한 연구로 1954년에 노벨상을 받음으로써 행복한 결말을 맺는다.

2장 연습문제

> '예를 들어~'로 시작하는 말은 증명이 아니다.
>
> **유대인 속담**

2.1 다음 이항연산 중 닫혀있는 것은 무엇인가?

(a) 양의 정수의 뺄셈
(b) 영이 아닌 정수의 나눗셈
(c) 실계수 다항식에 대한 함수의 합성
(d) 성분이 정수인 2×2 행렬의 곱셈
(e) 정수의 거듭제곱

2.2 다음 이항연산 중 결합법칙이 성립하는 것은 무엇인가?

(a) 정수의 뺄셈
(b) 영이 아닌 유리수의 나눗셈
(c) 실계수 다항식에 대한 함수의 합성
(d) 성분이 정수인 2×2 행렬의 곱셈
(e) 정수의 거듭제곱

2.3 다음 이항연산 중 교환법칙이 성립하는 것은 무엇인가?

(a) 정수의 뺄셈
(b) 영이 아닌 실수의 나눗셈
(c) 실계수 다항식에 대한 함수의 합성
(d) 성분이 실수인 2×2 행렬의 곱셈
(e) 정수의 거듭제곱

2.4 다음 중 주어진 연산에 대해 닫혀있는 집합은 무엇인가?

(a) $\{0, 4, 8, 12\}$, 법 16에 대한 덧셈
(b) $\{0, 4, 8, 12\}$, 법 15에 대한 덧셈
(c) $\{1, 4, 7, 13\}$, 법 15에 대한 곱셈
(d) $\{1, 4, 5, 7\}$, 법 9에 대한 곱셈

2.5 각 경우에서 주어진 연산에 대한 원소의 역원을 구하라.

(a) $\mathbb{Z}_{20}$에서의 13
(b) $U(14)$에서의 13
(c) $U(n)\,(n>2)$에서 $n-1$
(d) 곱셈에 대한 0이 아닌 복소수 집합의 군 $\mathbb{C}^*$에서 $3-2i$

2.6 각 경우에 주어진 연산을 수행하라.

(a) $\mathbb{C}^*$에서 $(7+5i)(-3+2i)$

(b) $GL(2,\ \mathbb{Z}_{13})$에서 $\det\begin{bmatrix}7 & 4\\1 & 5\end{bmatrix}$

(c) $GL(2,\ \mathbb{R})$에서 $\begin{bmatrix}6 & 3\\8 & 2\end{bmatrix}^{-1}$

(d) $GL(2,\ \mathbb{Z}_7)$에서 $\begin{bmatrix}2 & 1\\1 & 3\end{bmatrix}^{-1}$

2.7 다음 집합 중 행렬 곱셈에 대한 군을 구하라.

(a) $G_1 = \left\{\begin{bmatrix}a & b\\c & d\end{bmatrix}\ \middle|\ a,\ b,\ c,\ d \in \mathbb{Z}_4,\ ad-bc \neq 0 \bmod 4\right\}$

(b) $G_2 = \left\{\begin{bmatrix}a & b\\c & d\end{bmatrix}\ \middle|\ a,\ b,\ c,\ d \in \mathbb{Z},\ ad-bc \neq 0\right\}$

(c) $G_3 = \left\{\begin{bmatrix}a & b\\c & d\end{bmatrix}\ \middle|\ a,\ b,\ c,\ d\text{는 양의 유리수},\ ad-bc \neq 0\right\}$

2.8 정수 집합에서 뺄셈(즉, $a-b$)에 대한 항등원이 존재하는지에 대해 설명하라.

2.9 방정식 $5x = 3 \bmod 20$은 정수해를 갖지 않지만, $3x = 5 \bmod 20$은 정수해를 가짐을 보여라.

2.10 $U(20)$의 원소를 나열하고 각 원소의 역원을 구하라.

2.11 군의 원소 $a,\ b,\ c$에 대해 성질 $(abc)^{-1} = c^{-1}b^{-1}a^{-1}$을 설명하는 이름을 제시하라.

2.12 홀수인 정수 집합이 덧셈에 대해 군이 아닌 두 가지 이유를 제시하라.

2.13 법 4에 관한 곱셈에 대해 $\{1,\ 2,\ 3\}$은 군이 아니지만, 법 5에 관한 곱셈에 대해 $\{1,\ 2,\ 3,\ 4\}$는 군임을 보여라.

2.14 [EX 2.9]의 군 $GL(2,\ \mathbb{R})$에서 $AB \neq BA$인 행렬 A와 B를 구하여 $GL(2,\ \mathbb{R})$이 비가환군임을 보여라.

2.15 군의 원소 a가 $a^{12} = e$를 만족한다고 가정하자. 각 원소 $a,\ a^6,\ a^8,\ a^{11}$의 역원을 a^k(k는 양의 정수) 형태로 나타내라.

2.16 집합 $\{5,\ 15,\ 25,\ 35\}$가 법 40에 관한 곱셈에 대해 군임을 보여라. 또한 이 군의 항등원을 구하고, 이 군과 $U(8)$ 사이의 관계에 대해 설명하라.

2.17 다음 각각의 곱셈에 대한 표현을 덧셈에 대한 표현으로 변환하라. 이때 주어진 연산은 교환법칙을 만족한다고 가정하자.

(a) a^2b^3 (b) $a^{-2}(b^{-1}c)^2$ (c) $(ab^2)^{-3}c^2 = e$

2.18 군의 원소 a, b, c에 대해 $(ab)^3$과 $(ab^{-2}c)^{-2}$을 괄호 없이 나타내라.

2.19 a, b가 $a^5 = e$와 $b^7 = e$를 만족하는 군의 원소라 하자. 음의 지수를 사용하지 않고 $a^{-2}b^{-4}$, $(a^2b^4)^{-2}$을 나타내라.

2.20 $K = \{x^2 \mid x \in D_4\}$와 $L = \{x \in D_4 \mid x^2 = e\}$의 원소를 구하라.

2.21 행렬식이 $+1$이고 실수 성분으로 이루어진 2×2 행렬의 집합이 행렬 곱셈에 대해 군임을 증명하라.

2.22 임의의 정수 $n > 2$에 대해 $x^2 = 1$을 만족하는 $U(n)$의 원소가 최소한 두 개 존재함을 보여라.

2.23 추상대수학 교수가 타이피스트에게 법 91에 관한 곱셈에 대해 군이 되는 정수 9개가 적힌 메모지를 주었다. 그러나 실수로 9개 중 하나를 누락하여 8개의 수 1, 9, 16, 22, 53, 74, 79, 81만 있었다고 할 때, 누락된 정수를 구하라(정말 이런 경우가 발생한다).

2.24 군의 임의의 원소 x, y, z에 대해 '$xy = zx$이면 $y = z$'라는 성질을 갖는 군을 G라고 하자. G가 가환군임을 증명하라('왼쪽-오른쪽 소거법칙'은 교환법칙을 의미한다).

2.25 **[가환군에서의 지수법칙]** 가환군의 임의의 원소 a, b와 임의의 정수 n에 대해 $(ab)^n = a^nb^n$임을 보여라. 비가환군에서도 이 식이 성립하는지를 결정하라.

2.26 **[양말-신발 성질]** 명제 $(ab)^{-1} = b^{-1}a^{-1}$과 양말, 신발을 신고 벗는 행위 사이의 유사성에 대해 설명하라. 또한 비가환군에서 $(ab)^{-1} = b^{-1}a^{-1}$을 만족하는 항등원이 아닌 서로 다른 두 원소 a, b를 찾으라. 그리고 군에서 $(ab)^{-2} \neq b^{-2}a^{-2}$인 예를 제시하라. 군의 성질 $(abc)^{-1} = c^{-1}b^{-1}a^{-1}$의 적절한 이름은 무엇인지 답하라.

2.27 군 G가 가환군일 필요충분조건은 군 G의 모든 원소 a, b에 대해 $(ab)^{-1} = a^{-1}b^{-1}$임을 증명하라.

2.28 군의 임의의 원소 a에 대해 $(a^{-1})^{-1} = a$임을 증명하라.

2.29 군의 임의의 원소 a, b와 임의의 정수 n에 대해 $(a^{-1}ba)^n = a^{-1}b^na$임을 증명하라.

2.30 a_1, $a_2, \cdots$, a_n이 군의 원소일 때, $a_1a_2 \cdots a_n$의 역원을 구하라.

2.31 5와 15는 법 56에 관한 곱셈에 대해 군을 만드는 12개 정수 중 2개이다. 12개의 정수를 모두 나열하라.

2.32 S_n을 양의 정수 n에 대해 $\{1, 2, \cdots, n\}$에서 자기 자신으로 대응하는 일대일함수 집합이라 하자. 함수의 합성 연산에 대해 이 집합의 항등원을 구하라. 집합 S_n의 모든 원소가 이 연산에 대해 S_n에서 역원을 갖는지, 또 S_n이 이 연산에 대해 닫혀있는지에 대해 설명하라. 또한 S_n이 이 연산에 대해 군인지를 설명하고, S_n의 원소 개수를 구하라.

2.33 모든 군의 케일리 표가 **라틴 방진**(Latin square)[5]임을 증명하라. 즉, 군의 원소는 각 행과 각 열에 정확히 한 번씩 나타난다.

2.34 원소가 정확히 105개인 군의 예를 제시하라. 또한 원소가 40개인 군의 예를 세 가지 제시하라.

2.35 다음과 같은 형태의 실수 성분으로 이루어진 3×3 행렬의 집합이 군임을 보여라.

$$\begin{bmatrix}1 & a & b\\0 & 1 & c\\0 & 0 & 1\end{bmatrix}$$

이때 행렬 곱셈은 $\begin{bmatrix}1 & a & b\\0 & 1 & c\\0 & 0 & 1\end{bmatrix}\begin{bmatrix}1 & a' & b'\\0 & 1 & c'\\0 & 0 & 1\end{bmatrix}=\begin{bmatrix}1 & a+a' & b'+ac'+b\\0 & 1 & c'+c\\0 & 0 & 1\end{bmatrix}$로 정의된다. 양자역학에서 하이젠베르크의 불확정성 원리로 노벨물리학상을 받은 하이젠베르크를 기리기 위해 이 군을 **하이젠베르크 군**(Heisenberg group)이라고 한다.

2.36 군에서 $(ab)^2=a^2b^2$일 필요충분조건은 $ab=ba$임을 증명하라. 또한 군에서 $(ab)^{-2}=b^{-2}a^{-2}$일 필요충분조건은 $ab=ba$임을 증명하라.

2.37 G가 유한군이고 n이 홀수인 양의 정수라 하자. $x^n=e$를 만족하는 G의 원소 x의 개수가 홀수임을 보여라. 또 $x^2\neq e$를 만족하는 G의 원소 x의 개수가 짝수임을 보여라.

2.38 $\mathbb{Q}^+$를 양의 유리수 집합이라고 하자. $\mathbb{Q}^+\times\mathbb{Q}^+$의 $\left(\frac{a}{b}, \frac{c}{d}\right)$에서 $\frac{a+c}{b+d}$로의 대응이 $\mathbb{Q}^+$에서 이항연산이 아닌 이유를 설명하라(즉, 대응관계가 잘 정의되지 않는다).

2.39 F_1과 F_2가 정이면체군 D_n의 서로 다른 반사이동이라 할 때, $F_1F_2\neq R_0$임을 증명하라.

2.40 F_1과 F_2가 $F_1F_2=F_2F_1$을 만족하는 정이면체군 D_n의 서로 다른 반사이동이라 할 때, $F_1F_2=R_{180}$임을 증명하라.

---

5 라틴 방진은 통계 실험을 설계하는 데 유용하다. 라틴 방진과 유한 기하학 사이에는 밀접한 연관성이 있다.

2.41 정이면체군에서 R이 임의의 고정된 회전이동이고 F가 임의의 고정된 반사이동이라 할 때, $R^kFR^k=F$임을 증명하라.

2.42 정이면체군에서 R이 임의의 고정된 회전이동이고 F가 임의의 고정된 반사이동이라 할 때, $FR^kF=R^{-k}$임을 증명하라. 이 결과가 D_n이 비가환군임을 의미하는 이유는 무엇인지를 설명하라.

2.43 D_n에서 R이 어떤 회전이동이고 F가 어떤 반사이동이라고 하자. $R^6FRFR^{-3}FRF$를 R^k 형태로 표현하고, $FR^4FR^5FR^2$을 R^kF 형태로 표현하라.

2.44 D_n에서 R_α와 R_β가 회전이동이고 F가 반사이동이라고 하자. $FR_\alpha FR_\beta$와 $R_\alpha FR_\beta F$는 각각 어떤 회전이동인지를 설명하라.

2.45 모든 원소의 제곱이 항등원이 되는 성질을 갖는 군 G는 가환군임을 증명하라.[6]

2.46 유한군에서 방정식 $x^5=e$를 만족하는 항등원이 아닌 원소의 개수가 4의 배수임을 증명하라. 이때 군이 유한하다는 조건이 생략되면 $x^5=e$를 만족하는 항등원이 아닌 원소의 개수에 대해 무엇을 말할 수 있는지를 설명하라.

2.47 $GL(2, \mathbb{Z}_2)$의 6개 원소를 나열하라. 그리고 교환법칙을 만족하지 않는 두 원소를 찾아 이 군이 비가환군임을 보여라.[7]

2.48 [EX 2.20]에서 주장한 집합 $\{1, 2, \cdots, n-1\}$이 법 n에 관한 곱셈에 대해 군이 될 필요충분조건은 n이 소수임을 증명하라.

2.49 다음 표가 어떤 군의 케일리 표라고 할 때, 빈칸을 채워라.

	e	**a**	**b**	**c**	**d**
e	e				
a		b			e
b		c	d	e	
c		d		a	b
d					

* 이 장을 위한 컴퓨터 연습문제는 http://www.d.umn.edu/~jgallian에서 확인할 수 있다.

6 이 문제는 25장에서 다시 언급한다.
7 이 문제는 7장에서 다시 언급한다.

3

유한군과 부분군
Finite Groups and Subgroups

"1960년에서 1980년대에 이르기까지 군 이론을 이용한 입자물리학이 발전해왔다."

프리먼 다이슨(Freeman Dyson)

"물질의 구성 요소에 질서와 논리를 가져온 것은 '대칭군'이라는 것이다. 대칭군은 프렌켈(Frenkel)이 학교에서 접해본 적이 없는 마치 수학의 괴물 같은 존재였다. 그는 세상에 대해 전혀 다른 시각으로 '대칭군을 만난 건 깨달음의 순간이었다.'고 회상했다."

짐 홀트(Jim Holt), *The New York Review of Books*, 2013년 12월 5일

3.1 용어와 기호

곧 알게 되겠지만 유한군, 즉 원소의 개수가 유한한 군은 흥미로운 산술적 성질을 갖는다. 먼저 유한 군을 연구하는 데 필요한 몇 가지 용어와 기호를 소개한다.

정의 군의 위수

군 G의 원소의 개수(유한 또는 무한)를 군 G의 **위수**(order)라 하고 $|G|$로 표기한다.

따라서 덧셈에 대한 정수 집합의 군 $\mathbb{Z}$는 무한 위수를 갖고, 법 10에 관한 곱셈에 대한 군 $U(10) = \{1, 3, 7, 9\}$의 위수는 4이다.

정의 원소의 위수

군 G의 원소 g의 **위수**(order)는 $g^n = e$(덧셈 연산인 경우에는 $ng = 0$)를 만족하는 가장 작은 양의 정수 n이다. 그러한 정수가 없다면 g는 **무한 위수**(infinite order)를 갖는다고 한다. 원소 g의 위수는 $|g|$로 표기한다.

따라서 군의 원소 g의 위수를 구하기 위해서는 처음으로 항등원이 나올 때까지 곱셈 $g, g^2, g^3, \cdots$을 차례대로 계산하면 된다. 이때 지수(덧셈 연산인 경우에는 계수)가 원소 g의 위수이다. 항등원이 나오지 않는다면 원소 g는 무한 위수를 갖는다.

EX 3.1 법 15에 관한 곱셈에 대한 군 $U(15) = \{1, 2, 4, 7, 8, 11, 13, 14\}$의 위수는 8이다. $7^1 = 7$, $7^2 = 4$, $7^3 = 13$, $7^4 = 1$이므로 원소 7의 위수는 $|7| = 4$이다. 또한 $11^1 = 11$, $11^2 = 1$이므로 원소 11의 위수는 $|11| = 2$이다. 같은 방법으로 계산하면 $|1| = 1$, $|2| = 4$, $|4| = 2$, $|8| = 4$, $|13| = 4$, $|14| = 2$이다.

이러한 계산을 더 쉽게 하는 방법이 있다. $13^1, 13^2, 13^3, 13^4$을 직접 계산하지 않고 $13 = -2 \bmod 15$임을 이용하는 것이다. 따라서 $13^2 = (-2)^2 = 4$, $13^3 = (-2) \cdot 4 = -8$, $13^4 = = (-2)(-8) = 1$이다.[1]

---

1 포털사이트 http://www.google.com에서는 합동 연산을 편리하게 계산하는 방법을 제공한다. 예를 들어 $13^4 \bmod 15$를 계산하려면 검색 창에 '13^4mod15'를 입력하면 된다.

EX 3.2 법 10에 관한 덧셈에 대한 군 $\mathbb{Z}_{10}$을 생각해보자. $1 \cdot 2 = 2$, $2 \cdot 2 = 4$, $3 \cdot 2 = 6$, $4 \cdot 2 = 8$, $5 \cdot 2 = 0$이므로 $|2| = 5$이다. 같은 방법으로 계산하면 $|0| = 1$, $|7| = 10$, $|5| = 2$, $|6| = 5$이다(여기서 $2 \cdot 2$는 $2+2$를, $3 \cdot 2$는 $2+2+2$를 나타낸다).

EX 3.3 일반적인 덧셈에 대한 군 $\mathbb{Z}$의 원소 $a \neq 0$에 대해 a, $2a$, $3a$, $\cdots$는 모두 0이 아니다. 따라서 군 $\mathbb{Z}$의 0이 아닌 모든 원소는 무한 위수를 갖는다.

예리한 독자라면 2장의 군에 대한 예들 중 일부는 동일한 이항연산을 갖는 다른 군의 부분집합이 된다는 사실을 알아차렸을 것이다. 예를 들어, [EX 2.18]의 군 $SL(2, \mathbb{R})$은 [EX 2.9]의 군 $GL(2, \mathbb{R})$의 부분집합이다. 비슷하게 곱셈에 대한 복소수 집합의 부분집합인 군 $\{1, -1, i, -i\}$는 [EX 2.16]에서 설명한 n이 4의 배수인 군의 부분집합이다. 이러한 상황은 자주 발생하므로 다음과 같이 별도의 용어로 정의하여 설명한다.

정의 부분군

군 G의 부분집합 H가 G와 동일한 이항연산에 대해 군이면 H를 G의 **부분군**(subgroup)이라고 한다.

H가 G의 부분군일 때 $H \leq G$로 표기한다. H가 G의 부분군이지만 $H \neq G$이면 $H < G$로 표기하고 H를 G의 **진부분군**(proper subgroup)이라고 한다. 부분군 $\{e\}$를 G의 **자명한 부분군**(trivial subgroup)이라 하고, $\{e\}$가 아닌 부분군을 G의 **비자명한 부분군**(nontrivial subgroup)이라고 한다.

법 n에 관한 덧셈에 대해 $\mathbb{Z}_n$은 $\mathbb{Z}$의 부분군이 아니다. 왜냐하면 법 n에 관한 덧셈 연산은 $\mathbb{Z}$의 덧셈 연산과 다르기 때문이다.

3.2 부분군 판정법

군 G의 부분집합 H가 G의 부분군인지 확인할 때 군에 대한 공리를 직접 확인할 필요는 없다. 다음 세 가지 정리는 군의 부분집합이 부분군임을 증명할 때 사용하는 간단한 판정법이다.

정리 3.1 1단계 부분군 판정법

H를 군 G의 공집합이 아닌 부분집합이라고 하자. H의 임의의 원소 a, b에 대해 $ab^{-1} \in H$이면 H는 G의 부분군이다(덧셈 연산인 경우에는 H의 임의의 원소 a, b에 대해 $a-b \in H$이면 H는 G의 부분군이다).

증명

H의 연산과 G의 연산은 같으므로 이 연산에 대해 결합법칙은 분명히 성립한다. 다음으로 항등원 e가 H의 원소임을 보이자. $H \neq \varnothing$이므로 H의 어떤 원소 x를 선택할 수 있다. 가정에서 $a=x$, $b=x$라고 하면 $e=xx^{-1}=ab^{-1}$은 H의 원소이다. H의 임의의 원소 x에 대해 x^{-1}이 H의 원소임을 보이기 위해서는 $a=e$, $b=x$로 선택하여 정리의 가정을 적용하면 된다. 마지막으로 H가 연산에 대해 닫혀있음을 보이면 된다. 즉, x, y가 H의 원소이면 xy도 H의 원소임을 보여야 한다. 앞서 원소 y에 대해 y^{-1}이 H의 원소임을 보였다. 따라서 $a=x$, $b=y^{-1}$이라 하면 $xy=x(y^{-1})^{-1}=ab^{-1}$은 H의 원소이다. ■

[정리 3.1]을 1단계 부분군 판정법이라고 했지만 실제로 [정리 3.1]을 이용해 군임을 증명할 때는 4단계로 검토해야 한다(부분군 판정법에 대한 경험이 어느 정도 쌓이면 처음 세 단계는 당연함을 알게 될 것이다). 아래에 나열한 4단계 중 마지막 세 단계와 수학적 귀납법의 두 번째 원리 사이의 유사성에 주목하라.

[1단계] H의 원소를 구별하는 성질 P를 인지한다. 즉 H를 정의하는 조건을 인지한다.
[2단계] 항등원이 성질 P를 만족함을 증명한다(즉, $H \neq \varnothing$ 임을 확인한다).
[3단계] 두 원소 a, b가 성질 P를 만족한다고 가정한다.
[4단계] 두 원소 a, b가 성질 P를 만족한다고 가정하면 ab^{-1}도 성질 P를 만족함을 보인다.

위 과정은 [EX 3.4]와 [EX 3.5]에서 설명한다.

EX 3.4 G가 항등원 e를 갖는 가환군이라고 할 때, G의 부분집합 $H=\{x \in G \mid x^2=e\}$가 G의 부분군임을 보이자. 여기서 H를 정의하는 성질은 조건 $x^2=e$이다. 따라서 $e^2=e$이므로 $H \neq \varnothing$이다. a, b가 H의 원소라고 가정하면 $a^2=e$이고 $b^2=e$이다. 이제 $(ab^{-1})^2=e$임을 보이면 된다. G가 가환군이므로 $(ab^{-1})^2=ab^{-1}ab^{-1}=a^2(b^{-1})^2=a^2(b^2)^{-1}=ee^{-1}=e$이다. 따라서 ab^{-1}이 H의 원소이므로, 1단계 부분군 판정법에 의해 H는 G의 부분군이다.

많은 경우에 부분군의 원소는 특정한 형태를 갖는다. 따라서 부분군의 원소를 결정하는 성질 P는 특정한 형태를 갖는다. [EX 3.5]를 통해 살펴보자.

EX 3.5 G가 항등원 e를 갖는 가환군이라고 할 때, G의 부분집합 $H = \{x^2 \mid x \in G\}$가 G의 부분군임을 보이자. 여기서 H는 모든 제곱들의 집합이다. $e^2 = e$이므로 항등원은 H의 원소 형태이다. 다음으로 H의 두 원소를 a^2, b^2 형태로 나타낼 때, $a^2(b^2)^{-1}$도 H의 원소 형태임을 보여야 한다. 즉, $a^2(b^2)^{-1}$이 어떤 원소의 제곱임을 보여야 한다. G가 가환군이므로 $a^2(b^2)^{-1}$을 $(ab^{-1})^2$으로 나타낼 수 있으며, 이는 H의 원소 형태이다. 따라서 H는 G의 부분군이다.

군을 처음 공부하는 독자는 [정리 3.1] 대신 다음 정리를 사용하길 권한다.

정리 3.2 2단계 부분군 판정법

H를 군 G의 공집합이 아닌 부분집합이라고 하자. H의 임의의 원소 a, b에 대해 $ab \in H$이고(즉, H가 연산에 대해 닫혀있고), H의 임의의 원소 a에 대해 $a^{-1} \in H$이면(즉, H의 모든 원소가 역원을 가지면) H는 G의 부분군이다.

증명

H가 공집합이 아니고 연산에 대해 닫혀있으며 H의 연산이 결합법칙을 만족하고 H의 모든 원소가 역원을 가지므로 항등원 e가 H의 원소라는 사실만 보이면 된다. a가 H의 원소라고 가정하면 a^{-1}과 $aa^{-1} = e$는 H의 원소이다. ■

2단계 부분군 판정법을 적용할 때, 두 원소 a, b가 성질 P를 만족한다는 가정을 이용해 ab와 a^{-1}이 성질 P를 만족함을 증명하는 것을 제외하면 1단계 부분군 판정법의 경우와 동일하게 진행한다.

EX 3.6 가환군 G의 부분집합 $H = \{x \in G \mid |x|$가 유한하다$\}$가 G의 부분군임을 보이자. $e^1 = e$이므로 $H \neq \varnothing$이다. 2단계 부분군 판정법을 이용하기 위해 a, b가 H의 원소라고 가정하고 ab와 a^{-1}이 H의 원소임을 보이자. $|a| = m$이고 $|b| = n$이라고 하면 G가 가환군이므로 $(ab)^{mn} = (a^m)^n(b^n)^m = e^n e^m = e$이다. 즉, ab는 유한 위수를 갖는다(이 결과가 $|ab| = mn$임을 의미하는 것은 아니다). 또한 $(a^{-1})^m = (a^m)^{-1} = e^{-1} = e$이므로 a^{-1}은 유한 위수를 갖는다.

다음으로 2단계 부분군 판정법을 이용해 가환군의 주어진 부분군으로 새로운 부분군을 만드는 중요한 기술을 소개한다. 이 방법은 비가환군의 특정한 부분군으로 확장할 수 있으며, 이후 장에서 자세히 소개한다.

EX 3.7 가환군 G의 부분군 H와 K에 대해 $HK = \{hk \mid h \in H, k \in K\}$가 G의 부분군임을 보이자. 먼저 e가 H와 K 모두의 원소이므로 $e = ee$가 HK의 원소임을 알 수 있다. a, b가 HK의 원소라고 가정하면 HK의 정의에 의해 원소 $h_1, h_2 \in H$와 $k_1, k_2 \in K$가 존재하여 $a = h_1k_1$이고 $b = h_2k_2$이다. 이제 $ab \in HK$이고 $a^{-1} \in HK$임을 증명해야 한다. G가 가환군이고 H와 K가 모두 G의 부분군이므로 $ab = h_1k_1h_2k_2 = (h_1h_2)(k_1k_2) \in HK$이다. 마찬가지로 $a^{-1} = (h_1k_1)^{-1} = k_1^{-1}h_1^{-1} = h_1^{-1}k_1^{-1} \in HK$이다.

군의 어떤 부분집합이 부분군이 아님을 어떻게 증명할까? 다음은 부분집합이 부분군이 아님을 보일 수 있는 세 가지 방법이다.

1. 항등원이 그 집합의 원소가 아님을 보인다.
2. 집합의 어떤 원소의 역원이 그 집합의 원소가 아님을 보인다.
3. 집합의 두 원소의 곱이 그 집합의 원소가 아님을 보인다.

EX 3.8 G를 곱셈에 대한 0이 아닌 실수 집합의 군이라 하고, $H = \{x \in G \mid x = 1$ 또는 무리수$\}$이며 $K = \{x \in G \mid x \geq 1\}$이라고 하자. $\sqrt{2} \in H$이지만 $\sqrt{2} \cdot \sqrt{2} = 2 \notin H$이므로 H는 G의 부분군이 아니다. 또한 $2 \in K$이지만 $2^{-1} \notin K$이므로 K도 G의 부분군이 아니다.

유한군의 부분군을 확인할 때는 다음과 같은 부분군 판정법이 편리하다.

정리 3.3 유한부분군 판정법

H를 군 G의 공집합이 아닌 유한부분집합이라고 하자. H가 G의 연산에 대해 닫혀있으면 H는 G의 부분군이다.

증명

[정리 3.2]에 따라 임의의 $a \in H$에 대해 $a^{-1} \in H$임을 보이기만 하면 된다. 만약 $a = e$이면

$a^{-1} = a$이므로 $a^{-1} \in H$가 되어 증명을 마친다. 만약 $a \neq e$이면 H가 연산에 대해 닫혀있으므로, $a,\ a^2, \cdots$은 모두 H의 원소이다. H는 유한집합이므로 이 원소들이 모두 서로 다른 원소는 아니다. 즉, $i > j$이고 $a^i = a^j$인 $i,\ j$가 존재하고 $a^{i-j} = e$가 된다. 그러므로 $a^{i-j-1} = a^{-1}$이다. 여기서 $i-j-1 \geq 0$이므로 $a^{-1} = a^{i-j-1} \in H$가 된다. ■

3.3 부분군의 예

다음 몇 가지 정리의 증명은 부분군 판정법들이 어떻게 활용되는지 보여준다. 먼저 중요한 표기법을 하나 소개한다. 군의 임의의 원소 a에 대해 $\langle a \rangle$는 집합 $\{a^n \mid n \in \mathbb{Z}\}$를 나타낸다. 이 표기법에서 특히 유의할 점은 a의 지수가 0, 양의 정수, 음의 정수를 모두 포함한다는 것이다(a^0은 항등원으로 정의한다).

정리 3.4 $\langle a \rangle$는 부분군이다
군 G의 임의의 원소 a에 대해 $\langle a \rangle$는 G의 부분군이다.

증명

$a \in \langle a \rangle$이므로 $\langle a \rangle \neq \varnothing$이다. 또한 임의의 $a^n,\ a^m \in \langle a \rangle$에 대해 $a^n(a^m)^{-1} = a^{n-m} \in \langle a \rangle$이다. 따라서 [정리 3.1]에 의해 $\langle a \rangle$는 G의 부분군이다. ■

G의 부분군 $\langle a \rangle$는 **원소 a에 의해 생성된 G의 순환부분군**(cyclic subgroup of G generated by a)이라고 한다. $G = \langle a \rangle$인 경우, G를 **순환군**(cyclic group)이라 하고 a를 G의 **생성원**(generator)이라고 한다(순환군의 생성원은 여러 개일 수 있다). 원소 $\cdots,\ a^{-2},\ a^{-1},\ a^0,\ a^1,\ a^2, \cdots$의 나열은 무한히 많지만, 집합 $\{a^n \mid n \in \mathbb{Z}\}$는 유한집합일 수 있다. 또한 $a^i a^j = a^{i+j} = a^{j+i} = a^j a^i$이므로 모든 순환군은 가환군이다.

EX 3.9 $U(10)$에서 $\langle 3 \rangle = \{3,\ 9,\ 7,\ 1\} = U(10)$이다. 왜냐하면 $3^1 = 3,\ 3^2 = 9,\ 3^3 = 7,\ 3^4 = 1,\ 3^5 = 3^4 \cdot 3 = 1 \cdot 3,\ 3^6 = 3^4 \cdot 3^2 = 9,\ 3^{-1} = 7(3 \cdot 7 = 1$이므로$),\ 3^{-2} = 9,\ 3^{-3} = 3,\ 3^{-4} = 1,\ 3^{-5} = 3^{-4} \cdot 3^{-1} = 1 \cdot 7,\ 3^{-6} = 3^{-4} \cdot 3^{-2} = 1 \cdot 9 = 9, \cdots$이기 때문이다.

EX 3.10 $\mathbb{Z}_{10}$에서 $\langle 2\rangle=\{2,\ 4,\ 6,\ 8,\ 0\}$이다. 덧셈 연산인 경우 a^n은 na를 의미한다는 사실을 기억하자.

EX 3.11 $\mathbb{Z}$에서 $\langle -1\rangle=\mathbb{Z}$이다. 여기서 $\cdots,\ (-2)(-1),\ (-1)(-1),\ 0(-1),\ 1(-1),\ 2(-1),\cdots$은 군의 서로 다른 원소를 나타낸다.

EX 3.12 위수가 $2n$인 정이면체군 D_n에서 R이 $\dfrac{360°}{n}$ 회전이동을 나타낸다고 하면 다음과 같다.

$$R^n=R_{360°}=e,\ R^{n+1}=R,\ R^{n+2}=R^2,\ \cdots$$

마찬가지로 $R^{-1}=R^{n-1},\ R^{-2}=R^{n-2},\ \cdots$이므로 $\langle R\rangle=\{e,\ R,\cdots,\ R^{n-1}\}$이다. 그러면 R의 지수는 n을 주기로 하여 순환하는 것을 확인할 수 있다. 따라서 다음 그림과 같이 R의 지수를 $+1$씩 늘리면 원 위에서 반시계방향으로 한 칸씩 이동하고, -1씩 늘리면 원 위에서 시계방향으로 한 칸씩 이동한다.

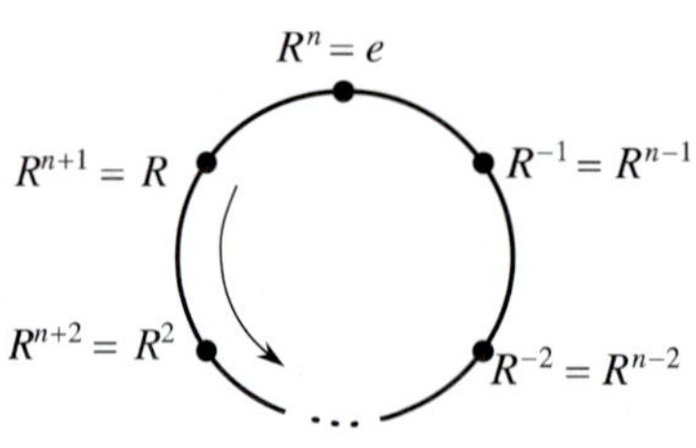

EX 3.13 **D_3은 D_6의 부분군**

다음 그림과 같이 정육각형 안에 있는 정삼각형을 생각해보자. F를 정삼각형의 한 꼭짓점과 반대쪽에 있는 정육각형의 꼭짓점을 지나는 직선에 대한 반사이동이라고 하자. 그러면 $K=\{R_0,\ R_{120},\ R_{240},\ F,\ R_{120}F,\ R_{240}F\}$는 D_6의 부분군이다.

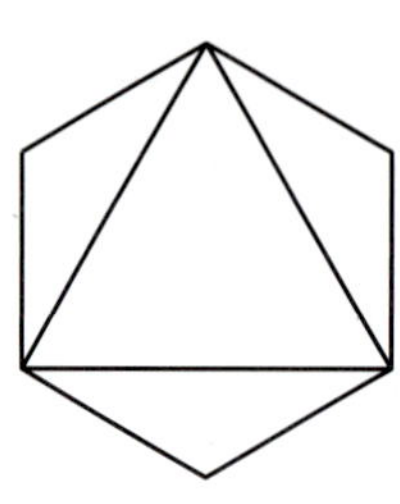

4장에서 $|\langle a \rangle| = |a|$임을 보일 것이다. 즉, 원소 a에 의해 생성된 부분군의 위수는 원소 a의 위수와 같음을 증명할 것이다(실제로 $|a|$의 정의는 관계식 $|\langle a \rangle| = |a|$가 유효하도록 정의되었다).

군 G의 임의의 원소 a에 대해 $\langle a \rangle$는 원소 a를 포함하는 G의 가장 작은 부분군으로 생각하면 유용하다. 이러한 개념은 G의 임의의 부분집합 S에 대해 다음과 같이 확장될 수 있다.

$\langle S \rangle$는 다음 두 조건을 모두 만족하는 G의 부분군이다.

(1) $\langle S \rangle$는 집합 S를 포함한다.

(2) 집합 S를 포함하는 G의 임의의 부분군 H는 $\langle S \rangle$도 포함한다.

이렇게 정의하면 $\langle S \rangle$는 집합 S를 포함하는 G의 가장 작은 부분군이 된다. $\langle S \rangle$는 **집합 S에 의해 생성된 부분군**(subgroup generated by S)이라고 한다. [EX 3.14]에서 이 개념을 설명한다.

EX 3.14 집합 S에 의해 생성된 부분군

- $\mathbb{Z}_{20}$에서 $\langle 8, 14 \rangle = \{0, 2, 4, \cdots, 18\} = \langle 2 \rangle$이다.
- $\mathbb{Z}$에서 $\langle 8, 13 \rangle = \mathbb{Z}$이다.
- D_4에서 $\langle H, V \rangle = \{H, H^2, V, HV\} = \{R_0, R_{180}, H, V\}$이다.
- D_4에서 $\langle R_{90}, V \rangle = \{R_{90}, R_{90}^2, R_{90}^3, R_{90}^4, V, R_{90}V, R_{90}^2 V, R_{90}^3 V\} = D_4$이다.
- 덧셈에 대한 실수 집합의 군 $\mathbb{R}$에서 $\langle 2, \pi, \sqrt{2} \rangle = \{2a + b\pi + c\sqrt{2} \mid a, b, c \in \mathbb{Z}\}$이다.
- 덧셈에 대한 복소수 집합의 군 $\mathbb{C}$에서 $\langle 1, i \rangle = \{a + bi \mid a, b \in \mathbb{Z}\}$이다. 이 군의 원소를 **가우스 정수**(Gaussian integer)라고 한다.
- 곱셈에 대한 0이 아닌 복소수 집합의 군 $\mathbb{C}^*$에서 $\langle 1, i \rangle = \{1, -1, i, -i\} = \langle i \rangle$이다.

다음으로 아주 중요한 부분군 중 하나를 알아보자.

정의 군의 중심

군 G의 **중심**(center) $Z(G)$[2]는 G의 모든 원소와 교환법칙이 성립하는 G의 원소들의 모임으로, 기호로 나타내면 다음과 같다.

$$Z(G) = \{a \in G \mid G\text{의 임의의 원소 } x\text{에 대해 } ax = xa\}$$

2 기호 $Z(G)$는 중심을 의미하는 독일어 Zentrum에서 유래했다. 이 용어는 1904년 장 아르망 드 세기에(J. A. de Séguier)가 처음 사용했다.

정리 3.5 중심은 부분군이다

군 G의 중심은 G의 부분군이다.

증명

[정리 3.2]를 이용해 증명해보자. $e \in Z(G)$이므로 $Z(G) \neq \varnothing$이다. 임의의 원소 $a, b \in Z(G)$와 임의의 원소 $x \in G$에 대해 $(ab)x = a(bx) = a(xb) = (ax)b = (xa)b = x(ab)$이므로 $ab \in Z(G)$이다.

다음으로 $a \in Z(G)$라고 가정하자. 그러면 G의 임의의 원소 x에 대해 $ax = xa$이다. 이제 $a^{-1}x = xa^{-1}$임을 보이면 된다. 주어진 등식 $ax = xa$ 양변의 왼쪽과 오른쪽에 각각 a^{-1}을 곱하면 다음과 같이 구하고자 하는 등식을 얻을 수 있다.

$$\begin{aligned} a^{-1}(ax)a^{-1} &= a^{-1}(xa)a^{-1} \\ (a^{-1}a)xa^{-1} &= a^{-1}x(aa^{-1}) \\ exa^{-1} &= a^{-1}xe \\ xa^{-1} &= a^{-1}x \end{aligned}$$

따라서 임의의 원소 a에 대해 $a^{-1} \in Z(G)$이다. ■

[EX 3.15]에서 정이면체군의 중심을 구해보자.

EX 3.15 $n \geq 3$에 대해 다음이 성립한다.

$$Z(D_n) = \begin{cases} \{R_0,\ R_{180}\}, & n\text{이 짝수} \\ \{R_0\}, & n\text{이 홀수} \end{cases}$$

먼저 D_n의 모든 회전이동은 $R_{360/n}$의 거듭제곱이므로 회전이동끼리는 교환법칙이 성립한다. 이제 어떤 회전이동과 반사이동 사이에 교환법칙이 성립하는지 알아보자. D_n의 임의의 회전이동을 R이라 하고 반사이동을 F라 하자. RF는 반사이동이므로 $RF = (RF)^{-1} = F^{-1}R^{-1} = FR^{-1}$이다. 따라서 R과 F 사이에 교환법칙이 성립하기 위한 필요충분조건은 $FR = RF = FR^{-1}$이다. 소거법칙을 적용하면 R과 F 사이에 교환법칙이 성립하기 위한 필요충분조건은 $R = R^{-1}$이다. 그러나 $R = R_0$ 또는 $R = R_{180}$인 경우에만 $R = R^{-1}$이고, R_{180}은 n이 짝수일 때만 D_n의 원소이다. 따라서 n이 홀수일 때 $Z(D_n) = \{R_0\}$이고, n이 짝수일 때 $Z(D_n) = \{R_0,\ R_{180}\}$이다.

비가환군의 어떤 원소가 군의 모든 원소와 교환법칙이 성립해야 할 이유는 없지만, 이 원소와 교환법칙이 성립하는 원소 몇 개가 항상 존재한다. 예를 들어 임의의 원소 a는 a의 모든 거듭제곱과 교환법칙이 성립한다. 이러한 사실에 따라 다음 정의와 정리를 알아보자.

정의 G에서 a의 중심화부분군

a를 군 G의 고정된 한 원소라고 하자. **G에서 a의 중심화부분군**(centralizer of a in G) $C(a)$는 원소 a와 교환법칙이 성립하는 G의 모든 원소의 집합이다. 기호로 나타내면 다음과 같다.

$$C(a) = \{g \in G \mid ga = ag\}$$

EX 3.16 D_4의 각 원소의 중심화부분군을 구하면 다음과 같다.

$$C(R_0) = D_4 = C(R_{180})$$
$$C(R_{90}) = \{R_0, R_{90}, R_{180}, R_{270}\} = C(R_{270})$$
$$C(H) = \{R_0, H, R_{180}, V\} = C(V)$$
$$C(D) = \{R_0, D, R_{180}, D'\} = C(D')$$

[EX 3.16]의 각 중심화부분군은 실제로 D_4의 부분군이 되는데, 다음 정리를 보면 이 결과는 우연이 아님을 알 수 있다.

정리 3.6 $C(a)$는 부분군이다

군 G의 각 원소 a에 대해 a의 중심화부분군 $C(a)$는 G의 부분군이다.

증명

[정리 3.5]의 증명과 비슷하므로 독자에게 남긴다([연습문제 3.47] 참고). ■

군 G의 임의의 원소 a에 대해 $Z(G) \subseteq C(a)$이다. 또한 G가 가환군일 필요충분조건은 G의 임의의 원소 a에 대해 $C(a) = G$이다.

3장 연습문제

> 증명의 목적은 이해하는 것이지 확인하는 것이 아니다.
>
> **아놀드 로스(Arnold Ross)**

3.1 다음의 각 군에 대해 군의 위수와 군의 각 원소의 위수를 구하라. 그리고 군의 원소의 위수와 군의 위수 사이에 어떤 관계가 성립하는지 설명하라.

$$\mathbb{Z}_{12},\ U(10),\ U(12),\ U(20),\ D_4$$

3.2 $\mathbb{Q}$를 덧셈에 대한 유리수 집합의 군이라 하고, $\mathbb{Q}^*$를 곱셈에 대한 0이 아닌 유리수 집합의 군이라고 하자. $\mathbb{Q}$에서 $\left\langle \frac{1}{2} \right\rangle$의 모든 원소를 나열하고, $\mathbb{Q}^*$에서 $\left\langle \frac{1}{2} \right\rangle$의 모든 원소를 나열하라.

3.3 [연습문제 3.2]와 동일한 $\mathbb{Q}$와 $\mathbb{Q}^*$에 대해 각 원소의 위수를 구하라.

3.4 모든 군의 원소 a에 대해 $|a|=|a^{-1}|$임을 증명하라.

3.5 군의 원소 a에 대해 $|a|=m$이라고 하자. n과 m이 서로소이면 a는 군의 어떤 원소의 n제곱으로 표현할 수 있음을 보여라.

3.6 다음을 만족하는 덧셈에 대한 군 G의 예를 제시하라. G는 연산에 대해 닫혀있지만 부분군이 아닌 공집합이 아닌 부분집합 H를 갖는다. 그리고 곱셈에 대한 군 G에 대해 동일한 작업을 수행하라.

3.7 위수를 실제로 계산하지 않고, $\mathbb{Z}_{30}$의 다음 각 쌍 $\{2, 28\}$, $\{8, 22\}$의 두 원소의 위수가 같은 이유를 설명하라. 마찬가지로 $U(15)$의 다음 각 쌍 $\{2, 8\}$, $\{7, 13\}$의 두 원소의 위수가 같은 이유를 설명하라.

3.8 군 $\mathbb{Z}_{12}$에서 각 경우에 대해 $|a|$, $|b|$, $|a+b|$를 구하라.

(a) $a=6,\ b=2$

(b) $a=3,\ b=8$

(c) $a=5,\ b=4$

3.9 군의 원소 a, b, c가 $|a|=6$, $|b|=7$일 때, $(a^4c^{-2}b^4)^{-1}$을 음의 지수 없이 표현하라.

3.10 군 $\{e, a, a^2, b, ab, a^2b\}$에 대해 $|a|=3$, $|b|=2$이고 $ba=a^2b$일 때, aba^2과 a^2bab가 군의 여섯 가지 원소 중 무엇인지 구하라.

3.11 D_6에서 위수가 6인 비가환부분군을 구하라.

3.12 $K=\{x^2 \mid x \in D_4\}$는 D_4의 부분군인가? $K=\{x^3 \mid x \in D_3\}$은 D_3의 부분군인가? D_6에 대해서는 어떻게 되는지를 설명하라.

3.13 R_{270}과 반사이동을 포함하는 D_4의 부분군에 대해 설명하라. 또한 H와 D를 포함하는 D_4의 부분군과 H와 V를 포함하는 D_4의 부분군에 대해 각각 설명하라.

3.14 D_4의 위수가 4인 부분군의 개수를 구하라.

3.15 곱셈에 대한 0이 아닌 실수 집합의 군 $\mathbb{R}^*$에서 유한 위수를 갖는 원소를 모두 구하라.

3.16 다음 명제의 빈칸을 채워라.

군의 원소 x의 역원이 x일 필요충분조건은 $|x|=$ __________이다.

3.17 임의의 군의 원소 a와 x에 대해 $|xax^{-1}|=|a|$임을 증명하라.[3]

3.18 군에서 a가 위수 2인 유일한 원소이면 a는 군의 중심의 원소임을 증명하라.

3.19 **[1969년 윌리엄 로웰 퍼트넘 수학경시대회 문제]** 어떤 군도 진부분군 2개의 합집합이 아님을 증명하라. 그리고 만약 2개라는 조건을 3개로 바꿔도 이 명제가 참인지 확인하라.

3.20 n을 군 G의 모든 원소 x에 대해 $x^n=e$를 만족하는 홀수인 양의 정수라 하자. a, b가 G의 원소일 때, $a^2=b^2$이면 $a=b$임을 증명하라.

3.21 n의 각 약수 $k>1$에 대해 $U_k(n)=\{x \in U(n) \mid x \bmod k=1\}$이라고 하자(예를 들어 $U_3(21)=\{1, 4, 10, 13, 16, 19\}$, $U_7(21)=\{1, 8\}$). $U_4(20)$, $U_5(20)$, $U_5(30)$, $U_{10}(30)$의 원소를 구하라. 그리고 $U_k(n)$이 $U(n)$의 부분군임을 증명하라.[4]

---

3 이 문제는 23장에서 다시 언급한다.
4 이 문제는 8장에서 다시 언급한다.

3.22 $a^6 = e$를 만족하는 군의 원소 a에 대해 $|a|$가 될 수 있는 값을 구하고 그 이유를 설명하라.

3.23 군의 원소 a가 무한 위수를 가질 때, $m \neq n$이면 $a^m \neq a^n$임을 증명하라.

3.24 군의 임의의 원소 a, b에 대해 $|ab| = |ba|$임을 증명하라. 그리고 이를 이용해 $|abab| = |baba|$임을 증명할 수 있는 이유를 설명하라. 또한 $|aba| = |bab|$가 참인지 확인하라.

3.25 A가 $GL(2, \mathbb{R})$의 원소이고 $|A|$가 유한할 때, $\det A$에 대해 설명하라.

3.26 a, b를 군의 원소라 하고 $|b| = 4$라 하자. $a^n = b$일 때, $a^{-1} = a^k$을 만족하는 양의 정수 k를 구하라.

3.27 $U(14) = \langle 3 \rangle = \langle 5 \rangle$임을 보여라(즉, $U(14)$는 순환군이다). $U(14) = \langle 11 \rangle$인가? $U(20)$의 임의의 원소 k에 대해 $U(20) \neq \langle k \rangle$임을 보여라(즉, $U(20)$은 순환군이 아니다).

3.28 n이 짝수인 자연수이고 H가 $\mathbb{Z}_n$의 부분군이라고 하자. H의 모든 원소가 짝수이거나 H의 원소의 절반이 짝수임을 증명하라.

3.29 n이 짝수인 자연수이고 H가 $\mathbb{Z}_n$의 위수가 홀수인 부분군이라고 하자. H의 모든 원소가 짝수인 정수임을 증명하라.

3.30 D_n의 모든 부분군에 대해 부분군의 모든 원소가 회전이동이거나 부분군의 원소의 절반이 회전이동임을 증명하라.

3.31 H를 D_n의 위수가 홀수인 부분군이라고 하자. H의 모든 원소가 회전이동임을 증명하라.

3.32 위수가 2인 2개의 원소를 갖는 가환군은 위수가 4인 부분군을 가짐을 증명하라.

3.33 모든 짝수 n에 대해 D_n이 위수가 4인 부분군을 가짐을 보여라.

3.34 H가 덧셈군 $\mathbb{Z}$의 진부분군이고 18, 30, 40을 포함한다고 할 때, H를 구하라.

3.35 H가 덧셈군 $\mathbb{Z}$의 진부분군이고 12, 30, 54를 포함한다고 할 때, H를 구하라.

3.36 H가 덧셈군 $\mathbb{Z}$의 부분군이고 2^{50}, 3^{50}을 포함한다고 할 때, H를 구하라.

3.37 위수가 6인 정이면체군에 위수가 4인 부분군이 존재하지 않음을 증명하라.

3.38 H, K가 G의 부분군일 때, $H \cap K$가 G의 부분군임을 보여라(같은 방법으로 G의 부분군의 개수가 유한하거나 무한할 때도 부분군들의 교집합이 G의 부분군임을 보일 수 있을까?).

3.39 H_1과 H_2를 위수가 4인 D_n의 서로 다른 부분군이라고 하자. $H_1 \cap H_2$가 어떤 부분군인지 설명하라.

3.40 D_6의 위수가 6인 부분군은 몇 개인가? D_{12}인 경우에는 몇 개인가? 이 결과를 D_n인 경우로 일반화하라. 이때 n은 6으로 나누어떨어지는 양의 정수이다.

3.41 임의의 군 G에 대해 $Z(G) = \bigcap_{a \in G} C(a)$임을 보여라(이는 $C(a)$ 형태의 모든 부분군들의 교집합을 의미한다).

3.42 군 G의 임의의 원소 a에 대해 $C(a) = C(a^{-1})$임을 증명하라.

3.43 군의 임의의 원소 a와 정수 k에 대해 $C(a) \subseteq C(a^k)$임을 보여라. 그리고 이 사실을 이용해 다음 명제의 빈칸을 채워라. 이 명제의 역은 참인가?

군의 원소 a와 x 사이에 교환법칙이 성립하면 ________이어야 한다.

3.44 a, b가 군의 서로 다른 원소이면 $a^2 \neq b^2$ 또는 $a^3 \neq b^3$임을 증명하라.

3.45 S가 군의 부분집합이고 H가 S를 포함하는 모든 부분군의 교집합이라고 하자. 다음 물음에 답하라.

(a) $\langle S \rangle = H$임을 증명하라.

(b) S가 공집합이 아니면 $\langle S \rangle = \left\{ s_1^{n_1} s_2^{n_2} \cdots s_m^{n_m} \,\middle|\, m \geq 1,\ s_i \in S,\ n_i \in \mathbb{Z} \right\}$임을 증명하라(이때 각 s_i가 서로 다를 필요는 없다).

3.46 군 $\mathbb{Z}$에서 다음을 구하라. 그리고 각각에 대해 부분군을 $\langle k \rangle$ 형태로 나타낼 때 정수 k를 구하라.

(a) $\langle 8, 14 \rangle$

(b) $\langle 8, 13 \rangle$

(c) $\langle 6, 15 \rangle$

(d) $\langle m, n \rangle$

(e) $\langle 12, 18, 45 \rangle$

3.47 [정리 3.6]을 증명하라.

3.48 G의 부분군 H의 중심화부분군 $C(H)$는 $\{x \in G \mid$ 모든 $h \in H$에 대해 $xh = hx\}$이다. $C(H)$가 G의 부분군임을 증명하라.

3.49 군의 원소의 중심화부분군은 반드시 가환군인가? 또 군의 중심은 가환군인가?

3.50 군의 원소 a에 대해 $|a| = 5$일 때, $C(a) = C(a^3)$임을 증명하라. 또한 $|a| = 6$이고 $C(a) \neq C(a^3)$인 원소 a를 군에서 찾으라.

3.51 G를 항등원이 e인 가환군이라 하고 n을 고정된 어떤 정수라고 하자. 방정식 $x^n = e$를 만족하는 G의 모든 원소 x의 집합이 G의 부분군임을 증명하라. 또한 방정식 $x^2 = e$를 만족하는 군 G의 모든 원소 x의 집합이 군 G의 부분군이 아닌 군 G의 예를 제시하라.[5]

3.52 군의 원소 a, b가 $|a| = |b| = 2$를 만족할 때, 각 경우에 대해 a, b를 구하라. $|a|$, $|b|$, $|ab|$ 사이의 관계를 설명하라.

(a) $|ab| = 3$

(b) $|ab| = 4$

(c) $|ab| = 5$

3.53 $SL(2, \mathbb{R})$의 원소 $A = \begin{bmatrix} 1 & 1 \\ 0 & 1 \end{bmatrix}$의 위수를 구하라. 그리고 $A = \begin{bmatrix} 1 & 1 \\ 0 & 1 \end{bmatrix}$을 $SL(2, \mathbb{Z}_p)$(p는 소수)의 원소로 볼 때, A의 위수를 구하라.

3.54 $SL(2, \mathbb{R})$의 두 원소 $A = \begin{bmatrix} 0 & -1 \\ 1 & 0 \end{bmatrix}$과 $B = \begin{bmatrix} 0 & 1 \\ -1 & -1 \end{bmatrix}$에 대해 $|A|$, $|B|$, $|AB|$를 구하라. 기대한 값인가?

3.55 a가 어떤 군의 위수가 n인 원소이고, d가 n의 양의 약수라 할 때, $|a^d| = \dfrac{n}{d}$임을 증명하라.

3.56 a는 유한 위수, b는 무한 위수, ab는 유한 위수를 갖는 군의 원소 a, b의 예를 제시하라.

3.57 짝수 위수인 군이 위수가 2인 원소를 홀수개 가짐을 증명하라.

---

5 이 문제는 11장에서 다시 언급한다.

3.58 임의의 양의 정수 n과 각 θ에 대해 $SL(2, \mathbb{R})$에서 다음이 성립함을 보여라.

$$\begin{bmatrix} \cos\theta & -\sin\theta \\ \sin\theta & \cos\theta \end{bmatrix}^n = \begin{bmatrix} \cos n\theta & -\sin n\theta \\ \sin n\theta & \cos n\theta \end{bmatrix}$$

앞의 공식을 이용해 다음 두 원소의 위수를 각각 구하라.

$$\begin{bmatrix} \cos 60° & -\sin 60° \\ \sin 60° & \cos 60° \end{bmatrix}, \quad \begin{bmatrix} \cos\sqrt{2}\,° & -\sin\sqrt{2}\,° \\ \sin\sqrt{2}\,° & \cos\sqrt{2}\,° \end{bmatrix}$$

(기하학적으로 행렬 $\begin{bmatrix} \cos\theta & -\sin\theta \\ \sin\theta & \cos\theta \end{bmatrix}$는 평면에서 각 θ만큼의 회전이동을 나타낸다.)

3.59 G가 한 원의 대칭군일 때, G가 유한 위수를 갖는 원소뿐 아니라 무한 위수를 갖는 원소도 가짐을 보여라.

3.60 군 $\mathbb{R}^*$에서 $|a| = \infty$, $|b| = \infty$, $|ab| = 2$를 만족하는 원소 a, b를 구하라.

3.61 G를 한 원의 대칭군이라고 하자. 모든 n에 대해 G가 D_n을 포함하는 이유를 설명하라.

3.62 G를 한 원의 대칭군이라고 하자. F와 F'이 각 θ로 교차하는 반사이동이면 FF'이 각 2θ만큼의 회전이동이라는 평면 기하학의 사실을 이용해 FF'이 무한 위수를 갖는 경우의 반사이동 F와 F'을 구하라.

3.63 H를 유한군 G의 부분군이라 하자. g가 G의 원소이고 n이 $g^n \in H$를 만족하는 가장 작은 양의 정수라 하자. n이 $|g|$의 약수임을 보여라.

3.64 다음 군의 위수를 구하라. 구한 답을 바탕으로 $|U(r)|$, $|U(s)|$, $|U(rs)|$ 사이의 관계를 추측하라.

(a) $U(3)$, $U(4)$, $U(12)$

(b) $U(5)$, $U(7)$, $U(35)$

(c) $U(4)$, $U(5)$, $U(20)$

(d) $U(4)$, $U(10)$, $U(40)$

3.65 $\mathbb{R}^*$를 곱셈에 대한 0이 아닌 실수 집합의 군이라 하고 $H = \{x \in \mathbb{R}^* \mid x^2\text{은 유리수}\}$라 하자. H의 원소 중 무리수 하나를 제시하라. 그리고 H가 $\mathbb{R}^*$의 부분군임을 증명하라. 지수 2를 임의의 양의 정수로 대체해도 여전히 H가 $\mathbb{R}^*$의 부분군이 될 수 있을까? 또 $H = \{x \in \mathbb{R}^* \mid \text{어떤 정수 } n\text{에 대해 } x^n\text{은 유리수}\}$($n$은 x에 따라 달라질 수 있음)라고 할 때, 앞의 질문에서 전개한 H가 부분군이라는 증명이 유효한지 확인하라.

3.66 $U(40)$의 위수가 4인 비순환부분군을 구하라.

3.67 군의 한 원소 a가 $a^m = e$를 만족할 때, $|a|$는 m의 약수임을 증명하라.

3.68 G가 가환군이고 $H = \{x \in G \mid$ 어떤 홀수인 정수 n에 대해 $x^n = e\}$(n은 x에 따라 달라질 수 있음)라고 할 때, H가 G의 부분군임을 증명하라.

3.69 G가 가환군이고 $H = \{x \in G \mid |x|$가 1 또는 짝수$\}$라고 할 때, H가 G의 부분군일 필요는 없음을 보여주는 예를 제시하라.

3.70 $H = \{x \in \mathbb{C}^* \mid$ 어떤 정수 n에 대해 $x^n = \pm 1\}$(n은 x에 따라 달라질 수 있음)이 곱셈에 대한 0이 아닌 복소수 집합의 군의 부분군임을 보여라. K가 $\mathbb{C}^*$의 임의의 부분군일 때, 조건 $x^n = \pm 1$이 $x^n \in K$로 바뀌어도 이 주장이 유효한지 확인하라.

3.71 G가 군이고 H가 G의 부분군이라 하자. G의 임의의 고정된 원소 x에 대해 $xHx^{-1} = \{xhx^{-1} \mid h \in H\}$로 정의할 때 다음을 증명하라. 군 xHx^{-1}은 H의 **켤레**(conjugate)라고 한다(켤레화는 구조를 보존하는 성질임을 알아두자).

(a) xHx^{-1}은 G의 부분군이다.

(b) H가 순환군이면 xHx^{-1}도 순환군이다.

(c) H가 가환군이면 xHx^{-1}도 가환군이다.

3.72 $G = GL(2, \mathbb{R})$이고 $H = \{A \in G \mid \det A$는 양의 유리수$\}$일 때, H가 G의 부분군임을 증명하라.

3.73 기약분수로 나타냈을 때 분자와 분모가 모두 홀수인 모든 유리수의 집합이 곱셈에 대한 $\mathbb{Q}^*$의 부분군임을 보여라.

3.74 $H = \{A \in GL(2, \mathbb{R}) \mid \det A$는 2의 정수 거듭제곱$\}$일 때, H가 $GL(2, \mathbb{R})$의 부분군임을 보여라.

3.75 H가 덧셈에 대한 군 $\mathbb{R}$의 부분군이고 $K = \{2^a \mid a \in H\}$라고 하자. 곱셈에 대해 K가 $\mathbb{R}^*$의 부분군임을 증명하라.

3.76 G를 $\mathbb{R}^*$에서 $\mathbb{R}^*$로 가는 함수 집합의 군이라고 하자. 여기서 G의 연산은 함수의 곱셈이다. $H = \{f \in G \mid f(2) = 1\}$이 G의 부분군임을 증명하라. 이때 조건에서 2를 임의의 실수로 대체할 수 있는가?

3.77 행렬의 곱셈에 대한 군 $H = \left\{\begin{bmatrix} a & 0 \\ 0 & b \end{bmatrix} \middle| a, b\text{는 0이 아닌 정수}\right\}$가 $GL(2, \mathbb{R})$의 부분군임을 증명하거나 반증하라.

3.78 임의의 홀수인 정수 $n>3$에 대해 위수가 2인 원소를 정확히 n개 갖는 군의 예를 두 가지 제시하라.

3.79 $H=\{a+bi \mid a, b\in\mathbb{R}, a^2+b^2=1\}$이 곱셈에 대한 군 $\mathbb{C}^*$의 부분군임을 증명하거나 반증하라. 그리고 H의 원소를 기하학적으로 설명하라.

3.80 a, b가 유한 가환군 G의 원소일 때, 집합 $\langle a, b\rangle=\{a^ib^j \mid i, j\in\mathbb{Z}\}$가 G의 부분군임을 증명하라. 그리고 $|\langle a, b\rangle|$를 $|a|, |b|$로 설명하라.

3.81 n이 1보다 큰 정수일 때, $U(4n)$의 위수가 4인 부분군을 구하라. 그리고 구한 부분군이 순환군인지 확인하라.

3.82 H, K가 군 G의 부분군일 때, 집합 $HK=\{hk \mid h\in H, k\in K\}$가 G의 부분군일 필요는 없음을 보여라.

3.83 $|a|=2, |b|=10, |ab|=2$를 만족하는 원소 a, b를 갖는 군의 예를 제시하라.

3.84 p가 홀수인 소수이고 n이 양의 정수라 하자. p^n-1이 위수가 2인 $U(p^n)$의 유일한 원소임을 증명하라.

3.85 n이 3 이상인 정수일 때, 위수가 2인 $U(2n)$의 원소는 2^n-1과 $2^{n-1}\pm 1$뿐임을 증명하라.

3.86 (a)와 (b)의 집합이 진부분군이 되는 유한군과 무한군의 예를 각각 제시하라. 또 (c)와 (d)의 집합이 진부분군이 되는 유한군의 예를 각각 제시하라.

(a) $\{1, -1\}$

(b) $\left\{\begin{bmatrix}1 & 0\\0 & 1\end{bmatrix}, \begin{bmatrix}-1 & 0\\0 & -1\end{bmatrix}\right\}$

(c) $\{1, 5\}$

(d) $\{0, 3\}$

3.87 H를 군 G의 부분군이라 하자. 집합 $HZ(G)=\{hz \mid h\in H, z\in Z(G)\}$가 G의 부분군임을 증명하라.[6]

3.88 H와 K가 덧셈에 대한 유리수 집합의 군의 자명하지 않은 부분군일 때, $H\cap K$가 자명한 부분군이 아님을 증명하라.

3.89 H가 덧셈에 대한 유리수 집합의 군의 자명하지 않은 부분군일 때, H가 자명하지 않은 진부분군을 가짐을 증명하라.

6 이 문제는 이 장의 본문에서 살펴봤다.

3.90 위수가 2보다 큰 n인 군은 위수가 $n-1$인 부분군을 가질 수 없음을 증명하라.

3.91 유한군 G의 원소 x에 대해 $|C(x)|/|G|$를 확률론적으로 해석하라. 그리고 D_4에서 임의로 선택한 두 원소(동일할 수 있음) 사이에 교환법칙이 성립할 확률이 0.5보다 큼을 증명하라. 또 D_8의 두 원소 사이에 교환법칙이 성립할 확률을 구하라.

3.92 2개 이상의 원소를 갖는 유한군 G가 위수가 소수인 원소를 가짐을 보여라.

* 이 장을 위한 컴퓨터 연습문제는 http://www.d.umn.edu/~jgallian에서 확인할 수 있다.

4

순환군
Cyclic Groups

"30년 전만 해도 정교함의 대명사로 여겨졌던 군의 개념은 오늘날 물리학, 화학, 생화학, 수학 분야에서 널리 사용되는 수학 개념 중 하나이다."

알렉세이 소신스키(Alexey Sosinsky, 1991)

"실제로 군 이론은 서로 무관해 보이는 다양한 학문의 기초가 되는 패턴의 일관성과 불가분성을 엄밀하게 세웠다."

마리오 리비오(Mario Livio), *The Equation That Could Not Be Solved*

4.1 순환군의 성질

3장에서 살펴본 순환군에 대한 내용을 복습해보자. 군 G에 대해 $G=\{a^n \mid n \in \mathbb{Z}\}$를 만족하는 원소 a가 존재하면 G를 순환군이라 하고 a를 군 G의 생성원이라고 한다. 또한 원소 a에 의해 생성되는 순환군 G를 $G=\langle a \rangle$로 표기한다. 이 장에서는 순환군에 대해 더 자세히 살펴보고 중요한 성질을 결정한다. 우선 몇 가지 예로 시작해보자.

EX 4.1 덧셈에 대한 정수 집합의 군 $\mathbb{Z}$는 순환군이다. 이 군의 생성원은 1과 -1이다. 연산이 덧셈인 경우 1^n은 다음과 같이 나타낸다.

$$\underbrace{1+1+\cdots+1}_{n\text{개 항}} \qquad (n\text{이 양의 정수일 때})$$

$$\underbrace{(-1)+(-1)+\cdots+(-1)}_{|n|\text{개 항}} \qquad (n\text{이 음의 정수일 때})$$

EX 4.2 $n \ge 1$에 대해 집합 $\mathbb{Z}_n=\{0, 1, \cdots, n-1\}$은 법 n에 관한 덧셈에 대해 순환군이다. 이 경우에도 1과 $-1=n-1$은 이 군의 생성원이다. 생성원이 2개인 $\mathbb{Z}$와 달리 $\mathbb{Z}_n$은 (주어진 n에 따라) 생성원을 여러 개 가질 수도 있다.

EX 4.3 $\mathbb{Z}_8=\langle 1 \rangle=\langle 3 \rangle=\langle 5 \rangle=\langle 7 \rangle$이다. 예를 들어 $\mathbb{Z}_8=\langle 3 \rangle$임을 확인해보자.

$$\langle 3 \rangle=\{3,\ 3+3,\ 3+3+3, \cdots\}=\{3,\ 6,\ 1,\ 4,\ 7,\ 2,\ 5,\ 0\}=\mathbb{Z}_8$$

따라서 3은 $\mathbb{Z}_8$의 생성원이다. 그러나 2는 $\mathbb{Z}_8$의 생성원이 아니다. 왜냐하면 $\langle 2 \rangle=\{0, 2, 4, 6\} \neq \mathbb{Z}_8$이기 때문이다.

EX 4.4 [EX 2.12]를 참고하자. $U(10)=\{1, 3, 7, 9\}=\{3^0, 3^1, 3^3, 3^2\}=\langle 3 \rangle$이고, $U(10)=\{1, 3, 7, 9\}=\{7^0, 7^3, 7^1, 7^2\}=\langle 7 \rangle$이므로 3과 7은 모두 $U(10)$의 생성원이다.

수학에서는 종종 어떤 개념의 '예가 아닌 것'이 그 개념을 이해하는 데 도움이 된다. 순환군과 관련하여 $U(8)$은 이와 같은 역할을 한다. 즉, $U(8)$은 순환군이 아니다. 이 사실을 어떻게 확인할 수 있을까? $U(8)=\{1, 3, 5, 7\}$이지만 다음과 같다.

$$\langle 1\rangle=\langle 1\rangle, \langle 3\rangle=\{3, 1\}, \langle 5\rangle=\{5, 1\}, \langle 7\rangle=\{7, 1\}$$

따라서 $U(8)$의 임의의 원소 a에 대해 $U(8)\neq\langle a\rangle$이므로 $U(8)$은 순환군이 아니다.

이제 앞의 예를 통해 살펴본 순환군을 추상적으로 다루고 관련한 주요 성질을 설명할 준비가 되었다.

정리 4.1 $a^i=a^j$에 대한 판정법

G가 군이고 a가 G의 원소라고 하자. a가 무한 위수를 가지면 $a^i=a^j$일 필요충분조건은 $i=j$이다. 또 a가 유한 위수 n을 가지면 $\langle a\rangle=\{e, a, a^2, \cdots, a^{n-1}\}$이고, $a^i=a^j$일 필요충분조건은 n이 $i-j$를 나누는 것이다.

증명

a가 무한 위수를 가지면, a^n이 항등원이 되는 0이 아닌 정수 n이 존재하지 않는다. $a^i=a^j$은 $a^{i-j}=e$를 의미하므로 분명히 $i-j=0$이다. 이로써 첫 번째 명제를 증명했다.

이제 $|a|=n$이라 가정하고 $\langle a\rangle=\{e, a, a^2, \cdots, a^{n-1}\}$임을 증명하자. 분명히 $e, a, \cdots, a^{n-1}$은 $\langle a\rangle$의 원소이다. 다음으로 a^k을 $\langle a\rangle$의 임의의 원소라고 가정하면 나눗셈 알고리즘에 의해 다음을 만족하는 정수 q와 r이 존재한다.

$$k=nq+r, \ 0\leq r<n$$

그러면 $a^k=a^{nq+r}=a^{nq}a^r=(a^n)^q a^r=ea^r=a^r$이다. 따라서 $a^k\in\{e, a, a^2, \cdots, a^{n-1}\}$이다. 이로써 $\langle a\rangle=\{e, a, a^2, \cdots, a^{n-1}\}$임을 증명했다.

다음으로 $a^i=a^j$이라 가정하고 n이 $i-j$를 나누는 것을 증명하자. $a^i=a^j$은 $a^{i-j}=e$를 의미한다. 다시 나눗셈 알고리즘에 의해 다음을 만족하는 정수 q와 r이 존재한다.

$$i-j=nq+r, \ 0\leq r<n$$

그러면 $a^{i-j}=a^{nq+r}$이고, $e=a^{i-j}=a^{nq+r}=(a^n)^q a^r=e^q a^r=ea^r=a^r$이다. n은 $a^n=e$를 만족하는 가장 작은 양의 정수이므로 $r=0$이어야 한다. 따라서 n은 $i-j$를 나눈다.

역으로 $i-j=nq$이면 $a^{i-j}=a^{nq}=e^q=e$이므로 $a^i=a^j$이다. ■

[정리 4.1]은 원소의 위수와 군의 위수에 대한 기호와 용어를 이중으로 사용해야 하는 이유를 보여준다.

> **따름정리 1** $|a| = |\langle a \rangle|$
>
> 군의 임의의 원소 a에 대해 $|a| = |\langle a \rangle|$이다.

[따름정리 2]는 [정리 4.1]의 특별한 경우로서 자주 사용되므로 따로 언급할 가치가 있다.

> **따름정리 2** $a^k = e$**일 필요충분조건은** $|a|$**가** k**를 나누는 것이다**
>
> 군의 임의의 원소 a에 대해 $a^k = e$일 필요충분조건은 $|a|$가 k를 나누는 것이다.

증명

[정리 4.1]을 통해 $a^k = e$일 필요충분조건은 n이 $k - 0 = k$를 나누는 것임을 알 수 있다. ■

[따름정리 2]를 재구성한 다음 정리는 다양한 상황에서 유용하게 사용된다.

> **따름정리 3** $a^k = e$**일 필요충분조건은** k**가** $|a|$**의 배수**
>
> 군의 임의의 원소 a에 대해 $a^k = e$일 필요충분조건은 k가 $|a|$의 배수인 것이다.

[연습문제 3.52], [연습문제 3.54]에서는 일반적으로 $|ab|$, $|a|$, $|b|$ 사이에 어떠한 관계도 성립하지 않음을 설명했다. 믿기 어렵겠지만, $|a|$와 $|b|$를 통해 $|ab|$의 어떠한 것도 알 수 없다. 그러나 다음과 같은 유용한 사실이 있다(자세한 설명은 [연습문제 4.23] 참고).

> **따름정리 4** $|ab|$**와** $|a||b|$ **사이의 관계**
>
> 유한군의 원소 a, b에 대해 $ab = ba$이면 $|ab|$는 $|a||b|$를 나눈다.

증명

$|a| = m$, $|b| = n$이라 하면 $(ab)^{mn} = (a^m)^n (b^n)^m = e^n e^m = e$이다. 따라서 [정리 4.1]의 [따름정리 2]에 의해 $|ab|$는 mn을 나눈다. ■

[그림 4.1]은 $|a| = 6$인 경우에 대한 [정리 4.1]과 따름정리들을 보여준다.

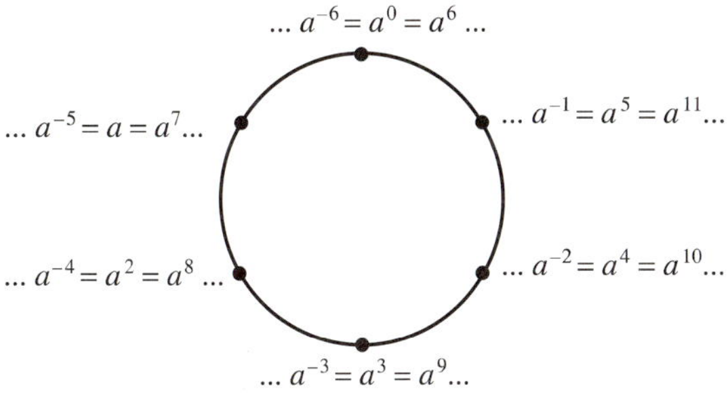

[그림 4.1] $|a| = 6$인 경우에 대한 a의 거듭제곱

유한 위수를 갖는 경우에 [정리 4.1]에서 중요한 점은 $\langle a \rangle$에서의 곱셈이 본질적으로는 법 n에 관한 덧셈에 의해 계산된다는 것이다. 즉, $(i+j) \bmod n = k$이면 $a^i a^j = a^k$이다. 따라서 군 G와 원소 a의 선택과 무관하게 $|a| = n$일 때 $\langle a \rangle$에서의 곱셈은 $\mathbb{Z}_n$에서의 덧셈과 동일하게 계산한다. 비슷하게 원소 a가 무한 위수를 갖는 경우 $a^i a^j = a^{i+j}$이고 합동 연산이 적용되지 않으므로, $\langle a \rangle$에서의 곱셈은 $\mathbb{Z}$에서의 덧셈과 동일하게 계산한다.

이와 같은 이유로 순환군 $\mathbb{Z}_n$과 $\mathbb{Z}$는 모든 순환군의 기본형이며, 대수학자들은 각 위수에 대해 순환군이 오직 하나씩만 존재한다고 이야기한다. 이 말의 의미는 $\{a^n \mid n \in \mathbb{Z}\}$와 같은 형태의 서로 다른 집합은 많이 있지만, 이러한 집합의 연산은 본질적으로 한 가지 방법뿐이라는 것이다. 대수학자들은 집합의 원소가 무엇인지에 관계없이 집합의 대수적 성질, 즉 집합의 원소들을 서로 연산하는 방법에만 관심이 있다. 이와 같은 주제는 6장(동형사상에 관한 장)에서 다룰 것이다.

다음 정리는 $|a|$를 알 때 $|a^k|$을 계산하는 간단한 방법을 제공한다. [정리 4.2]의 [따름정리 2]는 $|a|$만 알면 언제 $\langle a^i \rangle = \langle a^j \rangle$을 판별하는 간단한 방법을 제공한다.

정리 4.2 $\langle a^k \rangle = \langle a^{\gcd(n,k)} \rangle$, $|a^k| = \dfrac{n}{\gcd(n, k)}$

군의 원소 a의 위수가 n이고 k가 양의 정수라고 하자. 그러면 $\langle a^k \rangle = \langle a^{\gcd(n,k)} \rangle$이고 $|a^k| = \dfrac{n}{\gcd(n, k)}$이다.

증명

기호를 간단히 나타내기 위해 $d = \gcd(n, k)$, $k = dr$이라고 하자. $a^k = (a^d)^r$이므로 닫힘 성질에 의해 $\langle a^k \rangle \subseteq \langle a^d \rangle$이다. 최대공약수에 관한 [정리 0.2]에 의해 $d = ns + kt$를 만족하는 정수 s, t가 존재한다. 따라서 다음이 성립한다.

$$a^d = a^{ns+kt} = a^{ns}a^{kt} = (a^n)^s (a^k)^t = e(a^k)^t = (a^k)^t \in \langle a^k \rangle$$

이를 통해 $\langle a^d \rangle \subseteq \langle a^k \rangle$임을 알 수 있다. 따라서 $\langle a^k \rangle = \langle a^{\gcd(n,k)} \rangle$임을 보였다.

이제 주어진 명제의 두 번째 부분을 증명한다. 먼저 n의 임의의 약수 d에 대해 $|a^d| = \frac{n}{d}$임을 보이자. 분명히 $(a^d)^{n/d} = a^n = e$이므로 $|a^d| \leq \frac{n}{d}$이다. 반면에 i를 $\frac{n}{d}$보다 작은 양의 정수라 하면 $|a|$의 정의에 의해 $(a^d)^i \neq e$이다. 이 사실과 $d = \gcd(n, k)$를 이용하면 $|a^k| = |\langle a^k \rangle| = |\langle a^{\gcd(n, k)} \rangle| = |a^{\gcd(n, k)}| = \frac{n}{\gcd(n, k)}$임을 알 수 있다. ■

[EX 4.5]와 [EX 4.6]은 [정리 4.2]를 적용한 간단한 연산을 통해 순환부분군의 원소를 쉽게 나열하는 방법과 위수를 계산하기 어려운 순환군의 원소에 대해 위수를 계산하는 방법을 보여준다.

EX 4.5 $|a| = 30$일 때 $\langle a^{26} \rangle$, $\langle a^{17} \rangle$, $\langle a^{18} \rangle$과 $|a^{26}|$, $|a^{17}|$, $|a^{18}|$을 구해보자. $\gcd(30, 26) = 2$이므로 $\langle a^{26} \rangle = \langle a^2 \rangle = \{e, a^2, a^4, a^6, \cdots, a^{28}\}$이고 $|a^{26}| = |a^2| = \frac{30}{2} = 15$이다. $\gcd(30, 17) = 1$이므로 $\langle a^{17} \rangle = \langle a^1 \rangle = \{e, a, a^2, a^3, \cdots, a^{29}\}$이고 $|a^{17}| = |a^1| = \frac{30}{1} = 30$이다. $\gcd(30, 18) = 6$이므로 $\langle a^{18} \rangle = \langle a^6 \rangle = \{e, a^6, a^{12}, a^{18}, a^{24}\}$이고 $|a^{18}| = |a^6| = \frac{30}{6} = 5$이다.

EX 4.6 $|a| = 1000$일 때 $\langle a^{140} \rangle$, $\langle a^{400} \rangle$, $\langle a^{62} \rangle$과 $|a^{140}|$, $|a^{400}|$, $|a^{62}|$을 각각 구해보자. $\gcd(1000, 140) = \gcd(2^3 5^3, 2^2 5 \cdot 7) = 2^2 5 = 20$이므로 $\langle a^{140} \rangle = \langle a^{20} \rangle = \{e, a^{20}, a^{40}, a^{60}, \cdots, a^{980}\}$이고 $|a^{140}| = |a^{20}| = \frac{1000}{20} = 50$이다. $\gcd(1000, 400) = \gcd(2^3 5^3, 2^4 5^2) = 2^3 5^2 = 200$이므로 $\langle a^{400} \rangle = \langle a^{200} \rangle = \{e, a^{200}, a^{400}, a^{600}, a^{800}\}$이고 $|a^{400}| = |a^{200}| = \frac{1000}{200} = 5$이다. $\gcd(1000, 62) = \gcd(2^3 5^3, 2 \cdot 31) = 2$이므로 $\langle a^{62} \rangle = \langle a^2 \rangle = \{e, a^2, a^4, a^6, \cdots, a^{998}\}$이고 $|a^{62}| = |a^2| = \frac{1000}{2} = 500$이다.

[정리 4.2]는 유한 순환군에서 원소의 위수와 군의 위수 사이의 중요한 관계를 설명한다.

> **따름정리 1 유한 순환군의 원소의 위수**
>
> 유한 순환군의 원소의 위수는 군의 위수의 약수이다.

> **따름정리 2 $\langle a^i \rangle = \langle a^j \rangle$과 $|a^i| = |a^j|$에 대한 판정법**
>
> $|a| = n$일 때 $\langle a^i \rangle = \langle a^j \rangle$일 필요충분조건은 $\gcd(n, i) = \gcd(n, j)$이고, $|a^i| = |a^j|$일 필요충분조건도 $\gcd(n, i) = \gcd(n, j)$이다.

증명

[정리 4.2]에 의해 $\langle a^i \rangle = \langle a^{\gcd(n,\, i)} \rangle$이고 $\langle a^j \rangle = \langle a^{\gcd(n,\, j)} \rangle$이므로, $\langle a^{\gcd(n,\, i)} \rangle = \langle a^{\gcd(n,\, j)} \rangle$일 필요충분조건이 $\gcd(n,\, i) = \gcd(n,\, j)$임을 증명하면 된다. 분명히 $\gcd(n,\, i) = \gcd(n,\, j)$이면 $\langle a^{\gcd(n,\, i)} \rangle = \langle a^{\gcd(n,\, j)} \rangle$이다. 반대로 $\langle a^{\gcd(n,\, i)} \rangle = \langle a^{\gcd(n,\, j)} \rangle$이면 $|a^{\gcd(n,\, i)}| = |a^{\gcd(n,\, j)}|$이므로, [정리 4.2]의 두 번째 결과에 의해 $\dfrac{n}{\gcd(n,\, i)} = \dfrac{n}{\gcd(n,\, j)}$이다. 따라서 $\gcd(n,\, i) = \gcd(n,\, j)$이다.

[따름정리 2]의 두 번째 필요충분조건은 첫 번째 필요충분조건과 [정리 4.1]의 [따름정리 1]에 의해 성립한다. ■

다음 두 따름정리는 앞에서 살펴본 따름정리의 매우 중요한 특별한 경우이다.

따름정리 3 유한 순환군의 생성원

$|a| = n$일 때 $\langle a \rangle = \langle a^j \rangle$일 필요충분조건은 $\gcd(n,\, j) = 1$이고, $|a| = |\langle a^j \rangle|$일 필요충분조건도 $\gcd(n,\, j) = 1$이다.

따름정리 4 $\mathbb{Z}_n$의 생성원

$\mathbb{Z}_n$의 원소 k가 $\mathbb{Z}_n$의 생성원일 필요충분조건은 $\gcd(n,\, k) = 1$이다.

[따름정리 3]의 진가는 순환군의 생성원 하나를 알면 그 순환군의 모든 생성원을 쉽게 구할 수 있다는 점이다. 예를 들어 D_6의 모든 회전이동으로 이루어진 부분군을 생각해보자. R_{60}은 이 군의 생성원이다. $|R_{60}| = 6$이므로 [따름정리 3]에 의해 유일한 다른 생성원은 $(R_{60})^5 = R_{300}$임을 알 수 있다. 물론 [따름정리 3]을 이용하지 않고 직접 계산하여 이 결과를 쉽게 추론할 수 있다. [따름정리 3]의 진정한 가치를 알아보기 위해 순환군 $U(50)$의 모든 생성원을 구해보자. 먼저 직접 계산해보면 $|U(50)| = 20$이고 3이 $U(50)$의 생성원 중 하나임을 알 수 있다. [따름정리 3]에 따르면 $U(50)$의 모든 생성원은 다음과 같다.

$$
\begin{aligned}
3 \bmod 50 &= 3, & 3^{11} \bmod 50 &= 47 \\
3^3 \bmod 50 &= 27, & 3^{13} \bmod 50 &= 23 \\
3^7 \bmod 50 &= 37, & 3^{17} \bmod 50 &= 13 \\
3^9 \bmod 50 &= 33, & 3^{19} \bmod 50 &= 17
\end{aligned}
$$

물론 여기에서도 약간의 계산이 필요하지만, $U(50)$의 각 원소의 위수를 하나씩 계산하여 모든 생성원을 구하는 것보다 확실히 간단하다. [정리 4.2]와 따름정리들은 원소가 유한 위수를 갖는 경우에만 이용해야 한다는 점을 명심하자.

4.2 순환군의 부분군의 분류

다음 정리는 유한 순환군의 부분군 개수와 그 부분군을 구하는 방법을 알려준다.

> **정리 4.3 순환군의 기본정리**
>
> (1) 순환군의 모든 부분군은 순환군이다.
>
> (2) $|\langle a\rangle| = n$이면 $\langle a\rangle$의 임의의 부분군의 위수는 n의 약수이다.
>
> (3) n의 임의의 양의 약수 k에 대해 군 $\langle a\rangle$는 위수가 k인 부분군을 오직 한 개 갖고, 그 부분군은 $\langle a^{n/k}\rangle$이다.

증명에 앞서 이 정리의 의미를 알아보자. 정리의 의미를 이해한다는 것은 증명을 이해하기 위한 전제 조건이다. $G = \langle a\rangle$이고 G의 위수가 30이라고 가정하자. [정리 4.3]의 (1), (2), (3)에 따르면 G의 부분군 H는 30의 약수인 어떤 k에 대해 $\langle a^{30/k}\rangle$ 형태이다. (3)에 따르면 G는 위수가 각각 1, 2, 3, 5, 6, 10, 15, 30인 부분군을 하나씩 가지며, 그 외의 부분군은 갖지 않음을 알 수 있다. 또한 증명은 이러한 부분군을 구하는 방법을 보여준다.

증명

(1) $G = \langle a\rangle$이고 H를 G의 부분군이라 가정하자. 우선 H가 순환군임을 보여야 한다. H가 항등원으로만 이루어져 있다면 H는 분명히 순환군이다.

따라서 $H \neq \{e\}$라 가정하고, H가 a^t(t는 양수) 형태의 원소를 포함함을 보이자. $G = \langle a\rangle$이므로 H의 모든 원소는 a^t 형태이다. 이때 $t < 0$이면 a^t이 H의 원소이므로 a^{-t}도 H의 원소이다. $-t$는 양수이므로 H가 a^t(t는 양수) 형태의 원소를 포함한다는 사실을 증명했다.

이제 m이 $a^m \in H$를 만족하는 가장 작은 양의 정수라고 하면 연산의 성질에 의해 $\langle a^m\rangle \subseteq H$이다. 다음으로 $H = \langle a^m\rangle$임을 증명하기 위해 H의 임의의 원소 b가 $\langle a^m\rangle$의 원소임을 보이자. $b \in G = \langle a\rangle$이므로 $b = a^k$을 만족하는 정수 k가 존재한다. 이제 정수 k와 m에 대해 나눗셈 알고리즘을 적용하면 $k = mq + r (0 \leq r < m)$을 만족하는 정수 q, r이 존재한다. 그러면

$a^k = a^{mq+r} = a^{mq}a^r$ 이므로 $a^r = a^{-mq}a^k$ 이다. $a^k = b \in H$ 이고 $a^{-mq} = (a^m)^{-q}$ 도 H 의 원소이므로 $a^r \in H$ 이다. 그러나 m 은 $a^m \in H$ 를 만족하는 가장 작은 양의 정수이고 $0 \le r < m$ 이므로 r 은 0 이어야 한다. 따라서 $b = a^k = a^{mq} = (a^m)^q \in \langle a^m \rangle$ 이다. 즉, 순환군의 모든 부분군은 순환군이다.

(2) $|\langle a \rangle| = n$ 이고 H 는 $\langle a \rangle$ 의 임의의 부분군이라고 하자. (1)의 증명과 [정리 4.2]에 의해 H 는 순환군이고, n 의 약수인 m 에 대해 H 는 $\langle a^m \rangle$ 형태이며 $|a^m| = \dfrac{n}{m}$ 이다.

(3) 마지막으로 k 가 n 의 임의의 양의 약수이면 $|\langle a^{n/k} \rangle| = k$ 이고, K 가 위수가 k 인 $\langle a \rangle$ 의 임의의 부분군이면 K 는 $\langle a^s \rangle$ 형태임을 관찰하자. 여기서 s 는 n 의 약수이고 $|\langle a^s \rangle| = \dfrac{n}{s} = k$ 이다. 따라서 $s = \dfrac{n}{k}$ 이다. ■

a 의 위수가 30 인 순환군 $\langle a \rangle$ 에 대한 논의로 잠시 돌아가서 [정리 4.3]을 적용하면 $\langle a \rangle$ 의 부분군은 30 의 약수 m 에 대해 정확히 $\langle a^m \rangle$ 형태이다. 또한 k 가 30 의 약수이면 위수가 k 인 부분군은 $\langle a^{30/k} \rangle$ 이다. 따라서 $\langle a \rangle$ 의 모든 부분군은 다음과 같다.

$$\langle a \rangle = \{e, a, a^2, \cdots, a^{29}\} \quad (\text{위수 } 30)$$
$$\langle a^2 \rangle = \{e, a^2, a^4, \cdots, a^{28}\} \quad (\text{위수 } 15)$$
$$\langle a^3 \rangle = \{e, a^3, a^6, \cdots, a^{27}\} \quad (\text{위수 } 10)$$
$$\langle a^5 \rangle = \{e, a^5, a^{10}, a^{15}, a^{20}, a^{25}\} \quad (\text{위수 } 6)$$
$$\langle a^6 \rangle = \{e, a^6, a^{12}, a^{18}, a^{24}\} \quad (\text{위수 } 5)$$
$$\langle a^{10} \rangle = \{e, a^{10}, a^{20}\} \quad (\text{위수 } 3)$$
$$\langle a^{15} \rangle = \{e, a^{15}\} \quad (\text{위수 } 2)$$
$$\langle a^{30} \rangle = \{e\} \quad (\text{위수 } 1)$$

일반적으로 $\langle a \rangle$ 의 위수가 n 이고 k 가 n 의 약수이면 $\langle a^{n/k} \rangle$ 은 위수가 k 인 유일한 부분군이다. [정리 4.3]에서 군을 $\mathbb{Z}_n$ 으로, a 를 1 로 두면 다음과 같은 중요한 정리를 얻는다.

따름정리 $\mathbb{Z}_n$ 의 부분군

n 의 임의의 양의 약수 k 에 대해 위수가 k 인 $\mathbb{Z}_n$ 의 부분군은 유일하며, 그 부분군은 집합 $\left\langle \dfrac{n}{k} \right\rangle$ 이다. 더욱이 $\mathbb{Z}_n$ 의 부분군은 모두 이와 같은 형태이다.

EX 4.7 $\mathbb{Z}_{30}$의 모든 부분군은 다음과 같다.

$$\langle 1 \rangle = \{0,\ 1,\ 2, \cdots,\ 29\} \quad (\text{위수 } 30)$$
$$\langle 2 \rangle = \{0,\ 2,\ 4, \cdots,\ 28\} \quad (\text{위수 } 15)$$
$$\langle 3 \rangle = \{0,\ 3,\ 6, \cdots,\ 27\} \quad (\text{위수 } 10)$$
$$\langle 5 \rangle = \{0,\ 5,\ 10,\ 15,\ 20,\ 25\} \quad (\text{위수 } 6)$$
$$\langle 6 \rangle = \{0,\ 6,\ 12,\ 18,\ 24\} \quad (\text{위수 } 5)$$
$$\langle 10 \rangle = \{0,\ 10,\ 20\} \quad (\text{위수 } 3)$$
$$\langle 15 \rangle = \{0,\ 15\} \quad (\text{위수 } 2)$$
$$\langle 30 \rangle = \{0\} \quad (\text{위수 } 1)$$

[정리 4.2]와 [정리 4.3]은 유한 순환군의 부분군의 모든 생성원을 구하는 간단한 방법을 제공한다.

EX 4.8 $\mathbb{Z}_{36}$에서 위수가 9인 부분군의 생성원을 구하기 위해 $\frac{36}{9} = 4$가 생성원 중 하나임을 관찰하자. 다른 생성원을 구하기 위해 [정리 4.2]의 [따름정리 3]을 적용하면, 생성원은 $\gcd(9,\ j) = 1$을 만족하는 j에 대해 $4j$ 형태인 $\mathbb{Z}_{36}$의 모든 원소이다. 즉, 다음과 같다.

$$\langle 4 \cdot 1 \rangle = \langle 4 \cdot 2 \rangle = \langle 4 \cdot 4 \rangle = \langle 4 \cdot 5 \rangle = \langle 4 \cdot 7 \rangle = \langle 4 \cdot 8 \rangle$$

일반적으로 $|a| = 36$일 때, 위수 9인 $\langle a \rangle$의 부분군을 모두 구하면 다음과 같다.

$$\langle (a^4)^1 \rangle = \langle (a^4)^2 \rangle = \langle (a^4)^4 \rangle = \langle (a^4)^5 \rangle = \langle (a^4)^7 \rangle = \langle (a^4)^8 \rangle$$

특히 $|a| = n$의 약수 d에 대해 위수가 d인 부분군의 생성원 $a^{n/d}$이 존재하면, $\langle a^{n/d} \rangle$의 모든 생성원은 $j \in U(d)$에 대해 $(a^{n/d})^j$ 형태이다.

[정리 4.2]와 [정리 4.3]을 이용하면 유한 순환군에서 각 위수에 해당하는 원소의 개수를 쉽게 구할 수 있다. 계산의 편의를 위해 **오일러 ϕ-함수**(Euler phi function) ϕ라는 중요한 수론 함수를 소개한다. $\phi(1) = 1$이라 하고, $n > 1$인 임의의 정수 n에 대해 $\phi(n)$은 n보다 작고 n과 서로소인 양의 정수의 개수라고 한다. 군 $U(n)$의 정의에 의해 $|U(n)| = \phi(n)$이다. $\phi(n)$의 처음 12개 값은 [표 4.1]과 같다.

[표 4.1] $\phi(n)$의 값

n	1	2	3	4	5	6	7	8	9	10	11	12
$\phi(n)$	1	1	2	2	4	2	6	4	6	4	10	4

정리 4.4 순환군에서 각 위수에 해당하는 원소의 개수

n의 양의 약수 d에 대해 위수가 n인 순환군에서 위수가 d인 원소의 개수는 $\phi(d)$개이다.

증명

[정리 4.3]에 의해 주어진 군은 위수가 d인 부분군을 오직 한 개만 갖는다. 이 부분군을 $\langle a \rangle$라고 하면 위수가 d인 모든 원소는 부분군 $\langle a \rangle$를 생성한다. 그리고 [정리 4.2]의 [따름정리 3]에 의해 원소 a^k이 $\langle a \rangle$를 생성하기 위한 필요충분조건은 $\gcd(k, d) = 1$이다. 따라서 위수가 d인 원소의 개수는 정확히 $\phi(d)$개이다. ■

위수가 n인 유한 순환군의 경우, n의 임의의 약수 d에 대해 위수가 d인 원소의 개수는 오직 d에 의해서만 결정된다. 따라서 $\mathbb{Z}_8$, $\mathbb{Z}_{640}$, $\mathbb{Z}_{80000}$은 각각 위수가 8인 원소를 $\phi(8) = 4$개 갖는다. 임의의 유한군에 대해서는 각 위수에 해당하는 원소의 개수를 구하는 일반적인 공식이 없지만 이와 관련하여 매우 중요한 사실을 이야기할 수 있다.

따름정리 유한군에서 위수가 d인 원소의 개수

유한군에서 위수가 d인 원소의 개수는 $\phi(d)$의 배수이다.

증명

유한군에 위수가 d인 원소가 없다면 $\phi(d)$는 0을 나누므로 이 따름정리는 성립한다. 이제 $|a| = d$를 만족하는 원소 $a \in G$가 존재한다고 가정하자. [정리 4.4]에 의해 $\langle a \rangle$는 위수가 d인 원소를 $\phi(d)$개 갖는다. 만약 G에서 위수가 d인 원소가 모두 $\langle a \rangle$의 원소이면 증명은 끝난다. 따라서 $\langle a \rangle$의 원소가 아니고 위수가 d인 G의 원소 b가 존재한다고 가정하자. 그러면 $\langle b \rangle$도 위수가 d인 원소를 $\phi(d)$개 갖는다. 이는 $\langle a \rangle$와 $\langle b \rangle$가 위수가 d인 공통 원소를 갖지 않으면 G에 위수가 d인 원소가 $2\phi(d)$개 존재함을 의미한다. $\langle a \rangle$와 $\langle b \rangle$ 모두에 속하는 위수가 d인 원소 c가 존재한다면 $\langle a \rangle = \langle c \rangle = \langle b \rangle$ 이므로 $b \in \langle a \rangle$이고, 이 결과는 모순이다. 이러한 과정을 계속하면 유한군에서 위수가 d인 원소의 개수는 $\phi(d)$의 배수임을 알 수 있다. ■

[정리 4.4]와 정수론의 두 가지 성질인 '임의의 소수 p에 대해 $\phi(p^n) = p^n - p^{n-1}$([연습문제 4.85] 참고)'와 '서로 다른 소수 $p_1, p_2, \cdots, p_m$에 대해 $\phi(p_1^{k_1} p_2^{k_2} \cdots p_m^{k_m}) = \phi(p_1^{k_1})\phi(p_2^{k_2}) \cdots \phi(p_m^{k_m})$'을

이용하면 $U(n)$의 원소의 위수를 쉽게 계산할 수 있고, $U(n)$이 순환군인지를 간단하게 결정할 수 있다.

EX 4.9 $U(50)$의 원소 3을 생각해보자. $\phi(50)=\phi(2)\phi(5^2)$이므로 $|U(50)|=1\cdot(5^2-5)=20$이다. $|3|$은 분명히 2, 4, 5, 10, 20 중 하나이다. $3^4=31$이므로 $|3|$은 2와 4가 아니다. 법 50에 대해 $3^{10}=3^5\cdot3^5=243\cdot243=(-7)(-7)=49$이므로, $|3|$은 5와 10이 아니다. 따라서 $|3|=20$이고 $U(50)=\langle 3\rangle$이다. 마찬가지로 위수가 12인 $U(13)$에서 $|2|$를 구해보자. $2^4=3$이므로 $|2|$는 2와 4가 아니고, $2^6=64=12$이므로 $|2|$는 3과 6이 아니다. 따라서 $|2|=12$이다.

한편, $U(n)\,(n>2)$이 순환군이기 위해서는 [정리 4.3]에 의해 $n-1=-1$이 $U(n)$에서 위수 2인 유일한 원소여야 한다. 그러나 $U(80)$에서 $9^2=1$이고 $U(120)$에서 $11^2=1$이므로 둘 다 순환군이 아니다. $U(80)$과 $U(120)$이 순환군인지 아닌지를 판단하기 위해 $U(80)$과 $U(120)$의 위수를 알 필요가 없음을 강조한다.

8장에서는 군 $U(n)$ 중에서 순환군을 완벽히 분류할 것이다.

군의 여러 부분군들 사이의 관계는 군의 **부분군 도표**(subgroup lattice)로 설명할 수 있다. 부분군 도표는 군의 모든 부분군을 포함하고, 어떤 위치에 있는 부분군 H와 그보다 높은 위치에 있는 부분군 K가 선분으로 연결될 필요충분조건이 H가 K의 진부분군인 도표이다. 이러한 부분군 도표를 그리는 방법은 많지만, 부분군들 사이의 관계는 동일해야 한다. 보통 부분군 도표를 보기 좋은 형태로 표현하려고 한다. $\mathbb{Z}_{30}$의 부분군 도표는 [그림 4.2]이다. 여기서 $\langle 10\rangle$은 $\langle 2\rangle$와 $\langle 5\rangle$의 부분군이지만, $\langle 6\rangle$은 $\langle 10\rangle$의 부분군이 아니다.

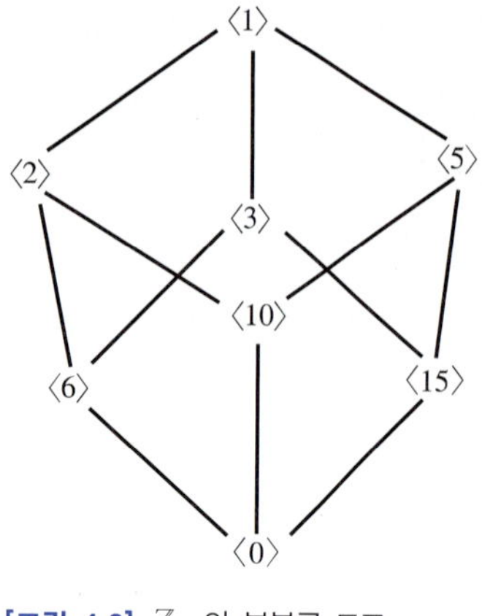

[그림 4.2] $\mathbb{Z}_{30}$의 부분군 도표

$\mathbb{Z}_{30}$의 부분군에 대해 수행한 과정을 $U(30)$ 또는 D_{30}에 적용해보면 [정리 4.3]의 진가를 알 수 있다. 그리고 이 군들은 비순환군 중 상대적으로 단순한 구조를 가지고 있다.

7장에서는 [정리 4.3]의 일부를 임의의 유한군으로 확장할 수 있음을 증명할 것이다. 즉, 부분군의 위수는 그 전체군의 위수의 약수임을 증명한다. 그러나 유한군이 그 군의 위수의 각 약수에 해당하는 부분군을 정확히 하나만 가질 필요는 없음을 증명할 것이다. 어떤 약수에 해당하는 위수의 부분군은 없을 수도 있고, 다른 어떤 약수에 해당하는 위수의 부분군은 많이 존재할 수도 있다. 실제로 위수가 8인 정이면체군 D_4는 위수가 2인 부분군을 5개, 위수가 4인 부분군을 3개 갖는다.

순환군의 중요성에 대해 마지막으로 정리하며 이 장을 마친다. 순환군은 유한군의 아주 작은 부분이지만 소수들이 정수의 기본단위이고 화학 원소들이 화합물의 기본단위인 것처럼, 순환군은 모든 유한 가환군을 구성하는 기본단위임을 11장에서 증명할 것이다.

4장 연습문제

> 가정은 반드시 사용해야 한다.
>
> 아놀드 로스(Arnold Ross)

4.1 $\mathbb{Z}_6$, $\mathbb{Z}_8$, $\mathbb{Z}_{20}$의 생성원을 모두 구하라.

4.2 위수가 각각 6, 8, 20인 순환군 $\langle a \rangle$, $\langle b \rangle$, $\langle c \rangle$의 생성원을 모두 구하라.

4.3 $\mathbb{Z}_{30}$의 부분군 $\langle 20 \rangle$과 $\langle 10 \rangle$의 원소를 모두 구하라. 군의 원소인 a의 위수가 30일 때, 부분군 $\langle a^{20} \rangle$과 $\langle a^{10} \rangle$의 원소를 모두 구하라.

4.4 $\mathbb{Z}_{18}$의 부분군 $\langle 3 \rangle$과 $\langle 15 \rangle$의 원소를 모두 구하라. a를 위수 18인 군의 원소라 할 때, 부분군 $\langle a^3 \rangle$과 $\langle a^{15} \rangle$의 원소를 모두 구하라.

4.5 $U(20)$의 부분군 $\langle 3 \rangle$과 $\langle 7 \rangle$의 원소를 모두 구하라.

4.6 [연습문제 4.3], [연습문제 4.4], [연습문제 4.5]의 공통점은 무엇인가? 이 세 가지 경우를 포함하는 일반화를 시도하라.

4.7 모든 진부분군이 순환군인 비순환군의 예를 제시하라.

4.8 군 G의 원소 a가 $|a|=15$일 때, 군 G의 다음 원소들의 위수를 구하라.

(a) a^3, a^6, a^9, a^{12} (b) a^5, a^{10} (c) a^2, a^4, a^8, a^{14}

4.9 $\mathbb{Z}_{20}$의 부분군 개수를 구하고, 각 부분군의 생성원을 구하라. 또 $G=\langle a \rangle$이고 $|a|=20$일 때, G의 부분군 개수를 구하고, 각 부분군의 생성원을 구하라.

4.10 $\mathbb{Z}_{24}$의 위수가 8인 부분군의 생성원을 모두 구하라. 또 $G=\langle a \rangle$이고 $|a|=24$일 때, 위수가 8인 부분군의 생성원을 모두 구하라.

4.11 군 G의 임의의 원소 a에 대해 $\langle a^{-1} \rangle = \langle a \rangle$임을 증명하라.

4.12 $\mathbb{Z}$의 부분군 $\langle 3 \rangle$의 생성원을 모두 구하라. 또 a가 무한 위수를 가질 때, 부분군 $\langle a^3 \rangle$의 생성원을 모두 구하라.

4.13 $\mathbb{Z}$의 부분군 $\langle 10 \rangle \cap \langle 12 \rangle$의 생성원을 구하라. 일반적으로 부분군 $\langle m \rangle \cap \langle n \rangle$의 생성원은 무엇인가? 또 군의 원소 a가 무한 위수를 가질 때, 부분군 $\langle a^m \rangle \cap \langle a^n \rangle$의 생성원은 무엇인가?

4.14 순환군 G가 정확히 3개의 부분군(G 자신, $\{e\}$, 위수가 7인 부분군)을 갖는다고 할 때, $|G|$를 구하라. 만약 숫자 7을 소수 p로 바꾸면 $|G|$는 어떻게 될까?

4.15 G가 가환군이고 $H=\{g \in G \mid |g|\text{는 } 12\text{의 약수}\}$일 때, H가 G의 부분군임을 증명하라. 여기서 정수 12가 특별한 의미를 갖는가? 만약 12를 다른 양의 정수로 바꾸더라도 그 증명이 유효한가? 이에 관한 일반적인 결과를 설명하라.

4.16 군의 원소 a에 대해 다음 문장의 빈칸을 채워라.

(a) $|a|=|a^2|$일 필요충분조건은 $|a|$가 ________ 인 것이다.

(b) $|a^2|=|a^{12}|$일 필요충분조건은 ________ 이다.

(c) $|a|=\infty$이면, $|a^i|=|a^j|$일 필요충분조건은 ________ 이다.

(d) $|a|=\infty$이면, $\langle a^i \rangle = \langle a^j \rangle$일 필요충분조건은 ________ 이다.

4.17 a를 순환군 G의 생성원이라고 하자. $|G|=n$이 홀수이고 $\langle a^6 \rangle$이 $\langle a \rangle$의 진부분군일 때, $|\langle a^6 \rangle|$을 구하라.

4.18 a를 순환군 G의 생성원이라고 하자. $|G|=n$이고 $\langle a^{10} \rangle = \langle a^5 \rangle$일 때, n이 홀수임을 증명하라.

4.19 a를 군의 원소라 하자. $|a^2|=3$일 때, $|a|$로 가능한 값을 구하라. 또 $|a^2|=4$일 때, $|a|$로 가능한 값을 구하라.

4.20 p가 소수이고 n이 양의 정수일 때, D_{p^n}의 순환부분군의 개수를 구하라. 만약 p와 q가 서로 다른 소수이면 D_{pq}의 순환부분군은 몇 개인가?

4.21 군 G가 모든 원소의 제곱이 항등원이라는 성질을 가질 때, G가 가환군임을 증명하라.

4.22 ϕ가 오일러 ϕ-함수일 때, $\phi(81)$, $\phi(60)$, $\phi(105)$를 각각 구하라.

4.23 유한군의 원소 a, b 사이에 교환법칙이 성립한다고 하자. $|ab|=|a||b|$일 필요충분조건은 $\gcd(|a|, |b|)=1$임을 증명하라.

4.24 군 G가 2개 이상의 원소를 갖는다고 하자. G가 자명하지 않은 진부분군을 갖지 않을 때, $|G|$가 소수임을 증명하라(처음부터 G가 유한군이라고 가정하지 않는다).

4.25 H가 홀수 위수를 갖는 D_n의 부분군일 때, [연습문제 3.31]을 이용해 H의 모든 부분군이 순환군임을 증명하라.

4.26 위수가 3인 원소를 정확히 2개 갖는 가환군의 예를 무수히 많이 제시하라. 또 동일한 특징을 갖는 비가환군의 예를 무수히 많이 제시하라. 제시한 예를 위수가 p(p는 홀수인 소수)인 원소가 정확히 $p-1$개 존재한다고 일반화할 수 있을까?

4.27 순환군에 무한 위수를 갖는 원소가 존재할 때, 유한 위수를 갖는 원소는 몇 개 존재할까?

4.28 위수가 35인 가환군 G의 모든 원소가 방정식 $x^{35}=e$를 만족한다고 하자. G가 순환군임을 증명하라. 만약 35를 33으로 바꾸더라도 이 주장은 유효할까?

4.29 군 G의 원소 a에 대해 다음 물음에 답하라.

(a) $a^{12}=e$일 때, a의 위수에 대해 설명하라.

(b) $a^m=e$일 때, a의 위수에 대해 설명하라.

(c) G가 $|G|=24$인 순환군일 때, $a^8 \neq e$이고 $a^{12} \neq e$이면 $\langle a \rangle = G$임을 보여라.

4.30 위수가 3인 군은 순환군임을 증명하라.

4.31 덧셈에 대한 정수 집합의 군 $\mathbb{Z}$의 모든 부분군은 순환군일까? $\mathbb{Z}$의 모든 부분군을 기술하라. 어떤 군의 원소 a가 무한 위수를 가질 때, $\langle a \rangle$의 부분군을 모두 기술하라.

4.32 임의의 군 G의 원소 a에 대해 $\langle a \rangle$가 $C(a)$(a의 중심화부분군)의 부분군임을 증명하라.

4.33 d가 양의 정수이고 $d \neq 2$이며 n의 약수이면 D_n의 위수가 d인 원소 개수는 $\phi(d)$개임을 증명하라. 그리고 D_n의 위수가 2인 원소의 개수를 구하라.

4.34 $\mathbb{Z}$의 모든 생성원을 구하라. 어떤 군의 원소 a가 무한 위수를 가질 때, $\langle a \rangle$의 생성원을 모두 구하라.

4.35 곱셈에 대한 0이 아닌 복소수 집합의 군 $\mathbb{C}^*$가 모든 양의 정수 n에 대해 위수가 n인 순환부분군을 가짐을 증명하라.

4.36 군 G의 무수히 많은 부분군 $H_1, H_2, H_3, \cdots$가 $H_1 \subset H_2 \subset H_3 \subset \cdots$를 만족할 때, $H = \bigcup_{i=1}^{\infty} H_i$가 G의 부분군임을 증명하라.

4.37 $\mathbb{Z}_{8000000}$의 위수가 8인 원소를 모두 구하라. 원소를 모두 구했는지 어떻게 확인할 수 있을까? 군의 원소 a가 $|a| = 8000000$을 만족할 때, $\langle a \rangle$에서 위수가 8인 원소를 모두 구하라. 원소를 모두 구했는지 어떻게 확인할 수 있을까?

4.38 G가 2개 이상의 원소를 갖는다고 하자. G의 부분군이 $\{e\}$와 G뿐이면 G가 위수가 소수인 순환군임을 증명하라.

4.39 G를 유한군이라 하자. G의 모든 원소 a에 대해 $a^n = e$를 만족하는 고정된 양의 정수 n이 존재함을 증명하라(n은 a와 독립적이라는 점에 유의한다).

4.40 $\mathbb{Z}_{12}$의 부분군 도표를 그려라. 이 결과를 $\mathbb{Z}_{p^2q}$(p, q는 서로 다른 소수)로 일반화하라.

4.41 $\mathbb{Z}_8$의 부분군 도표를 그려라. 이 결과를 $\mathbb{Z}_{p^n}$(p는 소수, n은 양의 정수)으로 일반화하라.

4.42 유한군이 진부분군의 합집합일 필요충분조건은 그 군이 순환군이 아닌 것임을 증명하라.

4.43 곱셈에 대한 양의 유리수 집합의 군이 순환군이 아님을 보여라. 이 내용이 곱셈에 대한 0이 아닌 유리수 집합의 군이 순환군이 아님을 증명하는 이유는 무엇일까?

4.44 집합 $\{4, 8, 12, 16\}$의 케일리 표를 만들어 이 집합이 법 20에 관한 곱셈에 대해 군임을 보여라. 그리고 이 군의 항등원을 구하라. 군이 순환군인지 확인하고 맞다면 군의 생성원을 모두 구하라.

4.45 정확히 7개의 부분군(자명한 부분군과 군 자기 자신을 포함)을 갖는 군의 예를 제시하라. 이 결과를 임의의 양의 정수 n에 대해 정확히 n개의 부분군을 갖는 군의 경우로 일반화하라.

4.46 군 G의 원소 a, b 사이에 교환법칙이 성립하고 $|a|$와 $|b|$가 유한하다고 가정하자. $|ab|$의 값으로 가능한 것은 무엇일까?

4.47 군의 원소 a, b 사이에 교환법칙이 성립한다고 가정하자. 만약 $|a|$가 유한하고 $|b|$가 무한하면 $|ab|$는 무한함을 증명하라.

4.48 양의 정수 k와 가환군 G에 대해 $G^k = \{x^k \mid x \in G\}$가 G의 부분군임을 증명하라. 만약 G가 가환군이고 $|G| = 40$이면 $G^3 = G$, $G^{15} = G^5$, $G^{28} = G^4$임을 증명하라. 이 결과를 $|G| = n$과 임의의 정수 k에 대해 일반화하라.

4.49 군의 원소 a에 대해 $|a| = 100$일 때, $|a^{98}|$과 $|a^{70}|$을 구하라.

4.50 F와 F'을 D_{21}의 서로 다른 반사이동이라고 하자. $|FF'|$의 값으로 가능한 것은 무엇일까?

4.51 군 G의 순환부분군 H가 $|H| = 10$일 때, a가 G의 원소이고 a^6이 H의 원소이면 $|a|$의 값으로 가능한 것은 무엇일까?

4.52 군에서 위수가 21인 원소의 개수가 될 수 있는 정확한 수는 다음 중 무엇인가?

$$21600, \ 21602, \ 21604$$

4.53 무한군 G에서 위수가 8인 원소의 개수에 대해 설명하고, 이 결과를 일반화하라.

4.54 위수가 n인 순환군 G의 모든 원소 a에 대해 $a^n = e$임을 증명하라.

4.55 양의 정수 n에 대해 곱셈에 대한 0이 아닌 복소수 집합의 군 $\mathbb{C}^*$에 위수가 n인 원소가 정확히 $\phi(n)$개 존재함을 증명하라.

4.56 $H = \{n \in \mathbb{Z} \mid n$이 8과 10 모두에 의해 나누어진다$\}$가 $\mathbb{Z}$의 부분군인지 혹은 아닌지 증명하라. '8과 10 모두에 의해 나누어진다'를 '8 또는 10으로 나누어진다'로 바꾸면 결과는 어떻게 될까?

4.57 G를 항등원이 아닌 모든 원소가 소수 위수를 갖는 유한군이라고 하자(예를 들어, D_3과 D_5). $Z(G)$가 자명하지 않은 경우, G의 항등원이 아닌 모든 원소가 동일한 위수를 가짐을 증명하라.

4.58 무한군에는 무한개의 부분군이 존재해야 함을 증명하라.

4.59 군에 위수 p(p는 소수)인 원소가 $p-1$개보다 많을 때, 이 군은 왜 순환군이 될 수 없는지를 설명하라.

4.60 G가 순환군이고 6이 $|G|$의 약수라 하자. G에서 위수가 6인 원소의 개수를 구하라. 만약 8이 $|G|$의 약수이면 G의 원소 중 위수가 8인 원소는 몇 개일까? a가 위수 8인 원소일 때, 위수 8인 다른 원소를 구하라.

4.61 $\mathbb{Z}_{40}$에서 위수가 10인 원소를 모두 구하라. $|x|=40$일 때, $\langle x \rangle$에서 위수가 10인 원소를 모두 구하라.

4.62 군이 무한 위수를 갖는 경우를 포함하도록 [정리 4.4]의 [따름정리]를 재구성하라.

4.63 D_{33}의 원소의 위수를 모두 구하고, 각 위수에 대한 원소의 개수를 구하라.

4.64 $\langle 2 \rangle = U(25)$인지를 확인할 때, $2^{10} \neq 1$과 $2^4 \neq 1$만 확인하면 충분한 이유를 설명하라.

4.65 가환군 G가 위수가 4와 5인 순환부분군을 각각 포함할 때, G의 순환부분군의 위수 중 4와 5가 아닌 값은 무엇인가? 이 결과를 일반화하라.

4.66 가환군 G가 위수가 4와 6인 순환부분군을 각각 포함할 때, G의 순환부분군의 위수 중 4와 6이 아닌 값은 무엇인가? 이 결과를 일반화하라.

4.67 어떤 군도 위수가 2인 원소를 정확히 2개 가질 수 없음을 증명하라.

4.68 순환군 $U(49)$가 42개의 원소로 이루어진다는 사실을 이용해 생성원을 직접 구하지 않고 $U(49)$의 생성원 개수를 추론하라.

4.69 a, b가 $|a|=10$, $|b|=21$인 G의 원소이면 $\langle a \rangle \cap \langle b \rangle = \{e\}$임을 보여라.

4.70 a, b가 $|a|$와 $|b|$가 서로소인 G의 원소이면 $\langle a \rangle \cap \langle b \rangle = \{e\}$임을 보여라.

4.71 a, b가 $|a|=24$, $|b|=10$인 G의 원소이면 $|\langle a \rangle \cap \langle b \rangle|$의 값으로 가능한 것은 무엇인가?

4.72 a, b가 $|a|=12$, $|b|=22$이고 $\langle a \rangle \cap \langle b \rangle \neq \{e\}$인 G의 원소이면 $a^6 = b^{11}$임을 증명하라.

4.73 G를 위수가 15인 가환군이라고 하자. G가 위수 3인 원소를 14개 가질 수 없음을 증명하라.

4.74 $n>2$일 때, $\mathbb{Z}_n$의 생성원이 짝수개임을 증명하라. 이 결과를 통해 $\phi(n)$에 대해 무엇을 알 수 있는가?

4.75 $|a^5|=12$일 때, $|a|$로 가능한 값은 무엇인가? 또 $|a^4|=12$일 때, $|a|$로 가능한 값은 무엇인가?

4.76 $|x|=n$일 때, $\langle x^r \rangle \subseteq \langle x^s \rangle$을 만족하기 위한 r과 s에 대한 필요충분조건을 구하라.

4.77 군의 원소 a가 $|a|=48$일 때, 다음을 만족하는 48의 약수 k를 각각 구하라.

(a) $\langle a^{21} \rangle = \langle a^k \rangle$ (b) $\langle a^{14} \rangle = \langle a^k \rangle$ (c) $\langle a^{18} \rangle = \langle a^k \rangle$

4.78 D_{60}의 위수가 4인 순환부분군과 위수가 4인 비순환부분군을 구하라.

4.79 G가 가환군이고 $H=\{x \in G \mid |x|$가 홀수$\}$일 때, H가 G의 부분군임을 증명하라.

4.80 G가 가환군이고 $H=\{x \in G \mid |x|$가 1 또는 짝수$\}$일 때, H가 G의 부분군일 필요는 없음을 보여주는 예를 제시하라.

4.81 H를 군 G의 부분군이라 하자. $HZ(G)=\{hz \mid h \in H, z \in Z(G)\}$가 G의 부분군임을 증명하라.

4.82 $n>2$인 모든 정수 n에 대해 $U(n^2-1)$이 순환군이 아님을 증명하라.

4.83 $n>2$인 모든 정수 n에 대해 $U(n^2-1)$이 위수가 4인 부분군을 가짐을 보여라.

4.84 $U(2^n)(n \geq 3)$이 순환군이 아님을 증명하라.

4.85 임의의 소수 p와 양의 정수 n에 대해 $\phi(p^n)=p^n-p^{n-1}$임을 증명하라.

4.86 ϕ가 오일러 ϕ-함수일 때, 임의의 양의 정수 n에 대해 $|U(|U(n)|)|=\phi(\phi(n))$임을 증명하라.

4.87 ϕ가 오일러 ϕ-함수일 때, 임의의 양의 정수 n과 n의 모든 양의 약수 d에 대해 $n=\sum \phi(d)$임을 증명하라. 여기서 합 $\sum$는 n의 모든 양의 약수 d에 대해 합한다.

4.88 n이 짝수인 정수일 때, $\phi(2n)=2\phi(n)$임을 증명하라.

4.89 **[2008 GRE 시험문제]** x가 위수 15인 순환군의 원소이고 x^3, x^5, x^9 중 정확히 2개가 같을 때, $|x^{13}|$을 구하라.

* 이 장을 위한 컴퓨터 연습문제는 http://www.d.umn.edu/~jgallian에서 확인할 수 있다.

제임스 조지프 실베스터(James Joseph Sylvester)

나는 정말로 나의 과목을 사랑한다.

제임스 조지프 실베스터

Stock Montage

실베스터는 19세기 미국에서 가장 영향력 있는 수학자였다. 그는 1814년 9월 3일 런던에서 태어나 일찍부터 수학적 천재성을 보였다. 14세에 드 모르간 밑에서 공부했고 수학경시대회에서 여러 차례 상도 받았으며, 25세라는 젊은 나이에 왕립학회 회원으로 선출되었다.

1841년 더블린에 있는 트리니티대학에서 학사, 석사 학위를 취득했고 교수, 법률가, 보험계리사 등의 전문가로서의 삶을 시작했다. 1876년 62세의 나이로 새로 설립된 존스홉킨스대학교의 권위 있는 직책에 임명되어 7년 동안 근무하면서 실베스터는 엄청난 열정으로 순수수학 연구에 매진했다.

또한 그는 미국에서 최초 수학 저널인 American Journal of Mathematics를 창간했다. 1884년에는 영국으로 돌아가 옥스퍼드대학교의 교수직을 맡았으며 1897년 3월 15일 생을 마쳤다. 수학에서 실베스터의 주요 업적은 방정식 이론, 행렬 이론, (케일리(Cayley)와 함께 창시하고 공동 연구한) 행렬식 이론 또는 불변량 이론이다. (복잡하고 표현력이 풍부하며, 시적 어구와 정서적 표현, 기괴한 표현과 역설이 가득한) 그의 수학 논문과 강의에는 그의 감정적이고 예민하며 열정적인 성격이 잘 드러났다.

5

치환군
Permutation Groups

"전자 치환군에 대한 위그너(Wigner)의 발견은 시작에 불과했다. 그와 주변 사람들은 많은 유사한 응용을 발견했으며, 오늘날 특히 군의 특성과 표현에 관한 군 이론적 방법이 양자역학의 모든 분야에 널리 퍼져 있다."

조지 맥키(George Mackey), *Proceedings of the American Philosophical Society*

"대칭은 과학자들에게 불기둥과 같은 역할을 하여 상대성 이론과 표준 모델을 이끌어왔다."

마리오 리비오(Mario Livio), *The Equation That Could Not Be Solved*

5.1 정의와 기호

이 시점에서 우리는 두 유한 가환군인 $\mathbb{Z}_n$, $U(n)$과 두 무한 비가환군인 정이면체군, 행렬군을 알고 있다. 이 장에서는 집합 A에서 자기 자신으로 가는 치환군이라는 특정 함수의 비가환군을 소개한다. 19세기 초반과 중반에 수학자들이 연구한 군은 치환군뿐이었다. 1850년경에 이르러서 케일리가 추상적인 군을 처음 소개했고, 이 개념이 확고하게 자리 잡기까지 25년이 걸렸다. 치환군은 군 이론과 컴퓨터 과학, 물리학, 화학에서 매우 중요하다.

정의 A의 치환, A의 치환군
집합 A에서 집합 A로 가는 전단사함수를 집합 A의 **치환**(permutation)이라고 한다. 그리고 함수의 합성 연산에 대해 군이 되는 A의 치환들의 모임을 집합 A의 **치환군**(permutation group)이라고 한다.

공집합이 아닌 임의의 집합 A의 치환군이 존재하지만, 여기서는 집합 A가 유한집합인 경우에 초점을 맞출 것이다. 또한 집합 A가 유한집합인 경우에는 어떤 양의 정수 n에 대해 집합 A를 $\{1, 2, 3, \cdots, n\}$ 형태로 나타내는 것이 관례이며 간편하다. 대부분의 함수가 무한집합에서 정의되고 공식으로 주어지는 미분적분학과 달리, 대수학에서는 일반적으로 유한집합의 치환이 정의역의 각 원소와 대응하는 함숫값을 명시적으로 나열한 형태로 주어진다. 예를 들어 집합 $\{1, 2, 3, 4\}$의 치환 α를 다음과 같이 나열하여 정의한다.

$$\alpha(1)=2,\ \alpha(2)=3,\ \alpha(3)=1,\ \alpha(4)=4$$

이 대응관계를 표현하는 더 편리한 방법은 α를 다음과 같이 배열 형태로 나타내는 것이다.

$$\alpha=\begin{bmatrix}1&2&3&4\\2&3&1&4\end{bmatrix}$$

여기서 각 j에 대해 $\alpha(j)$는 j의 바로 아래에 위치한다. 마찬가지로 집합 $\{1, 2, 3, 4, 5, 6\}$의 치환 β는 다음과 같이 나열하여 정의한다.

$$\beta(1)=5,\ \beta(2)=3,\ \beta(3)=1,\ \beta(4)=6,\ \beta(5)=2,\ \beta(6)=4$$

그리고 다음과 같이 배열 형태로 나타낸다.

$$\beta=\begin{bmatrix}1&2&3&4&5&6\\5&3&1&6&2&4\end{bmatrix}$$

배열 형태로 나타낸 치환의 합성은 오른쪽 치환의 위에서 아래로 대응한 다음에 왼쪽 치환의 위에서 아래로 대응하면 된다. 예를 들어 $\sigma = \begin{bmatrix} 1 & 2 & 3 & 4 & 5 \\ 2 & 4 & 3 & 5 & 1 \end{bmatrix}$과 $\gamma = \begin{bmatrix} 1 & 2 & 3 & 4 & 5 \\ 5 & 4 & 1 & 2 & 3 \end{bmatrix}$의 합성은 다음과 같다.

$$\gamma\sigma = \begin{bmatrix} 1 & 2 & 3 & 4 & 5 \\ & \downarrow & & & \\ 5 & 4 & 1 & 2 & 3 \end{bmatrix} \begin{bmatrix} 1 & 2 & 3 & 4 & 5 \\ \downarrow & & & & \\ 2 & 4 & 3 & 5 & 1 \end{bmatrix} = \begin{bmatrix} 1 & 2 & 3 & 4 & 5 \\ 4 & 2 & 1 & 3 & 5 \end{bmatrix}$$

$(\gamma\sigma)(1) = \gamma(\sigma(1)) = \gamma(2) = 4$이므로 $\gamma\sigma$는 1을 4로 보낸다. 따라서 합성 결과의 배열 형태에서 1아래에 4가 있다. 같은 방법으로 $\gamma\sigma$의 나머지 성분들을 구할 수 있다.

이제 치환군에 대한 몇 가지 예를 살펴보자.

EX 5.1 **대칭군 S_3**

S_3을 집합 $\{1, 2, 3\}$에서 자기 자신으로 가는 모든 단사함수의 집합이라 하자. 그러면 함수의 합성에 대해 S_3은 6개의 원소를 갖는 군이 된다. 그 6개의 원소는 다음과 같다.

$$\epsilon = \begin{bmatrix} 1 & 2 & 3 \\ 1 & 2 & 3 \end{bmatrix}, \quad \alpha = \begin{bmatrix} 1 & 2 & 3 \\ 2 & 3 & 1 \end{bmatrix}, \quad \alpha^2 = \begin{bmatrix} 1 & 2 & 3 \\ 3 & 1 & 2 \end{bmatrix}$$

$$\beta = \begin{bmatrix} 1 & 2 & 3 \\ 1 & 3 & 2 \end{bmatrix}, \quad \alpha\beta = \begin{bmatrix} 1 & 2 & 3 \\ 2 & 1 & 3 \end{bmatrix}, \quad \alpha^2\beta = \begin{bmatrix} 1 & 2 & 3 \\ 3 & 2 & 1 \end{bmatrix}$$

$\beta\alpha = \begin{bmatrix} 1 & 2 & 3 \\ 3 & 2 & 1 \end{bmatrix} = \alpha^2\beta \neq \alpha\beta$이므로 S_3은 비가환군이다.

관계식 $\beta\alpha = \alpha^2\beta$를 이용하면 배열을 이용하지 않고 S_3의 다른 곱들을 계산할 수 있다. 예를 들어 $\beta\alpha^2 = (\beta\alpha)\alpha = (\alpha^2\beta)\alpha = \alpha^2(\beta\alpha) = \alpha^2(\alpha^2\beta) = \alpha^4\beta = \alpha\beta$이다. [EX 5.1]은 다음과 같이 일반화할 수 있다.

EX 5.2 **대칭군 S_n**

집합 $A = \{1, 2, 3, \cdots, n\}$의 모든 치환의 집합을 **$n$차 대칭군**(symmetric group of degree n)이라 하고 S_n으로 표기한다. S_n의 원소 형태는 다음과 같다.

$$\alpha = \begin{bmatrix} 1 & 2 & \cdots & n \\ \alpha(1) & \alpha(2) & \cdots & \alpha(n) \end{bmatrix}$$

S_n의 위수는 쉽게 구할 수 있다. $\alpha(1)$은 n가지 선택이 가능하다. 일단 $\alpha(1)$의 값이 결정되면 $\alpha(2)$는 $n-1$가지 선택이 가능하다. 왜냐하면 α는 단사함수이므로 $\alpha(1) \neq \alpha(2)$여야 하기 때문

이다. $\alpha(2)$의 값이 결정되면 $\alpha(3)$은 정확히 $(n-2)$가지 선택이 가능하다. 이와 같은 방식으로 계속 진행하면 S_n의 원소 개수는 $n(n-1)\cdots 3 \cdot 2 \cdot 1 = n!$개이다.[1] $n \geq 3$일 때 S_n이 비가환군임을 증명하는 것은 독자에게 남긴다([연습문제 5.51] 참고).

대칭군의 부분군은 많다. S_4의 부분군은 30개이고, S_5의 부분군은 100개 이상이다.

EX 5.3 정사각형의 대칭

세 번째 예로, D_4의 각 이동을 정사각형의 네 꼭짓점 각각의 위치에 대한 치환과 연관시켜보자. 예를 들어 다음 그림과 같이 네 꼭짓점에 수를 적어 이름을 지정하고, 이 수를 꼭짓점에 고정한다. 그러면 반시계방향으로 90° 회전이동하는 것에 대응하는 치환 ρ는 다음과 같다.

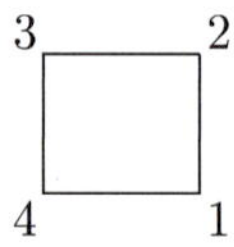

$$\rho = \begin{bmatrix} 1 & 2 & 3 & 4 \\ 2 & 3 & 4 & 1 \end{bmatrix}$$

반면에 수평축에 대한 반사이동에 대응하는 치환은 다음과 같다.

$$\phi = \begin{bmatrix} 1 & 2 & 3 & 4 \\ 2 & 1 & 4 & 3 \end{bmatrix}$$

두 치환 ρ, ϕ는 전체 군 D_4를 생성한다(즉, D_4의 모든 원소는 ρ와 ϕ의 조합이다). 이와 같은 방법으로 D_4를 나타내면 D_4가 S_4의 부분군임을 알 수 있다.

5.2 순환치환 표기법

치환을 자세히 나타내는 데 일반적으로 사용하는 또 다른 표기 방법이 있다. 1815년 유명한 프랑스 수학자 오귀스탱 루이 코시(Augustin Louis Cauchy)가 처음 소개한 **순환치환 표기법**(cycle notation)이다. 순환치환 표기법을 이용해 치환을 나타내면 치환의 중요한 성질을 쉽게 결정할 수 있다는 이론적 이점이 있다. 순환치환 표기법을 이해하기 위해 다음과 같은 치환을 생각해보자.

$$\alpha = \begin{bmatrix} 1 & 2 & 3 & 4 & 5 & 6 \\ 2 & 1 & 4 & 6 & 5 & 3 \end{bmatrix}$$

1 S_{60}의 원소 개수는 거의 우주의 원자 수와 같다.

이 치환의 대응관계는 다음과 같이 도식화할 수 있다.

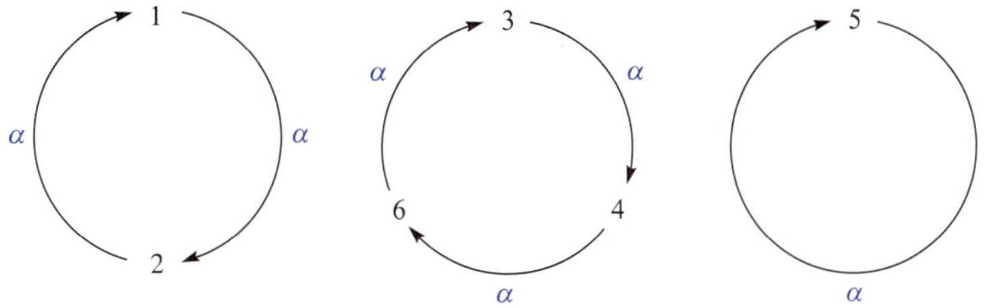

이러한 그림은 수학적으로는 만족스럽지만 다소 번거롭다. 대신 화살표를 생략하고 간단히 $\alpha = (1, 2)(3, 4, 6)(5)$로 표현한다. 두 번째 예로 다음 치환을 생각해보자.

$$\beta = \begin{bmatrix} 1 & 2 & 3 & 4 & 5 & 6 \\ 5 & 3 & 1 & 6 & 2 & 4 \end{bmatrix}$$

순환치환 표기법으로 β는 $(2, 3, 1, 5)(6, 4)$ 또는 $(4, 6)(3, 1, 5, 2)$로 표현할 수 있다. 두 표현 모두 함수 β를 명확하게 나타낸다. $(a_1, a_2, \cdots, a_m)$ 형태의 표현을 **길이가 m인 순환치환**(cycle of length m) 또는 **m-순환치환**(m-cycle)이라고 한다.

순환치환의 곱셈은 그 순환치환에 나타나지 않는 수는 고정시키는 치환으로 생각함으로써 도입할 수 있다. 즉, 순환치환 $(4, 6)$은 치환 $\begin{bmatrix} 1 & 2 & 3 & 4 & 5 & 6 \\ 1 & 2 & 3 & 6 & 5 & 4 \end{bmatrix}$와 같이 생각할 수 있다. 이런 방법으로 주어진 치환을 배열 형식으로 나타낸 치환으로 생각하면 순환치환의 곱셈을 할 수 있다. 예를 들어 S_8의 두 원소 $\alpha = (13)(27)(456)(8)$과 $\beta = (1237)(648)(5)$를 생각해보자.[2] $\alpha\beta$를 순환치환들의 곱으로 나타내면 어떻게 될까? 물론 $\alpha\beta = (13)(27)(456)(8)(1237)(648)(5)$라고 말할 수 있지만 일반적으로 주어진 치환을 **서로소**(disjoint)인 치환들의 곱으로 나타내는 것이 더 바람직하다(즉, 각 순환치환에는 공통인 수가 없다). $\alpha\beta$의 7개의 순환치환 각각을 집합 $\{1, 2, \cdots, 8\}$에서 자기 자신으로 가는 함수로 생각하고 함수의 합성을 이용한다. 함수의 합성은 오른쪽에서 왼쪽으로 이루어지며 순환치환에 포함되지 않은 수는 고정한다는 점을 염두에 두어야 한다. $(\alpha\beta)(1)$이 어떤 값인지 살펴보자. (5)가 1을 고정하고 (648)도 1을 고정한다. 그다음 (1237)이 1을 2로 보내고 (8)이 2를 고정하고 (456)도 2를 고정한 다음, (27)이 2를 7로 보내고 마지막으로 (13)은 7을 고정한다. 따라서 $\alpha\beta$는 1을 7로 보내므로 $\alpha\beta = (17 \cdots) \cdots$ 형태이다. 다음 그림을 통해 살펴보자.

$$1 \xrightarrow{(5)} 1 \xrightarrow{(648)} 1 \xrightarrow{(1237)} 2 \xrightarrow{(8)} 2 \xrightarrow{(456)} 2 \xrightarrow{(27)} 7 \xrightarrow{(13)} 7$$

2 정의역이 한 자리 정수로 구성된 경우, 일반적으로 숫자 사이의 콤마를 생략하여 나타낸다.

이제 7부터 시작하는 전체 과정을 반복하자. 오른쪽에서 왼쪽으로 하나의 순환치환씩 수행하면 다음과 같다.

$$7 \xrightarrow{(5)} 7 \xrightarrow{(648)} 7 \xrightarrow{(1237)} 1 \xrightarrow{(8)} 1 \xrightarrow{(456)} 1 \xrightarrow{(27)} 1 \xrightarrow{(13)} 3$$

따라서 $\alpha\beta = (173 \cdots) \cdots$ 이다. 결과적으로 $\alpha\beta = (1732)(48)(56)$ 이다. 순환치환의 곱셈에서 명심해야 할 중요한 사항은 오른쪽 순환치환에서 왼쪽 순환치환으로 하나씩 계속 이동하는 것이다.[3] 일부 저자는 순환치환을 합성할 때 왼쪽에서 오른쪽으로 진행한다. 따라서 다른 책을 읽을 때는 어떤 규칙이 사용되었는지 꼭 확인해야 한다. 한 표기에서 다른 표기로 바꾸는 방법과 치환을 곱하는 방법을 확실히 이해하기 위해 각각의 예를 하나 더 살펴보자. α와 β의 배열 형태가 다음과 같다.

$$\alpha = \begin{bmatrix} 1 & 2 & 3 & 4 & 5 \\ 2 & 1 & 3 & 5 & 4 \end{bmatrix}, \quad \beta = \begin{bmatrix} 1 & 2 & 3 & 4 & 5 \\ 5 & 4 & 1 & 2 & 3 \end{bmatrix}$$

그러면 $\alpha = (12)(3)(45)$, $\beta = (153)(24)$ 이고, $\alpha\beta = (12)(3)(45)(153)(24)$ 이다. $\alpha\beta$를 서로소인 치환들의 곱으로 나타내보자. (24)는 1을 고정하고 (153)은 1을 5로 보낸다. (45)는 5를 4로 보내고 (3)과 (12)는 모두 4를 고정한다. 따라서 $\alpha\beta$는 1을 4로 보낸다. 이 과정을 반복하면 $\alpha\beta = (14)(253)$ 이다.

순환치환 표기법에 대해 마지막으로 하나 더 언급하면 수학자들은 수 하나로만 이루어진 순환치환을 작성하지 않고 생략하는 것을 선호한다. 이 경우에 나타나지 않은 수는 자기 자신을 자기 자신으로 대응한다고 이해하면 된다. 이 규칙을 적용하면 앞에서 살펴본 치환 α는 $(12)(45)$로 나타낼 수 있다. 마찬가지로 다음과 같은 치환은 $\alpha = (134)$로 나타낼 수 있다.

$$\alpha = \begin{bmatrix} 1 & 2 & 3 & 4 & 5 \\ 3 & 2 & 4 & 1 & 5 \end{bmatrix}$$

물론 항등치환은 수 하나로만 이루어진 순환치환으로 구성되므로 이들 모두를 생략할 수는 없다. 이 경우에는 일반적으로 하나의 순환치환으로만 나타낸다. 예를 들어보자.

$$\epsilon = \begin{bmatrix} 1 & 2 & 3 & 4 & 5 \\ 1 & 2 & 3 & 4 & 5 \end{bmatrix}$$

이 항등치환은 $\epsilon = (5)$ 또는 $\epsilon = (1)$로 나타낸다. 단지 나타나지 않은 수는 자기 자신에서 자기 자신으로 대응한다는 점을 기억하자.

---

3 이 과정은 $\sin(x^2+1)^3$과 같은 함수를 계산하는 것과 비슷하다. 여기서 x^2+1은 1을 2로, 세제곱함수는 2를 8로, 사인함수는 8을 $\sin 8$로 보낸다.

5.3 치환의 성질

이제 치환과 순환치환에 대한 몇 가지 정리를 이야기할 준비가 되었다. [정리 5.1]의 증명의 핵심은 앞서 이야기한 치환을 순환치환들의 곱으로 표현하는 것이다.

> **정리 5.1 서로소인 순환치환들의 곱**
> 유한집합의 모든 치환은 하나의 순환치환 혹은 서로소인 순환치환들의 곱으로 나타낼 수 있다.

증명

α를 집합 $A=\{1,\ 2, \cdots,\ n\}$의 치환이라고 하자. α를 서로소인 순환치환들의 곱으로 나타내기 위해 집합 A의 임의의 원소를 선택하여 a_1이라 하고 다음과 같다고 하자.

$$a_2=\alpha(a_1),\ a_3=\alpha(\alpha(a_1))=\alpha^2(a_1),\ \cdots$$

그러면 어떤 m에 대해 $a_1=\alpha^m(a_1)$이다. 왜냐하면 수열 $a_1,\ \alpha(a_1),\ \alpha^2(a_1), \cdots$은 명백히 유한하기 때문이다. 따라서 수열 중 중복되는 수가 있다. 예를 들어 $i<j$인 어떤 $i,\ j$에 대해 $\alpha^i(a_1)=\alpha^j(a_1)$이다. 그러면 $m=j-i$일 때 $a_1=\alpha^m(a_1)$이다. 따라서 $a_1,\ a_2, \cdots,\ a_m$ 사이의 관계를 다음과 같이 나타낼 수 있다.

$$\alpha=(a_1,\ a_2, \cdots,\ a_m)\cdots$$

위 식의 끝에 있는 $\cdots$은 이 과정에서 아직 순환치환에 나타내지 않은 집합 A의 원소가 있을 가능성을 나타낸다. 이 경우에는 첫 번째 순환치환에 나타나지 않은 집합 A의 원소 b_1을 선택하고 앞에서 사용한 방법으로 새로운 순환치환을 만든다. 즉, 어떤 k에 대해 $b_1=\alpha^k(b_1)$에 도달할 때까지 $b_2=\alpha(b_1),\ b_3=\alpha^2(b_1),\ \cdots$로 나타낸다. 이 새로운 순환치환은 이전에 구성한 순환치환과 공통 원소를 갖지 않는다. 만약 공통 원소가 있다면 어떤 $i,\ j$에 대해 $\alpha^i(a_1)=\alpha^j(b_1)$이다. 그러나 $\alpha^{i-j}(a_1)=b_1$이므로 어떤 t에 대해 $b_1=a_t$이다. 이는 b_1이 선택된 방법에 대해 모순이다. 치환에 집합 A의 원소를 모두 포함할 때까지 이 과정을 반복하면 치환은 다음과 같이 나타낼 수 있다.

$$\alpha=(a_1,\ a_2, \cdots,\ a_m)(b_1,\ b_2, \cdots,\ b_k)\cdots(c_1,\ c_2, \cdots,\ c_s)$$

따라서 모든 치환은 서로소인 순환치환들의 곱으로 나타낼 수 있다. ■

정리 5.2 서로소인 순환치환의 교환법칙

두 순환치환 $\alpha = (a_1, a_2, \cdots, a_m)$과 $\beta = (b_1, b_2, \cdots, b_n)$의 쌍이 공통 원소를 갖지 않으면 $\alpha\beta = \beta\alpha$이다.

증명

순환치환 α, β를 다음 집합 S의 치환이라고 하자.

$$S = \{a_1, a_2, \cdots, a_m, b_1, b_2, \cdots, b_n, c_1, c_2, \cdots, c_k\}$$

여기서 c_i들은 α와 β에 의해 고정되는 S의 원소이다($c_i(1 \le i \le k)$들은 존재하지 않을 수도 있음). $\alpha\beta = \beta\alpha$임을 증명하려면 집합 S의 임의의 원소 x에 대해 $(\alpha\beta)(x) = (\beta\alpha)(x)$임을 보여야 한다. x가 원소 a_i들 중 하나일 때 다음이 성립한다.

$$(\alpha\beta)(a_i) = \alpha(\beta(a_i)) = \alpha(a_i) = a_{i+1}$$

왜냐하면 β는 원소 $a_i(1 \le i \le m)$들을 모두 고정하기 때문이다($i = m$이면 a_{i+1}을 a_1이라 하자). 같은 이유로 다음이 성립한다.

$$(\beta\alpha)(a_i) = \beta(\alpha(a_i)) = \beta(a_{i+1}) = a_{i+1}$$

따라서 모든 원소 a_i에 대해 함수 $\alpha\beta$와 $\beta\alpha$는 일치한다. 같은 방법으로 모든 원소 b_i에 대해 함수 $\alpha\beta$와 $\beta\alpha$가 일치한다. 마지막으로 x가 원소 c_i라 가정하면 α와 β는 모두 원소 c_i를 고정하므로 다음과 같다.

$$(\alpha\beta)(c_i) = \alpha(\beta(c_i)) = \alpha(c_i) = c_i$$
$$(\beta\alpha)(c_i) = \beta(\alpha(c_i)) = \beta(c_i) = c_i$$

이로써 증명을 마친다. ■

순환치환의 곱셈을 설명하면서 곱 $(13)(27)(456)(8)(1237)(648)(5)$를 서로소인 순환치환들의 곱 형태인 $(1732)(48)(56)$으로 나타낼 수 있음을 알았다. 그렇다면 주어진 치환을 서로소인 순환치환들의 곱으로 나타내는 것이 표현을 간단히 만든다는 장점만 가질까? 그렇지 않다. 다음 정리는 서로소인 순환치환들의 곱으로 나타냄으로써 주어진 치환의 위수를 한눈에 볼 수 있다는 장점을 보여준다.

정리 5.3 치환의 위수(루피니(Ruffini), 1799)

서로소인 순환치환들의 곱으로 표현한 유한집합의 치환의 위수는 각 순환치환들의 길이의 최소공배수이다.

증명

먼저 길이가 n인 순환치환의 위수는 n이다(직접 확인해보자). 다음으로 α와 β가 각각 길이가 m, n인 서로소인 순환치환이라 하고, k를 m과 n의 최소공배수라고 하자. [정리 4.1]에 의해 α^k과 β^k이 모두 항등치환 ϵ이고, α와 β 사이에 교환법칙이 성립하므로 $(\alpha\beta)^k = \alpha^k\beta^k$ 또한 항등치환이다. 따라서 [정리 4.1]의 [따름정리 2]($a^k = e$는 $|a|$가 k의 약수임을 의미)에 의해 $\alpha\beta$의 위수 t가 k의 약수임을 알 수 있다. 그러면 $(\alpha\beta)^t = \alpha^t\beta^t = \epsilon$이다. α와 β는 서로소이므로 α^t은 β의 원소를 고정하고 β^t은 α의 원소를 고정한다. 따라서 $\alpha^t\beta^t$은 $\alpha^t = \epsilon$, $\beta^t = \epsilon$일 때만 1에서 n까지 고정한다. 그러므로 t는 m과 n의 공배수이다. k는 m과 n의 최소공배수이므로 $k \leq t$이고 따라서 $k = t$이다.

지금까지 치환이 단일 순환치환이거나 서로소인 두 순환치환의 곱인 경우를 증명했다. 2개 이상의 순환치환들의 곱인 일반적인 경우도 비슷한 방법으로 증명할 수 있다. ■

[정리 5.3]은 주어진 치환의 위수를 계산하거나 특정 위수를 갖는 치환들의 개수를 계산할 때 강력한 도구로 쓰인다. 다음 네 가지 예를 통해 이 결과를 확인해보자.

EX 5.4 $|(132)(45)| = 6$, $|(1432)(56)| = 4$, $|(123)(456)(78)| = 6$, $|(123)(145)| = |(14523)| = 5$

가장 긴 순환치환부터 왼쪽에서 오른쪽으로 배열하여 S_n의 원소로 가능한 서로소인 순환치환들의 곱을 모두 배열하면 특정한 위수인 S_n의 원소(치환)의 개수를 체계적으로 계산할 수 있다. 여기서 두 가지 경우로 나눌 수 있다. 하나는 서로소인 순환치환(1-순환치환은 제외)의 길이가 서로 다른 경우이고, 다른 하나는 최소 두 개의 서로소인 순환치환(1-순환치환은 제외)의 길이가 같은 경우이다. 두 가지 경우를 [EX 5.5], [EX 5.6], [EX 5.7]에서 확인해보자.

EX 5.5 S_7의 $7! = 5040$개의 원소의 위수를 계산하기 위해, S_7의 원소로 가능한 서로소인 순환치환들의 곱의 형태만 고려하면 된다. 편의상 n-순환치환을 $(\underline{n})$으로 표기한다. 따라서 가장 긴 순환치환부터 왼쪽에서 오른쪽으로 배열하여 S_7의 원소로 가능한 모든 서로소인 순환치환을 정리하면 다음과 같은 형태이다.

$(\underline{7})$

$(\underline{6})(\underline{1})$

$(\underline{5})(\underline{2})$

$(\underline{5})(\underline{1})(\underline{1})$

$(\underline{4})(\underline{3})$

$(\underline{4})(\underline{2})(\underline{1})$

$(\underline{4})(\underline{1})(\underline{1})(\underline{1})$

$(\underline{3})(\underline{3})(\underline{1})$

$(\underline{3})(\underline{2})(\underline{2})$

$(\underline{3})(\underline{2})(\underline{1})(\underline{1})$

$(\underline{3})(\underline{1})(\underline{1})(\underline{1})(\underline{1})$

$(\underline{2})(\underline{2})(\underline{2})(\underline{1})$

$(\underline{2})(\underline{2})(\underline{1})(\underline{1})(\underline{1})$

$(\underline{2})(\underline{1})(\underline{1})(\underline{1})(\underline{1})(\underline{1})$

$(\underline{1})(\underline{1})(\underline{1})(\underline{1})(\underline{1})(\underline{1})(\underline{1})$

이제 [정리 5.3]에 의해 S_7의 원소의 위수가 7, 6, 10, 5, 12, 4, 3, 2, 1 중 하나임을 알 수 있다. S_{10}의 $10! = 3628800$개의 원소에 대해서도 같은 방법을 이용할 수 있다.

EX 5.6 S_7의 위수가 12인 원소의 개수를 구해보자. [정리 5.2]와 [정리 5.3]에 따라 서로소인 순환치환들의 곱이 $(a_1 a_2 a_3 a_4)(a_5 a_6 a_7)$ 형태인 치환의 개수만 구하면 된다. 먼저 순환치환 $(a_1 a_2 a_3 a_4)$를 생각해보자. 각 자리에 수를 채우는 경우의 수는 $7 \cdot 6 \cdot 5 \cdot 4$이지만 이렇게 세면, 동일한 순환치환$(a_1 a_2 a_3 a_4)$를 4번 세는 것과 같다.

예를 들어 4-순환치환 (2741)은 (7412), (4127), (1274)와 모두 같지만, $7 \cdot 6 \cdot 5 \cdot 4$는 이들을 서로 다른 순환치환으로 간주하여 계산한 결과이다. 마찬가지로 $(a_5 a_6 a_7)$에 대해 $3 \cdot 2 \cdot 1$은 S_7에서 서로 동일한 순환치환 $(a_5 a_6 a_7)$, $(a_6 a_7 a_5)$, $(a_7 a_5 a_6)$을 서로 다른 순환치환으로 간주하여 계산한 결과이다. 따라서 이러한 곱의 계산이 맞도록 조정하여 계산하면 S_7의 위수가 12인 원소는 $\dfrac{(7 \cdot 6 \cdot 5 \cdot 4)(3 \cdot 2 \cdot 1)}{4 \cdot 3} = 420$개이다.

EX 5.7 S_7의 위수가 3인 원소의 개수를 구해보자. [정리 5.3]에 따라 $(a_1 a_2 a_3)$과 $(a_1 a_2 a_3)(a_4 a_5 a_6)$ 형태인 치환의 개수만 구하면 된다. [EX 5.6]처럼 $(a_1 a_2 a_3)$ 형태인 원소는 $\dfrac{7 \cdot 6 \cdot 5}{3} = 70$개이다. 또 S_7에서 $(a_1 a_2 a_3)(a_4 a_5 a_6)$ 형태인 원소에 대해 첫 번째 순환치환을 만드는 방법은 $\dfrac{7 \cdot 6 \cdot 5}{3}$가지이고, 두 번째 순환치환을 만드는 방법은 $\dfrac{4 \cdot 3 \cdot 2}{3}$가지이다. 그러나 $\dfrac{7 \cdot 6 \cdot 5}{3}$와 $\dfrac{4 \cdot 3 \cdot 2}{3}$는 동일한 원소 $(a_1 a_2 a_3)(a_4 a_5 a_6)$과 $(a_4 a_5 a_6)(a_1 a_2 a_3)$을 별개로 간주한 계산 결과이다. 따라서 S_7에서 $(a_1 a_2 a_3)(a_4 a_5 a_6)$ 형태인 원소는 $\dfrac{(7 \cdot 6 \cdot 5)(4 \cdot 3 \cdot 2)}{3 \cdot 3 \cdot 2} = 280$개이다. 그

러므로 S_7의 위수가 3인 원소는 350개다.

S_7에서 $(a_1a_2)(a_3a_4)(a_5a_6)$ 형태인 원소의 개수를 계산하기 위해 앞과 동일한 방법으로 진행하면 $\dfrac{(7\cdot 6)(5\cdot 4)(3\cdot 2)}{2\cdot 2\cdot 2\cdot 3!}=105$개이다. 분모에 3!이 있는 이유는 2-순환치환 3개의 곱을 나타내는 방법이 3!가지이며, 각각은 동일한 원소를 나타내기 때문이다.

곧 알겠지만, 길이가 2인 순환치환, 즉 $a\neq b$인 (ab) 형태의 치환들의 곱으로 주어진 치환을 나타내면 종종 매우 유리하다. (ab)는 a와 b를 교환하므로 많은 저자들은 이 치환을 **호환**(transposition)이라고 한다.

[EX 5.8]과 [정리 5.4]는 길이가 2인 순환치환들의 곱으로 나타내는 게 어떻게 항상 가능한지를 보여준다.

EX 5.8 $(12345)=(15)(14)(13)(12)$, $(1632)(457)=(12)(13)(16)(47)(45)$

정리 5.4 2-순환치환들의 곱

$n>1$일 때 S_n의 모든 치환은 2-순환치환들의 곱이다.

증명

먼저 항등치환은 $(12)(12)$로 표현할 수 있으므로 2-순환치환들의 곱이다. [정리 5.1]에 의해 모든 치환은 다음과 같은 서로소인 순환치환들의 곱 형태로 나타낼 수 있다.

$$(a_1,\ a_2,\cdots,\ a_k)(b_1,\ b_2,\cdots,\ b_t)\cdots(c_1,\ c_2,\cdots,\ c_s)$$

위 식을 직접 계산하면 다음과 같이 2-순환치환들의 곱이다.

$$(a_1a_k)(a_1a_{k-1})\cdots(a_1a_2)(b_1b_t)(b_1b_{t-1})\cdots(b_1b_2)\cdots(c_1c_s)(c_1c_{s-1})\cdots(c_1c_2) \qquad \blacksquare$$

[EX 5.8]과 [정리 5.4]의 증명에서처럼 주어진 치환을 2-순환치환들의 곱으로 분해하는 것이 치환을 2-순환치환들의 곱으로 나타내는 유일한 방법은 아니다. [EX 5.9]에서는 같이 주어진 치환을 서로 다른 개수의 2-순환치환들의 곱으로 나타낼 수 있음을 보여준다. 하지만 그러한 표현에서 불변인 것이 있음을 [정리 5.5]에서 증명할 것이다. 이는 코시가 처음 증명했다.

EX 5.9 $(12345) = (54)(53)(52)(51)$, $(12345) = (54)(52)(21)(25)(23)(13)$

먼저 [정리 5.5]의 특별한 경우를 다음과 같이 [보조정리]로 정리한다.

보조정리

2-순환치환 β_i에 대해 $\epsilon = \beta_1\beta_2 \cdots \beta_r$이면 r은 짝수이다.

증명

항등치환인 홀수개의 2-순환치환들의 곱인 $\beta_1\beta_2 \cdots \beta_r$이 있다고 하자. 2-순환치환은 항등치환이 아니므로 분명히 $r \neq 1$이다. $\beta_1 = (ab)$라고 하자. a를 포함하는 2-순환치환 $\beta_i (i > 1)$가 존재해야 한다. 그렇지 않으면 순환치환들의 곱이 a를 b로 보내기 때문이다. 이를 만족하는 i가 최소인 순환치환들의 곱을 $\beta_1\beta_2 \cdots \beta_r$이라 가정하자. 또 $\beta_1\beta_2 \cdots \beta_r$을 모든 순환치환 중 가장 적은 수의 a를 성분으로 갖는 순환치환들의 곱이라고 가정할 수 있다. $i = 2$이면 $\beta_1\beta_2$는 $(ab)(ab)$ 또는 $(ab)(ac)$ 형태이다. 이때 $c \neq b$이다($(ca) = (ac)$이므로 두 번째 순환치환에서 a를 앞에 둘 수 있다). $\beta_1\beta_2 = (ab)(ab) = \epsilon$인 경우, $\beta_1\beta_2$를 삭제하면 a의 개수가 적은 홀수개의 2-순환치환을 포함한 곱이 되며, 이는 a가 곱에서 가장 적게 나타난다는 가정에 모순이다. $\beta_1\beta_2 = (ab)(ac)$, $c \neq b$이면 $(ab)(ac) = (ac)(bc)$이므로, $\beta_1\beta_2 = (ab)(ac)$를 $\beta_1'\beta_2' = (ac)(bc)$로 바꾸면 첫 번째 순환치환이 a를 포함하여 항등치환과 동일하고 $\beta_1\beta_2 \cdots \beta_r$보다 성분 a의 개수가 하나 더 적은 r개의 2-순환치환들의 곱 $\beta_1'\beta_2' \cdots \beta_r$을 얻게 된다. 이 결과는 모순이므로 $i > 2$라고 가정할 수 있다. $\beta_i = (ac)$라 하자.

다음으로 β_{i-1}은 a를 포함하지 않지만 c는 포함한다는 점을 보이자. 그렇지 않으면 β_{i-1}과 β_i는 서로소이므로 $\beta_1\beta_2 \cdots \beta_{i-2}\beta_i\beta_{i-1}\beta_{i+1} \cdots \beta_r$은 첫 번째 순환치환에 a가 존재하고 항등치환인 r개의 2-순환치환들의 곱이며, 곱의 i번째 순환치환 전에 성분 a가 두 번째로 나타난다. 이 결과는 i에 관한 가정에 대해 모순이다. 따라서 $\beta_{i-1}\beta_i$가 $(dc)(ac)$, $d \neq a$ 형태임을 알 수 있다. 그러면 $(dc)(ac) = (ad)(dc)$이므로, 곱 $\beta_1\beta_2 \cdots \beta_r$에서 $\beta_{i-1}\beta_i = (dc)(ac)$를 $\beta'_{i-1}\beta_i' = (ad)(dc)$로 대체하면 $\beta_1\beta_2 \cdots \beta'_{i-1}\beta'_i \cdots \beta_r$을 얻는다. 이는 이전과 마찬가지로 항등치환이고 r개의 2-순환치환들의 곱이며 첫 번째 순환치환에 a가 존재한다. 하지만 곱의 i번째 순환치환 전에 성분 a가 두 번째로 나타나고 이는 모순이다. 이 모순으로 증명을 마친다. ■

정리 5.5 항상 짝수이거나 항상 홀수

치환 α를 짝수개의 2-순환치환들의 곱으로 표현할 수 있다면, α의 모든 2-순환치환들의 곱으로의 분해는 짝수개의 2-순환치환을 갖는다. 마찬가지로 치환 α를 홀수개의 2-순환치환들의 곱으로 표현할 수 있다면, α의 모든 2-순환치환들의 곱으로의 분해는 홀수개의 2-순환치환을 갖는다. 기호로 나타내면, 2-순환치환 β_i와 γ_j에 대해

$$\alpha = \beta_1\beta_2 \cdots \beta_r \text{이고 } \alpha = \gamma_1\gamma_2 \cdots \gamma_s$$

이면 r과 s는 모두 짝수이거나 모두 홀수이다.

증명

$\beta_1\beta_2 \cdots \beta_r = \gamma_1\gamma_2 \cdots \gamma_s$이고 2-순환치환의 역원은 자기 자신이므로 다음이 성립한다.

$$\begin{aligned} \epsilon &= \gamma_1\gamma_2 \cdots \gamma_s\beta_r^{-1} \cdots \beta_2^{-1}\beta_1^{-1} \\ &= \gamma_1\gamma_2 \cdots \gamma_s\beta_r \cdots \beta_2\beta_1 \end{aligned}$$

따라서 [정리 5.5] 앞의 보조정리에 의해 $s+r$은 짝수이다. 그러므로 r과 s는 모두 짝수이거나 모두 홀수이다. ■

정의 우치환과 기치환

짝수개의 2-순환치환들의 곱으로 표현되는 치환을 **우치환**(even permutation)이라 하고, 홀수개의 2-순환치환들의 곱으로 표현되는 치환을 **기치환**(odd permutation)이라고 한다.

[정리 5.4]와 [정리 5.5]는 모든 치환이 우치환 또는 기치환으로 명확하게 분류될 수 있음을 보여준다. 이 관찰의 중요성을 [정리 5.6]에서 확인할 수 있다.

정리 5.6 우치환은 군을 이룬다

S_n에서 모든 우치환의 집합은 S_n의 부분군이다.

증명

증명은 독자에게 남긴다. ■

S_n에서 모든 우치환으로 이루어진 부분군은 자주 등장하므로 특별한 이름과 기호로 정의하자.

정의 n차 교대군

n개의 원소로 이루어진 집합의 모든 우치환을 모아 놓은 군을 **n차 교대군**(alternating group of degree n)이라 하고 A_n으로 표기한다.

다음 정리는 $S_n(n > 1)$의 원소들의 정확히 절반은 우치환임을 보여준다.

정리 5.7 $|A_n|$

$n > 1$에 대해 A_n의 위수는 $\frac{n!}{2}$이다.

증명

임의의 기치환 α에 대해 치환 $(12)\alpha$는 우치환이며, 군의 소거법칙에 의해 $\alpha \neq \beta$일 때 $(12)\alpha \neq (12)\beta$이다. 따라서 우치환은 적어도 기치환만큼 존재한다. 한편, 임의의 우치환 α에 대해 치환 $(12)\alpha$는 기치환이며, $\alpha \neq \beta$일 때 $(12)\alpha \neq (12)\beta$이다. 따라서 기치환은 적어도 우치환만큼 존재한다. 즉, 우치환과 기치환의 개수가 동일하다. $|S_n| = n!$이므로 $|A_n| = \frac{n!}{2}$이다. ■

n차 대칭군과 n차 교대군의 이름은 n변수 다항식에 대한 연구에서 유래했다. 변수가 $x_1, x_2, \cdots, x_n$인 **대칭다항식**(symmetric polynomial)은 두 변수를 바꾸는 호환을 적용해도 변하지 않는다. 반면에, **교대다항식**(alternating polynomial)은 두 변수의 호환을 적용하면 부호가 바뀐다. 예를 들어 다항식 $x_1x_2x_3$은 세 변수 중 임의의 두 변수의 호환을 적용해도 변화가 없는 반면, 다항식 $(x_1 - x_2)(x_1 - x_3)(x_2 - x_3)$은 두 변수의 호환을 적용하면 부호가 바뀐다. 대칭군의 모든 원소는 호환들의 곱이므로, 대칭다항식은 대칭군의 원소에 의해 변화가 없는 다항식이다. 마찬가지로 교대군의 모든 원소는 짝수개 호환들의 곱이므로, 교대다항식은 교대군의 원소에 의해 변화가 없는 다항식이다.

교대군은 군의 가장 중요한 예 중 하나이다. 교대군 A_4와 A_5는 이후 장에서 여러 번 등장할 것이다. 특히 A_5는 역사적으로 큰 의미를 갖는다.

[EX 5.10]은 A_4에 대한 기하학적 해석을 보여준다. A_4에 대한 케일리 표는 [표 5.1]과 같다. 표에서 A_4의 치환은 α_1, $\alpha_2, \cdots$, α_{12}로 나타내고, 표의 내부에 적힌 성분 k는 α_k를 나타낸다. 예를 들어 $\alpha_3\alpha_8 = \alpha_6$이다.

[표 5.1] 집합 $\{1, 2, 3, 4\}$의 우치환으로 이루어진 교대군 A_4

	α_1	α_2	α_3	α_4	α_5	α_6	α_7	α_8	α_9	α_{10}	α_{11}	α_{12}
$(1) = \alpha_1$	1	2	3	4	5	6	7	8	9	10	11	12
$(12)(34) = \alpha_2$	2	1	4	3	6	5	8	7	10	9	12	11
$(13)(24) = \alpha_3$	3	4	1	2	7	8	5	6	11	12	9	10
$(14)(23) = \alpha_4$	4	3	2	1	8	7	6	5	12	11	10	9
$(123) = \alpha_5$	5	8	6	7	9	12	10	11	1	4	2	3
$(243) = \alpha_6$	6	7	5	8	10	11	9	12	2	3	1	4
$(142) = \alpha_7$	7	6	8	5	11	10	12	9	3	2	4	1
$(134) = \alpha_8$	8	5	7	6	12	9	11	10	4	1	3	2
$(132) = \alpha_9$	9	11	12	10	1	3	4	2	5	7	8	6
$(143) = \alpha_{10}$	10	12	11	9	2	4	3	1	6	8	7	5
$(234) = \alpha_{11}$	11	9	10	12	3	1	2	4	7	5	6	8
$(124) = \alpha_{12}$	12	10	9	11	4	2	1	3	8	6	5	7

EX 5.10 정사면체의 회전이동

정사면체의 12개의 회전이동은 A_4의 원소로 편리하게 설명할 수 있다. [그림 5.1]의 첫 번째 줄은 항등원과, 마주 보는 두 변의 중점을 지나는 직선을 축으로 하는 180° '변' 회전이동 3개를 보여준다. 두 번째 줄은 꼭짓점과 마주 보는 면의 중심을 지나는 직선을 축으로 하는 120° '면' 회전이동을 보여준다. 세 번째 줄은 $-120°$(또는 240°) '면' 회전이동을 보여준다.

두 번째 줄의 회전이동 4개는 첫 번째 줄의 회전이동 4개의 왼쪽에 회전이동 (123)을 곱함으로써 구할 수 있다. 반면에, 세 번째 줄의 회전이동은 첫 번째 줄의 회전이동의 왼쪽에 (132)를 곱함으로써 얻을 수 있다.

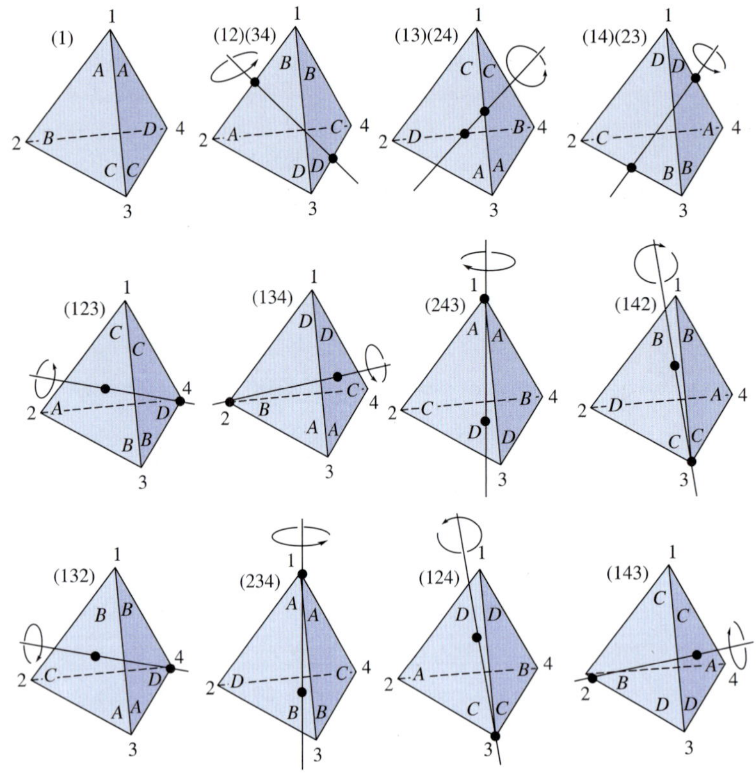

[그림 5.1] 정사면체의 회전이동

메탄(CH_4)과 사염화탄소(CCl_4)처럼 화학식이 AB_4 형태인 대부분의 분자는 대칭군으로 A_4를 갖는다. [그림 5.2]는 이러한 분자의 형태를 보여준다.

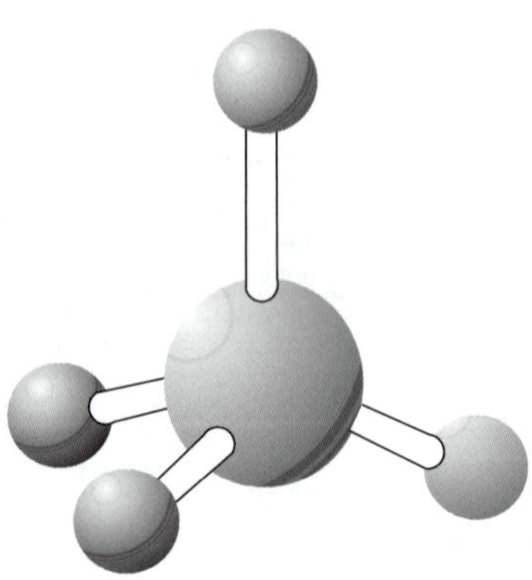

[그림 5.2] 사면체인 AB_4의 분자 형태

치환을 이용하면 다양한 게임과 퍼즐을 분석할 수 있다.

EX 5.11 치환을 이용한 암호화

치환의 흥미로운 응용 중 하나는 암호학이다. 암호학은 비밀 코드를 만들고 해독하는 방법에 대한 연구이다. 정보의 무단 사용을 방지하기 위해 정보를 코딩하는 과정을 암호화라고 한다. 역사적으로 암호화는 주로 군사 및 외교적 전송에 사용되었다. 오늘날 암호화는 모든 종류의 전자 거래를 보호하는 데 필수이다. 또 암호화는 웹사이트에서 신용카드 번호를 안전하게 받을 수 있게 한다. 암호화 체계는 해커가 휴대전화 계정으로 돈을 청구하는 일을 방지한다.

최초의 암호 시스템은 율리우스 카이사르(Julius Caesar)가 군대에 메시지를 보낼 때 사용한 카이사르 암호이다. 카이사르는 알파벳 체계에다가 a, b, c를 추가로 x, y, z의 오른쪽에 놓은 상태(즉, a, b, c, d, $\cdots$, x, y, z, a, b, c)에서, 각 문자를 세 자리 뒤에 있는 문자로 대체하여 메시지를 암호화했다. 알파벳 26자를 순서대로 0, 1, $\cdots$, 25로 간주할 때, 카이사르 방법은 문자 i를 문자 $(i+3) \bmod 26$으로 바꾼다. 예를 들어 ATTACK AT DAWN이라는 메시지는 DWWDFN DW GDZQ로 암호화된다. 메시지를 해독하기 위해서는 문자 i를 문자 $(i-3) \bmod 26$으로 바꾼다.

임의의 치환을 암호로 사용할 수 있다. ATTACK AT DAWN이라는 메시지를 암호화하기 위해 치환 $\alpha = \begin{bmatrix} 1 & 2 & 3 & 4 \\ 3 & 4 & 2 & 1 \end{bmatrix}$을 사용하려면, 먼저 각 단어 사이의 공백을 무시하고 주어진 메시지를 4개의 문자 블록으로 분해하여 ATTA CKAT DAWN을 얻는다(이렇게 하면 각 단어의 길이를 위장하여 코드를 해독하기 더 어려워진다는 장점이 있다). 그런 다음 α가 정수 1, 2, 3, 4를 재배열한 것과 같은 방식으로 각 블록에서 문자 4개를 재배열한다. 즉, 첫 번째 글자는 세 번째 위치에, 두 번째 글자는 네 번째 위치에, 세 번째 글자는 두 번째 위치에, 네 번째 글자는 첫 번째 위치에 놓는다. 각 블록에 대해 이 작업을 수행하면 ATAT TACK NWDA가 된다. 물론 α^{-1}을 이용해 α로 암호화된 메시지를 해독한다.

보안을 강화하기 위해 길이가 n인 긴 치환과 길이가 n이 아닌 블록을 이용하면 암호화된 메시지를 수신할 권한이 없는 사람은 치환의 길이를 알 수 없다. 블록 길이로 메시지의 문자 수를 나눌 수 없는 경우, 발신자는 의미 없는 문자로 마지막 블록을 채운다. 예를 들어 블록 길이가 4인 RETREAT AT DUSK라는 메시지는 RETR EATA TDUS KIUE로 나타낼 수 있다. 메시지 수신자는 의미 없는 문자를 마지막 블록을 구성하는 데 필요한 패딩으로 인식한다.

에니그마 기계(Enigma machine)는 제2차 세계대전(1939 ~ 1945)에서 독일군이 사용한 암호 장치였다. 에니그마 기계에는 메시지의 문자를 뒤섞는 바퀴가 3 ~ 5개 있다. 이 기계는 사용하기 쉬웠으며 적절히 사용했을 때 높은 수준의 보안을 제공했다. 에니그마 기계로 인코딩된 메시지는 해독하기 어려웠지만, 작업자의 부주의와 더불어 연합군이 다수의 에니그마 기계와 바퀴 설정표를 확보한 덕분에 폴란드와 영국 암호학자들이 암호를 해독할 수 있었다.

루빅스 큐브

'면(facets)'이라고 하는 큐브 48개로 만든 **루빅스 큐브**(Rubik's cube)는 군 이론 퍼즐의 전형적인 예로, 1974년 헝가리 발명가 에르뇌 루비크(Errő Rubik)가 발명했다. 2009년까지 3억 5천만 개 이상의 루빅스 큐브가 판매되었다. 2020년에 루빅스 큐브를 푸는 시간은 4초 미만으로 기록되었으며, 눈을 가리고 푸는 시간은 17초 미만으로 기록되었다. 1995년에 루빅스 큐브를 푸는 데 최소 20번의 이동이 필요한 루빅스 큐브가 존재한다는 것이 입증되었지만, 모든 큐브를 많아야 20번의 이동만으로 풀 수 있다고 증명된 것은 2010년이 되어서였다. 이와 같은 컴퓨터 계산은 구글(Google)에서 기부를 하여 가능했고, 약 35CPU-년(CPU-years)만큼 사용했다. 초반에 어떤 사람이 최악의 경우에 큐브를 푸는 데 필요한 최소 이동 횟수를 '신의 수'라 불렀고, 그 이름이 그대로 지금까지 쓰이고 있다. 웹사이트 http://www.cube20.org/에서 신의 수를 찾는 탐구의 역사를 확인할 수 있다.

모든 루빅스 큐브의 집합은 위수가 43,252,003,274,489,856,000인 치환군을 형성한다. 이 위수는 다음과 같은 큐브의 면에 레이블을 지정함으로써 GAP를 이용해 계산할 수 있다.

			1	2	3						
			4	위	5						
			6	7	8						
9	10	11	17	18	19	25	26	27	33	34	35
12	좌	13	20	앞	21	28	우	29	36	뒤	37
14	15	16	22	23	24	30	31	32	38	39	40
			41	42	43						
			44	아래	45						
			46	47	48						

큐브의 치환군은 다음과 같은 6개 레이어의 회전이동에 의해 만들어진다.

$$\text{위} = (1, 3, 8, 6)(2, 5, 7, 4)(9, 33, 25, 17)(10, 34, 26, 18)(11, 35, 27, 19)$$

$$\text{좌} = (9, 11, 16, 14)(10, 13, 15, 12)(1, 17, 41, 40)(4, 20, 44, 37)(6, 22, 46, 35)$$

$$\text{앞} = (17, 19, 24, 22)(18, 21, 23, 20)(6, 25, 43, 16)(7, 28, 42, 13)(8, 30, 41, 11)$$

$$\text{우} = (25, 27, 32, 30)(26, 29, 31, 28)(3, 38, 43, 19)(5, 36, 45, 21)(8, 33, 48, 24)$$

$$\text{뒤} = (33, 35, 40, 38)(34, 37, 39, 36)(3, 9, 46, 32)(2, 12, 47, 29)(1, 14, 48, 27)$$

$$\text{아래} = (41, 43, 48, 46)(42, 45, 47, 44)(14, 22, 30, 38)(15, 23, 31, 39)(16, 24, 32, 40)$$

5.4 D_5 기반 검사숫자체계

0장에서 식별번호에 검사숫자를 추가하는 몇 가지 방법을 알아보았다. 이러한 방법들 중 국제표준도서번호(ISBN)만이 모든 한 자릿수 오류와 인접한 두 숫자의 전치에 대한 오류를 감지할 수 있었다. 이 방법이 가능했던 이유는 법 11에 대한 내적이 0이 되도록 검사숫자 10을 사용할 경우, 10 대신 문자 X를 사용했기 때문임을 기억하자.

그에 반해 1969년에 자코버스 베르호에프(Jacobus Verhoeff)는 특정 수의 사용을 제한하거나 새로운 문자를 사용해야 하는 등의 제약조건 없이, 모든 한 자릿수 오류와 인접한 두 숫자의 전치에 대한 오류를 감지하는 방법을 위수가 10인 정이면체군을 활용해 고안했다. 이 방법을 설명하려면 치환 $\sigma=(01589427)(36)$과 [표 5.2]에 나타낸 위수가 10인 정이면체군을 고려해야 한다(표에서 $0\sim4$는 회전이동을, $5\sim9$는 반사이동을, 그리고 $*$는 D_5의 연산을 나타낸다).

[표 5.2] D_5에 대한 케일리 표

*	0	1	2	3	4	5	6	7	8	9
0	0	1	2	3	4	5	6	7	8	9
1	1	2	3	4	0	6	7	8	9	5
2	2	3	4	0	1	7	8	9	5	6
3	3	4	0	1	2	8	9	5	6	7
4	4	0	1	2	3	9	5	6	7	8
5	5	9	8	7	6	0	4	3	2	1
6	6	5	9	8	7	1	0	4	3	2
7	7	6	5	9	8	2	1	0	4	3
8	8	7	6	5	9	3	2	1	0	4
9	9	8	7	6	5	4	3	2	1	0

베르호에프의 아이디어는 숫자 $0\sim9$를 군 D_5의 원소로 보고 덧셈 연산을 D_5의 연산으로 대체하는 것이다. 특히 임의의 숫자 $a_1a_2\cdots a_{n-1}$의 문자열에 검사숫자 a_n을 추가하면 $\sigma(a_1)*\sigma^2(a_2)*\cdots*\sigma^{n-2}(a_{n-2})*\sigma^{n-1}(a_{n-1})*\sigma^n(a_n)=0$이다(여기서 $\sigma^2(x)=\sigma(\sigma(x))$, $\sigma^3(x)=\sigma(\sigma^2(x))$, $\cdots$). σ는 $a\neq b$이면 $\sigma^i(a)\neq\sigma^i(b)$라는 성질을 가지므로 모든 한 자릿수 오류를 감지할 수 있다. 또한 모든 경우마다 검증하면 다음이 성립함을 알 수 있다([연습문제 5.71] 참고).

$$a\neq b\text{이면 } a*\sigma(b)\neq b*\sigma(a)\text{이다.} \tag{5.1}$$

식 (5.1)은 $a \neq b$이면 $\sigma^i(a) * \sigma^{i+1}(b) \neq \sigma^i(b) * \sigma^{i+1}(a)$임을 의미하므로, 인접한 두 숫자의 전치에 대한 오류를 모두 감지할 수 있다.

1990년부터 2002년까지 독일 정부는 베르호에프의 검사숫자체계를 약간 수정하여 독일 지폐의 일련번호에 검사숫자를 추가했다. [표 5.3]은 계산에 필요한 함수 σ, $\sigma^2, \cdots, \sigma^{10}$의 값을 나타낸다(함숫값 $\sigma^i(j)$는 σ^i행과 j열에 나타난 숫자이다). 지폐의 일련번호는 10개의 십진수 숫자와 10개의 알파벳 문자를 사용하므로 검사숫자를 계산하기 위해 문자를 숫자로 대응해야 한다. 이 대응은 [표 5.4]를 통해 확인할 수 있다.

임의의 숫자 문자열 $a_1 a_2 \cdots a_{10}$은 지폐 일련번호에 해당하며, 검사숫자 a_{11}은 $\sigma(a_1) * \sigma^2(a_2) * \cdots * \sigma^9(a_9) * \sigma^{10}(a_{10}) * a_{11} = 0$을 만족하는 숫자이다(베르호에프 체계에서는 $\sigma(a_1) * \sigma^2(a_2) * \cdots * \sigma^9(a_9) * \sigma^{10}(a_{10}) * \sigma^{11}(a_{11}) = 0$이다).

[표 5.3] σ의 거듭제곱

	0	1	2	3	4	5	6	7	8	9
σ	1	5	7	6	2	8	3	0	9	4
σ^2	5	8	0	3	7	9	6	1	4	2
σ^3	8	9	1	6	0	4	3	5	2	7
σ^4	9	4	5	3	1	2	6	8	7	0
σ^5	4	2	8	6	5	7	3	9	0	1
σ^6	2	7	9	3	8	0	6	4	1	5
σ^7	7	0	4	6	9	1	3	2	5	8
σ^8	0	1	2	3	4	5	6	7	8	9
σ^9	1	5	7	6	2	8	3	0	9	4
σ^{10}	5	8	0	3	7	9	6	1	4	2

[표 5.4] 문자와 대응하는 값

A	D	G	K	L	N	S	U	Y	Z
0	1	2	3	4	5	6	7	8	9

구체적인 예를 살펴보기 위해 (수학자 가우스의 초상화가 있는) [그림 5.3]의 지폐의 일련번호 AG8536827U7을 생각해보자. 다음과 같은 계산을 통해 7이 적절한 검사숫자인지를 확인할 수 있다.

$$\sigma(0) * \sigma^2(2) * \sigma^3(8) * \sigma^4(5) * \sigma^5(3) * \sigma^6(6) * \sigma^7(8) * \sigma^8(2) * \sigma^9(7) * \sigma^{10}(7) * 7$$
$$= 1 * 0 * 2 * 2 * 6 * 6 * 5 * 2 * 0 * 1 * 7 = 0$$

D_5에 대한 케일리 표를 이용하는 방법은 다음과 같다.

$$1 * 0 * 2 * 2 = (1 * 0) * 2 * 2 = 1 * 2 * 2 = (1 * 2) * 2 = 3 * 2 = 0$$

[그림 5.3] 일련번호가 AG8536827U7이고 검사숫자가 7인 독일 지폐

독일 지폐 체계의 한 가지 단점은 문자와 그 문자에 대응하는 숫자를 구별하지 못한다는 것이다. 따라서 U를 7로 대체하거나 7을 U로 대체하는 것과, U와 7의 전치는 검사숫자에 의해 감지되지 못한다. 더욱이 지폐 체계는 검사숫자 자체와 관련한 인접 두 문자의 전치는 모두 감지하지 못한다. 예를 들어 10번째와 11번째에 위치한 U와 7의 전치는 감지하지 못한다. 이와 같은 문제는 위수가 36인 정이면체군 D_{18}에 대한 베르호에프 방법으로 적절한 함수 σ를 이용해 모든 문자와 수를 서로 다른 값으로 대응하면 해결할 수 있다. 이 방법을 이용해 검사숫자를 추가하면 모든 한 자릿수 오류와 인접한 두 숫자의 전치에 대한 오류를 감지할 수 있다.

5장 연습문제

> 나는 정체된 상황에 반감을 느낀다. 나에게 문제나 일을 주고, 가장 난해한 암호 혹은 가장 복잡한 분석을 주면 나만의 적절한 분위기에 빠져든다.
>
> **셜록 홈즈(Sherlock Holmes),** ***The Sign of Four***

5.1 $\alpha = \begin{bmatrix} 1 & 2 & 3 & 4 & 5 & 6 \\ 2 & 1 & 3 & 5 & 4 & 6 \end{bmatrix}$, $\beta = \begin{bmatrix} 1 & 2 & 3 & 4 & 5 & 6 \\ 6 & 1 & 2 & 4 & 3 & 5 \end{bmatrix}$에 대해 다음을 구하라.

(a) α^{-1} (b) $\beta\alpha$ (c) $\alpha\beta$

5.2 $\alpha = \begin{bmatrix} 1 & 2 & 3 & 4 & 5 & 6 & 7 & 8 \\ 2 & 3 & 4 & 5 & 1 & 7 & 8 & 6 \end{bmatrix}$, $\beta = \begin{bmatrix} 1 & 2 & 3 & 4 & 5 & 6 & 7 & 8 \\ 1 & 3 & 8 & 7 & 6 & 5 & 2 & 4 \end{bmatrix}$에 대해 α, β, $\alpha\beta$를 서로소인 순환치환의 곱으로 나타내고, 2-순환치환의 곱으로도 나타내라.

5.3 다음과 같은 치환을 서로소인 순환치환들의 곱으로 나타내라.

(a) $(1235)(413)$

(b) $(13256)(23)(46512)$

(c) $(12)(13)(23)(142)$

5.4 다음과 같은 치환의 위수를 구하라.

(a) (14)　　(b) (147)

(c) (14762)　　(d) $(a_1 a_2 \cdots a_k)$

5.5 다음과 같은 치환의 위수를 구하라.

(a) $(124)(357)$　　(b) $(124)(3567)$

(c) $(124)(35)$　　(d) $(124)(357869)$

(e) $(1235)(24567)$　　(f) $(345)(245)$

5.6 다음과 같은 치환의 위수를 구하라.

(a) $\begin{bmatrix} 1 & 2 & 3 & 4 & 5 & 6 \\ 2 & 1 & 5 & 4 & 6 & 3 \end{bmatrix}$　　(b) $\begin{bmatrix} 1 & 2 & 3 & 4 & 5 & 6 & 7 \\ 7 & 6 & 1 & 2 & 3 & 4 & 5 \end{bmatrix}$

5.7 길이가 각각 4, 6인 서로소인 두 순환치환의 곱의 위수를 구하라. 또 길이가 각각 6, 8, 10인 서로소인 세 순환치환의 곱의 위수를 구하라.

5.8 다음과 같은 치환이 우치환인지 기치환인지 결정하라.

(a) (135)　　(b) (1356)

(c) (13567)　　(d) $(12)(134)(152)$

(e) $(1243)(3521)$

5.9 $((14562)(2345)(136)(235))^{10}$을 서로소인 순환치환들의 곱으로 나타내라.

5.10 $(13)(1245)(13)$과 $(24)(13456)(24)$를 서로소인 순환치환들의 곱으로 나타내라. 각 순환치환의 곱을 계산하여 얻은 순환치환을 중간의 순환치환과 비교하여 어떻게 변했는지 간단한 방법으로 설명하라.

5.11 n을 양의 정수라고 하자. n이 홀수이면 n-순환치환이 기치환인지 우치환인지 결정하라. 또 n이 짝수이면 n-순환치환이 기치환인지 우치환인지 결정하라.

5.12 α가 우치환이면 α^{-1}도 우치환임을 증명하라. 또 α가 기치환이면 α^{-1}도 기치환임을 증명하라.

5.13 유한집합 S에서 자기 자신으로 가는 함수가 단사함수일 필요충분조건은 이 함수가 전사함수인 것임을 보여라. S가 무한집합인 경우에도 이 사실이 참인가? [4]

5.14 $n \geq 4$일 때, S_n에 1을 2로, 2를 3으로, 3을 1로 대응하는 원소가 몇 개 존재하는가? 또 $n \geq 5$일 때 같은 특징을 갖는 원소가 A_n에 몇 개 존재하는가?

5.15 α, β를 S_n의 원소라 하자. α와 β가 모두 우치환이거나 모두 기치환일 필요충분조건은 $\alpha\beta$가 우치환인 것임을 증명하라.

5.16 우치환을 수 $+1$로, 기치환을 수 -1로 대응시키자. 두 치환을 곱한 결과와 수 $+1$ 또는 -1을 곱한 결과 사이의 관계를 유추해 나타내라.

5.17 n이 정수이고 α가 기치환일 때, 다음 문장의 빈칸을 채워라.

α^n이 기치환일 필요충분조건은 ____________ 이다.

5.18 S_n의 원소 α가 r-순환치환, β가 s-순환치환, γ가 t-순환치환이라고 하자. 다음 문장의 빈칸을 채워라.

$\alpha\beta$가 우치환일 필요충분조건은 $r+s$가 __________ 인 것이다.
$\alpha\beta\gamma$가 우치환일 필요충분조건은 $r+s+t$가 __________ 인 것이다.

5.19 α, β가 S_n의 원소일 때, $\alpha^{-5}\beta\alpha^3$이 기치환일 필요충분조건은 β가 기치환인 것임을 증명하라.

5.20 α, β가 S_n의 원소일 때, $\beta\alpha\beta^{-1}$과 α가 모두 우치환이거나 모두 기치환임을 증명하라.

5.21 다음 문장의 빈칸을 채워라.

순환치환들의 곱이 우치환일 필요충분조건은
길이가 짝수인 순환치환의 수가 __________ 인 것이다.

5.22 S_n이 위수가 30인 원소를 가질 수 있는 가장 작은 n을 구하라. 또 A_n에 대해서는 어떻게 되는가?

---

4 이 문제는 6장에서 다시 언급한다.

5.23 S_6과 A_6의 원소의 위수로 가능한 수를 구하라. 또 A_7에 대해서는 어떻게 되는가?[5]

5.24 A_8의 위수가 15인 원소를 구하고, A_{12}의 위수가 30인 원소를 구하라.

5.25 $\beta = (1, 3, 5, 7, 9, 8, 6)(2, 4, 10)$에 대해 $\beta^n = \beta^{-5}$인 가장 작은 양의 정수 n을 구하라.

5.26 $(a_1 a_2 \cdots a_n)^{-1}$이 어떤 순환치환인지를 설명하라.

5.27 H가 S_n의 부분군이면 H의 모든 원소가 우치환이거나 원소의 정확히 절반이 우치환임을 보여라.[6]

5.28 H가 홀수 위수를 갖는 S_n의 부분군이라고 하자. H가 A_n의 부분군임을 증명하라.

5.29 S_n의 기치환 집합이 S_n의 부분군이 아닌 이유를 두 가지 제시하라.

5.30 α, β가 S_n의 원소일 때, $\alpha^{-1}\beta^{-1}\alpha\beta$가 우치환임을 증명하라.

5.31 A_8에서 $(a_1 a_2)(a_3 a_4)(a_5 a_6)(a_7 a_8)$ 형태의 서로소인 순환치환들의 곱을 갖는 위수가 2인 원소는 몇 개인가?

5.32 $n \geq 5$일 때, S_n의 위수가 5인 기치환은 몇 개인가?

5.33 A_6의 위수가 2인 원소의 개수를 구하고, A_7의 위수가 6인 원소의 개수를 구하라.

5.34 $H = \{x^2 \mid x \in A_4\}$가 A_4의 부분군이 아님을 증명하라([EX 3.5]와 결과를 비교하라).

5.35 방정식 $x^5 = (12345)$의 해가 S_n에 존재하도록 하는 가장 작은 n을 구하고, 해의 예를 제시하라. 이 n에 대해 얼마나 많은 해가 존재하는가?

5.36 $\alpha = (1, 3, 5, 7, 9)(2, 4, 6)(8, 10)$이라 하자. α^m이 5-순환치환인 경우 m에 대해 무엇을 말할 수 있는가?

5.37 S_6의 위수가 4, 2인 원소의 개수를 각각 구하라.

---

5 이 문제는 24장에서 다시 언급한다.

6 이 문제는 24장에서 다시 언급한다.

5.38 (1234)가 3-순환치환들의 곱이 아님을 증명하고, 이 결과를 일반화하라.

5.39 $\beta \in S_7$이고 $\beta^4 = (2143567)$일 때, β를 구하라. 만약 $\beta \in S_9$이면 β는 무엇인가?

5.40 $\beta = (123)(145)$일 때, β^{99}을 서로소인 순환치환들의 곱으로 나타내라.

5.41 $(a_1 a_2 a_3 a_4)$와 $(a_5 a_6)$이 S_{10}에서 서로소인 순환치환이라고 하자. S_{10}에 $x^2 = (a_1 a_2 a_3 a_4)(a_5 a_6)$을 만족하는 원소 x가 존재하지 않음을 보여라.

5.42 α, β가 서로소인 2-순환치환일 때, $|\alpha\beta|$로 가능한 것은 무엇인가?

5.43 집합 X의 치환군 G에 대해 $a \in X$이고 $\mathrm{stab}(a) = \{\alpha \in G \mid \alpha(a) = a\}$라고 정의하자. $\mathrm{stab}(a)$를 G에서 a의 **안정자**(stabilizer)라고 한다(고정된 결과를 내는 G의 모든 원소로 구성되기 때문). $\mathrm{stab}(a)$가 G의 부분군임을 증명하라(이 부분군은 1832년 갈루아가 도입했다).[7]

5.44 $H = \{\beta \in S_5 \mid \beta(1) = 1, \beta(3) = 3\}$이 S_5의 부분군임을 증명하라. H의 원소는 몇 개인가? S_5를 S_n $(n \geq 3)$으로 바꿔도 이 주장은 유효한가? 또 S_5를 $A_n (n \geq 4)$으로 바꾸면 H의 원소는 몇 개인가?

5.45 $n \geq 3$인 경우 $H = \{\beta \in S_n \mid \beta(1) = 1$ 또는 $2, \beta(2) = 1$ 또는 $2\}$가 S_n의 부분군임을 증명하라. 그리고 $|H|$를 구하라.

5.46 12-순환치환 α에 대해 α^2, α^3, α^4, α^6의 순환치환 구조를 설명하라. 일반적으로 α가 n-순환치환이고 k가 n의 약수일 때, α^k의 순환치환 구조를 설명하라.

5.47 α가 n-순환치환이고 k가 양의 정수라고 하자. α^k이 n-순환치환일 필요충분조건은 $\gcd(n, k) = 1$임을 증명하라.

5.48 S_3에서 $|\alpha| = 2$, $|\beta| = 3$, $|\alpha\beta| = 3$을 만족하는 원소 α, β를 구하라.

5.49 S_5에서 $|\alpha| = 3$, $|\beta| = 3$, $|\alpha\beta| = 5$를 만족하는 원소 α, β를 구하라.

5.50 정삼각형의 대칭군을 정삼각형의 꼭짓점들의 치환군으로 나타내라([EX 5.3] 참고).

---

7 이 문제는 7장에서 다시 언급한다.

5.51 모든 $n \geq 3$에 대해 S_n이 가환군이 아님을 증명하라. 또 모든 $n \geq 4$에 대해 A_n이 가환군이 아님을 증명하라.

5.52 $S_n(n \geq 4)$에서 방정식 $x^2 = (1234)$가 해를 갖지 않지만, S_7에서는 방정식 $x^3 = (1234)$가 해를 3개 가짐을 증명하라.

5.53 [정리 5.6]을 증명하라.

5.54 (ab)와 (cd)가 S_n에서 서로 다른 2-순환치환일 때, (ab)와 (cd)가 서로소일 필요충분조건은 둘 사이에 교환법칙이 성립하는 것임을 증명하라.

5.55 S_4의 위수가 4인 순환부분군과 위수가 4인 비순환부분군을 찾으라.

5.56 S_{100}의 원소 $\alpha = (1, 2, 3, \cdots, 100)$과 $\beta = (1, 50, 100)$에 대해 $|\alpha\beta|$를 구하라. S_{100}에서 두 원소의 위수가 모두 100이며 두 원소의 곱의 위수가 3인 원소들의 예를 제시하라.

5.57 [EX 5.3]에서 설명한 것처럼 D_4를 1, 2, 3, 4로 레이블이 지정된 정사각형의 치환군으로 볼 때, D_4의 원소들 중 어떤 기하학적 대칭이 우치환에 해당하는지를 설명하라.

5.58 D_5의 원소를 1, 2, 3, 4, 5로 레이블이 연속적으로 지정된 꼭짓점을 갖는 정오각형의 치환군으로 볼 때, 치환 (14253)에 해당하는 기하학적 대칭은 무엇인가? 또 치환 $(25)(34)$에 해당하는 대칭은 무엇인가?

5.59 n이 1보다 큰 홀수인 정수라고 하자. D_n을 $1, 2, \cdots, n$으로 레이블이 연속적으로 지정된 꼭짓점을 갖는 정n각형의 치환군이라 할 때, D_n의 회전이동으로 이루어진 부분군이 A_n의 부분군인 이유를 설명하라. D_5는 A_5의 부분군인가? 그렇다면 A_5에 있는 D_5의 반사이동을 확인하라. 이 결과가 왜 D_5가 A_5의 부분군임을 증명할까? 또 D_7은 A_7의 부분군인가? 그렇다면 A_7에 있는 D_7의 반사이동을 확인하라.

5.60 $n \geq 3$에 대해 A_n의 모든 원소가 3-순환치환이거나 3-순환치환들의 곱으로 표현될 수 있음을 보여라.

5.61 $n \geq 4$에 대해 B_n을 짝수개의 4-순환치환들의 곱으로 나타낼 수 있는 S_n의 모든 원소의 집합이라고 하자. B_n이 A_n의 부분군임을 증명하라.

5.62 B_n을 [연습문제 5.61]과 같이 정의할 때, $A_n(n \geq 4)$의 모든 3-순환치환이 2개의 4-순환치환의 곱임을 증명하라.

5.63 $B_n(n \geq 4)$을 [연습문제 5.61]과 같이 정의한 A_n의 부분군이라 할 때, $B_n = A_n$임을 증명하라.

5.64 α_1, α_2, α_3을 2-순환치환이라고 하자. $\alpha_1\alpha_2\alpha_3 \neq \epsilon$임을 증명하고, 이 결과를 일반화하라.

5.65 A_5에 위수가 5인 원소가 24개, 위수 3인 원소가 20개, 위수 2인 원소가 15개 존재함을 보여라.[8]

5.66 위수가 4인 A_6의 순환부분군을 구하라. 또 위수가 4인 A_8의 비순환부분군을 구하라.

5.67 위수가 홀수인 치환은 우치환임을 보여라.

5.68 A_4의 각 원소의 위수를 구하라. 이 위수와 A_4의 위수 사이에는 어떤 산술 관계가 성립하는가?

5.69 $n \geq 3$인 임의의 홀수인 정수 n에 대해 $(2\ n)(3\ n-1)\cdots\left(\frac{n+1}{2}\ \frac{n+3}{2}\right)(1\ 2\ \cdots\ n)$을 서로소인 순환치환들의 곱 형태로 나타내라. $\left|(2\ n)(3\ n-1)\cdots\left(\frac{n+1}{2}\ \frac{n+3}{2}\right)\right| = 2$, $|(1\ 2\ \cdots\ n)| = n$이며 이들의 곱의 위수는 2이다. [EX 5.3]과 같이 반시계방향으로 정n각형의 꼭짓점에 $1, 2, \cdots, n$으로 이름을 지정했을 때, D_n의 어떤 원소가 $(2\ n)(3\ n-1)\cdots\left(\frac{n+1}{2}\ \frac{n+3}{2}\right)(1\ 2\ \cdots\ n)$과 $(1\ 2\ \cdots\ n)$에 해당하는가?

5.70 $n \geq 3$에 대해 $Z(S_n) = \{\epsilon\}$임을 보여라.

5.71 D_5에 기반한 베르호에프 검사숫자체계에 대한 논의에서 서로 다른 a, b에 대해 $a * \sigma(b) \neq b * \sigma(a)$임을 확인하라. 이 결과를 이용해 임의의 i에 대해 $\sigma^i(a) * \sigma^{i+1}(b) \neq \sigma^i(b) * \sigma^{i+1}(a)$임을 증명하라. 그리고 이 결과가 인접한 두 숫자의 모든 전치에 대한 오류를 감지할 수 있다는 의미임을 증명하라.

5.72 D_5에 기반한 베르호에프 검사숫자체계를 이용해 45723의 검사숫자를 추가하라.

5.73 $S_n(n > 1)$의 모든 원소를 $(1\ k)$ 형태의 원소들의 곱으로 나타낼 수 있음을 증명하라.

5.74 **[인디애나대학교 수학경시대회]** 카드를 섞는 어떤 기계는 항상 주어진 순서에 따라 같은 방식으로 카드를 재배열한다. 에이스(A)부터 킹(K)의 순서로 배열된 하트 카드를 모두 기계에 넣고 섞은 다음 다시 카드를 기계에 넣어 섞었더니, 카드의 순서가 10, 9, Q, 8, K, 3, 4, A, 5, J, 6, 2, 7이었다. 이 기계로 처음 섞은 후의 카드 배열을 구하라.

---

8 이 문제는 24장에서 다시 언급한다.

5.75 $H = \{\alpha \in A_n \mid \alpha^2 = \epsilon\}$이 A_n의 부분군이 되도록 하는 정수 n을 구하라.

5.76 위수가 24인 S_5의 부분군 5개를 구하라.

5.77 A_4의 원소의 위수가 1, 2, 3이라는 사실이 $|Z(A_4)| = 1$임을 의미하는 이유를 설명하라.

5.78 α가 S_n의 원소일 때, $|\alpha|$가 $n!$의 약수임을 증명하라.

5.79 치환 $\alpha = \begin{bmatrix} 1 & 2 & 3 & 4 & 5 \\ 2 & 1 & 5 & 3 & 4 \end{bmatrix}$를 이용해 ATTACK POSTPONED라는 메시지를 부호화하라.

5.80 치환 $\alpha = \begin{bmatrix} 1 & 2 & 3 & 4 \\ 2 & 4 & 1 & 3 \end{bmatrix}$을 이용해 부호화된 메시지 VAADENWCNHREDEYA를 복호화하라.

* 이 장을 위한 컴퓨터 연습문제는 http://www.d.umn.edu/~jgallian에서 확인할 수 있다.

오귀스탱 루이 코시(Augustin Louis Cauchy)

저 작은 어린아이가 보이는가? 이런! 그는 수학자인 우리 모두를 대신할 것이다.

라그랑주가 라플라스에게 11살 코시에 대해 한 이야기

Stock Montage

코시는 1789년 8월 21일 파리에서 태어났다. 그가 11세 때, 피에르 시몽 라플라스(Pierre-Simon Laplace)와 라그랑주(Lagrange)는 코시의 뛰어난 수학적 재능을 알아보았다. 학교에서는 그리스어, 라틴어, 인문학 분야에서 상을 받았다. 21세에 그는 나폴레옹 군대의 토목기사가 되었다. 이후 몇 년 동안 코시는 토목기사로서 의무를 다하면서 뛰어난 수학적 연구를 수행해 나갔다.

1815년 26세의 나이에 코시는 에콜 폴리테크니크의 수학과 교수가 되었고, 프랑스의 선도적인 수학자로 인정받았다. 코시와 동시대에 살았던 가우스(Gauss)는 그 당시 수학의 전반을 아는 최고의 수학자들이었고, 모두 물리학과 천문학뿐만 아니라 순수수학과 응용수학의 거의 모든 분야에 중요한 기여를 했다.

코시는 수학적 분석 연구에 새로운 수준의 엄밀함을 도입했다. 현재 우리가 사용하는 극한과 연속성 개념을 도입했고, 미분적분학의 기본정리를 최초로 증명했으며, 복소함수론의 창시자이자 치환군과 행렬식 이론의 선구자였다. 그의 수학에 대한 연구 결과는 24권에 달하며, 50세 이후의 연구 논문만 500편 이상이다. 코시는 1857년 5월 23일 67세의 나이에 세상을 떠났다.

앨런 튜링(Alan Turing)

전화나 컴퓨터를 사용할 때마다 앨런 튜링이 발명한 아이디어를 사용한다. 튜링은 컴퓨터의 지능을 발견했으며 이는 오늘날 우리 주변에서 널리 사용되고 있다. 그는 인류의 진정한 영웅이다.

에릭 슈밋(Eric Schmidt), *Executive Chairman, Google*

Courtesy of History /The Image Works

타임지(Time magazine)가 선정한 20세기 가장 영향력 있는 100인의 명단에는 1912년 6월 23일 런던에서 태어난 수학자 튜링이 포함되어 있다. 튜링은 대학생 때 전산학 이론과 인공지능의 기초가 될 아이디어를 발전시켰다. 대학교를 졸업한 후 튜링은 영국 정부를 위한 암호학자 팀의 중요한 구성원이 되었고, 이 팀은 에니그마 코드를 성공적으로 해독했다.

1952년 당시 영국에서 중죄였던 동성애 행위를 인정하면서 튜링의 삶은 비극적인 전환점을 맞았다. 이에 대한 처벌로 화학적 거세를 당하고 에스트로겐 치료를 받았다. 이 치료에 낙담한 그는 41세에 청산가리를 탄 사과를 먹고 자살했다. 오늘날 튜링은 전산학 분야에 대한 근본적인 공헌과 제2차 세계대전에서 독일을 패배시키는 데 기여한 공로로 널리 인정받고 있다. 전 세계 대학교의 수많은 강의실과 건물 이름은 튜링을 기리기 위해 명명되었다. 매년 컴퓨팅 분야에 기여한 공로를 인정하여 주는 노벨상에 버금가는 상을 튜링상(Turing award)이라고 한다.

2013년 엘리자베스 2세 여왕은 튜링의 죄를 사면하면서 튜링에 대한 대우가 부당했다며 '튜링은 전쟁 종식에 대한 엄청난 공헌과 과학에 대한 그의 유산으로 인정받을 자격이 있는 뛰어난 정신을 가진 특별한 사람이었다.'는 성명을 발표했다.

6

동형사상
Isomorphisms

"수학은 서로 다른 대상에 같은 이름을 부여하는 예술이다."

앙리 푸앵카레(Henri Poincaré, 1854~1912)

"시와 과학적 발견의 기초는 비슷한 것에서 비슷하지 않은 것을, 비슷하지 않은 것에서 비슷한 것을 이해하는 능력이다."

제이콥 브로노우스키(Jacob Bronowski)

6.1 개요

미국인과 독일인이 어떤 물체의 개수를 센다고 가정해보자. 미국인은 숫자를 셀 때 'one, two, three, four, five, …'라 하고, 독일인은 'eins, zwei, drei, vier, fünf, …'라 한다. 둘은 서로 다른 셈을 하는 걸까? 그렇지 않다. 같은 것을 세고 있지만 서로 사용하는 언어가 다를 뿐이다. 마찬가지로 미국인이 'two plus three is five'라 하고, 독일인이 'zwei und drei ist fünf'라고 하면 둘은 모두 같은 개념이지만 서로 다른 언어로 표현한 것이다. 군 이론에서 종종 비슷한 상황이 발생한다. 즉, 동일한 군이 종종 다른 용어로 표현된다. 이와 관련한 예를 지금까지 두 가지 살펴보았다. 1장에서는 정사각형의 대칭을 기하학적 용어(예를 들어, R_{90})로 설명했고, 5장에서는 꼭짓점 치환을 이용해 설명했다. 두 경우 모두 기본적인 군은 정사각형의 대칭군을 의미한다. 4장에서는 a에 의해 생성되는 위수가 n인 순환군이 존재하면, $k=(r+s) \bmod n$일 때 $a^r a^s = a^k$이므로 순환군의 연산이 기본적으로 법 n에 관한 덧셈 연산과 일치함을 관찰했다. 예를 들어 $U(43)$과 $U(49)$는 모두 위수가 42인 순환군이다. 따라서 두 군은 모두 $a^r a^s = a^{(r+s) \bmod 42}$의 연산을 만족하는 $\langle a \rangle$ 형태의 순환군이다.

6.2 정의와 예

이 장에서는 서로 다른 용어로 정의된 두 군이 실제로 동일한지 확인하는 공식적인 방법을 소개한다. 이 경우, 두 군 사이에 동형사상이 존재한다고 한다. 이 용어는 약 190년 전에 갈루아가 처음 소개했다. '동형사상'이라는 용어는 '동일한' 또는 '동등한'을 의미하는 그리스어 isos와 '형태'를 의미하는 morphe에서 파생되었다. R. 앨런비(R. Allenby)는 대수학자를 '동형인 시스템 간의 차이를 구분할 수 없는 사람'으로 다채롭게 정의하기도 했다.

정의 군 동형사상

군 G에서 군 $\overline{G}$로의 **동형사상**(isomorphism) ϕ는 군 연산을 보존하는 G에서 $\overline{G}$로의 전단사 함수이다. 즉, G의 임의의 원소 a, b에 대해 다음을 만족한다.

$$\phi(ab) = \phi(a)\phi(b)$$

G에서 $\overline{G}$로의 동형사상이 존재하면 G와 $\overline{G}$는 **동형**(isomorphic)이라 하고 $G \approx \overline{G}$로 표기한다.

ϕ가 G에서 $\overline{G}$로의 동형사상일 때, 동형사상의 정의를 이용하면 $\overline{G}$에 대한 케일리 표는 G에 대한 케일리 표의 각 성분 x를 $\phi(x)$로 바꿔서 얻을 수 있다. [그림 6.1]을 보면 두 군 G와 $\overline{G}$는 표기법에만 차이가 있음을 알 수 있다.

G	–	–	–	b	–	–
–	–	–	–	–	–	–
–	–	–	–	–	–	–
a	–	–	–	ab	–	–
–	–	–	–	–	–	–

$\overline{G}$	–	–	–	$\phi(b)$	–	–
–	–	–	–	–	–	–
–	–	–	–	–	–	–
$\phi(a)$	–	–	–	$\phi(ab)$	–	–
–	–	–	–	–	–	–

[그림 6.1] 군 G와 $\overline{G}$의 케일리 표

동형사상의 정의에서 동형인 군은 서로 같은 위수를 갖는다는 것을 바로 알 수 있다. 또한 동형사상의 정의에서 등호의 왼쪽에 있는 연산은 G의 연산이고, 오른쪽에 있는 연산은 $\overline{G}$의 연산임을 알 수 있다. 연산 $\cdot$와 $+$에 관한 네 가지 경우를 [표 6.1]에 정리했다.

[표 6.1] 군 G와 $\overline{G}$의 연산

G의 연산	$\overline{G}$의 연산	연산의 보존
$\cdot$	$\cdot$	$\phi(a \cdot b) = \phi(a) \cdot \phi(b)$
$\cdot$	$+$	$\phi(a \cdot b) = \phi(a) + \phi(b)$
$+$	$\cdot$	$\phi(a+b) = \phi(a) \cdot \phi(b)$
$+$	$+$	$\phi(a+b) = \phi(a) + \phi(b)$

군 G가 군 $\overline{G}$와 동형임을 증명하는 데 다음과 같은 별도의 네 가지 단계가 있다.

[1단계] **(함수)** 동형사상이 될 수 있는 G에서 $\overline{G}$로의 함수 ϕ를 정의한다.

[2단계] **(단사함수)** ϕ가 단사함수임을 증명한다. 즉, $\phi(a) = \phi(b)$이면 $a = b$임을 증명한다.

[3단계] **(전사함수)** ϕ가 전사임을 증명한다. 즉, $\overline{G}$의 임의의 원소 $\overline{g}$에 대해 $\phi(g) = \overline{g}$를 만족하는 G의 원소 g를 구한다.

[4단계] **(연산의 보존)** ϕ가 연산을 보존함을 증명한다. 즉, G의 임의의 원소 a, b에 대해 $\phi(ab) = \phi(a)\phi(b)$임을 증명한다.

이 단계들 중 익숙하지 않은 것은 없다. [4단계]가 비교적 생소한 내용일 텐데 두 원소를 연산한 다음 사상한 것과, 두 원소를 각각 사상한 다음 연산한 것이 동일한 결과라는 의미이다. 즉, 두 과정(연산과 사상)의 순서와 관계없이 결과가 동일해야 한다. 이와 같은 개념은 미분적분학에서 다음과

같은 공식들로 이미 공부했다.

$$\lim_{x\to a}(f(x)\cdot g(x)) = \lim_{x\to a} f(x)\lim_{x\to a} g(x)$$

$$\int_a^b (f+g)\,dx = \int_a^b f\,dx + \int_a^b g\,dx$$

선형대수학에 나오는 벡터공간 V에서 벡터공간 W로의 전사인 가역선형변환은 V에서 W로의 군 동형사상이다(모든 벡터공간은 벡터의 덧셈에 대해 가환군이다).

더 나아가기 전에 몇 가지 예를 살펴보자.

EX 6.1 G를 덧셈에 대한 실수 집합의 군이라 하고 $\overline{G}$를 곱셈에 대한 양의 실수 집합의 군이라고 하자. 그러면 사상 $\phi(x) = 2^x$에 대해 군 G와 군 $\overline{G}$는 동형이다. ϕ는 분명히 G에서 $\overline{G}$로의 함수이다. ϕ가 단사함수임을 증명하기 위해 $2^x = 2^y$이라 가정하자. 그러면 $\log_2 2^x = \log_2 2^y$이므로 $x = y$이다. 다음으로 전사함수인지 확인해보자. 임의의 양의 실수 y에 대해 $\phi(x) = y$를 만족하는 실수 x를 찾아야 한다. 즉, $2^x = y$를 만족하는 실수 x를 찾아야 한다. 이 식을 x에 대한 풀면 $\log_2 y$이다. 마지막으로 군 G의 임의의 원소 x, y에 대해 다음이 성립하므로 ϕ는 연산을 보존한다.

$$\phi(x+y) = 2^{x+y} = 2^x \cdot 2^y = \phi(x)\phi(y)$$

EX 6.2 임의의 무한 순환군은 $\mathbb{Z}$와 동형이다. 실제로 a가 이 순환군의 생성원이면 사상 $a^k \to k$는 동형사상이다. 위수가 n인 임의의 유한 순환군 $\langle a \rangle$는 사상 $a^k \to k(\mathrm{mod}\, n)$에 대해 $\mathbb{Z}_n$과 동형이다. 두 대응관계는 모두 함수이고 [정리 4.1]에 의해 단사함수이다. 분명히 이 사상은 전사함수이다. 유한 순환군인 경우에는 [연습문제 0.11]에 의해 연산을 보존하고, 무한 순환군인 경우에는 정의에 의해 연산을 보존한다.

EX 6.3 $\phi(x) = x^3$으로 주어지는 덧셈에 대한 집합 $\mathbb{R}$에서 자기 자신으로 가는 사상은 동형사상이 아니다. ϕ가 전단사함수이긴 하지만, 모든 x, y에 대해 $(x+y)^3 = x^3 + y^3$이 성립하지는 않으므로 연산을 보존하지 않는다.

EX 6.4 $U(10) \approx \mathbb{Z}_4$, $U(5) \approx \mathbb{Z}_4$이다. 이를 증명하기 위해 $U(10)$과 $U(5)$가 모두 위수가 4인 순환군임을 확인하기만 하면 [EX 6.2]에 의해 성립한다.

EX 6.5 덧셈에 대한 유리수 집합의 군 $\mathbb{Q}$에서 곱셈에 대한 0이 아닌 유리수 집합의 군 $\mathbb{Q}^*$로의 동형사상은 존재하지 않는다. ϕ가 동형사상이려면 $\phi(a) = -1$인 유리수 a가 존재해야 한다. 즉, 다음이 성립해야 한다.

$$-1 = \phi(a) = \phi\left(\frac{1}{2}a + \frac{1}{2}a\right) = \phi\left(\frac{1}{2}a\right)\phi\left(\frac{1}{2}a\right) = \left(\phi\left(\frac{1}{2}a\right)\right)^2$$

그러나 제곱해서 -1이 되는 유리수는 존재하지 않는다.

EX 6.6 행렬식이 1이고 모든 성분이 실수인 2×2 행렬 집합의 군을 $G = SL(2, \mathbb{R})$이라 하자. 그리고 M을 행렬식이 1이고 모든 성분이 실수인 2×2 행렬이라 하자. G의 임의의 원소 A에 대해, G에서 G로 가는 사상 ϕ_M을 $\phi_M(A) = MAM^{-1}$으로 정의한다. ϕ_M이 동형사상임을 확인하기 위해 다음과 같은 4단계를 수행한다.

[1단계] ϕ_M은 G에서 G로의 함수이다. 이때 G의 임의의 원소 A에 대해 $\phi_M(A)$가 실제로 G의 원소임을 보여야 한다. 행렬식의 성질에 의해 다음이 성립한다.

$$\det(MAM^{-1}) = (\det M)(\det A)(\det M)^{-1} = 1 \cdot 1 \cdot 1^{-1} = 1$$

따라서 MAM^{-1}은 G의 원소이다.

[2단계] ϕ_M은 단사함수이다. $\phi_M(A) = \phi_M(B)$라고 가정하면 $MAM^{-1} = MBM^{-1}$이고, 이 식에 우소거법칙과 좌소거법칙을 적용하면 $A = B$이기 때문이다.

[3단계] ϕ_M은 전사함수이다. 이를 보이려면 G의 임의의 원소 B에 대해 $\phi_M(A) = B$를 만족하는 행렬 A를 G에서 찾아야 한다. 이를 만족하는 행렬 A가 존재하려면 $MAM^{-1} = B$가 성립해야 한다. 이를 통해 행렬 A가 무엇인지 정확히 알 수 있다. $A = M^{-1}BM$을 통해 행렬 A를 구할 수 있고, $\phi_M(A) = MAM^{-1} = M(M^{-1}BM)M^{-1} = B$임을 확인할 수 있다.

[4단계] ϕ_M은 연산을 보존한다. G의 원소 A, B에 대해 다음이 성립한다.

$$\phi_M(AB) = M(AB)M^{-1} = MA(M^{-1}M)BM^{-1}$$
$$= (MAM^{-1})(MBM^{-1}) = \phi_M(A)\phi_M(B)$$

이때 사상 ϕ_M을 M에 의한 **켤레사상**(conjugation)이라고 한다.

6.3 동형사상의 성질

[정리 6.1]과 [정리 6.2]는 동형사상과 동형인 군에 대한 성질들을 제공한다.

정리 6.1 원소에 관한 동형사상의 성질

ϕ가 군 G에서 군 $\overline{G}$로의 동형사상이라고 하면 다음이 성립한다.

(1) ϕ는 G의 항등원을 $\overline{G}$의 항등원으로 대응한다.

(2) 임의의 정수 n과 G의 임의의 원소 a에 대해 $\phi(a^n) = [\phi(a)]^n$이다. 이를 덧셈 형태로 표현하면 $\phi(na) = n\phi(a)$이다.

(3) G의 임의의 원소 a, b에 대해 a와 b 사이에 교환법칙이 성립할 필요충분조건은 $\phi(a)$와 $\phi(b)$ 사이에 교환법칙이 성립하는 것이다.

(4) $G = \langle a \rangle$일 필요충분 조건은 $\overline{G} = \langle \phi(a) \rangle$이다.

(5) G의 임의의 원소 a에 대해 $|a| = |\phi(a)|$이다(동형사상은 위수를 보존한다).

(6) 고정된 정수 k와 군 G의 고정된 원소 b에 대해, G에서 방정식 $x^k = b$의 해의 개수와 $\overline{G}$에서 방정식 $x^k = \phi(b)$의 해의 개수는 동일하다.

(7) G가 유한군이면 G와 $\overline{G}$는 모든 위수에 해당하는 원소를 정확히 같은 수만큼 갖는다.

증명

여기서는 성질 (1), (2), (4)만 증명한다. 성질 (5)는 성질 (1), (2)로부터, 성질 (6)은 성질 (2)로부터, 성질 (7)은 성질 (5)로부터 증명할 수 있다. 편리하게 G의 항등원을 e, $\overline{G}$의 항등원을 $\overline{e}$로 나타내자. 그러면 $\phi(e) \in \overline{G}$이고 $e = ee$이므로 $\overline{e}\phi(e) = \phi(e) = \phi(ee) = \phi(e)\phi(e)$이다. 따라서 우소거법칙에 의해 $\overline{e} = \phi(e)$이다. 이로써 성질 (1)의 증명을 마친다.

양의 정수에 대해, 성질 (2)는 동형사상의 정의와 수학적 귀납법에 의해 성립한다. 만약 n이 음수이면 $-n$은 양수이므로, 성질 (1)을 이용하면 다음이 성립함을 알 수 있다.

$$\overline{e} = \phi(e) = \phi(g^n g^{-n}) = \phi(g^n)\phi(g^{-n}) = \phi(g^n)(\phi(g))^{-n}$$

위 식의 양변의 오른쪽에 $(\phi(g))^n$을 곱하면 $(\phi(g))^n = \phi(g^n)$이다. $n=0$인 경우는 성질 (1)에 해당하므로 증명을 마친다.

성질 (4)를 증명하기 위해 $G = \langle a \rangle$라 하면 연산의 닫힘성에 의해 $\langle \phi(a) \rangle \subseteq \overline{G}$이다. ϕ가 전사함수이므로, $\overline{G}$의 임의의 원소 b에 대해 $\phi(a^k) = b$를 만족하는 a^k이 G에 존재한다. 따라서 $b = (\phi(a))^k$이고 $b \in \langle \phi(a) \rangle$이다. 이를 통해 $\overline{G} = \langle \phi(a) \rangle$임을 증명할 수 있다.

이제 $\overline{G} = \langle \phi(a) \rangle$라고 가정하자. 분명히 $\langle a \rangle \in G$이다. G의 임의의 원소 b에 대해 $\phi(b) \in \langle \phi(a) \rangle$이다. 따라서 $\phi(b) = (\phi(a))^k = \phi(a^k)$을 만족하는 정수 k가 존재한다. ϕ는 단사함수이므로 $b = a^k$이다. 이로써 $G = \langle a \rangle$임을 증명했다. ■

[정리 6.1]의 성질 (4)는 두 순환군 사이의 동형사상이 생성원을 생성원으로 대응함을 의미한다.

정리 6.2 군에 관한 동형사상의 성질

ϕ가 군 G에서 군 $\overline{G}$로의 동형사상이라고 하면 다음이 성립한다.

(1) ϕ^{-1}는 군 $\overline{G}$에서 군 G로의 동형사상이다.

(2) G가 가환군일 필요충분조건은 $\overline{G}$가 가환군인 것이다.

(3) G가 순환군일 필요충분조건은 $\overline{G}$가 순환군인 것이다.

(4) K가 G의 부분군이면 $\phi(K) = \{\phi(k) \mid k \in K\}$가 $\overline{G}$의 부분군이다.

(5) $\overline{K}$가 $\overline{G}$의 부분군이면 $\phi^{-1}(\overline{K}) = \{g \in G \mid \phi(g) \in \overline{K}\}$가 G의 부분군이다.

(6) $\phi(Z(G)) = Z(\overline{G})$이다.

증명

성질 (1)과 (4)의 증명은 독자에게 남긴다. 성질 (2)와 (6)은 [정리 6.1]의 성질 (3)으로부터 바로 알 수 있다. 성질 (3)은 [정리 6.1]의 성질 (4)와 [정리 6.2]의 성질 (1)에 의해 성립한다. 성질 (5)는 성질 (1)과 (4)에 의해 성립한다. ■

[정리 6.1]과 [정리 6.2]는 군 G와 군 $\overline{G}$가 동형이 아님을 보이는 편리한 몇 가지 방법을 다음과 같이 제공한다.

(1) $|G| \neq |\overline{G}|$임을 관찰한다.

(2) G 또는 $\overline{G}$가 순환군이지만 둘 중 다른 하나는 순환군이 아님을 관찰한다.

(3) G 또는 $\overline{G}$가 가환군이지만 둘 중 다른 하나는 가환군이 아님을 관찰한다.

(4) G의 임의의 원소의 위수의 최댓값과 $\overline{G}$의 임의의 원소의 위수의 최댓값이 같지 않음을 보인다.

(5) G의 주어진 어떤 위수를 갖는 원소의 개수가 $\overline{G}$에서 그 위수를 갖는 원소의 개수와 같지 않음을 보인다(이때 1보다 큰 위수 중 가장 작은 위수를 선택하면 좋다).

EX 6.7 위수가 12인 세 군 $\mathbb{Z}_{12}$, D_6, A_4를 생각해보자. 세 군의 원소들의 위수의 최댓값은 각각 12, 6, 3이다. 따라서 어느 두 군도 동형이 아니다. 다른 방법으로는 세 군에서 위수가 2인 원소의 개수가 각각 1, 7, 3개임을 보임으로써, 어느 두 군도 동형이 아님을 확인할 수 있다.

EX 6.8 덧셈에 대한 유리수 집합의 군 $\mathbb{Q}$는 곱셈에 대한 0이 아닌 유리수 집합의 군 $\mathbb{Q}^*$와 동형이 아니다. 왜냐하면 군 $\mathbb{Q}$의 항등원이 아닌 모든 원소는 무한 위수를 갖지만($nx = 0$과 $n = 0$ 또는 $x = 0$이 동치이므로) $\mathbb{Q}^*$에서는 $|-1| = 2$이기 때문이다.

[정리 6.1]과 [정리 6.2]는 동형인 군들이 많은 성질을 공유한다는 것을 보여준다. 실제로 동형사상의 정의는 동형인 군들이 모든 군 이론의 성질을 공통으로 만족하도록 정확하게 공식화되었다.

즉, 두 군이 동형이면 군 이론의 언어로 표현되는 임의의 성질이 한 군에 대해 참일 필요충분조건은 다른 군에 대해서도 참인 것이다. 이러한 이유로 대수학자들이 동형인 군을 '같다(equal)' 또는 '동일하다(same)'라고 한다. 사실 이와 같은 군들은 동치(equivalent)라고 말하는 것이 더 적절해 보이지만, 오랜 관례에 따라 앞서 사용한 표현을 존중한다.

게다가 동형사상은 두 군이 동일한 군 이론적 성질을 갖는지 확인하는 방법을 제공할 뿐 아니라, 작업하기 어려운 군 G의 성질을 군 G와 동형이면서 작업하기 쉬운 군 $\overline{G}$를 이용해 추론할 수 있게 한다. [연습문제 6.41]은 답하기 어려운 특정 군에 대한 질문을 동형인 군에 대한 질문으로 바꿀 때 더 쉬워지는 예를 보여준다. 이와 관련한 더 많은 예를 8장과 11장에서 확인할 수 있다. G와 $\overline{G}$가 서로 동형인 군일 때, G를 $\overline{G}$의 위장된 버전으로 생각할 수 있다.

6.4 자기동형사상

자주 사용되어 특정한 이름이 붙여진 동형사상에 대해 알아보자.

정의 자기동형사상

군 G에서 자기 자신으로 가는 동형사상을 군 G의 **자기동형사상**(automorphism)이라고 한다.

[EX 6.6]의 동형사상은 $SL(2, \mathbb{R})$의 자기동형사상이다. 아래 두 가지 예를 더 살펴보자.

EX 6.9 $\mathbb{C}$에서 $\mathbb{C}$로 가는 함수 ϕ가 $\phi(a+bi)=a-bi$로 주어지면, 이 함수는 덧셈에 대한 복소수 집합의 군의 자기동형사상이다. ϕ의 정의역을 $\mathbb{C}^*$로 제한한 함수 역시 곱셈에 대한 0이 아닌 복소수 집합의 군에 대해 자기동형사상이다([연습문제 6.39] 참고).

EX 6.10 $\mathbb{R}^2=\{(a, b) \mid a, b \in \mathbb{R}\}$이라 하자. $\phi(a, b)=(b, a)$는 각 성분별 덧셈에 대한 군 $\mathbb{R}^2$의 자기동형사상이다. 기하학적으로 ϕ는 평면 위의 각 점을 직선 $y=x$에 대해 대칭시킨다. 사실 원점을 지나는 직선에 대한 모든 반사이동 또는 원점에 대한 평면의 모든 회전이동은 $\mathbb{R}^2$의 자기동형사상이다.

일반적으로 벡터공간 V에서 V로 가는 모든 가역선형변환은 V의 자기동형사상이다. [EX 6.6]의 동형사상은 고유한 이름과 표기법을 가질 정도로 자주 등장하는 자기동형사상의 특별한 예이다.

정의 a에 의해 유도되는 내부자기동형사상

군 G에 대해 $a \in G$라 하자. G의 임의의 원소 x에 대해 $\phi_a(x)=axa^{-1}$으로 정의된 함수 ϕ_a를 **a에 의해 유도되는 G의 내부자기동형사상**(inner automorphism of G induced by a)이라고 한다.

ϕ_a가 실제로 G의 자기동형사상임을 보이는 것은 독자에게 남긴다.

EX 6.11 R_{90}에 의해 유도되는 D_4의 내부자기동형사상의 작용들은 다음 표와 같다.

x	$\xrightarrow{\phi_{R_{90}}}$	$R_{90}xR_{90}^{-1}$
R_0	$\rightarrow$	$R_{90}R_0R_{90}^{-1}=R_0$
R_{90}	$\rightarrow$	$R_{90}R_{90}R_{90}^{-1}=R_{90}$
R_{180}	$\rightarrow$	$R_{90}R_{180}R_{90}^{-1}=R_{180}$
R_{270}	$\rightarrow$	$R_{90}R_{270}R_{90}^{-1}=R_{270}$
H	$\rightarrow$	$R_{90}HR_{90}^{-1}=V$
V	$\rightarrow$	$R_{90}VR_{90}^{-1}=H$
D	$\rightarrow$	$R_{90}DR_{90}^{-1}=D'$
D'	$\rightarrow$	$R_{90}D'R_{90}^{-1}=D$

임의의 군 G에 대해 G의 모든 자기동형사상의 집합을 $\mathrm{Aut}(G)$로 표기하고, G의 모든 내부자기동형사상의 집합을 $\mathrm{Inn}(G)$로 표기한다. 이러한 집합에 주목해야 하는 이유를 다음 정리에서 확인해보자.

정리 6.3 $\mathrm{Aut}(G)$와 $\mathrm{Inn}(G)$는 군이다[1]

군의 모든 자기동형사상의 집합 $\mathrm{Aut}(G)$와 군의 모든 내부자기동형사상의 집합 $\mathrm{Inn}(G)$는 모두 함수의 합성 연산에 대한 군이다.

증명

[정리 6.3]의 증명은 [연습문제 6.17]로 남긴다. ■

$\mathrm{Inn}(G)$를 구하는 과정은 간단하다. 만약 $G=\{e, a, b, c, \cdots\}$이면 $\mathrm{Inn}(G)=\{\phi_e, \phi_a, \phi_b, \phi_c, \cdots\}$이다. 그러나 후자의 원소 중에는 중복이 있을 수 있다. 왜냐하면 $a \neq b$이더라도 ϕ_a는 ϕ_b와 같을 수 있기 때문이다([연습문제 6.47] 참고). 따라서 $\mathrm{Inn}(G)$를 결정하는 데 필요한 유일한 과정은 서로 다른 어떤 원소가 서로 다른 자기동형사상을 제공하는지를 알아내는 것이다. 반면에 $\mathrm{Aut}(G)$를 구하는 과정은 일반적으로 매우 복잡하다.

1 군 $\mathrm{Aut}(G)$는 1893년 오토 횔더(Otto Hölder)가 처음 연구했으며, 독립적으로 1984년 일라이어킴 헤이스팅스 무어(Eliakim Hastings Moore)가 연구했다.

EX 6.12 $\text{Inn}(D_4)$의 원소를 모두 구하기 위해, 먼저 내부자기동형사상 전체가 ϕ_{R_0}, $\phi_{R_{90}}$, $\phi_{R_{180}}$, $\phi_{R_{270}}$, ϕ_H, ϕ_V, ϕ_D, $\phi_{D'}$ 임을 관찰한다. 먼저 이 목록에 있는 원소들 중 중복되는 원소가 있는지를 확인해야 한다. $R_{180} \in \mathbb{Z}(D_4)$이므로 $\phi_{R_{180}}(x) = R_{180}xR_{180}^{-1} = x$가 되어 $\phi_{R_{180}} = \phi_{R_0}$이다. 또한 $\phi_{R_{270}}(x) = R_{270}xR_{270}^{-1} = R_{90}R_{180}xR_{180}^{-1}R_{90}^{-1} = R_{90}xR_{90}^{-1} = \phi_{R_{90}}(x)$이다. 마찬가지로 $H = R_{180}V$이고 $D' = R_{180}D$이므로 $\phi_H = \phi_V$, $\phi_D = \phi_{D'}$이다. 이로써 앞서 나열한 목록을 ϕ_{R_0}, $\phi_{R_{90}}$, ϕ_H, ϕ_D로 줄일 수 있음을 증명했다. 이 목록이 서로 다름을 보이는 것은 독자에게 남긴다 ([연습문제 6.15] 참고).

[EX 6.13]은 군의 내부자기동형사상을 이용해 군의 여러 동형인 부분군을 만드는 편리한 방법을 보여준다.

EX 6.13 S_4의 부분군 H가 다음과 같이 주어져 있다.

$$H = \{(1), (1234), (13)(24), (1432), (12)(34), (24), (14)(23), (13)\}$$

또 다음과 같은 부분군들도 있다.

$$(12)H(21) = \{(1), (1342), (14)(23), (1234), (12)(34), (14), (13)(24), (12)\}$$
$$(123)H(321) = \{(1), (1423), (12)(34), (1324), (14)(23), (34), (13)(24), (12)\}$$

위와 같은 S_4의 부분군들은 모두 H와 동형이다.

EX 6.14 $\text{Aut}(\mathbb{Z}_{10})$을 구하려면 $\text{Aut}(\mathbb{Z}_{10})$의 원소 α를 정의하기 위해 α에 대한 충분한 정보를 찾아야 한다. $\mathbb{Z}_{10}$은 매우 단순하므로 어렵지 않다. 일단 $\alpha(1)$을 알면 임의의 k에 대해 $\alpha(k)$ 값을 알 수 있다. 그 이유는 다음과 같다.

$$\alpha(k) = \alpha(\underbrace{1+1+\cdots+1}_{k\text{개 항}})$$

$$= \underbrace{\alpha(1)+\alpha(1)+\cdots+\alpha(1)}_{k\text{개 항}} = k\alpha(1)$$

따라서 $\mathbb{Z}_{10}$의 자기동형사상 α를 구하려면 $\alpha(1)$의 값만 결정하면 된다. [정리 6.1]의 성질 (5)에 의해 $|\alpha(1)|=10$이므로 $\alpha(1)$ 값으로 가능한 네 가지 후보는 다음과 같다.

$$\alpha(1)=1,\ \alpha(1)=3,\ \alpha(1)=7,\ \alpha(1)=9$$

이 네 가지를 구별하기 위해 α_1은 1을 1로, α_3은 1을 3으로, α_7은 1을 7로, α_9는 1을 9로 보내는 사상으로 표기한다. 따라서 $\mathrm{Aut}(\mathbb{Z}_{10})$으로 가능한 후보는 α_1, α_3, α_7, α_9이다. 그러나 이들이 모두 자기동형사상일까? α_1은 분명히 항등원이다. α_3을 확인해보자. $x \bmod 10 = y \bmod 10$이므로 $3x \bmod 10 = 3y \bmod 10$이다. 따라서 α_3은 잘 정의되어 있다. 또한 $\alpha_3(1)=3$은 $\mathbb{Z}_{10}$의 생성원이므로 α_3은 전사함수이다(그리고 [연습문제 5.13]에 의해 단사함수이다). 마지막으로 $\alpha_3(a+b)=3(a+b)=3a+3b=\alpha_3(a)+\alpha_3(b)$이므로, α_3은 연산을 보존한다. 따라서 $\alpha_3 \in \mathrm{Aut}(\mathbb{Z}_{10})$이다. 같은 방법으로 α_7과 α_9도 자기동형사상임을 보일 수 있다.

이를 통해 $\mathrm{Aut}(\mathbb{Z}_{10})$의 원소를 알 수 있지만 구조는 알 수 없다. 예를 들어 $\alpha_3\alpha_3$은 무엇일까? $(\alpha_3\alpha_3)(1)=\alpha_3(3)=3\cdot 3=9=\alpha_9(1)$이므로 $\alpha_3\alpha_3=\alpha_9$이다. 비슷한 방법으로 계산하면 $\alpha_3^3=\alpha_7$이고 $\alpha_3^4=\alpha_1$이므로 $|\alpha_3|=4$이다. 따라서 $\mathrm{Aut}(\mathbb{Z}_{10})$은 순환군이다. 실제로 다음 케일리 표는 $\mathrm{Aut}(\mathbb{Z}_{10})$이 $U(10)$과 동형임을 보여준다.

$U(10)$	1	3	7	9
1	1	3	7	9
3	3	9	1	7
7	7	1	9	3
9	9	7	3	1

$\mathrm{Aut}(\mathbb{Z}_{10})$	α_1	α_3	α_7	α_9
α_1	α_1	α_3	α_7	α_9
α_3	α_3	α_9	α_1	α_7
α_7	α_7	α_1	α_9	α_3
α_9	α_9	α_7	α_3	α_1

[EX 6.14]를 통해 이제 군 $\mathrm{Aut}(\mathbb{Z}_n)$을 다룰 준비가 되었다. 이 결과는 지금까지 접한 두 종류의 순환군 $\mathbb{Z}_n$과 U-군 $U(n)$을 연관시킨다는 점에서 특별히 좋다.

정리 6.4 $\mathrm{Aut}(\mathbb{Z}_n) \approx U(n)$

임의의 정수 n에 대해 $\mathrm{Aut}(\mathbb{Z}_n)$은 $U(n)$과 동형이다.

증명

[EX 6.14]와 같이 임의의 자기동형사상 α는 $\alpha(1)$의 값에 의해 결정되고 $\alpha(1) \in U(n)$이다. 이제 $T: \alpha \to \alpha(1)$로 주어진 $\mathrm{Aut}(\mathbb{Z}_n)$에서 $U(n)$으로의 대응을 생각해보자. $\alpha(k)=k\alpha(1)$이라는

사실은 T가 단사함수임을 의미한다. α와 β가 $\mathrm{Aut}(\mathbb{Z}_n)$에 포함되고 $\alpha(1)=\beta(1)$이면 $\mathbb{Z}_n$의 모든 원소 k에 대해 $\alpha(k)=k\alpha(1)=k\beta(1)=\beta(k)$이므로 $\alpha=\beta$이다.

T가 전사함수임을 증명하기 위해 $r\in U(n)$이라 하고, $\mathbb{Z}_n$의 모든 원소 s에 대해 $\alpha(s)=sr(\bmod n)$으로 정의된 $\mathbb{Z}_n$에서 $\mathbb{Z}_n$으로의 사상 α를 생각하자. α가 $\mathbb{Z}_n$의 자기동형사상임을 확인하는 부분은 [연습문제 6.31]로 남긴다. 그러면 $T(\alpha)=\alpha(1)=r$이므로 T는 $U(n)$으로의 전사함수이다.

끝으로 T가 연산을 보존함을 보이자. α, $\beta\in\mathrm{Aut}(\mathbb{Z}_n)$이면 다음이 성립한다.

$$\begin{aligned} T(\alpha\beta) = (\alpha\beta)(1) = \alpha(\beta(1)) &= \alpha(\underbrace{1+1+\cdots+1}_{\beta(1)}) \\ &= \underbrace{\alpha(1)+\alpha(1)+\cdots+\alpha(1)}_{\beta(1)} = \alpha(1)\beta(1) \\ &= T(\alpha)T(\beta) \end{aligned}$$

이로써 증명을 마친다. ■

6.5 케일리 정리

마지막으로 케일리의 고전적 결과물을 살펴보자. 24장에서 이 정리의 일반화를 다룬다.

정리 6.5 케일리 정리(Cayley's theorem, 1854)
모든 군은 치환군과 동형이다.

증명

이 정리를 증명하기 위해 G를 임의의 군이라고 하자. G와 동형인 치환군 $\overline{G}$를 찾아야 한다. 우리가 알고 있는 정보는 G에 대한 것이 전부이므로, 이를 이용해 $\overline{G}$를 구성해야 한다. G의 임의의 원소 g에 대해 G에서 G로의 함수 T_g를 다음과 같이 정의한다.

$$G\text{의 모든 원소 } x\text{에 대해 } T_g(x)=gx$$

(다시 말해, T_g는 G의 원소 x의 왼쪽에 g를 곱하는 것이다.) T_g가 G의 원소들의 집합에 대한 치환임을 증명하는 것은 [연습문제 6.37]로 남긴다. $\overline{G}=\{T_g \mid g\in G\}$라고 하면 $\overline{G}$는 함수의 합

성 연산에 대한 군이다. 이를 확인하기 위해 먼저 G의 모든 원소 g, h에 대해 $T_gT_h(x) = T_g(T_h(x)) = g(hx) = (gh)x = T_{gh}(x)$임을 관찰한다. 따라서 $T_gT_h = T_{gh}$이다. 이 결과로부터 T_e가 항등원이고 $(T_g)^{-1} = T_{g^{-1}}$라는 결론이 나온다([연습문제 6.9] 참고). 함수의 합성 연산은 결합법칙을 만족하므로 $\overline{G}$가 군이 되기 위한 모든 조건을 확인했다.

이제 G와 $\overline{G}$ 사이의 동형사상 ϕ를 만들 준비가 되었다. G의 모든 원소 g에 대해 $\phi(g) = T_g$로 정의한다. $T_g = T_h$이면 $T_g(e) = T_h(e)$, 즉 $ge = he$이다. 따라서 $g = h$이고 ϕ는 단사함수이다. 한편, $\overline{G}$가 구성되었으므로 ϕ가 전사함수임을 알 수 있다. 이제 ϕ가 연산을 보존한다는 것만 확인하면 된다. a와 b가 G의 원소이면 다음이 성립하므로 모든 증명이 마무리된다.

$$\phi(ab) = T_{ab} = T_aT_b = \phi(a)\phi(b)$$ ■

[정리 6.5]와 같이 구성된 군 $\overline{G}$를 군 G의 **왼쪽정규표현**(left regualr representation)이라고 한다.

EX 6.15 구체적으로 군 $U(12) = \{1, 5, 7, 11\}$에 대한 왼쪽정규표현 $\overline{U(12)}$를 구해보자. $U(12)$의 치환을 배열 형태로 나타내면 다음과 같다(T_x는 x를 곱한 것뿐임을 기억하라).

$$T_1 = \begin{bmatrix} 1 & 5 & 7 & 11 \\ 1 & 5 & 7 & 11 \end{bmatrix}, \quad T_5 = \begin{bmatrix} 1 & 5 & 7 & 11 \\ 5 & 1 & 11 & 77 \end{bmatrix}$$

$$T_7 = \begin{bmatrix} 1 & 5 & 7 & 11 \\ 7 & 11 & 1 & 5 \end{bmatrix}, \quad T_{11} = \begin{bmatrix} 1 & 5 & 7 & 11 \\ 11 & 7 & 5 & 1 \end{bmatrix}$$

$U(12)$와 왼쪽정규표현 $\overline{U(12)}$에 대한 케일리 표를 비교하면 유용하다.

$U(12)$	1	5	7	11
1	1	5	7	11
5	5	1	11	7
7	7	11	1	5
11	11	7	5	1

$\overline{U(12)}$	T_1	T_5	T_7	T_{11}
T_1	T_1	T_5	T_7	T_{11}
T_5	T_5	T_1	T_{11}	T_7
T_7	T_7	T_{11}	T_1	T_5
T_{11}	T_{11}	T_7	T_5	T_1

위의 두 표를 비교해보면 $U(12)$와 $\overline{U(12)}$는 단지 표기의 차이만 있음을 알 수 있다.

EX 6.16 D_4의 치환 $T_{R_{270}}$과 T_H에 대한 왼쪽정규표현을 서로소인 순환치환들의 곱으로 나타내면 다음과 같다(1장의 케일리 표 참고).

$$T_{R_{270}} = (R_0 R_{270})(R_{90} R_0)(HD)(VD')$$
$$T_H = (R_0 H)(R_{90} D)(R_{180} V)(T_{270} D')$$

케일리 정리는 대조되는 두 가지 관점에서 중요하다. 하나는 추상적인 군을 구체적인 방법으로 표현할 수 있게 한다는 점이고, 다른 하나는 군에 대한 현대적인 공리들의 집합이 훨씬 이전에 있던 치환군의 공리들의 집합에 대한 올바른 추상화임을 보여준다는 점이다. 실제로 케일리 정리에 따르면 추상적인 군은 치환군과 다르지 않다. 차이점이라면 관점이 다른 것뿐이다. 지난 100년 동안 군 이론과 다른 많은 수학 분야의 엄청난 발전을 자극한 것은 이러한 관점의 차이이다.

특정한 두 군이 동형임을 증명하거나 반증하는 것은 때때로 매우 어렵다. 예를 들어, 덧셈에 대한 실수 집합의 군이 덧셈에 대한 복소수 집합의 군과 동형이라는 놀라운 사실을 증명하려면 다소 정교한 기술이 필요하다. 마찬가지로 곱셈에 대한 0이 아닌 복소수 집합의 군이 곱셈에 대한 절댓값이 1인 복소수 집합의 군과 동형임을 증명하는 것은 쉽지 않다. 이를 기하학적으로 표현하면, 구멍이 하나 있는 평면과 단위원(unit circle)이 군으로서 동형이라는 것이다.

6장 연습문제

> 수학자가 된다는 것은 마치 조울증 환자가 되는 것과 비슷하기 때문에 아찔한 환희와 어두운 절망 사이를 번갈아 가며 인생을 보낼 것이다.
>
> **스티븐 G. 크란츠(Steven G. Krantz)**, *A Primer of Mathematical Writing*

6.1 덧셈에 대한 정수 집합의 군에서 덧셈에 대한 짝수인 정수 집합의 군으로 가는 동형사상을 찾으라.

6.2 $\mathrm{Aut}(\mathbb{Z})$와 $\mathrm{Aut}(\mathbb{Z}_6)$을 구하라.

6.3 $\mathbb{R}^+$를 곱셈에 대한 양의 실수 집합의 군이라고 하자. 사상 $\phi(x) = \sqrt{x}$가 $\mathbb{R}^+$의 자기동형사상임을 보여라.

6.4 $U(8)$과 $U(10)$이 동형이 아님을 보이고, $U(8)$과 $U(12)$가 동형임을 보여라.

6.5 $G = \{0, \pm 2, \pm 4, \pm 6, \cdots\}$이고 $H = \{0, \pm 3, \pm 6, \pm 9, \cdots\}$라 하자. 필요한 성질을 만족하는 사상을 정의하여 G와 H가 덧셈에 대해 동형인 군임을 증명하라. 동형사상은 곱셈 연산을 보존하는가? $G = \langle m \rangle$이고 $H = \langle n \rangle$(m, n은 정수)인 경우로 일반화하라.

6.6 동형사상이 동치관계임을 증명하라. 즉, 임의의 군 G, H, K에 대해 다음이 성립함을 증명하라.

$$G \approx G$$
$$G \approx H\text{이면 } H \approx G$$
$$G \approx H\text{이고 } H \approx K\text{이면 } G \approx K$$

6.7 S_4가 D_{12}와 동형이 아닌 이유를 세 가지 제시하라.

6.8 사상 $a \to \log_{10} a$가 곱셈에 대한 군 $\mathbb{R}^+$에서 덧셈에 대한 군 $\mathbb{R}$로의 동형사상임을 보여라.

6.9 [정리 6.5]의 표기법에서 T_e가 항등원이고 $(T_g)^{-1} = T_{g^{-1}}$임을 증명하라.

6.10 ϕ가 덧셈에 대한 군 G에서 덧셈에 대한 군 $\overline{G}$로의 동형사상이라 가정할 때, [정리 6.2]의 성질 (2)를 덧셈에 대한 표기법으로 변환하라.

6.11 ϕ를 곱셈에 대한 군 G에서 덧셈에 대한 군 $\overline{G}$로의 동형사상이라고 하자. $\phi(a) = \bar{a}$이고 $\phi(b) = \bar{b}$일 때, $\phi(a^3b^{-2})$을 $\bar{a}$와 $\bar{b}$로 표현하라.

6.12 군 G의 모든 원소 g에 대해 사상 $\alpha(g) = g^{-1}$이 자기동형사상일 필요충분조건은 G가 가환군인 것임을 증명하라.

6.13 g, h가 군의 원소일 때, $\phi_g \phi_{gh} = \phi_{gh}$임을 증명하라.

6.14 $U(6) \approx \mathbb{Z}_6$임을 증명하거나 반증하라.

6.15 D_4에서 내부자기동형사상 ϕ_{R_0}, $\phi_{R_{90}}$, ϕ_H, ϕ_D는 서로 다르다는 [EX 6.12]의 주장을 증명하라.

6.16 $G \not\approx H$이지만 $\text{Aut}(G) \approx \text{Aut}(H)$인 두 군 G와 H를 찾으라.

6.17 G가 군이면 $\text{Aut}(G)$와 $\text{Inn}(G)$가 군임을 증명하라.[2]

6.18 군 G와 H가 동형이면 $\text{Aut}(G)$와 $\text{Aut}(H)$가 동형임을 증명하라.

2 이 문제는 이 장의 본문에서 살펴봤다.

6.19 ϕ_a가 a에 의해 유도되는 G의 내부자기동형사상이면(즉, G의 모든 원소 x에 대해 $\phi_a(x) = axa^{-1}$) 모든 정수 n에 대해 $(\phi_a)^n = \phi_{a^n}$임을 증명하라.

6.20 임의의 군 G와 G의 내부자기동형사상 ϕ_a에 대해 $|\phi_a| = |a|$임을 증명하라.

6.21 ϕ가 $\mathrm{Aut}(Z_n)$에 속하고 a와 n이 서로소라고 가정하자. $\phi(a) = b$일 때, $\phi(x)$의 식을 구하라.

6.22 H를 D_n의 모든 회전이동에 대한 부분군이라 하고 ϕ를 D_n의 자기동형사상이라고 하자. $\phi(H) = H$임을 증명하라(즉, D_n의 자기동형사상은 회전이동을 회전이동으로 보낸다).

6.23 $H = \{\beta \in S_5 \mid \beta(1) = 1\}$이고 $K = \{\beta \in S_5 \mid \beta(2) = 2\}$일 때, H와 K가 동형임을 증명하라. S_5가 S_n $(n \geq 3)$으로 바뀌어도 결과가 동일한가?

6.24 $\mathbb{Z}$가 $\mathbb{Z}$ 자신과 동형인 부분군을 무수히 많이 가짐을 보여라.

6.25 n이 2보다 큰 짝수이고 ϕ가 D_n의 자기동형사상일 때, $\phi(R_{180})$을 구하라.

6.26 G가 가환군이고 ϕ가 G의 자기동형사상이라고 하자. $H = \{x \in G \mid \phi(x) = x^4\}$이 G의 부분군임을 증명하라. $\phi(x) = x^{-1}$이면 H의 원소들의 위수에 대해 무엇을 말할 수 있는가? 그리고 4를 임의의 정수 n으로 바꿔도 증명이 유효한가?

6.27 $\mathbb{Z}_{12}$와 동형인 부분군과 $\mathbb{Z}_{20}$과 동형인 부분군을 모두 포함하는 최소 위수의 순환군의 예를 제시하라. 또 $\mathbb{Z}_{12}$와 동형인 부분군과 $\mathbb{Z}_{20}$과 동형인 부분군을 모두 갖는 정이면체군의 예를 제시하라. 단지 추론을 설명할 뿐 증명은 안 해도 된다.

6.28 ϕ: $\mathbb{Z}_{20} \to \mathbb{Z}_{20}$이 자기동형사상이고 $\phi(5) = 5$라고 하자. $\phi(x)$로 가능한 것은 무엇인가?

6.29 모든 양의 정수 n에 대해 $\mathbb{Z}_n$과 동형인 부분군을 갖는 군 G가 존재함을 확인하라.

6.30 곱셈에 대한 실수 집합의 군 $\mathbb{R}^*$의 모든 자기동형사상 α에 대해 $\alpha(-1) = -1$임을 증명하라.

6.31 $r \in U(n)$이라고 하자. $\mathbb{Z}_n$의 모든 원소 s에 대해 $\alpha(s) = sr(\mathrm{mod}\,n)$으로 정의된 사상 α: $\mathbb{Z}_n \to \mathbb{Z}_n$이 $\mathbb{Z}_n$의 자기동형사상임을 증명하라.[3]

---

3 이 문제는 이 장의 본문에서 살펴봤다.

6.32 군 $\left\{\begin{bmatrix}1 & a\\ 0 & 1\end{bmatrix} \middle| a \in \mathbb{Z}\right\}$와 동형인 친숙한 군을 제시하라. 만약 $\mathbb{Z}$를 $\mathbb{R}$로 바꾸면 어떻게 될까?

6.33 ϕ와 γ가 순환군 $\langle a \rangle$에서 어떤 군으로의 동형사상이고 $\phi(a)=\gamma(a)$이면 $\phi=\gamma$임을 증명하라.

6.34 ϕ: $\mathbb{Z}_{50} \to \mathbb{Z}_{50}$이 $\phi(7)=13$인 자기동형사상일 때, $\phi(x)$의 식을 구하라.

6.35 $\mathbb{Z}_{10}$에서 $U(11)$으로의 동형사상을 찾으라.

6.36 ϕ를 $\mathbb{Q}^*$의 자기동형사상이라고 하자. 모든 소수 p에 대한 $\phi(p)$ 값에 의해 ϕ가 완전히 결정되는 이유를 설명하라.

6.37 [정리 6.5]를 참고하여 T_g가 실제로 집합 G의 치환임을 증명하라.

6.38 $U(20)$과 $U(24)$가 동형임을 증명하거나 반증하라.

6.39 사상 $\phi(a+bi)=a-bi$가 덧셈에 대한 복소수 집합의 군의 자기동형사상임을 증명하라. 또 ϕ가 복소수 곱셈 연산을 보존한다는 것을 보여라. 즉, 모든 $x, y \in \mathbb{C}$에 대해 $\phi(xy)=\phi(x)\phi(y)$이다.[4]

6.40 $G=\{a+b\sqrt{2} \mid a, b$는 유리수$\}$이고 $H=\left\{\begin{bmatrix}a & 2b\\ b & a\end{bmatrix} \middle| a, b\text{는 유리수}\right\}$라고 하자. G와 H가 덧셈에 대해 동형임을 보여라. 또 G와 H가 곱셈에 대해 닫혀있음을 보여라. 동형사상이 덧셈에서와 같이 곱셈을 보존하는가? 참고로 G와 H는 나중에 다룰 환의 예이다.

6.41 덧셈에 대한 군 $\mathbb{Z}$와 덧셈에 대한 군 $\mathbb{Q}$가 동형이 아님을 증명하라.

6.42 S_8이 $\mathbb{Z}_{15}$, $U(16)$, D_8과 동형인 부분군을 갖는 이유를 설명하라.

6.43 $\mathbb{C}$가 복소수 집합이고 $M=\left\{\begin{bmatrix}a & -b\\ b & a\end{bmatrix} \middle| a, b \in \mathbb{R}\right\}$이라 하자. 덧셈에 대해 군 $\mathbb{C}$와 M이 동형임을 증명하고, 곱셈에 대해 군 $\mathbb{C}^*$와 M의 영행렬이 아닌 원소로 구성된 M^*가 동형임을 증명하라.

6.44 $\mathbb{R}^n=\{(a_1, a_2, \cdots, a_n) \mid a_i \in \mathbb{R}\}$이라 하자. 사상 ϕ: $(a_1, a_2, \cdots, a_n) \to (-a_1, -a_2, \cdots, -a_n)$이 각 성분별 덧셈에 대한 군 $\mathbb{R}^n$의 자기동형사상임을 보여라. 이 자기동형사상을 **반전**(inversion)이라고 한다. ϕ의 작용을 기하학적으로 설명하라.

---

4 이 문제는 15장에서 다시 언급한다.

6.45 부분군의 위수는 군의 위수를 나눈다. 유한군인 치환군에 대해 이 명제를 증명할 수 있다고 가정하자. 그러면 이 명제는 모든 유한군에 대해서도 참인지 설명하라.

6.46 G가 유한 가환군이고 G에 위수가 2인 원소가 없다고 가정하자. 사상 $g \to g^2$이 G의 자기동형사상임을 보여라. 또 사상 $g \to g^2$이 단사함수이고 연산을 보존하지만 자기동형사상이 아닌 무한 가환군이 존재함을 예를 들어 보여라.

6.47 G를 군이라 하고 $g \in G$라 하자. $z \in Z(G)$일 때, g에 의해 유도되는 내부자기동형사상이 zg에 의해 유도되는 내부자기동형사상과 동일함을 보여라(즉, 사상 ϕ_g와 ϕ_{zg}가 동일하다).

6.48 덧셈에 대한 군 $\mathbb{R}$이 곱셈에 대한 군 $\mathbb{R}^*$와 동형이 아님을 증명하라.

6.49 g와 h가 군 G의 동일한 내부자기동형사상을 유도한다고 가정할 때, $h^{-1}g \in Z(G)$임을 증명하라. 이 문제를 [연습문제 6.47]과 결합하여 하나의 '필요충분조건' 정리를 작성하라.

6.50 S_6의 항등사상이 아닌 자기동형사상의 예를 두 가지 제시하라.

6.51 α, β가 $S_n (n \geq 3)$의 원소일 때, $\phi_\alpha = \phi_\beta$이면 $\alpha = \beta$임을 증명하라(여기서 ϕ_α는 α에 의해 유도되는 S_n의 내부자기동형사상이다).

6.52 곱셈에 대한 양의 유리수 집합의 군 $\mathbb{Q}^+$에서 자기 자신으로의 사상 $\phi(x) = x^2$이 자기동형사상임을 증명하거나 반증하라.

6.53 ϕ와 γ가 군 G에서 어떤 동일한 군으로의 동형사상이라고 하자. $H = \{g \in G \mid \phi(g) = \gamma(g)\}$가 G의 부분군임을 증명하라.

6.54 군 G에 대해 다음 문장의 빈칸을 채워라.

$|\mathrm{Inn}(G)| = 1$일 필요충분조건은 ________________ 이다.

6.55 S_6의 부분군 $H = \{(1), (135), (153), (35)(26), (15)(26), (13)(26)\}$을 이용해 위수가 6인 S_6의 부분군을 2개 찾으라.

6.56 ϕ를 D_8의 자기동형사상이라 하자. $\phi(R_{45})$로 가능한 것은 무엇인가?

6.57 ϕ를 곱셈에 대해 0이 아닌 복소수 집합의 군 $\mathbb{C}^*$의 자기동형사상이라 할 때, $\phi(-1)$을 구하라. 또 $\phi(i)$ 값으로 가능한 것을 구하라.

6.58 G가 가환군이 아닐 때, G가 항등함수가 아닌 자기동형사상을 가짐을 증명하라.

6.59 서로 동형이 아닌 위수가 120인 군의 예를 세 가지 제시하라. 동형이 아닌 이유를 설명하라.

6.60 ϕ가 $\phi(H)=D$를 만족하는 D_4의 자기동형사상이라 할 때, $\phi(V)$를 구하라.

6.61 ϕ가 $\phi(R_{90})=R_{270}$과 $\phi(V)=V$를 만족하는 D_4의 자기동형사상이라고 하자. $\phi(D)$와 $\phi(H)$를 구하라. 또 $\phi(R_{90})=R_{90}$이고, $\phi(V)=V$일 때 $\phi(D)$와 $\phi(H)$를 구하라.

6.62 $\mathrm{Aut}(\mathbb{Z}_9)$에서 α_i는 1을 $\gcd(i, 9)=1$인 i로 보내는 자기동형사상을 나타낸다고 하자. α_5와 α_8을 $\{0, 1, \cdots, 8\}$의 서로소인 순환치환들의 곱으로 나타내라. 예를 들어 $\alpha_2=(0)(124875)(36)$이다.

6.63 D_4의 왼쪽정규표현에서 R_{90}에 해당하는 치환을 순환치환들의 곱으로 나타내라.

6.64 사상 $\phi(x)=x^2$이 군 G의 자기동형사상이라고 하자. G의 원소의 위수에 대해 무엇을 말할 수 있는가? 또 어떤 $n>1$에 대해 $\phi(x)=x^n$이 G의 자기동형사상이면 무엇을 말할 수 있는가?

6.65 F를 D_n에서의 반사이동이라고 하자. D_n의 자기동형사상 α가 $\alpha(R_{360/n})$과 $\alpha(F)$의 선택에 의해 완전히 결정되는 이유를 설명하라. 이를 통해 $|\mathrm{Aut}(D_n)|$의 값이 최대 $n|U(n)|$인 이유를 설명하라(과정을 좀 더 거치면 $|\mathrm{Aut}(D_n)|=n|U(n)|$임을 보일 수 있다).

6.66 홀수 n에 대해 $|\mathrm{Inn}(D_n)|=2n$이고 짝수 n에 대해 $|\mathrm{Inn}(D_n)|=n$임을 증명하라.

6.67 군 $H=\{\alpha \in A_5 \mid \alpha(3)=3\}$과 동형인 친숙한 군을 제시하라. 또 군 $H=\{\alpha \in A_7 \mid \alpha(1)=1, \alpha(3)=3, \alpha(5)=5\}$와 동형인 친숙한 군을 제시하라.

6.68 덧셈에 대한 유리수 집합의 군 $\mathbb{Q}$의 모든 자기동형사상 ϕ가 $\phi(x)=x\phi(1)$임을 보여라.

6.69 곱셈에 대한 양의 유리수 집합의 군 $\mathbb{Q}^+$가 자신의 진부분군과 동형임을 증명하라.

6.70 덧셈에 대한 유리수 집합의 군 $\mathbb{Q}$가 자신의 진부분군과 동형이 아님을 증명하라.

6.71 곱셈에 대한 0이 아닌 실수 집합의 군 $\mathbb{R}^*$의 모든 자기동형사상이 양수를 양수로, 음수를 음수로 사상함을 증명하라.

6.72 곱셈에 대한 0이 아닌 유리수 집합의 군 $\mathbb{Q}^*$가 덧셈에 대한 유리수 집합의 군 $\mathbb{Q}$와 동형이 아님을 증명하라.

6.73 덧셈에 대한 군 $\mathbb{Q}$가 곱셈에 대한 군 $\mathbb{R}^+$와 동형이 아니라는 군 이론적 증명을 제시하라.

6.74 곱셈에 대한 군 $\mathbb{Q}^*$가 곱셈에 대한 군 $\mathbb{Q}^+$와 동형임을 증명하거나 반증하라.

6.75 모든 $n \geq 1$에 대해 S_n이 A_{n+2}의 부분군과 동형임을 증명하라. 이 결과가 [정리 5.5]에 대해 모순이 아닌 이유는 무엇인가? [5]

* 이 장을 위한 컴퓨터 연습문제는 http://www.d.umn.edu/~jgallian에서 확인할 수 있다.

---

5 이 문제는 24장에서 다시 언급한다.

아서 케일리(Arthur Cayley)

케일리는 미래 세대의 물리학자들을 위한 무기를 만들고 있다.

피터 테이트(Peter Tait)

The Granger Collection, New York

케일리는 1821년 8월 16일 영국에서 태어났다. 그는 어린 시절부터 천재성을 보였다. 20세 때 학부 과정에서 첫 연구 논문을 발표했고, 이듬해에는 8편의 논문을 더 발표했다. 여전히 20대 초반의 젊은 나이임에도, 그는 n차원 기하학의 개념을 창안했다.

케임브리지 트리니티대학을 졸업한 후 케일리는 강사로 3년 동안 근무했다. 25세에는 변호사가 되어 14년간 활동했다. 이 기간 동안 약 200편의 수학 논문을 발표했으며, 그중 다수가 현재 걸작으로 남아있다.

1863년 케일리는 케임브리지대학교에 새로 설립된 새들러리안(sadlerian) 수학 교수직을 받아들이고, 남은 생을 그 자리에서 보냈다. 그의 뛰어난 업적 중 하나는 케임브리지대학교에 여성이 입학할 수 있도록 한 것이었다. 수학 분야에서 케일리의 획기적인 연구물로는 추상군과 군 대수, 그리고 행렬 개념이 있다. 그는 기하학과 선형대수학 분야에 큰 공헌을 했다. 케일리와 그의 오랜 친구이자 공동 연구자인 제임스 조지프 실베스터(James Joseph Sylvester)는 훗날 상대성 이론에서 매우 중요한 역할을 한 불변량 이론을 창안했다.

케일리의 연구 결과는 약 600쪽 분량의 책 13권에 달한다. 그는 1895년 1월 26일에 사망했다.

7

잉여류와 라그랑주 정리
Cosets and Lagrange's Theorem

"이 시점에서 학생들이 라그랑주 정리에 대한 결과의 진정한 중요성을 이해하기는 어려울 수 있다. 라그랑주 정리에 더 깊이 파고들수록 기본적인 특성에 대해 점점 잘 알게 될 것이다."

이즈라엘 네이선 허스튼(Israel Nathan Herstein), *Topics in Algebra*

"라그랑주 정리는 군 이론에서 매우 중요하고 유명하다."

노만 J. 블록(Norman J. Block), *Abstract Algebra with Applications*

7.1 잉여류의 성질

이 장에서는 유한군 이론에서 가장 중요한 정리인 라그랑주 정리를 증명할 것이다. 이즈라엘 네이선 허스튼(Israel Nathan Herstein)은 추상대수학에 관한 그의 책에서 라그랑주 정리가 유한군에서 알파벳 ABC와 같은 기본적인 역할을 한다고 비유했다. 먼저 군을 분석하기 위한 새롭고 강력한 도구인 잉여류의 개념을 소개한다. 이 개념은 1830년에 갈루아가 처음 소개했지만, 용어는 1910년 조지 아브람 밀러(George Abram Miller)가 만들었다.

정의 **G에서 H의 잉여류**

H가 군 G의 공집합이 아닌 부분집합이라고 하자. 임의의 $a \in G$에 대해 집합 aH, Ha, aHa^{-1}을 다음과 같이 정의한다.

$$aH = \{ah \mid h \in H\},\ Ha = \{ha \mid h \in H\},\ aHa^{-1} = \{aha^{-1} \mid h \in H\}$$

H가 G의 부분군이면, 집합 aH는 G에서 a를 포함하는 H의 **좌잉여류**(left coset)라 하고 Ha는 G에서 a를 포함하는 H의 **우잉여류**(right coset)라고 한다. 이때 원소 a를 aH(또는 Ha)의 **잉여류 대표원소**(coset representative)라고 한다. 집합 aH의 원소 개수를 $|aH|$, 집합 Ha의 원소 개수를 $|Ha|$로 표기한다.

EX 7.1 $G = S_3$이고 $H = \{(1), (13)\}$이라고 하자. G에서 H의 좌잉여류는 다음과 같다.

$$\begin{aligned}
(1)H &= H \\
(12)H &= \{(12), (12)(13)\} = \{(12), (132)\} = (132)H \\
(13)H &= \{(13), (1)\} = H \\
(23)H &= \{(23), (23)(13)\} = \{(23), (123)\} = (123)H
\end{aligned}$$

EX 7.2 위수가 8인 정이면체군 D_4에서 $K = \{R_0, R_{180}\}$이라 하면 D_4에서 K의 좌잉여류는 다음과 같다.

$$\begin{aligned}
R_0K &= K \\
R_{90}K &= \{R_{90}, R_{270}\} = R_{270}K \\
R_{180}K &= \{R_{180}, R_0\} = K \\
VK &= \{V, H\} = HK \\
DK &= \{D, D'\} = D'K
\end{aligned}$$

EX 7.3 덧셈에 대한 군 $\mathbb{Z}_9$에서 $H=\{0, 3, 6\}$이라 하자. 군에서 연산이 덧셈인 경우, aH 대신 $a+H$로 표기한다. $\mathbb{Z}_9$에서 H의 잉여류는 다음과 같다.

$$0+H=\{0, 3, 6\}=3+H=6+H$$
$$1+H=\{1, 4, 7\}=4+H=7+H$$
$$2+H=\{2, 5, 8\}=5+H=8+H$$

앞에서 살펴본 세 가지 예는 잉여류에 대한 중요한 몇 가지 사실을 보여준다. 첫째, 잉여류는 일반적으로 부분군이 아니다. 둘째, a와 b가 동일하지 않아도 aH와 bH는 동일할 수 있다. 셋째, [EX 7.1]에서 $(12)H=\{(12), (132)\}$인 반면에 $H(12)=\{(12), (123)\}$이므로 aH는 Ha와 동일하지 않을 수 있다.

이러한 예와 관찰은 많은 질문을 제기한다. 언제 $aH=bH$가 될까? aH와 bH는 공통 원소를 가질까? 언제 $aH=Ha$가 될까? 어떤 잉여류가 부분군이 될까? 잉여류가 중요한 이유는 무엇일까? 다음으로 살펴볼 보조정리와 정리는 이러한 질문에 대한 답을 제시한다(비슷한 결과가 우잉여류에 대해서도 성립한다).

보조정리 7.1 잉여류의 성질

H가 군 G의 부분군이고, a, b가 G의 원소일 때 다음이 성립한다.

(1) $a \in aH$

(2) $aH=H$일 필요충분조건은 $a \in H$이다.

(3) $(ab)H=a(bH)$, $H(ab)=(Ha)b$

(4) $aH=bH$일 필요충분조건은 $a \in bH$이다.

(5) $aH=bH$이거나 $aH \cap bH=\varnothing$이다.

(6) $aH=bH$일 필요충분조건은 $a^{-1}b \in H$이다.

(7) $|aH|=|bH|$

(8) $aH=Ha$일 필요충분조건은 $H=aHa^{-1}$이다.

(9) aH가 G의 부분군일 필요충분조건은 $a \in H$이다.

증명

(1) $a=ae \in aH$

(2) 성질 (2)를 확인하기 위해 먼저 $aH=H$라고 가정하면 $a=ae \in aH=H$이다. 다음으로 $a \in H$라고 가정하자. 이제 $aH \subseteq H$이고 $H \subseteq aH$임을 보이자. 전자는 H의 닫힘 성질에 의

해 바로 성립한다. $H \subseteq aH$임을 보이기 위해 $h \in H$라고 하자. 그러면 $a \in H$이고 $h \in H$이므로 $a^{-1}h \in H$임을 알 수 있다. 따라서 $h = eh = (aa^{-1})h = a(a^{-1}h) \in aH$이다.

(3) $(ab)h = a(bh)$이고 $h(ab) = (ha)b$이므로 성립한다.

(4) $aH = bH$이면 $a = ae \in aH = bH$이다. 반대로 $a \in bH$이면 적당한 $h \in H$가 존재하여 $a = bh$이므로 $aH = (bh)H = b(hH) = bH$이다.

(5) 성질 (5)는 성질 (4)에 의해 바로 성립한다. 왜냐하면 $aH \cap bH$에 원소 c가 존재하면 $cH = aH$이고 $cH = bH$이기 때문이다.

(6) $aH = bH$일 필요충분조건은 $H = a^{-1}bH$이므로, 성질 (2)에 의해 성립한다.

(7) $|aH| = |bH|$를 증명하기 위해 aH에서 bH로의 전단사함수를 정의하면 된다. 대응 $ah \to bh$는 분명히 aH에서 bH로의 전사함수이다. 또 소거법칙에 의해 단사함수임을 확인할 수 있다.

(8) $aH = Ha$일 필요충분조건은 $(aH)a^{-1} = (Ha)a^{-1} = H(aa^{-1}) = H$이다. 즉, $aH = Ha$일 필요충분조건은 $aHa^{-1} = H$이다.

(9) aH가 부분군이면 항등원 e를 포함한다. 따라서 $aH \cap eH \neq \varnothing$이다. 그리고 성질 (5)에 의해 $aH = eH = H$이다. 따라서 성질 (2)에 의해 $a \in H$이다. 반대로 $a \in H$이면 다시 성질 (2)에 의해 $aH = H$이다. ■

대부분의 수학 정리는 기호 형식으로 나타내는데, 정리의 의미를 잘 이해하려면 일상적인 용어로 무엇을 의미하는지도 알아야 한다. [보조정리 7.1]에서 성질 (1)은 단순히 a를 포함하는 H의 좌잉여류가 실제로 a를 포함한다는 의미이다. 성질 (2)는 H가 어떤 원소를 '흡수'할 필요충분조건은 그 원소가 H에 포함되는 것임을 의미한다. 성질 (3)은 H의 왼쪽에 ab를 곱하여 생성한 H의 좌잉여류가 H의 왼쪽에 b를 곱한 결과인 좌잉여류 bH에 a를 곱하여 생성한 것과 동일하다는 의미이다(오른쪽에 ab를 곱하는 과정도 비슷하다). 성질 (4)는 H의 좌잉여류가 H의 어느 원소라도 그 한 원소에 의해 유일하게 결정됨을 보여준다. 특히 좌잉여류의 어떤 원소라도 잉여류의 대표원소가 될 수 있다. 성질 (5)는 H의 두 좌잉여류가 같거나 서로소임을 의미하는데, 이 성질은 매우 중요하다. 성질 (6)은 H의 두 좌잉여류가 같은지에 대한 질문을 어떻게 H 자체에 대한 질문으로 바꿀 수 있는지를 보여주며, 그 반대로 바꿀 수 있는지도 보여준다. 성질 (7)의 경우 H의 모든 좌잉여류는 크기가 같다는 것을 의미한다. 성질 (8)은 a를 포함하는 H의 좌잉여류와 우잉여류가 같은지에 대한 질문이 G의 두 부분군이 같은지에 대한 질문과 동치임을 보여준다는 점에서 성질 (6)과 비슷하다. 성질 (9)는 H의 잉여류 중 G의 부분군이 되는 좌잉여류는 H뿐임을 보여준다.

[보조정리 7.1]의 성질 (1), (5), (7)은 G의 부분군 H의 좌잉여류가 G를 동일한 크기의 블록으로 분할함을 보장한다. 실제로 $aH = bH$이면 $a \sim b$로 정의되는 동치관계에 의해 H의 잉여류는 G를 분할하는 동치류이다([정리 0.7] 참고).

군의 잉여류를 이용하면 각 잉여류의 모든 원소가 특별한 성질을 공유하도록 일관된 방식으로 군의 원소를 구성할 수 있다. 특히 부분군 H는 종종 잉여류가 군을 매우 바람직한 방식으로 분할하도록 선택된다. 예를 들어 G가 3차원 공간 $\mathbb{R}^3$이고 H가 원점을 통과하는 평면이면 잉여류 $(a, b, c) + H$(덧셈은 각 성분별로 함)는 점 (a, b, c)를 통과하는 평면이고 H와 평행하다. 따라서 H의 잉여류들을 이용해 3차원 공간을 H에 평행한 평면으로 분할할 수 있다. $G = GL(2, \mathbb{R})$이고 $H = SL(2, \mathbb{R})$이면, G의 임의의 행렬 A에 대해 잉여류 AH는 A와 행렬식이 동일한 모든 2×2 행렬의 집합이다. 따라서 $\begin{bmatrix} 2 & 0 \\ 0 & 1 \end{bmatrix}H$는 행렬식이 2인 모든 2×2 행렬의 집합이고, $\begin{bmatrix} 1 & 2 \\ 2 & 1 \end{bmatrix}H$는 행렬식이 -3인 모든 2×2 행렬의 집합이다.

마찬가지로 [EX 2.16]과 [정리 0.4]의 복소수의 성질 (7)에 의해 $a + bi = \sqrt{a^2 + b^2}(\cos\theta + i\sin\theta)$이면 $a + bi$의 n개의 n제곱근의 집합은 $\sqrt[n]{a^2 + b^2}\left(\cos\frac{\theta}{n} + i\sin\frac{\theta}{n}\right)$를 포함하는 $\left\langle \cos\frac{360°}{n} + i\sin\frac{360°}{n} \right\rangle$의 잉여류이다. [보조정리 7.1]의 성질 (5)는 부분군의 서로 다른 잉여류를 실제로 찾을 때 유용하다. 이를 [EX 7.4]에서 설명한다.

EX 7.4 $G = U(32) = \{1, 3, 5, 7, 9, 11, 13, 15, 17, 19, 21, 23, 25, 27, 29, 31\}$에서 $H = \{1, 15\}$의 잉여류를 구해보자. 우선 H는 잉여류이다. H에 없는 원소, 예를 들어 3을 잉여류 대표원소로 선택하여 두 번째 잉여류를 찾을 수 있다. 이는 $3H = \{3, 13\}$이다. 앞서 선택한 두 잉여류에 아직 나타나지 않은 원소, 즉 5를 대표원소로 선택함으로써 다음 잉여류를 찾는다. 이는 잉여류 $5H = \{5, 11\}$이다. $U(32)$의 모든 원소를 설명할 때까지 이전 잉여류에서 아직 나타나지 않은 원소를 잉여류의 대표원소로 선택하여 잉여류를 계속 만든다. 그러면 H의 서로 다른 모든 잉여류를 완전히 구할 수 있다.

7.2 라그랑주 정리와 결과

이제 군 이론의 역사보다 더 오래된 200년 이상의 역사를 가진 가장 중요한 라그랑주 정리가 등장한다(이 정리는 처음엔 군과 관련한 용어로 기술되지 않았다). 이 단계에서는 그다지 놀라운 일은 아니다.

정리 7.1 라그랑주 정리(Lagrange's Theorem)[1] : $|H|$는 $|G|$의 약수이다

G가 유한군이고 H가 G의 부분군이면 $|H|$는 $|G|$의 약수이다. G에서 H의 서로 다른 좌잉여류[우잉여류]의 개수는 $|G|/|H|$이다.

증명

$a_1H, a_2H, \cdots, a_rH$를 G에서 H의 서로 다른 좌잉여류라 하자. G의 임의의 원소 a에 대해 $aH = a_iH$인 i가 존재한다. 또한 [보조정리 7.1]의 성질 (1)에 의해 $a \in aH$이다. 따라서 G의 각 원소는 잉여류 a_iH 중 하나에 포함된다. 기호로 나타내면 다음과 같다.

$$G = a_1H \cup a_2H \cup \cdots \cup a_rH$$

[보조정리 7.1]의 성질 (5)에 의해 위 합집합은 서로소인 집합들의 합집합이므로 다음이 성립한다.

$$|G| = |a_1H| + |a_2H| + \cdots + |a_rH|$$

결국 각 i에 대해 $|a_iH| = |H|$이므로 $|G| = r|H|$이다. ■

라그랑주 정리는 부분군의 후보를 결정하는 기준임에 주목한다. 즉, 한 군의 부분군의 위수로 가능한 값을 제공한다. 따라서 위수가 12인 군의 부분군의 위수는 12, 6, 4, 3, 2, 1 중 하나이고 다른 값은 될 수 없다. 중요한 점은 라그랑주 정리의 역은 거짓이라는 것이다. 예를 들어 위수가 12인 군에 위수가 6인 부분군이 반드시 존재하는 것은 아니다. [EX 7.5]에서 이를 증명한다. 이후 장에서 확인하겠지만, 유한군에서 특정 위수를 갖는 부분군의 존재를 보장하는 몇 가지 정리가 있다.

군에서 부분군의 좌잉여류[우잉여류]의 개수는 특별한 이름과 기호를 사용한다. 군 G에서 H의 서로 다른 좌잉여류[우잉여류]의 개수를 G에서 H의 **지표**(index)라 하고 $|G:H|$로 표기한다. 라그랑주 정리의 증명에 의해 군 G에서 부분군 H의 서로 다른 좌잉여류[우잉여류]의 개수에 대해 다음과 같은 유용한 공식이 성립한다.

따름정리 1 $|G:H| = |G|/|H|$

G가 유한군이고 H가 G의 부분군이면 $|G:H| = |G|/|H|$이다.

1 라그랑주가 1770년에 이 정리를 발표했고, 약 30년 후 피에트로 아바티(Pietro Abbati)가 최초로 이 정리를 완전하게 증명했다.

따름정리 2 $|a|$는 $|G|$의 약수이다

유한군의 모든 원소들의 위수는 그 군의 위수를 나눈다.

증명

어떤 한 원소의 위수가 그 원소에 의해 생성되는 순환부분군의 위수임을 기억하면 바로 증명할 수 있다. ■

따름정리 3 위수가 소수인 군은 순환군이다

임의의 소수 p에 대해 위수가 소수 p인 군은 $\mathbb{Z}_p$와 동형이다.

증명

군 G의 위수가 소수이고 $a \in G$, $a \neq e$라 하자. 그러면 $|\langle a \rangle|$는 p의 약수이고 $|\langle a \rangle| \neq 1$이다. 따라서 $|\langle a \rangle| = |G|$이고, [EX 6.2]에 의해 따름정리가 성립한다. ■

따름정리 4 $a^{|G|} = e$

유한군 G의 임의의 원소 a에 대해 $a^{|G|} = e$이다.

증명

[따름정리 2]에 의해 어떤 양의 정수 k가 존재하여 $|G| = |a|k$이다. 즉, $a^{|G|} = a^{|a|k} = e^k = e$이다. ■

따름정리 5 페르마의 소정리(Fermat's little theorem)

임의의 정수 a와 임의의 소수 p에 대해 $a^p \bmod p = a \bmod p$이다.

증명

나눗셈 알고리즘에 의해 $a = pm + r$, $0 \leq r < p$이다. 즉 $a \bmod p = r$이고, $r^p \bmod p = r$임을 증명하기에 충분하다. $r = 0$이면 결과는 명백하므로 $r \in U(p)$라 가정하자(법 p에 관한 곱셈에 대해 $U(p) = \{1, 2, \cdots, p-1\}$임을 기억하자). [따름정리 4]에 의해 $r^{p-1} \bmod p = 1$이므로 $r^p \bmod p = r$이다. ■

페르마의 소정리는 특정한 수가 소수인지를 판별하기 위해 컴퓨터와 함께 사용되었다. 하나의 사례로 수 $p = 2^{257} - 1$을 생각해보자. p를 소수라 가정하면 페르마의 소정리에 의해 $10^p \bmod p = 10 \bmod p$이고, 따라서 $10^{p+1} \bmod p = 100 \bmod p$이다. 다중 정밀도와 간단한 루프를 이용해 컴퓨터는 몇 초 안에 $10^{p+1} \bmod p = 10^{2^{257}} \bmod p$를 계산할 수 있다. 결과가 100이 아니므로 p는 소수가 아니다.

EX 7.5 라그랑주 정리의 역은 성립하지 않는다.[2] 위수가 12인 군 A_4는 위수가 6인 부분군을 갖지 않는다. 이를 보이기 위해 A_4가 위수 3인 원소를 8개([표 5.1]의 표기에서 α_5부터 α_{12}까지)를 가졌음을 기억하자. H를 위수가 6인 부분군이라고 가정하자. 그리고 a를 A_4의 위수가 3인 임의의 원소라고 하자. a가 H에 없다면 $A_4 = H \cup aH$이다. 이때 a^2은 H의 원소이거나 aH의 원소이다. a^2이 H의 원소이면 $(a^2)^2 = a^4 = a$이므로, a가 H의 원소가 되어 모순이다. a^2이 aH의 원소이면 H의 어떤 원소 h가 존재하여 $a^2 = ah$이다. 즉, a가 H의 원소임을 의미하는데, 이는 모순이다.

라그랑주 정리는 유한군에서 부분군의 위수로 가능한 값에 엄격한 조건을 준다. 다음 정리는 유한군의 특정한 부분군의 존재성에 엄격한 조건을 주는 셈 기법이다.

정리 7.2 $|\boldsymbol{HK}| = \dfrac{|\boldsymbol{H}||\boldsymbol{K}|}{|\boldsymbol{H} \cap \boldsymbol{K}|}$

한 군의 두 유한부분군 H, K에 대해 집합 HK를 $HK = \{hk \mid h \in H,\ k \in K\}$로 정의하면 $|HK| = \dfrac{|H||K|}{|H \cap K|}$이다.

증명

집합 HK의 정의를 보면 $|H||K|$개의 곱을 볼 수 있는데, 이 곱이 서로 다른 원소가 아닐 수 있다. 즉, $h \neq h'$이고 $k \neq k'$이지만 $hk = h'k'$일 수 있다. 따라서 $|HK|$를 구하려면 이와 같이 $|H||K|$개의 곱에서 중복되는 원소가 얼마나 많은지를 알아야 한다. $H \cap K$의 모든 원소 t에 대해 $hk = (ht)(t^{-1}k)$이므로, 군 HK의 각 원소는 적어도 $|H \cap K|$개의 곱으로 중복되게 표현된다. 그러나 $hk = h'k'$이면 $t = h^{-1}h' = kk'^{-1} \in H \cap K$이므로, $h' = ht$이고 $k' = t^{-1}k$이다. 따라서 HK의 각 원소는 정확히 $|H \cap K|$개의 곱으로 표현된다. 그러므로 $|HK| = \dfrac{|H||K|}{|H \cap K|}$이다. ■

2 라그랑주 정리의 역에 대한 첫 번째 반례는 1799년 파올로 루피니(Paolo Ruffini)가 제시했다.

H와 K가 군 G의 부분군이면 HK는 G의 부분군이라고 추측할 수 있다. 그러나 항상 그렇지는 않다([연습문제 7.6] 참고).

[EX 7.6]과 [EX 7.7]은 [정리 7.2]를 이용해 유한군의 어떤 특정한 조건을 만족하는 부분군이 존재하지 않는 예를 보여준다.

EX 7.6 위수가 75인 군은 위수가 25인 부분군을 최대 하나만 가질 수 있다(23장에서 위수가 75인 모든 군은 위수가 25인 부분군을 하나 갖는다는 것을 보인다). 위수가 75인 모든 군은 위수가 25인 부분군을 2개 가질 수 없음을 확인하기 위해 두 부분군 H와 K가 존재한다고 가정하자. $|H \cap K|$는 $|H| = 25$를 나누므로 만약 $|H \cap K| = 1$ 또는 5이면 $|HK| = \dfrac{|H||K|}{|H \cap K|} = \dfrac{25 \cdot 25}{|H \cap K|} = 625$ 또는 125이다. 따라서 $|H \cap K| = 25$이므로 $H = K$이다.

EX 7.7 위수가 42인 가환군 G는 위수가 6인 부분군을 최대 하나만 가질 수 있다(11장에서 위수가 42인 모든 가환군이 순환군임을 보인다). 이를 확인하기 위해 H와 K가 위수가 6인 서로 다른 두 부분군이라고 가정하자. 그러면 $|H \cap K| = 1$ 또는 2 또는 3이고, [EX 3.7]에 의해 HK는 위수가 $|HK| = \dfrac{36}{|H \cap K|} = 36$ 또는 18 또는 12인 G의 부분군이다. 그러나 이 위수들 중 어느 것도 42를 나누지 않는다. 이는 라그랑주 정리에 모순이다.

정리 7.3 위수가 $2p$인 군의 분류

2보다 큰 소수 p에 대해 위수가 $2p$인 군 G는 $\mathbb{Z}_{2p}$ 또는 D_p와 동형이다.

증명

군 G에 위수가 $2p$인 원소가 존재하지 않는다고 가정하고 $G \approx D_p$임을 보이자. 먼저 군 G가 위수 p인 원소를 가짐을 보이는 것으로 시작한다. 가정과 라그랑주 정리에 따르면 G의 항등원이 아닌 임의의 원소는 위수가 2 또는 p여야 한다. 따라서 군 G가 위수 p인 원소를 갖는다는 주장을 검증하기 위해 G의 항등원이 아닌 모든 원소의 위수가 2라고 가정하자. 이 경우 군의 모든 원소 a, b에 대해 $ab = (ab)^{-1} = b^{-1}a^{-1} = ba$이므로 G는 가환군이다. 서로 다른 원소 a, $b \in G$에 대해 집합 $\{e, a, b, ab\}$는 닫혀있으므로 이는 위수가 4인 G의 부분군이다. 이 결과는 라그랑주 정리에 모순이므로 G는 위수가 p인 원소를 갖는다. 그 원소를 a라 하자.

이제 b를 $\langle a \rangle$에 속하지 않는 임의의 원소라고 하자. 라그랑주 정리와 G에 위수가 $2p$인 원소가 존재하지 않는다는 가정에 따라 $|b|=2$ 또는 p이다. 이때 $|\langle a \rangle \cap \langle b \rangle|$는 $|\langle a \rangle|=p$의 약수이고 $\langle a \rangle \neq \langle b \rangle$이므로 $|\langle a \rangle \cap \langle b \rangle|=1$이다. 만약 $|b|=2$가 아니면 [정리 7.2]에 의해 $|\langle a \rangle\langle b \rangle| = |\langle a \rangle||\langle b \rangle|=p^2>2p=|G|$이므로 모순이다. 따라서 $|b|=2$이다. 즉, $\langle a \rangle$에 속하지 않는 G의 임의의 원소의 위수는 2이다.

이 시점에서 $G=\langle a \rangle \cup \langle a \rangle b=\{e, a, a^2, \cdots, a^{p-1}, b, ab, a^2b, \cdots, a^{p-1}b\}$임을 알 수 있다. 증명을 완료하기 위해 G에 대한 케일리 표를 구성하는 방법이 하나뿐임을 보여야 한다(만약 위수가 $2p$이고 동형이 아닌 두 비순환군이 존재하면 그들의 케일리 표는 서로 다를 것이다). $ab \not\in \langle a \rangle$이므로 $|ab|=2$이다. 따라서 $abab=e$이므로 $bab=a^{-1}$이다. $b^2=e$라는 사실을 이용하면 $a^{-j}=(a^{-1})^j=(bab)^j$이다. G의 케일리 표에는 다음과 같은 세 종류의 곱이 있다.

$$a^ia^j=a^{i+j},\quad a^i(a^jb)=a^{i+j}b,\quad (a^ib)(a^jb)=a^i(ba^j)b=a^i(a^{-j}b)b=a^{i-j}$$

위 연산은 $p>2$가 소수일 때, 위수가 $2p$인 군 G의 케일리 표는 G가 위수 $2p$인 원소를 갖는 경우와 갖지 않는 경우의 두 가지 조건에 의해 유일하게 결정됨을 보여준다. ■

앞의 따름정리에 의해 비가환군 S_3, 3차 대칭군, $GL(2, \mathbb{Z}_2)$, 행렬식이 0이 아니며 성분이 $\mathbb{Z}_2$의 원소인 2×2 행렬 집합의 군([EX 2.19]와 [연습문제 2.47] 참고)은 모두 D_3과 동형이다.

7.3 치환군에 대한 잉여류의 적용

라그랑주 정리와 그 따름정리들은 잉여류 개념의 유용성을 극적으로 보여준다. 다음으로 치환군에 대한 잉여류의 적용을 생각해보자.

정의 한 점의 안정자

G를 집합 S의 치환군이라 하자. 집합 S의 각 원소 i에 대해 $\mathrm{stab}_G(i)=\{\phi \in G \mid \phi(i)=i\}$라 하자. $\mathrm{stab}_G(i)$를 G에 대한 원소 i의 **안정자**(stabilizer)라고 한다.

$\mathrm{stab}_G(i)$가 G의 부분군임을 직접 증명해보자([연습문제 5.43] 참고).

정의 한 점의 궤도

G를 집합 S의 치환군이라 하자. 집합 S의 각 원소 i에 대해 $\mathrm{orb}_G(i)=\{\phi(i)\mid\phi\in G\}$라 하자. 집합 $\mathrm{orb}_G(i)$는 S의 부분집합이며, G에 대한 원소 i의 **궤도**(orbit)라고 한다. $\mathrm{orb}_G(i)$의 원소 개수를 $|\mathrm{orb}_G(i)|$로 표기한다.

EX 7.8 S_8의 부분군 $G=\{(1), (132)(465)(78), (132)(465), (123)(456), (123)(456)(78), (78)\}$에 대해 다음이 성립한다.

$$\mathrm{orb}_G(1)=\{1, 3, 2\},\ \mathrm{stab}_G(1)=\{(1), (78)\}$$
$$\mathrm{orb}_G(2)=\{2, 1, 3\},\ \mathrm{stab}_G(2)=\{(1), (78)\}$$
$$\mathrm{orb}_G(4)=\{4, 6, 5\},\ \mathrm{stab}_G(4)=\{(1), (78)\}$$
$$\mathrm{orb}_G(7)=\{7, 8\},\ \mathrm{stab}_G(7)=\{(1), (132)(465), (123)(456)\}$$

EX 7.9 D_4를 정사각형의 치환군으로 보자. [그림 7.1(a)]는 D_4에 대한 점 p의 궤도를 나타내고, [그림 7.1(b)]는 D_4에 대한 점 q의 궤도를 나타낸다. $\mathrm{stab}_{D_4}(p)=\{R_0, D\}$이고 $\mathrm{stab}_{D_4}(q)=\{R_0\}$임을 관찰하라.

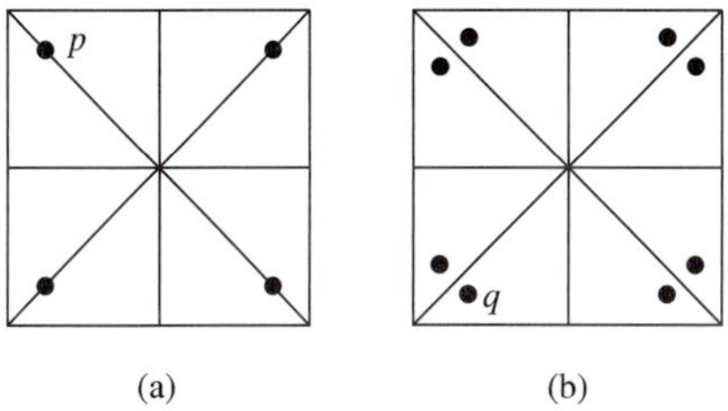

[그림 7.1] 한 점의 궤도

앞의 두 예 [EX 7.8]과 [EX 7.9]는 다음 정리를 설명한다.

정리 7.4 궤도-안정자 정리(orbit-stabilizer theorem)

G를 집합 S의 유한치환군이라 하자. 집합 S의 임의의 원소 i에 대해 다음이 성립한다.

$$|G|=|\mathrm{orb}_G(i)|\,|\mathrm{stab}_G(i)|$$

증명

라그랑주 정리에 의해 $|G|/|\mathrm{stab}_G(i)|$는 G에서 $\mathrm{stab}_G(i)$의 서로 다른 좌잉여류 개수이다. 따라서 $\mathrm{stab}_G(i)$의 좌잉여류 집합과 $\mathrm{orb}_G(i)$ 사이의 전단사함수가 존재함을 보이면 된다. 이를 보이기 위해 $\phi\mathrm{stab}_G(i)$를 $\phi(i)$로 보내는 대응 T를 정의하자. T가 잘 정의된 함수임을 보이기 위해 $\alpha\mathrm{stab}_G(i)=\beta\mathrm{stab}_G(i)$이면 $\alpha(i)=\beta(i)$임을 보여야 한다. $\alpha\mathrm{stab}_G(i)=\beta\mathrm{stab}_G(i)$는 $\alpha^{-1}\beta\in\mathrm{stab}_G(i)$를 의미하므로 $(\alpha^{-1}\beta)(i)=i$이고, 따라서 $\beta(i)=\alpha(i)$이다. 지금까지 보인 과정을 거꾸로 따라가면 T가 단사함수라는 것도 알 수 있다. 이제 T가 $\mathrm{orb}_G(i)$로의 전사함수임을 보이자. $j\in\mathrm{orb}_G(i)$라 하면 적당한 $\alpha\in G$에 대해 $\alpha(i)=j$이고, 명확하게 $T(\alpha\mathrm{stab}_G(i))=\alpha(i)=j$이므로 T는 전사함수이다. ■

군에 대한 집합 S의 원소의 궤도들이 집합 S를 분할한다는 중요한 사실의 증명은 [연습문제 7.67]로 남긴다.

궤도-안정자 정리는 치환군에 대해서만 적용되므로 그 가치가 제한적이라 생각할 수 있지만, 케일리 정리(정리 6.5)에 의해 모든 군이 치환군과 동형이라는 사실을 염두에 두자.

7.4 정육면체와 축구공의 회전이동군

[정리 7.4]와 라그랑주 정리(정리 7.1)가 셈법을 이용하는 정리라는 점은 아무리 강조해도 지나치지 않다.[3] 두 정리를 통해 다양한 집합의 원소 개수를 구할 수 있다. [정리 7.4]가 어떻게 작용하는지 보기 위해 정육면체와 축구공의 회전이동군의 위수를 구할 것이다. 즉 정육면체나 축구공을 공간의 특정 위치에 놓고, 물리적으로 회전한 후에도 여전히 원래 위치에 계속 놓이게 하는 본질적으로 다른 모든 방법의 수를 찾고자 한다.

EX 7.10 G를 정육면체의 회전이동군이라 하자. 정육면체의 6개 면에 각각 1부터 6까지 숫자를 표기한다. 정육면체의 모든 회전이동은 정육면체의 각 면을 정확히 다른 면으로 이동하고, 서로 다른 회전이동은 6개 면으로 이루어진 집합의 서로 다른 치환을 유도하므로 G는 집합 $\{1, 2, 3, 4, 5, 6\}$의 치환군으로 볼 수 있다. 자명하게도 1을 임의의 다른 면으로 이동시키며 중심을 지나는 수평축 또는 수직축에 대한 회전이동이 존재하므로 $|\mathrm{orb}_G(1)|=6$이다.

3 세지 않는 사람은 고려하지 않을 것이다(아나톨 프랑스(Anatole France)).

다음으로 $\mathrm{stab}_G(1)$을 생각해보자. $\mathrm{stab}_G(1)$은 숫자 1이 표기된 면을 이동하지 않고 그대로 두는 정육면체의 모든 회전이동을 찾으면 된다. 이러한 회전이동은 면의 중심을 지나는 면에 수직인 직선에 대한 0°, 90°, 180°, 270°의 네 가지 회전이동이 전부이다([그림 7.2] 참고). 따라서 [정리 7.4]에 의해 $|G| = |\mathrm{orb}_G(i)||\mathrm{stab}_G(i)| = 6 \cdot 4 = 24$이다.

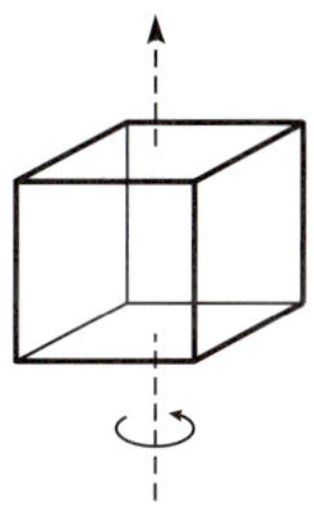

[그림 7.2] 정육면체의 회전축

정육면체의 회전이동 개수를 알았으므로, 정육면체의 회전이동군의 실제 구조를 간단히 결정할 수 있다. S_4는 4차 대칭군임을 기억하자.

> **정리 7.5 정육면체의 회전이동군**
> 정육면체의 회전이동군은 S_4와 동형이다.

증명

정육면체의 회전이동군은 S_4와 위수가 같으므로, 회전이동군이 S_4의 부분군과 동형임을 증명하면 충분하다. 이를 보이기 위해 정육면체에 4개의 대각선이 존재하고, 회전이동군이 4개의 대각선으로 이루어진 집합의 치환군을 유도함을 보이자. 이때 서로 다른 회전이동이 서로 다른 치환으로 대응한다고 가정하지 않도록 주의한다. 이 내용이 사실임을 확인하려면 4개의 대각선의 24개 치환 모두가 회전이동에 의해 결정됨을 보여야 한다. 인접하는 4개의 대각선에 순서대로 숫자 1, 2, 3, 4를 표기하면 치환 $\alpha = (1234)$를 만드는 90° 회전이동이 분명히 존재한다. 이 회전이동의 회전축에 수직인 축을 중심으로 한 또 다른 90° 회전이동은 치환 $\beta = (1423)$을 만든다. [그림 7.3]을 참고하자. 따라서 회전이동에 의해 유도된 치환군에는 원소가 8개인 부분군 $\{\epsilon, \alpha, \alpha^2, \alpha^3, \beta^2, \beta^2\alpha, \beta^2\alpha^2, \beta^2\alpha^3\}$([연습문제 7.77] 참고)과 위수가 3인 원소 $\alpha\beta$가 포함된다. 분명히 회전이동군의 위수는 8과 3의 공배수이므로, 회전이동은 24개 치환을 모두 만든다.

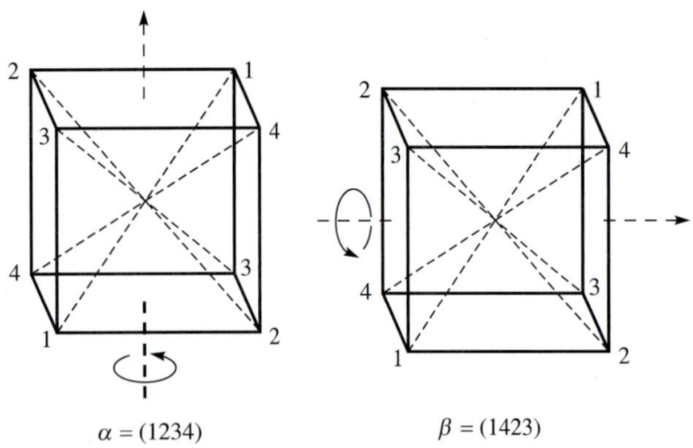

[그림 7.3] 정육면체의 회전이동

EX 7.11 전통적인 축구공은 20개의 정육각형 면과 12개의 정오각형 면으로 이루어져 있다(이 입체의 기술적 용어는 **깎은 정이십면체**(truncated icosahedron)이다). [정리 7.4]를 이용해 축구공의 회전대칭이동의 개수를 결정하기 위해 집합 S를 20개의 정육각형 또는 12개의 정오각형으로 선택할 수 있다. 정오각형 12개의 집합을 S라고 하자. 정오각형은 어떤 회전이동에 의해 다른 정오각형으로 이동할 수 있으므로, 임의의 정오각형의 궤도는 S이다. 또한 특정한 정오각형을 고정하는(이동시키지 않는) 회전이동이 5개 존재한다. 따라서 궤도-안정자 정리에 의해 $12 \cdot 5 = 60$개의 회전대칭이동이 존재한다(축구공의 회전이동군은 A_5와 동형이다).

1985년 화학자 로버트 컬(Robert Curl), 리처드 스몰리(Richard Smalley), 해럴드 크로토(Harold Kroto)는 레이저 빔을 이용해 흑연을 증발시켜 새로운 형태의 탄소를 만들어 과학계를 들썩이게 했다. 새로운 분자의 구조는 축구공 모양으로 배열된 60개의 탄소 원자로 이루어졌다. 새로운 분자의 형태가 건축가 R. 버크민스터 풀러(R. Buckminster Fuller)가 디자인한 돔 구조를 연상시켰기 때문에 세 화학자 컬, 스몰리, 크로토는 그들이 발견한 새로운 분자의 이름을 버키볼(buckyballs)이라고 명명했다. 버키볼은 지금까지 알려진 분자들 중 가장 둥글고 가장 대칭적인 거대한 분자이다. 분자의 흡수 스펙트럼은 대칭성에 결정되고, 화학자들은 대칭성에 따라 다양한 분자 상태를 분류하므로 군 이론은 버키볼의 특성을 파악하는 데 특히 유용하게 쓰였다. 버키볼의 발견은 탄소 화학 분야의 혁명에 박차를 가했다. 1996년 버키볼을 발견한 공로로 컬, 스몰리, 크로토는 노벨화학상을 받았다.

2012년에 한 연구에서는 버키볼 모양의 탄소 분자가 거의 100년 동안 천문학자들을 난처하게 했던 은하수 전역의 빛에서 볼 수 있는 신비한 밴드의 원인일 수 있으며, 이러한 분자는 우주 전체에서 흔하다고 보고했다.

7.5 루빅스 큐브에 대한 잉여류의 적용

2010년에 35 CPU-년(CPU-years)의 컴퓨터 계산을 통해 모든 루빅스 큐브를 많아야 20번의 이동으로 풀 수 있다는 것이 증명되었다. 이 내용은 5장에서 이미 언급했다. 이를 수행하기 위해 몰리 데이비슨(Morley Davidson), 존 데스리지(John Dethridge), 허버트 코쳄바(Herbert Kociemba), 토마스 로키키(Tomas Rokicki)로 구성된 연구팀은 코쳄바의 초기 작업을 기반으로 한 로키키의 프로그램을 적용하여 위수가 $\frac{8!\cdot 8!\cdot 4!}{2}=19,508,428,800$인 부분군 H의 잉여류의 원소를 통해 잉여류의 원소에 대응하는 위치에 있는 각 큐브를 20번의 이동 안에 풀 수 있는지 확인했다. 로키키의 프로그램이 작용하지 않는 드문 경우에는 다른 방법을 사용했다. 대칭을 이용하여 테스트를 위한 약 20억 개의 H의 잉여류를 약 5,600만 개의 잉여류로 줄일 수 있었다. 잉여류는 로키키의 프로그램이 약 20초 만에 동일한 잉여류에서 195억 개 이상의 원소를 처리하는 데 중요한 역할을 했다.

7장 연습문제

> 마지(Marge), 나는 모르겠어. 시도는 실패를 향한 첫걸음이야.
>
> **호머 심슨(Homer Simpson)**

7.1 $H=\{0, \pm 3, \pm 6, \pm 9, \cdots\}$라 하자. $\mathbb{Z}$에서 H의 모든 좌잉여류를 구하라. n을 양의 정수라 하고 $H=\{0, \pm n, \pm 2n, \pm 3n, \cdots\}$이라 하자. $\mathbb{Z}$에서 H의 모든 좌잉여류를 구하라. 좌잉여류가 몇 개 존재하는가?

7.2 [보조정리 7.1]의 성질 (6)에 주어진 $a^{-1}b\in H$를 덧셈 기호로 나타내라. 이때 군은 가환군이라고 가정하자.

7.3 $H = \{0, \pm 3, \pm 6, \pm 9, \cdots\}$라 하자. [연습문제 7.2]를 이용해 다음과 같은 H의 잉여류가 서로 같은지, 그렇지 않은지를 각각 판단하라.

(a) $11 + H$와 $17 + H$

(b) $-1 + H$와 $5 + H$

(c) $7 + H$와 $23 + H$

7.4 $U(30)$에서 $\{1, 11\}$의 좌잉여류를 모두 구하라.

7.5 군의 원소 a가 $|a| = 30$이라 하자. $\langle a \rangle$에서 $\langle a^5 \rangle$의 좌잉여류 개수를 구하고 직접 나열하라. $\langle a \rangle$에서 $\langle a^4 \rangle$에 대해서도 같은 작업을 수행하라.

7.6 군 G의 부분군 H, K에 대해 $HK = \{hk \mid h \in H, k \in K\}$가 G의 부분군이 되지 않는 예를 제시하라.

7.7 H가 $\mathbb{Z}$의 부분군이고 $\langle 3 \rangle \subseteq H \subseteq \mathbb{Z}$이면 $H = \langle 3 \rangle$ 또는 $H = \mathbb{Z}$임을 증명하라.

7.8 a, b가 군 G의 원소이고 H, K가 G의 부분군이라 하자. $aH = bK$이면 $H = K$임을 증명하라.

7.9 H, K가 G의 부분군이고 g가 G의 원소라 하자. $g(H \cap K) = gH \cap gK$임을 보여라.

7.10 G를 위수가 155인 군이라 하고 a, b를 위수가 서로 다른 항등원이 아닌 원소라 하자. a, b를 포함하는 G의 유일한 부분군은 G 자신임을 증명하라.

7.11 H를 곱셈에 대해 0이 아닌 실수 집합의 군 $\mathbb{R}^*$의 부분군이라 하자. $\mathbb{R}^+ \subseteq H \subseteq \mathbb{R}^*$일 때, $H = \mathbb{R}^+$ 또는 $H = \mathbb{R}^*$임을 증명하라.

7.12 $\mathbb{C}^*$를 곱셈에 대해 0이 아닌 복소수 집합의 군이라 하고 $H = \{a + bi \in \mathbb{C}^* \mid a^2 + b^2 = 1\}$이라 하자. 잉여류 $(3 + 4i)H$에 대해 기하학적으로 설명하라. 또 잉여류 $(c + di)H$에 대해 기하학적으로 설명하라.

7.13 위수가 60인 군 G의 부분군의 위수로 가능한 값을 구하라.

7.14 K가 H의 진부분군이고 H가 G의 진부분군이라고 하자. $|K| = 42$이고 $|G| = 420$일 때, H의 위수로 가능한 값을 구하라.

7.15 군 G가 $|G| = pq$(p, q는 소수)라고 하자. G의 모든 진부분군이 순환군임을 증명하라.

7.16 1보다 큰 임의의 정수 n에 대해 $\phi(n)$이 n보다 작고 n과 서로소인 양의 정수의 개수였음을 상기하자. a가 n과 서로소인 정수이면 $a^{\phi(n)} \bmod n = 1$임을 증명하라.

7.17 $5^{15} \bmod 7$과 $7^{13} \bmod 11$을 계산하라.

7.18 라그랑주 정리(정리 7.1)의 [따름정리 2]를 이용해 $n > 2$인 경우에 $U(n)$의 위수가 짝수임을 증명하라.

7.19 G가 위수가 n인 유한군이고 m, n이 서로소라고 하자. $g \in G$이고 $g^m = e$이면 $g = e$임을 증명하라.

7.20 H, K가 군 G의 부분군이라 하자. $|H| = 12$이고 $|K| = 35$일 때 $|H \cap K|$의 값을 구하고, 이 결과를 일반화하라.

7.21 정수 $n \geq 3$에 대해 D_n이 위수가 4인 부분군을 가질 필요충분조건은 n이 짝수인 것임을 증명하라.

7.22 H, K를 가환군의 부분군이라고 하자. $|H| = 12$이고 $|K| = 18$일 때, $H \cap K$가 순환군임을 증명하라. $|H \cap K|$가 $2p$(p는 소수)의 약수인 경우로 이 증명을 일반화할 수 있는가?

7.23 G를 원소의 개수가 홀수인 가환군이라고 하자. G의 모든 원소의 곱이 항등원임을 보여라.

7.24 위수가 4인 모든 군은 가환군임을 증명하라.

7.25 G를 위수가 25인 군이라고 하자. G가 순환군이거나 G의 모든 원소 a에 대해 $a^5 = e$임을 증명하라. 그리고 이 결과를 위수가 p^n(p는 소수)인 군으로 일반화하라.

7.26 위수가 99인 군에서 위수가 11인 원소가 최대 몇 개 존재하는가?

7.27 $|G| = 33$일 때, G의 원소들의 위수로 가능한 값은 무엇인가? G가 위수 3인 원소를 가져야 함을 보여라.

7.28 G가 $|G| = 8$인 비순환군이라고 하자. G에 위수가 4인 원소가 존재함을 증명하라.

7.29 위수가 55인 군은 위수가 5인 부분군을 정확히 1개 또는 11개 가짐을 증명하라.

7.30 위수가 105인 군 G가 105의 각 약수를 위수로 갖는 부분군을 정확히 하나 갖는다고 하자. G가 순환군임을 증명하라.

7.31 [연습문제 4.87]을 이용해 다음과 같은 유한 순환군의 기본정리의 역을 증명하라.

> 위수가 n인 유한군 G가 n의 각 양의 약수 d에 대해, d를 위수로 갖는 부분군을 정확히 하나 가지면 G는 순환군이다.

7.32 군 G의 위수가 $2p$(p는 홀수인 소수)라고 하자. 위수가 2인 원소의 개수를 구하라.

7.33 군 G의 위수가 $|G|=2m$(m은 홀수)이라 하자. G가 위수 m인 부분군을 기껏해야 하나 가짐을 증명하라.

7.34 곱셈에 대해 0이 아닌 복소수 집합의 군 $\mathbb{C}^*$의 모든 유한부분군을 구하라.

7.35 H, K를 유한군 G의 부분군이라 하고 $H \subseteq K \subseteq G$라 하자. $|G:H|=|G:K||K:H|$임을 증명하라.

7.36 유한군 G가 $K \subseteq H \subseteq G$이고 $[G:K]=p$(p는 소수)인 부분군 H, K를 가질 때, $H=G$ 또는 $H=K$임을 증명하라.

7.37 $\mathbb{Z}_{12}$와 동형인 부분군과 $\mathbb{Z}_{20}$과 동형인 부분군을 포함하는 가장 작은 위수의 정이면체군의 예를 제시하라. 증명할 필요는 없지만 추론 과정을 설명하라.

7.38 G를 $|G|=21$인 군이라 하자. $g \in G$이고 $g^{14}=e$일 때, $|g|$로 가능한 값을 구하라.

7.39 유한 가환군 G에 위수가 3인 원소가 3개 이상 존재한다고 하자. 9가 $|G|$의 약수임을 증명하라.

7.40 G가 유한군이면 $Z(G)$의 지표는 소수일 수 없음을 증명하라.

7.41 p가 소수이고 n이 양의 정수라 하자. 모든 $a \in \mathbb{Z}_p$에 대해 $a^{p^n}=a$임을 증명하라.

7.42 위수가 63인 군에 위수가 3인 원소가 존재함을 증명하라.

7.43 G를 위수가 25인 부분군 H를 갖는 위수가 100인 군이라고 하자. 위수가 5인 G의 모든 원소가 H의 원소임을 증명하라.

7.44 G를 위수가 n인 군이라 하고 k를 n과 서로소인 정수라 하자. $g \to g^k$으로 주어진 G에서 G로의 사상이 단사함수임을 보여라. 이때 G가 가환군이면 $g \to g^k$으로 주어진 사상이 G의 자기동형사상임을 보여라.

7.45 G를 유한군이라 하고, d를 G의 모든 원소 x에 대해 $x^d = e$가 되는 가장 작은 양의 정수라고 하자. d가 $|G|$의 약수임을 증명하라.

7.46 위수가 홀수인 D_n의 모든 부분군이 순환군임을 증명하라.

7.47 유한 가환군에서 위수가 2인 원소의 개수가 $2^n - 1$ 형태임을 증명하라.

7.48 위수가 15인 가환군이 순환군임을 증명하라.

7.49 위수가 소수인 군 G의 각 원소 a에 대해 방정식 $x^2 = a$가 유일한 해를 가짐을 보여라.

7.50 위수가 20인 가환군이 위수가 5인 원소를 가짐을 증명하라. 이를 위수가 $4p^n$(p는 소수)인 모든 가환군이 위수 p인 부분군을 갖는다는 증명으로 일반화할 수 있는가?

7.51 p가 소수이고 $n < p^m$이라 하자. 위수가 np^m인 군이 위수가 p^m인 부분군을 최대 하나 가짐을 증명하라.

7.52 p, q가 소수이고 $p > q^n$일 때, 위수가 pq^n인 군 G가 위수 q인 원소를 가짐을 증명하라.

7.53 위수가 21인 군이 위수가 3인 부분군을 정확히 하나 갖는다고 할 때, G가 순환군임을 증명하라. 이 증명을 p, q가 소수이고 $p < q$일 때, 위수가 pq인 군이 위수가 q인 부분군을 유일하게 갖는다는 명제로 일반화하라.

7.54 G를 2개 이상의 원소를 갖는 유한군이라 하고, H를 G의 자명하지 않은 모든 부분군들의 교집합이라고 하자. $|H|$에 대해 무엇을 말할 수 있는가?

7.55 위수가 5인 부분군을 2개 이상 갖는 군의 위수는 적어도 25 이상이어야 함을 증명하라.

7.56 a가 위수가 유한인 군 G의 원소이고 ϕ_a가 원소 a에 의해 유도되는 G의 내부자기동형사상이면(즉, G의 모든 x에 대해 $\phi_a(x) = axa^{-1}$이면) $|\phi_a|$가 $|a|$의 약수임을 증명하라.

7.57 100개 미만의 원소로 이루어진 유한군 G가 위수 10, 25인 부분군을 가질 때, G의 위수를 구하라.

7.58 A_4에 위수가 6인 부분군이 없다는 사실이 $|Z(A_4)| = 1$을 의미하는 이유를 설명하라.

7.59 잉여류의 성질을 이용해 S_n의 임의의 부분군 H에 대해 H의 모든 원소가 우치환이거나, 원소의 정확히 절반이 우치환임을 증명하라([연습문제 5.27] 참고).

7.60 A_5가 위수 12인 부분군을 가짐을 증명하라.

7.61 A_5가 위수 30인 부분군을 갖지 않음을 증명하라.

7.62 A_5가 위수 15 또는 20인 부분군을 갖지 않음을 증명하라.

7.63 S_5가 위수 30인 부분군을 갖지 않음을 증명하라.

7.64 $\alpha \in S_n (n \geq 3)$이고 $\alpha(1) = 3$이라고 하자. $H = \mathrm{stab}(1)$일 때, αH가 1을 3으로 보내는 S_n의 모든 원소의 집합임을 증명하고, 이 결과를 일반화하라.

7.65 A_5가 위수 60인 S_5의 유일한 부분군임을 증명하라.

7.66 S_n이 D_{60}의 부분군과 동형이 되도록 하는 양의 정수 n을 찾으라. 증명할 필요는 없지만 특정한 n이 존재하는지, 그렇지 않는지에 대한 이유를 설명하라.

7.67 G를 집합 S의 치환군이고 하자. S의 원소의 궤도가 S를 분할함을 증명하라.[4]

7.68 군 D_4는 아래 그림과 같이 정사각형 영역의 치환군으로 작용한다(대칭축은 이해를 돕기 위해 참고용으로 그린 것이다). 각 정사각형 영역에서 D_4에 대해 표시된 점의 궤도에 있는 점들을 모두 나타내라. 또 각 경우에 대해 표시된 점들의 안정자를 구하라.

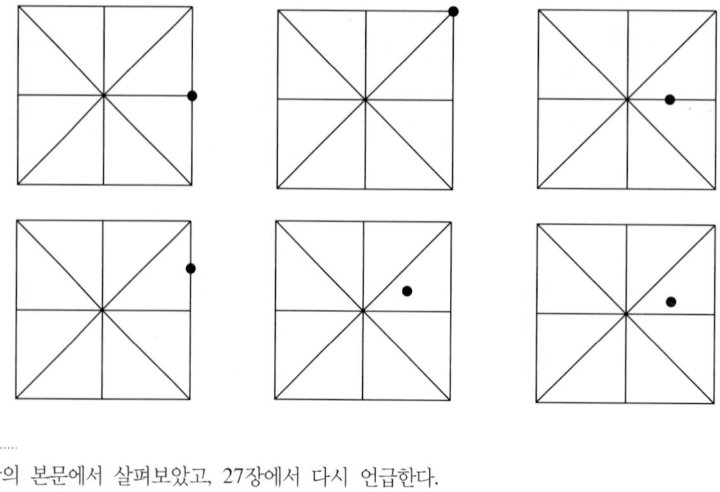

4 이 문제는 이 장의 본문에서 살펴보았고, 27장에서 다시 언급한다.

7.69 $G=\{(1), (12)(34), (1234)(56), (13)(24), (1432)(56), (56)(13), (14)(23), (24)(56)\}$에 대해 다음을 구하라.

(a) 1의 안정자와 1의 궤도

(b) 3의 안정자와 3의 궤도

(c) 5의 안정자와 5의 궤도

7.70 정육면체의 회전이동군이 S_4와 동형이고 S_4가 위수 3인 원소를 8개 갖는다는 점에 주목하면 정육면체의 대칭이동인 $120°$ 회전이동이 8개 존재함을 알 수 있다. 이 8개의 회전이동에 대해 기하학적으로 설명하라.

7.71 $G=GL(2, \mathbb{R})$이고 $H=SL(2, \mathbb{R})$이라 하자. $A \in G$이고 $\det A=2$일 때, AH가 행렬식 2인 G의 모든 2×2 행렬의 집합임을 증명하라.

7.72 G를 평면 위의 점 P에 대한 평면의 회전이동군이라고 하자. G를 평면의 치환군으로 생각할 때, 평면 위의 점 Q의 궤도에 대해 설명하라(이 내용이 '궤도'라는 용어의 유래이다).

7.73 G를 정육면체의 회전이동군이라고 하자. 정육면체의 6개 면에 각각 1부터 6까지 숫자를 표기하고, H를 숫자 1이 표기된 면을 이동하지 않고 그대로 두는 G의 원소들로 이루어진 부분군이라고 하자. σ가 숫자 2가 표기된 면을 숫자 1이 표기된 면으로 이동하는 회전이동일 때, 잉여류 $H\sigma$를 물리적으로 설명하라.

7.74 축구공에는 정육각형 면 20개와 정오각형 면 12개가 있다. [정리 7.4]를 이용해 마주 보는 두 정육각형 면의 중심을 통과하는 직선에 대해 $60°$ 회전대칭이동이 존재할 수 없는 이유를 설명하라.

7.75 행렬식이 0이 아니며 성분이 실수인 2×2 행렬 집합의 군을 $G=GL(2, \mathbb{R})$이라 하고, H를 행렬식이 ± 1인 부분군이라고 하자. $a, b \in G$이고 $aH=bH$일 때, $\det(a)$와 $\det(b)$에 대해 무엇을 말할 수 있는가? 이 명제의 역을 증명하거나 반증하라(행렬식은 $\det(xy)=\det(x)\det(y)$라는 성질을 갖는다).

7.76 다음과 같은 군의 위수를 구하라(이 문제는 [그림 26.5]를 참고한다).

(a) 정사면체(합동인 정삼각형 4개로 이루어진 입체)의 회전이동군

(b) 정팔면체(합동인 정삼각형 8개로 이루어진 입체)의 회전이동군

(c) 정십이면체(합동인 정오각형 12개로 이루어진 입체)의 회전이동군

(d) 정이십면체(합동인 정삼각형 20개로 이루어진 입체)의 회전이동군

7.77 [정리 7.5]의 증명에서 8개의 원소 집합이 군임을 증명하라.

* 이 장을 위한 컴퓨터 연습문제는 http://www.d.umn.edu/~jgallian에서 확인할 수 있다.

조제프 루이 라그랑주(Joseph Louis Lagrange)

라그랑주는 수학·과학 분야에서 우뚝 솟은 피라미드와 같다.

나폴레옹 보나파르트(Napoleon Bonaparte)

World History Archive / Alamy

라그랑주는 1736년 1월 25일 이탈리아의 프랑스 가문에서 태어났다. 그는 뉴턴(Newton)의 미분적분학에 관한 핼리(Halley)의 수필집을 읽고 어린 나이에 수학에 매료되었다. 19세에는 토리노 왕립포병학교의 수학 교수가 되었다. 라그랑주는 정수론, 방정식 이론, 상미분방정식, 편미분방정식, 변분법, 해석기하학, 유체역학, 천체역학 등 수학과 물리학의 많은 분야에 상당한 공헌을 했다. 라디칼에 의한 3차 및 4차 다항방정식을 푸는 그의 해법은 갈루아(Galois)가 고려한 다항식을 푸는 군 이론적 접근법의 토대를 마련했다.

라그랑주는 명확하고 우아한 문체를 가진 매우 신중한 작가였다. 그는 40세에 오일러(Euler)의 뒤를 이어 베를린 아카데미의 책임자로 임명되었다. 이 임명을 제안하면서 프리드리히 대왕은 '유럽에서 가장 위대한 왕'에게는 '유럽에서 가장 위대한 수학자'가 있어야 한다고 선언했다. 1787년에는 루이 16세의 초청을 받아 파리로 가서 왕과 왕비 마리 앙투아네트와 좋은 친구가 되었다. 1793년에는 라플라스(Laplace)와 라부아지에(Lavoisier)가 속해 있던 위원회를 이끌고 새로운 도량형 체계를 고안했다. 그 결과 미터법이 만들어졌다. 말년에는 나폴레옹에 의해 백작으로 임명되었고, 1813년 4월 10일에 사망했다.

8

외직적
External Direct Products

"우주는 대칭군 표현의 거대한 직적이다."

스티븐 와인버그(Steven Weinberg)

"수학의 많은 영역에는 '쌓아 올리는 방법'과 '분해하는 방법'이 있다."

노만 J. 블록(Norman J. Block), *Abstract Algebra with Applications*

8.1 정의와 예

이 장에서는 군을 결합하여 더 큰 군을 만드는 방법을 알아본다. 9장에서는 합성수인 양의 정수를 소인수분해하는 것과 같은 방법으로, 하나의 큰 군을 때로는 더 작은 군들의 곱으로 분해할 수 있음을 보일 것이다. 이러한 방법은 나중에 모든 유한 가환군을 구성하는 간단한 방법을 제공하는 데 사용될 것이다.

정의 외직적

G_1, $G_2, \cdots$, G_n을 유한개의 군들의 모임이라 하자. G_1, $G_2, \cdots$, G_n의 **외직적**(external direct product)은 $G_1 \oplus G_2 \oplus \cdots \oplus G_n$으로 표기하며, i번째 성분은 G_i의 원소이고 연산은 각 성분별로 주어지는 모든 n-쌍의 집합이다.

외직적을 기호로 나타내면 다음과 같다.

$$G_1 \oplus G_2 \oplus \cdots \oplus G_n = \{(g_1, g_2, \cdots , g_n) \mid g_i \in G_i\}$$

이때 $(g_1, g_2, \cdots , g_n)(g_1', g_2', \cdots , g_n')$은 $(g_1 g_1', g_2 g_2', \cdots , g_n g_n')$으로 정의한다. 각각의 곱 $g_i g_i'$은 G_i에서의 연산이다. 각 G_i가 유한군인 경우 $|G_1 \oplus G_2 \oplus \cdots \oplus G_n| = |G_1||G_2| \cdots |G_n|$이다. 군의 외직적 자체가 군임을 보이는 것은 독자에게 남긴다([연습문제 8.1] 참고).

외직적의 구조는 선형대수학이나 물리학을 배운 학생들에게는 새로운 것이 아니다. 실제로 $\mathbb{R}^2 = \mathbb{R} \oplus \mathbb{R}$, $\mathbb{R}^3 = \mathbb{R} \oplus \mathbb{R} \oplus \mathbb{R}$이고, 이때 연산은 성분별 덧셈이다. 물론 스칼라곱 연산도 있지만, 여기서는 군의 구조에만 관심이 있으므로 당분간은 이를 고려하지 않을 것이다.

EX 8.1 $U(8) \oplus U(10) = \{(1, 1), (1, 3), (1, 7), (1, 9), (3, 1), (3, 3), (3, 7), (3, 9), (5, 1), (5, 3), (5, 7), (5, 9), (7, 1), (7, 3), (7, 7), (7, 9)\}$에 대해 $(3, 7)(7, 9) = (5, 3)$이다. 왜냐하면 첫 번째 성분은 법 8에 대한 곱셈으로 계산되며, 두 번째 성분은 법 10에 대한 곱셈으로 계산되기 때문이다.

EX 8.2 $\mathbb{Z}_2 \oplus \mathbb{Z}_3 = \{(0, 0), (0, 1), (0, 2), (1, 0), (1, 1), (1, 2)\}$는 분명히 위수가 6인 가환군이다. 이 군과 우리가 이미 알고 있는 위수가 6인 또 다른 가환군인 $\mathbb{Z}_6$ 사이에 관련이 있을까? $(1, 1)$에 의해 생성되는 $\mathbb{Z}_2 \oplus \mathbb{Z}_3$의 부분군을 생각해보자. 각 성분의 연산은 덧셈이므로 $(1, 1) = (1, 1)$, $2(1, 1) = (0, 2)$, $3(1, 1) = (1, 0)$, $4(1, 1) = (0, 1)$, $5(1, 1) = (1, 2)$, $6(1, 1) = (0, 0)$이다. 따라서 $\mathbb{Z}_2 \oplus \mathbb{Z}_3$은 순환군이다. 그러므로 $\mathbb{Z}_2 \oplus \mathbb{Z}_3$은 $\mathbb{Z}_6$과 동형이다.

[정리 7.3]에서 홀수인 소수 p에 대해 위수가 $2p$인 군을 모두 분류했다. 이제 $\mathbb{Z}_2 \oplus \mathbb{Z}_2$를 정의했으므로, 위수가 4인 군을 쉽게 분류할 수 있다.

EX 8.3 **위수가 4인 군의 분류**

위수가 4인 군은 $\mathbb{Z}_4$ 또는 $\mathbb{Z}_2 \oplus \mathbb{Z}_2$와 동형이다. 이를 확인하기 위해 위수가 4인 임의의 비순환군 G에 대해 G의 케일리 표를 만드는 방법이 단 한 가지임을 보이면 충분하다. 라그랑주 정리에 의해 군 G의 원소의 위수는 1 또는 2이다. a와 b를 G의 항등원이 아닌 서로 다른 원소라고 하면, 소거법칙에 의해 $ab \neq a$, $ab \neq b$이다. 더욱이 $ab \neq e$이다. 그렇지 않으면 $a = b^{-1} = b$이기 때문이다. 따라서 $G = \{e, a, b, ab\}$이다. $ab = (ab)^{-1} = b^{-1}a^{-1} = ba$로부터 케일리 표가 유일하게 결정된다.

[EX 8.2]와 [EX 8.3]을 통해 $\mathbb{Z}_m \oplus \mathbb{Z}_n$이 $\mathbb{Z}_{mn}$과 동형인 경우도 있고 그렇지 않은 경우도 있음을 알 수 있다. [정리 8.2]는 이와 같은 두 군이 동형이 되는 경우에 대한 간단한 성질을 보여준다.

8.2 외직적의 성질

[정리 8.1]은 각 성분의 위수를 이용해 외직적의 원소들의 위수를 간단히 계산하는 방법을 제공한다.

정리 8.1 외직적에서 한 원소의 위수

유한군들의 유한개의 외직적에서 원소의 위수는 각 성분 원소들의 위수의 최소공배수이다. 기호로 나타내면 다음과 같다.

$$|(g_1, g_2, \cdots, g_n)| = \operatorname{lcm}(|g_1|, |g_2|, \cdots, |g_n|)$$

증명

G_i의 항등원을 e_i라 하고, $s = \mathrm{lcm}(|g_1|, |g_2|, \cdots, |g_n|)$이고 $t = |(g_1, g_2, \cdots, g_n)|$이라 하자. s는 각 $|g_i|$의 배수를 의미하므로 $(g_1, g_2, \cdots, g_n)^s = (g_1^s, g_2^s, \cdots, g_n^s) = (e_1, e_2, \cdots, e_n)$이고, $t \le s$이다. 한편, $(g_1^t, g_2^t, \cdots, g_n^t) = (g_1, g_2, \cdots, g_n)^t = (e_1, e_2, \cdots, e_n)$이므로, t는 $|g_1|, |g_2|, \cdots, |g_n|$의 공배수이다. 따라서 $s \le t$이다. ■

다음 세 가지 예는 [정리 8.1]을 적용한 문제이다.

EX 8.4 위수가 100인 군의 예로는 $\mathbb{Z}_{100}$, $\mathbb{Z}_{25} \oplus \mathbb{Z}_2 \oplus \mathbb{Z}_2$, $\mathbb{Z}_5 \oplus \mathbb{Z}_5 \oplus \mathbb{Z}_4$, $\mathbb{Z}_5 \oplus \mathbb{Z}_5 \oplus \mathbb{Z}_2 \oplus \mathbb{Z}_2$, D_{50}, $D_{10} \oplus \mathbb{Z}_5$, $D_5 \oplus \mathbb{Z}_{10}$, $D_5 \oplus D_5$가 있다. 이들이 서로 동형이 아니라는 것은 [정리 8.1]을 통해 쉽게 알 수 있다.

EX 8.5 m과 n이 5로 나누어떨어지는 양의 정수라고 하자. $\mathbb{Z}_m \oplus \mathbb{Z}_n$에서 위수가 5인 원소의 개수를 구해보자. [정리 8.1]에 따르면, $5 = |(a, b)| = \mathrm{lcm}(|a|, |b|)$를 만족하는 $\mathbb{Z}_m \oplus \mathbb{Z}_n$의 원소 (a, b)의 개수를 세어야 한다. 분명히 $|a| = 1$ 또는 5이고 $|b| = 1$ 또는 5이지만 $(a, b) = (0, 0)$은 아니다. $\mathbb{Z}_m$과 $\mathbb{Z}_n$은 각각 위수가 5인 유일한 부분군을 가지므로, a의 값으로 가능한 5개의 성분과 b의 값으로 가능한 5개의 성분이 존재한다. 따라서 $(0, 0)$을 포함하여 (a, b)로 가능한 조합이 25가지 존재한다. 따라서 $\mathbb{Z}_m \oplus \mathbb{Z}_n$에는 위수가 5인 원소가 정확히 24개 존재한다.

동일한 논거에 따라 m과 n이 소수 p로 나누어떨어지는 양의 정수이면 $\mathbb{Z}_m \oplus \mathbb{Z}_n$에 위수 p인 원소가 $p^2 - 1$개 존재함을 알 수 있다.

EX 8.6 $\mathbb{Z}_{150} \oplus \mathbb{Z}_{50}$에서 위수가 10인 순환부분군의 개수를 구해보자. 먼저 위수가 10인 원소의 개수를 세는 것으로 시작한다. $10 = |(a, b)| = \mathrm{lcm}(|a|, |b|)$에 대해 $|a|$와 $|b|$를 1, 2, 5, 10으로 제한해야 한다. 따라서 a는 $\mathbb{Z}_{150}$에서 위수가 10인 유일한 부분군 $\langle 15 \rangle$에 속해야 하고, b는 $\mathbb{Z}_{50}$에서 위수가 10인 유일한 부분군 $\langle 5 \rangle$에 속해야 한다. 따라서 $\mathbb{Z}_{10} \oplus \mathbb{Z}_{10}$과 동형인 $\langle 15 \rangle \oplus \langle 5 \rangle$에 대해 $(a, b) \in \langle 15 \rangle \oplus \langle 5 \rangle$이다. $\mathbb{Z}_{10} \oplus \mathbb{Z}_{10}$의 원소의 위수는 1, 2, 5, 10이므로, 100에서 위수가 1, 2, 5인 원소의 개수를 빼면 위수가 10인 원소의 개수를 구할 수 있다. [EX 8.5]에서 $\mathbb{Z}_{10} \oplus \mathbb{Z}_{10}$에 위수 5인 원소가 24개, 위수 2인 원소가 3개가 존재함을 확인했다. 따라서 $\mathbb{Z}_{150} \oplus \mathbb{Z}_{50}$에서 위수가 10인 원소는 $100 - 24 - 3 - 1 = 72$개 존재한다. 위수가 10인 각 순환

부분군은 위수가 10인 원소를 4개 갖고, 위수가 10인 순환부분군 중 서로 다른 2개는 위수 10인 원소를 공통으로 가질 수 없으므로 위수가 10인 순환부분군은 $72/4 = 18$개 존재해야 한다(이 방법은 양의 수를 결정할 때 다리 수를 세고 4로 나누는 것과 유사하다). [정리 8.1] 없이 이 문제를 푼다면 얼마나 많은 작업이 필요할지 상상해보아라.

EX 8.7 $D_4 \oplus \mathbb{Z}_4$의 위수가 2인 원소의 개수를 구해보자. $|(a, b)| = 2$에 대해 $|a| = 1$ 또는 2이고 $|b| = 1$ 또는 2이지만, 둘의 위수가 모두 1은 아니다. 항등원을 포함하여 계산하면 (a, b)에 대해 a로 가능한 것은 6개, b로 가능한 것은 2개로 총 12개의 가능성이 있다. 따라서 항등원을 제외하면 위수가 2인 원소는 11개 존재한다.

외직적의 표기법은 외직적의 특정한 부분군을 지정하는 데 편리하다.

EX 8.8 m의 약수 r과 n의 약수 s에 대해 군 $\mathbb{Z}_m \oplus \mathbb{Z}_n$은 $\mathbb{Z}_r \oplus \mathbb{Z}_s$와 동형인 부분군을 갖는다([연습문제 8.19] 참고). 예를 들어 $\mathbb{Z}_6 \oplus \mathbb{Z}_4$와 동형인 $\mathbb{Z}_{30} \oplus \mathbb{Z}_{12}$의 부분군을 구해보자. $\langle 5 \rangle$는 $\mathbb{Z}_{30}$의 위수가 6인 부분군이고 $\langle 3 \rangle$은 $\mathbb{Z}_{12}$의 위수가 4인 부분군이므로 $\langle 5 \rangle \oplus \langle 3 \rangle$이 구하고자 하는 부분군임을 알 수 있다.

다음 정리와 [따름정리 1]은 순환군의 직적이 순환군이 되는 조건을 설명한다.

> **정리 8.2 $G \oplus H$의 순환군 판정법**
> 유한 순환군 G, H에 대해 $G \oplus H$가 순환군일 필요충분조건은 $|G|$와 $|H|$가 서로소인 것이다.

증명

$|G| = m$, $|H| = n$이라고 하면 $|G \oplus H| = mn$이다. 먼저 정리의 한 쪽 방향을 증명하기 위해 $G \oplus H$가 순환군이라 가정하고, m과 n이 서로소임을 보이자. $\gcd(m, n) = d$라고 가정하고 (g, h)가 $G \oplus H$의 생성원이라고 하자. $(g, h)^{mn/d} = ((g^m)^{n/d}, (h^n)^{m/d}) = (e, e)$이므로 $mn = |(g, h)| \le \dfrac{mn}{d}$이다. 따라서 $d = 1$이다.

정리의 반대 방향을 증명하기 위해 $G = \langle g \rangle$, $H = \langle h \rangle$이고 $\gcd(m, n) = 1$이라 가정하자. 그러면 $|(g, h)| = \operatorname{lcm}(m, n) = mn = |G \oplus H|$이므로 (g, h)는 $G \oplus H$의 생성원이다. ■

[정리 8.2]의 결과와 수학적 귀납법을 이용하면 다음과 같이 [정리 8.2]를 확장할 수 있다.

따름정리 1 $G_1 \oplus G_2 \oplus \cdots \oplus G_n$의 순환군 판정법

유한개의 유한 순환군의 외직적 $G_1 \oplus G_2 \oplus \cdots \oplus G_n$이 순환군일 필요충분조건은 $i \neq j$일 때 $|G_i|$와 $|G_j|$가 서로소인 것이다.

따름정리 2 $\mathbb{Z}_{n_1 n_2 \cdots n_k} \approx \mathbb{Z}_{n_1} \oplus \mathbb{Z}_{n_2} \oplus \cdots \oplus \mathbb{Z}_{n_k}$의 판정법

$m = n_1 n_2 \cdots n_k$라 하자. $\mathbb{Z}_m$이 $\mathbb{Z}_{n_1} \oplus \mathbb{Z}_{n_2} \oplus \cdots \oplus \mathbb{Z}_{n_k}$와 동형일 필요충분조건은 $i \neq j$일 때 n_i와 n_j가 서로소인 것이다.

위 결과를 반복해서 이용하면 동형인 군을 같은 군으로 볼 때, 동일한 군을 다양한 형태로 표현할 수 있다. 예를 들어 다음과 같다.

$$\mathbb{Z}_2 \oplus \mathbb{Z}_2 \oplus \mathbb{Z}_3 \oplus \mathbb{Z}_5 \approx \mathbb{Z}_2 \oplus \mathbb{Z}_6 \oplus \mathbb{Z}_5 \approx \mathbb{Z}_2 \oplus \mathbb{Z}_{30}$$

마찬가지로 다음과 같다.

$$\mathbb{Z}_2 \oplus \mathbb{Z}_2 \oplus \mathbb{Z}_3 \oplus \mathbb{Z}_5 \approx \mathbb{Z}_2 \oplus \mathbb{Z}_6 \oplus \mathbb{Z}_5 \approx \mathbb{Z}_2 \oplus \mathbb{Z}_3 \oplus \mathbb{Z}_2 \oplus \mathbb{Z}_5 \approx \mathbb{Z}_6 \oplus \mathbb{Z}_{10}$$

즉, $\mathbb{Z}_2 \oplus \mathbb{Z}_{30} \approx \mathbb{Z}_6 \oplus \mathbb{Z}_{10}$이다. 그러나 $\mathbb{Z}_2 \oplus \mathbb{Z}_{30} \not\approx \mathbb{Z}_{60}$임을 알아두자.

8.3 법 n에 대한 단원군의 외직적 표현

U-군은 앞서 살펴본 아이디어를 설명하는 편리한 방법을 제공한다. 먼저 몇 가지 표기법을 소개한다. 양의 정수 n의 진약수 $k > 1$에 대해 $U_k(n)$을 다음과 같이 정의한다.

$$U_k(n) = \{x \in U(n) \mid x \bmod k = 1\}$$

예를 들어 $U_7(105) = \{1, 8, 22, 29, 43, 64, 71, 92\}$이다. $U_k(n)$이 실제로 $U(n)$의 부분군이라는 사실은 쉽게 알 수 있다([연습문제 3.21] 참고).

정리 8.3 $U(n)$의 외직적 표현

서로소인 s, t에 대해 $U(st)$는 $U(s)$와 $U(t)$의 외직적과 동형이다. 즉, 다음과 같다.

$$U(st) \approx U(s) \oplus U(t)$$

더욱이 $U_s(st)$는 $U(t)$와 동형이고, $U_t(st)$와 $U(s)$는 동형이다.

증명

$U(st)$에서 $U(s) \oplus U(t)$로 가는 한 동형사상은 $x \rightarrow (x \bmod s,\ x \bmod t)$이다. 또 $U_s(st)$에서 $U(t)$로 가는 한 동형사상은 $x \rightarrow x \bmod t$이고, $U_t(st)$에서 $U(s)$로 가는 한 동형사상은 $x \rightarrow x \bmod s$이다. 이 사상들이 연산을 보존하는 전단사함수임을 확인하는 것은 독자에게 남긴다([연습문제 0.11], [연습문제 0.19], [연습문제 0.21] 참고). ■

[정리 8.3]의 결과로 다음 따름정리가 성립한다.

따름정리

$m = n_1 n_2 \cdots n_k$이고 $i \neq j$에 대해 $\gcd(n_i, n_j) = 1$일 때, 다음이 성립한다.

$$U(m) \approx U(n_1) \oplus U(n_2) \oplus \cdots \oplus U(n_k)$$

이 결과가 어떻게 작용하는지 확인하기 위해, $U(105)$에 적용해보면 다음이 성립한다.

$$U(105) \approx U(7) \oplus U(15)$$
$$U(105) \approx U(21) \oplus U(5)$$
$$U(105) \approx U(3) \oplus U(5) \oplus U(7)$$

더 나아가 다음이 성립한다.

$$U(7) \approx U_{15}(105) = \{1,\ 16,\ 31,\ 46,\ 61,\ 76\}$$
$$U(15) \approx U_7(105) = \{1,\ 8,\ 22,\ 29,\ 43,\ 64,\ 71,\ 92\}$$
$$U(21) \approx U_5(105) = \{1,\ 11,\ 16,\ 26,\ 31,\ 41,\ 46,\ 61,\ 71,\ 76,\ 86,\ 101\}$$
$$U(5) \approx U_{21}(105) = \{1,\ 22,\ 43,\ 64\}$$
$$U(3) \approx U_{35}(105) = \{1,\ 71\}$$

$|U(20)| = 8$이고 $|U(10) \oplus U(2)| = 4$이므로, [정리 8.3]에서 $\gcd(s, t) = 1$이라는 조건이 필요함을 알 수 있다.

모든 군 중에서 분명히 순환군 $\mathbb{Z}_n$은 구조가 가장 단순하며 계산하기 가장 쉬운 군이다. $\mathbb{Z}_n$ 형태의 군들의 외직적은 구조와 계산이 약간 더 복잡할 뿐이다. 이러한 이유로, 대수학자들은 유한 가환군을 이러한 외직적으로 설명하려고 노력했다. 실제로 모든 유한 가환군을 이러한 외직적으로 표현할 수 있음을 곧 알게 될 것이다. 이 목표를 염두에 두고, U-군에 대해 다시 살펴보자. [정리 8.3]의 [따름정리]와 1801년 카를 프리드리히 가우스(Carl Friedrich Gauss)가 처음 증명한 사실들을 이용하면 다음과 같이 U-군을 순환군들의 외직적으로 나타낼 수 있다.[1]

$$U(2) \approx \{0\},\ U(4) \approx \mathbb{Z}_2,\ U(2^n) \approx \mathbb{Z}_{2^{n-2}} \oplus \mathbb{Z}_2 (n \geq 3)$$

$$\text{홀수인 소수 } p\text{에 대해 } U(p^n) \approx \mathbb{Z}_{p^n - p^{n-1}}$$

이제 임의의 U-군을 순환군의 외직적으로 나타낼 수 있다. 예를 들면 다음과 같다.

$$U(105) = U(3 \cdot 5 \cdot 7) \approx U(3) \oplus U(5) \oplus U(7) \approx \mathbb{Z}_2 \oplus \mathbb{Z}_4 \oplus \mathbb{Z}_6$$

$$U(144) = U(16) \oplus U(9) \approx \mathbb{Z}_4 \oplus \mathbb{Z}_2 \oplus \mathbb{Z}_6$$

군 $U(n)$을 $\mathbb{Z}_m$ 형태인 군들의 외직적으로 표현하면 어떤 이점이 있을까? 우선 $|U(105)| = 2 \cdot 4 \cdot 6 = 48$이고 $U(105)$와 $U(144)$는 동형임을 바로 알 수 있다. 또한 [정리 8.1]에 의해 $U(105)$의 원소들의 위수가 1, 2, 3, 4, 6, 12임을 바로 알 수 있다. 예를 들어 위수가 12인 원소는 정확히 16개 존재한다.

이러한 계산은 더 많은 정보를 알려준다. $\mathrm{Aut}(\mathbb{Z}_{105})$는 $U(105)$와 동형이므로, 위수가 12인 군 $\mathbb{Z}_{105}$의 자기동형사상도 16개 존재한다. 이 정보를 $U(105)$에서 직접 추론하거나 더 생각하기 어려운 $\mathrm{Aut}(\mathbb{Z}_{105})$에서 직접 추론한다고 상상해보자. 이 결과들은 유한 가환군을 순환군들의 직적으로 나타낼 수 있다는 이점을 아름답게 보여준다. 또 $\mathrm{Aut}(\mathbb{Z}_n)$과 $U(n)$에 대한 정리의 가치를 보여준다. 결국 앞에서 살펴본 정리들은 계산에 대한 노동을 줄여주는 장치이다. 이를 직접 확인하고 싶다면 $\mathrm{Aut}(\mathbb{Z}_{105})$가 위수가 12인 원소를 정확히 16개 갖는다는 것을 정의를 통해 증명해보자.

1 1에서 p^n까지의 수 중 p와 서로소인 정수의 개수가 $p^n - p^{n-1} = p^{n-1}(p-1)$개임을 확인하기 위해서는, 1부터 p^n까지 고려할 때 p번째 정수(즉, p의 배수)마다 제외해야 한다는 것을 알아야 한다. 따라서 제외해야 할 정수의 개수는 p^n의 $\frac{1}{p}$인 p^{n-1}이다.

[EX 8.9]는 6장과 8장의 결과를 종합한 재미있는 예이다.

EX 8.9 $|(\mathrm{Aut}(\mathrm{Aut}(\mathrm{Aut}(\mathbb{Z}_{27}))))|$을 구해보자. 결국에는 다음이 성립함을 알 수 있다.

$$\begin{aligned}(\mathrm{Aut}(\mathrm{Aut}(\mathrm{Aut}(\mathbb{Z}_{27})))) &\approx (\mathrm{Aut}(\mathrm{Aut}(U(\mathbb{Z}_{27})))) \approx \mathrm{Aut}(\mathrm{Aut}(\mathbb{Z}_{18})) \\ &\approx \mathrm{Aut}(U(18)) \approx \mathrm{Aut}(\mathbb{Z}_6) \approx U(6) \approx \mathbb{Z}_2\end{aligned}$$

8.4 응용

다섯 가지 응용 주제를 소개하며 이 장을 마무리한다. 세 가지는 암호화 관련 분야(암호문의 송신과 복호화)이고, 한 가지는 유전학 분야이며 나머지 한 가지는 전자회로 분야이다.

데이터 보안

컴퓨터는 두 가지 상태의 전자 요소로 구성되어 있으므로, **이진 문자열**(binary strings)이라고 하는 0과 1로 이루어진 문자열로 정보를 나타내는 것이 자연스럽다. 길이가 n인 이진 문자열은 자연스럽게 괄호와 콤마가 생략된 $\mathbb{Z}_2 \oplus \mathbb{Z}_2 \oplus \cdots \oplus \mathbb{Z}_2$($n$개로 구성)의 원소로 생각할 수 있다. 따라서 이진 문자열 11000110은 $\mathbb{Z}_2 \oplus \mathbb{Z}_2 \oplus \mathbb{Z}_2 \oplus \mathbb{Z}_2 \oplus \mathbb{Z}_2 \oplus \mathbb{Z}_2 \oplus \mathbb{Z}_2 \oplus \mathbb{Z}_2$의 원소 $(1, 1, 0, 0, 0, 1, 1, 0)$에 해당한다.

비슷하게 두 이진 문자열 $a_1a_2 \cdots a_n$과 $b_1b_2 \cdots b_n$의 덧셈은 대응하는 $\mathbb{Z}_2 \oplus \mathbb{Z}_2 \oplus \cdots \oplus \mathbb{Z}_2$의 원소에 대해 법 2에 관한 성분별 덧셈으로 구한다. 예를 들면 다음과 같다.

$$11000111 + 01110110 = 10110001$$
$$10011100 + 10011100 = 00000000$$

두 이진 문자열의 합이 $a_1a_2 \cdots a_n + b_1b_2 \cdots b_n = 00 \cdots 0$일 필요충분조건은 두 이진 문자열이 동일한 것이라는 사실은 전자 상거래를 보호하기 위한 데이터 보안 시스템의 기본이다.

아마존(Amazon) 사이트에서 물건을 구매한다고 가정하자. 거래 중에 해커가 신용카드 번호를 가로챌 위험이 있을까? 예상했겠지만 신용카드 번호는 데이터를 보호하는 방식으로 아마존에 전송된다. 여기서는 웹 보안 체계에서 신용카드 번호를 안전하게 보내는 한 가지 방법을 설명한다. 아마존에서 물건을 주문하면 회사는 임의로 생성된 0과 1로 이루어진 문자열인 **키**(key)를 주문자의 컴퓨터로 보낸다. 이 키의 문자열은 신용카드 번호에 해당하는 이진 문자열과 길이가 같다. 이 두 문자열을 더한다(이 과정을 데이터 '잠금(locking)'으로 생각한다). 두 문자열을 더한 결과는 아마존으로 전송된다. 그런 다음 아마존은 받은 문자열에 동일한 키를 더하여 신용카드 번호에 해당하는 원래 문자열을 생성한다(키를 두 번째로 더하면 데이터가 '잠금 해제(unlocking)'된다).

앞에서 설명한 방법을 이해하기 위해 8자리 이진 문자열 $s = 10101100$을 아마존에 보낸다고 생각해보자(실제 신용카드 번호의 문자열은 매우 길다). 아마존은 키 $k = 00111101$을 주문자의 컴퓨터로 보낸다. 컴퓨터는 문자열 $s + k = 10101100 + 00111101 = 10010001$을 아마존에 반환한다. 그리고 아마존은 이 문자열에 k를 추가하여 신용카드 번호를 나타내는 문자열인 $10010001 + 00111101 = 10101100$을 얻는다. 누군가 전송 중에 숫자 $s + k = 10010001$을 가로채더라도 k를 모르면 값을 알 수 없다. 아마존에서 보낸 키는 무작위로 생성되어 한 번만 사용되므로 이 방법은 안전하다.

공개키 암호화

각 입찰이 모든 사람에게 알려진 이베이(eBay)와 같은 경매와 달리, 입찰식 경매는 각 입찰이 비밀로 유지된다. 입찰식 경매를 실행하기 위해 트위터 계정을 사용한다고 가정하자. 입찰을 게시할 때, 입찰 금액을 계정 소유자만 이해할 수 있게 하려면 어떻게 해야 할까?

1970년대 중반, 로널드 리베스트(Ronald Rivest), 아디 샤미르(Adi Shamir), 레너드 애들먼(Leonard Adleman)은 비밀 메시지를 받은 사람이 자신이 받은 메시지를 뒤섞는 방법을 공개적으로 말할 수 있는 독창적인 방법을 고안했다. 그리고 그 메시지를 뒤섞는 데 사용한 방법이 공개적으로 알려져 있더라도 그 메시지를 수신해야 하는 정해진 사람만이 메시지를 복원시킬 수 있다. 이 방법에 대한 아이디어는 매우 큰 소수(예를 들어, 약 100자리 길이)를 구하고 큰 수를 곱하기 위한 효율적인 방법은 존재하지만, 매우 큰 수(예를 들어, 약 200자리 길이)를 인수분해하는 효율적인 알고리즘을 모른다는 사실에 기반한다. 메시지 수신자는 한 쌍의 큰 소수 p, q를 선택하고 $m = \mathrm{lcm}(p-1, q-1)$에 대해 $1 < e < m$인 정수 e를 선택한다. 이 정수 e를 **암호화 지수**(encryption exponent)라고 한다. e는 m과 서로소이다(이를 만족하는 어떠한 e도 이 방법에 사용될 수 있다). 메시지 수신자는 $n = pq$(이때 n을 키(key)라고 함)를 계산하고, 메시지 M이 공개적으로는 $M^e \bmod n$으로 전송될 것이라고 발표한다. e, n, M^e은 모든 사람에게 공개되지만, n을 pq로 인수분해하는 방법을 아는 사람만이 메시지를 해독할 수 있다.

이 방법의 주요 특징을 알아보기 위해 'YES'라는 메시지를 보내는 간단한 예를 살펴보자. A를 01, B를 02, ⋯ , Z를 26, 공백을 00으로 하면 메시지 YES는 250519가 된다. 주어진 수가 너무 길어지지 않도록 필요하면 공백을 추가하여 4자리 블록으로 나누어 보낸다. 따라서 메시지 YES는 두 블록 2505와 1900으로 표현된다. 메시지를 보낼 사람은 두 소수 p, q를 선택한다. 예를 들어 $p=37$, $q=73$과, $\operatorname{lcm}(p-1, q-1)=72$와 서로소인 수 e를 선택한다. $e=5$를 선택했다고 하자. $n=37 \cdot 73=2701$과 $e=5$를 공개한다. 2505와 1900 대신 '뒤섞인' 수인 $(2505)^5 \bmod 2701$과 $(1900)^5 \bmod 2701$을 보낼 것이고, 수신자는 그 수를 해독한다. 블록 2505에 대해서만 수신자가 해야 할 작업을 알아보자. 웹사이트 planetcalc.com/8326/[2]과 같은 합동 연산 계산기를 이용해 $(2505)^5 \bmod 2701 = 2415$를 구해보자.

따라서 수 2415가 수신자에게 전송된다. 이제 수신자는 이 수를 가져와서 다시 2505로 변환해야 한다. 이를 위해 수신자는 2701의 두 인수 $p=37$, $q=73$를 알고 있으므로, $p-1=36$과 $q-1=72$의 최소공배수를 구하면 72이다(최소공배수를 구하려면 p, q에 대해 알아야 한다). 다음으로 수신자는 $U(72)$에서 $e^{-1}=d$를 구해야 한다. 이를 **복호화 지수**(decryption exponent)라고 한다. 방정식 $5 \cdot d = 1 \bmod 72$를 풀면 $d=29$이다. 웹사이트 https://www.dcode.fr/modularinverse를 참조하거나 구글 검색창을 이용해 $|U(72)|=\phi(9) \cdot \phi(8)=24$의 각 약수 k에 대해 5^k을 계산하자. $k=2$에서 시작하여 $5^k \bmod 72 = 1$을 얻을 때까지 계산하면 $5^6 \bmod 72 = 1$을 얻는다. 이를 이용하면 $U(72)$에서 $5^5 \bmod 72 = 29$가 5^{-1}이다.

그러면 수신자는 수신된 수 2415를 가져와 인코딩된 수인 $(2415)^{29} \bmod 2701 = 2505$를 계산한다. 따라서 수신자는 'YE'에 대한 코드를 정확하게 복호화했다. 한편, pq가 어떻게 인수분해되는지 모르면 복호화 지수 d를 구하는 데 필요한 합동 연산에 대한 정보(이 경우 72)를 구할 수 없다.

앞에서 설명한 방법은 발견한 리베스트(Rivest), 샤미르(Shamir), 애들먼(Adleman)의 이름을 따서 **RSA 공개키 암호화 체계**(RSA public key encryption scheme)라고 한다. 이 암호화 체계는 브라우저, 전자메일 프로그램, 원격 로그인 세션, 전자금융거래 등과 웹 서버를 연결할 때 광범위하게 사용된다. 알고리즘을 요약하면 다음과 같다.

■ **수신자**

(1) 매우 큰 소수 p, q를 선택하고 $n=pq$를 계산한다.

(2) $p-1$과 $q-1$의 최소공배수를 계산하고, 이를 m이라고 한다.

---

2 수가 너무 크지 않다면 구글 검색창에서 합동 연산을 수행한다. 예를 들어 검색창에 2502^2mod2701을 입력하면 602가 나온다. 그러나 2505^5이 너무 커서 2502^5mod2701을 입력해도 값이 나오지 않는다. 대신 구글을 이용해 2502^2mod2701과 2502^3mod2701(입력하면 852가 나옴)과 같이 더 작은 지수에 대해 계산한 다음 $(852 \times 602) \bmod 2701$을 입력할 수 있다.

(3) m과 서로소인 수 e를 선택한다.

(4) $ed \bmod m = 1$을 만족하는 수 d를 찾는다.

(5) n과 e를 공개한다.

■ **송신자**

(1) 메시지를 숫자열로 변환한다.

(2) 메시지를 같은 크기의 숫자 블록으로 나누어 M_1, $M_2, \cdots$, M_k라고 한다(각 M_i는 n보다 작아야 한다. 실제로는 n이 너무 커서 문제가 되지 않는다).

(3) 각 M_i와 n의 최대공약수가 1인지 확인한다. 만약 1이 아니면 n이 인수분해될 수 있으므로 코드가 손상된다(실제로는 소수 p, q가 너무 커서 모든 M_i보다 크기 때문에 이 단계는 생략할 수 있다).

(4) $R_i = M_i^e \bmod n$을 계산하여 전송한다.

■ **수신자**

(1) 수신한 각 메시지 R_i에 대해 $R_i^d \bmod n$을 계산한다.

(2) 숫자열을 문자열로 변환한다.

이 방법이 성립하는 이유는 무엇일까? $U(n) \approx U(p) \oplus U(q) \approx \mathbb{Z}_{p-1} \oplus \mathbb{Z}_{q-1}$임을 이미 알고 있다. 따라서 $U(n)$의 x^m 형태 원소는 동형사상에 의해 $\mathbb{Z}_{p-1} \oplus \mathbb{Z}_{q-1}$의 $(mx_1,\ mx_2)$ 형태 원소 중 하나로 대응한다. 이때 m은 $p-1$과 $q-1$의 최소공배수이므로, 어떤 정수 s, t에 대해 $m = s(p-1)$, $m = t(q-1)$로 나타낼 수 있다. 그러면 $\mathbb{Z}_{p-1} \oplus \mathbb{Z}_{q-1}$에서 $(mx_1,\ mx_2) = (s(p-1)x_1,\ t(q-1)x_2) = (0,\ 0)$이므로, $U(n)$의 모든 원소 x에 대해 $x^m = 1$이다. 따라서 각 메시지 M_i는 $U(n)$의 원소이고, e는 어떤 k에 대해 $ed = 1 + km$을 만족하도록 선택되었으므로 법 n에 대해 다음과 같다.

$$R_i^d = (M_i^e)^d = M_i^{ed} = M_i^{1+km} = M_i(M_i^m)^k = M_i 1^k = M_i$$

2002년 리베스트, 샤미르, 애들먼은 공개키 암호화에 기여한 공로를 인정받아 ACM으로부터 '컴퓨터 과학 분야의 노벨상'으로 알려진 튜링상(Turing award)을 받았다.

전자서명

현재 많은 금융 거래가 인터넷상에서 이루어지기 때문에 진위성에 대한 문제가 무엇보다 중요하다. 주식 중개인은 주식을 팔고 사겠다는 전자 메시지를 수신했을 때 실제로 자신의 고객으로부터 온 메시지임을 어떻게 알 수 있을까? 공개키 암호화에서 사용한 기술은 전자서명에서도 가능하다. A라는 사람이 B라는 사람에게 비밀 메시지를 보내려고 하는데, 그 메시지는 B만 해독할 수 있고 오직 A만 그 메시지를 보낼 수 있음을 B가 알게 하려고 한다. A가 암호화와 복호화에 사용하는 알고리즘을 각각 E_A와 D_A라 하고, B가 암호화와 복호화에 사용하는 알고리즘을 각각 E_B와 D_B 라고 하자. 여기서 E_A와 E_B는 대중에게 공개된 반면, D_A는 A만 알고 있고 D_B는 B만 알고 있다고 가정하자. 또 임의의 메시지에 D_BE_B와 E_AD_A를 적용해도 메시지에는 변화가 없다고 가정하자. A는 메시지 M을 B에게 $E_B(D_A(M))$으로 변환하여 보내고, B는 수신된 메시지에 E_AD_B를 적용해 복원하여 다음을 얻는다.

$$(E_AD_B)(E_B(D_A(M)) = E_A(D_BE_B)(D_A(M)) = E_A(D_A(M)) = M$$

여기서 첫 번째 단계($D_A(M)$을 만드는 단계)는 A만 실행할 수 있고, 마지막 단계(수신된 메시지에 E_AD_B를 적용하는 단계)는 B만 실행할 수 있다. 전자서명을 사용하는 거래는 2000년 10월부터 미국에서 법적 효력을 갖게 되었다.

유전학[3]

유전자 코드는 $\mathbb{Z}_4 \oplus \mathbb{Z}_4 \oplus \cdots \oplus \mathbb{Z}_4$의 원소를 이용해 편리하게 모델링할 수 있다. 여기서 괄호와 콤마가 생략된 0, 1, 2, 3의 숫자열을 사용하고 법 4에 대한 성분별 덧셈을 적용한다. DNA 분자는 이중 나선 형태의 2개의 긴 가닥으로 구성된다. 각 가닥은 4개의 질소 염기인 아데닌(A), 티민(T), 구아닌(G), 사이토신(C)으로 구성된다. 한 가닥의 각 염기는 다른 가닥의 상보적인 염기와 결합된다. 항상 아데닌은 티민과 결합하고 구아닌은 사이토신과 결합한다.

이 과정을 모델링하기 위해 A를 0, T를 2, G를 1, C를 3으로 둔다. 따라서 DNA 염기서열 ACGTAACAGGA와 이 서열의 상보적인 염기서열 TGCATTGTCCT는 각각 03120030110과 21302212332로 나타낸다. $\mathbb{Z}_4$에서 $0+2=2$, $2+2=0$, $1+2=3$, $3+2=1$이므로, $\mathbb{Z}_4$의 원소에 2를 더하면 0과 2, 1과 3이 서로 바뀌는 것을 알 수 있다. 따라서 $\mathbb{Z}_4 \oplus \mathbb{Z}_4 \oplus \cdots \oplus \mathbb{Z}_4$의 원소로 표현된 임의의 DNA 염기서열 $a_1a_2 \cdots a_n$에 대해 상보적인 염기서열은 $a_1a_2 \cdots a_n + 22 \cdots 2$로 표현된다.

전자회로

대부분의 가정에는 한 쌍의 스위치로 작동되는 조명 기구가 있다. 스위치를 누르면 조명이 켜짐에서 꺼짐으로 또는 그 반대가 되도록 배선되어 있다. 두 스위치가 모두 업(up) 위치에 있을 때 조명이 켜지도록 배선되었다고 하자. (0, 0)에 해당하는 업 위치에 있는 두 스위치와 (1, 1)에 해당하는

3 S. Washburn, T. Marlowe, and C. Ryan, Discrete Mathematics, Reading, MA: Addison-Wesley, 1999.

다운(down) 위치에 있는 두 스위치의 상태가 $\mathbb{Z}_2 \oplus \mathbb{Z}_2$의 원소에 대응한다고 생각하면 편리하다. 스위치를 누를 때마다 군 $\mathbb{Z}_2 \oplus \mathbb{Z}_2$의 대응하는 성분에 1을 더한다. 그러면 스위치가 부분군 $\langle(1, 1)\rangle$의 원소에 대응하는 상태일 때 조명이 켜지고, 스위치가 잉여류 $(1, 0)+\langle(1, 1)\rangle$의 원소에 대응하는 상태일 때 꺼짐을 확인할 수 있다. 스위치가 3개인 경우에도 비슷한 분석이 적용되며, 부분군 $\{(0, 0, 0), (1, 1, 0), (0, 1, 1), (1, 0, 1)\}$은 조명이 켜진 상태에 해당한다.

8장 연습문제

럿거스 대학교(Rutgers University)의 조교수인 다이앤 맥라간(Diane Maclagan)은 수학자로서 인생에서 가장 어려운 부분이 무엇인가라는 질문에 "정리를 증명하려고 노력하는 것이다."라고 답했다. 그리고 가장 즐거운 일은 무엇인가라는 질문에도 "정리를 증명하려고 노력하는 것이다."라고 답했다.

8.1 임의의 유한개의 군들의 외직적이 군임을 증명하라.[4]

8.2 $(1, 1)$이 $\mathbb{Z}_{n_1} \oplus \mathbb{Z}_{n_2}$에서 위수가 가장 큰 원소임을 증명하라. 그리고 일반적인 경우에 대해 설명하라.

8.3 군 G의 항등원을 e_G, 군 H의 항등원을 e_H라고 하자. G가 $G \oplus \{e_H\}$와 동형이고 H가 $\{e_G\} \oplus H$와 동형임을 증명하라.

8.4 $G \oplus H$가 가환군일 필요충분조건은 G와 H가 가환군인 것임을 보여라. 그리고 일반적인 경우에 대해 설명하라.

8.5 $\mathbb{Z} \oplus \mathbb{Z}$가 순환군이 아님을 증명하라. G가 2개 이상의 원소를 갖는 임의의 군일 때, $\mathbb{Z} \oplus G$에 대해서도 이 증명이 유효할까?

8.6 원소의 위수를 비교하여 $\mathbb{Z}_8 \oplus \mathbb{Z}_2$와 $\mathbb{Z}_4 \oplus \mathbb{Z}_4$가 동형이 아님을 증명하라.

8.7 $G_1 \oplus G_2$와 $G_2 \oplus G_1$이 동형임을 증명하라. 그리고 이 결과의 일반적인 경우에 대해 설명하라.

4 이 문제는 이 장의 본문에서 살펴봤다.

8.8 $\mathbb{Z}_3 \oplus \mathbb{Z}_9$가 $\mathbb{Z}_{27}$과 동형인지 확인하고 이유를 설명하라.

8.9 위수가 6인 부분군을 2개 갖는 위수가 12인 가환군의 예를 제시하라. 그리고 군의 위수가 p^2m인 경우로 일반화하라. 이때 p는 소수이고 m은 p와 서로소이며 부분군의 위수는 pm이다.

8.10 $\mathbb{Z}_3 \oplus \mathbb{Z}_9$는 위수가 9인 원소를 몇 개 가질까(무작정 대입하여 이 문제를 풀지 마라.)?

8.11 $\mathbb{Z}_4 \oplus \mathbb{Z}_4$는 위수가 4인 원소를 몇 개 가질까(각 원소의 위수를 직접 계산하여 문제를 풀지 마라.)? $\mathbb{Z}_4 \oplus \mathbb{Z}_4$와 $\mathbb{Z}_{8000000} \oplus \mathbb{Z}_{400000}$이 위수가 4인 원소를 같은 개수만큼 가지는 이유를 설명하라. 그리고 이 결과를 $\mathbb{Z}_m \oplus \mathbb{Z}_n$인 경우로 일반화하라.

8.12 군 $U_5(35)$와 $U_7(35)$의 원소를 나열하라.

8.13 $n > 1$인 각 정수 n에 대해 위수가 n^2인 군의 예를 두 가지 제시하라.

8.14 위수가 $2n$인 정이면체군 $D_n(n \geq 3)$은 n개의 회전이동으로 이루어진 부분군과 위수가 2인 부분군을 갖는다. D_n이 이러한 두 부분군의 외직적과 동형일 수 없는 이유를 설명하라.

8.15 덧셈에 대한 복소수 집합의 군이 $\mathbb{R} \oplus \mathbb{R}$과 동형임을 증명하라.

8.16 $G_1 \approx G_2$, $H_1 \approx H_2$일 때, $G_1 \oplus H_1 \approx G_2 \oplus H_2$임을 증명하라. 그리고 이 결과의 일반적인 경우에 대해 설명하라.

8.17 $G \oplus H$가 순환군이면 G와 H가 순환군임을 증명하라. 그리고 이 결과의 일반적인 경우에 대해 설명하라.

8.18 $\mathbb{Z}_{40} \oplus \mathbb{Z}_{30}$의 위수가 12인 순환부분군과 비순환부분군을 각각 구하라.

8.19 r이 m의 약수이고 s가 n의 약수일 때, $\mathbb{Z}_r \oplus \mathbb{Z}_s$와 동형인 $\mathbb{Z}_m \oplus \mathbb{Z}_n$의 부분군을 구하라.

8.20 $\mathbb{Z}_9 \oplus \mathbb{Z}_4$와 동형인 $\mathbb{Z}_{12} \oplus \mathbb{Z}_{18}$의 부분군을 구하라.

8.21 G, H를 유한군이라 하고 $(g, h) \in G \oplus H$라고 하자. $\langle (g, h) \rangle = \langle g \rangle \oplus \langle h \rangle$일 필요충분조건을 구하라.

8.22 $\mathbb{Z}_{30} \oplus \mathbb{Z}_{20}$에서 위수가 15인 원소의 개수와 위수가 15인 순환부분군의 개수를 구하라.

8.23 $\mathbb{Z}_3 \oplus \mathbb{Z}_3$에서 위수가 3인 부분군의 개수를 구하라. $\mathbb{Z}_3 \oplus \mathbb{Z}_3 \oplus \mathbb{Z}_3$과 $\mathbb{Z}_3 \oplus \mathbb{Z}_3 \oplus \cdots \oplus \mathbb{Z}_3$($n$개)의 경우에는 결과가 어떻게 될까?

8.24 m은 4 이상인 짝수이고 n은 3 이상인 홀수라고 하자. $D_m \oplus D_n$의 위수가 2인 원소의 개수를 구하는 식을 m과 n으로 나타내라. 그리고 m이 4로 나누어떨어질 때, $D_m \oplus D_n$에서 위수가 4인 원소의 개수를 구하라.

8.25 M을 덧셈에 대한 모든 성분이 실수인 2×2 행렬 집합의 군이라고 하자. 성분별 덧셈에 대해 $N = \mathbb{R} \oplus \mathbb{R} \oplus \mathbb{R} \oplus \mathbb{R}$일 때, M과 N이 동형임을 증명하라. 덧셈에 대한 $m \times n$ 행렬 집합의 군에 해당하는 정리는 무엇일까?

8.26 군 $S_3 \oplus \mathbb{Z}_2$는 군 $\mathbb{Z}_{12}$, $\mathbb{Z}_6 \oplus \mathbb{Z}_2$, A_4, D_6 중 하나와 동형이다. 소거하는 과정을 통해 어떤 군과 동형인지 답하라.

8.27 G를 군이라 하고 $H = \{(g, g) \mid g \in G\}$라 하자. H가 $G \oplus G$의 부분군임을 보여라(이 부분군을 $G \oplus G$의 **대각**(diagonal)이라고 한다). G가 덧셈에 대한 실수 집합일 때, $G \oplus G$와 H를 기하학적으로 설명하라.

8.28 위수가 24인 비가환군의 예를 6개 제시하라.

8.29 $\mathbb{Z}_9 \oplus \mathbb{Z}_3$의 위수가 3인 부분군을 모두 구하라.

8.30 $\mathbb{Z}_4 \oplus \mathbb{Z}_4$의 위수가 4인 부분군을 모두 구하라.

8.31 $\mathbb{Z}_6 \oplus \mathbb{Z}_{10} \oplus \mathbb{Z}_{15}$의 가장 큰 순환부분군의 위수를 구하라. $\mathbb{Z}_{n_1} \oplus \mathbb{Z}_{n_2} \oplus \cdots \oplus \mathbb{Z}_{n_k}$의 가장 큰 순환부분군의 위수는 무엇일까?

8.32 $\mathbb{Z}_{2000000} \oplus \mathbb{Z}_{4000000}$의 위수가 2인 원소의 개수를 구하고, 이 결과를 일반화하라.

8.33 $\mathbb{Z}_4 \oplus \mathbb{Z}_3 \oplus \mathbb{Z}_2$와 동형인 $\mathbb{Z}_{100} \oplus \mathbb{Z}_{60}$의 두 부분군을 구하라. 이 과정에서 아무것도 증명할 필요가 없다.

8.34 $\mathbb{Z}_4 \oplus \mathbb{Z}_4$와 동형인 $\mathbb{Z}_{100} \oplus D_4$의 부분군을 구하라.

8.35 $\mathbb{Z}_2 \oplus \mathbb{Z}_2 \oplus \mathbb{Z}_2$와 동형인 $D_3 \oplus D_4$의 부분군을 구하라.

8.36 위수가 9인 $\mathbb{Z}_{12} \oplus \mathbb{Z}_4 \oplus \mathbb{Z}_{15}$의 부분군을 구하라.

8.37 $\mathbb{R}^* \oplus \mathbb{R}^*$와 $\mathbb{C}^*$가 동형이 아님을 증명하라(이 결과를 [연습문제 8.15]와 비교하라).

8.38 $H = \left\{ \begin{bmatrix} 1 & a & b \\ 0 & 1 & 0 \\ 0 & 0 & 1 \end{bmatrix} \middle| a, b \in \mathbb{Z}_3 \right\}$이라고 하자([연습문제 2.35]의 곱셈 정의 참고). H가 위수 9인 가환군임을 보여라. H는 $\mathbb{Z}_9$ 또는 $\mathbb{Z}_3 \oplus \mathbb{Z}_3$과 동형인가?

8.39 곱셈에 대한 군 $G = \{3^m 6^n \mid m, n \in \mathbb{Z}\}$가 $\mathbb{Z} \oplus \mathbb{Z}$와 동형임을 증명하라. 만약 $G = \{3^m 9^n \mid m, n \in \mathbb{Z}\}$라면 이 증명이 유효할까?

8.40 $(a_1, a_2, \cdots, a_n) \in G_1 \oplus G_2 \oplus \cdots \oplus G_n$이라고 하자. $|(a_1, a_2, \cdots, a_n)| = \infty$일 필요충분조건을 제시하라.

8.41 D_6의 각 위수에 해당하는 원소의 개수를 $D_3 \oplus \mathbb{Z}_2$의 각 위수에 해당하는 원소의 개수와 비교하라.

8.42 $U(40) \oplus \mathbb{Z}_6$이 $U(72) \oplus \mathbb{Z}_4$와 동형임을 증명하거나 반증하라.

8.43 $\gcd(m, n) = 1$일 필요충분조건은 $\mathbb{C}^*$가 $\mathbb{Z}_m \oplus \mathbb{Z}_n$과 동형인 부분군을 갖는 것임을 증명하라.

8.44 G를 $\mathbb{Z}_{n_1} \oplus \mathbb{Z}_{n_2} \oplus \cdots \oplus \mathbb{Z}_{n_k}$와 동형인 군이라고 하자. x를 G의 모든 원소의 곱이라고 할 때, x에 대한 모든 가능성을 설명하라.

8.45 어떤 군이 위수가 6인 원소를 24개 가질 때, 이 군의 위수가 6인 순환부분군의 개수를 구하라.

8.46 D_4와 동형인 부분군과 A_4와 동형인 부분군을 모두 갖는 무한군의 예를 제시하라.

8.47 $\text{Aut}(U(25))$를 $\mathbb{Z}_m \oplus \mathbb{Z}_n$ 형태로 나타내라.

8.48 $\text{Aut}(\mathbb{Z}_2 \oplus \mathbb{Z}_2)$를 구하라.

8.49 $n_1, n_2, \cdots, n_k$가 양의 짝수인 정수일 때, $\mathbb{Z}_{n_1} \oplus \mathbb{Z}_{n_2} \oplus \cdots \oplus \mathbb{Z}_{n_k}$는 위수가 2인 원소를 몇 개 가질까? 이때 $n_1, n_2, \cdots, n_k$가 짝수라는 조건을 제외하면 위수가 2인 원소를 몇 개 가질까?

8.50 $\mathbb{Z}_{10}\oplus\mathbb{Z}_{12}\oplus\mathbb{Z}_6\approx\mathbb{Z}_{60}\oplus\mathbb{Z}_6\oplus\mathbb{Z}_2$인지를 확인하라. 또 $\mathbb{Z}_{10}\oplus\mathbb{Z}_{12}\oplus\mathbb{Z}_6\approx\mathbb{Z}_{15}\oplus\mathbb{Z}_4\oplus\mathbb{Z}_{12}$인지를 확인하라.

8.51 다음 물음에 답하라.

(a) $\mathbb{Z}_{18}$에서 $\mathbb{Z}_2\oplus\mathbb{Z}_9$로 가는 동형사상은 몇 개 존재하는가? 두 동형사상에 대한 공식을 작성하라.

(b) $\mathbb{Z}_{18}$에서 $\mathbb{Z}_2\oplus\mathbb{Z}_3\oplus\mathbb{Z}_3$으로 가는 동형사상은 몇 개 존재하는가?

8.52 ϕ가 $\mathbb{Z}_3\oplus\mathbb{Z}_5$에서 $\mathbb{Z}_{15}$로 가는 동형사상이고 $\phi((2, 3))=2$라고 하자. 1로 사상되는 $\mathbb{Z}_3\oplus\mathbb{Z}_5$의 원소를 구하라.

8.53 ϕ가 $\mathbb{Z}_4\oplus\mathbb{Z}_3$에서 $\mathbb{Z}_{12}$로 가는 동형사상일 때, $\phi((2, 0))$을 구하라. $\phi((1, 0))$으로 가능한 것은 무엇인지 답하고 그 이유를 설명하라.

8.54 $\mathbb{Z}_4\oplus\mathbb{Z}_6$과 동형인 $U(140)$의 부분군을 구하라.

8.55 $(a, b)\in\mathbb{Z}_m\oplus\mathbb{Z}_n$일 때, $|(a, b)|$가 $\operatorname{lcm}(m, n)$의 약수임을 증명하라.

8.56 $G=\{ax^2+bx+c\mid a, b, c\in\mathbb{Z}_3\}$일 때, 정수 계수의 다항식을 더하는 것처럼 G의 원소를 더하라. 단, 법 3에 대한 덧셈 연산을 사용하라. G가 $\mathbb{Z}_3\oplus\mathbb{Z}_3\oplus\mathbb{Z}_3$과 동형임을 증명하고, 이 결과를 일반화하라.

8.57 생성원이 정확히 2개인 순환군을 모두 구하라.

8.58 4개의 질소 염기 A, T, G, C에 대한 길이가 n인 염기서열을 $\mathbb{Z}_2\oplus\mathbb{Z}_2$의 n개의 외직적으로 모델링하는 방법을 설명하라.

8.59 p가 소수일 때, $\mathbb{Z}_p\oplus\mathbb{Z}_p$가 위수 p인 부분군을 정확히 $p+1$개 가짐을 증명하라.

8.60 위수가 유한인 원소를 정확히 6개 갖는 무한 비가환군의 예를 제시하라.

8.61 $|a|=\infty$, $|b|=\infty$, $|ab|=2$인 원소 a, b를 갖는 군이 존재함을 보여주는 예를 제시하라. $|a|=\infty$, $|b|=\infty$, $|ab|=n$(n은 임의의 양의 정수)인 경우로 일반화하라.

8.62 $U(165)$를 $\mathbb{Z}_n$ 형태인 순환군의 외직적으로 나타내라.

8.63 $U(165)$를 U-군의 외직적으로 네 가지 방법으로 나타내라.

8.64 $U_9(72)$와 $U_4(300)$을 $\mathbb{Z}_n$ 형태인 순환군의 외직적으로 나타내라.

8.65 홀수 n에 대해 $U(2n)$이 $U(n)$과 동형임을 증명하라.

8.66 n이 3 이상인 정수일 때, $U(2n)$의 위수가 2인 원소의 개수를 구하라.

8.67 직접 계산을 하지 않고 $\mathrm{Aut}(\mathbb{Z}_{105})$의 위수가 6인 원소의 개수를 구하라. 마찬가지로 계산을 하지 않고 $U(27)$의 부분군의 개수를 구하라.

8.68 $\mathrm{Aut}(\mathrm{Aut}(\mathbb{Z}_{50}))$을 $\mathbb{Z}_n$ 형태인 군의 외직적으로 나타내라.

8.69 $A_4 \oplus \mathbb{Z}_4$가 $D_{12} \oplus \mathbb{Z}_2$와 동형이 아님을 증명하라.

8.70 $D_8 \oplus D_3 \not\approx D_6 \oplus D_4$임을 증명하라.

8.71 D_4와 동형인 부분군을 갖는 무한군의 예를 제시하라.

8.72 p, q는 홀수인 소수이고 m, n은 양의 정수라 하자. $U(p^m) \oplus U(q^n)$이 순환군이 아닌 이유를 설명하라.

8.73 이 장에서 제시한 결과를 이용해 $U(55)$가 $U(75)$와 동형임을 증명하라. 마찬가지로 이 장에 제시한 결과를 이용해 $U(144)$가 $U(140)$과 동형임을 증명하라.

8.74 $U(900)$에 있는 원소의 위수의 최댓값을 구하라.

8.75 $\mathrm{Aut}(\mathbb{Z}_n)$이 순환군이 되지 않는 2개의 가장 작은 양의 정수 n을 구하라.

8.76 $U(n)$이 $\mathbb{Z}_2 \oplus \mathbb{Z}_4 \oplus \mathbb{Z}_9$와 동형이 되게 하는 정수 n을 구하라.

8.77 $U(7 \cdot 17)$의 모든 원소 x에 대해 $x^k = e$를 만족하는 가장 작은 양의 정수 k를 구하라. 그리고 $U(pq)$ (p, q는 서로 다른 소수)로 일반화하라.

8.78 $U(200) \approx U(50) \oplus U(4)$와 $U_{50}(200) \approx U(4)$가 성립하는지 답하고, 그 답이 [정리 8.3]에 대해 모순이 아닌 이유를 설명하라.

8.79 p는 홀수인 소수이고 n은 양의 정수라고 하자. $U_p(p^n)$과 동형인 친숙한 군을 찾으라.

8.80 $U(100)$의 모든 원소 x에 대해 $x^n = 1$을 만족하는 가장 작은 양의 정수 n을 구하고, 이 추론에 대해 설명하라.

8.81 다음 중 순환군은 무엇인가?

(a) $U(35)$

(b) $U_5(40)$

(c) $U_8(40)$

8.82 $p_1, p_2, \cdots, p_k$는 서로 다른 홀수인 소수이고, $n_1, n_2, \cdots, n_k$는 양의 정수라 하자. $U(p_1^{n_1}p_2^{n_2}\cdots p_k^{n_k})$의 위수가 2인 원소의 개수를 구하라. n이 3 이상일 때, $U(2^n p_1^{n_1}p_2^{n_2}\cdots p_k^{n_k})$의 위수가 2인 원소는 몇 개일까?

8.83 $U(28)$과 동형인 $U(140)$의 부분군을 구하라. 그리고 $\mathbb{Z}_4 \oplus \mathbb{Z}_6$과 동형인 $U(140)$의 부분군을 구하라.

8.84 $U(n)$이 $\mathbb{Z}_2 \oplus \mathbb{Z}_2 \oplus \cdots \oplus \mathbb{Z}_2$ 형태인 군과 동형이 되게 하는 모든 정수 n을 구하라.

8.85 서로소인 양의 정수 $s \leq n$, $t \leq n$에 대해 $U_{st}(n) = U_s(n) \cap U_t(n)$임을 보여라.

8.86 S_{20}에 $D_5 \oplus \mathbb{Z}_2$와 동형인 부분군이 존재하는 이유를 설명하라.

8.87 $G = \left\{ \begin{bmatrix} 1 & 0 \\ 0 & 1 \end{bmatrix}, \begin{bmatrix} 1 & 0 \\ 0 & -1 \end{bmatrix}, \begin{bmatrix} -1 & 0 \\ 0 & 1 \end{bmatrix}, \begin{bmatrix} -1 & 0 \\ 0 & -1 \end{bmatrix} \right\}$은 $\mathbb{Z}_4$ 또는 $\mathbb{Z}_2 \oplus \mathbb{Z}_2$와 동형인가?

8.88 $G = \left\{ \begin{bmatrix} a & 0 & 0 \\ 0 & b & 0 \\ 0 & 0 & c \end{bmatrix} \middle| \; a, b, c\text{는 } 1 \text{ 또는 } -1 \right\}$은 가환군인가? 또 G는 $\mathbb{Z}_8$ 또는 $\mathbb{Z}_4 \oplus \mathbb{Z}_2$ 또는 $\mathbb{Z}_2 \oplus \mathbb{Z}_2 \oplus \mathbb{Z}_2$와 동형인가?

8.89 $p = 37$, $q = 73$, $e = 5$인 RSA 체계를 이용해 메시지를 보냈다고 가정하고, 수신된 메시지 '34'를 복호화하라.

8.90 $p=37$, $q=73$, $e=5$인 RSA 체계를 이용해 문자 A, B, ⋯ , Z를 01, 02, ⋯ , 26으로 나타낼 때, 메시지 'RL'을 위해 전송되는 수는 무엇인가?

8.91 길이가 4인 블록과 $p=31$, $q=73$인 RSA 체계를 이용해 'YES'라는 메시지를 보낼 수 없는 이유에 대해 설명하라.

* 이 장을 위한 컴퓨터 연습문제는 http://www.d.umn.edu/~jgallian에서 확인할 수 있다.

레너드 애들먼(Leonard Adleman)

레너드 애들먼은 공개키 암호화를 실제로 유용하게 만드는 데 독창적인 기여를 했다.

튜링상(Turing award) 인용

Courtesy of Leonard Adleman

애들먼은 1945년 12월 31일 캘리포니아주 샌프란시스코에서 태어났다. 그는 캘리포니아대학교에서 1968년에 수학 학사학위를 취득했고, 1976년에 컴퓨터 과학 박사학위를 취득했다. 1976~1980년에 매사추세츠공과대학에서 수학 교수로 재직하면서 리베스트(Rivest)와 샤미르(Shamir)를 만났다. 둘은 안전한 공개키 암호화 체계를 고안하려고 시도했고 애들먼에게 암호를 해독할 수 있는지 물었다. 결국 그들은 구현하기 간단하면서도 안전한 암호화 체계를 발명했고, 이는 오늘날 RSA 암호화 체계로 알려져 있다. 1983년 애들먼, 샤미르, 리베스트는 RSA Data Security라는 회사를 설립해 알고리즘 라이선스를 부여했다. 그들의 알고리즘은 World Wide Web의 보안에 사용되는 기본 암호 시스템이 되었고, 1996년에 회사를 2억 달러에 매각했다.

1990년대 초, 애들먼은 DNA를 컴퓨터로 사용하는 방법을 찾는 데 관심을 가졌다. 이 문제에 대한 그의 선구적인 작업은 오늘날 'DNA 컴퓨팅'이라는 분야로 이어졌다.

그가 받은 수많은 영예 중에는 튜링상(Turing award), 카넬라키스상(Kanellakis award) 수상과 미국공학한림원, 미국예술과학아카데미, 미국국립과학원의 회원으로서의 선출이 있다.

애들먼은 1980년부터 서던캘리포니아대학교 교수로 재직했으며, 현재 직책은 컴퓨터 과학과 헨리 살바토리(Henry Salvatori) 석좌교수인 동시에 컴퓨터 과학 및 생물학과 교수이다.

애들먼에 대한 자세한 정보는 아래 웹사이트에서 확인할 수 있다.

https://www.nytimes.com/1994/12/13/science/scientist-at-work-leonard-adleman-hitting-the-high-spots-of-computer-theory.html

9

정규부분군과 잉여군
Normal Subgroups and Factor Groups

"좌잉여류와 우잉여류가 일치하는 부분군이 특별한 부분군임을 인식한 것은 갈루아의 천재성 덕분이다. 수학에서 중요한 문제는 관련 개념이 무엇인지 인식하고 발견하는 것이다. 이 부분이 해결되면 절반 이상이 진행된 것이다."

이즈라엘 네이선 허스튼(Israel Nathan Herstein), *Topics in Algebra*

"['군'의 개념에 대한 설명] … 아주 작은 시작에서부터 굉장히 다양하고, 장엄한 생각이 솟아날 수 있다."

H. F. 베이커(H. F. Baker)

9.1 정규부분군

7장에서 살펴보았듯이 G가 군이고 H가 G의 부분군일 때, G의 모든 원소 a에 대해 $aH = Ha$가 항상 참인 것은 아니다. 그러나 이 문장이 성립하는 어떤 경우가 있는데, 이러한 경우는 군 이론에서 매우 중요하다. 약 190여 년 전 이러한 부분군의 중요성에 대해 처음 인식한 수학자가 바로 갈루아였다.

정의 정규부분군

군 G의 부분군 H가 군 G의 모든 원소 a에 대해 $aH = Ha$를 만족하면 이러한 H를 G의 **정규부분군**(normal subgroup)이라 하고 $H \lhd G$로 표기한다.

다음과 같은 방식으로 정규부분군을 생각해야 한다. 군 G의 원소 a와 정규부분군 H의 원소 h의 곱의 순서를 변경할 수는 있지만, 그 순서를 바꾸려면 h가 아닌 H의 어떤 원소 h'을 이용해 정규부분군 H의 원소를 약간 '바꿔야' 한다. 즉, $ah = h'a$인 H의 원소 h'이 존재한다. 마찬가지로 H에는 $ha = ah''$인 원소 h''이 존재한다($h' = h$ 또는 $h'' = h$가 가능하지만, 이를 만족하지 않을 수도 있다).

정규부분군의 중요성을 설명하기 위해 $|a| = 3$이고 $|b| = 2$인 두 원소 a, b에 의해 생성된 군 G를 생각해보자(이를 만족하는 군의 예 중 하나가 D_3이다). a와 b 사이에 교환법칙이 성립하면 집합 $\{e, a, a^2, b, ab, a^2b\}$가 닫혀있으므로, 이 집합은 G이다. 그렇지 않다면 G에 대해 알 수 있는 것은 항등원이 아닌 원소가 a와 b의 곱으로 표현될 수 있다는 것뿐이다. 이때 연속된 a는 2개 이하이고 연속된 b는 존재하지 않는다. 즉, $e, a, b, a^2, ab, ba, a^2b, aba, ba^2, bab, a^2ba, aba^2, abab, ba^2b, baba, \cdots$이다. 이들 중 일부는 같을 수 있지만 어느 것이 같은지는 알 수 없다. 군은 유한하거나 무한할 수 있지만 둘 중 무엇인지 알 수는 없다. 대조적으로 $H = \{e, a, a^2\}$ 또는 $K = \{e, b\}$가 G의 정규부분군이면 $G = \{e, a, a^2, b, ab, ab^2\} = HK$이다([EX 9.5] 참고). 따라서 이와 같은 상황을 비롯한 많은 상황에서 정규성은 교환성만큼 유용한 성질이다.

정규부분군의 정의와 동치인 몇 가지 명제가 있다. 이들 중 응용하기 가장 쉬운 명제를 선택했다. 주어진 부분군이 정규부분군인지 확인하려면 일반적으로 [정리 9.1]을 사용하는 것이 좋다. [정리 9.1]은 7장에 있는 [보조정리]의 성질 (8)의 약한 버전이다. 이를 통해 G의 두 부분군에 대한 조건을 G의 두 잉여류에 대한 조건으로 대체할 수 있다.

정리 9.1 정규부분군 판정법

군 G의 부분군 H가 정규부분군일 필요충분조건은 군 G의 모든 원소 x에 대해 $xHx^{-1} \subseteq H$인 것이다.

증명

H가 G의 정규부분군이면 임의의 $x \in G$, $h \in H$에 대해 $xh = h'x$를 만족하는 h'이 H에 존재한다. 즉, $xhx^{-1} = h'$이므로 $xHx^{-1} \subseteq H$이다.

역으로 모든 x에 대해 $xHx^{-1} \subseteq H$이면 $x = a$인 경우 $aHa^{-1} \subseteq H$, 즉 $aH \subseteq Ha$임을 알 수 있다. 반면에 $x = a^{-1}$인 경우에 $a^{-1}H(a^{-1})^{-1} = a^{-1}Ha \subseteq H$, 즉 $Ha \subseteq aH$임을 알 수 있다. ■

EX 9.1 가환군의 모든 부분군은 정규부분군이다. 이때 군의 모든 원소 a와 부분군의 원소 h에 대해 $ah = ha$이다

EX 9.2 군 G의 중심 $Z(G)$는 항상 정규부분군이다. 이때 임의의 $a \in G$와 임의의 $h \in Z(G)$에 대해 $ah = ha$이다.

EX 9.3 우치환의 교대군 A_n은 S_n의 정규부분군이다. 예를 들어 $(12) \in S_n$, $(123) \in A_n$에 대해 $(12)(123) \neq (123)(12)$이지만, $(12)(123) = (132)(12)$이고 $(132) \in A_n$이다([연습문제 9.9] 참고).

EX 9.4 회전이동만으로 구성된 D_n의 모든 부분군은 D_n의 정규부분군이다. 모든 회전이동 R과 모든 대칭이동 F에 대해 $FR = R^{-1}F$이고, 임의의 두 회전이동 사이에 교환법칙이 성립한다.

[EX 9.5]는 정규부분군을 이용해 기존의 부분군으로부터 새로운 부분군을 만드는 방법을 보여준다.

EX 9.5 H가 군 G의 정규부분군이고 K가 군 G의 임의의 부분군이라고 하자. 그러면 $HK = \{hk \mid h \in H,\ k \in K\}$는 G의 부분군이다. 이를 확인해보자. $e = ee$는 HK의 원소이다. H의 원소 h_1, h_2와 K의 원소 k_1, k_2에 대해 임의의 $a = h_1k_1$, $b = h_2k_2$는 K의 원소이고, $ab^{-1} = h_1k_1k_2^{-1}h_2^{-1} = h_1(k_1k_2^{-1})h_2^{-1} = (h_1h')(k_1k_2^{-1})$을 만족하는 H의 원소 h'이 존재한다. 따라서 ab^{-1}은 HK의 원소이다.

군 G의 부분군 H, K에 대해 집합 HK가 항상 G의 부분군이라고 생각하지 않도록 주의해야 한다. [연습문제 7.6]을 참고하자. [EX 9.4]와 [EX 9.5]를 이용하면 위수가 8인 D_8의 비가환부분군을 만들 수 있다.

EX 9.6 D_8에서 $H = \{R_0,\ R_{90},\ R_{180},\ R_{270}\}$이고, 임의의 반사이동 F에 대해 $K = \{R_0,\ F\}$라 하자. 그러면 $HK = \{R_0,\ R_{90},\ R_{180},\ R_{270},\ R_0F,\ R_{90}F,\ R_{180}F,\ R_{270}F\}$는 D_8의 부분군이다. HK는 D_4와 동형임을 알아두자.

[EX 9.7]은 특정한 정규부분군을 인지하는 데 매우 유용하다.

EX 9.7 군 G에 유한 위수를 갖는 부분군 H가 유일하게 존재하면 H는 G의 정규부분군이다. 이 사실을 확인해보자. 임의의 $g \in G$에 대해 내부자기동형사상 ϕ_g는 H를 gHg^{-1}으로 보내므로, gHg^{-1}은 G의 부분군이며 $|gHg^{-1}| = |H|$이다.

EX 9.8 행렬식이 1인 2×2 행렬 집합의 군 $SL(2, \mathbb{R})$은 행렬식이 0이 아닌 2×2 행렬 집합의 군 $GL(2, \mathbb{R})$의 정규부분군이다. 이를 확인하기 위해 [정리 9.1]의 정규부분군 판정법을 이용한다. $x \in GL(2, \mathbb{R}) = G$, $h \in SL(2, \mathbb{R}) = H$라 할 때, $\det(xhx^{-1}) = (\det x)(\det h)(\det x)^{-1} = (\det x)(\det x)^{-1} = 1$이다. 따라서 $xhx^{-1} \in H$이므로 $xHx^{-1} \subseteq H$이다.

EX 9.9 [표 5.1]에 주어진 교대군 A_4에 대한 표를 참고하면 $H=\{\alpha_1, \alpha_2, \alpha_3, \alpha_4\}$가 A_4의 정규부분군이고, $K=\{\alpha_1, \alpha_5, \alpha_9\}$가 A_4의 정규부분군이 아님을 알 수 있다. H가 정규부분군인지를 확인하기 위해, A_4의 모든 원소 β에 대해 $\beta H \beta^{-1}$은 위수가 4인 부분군이고 H는 위수가 4인 A_4의 유일한 부분군이라는 사실에 주목한다([표 5.1] 참고). 따라서 $\beta H \beta^{-1}=H$이다. 대조적으로 $\alpha_2\alpha_5\alpha_2^{-1}=\alpha_7$이므로 $\alpha_2 K \alpha_2^{-1} \not\subseteq K$이다.

9.2 잉여군

정규부분군이 특히 중요한 이유에 대해서는 아직 설명하지 않았다. 이유는 간단하다. G의 부분군 H가 정규부분군일 때, G에서 H의 좌잉여류(또는 우잉여류) 집합은 군이 된다. 이 군을 H에 대한 G의 **잉여군**(factor group, quotient group)이라고 한다. 어떤 군의 잉여군 중 하나를 연구하여 그 군에 대한 정보를 얻을 수 있는 경우가 많다. 이 방법을 다음 절에서 설명한다.

정리 9.2 잉여군(오토 횔더(Otto Hölder), 1889)
군 G에 대해 H를 G의 정규부분군이라고 하자. 집합 $G/H=\{aH \mid a \in G\}$[1]는 연산 $(aH)(bH)=abH$에 대한 군이다.

증명
먼저 연산이 잘 정의되어 있음을 보여야 한다. 즉, $G/H \times G/H$에서 G/H로의 대응이 실제로 함수임을 보여야 한다. 이를 보이기 위해 G의 임의의 원소 a, a', b, b'에 대해 $aH=a'H$이고 $bH=b'H$라 가정하고 $aHbH=a'Hb'H$인지 확인한다. 다시 말해 $abH=a'b'H$인지 확인한다(즉, 곱셈 정의는 잉여류 대표원소가 아닌 잉여류에만 의존한다). $aH=a'H$, $bH=b'H$이므로 H의 어떤 원소 h_1, h_2에 대해 $a'=ah_1$, $b'=bh_2$이다. 따라서 $a'b'H=ah_1bh_2H=ah_1bH=ah_1Hb=aHb=abH$이다. 여기서 우리는 결합법칙, 7장 [보조정리]의 성질 (2), $H \lhd G$라는 사실을 여러 번 사용했다. 나머지는 쉽게 확인할 수 있다. $eH=H$는 항등원이고, $a^{-1}H$는 aH의 역원이며, $(aHbH)cH=(ab)HcH=(ab)cH=a(bc)H=aH(bc)H=aH(bHcH)$이다. 이로써 G/H가 군임을 증명했다. ■

[1] 기호 G/H는 카미유 조르당(Camille Jordan)이 처음 사용했다.

G에서 H의 정규성은 두 좌잉여류 aH와 bH의 곱이 G에서 H의 좌잉여류라는 것을 보장하고, $aHbH$가 ab를 포함하므로 $aHbH = abH$이다.

호기심에 불과하지만, [정리 9.2]의 역도 성립한다. 즉, $aHbH = abH$가 G에서 H의 좌잉여류 집합에 대한 군 연산으로 잘 정의되면 H는 G의 정규부분군이다. [연습문제 9.39]와 [연습문제 9.40]을 참고하자. 다음 몇 가지 예는 잉여군의 개념을 설명한다.

EX 9.10 $4\mathbb{Z} = \{0, \pm 4, \pm 8, \cdots\}$에 대해 $\mathbb{Z}/4\mathbb{Z}$를 구하려면 먼저 $\mathbb{Z}$에서 $4\mathbb{Z}$의 좌잉여류를 계산해야 한다. 다음 네 가지 잉여류를 생각해보자.

$$0 + 4\mathbb{Z} = 4\mathbb{Z} = \{0, \pm 4, \pm 8, \cdots\}$$
$$1 + 4\mathbb{Z} = \{1, 5, 9, \cdots; -3, -7, -11, \cdots\},$$
$$2 + 4\mathbb{Z} = \{2, 6, 10, \cdots; -2, -6, -10, \cdots\}$$
$$3 + 4\mathbb{Z} = \{3, 7, 11, \cdots; -1, -5, -9, \cdots\}$$

더 이상 다른 잉여류는 없다. 왜냐하면 $k \in \mathbb{Z}$인 경우 $k = 4q + r$, $0 \le r < 4$이므로, $k + 4\mathbb{Z} = r + 4q + 4\mathbb{Z} = r + 4\mathbb{Z}$이기 때문이다. 이제 잉여군의 원소를 모두 구했으므로, $\mathbb{Z}/4\mathbb{Z}$의 구조를 결정하기 위해 다음과 같은 케일리 표를 확인해보자.

	0+4ℤ	**1+4ℤ**	**2+4ℤ**	**3+4ℤ**
0+4ℤ	0+4ℤ	1+4ℤ	2+4ℤ	3+4ℤ
1+4ℤ	1+4ℤ	2+4ℤ	3+4ℤ	0+4ℤ
2+4ℤ	2+4ℤ	3+4ℤ	0+4ℤ	1+4ℤ
3+4ℤ	3+4ℤ	0+4ℤ	1+4ℤ	2+4ℤ

분명히 $\mathbb{Z}/4\mathbb{Z}$는 $\mathbb{Z}_4$와 동형이다. 일반적으로 임의의 $n > 0$에 대해 $n\mathbb{Z} = \{0, \pm n, \pm 2n, \pm 3n, \cdots\}$이면 $\mathbb{Z}/n\mathbb{Z}$는 $\mathbb{Z}_n$과 동형이다.

EX 9.11 $G = \mathbb{Z}_{18}$이고 $H = \langle 6 \rangle = \{0, 6, 12\}$이면 $G/H = \{0 + H, 1 + H, 2 + H, 3 + H, 4 + H, 5 + H\}$이다. 군의 연산을 설명하기 위해 $(5 + H) + (4 + H)$를 구해보자. 이 결과는 집합 G/H의 원소 6개 중 하나여야 한다. H가 6의 배수를 모두 흡수하므로 $(5 + H) + (4 + H) = 5 + 4 + H = 9 + H = 3 + 6 + H = 3 + H$이다.

H가 G의 정규부분군일 때, 표기법 $|aH|$에 대해 두 가지 해석이 가능함에 유의해야 한다. 먼저 aH를 원소들의 집합으로 생각하는 경우 $|aH|$는 집합의 크기이고, aH를 잉여군 G/H의 원소로 생각하는 경우 $|aH|$는 군의 원소 aH의 위수로 생각할 수 있다. 예를 들어 [EX 9.11]에서 $3+H=\{3,\ 9,\ 15\}$이므로, 집합 $3+H$의 크기는 3이다. 그러나 $(3+H)+(3+H)=6+H=0+H$이므로, 군의 원소 $3+H$의 위수는 2이다. 따라서 하나의 표기법이 여러 의미를 갖는 경우에는 문맥을 파악하여 적절히 해석해야 한다.

EX 9.12 $K=\{R_0,\ R_{180}\}$에 대한 정이면체군 D_4의 잉여군은 다음과 같다(D_4의 케일리 표는 1장 참고).

$$D_4/K=\{K,\ R_{90}K,\ HK,\ DK\}$$

D_4/K의 케일리 표는 [표 9.1]과 같다($R_{90}H=D'$이지만, $D'K=DK$이므로 [표 9.1]에서는 $R_{90}KHK$ 값으로 $D'K$ 대신 DK를 사용했다).

[표 9.1] D_4/K의 케일리 표

	K	$R_{90}K$	HK	DK
K	K	$R_{90}K$	HK	DK
$R_{90}K$	$R_{90}K$	K	DK	HK
HK	HK	DK	K	$R_{90}K$
DK	DK	HK	$R_{90}K$	K

D_4/K는 G의 잉여군과 G 사이에 어떤 관계가 있는지 알 수 있는 좋은 예이다. D_4의 케일리 표의 첫 머리 행을 K의 동일한 잉여류 원소끼리 이웃하게 배열하면([표 9.2] 참고), D_4의 케일리 표를 K의 잉여류들의 박스로 구분할 수 있고 원소 x를 포함하는 박스는 D_4/K의 케일리 표에서 잉여류 xK가 된다. 예를 들어 D_4에서 D_4/K로 변환할 때, [표 9.2]의 다음과 같은 박스는 [표 9.1]에서 원소 HK가 된다.

H	V
V	H

마찬가지로 다음과 같은 박스는 원소 DK가 된다.

D	D'
D'	D

[표 9.2] 변환한 D_4의 케일리 표

	R_0	R_{180}	R_{90}	R_{270}	H	V	D	D'
R_0	R_0	R_{180}	R_{90}	R_{270}	H	V	D	D'
R_{180}	R_{180}	R_0	R_{270}	R_{90}	V	H	D'	D
R_{90}	R_{90}	R_{270}	R_{180}	R_0	D'	D	H	V
R_{270}	R_{270}	R_{90}	R_0	R_{180}	D	D'	V	H
H	H	V	D	D'	R_0	R_{180}	R_{90}	R_{270}
V	V	H	D'	D	R_{180}	R_0	R_{270}	R_{90}
D	D	D'	V	H	R_{270}	R_{90}	R_0	R_{180}
D'	D'	D	H	V	R_{90}	R_{270}	R_{180}	R_0

이러한 방식으로 잉여군 G/H를 만들 때, 군 G의 원소들을 체계적으로 붕괴해야 한다는 것을 알 수 있다. 특히 원소 a를 포함하는 H의 잉여류의 모든 원소가 잉여군 G/H의 aH라는 단일 원소로 붕괴된다는 것을 알 수 있다.

11장에서 모든 유한 가환군은 순환군의 직적과 동형임을 증명할 것이다. 특히 위수가 8인 가환군은 $\mathbb{Z}_8$, $\mathbb{Z}_4 \oplus \mathbb{Z}_2$, $\mathbb{Z}_2 \oplus \mathbb{Z}_2 \oplus \mathbb{Z}_2$ 중 하나와 동형이다. [EX 9.13]과 [EX 9.14]에서는 위수가 8인 가환 잉여군을 다루고 각각이 어떤 유형의 군과 동형인지를 결정할 것이다.

EX 9.13 $G = U(32) = \{1, 3, 5, 7, 9, 11, 13, 15, 17, 19, 21, 23, 25, 27, 29, 31\}$이고 $H = U_{16}(32) = \{1, 17\}$이라고 하자. G/H는 위수가 $\frac{16}{2} = 8$인 가환군이다. 그러면 이 군은 위수가 8인 세 가환군($\mathbb{Z}_8$, $\mathbb{Z}_4 \oplus \mathbb{Z}_2$, $\mathbb{Z}_2 \oplus \mathbb{Z}_2 \oplus \mathbb{Z}_2$) 중 어떤 군과 동형일까? 이 질문에 답하려면 G/H의 원소들과 그 원소들의 위수를 계산해야 한다. 8개의 잉여류는 다음과 같고, 이들은 서로 다르다.

$$1H = \{1, 17\},\ 3H = \{3, 19\},\ 5H = \{5, 21\},\ 7H = \{7, 23\},$$
$$9H = \{9, 25\},\ 11H = \{11, 27\},\ 13H = \{13, 29\},\ 15H = \{15, 31\}$$

이 잉여류들은 잉여군 G/H를 구성한다. 분명히 $(3H)^2 = 9H \neq H$이므로, $3H$의 위수는 적어도 4이다. 따라서 G/H는 $\mathbb{Z}_2 \oplus \mathbb{Z}_2 \oplus \mathbb{Z}_2$가 아니다. 한편, $(7H)^2 = 49H = 17H = H$이고 $(9H)^2 = 81H = 17H = H$이므로 $7H$와 $9H$는 위수가 2인 서로 다른 원소이다. 따라서 G/H는 $\mathbb{Z}_8$과 동형일 수 없다. 짝수 위수를 갖는 순환군은 위수가 2인 원소를 정확히 하나만 갖는다([정리 4.4] 참고). 이 결과는 $U(32)/U_{16}(32) \approx \mathbb{Z}_4 \oplus \mathbb{Z}_2$임을 의미하고, 이는 $U(16)$과 동형이다.

EX 9.14 $G=\mathbb{Z}_8\oplus\mathbb{Z}_4$이고 G에서 $H=\langle(2,2)\rangle$라 하자. G/H는 $\mathbb{Z}_8$, $\mathbb{Z}_4\oplus\mathbb{Z}_2$, $\mathbb{Z}_2\oplus\mathbb{Z}_2\oplus\mathbb{Z}_2$ 중 하나와 동형이므로, 하나씩 소거함으로써 어떤 군과 동형인지 알 수 있다. 먼저 $H=\{(0,0),(2,2),(4,0),(6,2)\}$이다. 따라서 임의의 $(a,b)+H$에 대해 a가 홀수이면 $((a,b)+H)^4=(4a,4b)+H=(4,0)+H$이고, a가 짝수이면 $(0,0)+H$이다. H는 $(0,0)$과 $(4,0)$을 모두 포함하므로 $((a,b)+H)^4=(4a,4b)+H=H$이다. 따라서 G/H의 모든 원소의 최대 위수는 4이다. 또 $((1,0)+H)^2=(2,0)+H\neq H$이므로 $|(1,0)+H|=4$이다. 따라서 $\mathbb{Z}_8$과 $\mathbb{Z}_2\oplus\mathbb{Z}_2\oplus\mathbb{Z}_2$를 모두 소거했다.

정규부분군 H를 이용하여 잉여군을 만들 때, 기본적으로 H의 모든 원소를 **항등원**(identity)으로 정의한다는 사실을 이해하는 것이 중요하다. 따라서 [EX 9.12]에서는 $R_{180}K=K$가 항등원이다. 마찬가지로 $R_{270}K=R_{90}R_{180}K=R_{90}K$이다. 또 [EX 9.10]에서는 잉여군 $\mathbb{Z}/4\mathbb{Z}$에서 4의 배수가 0이므로, $5+4\mathbb{Z}=1+4+4\mathbb{Z}=1+4\mathbb{Z}$이다. [EX 9.13]에서는 $U(32)$에서 $19=3\cdot17$이고 그 잉여군이 17을 항등원으로 가지므로 $3H=19H$이다. 대수학자들은 종종 잉여군 G/H를 만드는 과정을 H를 '죽이는' 과정이라 말한다.

9.3 잉여군의 응용

이 절에서 살펴볼 세 가지 정리는 군 G의 잉여군에 대한 지식이 군 G에 대한 정보를 어떻게 보여주는지 설명한다.

잉여군 G/H에 대한 연산이 군 G의 연산으로부터 나온다는 사실은 군 G의 많은 성질을 잉여군 G/H의 성질로부터 추론할 수 있음을 보여준다. 잉여군이 중요한 이유는 일반적으로 구조가 덜 복잡한 잉여군 G/H에서 시험해봄으로써 군 G의 성질을 추론할 수 있다는 점이다. 사실 잉여군 G/H는 군 G의 덜 복잡한 근삿값으로 생각할 수 있다(마치 무리수 π의 근삿값으로 유리수 3.14를 사용하는 것과 같다). 군과 잉여군 사이의 여러 관계에 대한 내용은 연습문제에서 확인한다.

정리 9.3 $G/Z(G)$ 정리
군 G의 중심 $Z(G)$에 대해 $G/Z(G)$가 순환군이면 G는 가환군이다.

증명

G가 가환군일 필요충분조건은 $Z(G)=G$이므로, $G/Z(G)$의 유일한 원소는 항등원 잉여류 $Z(G)$임을 보이면 된다. 이를 보이기 위해 $G/Z(G)=\langle gZ(G)\rangle$이고 $a\in G$라 하자. 그러면 $aZ(G)=(gZ(G))^i=g^iZ(G)$를 만족하는 정수 i가 존재한다. 따라서 $Z(G)$의 어떤 원소 z에 대해 $a=g^iz$이다. g^i과 z는 g와 교환법칙을 만족하므로 모두 $C(g)$의 원소이다. 따라서 a도 $C(g)$의 원소이다. a는 G의 임의의 원소이므로 G의 모든 원소와 g 사이에 교환법칙이 성립한다. 따라서 $g\in Z(G)$이다. 그러므로 $gZ(G)=Z(G)$는 $G/Z(G)$의 유일한 원소이다. ■

[정리 9.3]에 대한 몇 가지 설명이 필요하다. 첫째, 증명은 더 좋은 결과를 보여준다. $Z(G)$의 부분군 H에 대해 G/H가 순환군이면 G는 가환군이다. 둘째, 실제로는 [정리 9.3]의 대우를 자주 사용한다. 즉, G가 가환군이 아닐 때, $G/Z(G)$는 순환군이 아니다. 예를 들어 이 대우명제와 라그랑주 정리를 이용하면 소수 p, q에 대해 위수가 pq인 비가환군이 자명한 중심을 갖는다는 사실은 바로 나온다. 셋째, $G/Z(G)$가 순환군이면 이는 자명한 군이 될 수밖에 없다.

[EX 9.15]와 [EX 9.16]은 G에 대한 정보를 얻기 위해 잉여군 G/H에 대한 정보를 다시 가져오는 방법을 보여준다.

EX 9.15 H를 군 G의 정규부분군이라 하고 $\overline{K}=\{H,\ a_1H,\ a_2H,\ a_3H\}$를 잉여군 G/H의 부분군이라고 하자. 그러면 집합 $K=H\cup a_1H\cup a_2H\cup a_3H$($\overline{K}$에서 G로의 '당김(pull back)'이라고 함)는 위수가 $4|H|$인 G의 부분군이다. 이를 보이기 위해 $a_0=e$, a_i, $a_j\in\{a_0,\ a_1,\ a_2, a_3\}$이라 하자. 그러면 임의의 a_ih_i, $a_jh_j\in K$에 대해 $(a_ih_i)(a_jh_j)\in a_iHa_jH=a_kH$를 만족하는 $k=0,\ 1,\ 2,\ 3$이 존재하므로 $(a_ih_i)(a_jh_j)$는 K의 원소이다.

G에서 H의 모든 좌잉여류의 합집합을 K라고 하면 모든 잉여군에 [EX 9.15]와 비슷한 주장을 적용할 수 있다.

EX 9.16 G가 유한군이고 잉여군 G/H가 위수 n인 원소 aH를 갖는다고 하자. G가 위수 n인 원소를 갖는다는 것을 보이자. $|a|=k$라 하면 군 G/H에서 $(aH)^k=a^kH=H$이고, [정리 4.1]의 [따름정리 3]에 의해 k가 n의 배수이다. $k=mn$이라 하면 $(a^m)^n=a^k=e$이고, n이 이를 만족하는 가장 작은 양의 정수임을 알 수 있다.

정리 9.4 $G/Z(G) \approx \text{Inn}(G)$

임의의 군 G에 대해 $G/Z(G)$는 $\text{Inn}(G)$와 동형이다.

증명

$T: gZ(G) \to \phi_g$로 주어진 $G/Z(G)$에서 $\text{Inn}(G)$로의 사상을 생각해보자(G의 모든 원소 x에 대해 $\phi_g(x) = gxg^{-1}$임을 상기한다). 먼저 T가 잘 정의되어 있음을 보인다. 이를 보이기 위해 $gZ(G) = hZ(G)$라 가정하고 $\phi_g = \phi_h$임을 확인한다(이 결과는 $Z(G)$의 잉여류의 상(image)은 잉여류 대표원소가 아닌 잉여류 자체에만 의존한다는 것을 보여준다.) $gZ(G) = hZ(G)$이므로 $h^{-1}g$는 $Z(G)$의 원소이다. 그러면 G의 모든 원소 x에 대해 $h^{-1}gx = xh^{-1}g$이다. 따라서 G의 모든 원소 x에 대해 $gxg^{-1} = hxh^{-1}$이므로 $\phi_g = \phi_h$이다. 위 논증을 역순으로 하면 T가 단사함수임을 알 수 있고, 분명히 T는 전사함수이다. 그리고 G의 모든 원소 g, h에 대해 $\phi_g\phi_h = \phi_{gh}$이므로 T는 연산을 보존한다. ■

[정리 9.3]과 [정리 9.4]를 응용하여 직접 조사하지 않고 $\text{Inn}(D_6)$을 쉽게 구할 수 있다.

EX 9.17 [EX 3.15]에서 $|Z(D_6)| = 2$임을 확인했다. 즉, $|D_6/Z(D_6)| = 6$이다. 따라서 위수가 6인 군의 분류([정리 7.3] 참고)에 의해 $\text{Inn}(D_6)$이 D_3 또는 $\mathbb{Z}_6$과 동형임을 알 수 있다. $\text{Inn}(D_6)$이 순환군이면 [정리 9.4]에 의해 $D_6/Z(D_6)$도 순환군이다. 그러면 [정리 9.3]에 의해 D_6은 가환군이다. 따라서 $\text{Inn}(D_6)$은 D_3과 동형이다.

다음 정리는 유한군 이론에서 사용되는 아주 강력한 증명 기법 중 하나인 잉여군과 수학적 귀납법의 결합을 보여준다.

정리 9.5 가환군에 대한 코시 정리(Cauchy's theorem)

G를 유한 가환군이라 하고, p를 G의 위수의 약수인 소수라 하자. 그러면 G는 위수가 p인 원소를 갖는다.

증명

G의 위수가 2인 경우에 이 정리는 분명히 참이다. $|G|$에 대해 수학적 귀납법의 두 번째 원리를 이용하여 정리를 증명하고자 한다. 즉, G보다 적은 원소를 갖는 모든 가환군에 대해 주어진 정리가 참이라 가정하고, 이 가정을 이용해 G에 대해서도 정리가 참임을 보일 것이다. G는 분명히 위수가

소수인 원소를 갖는다. 만약 $|x| = m$이고 소수 q에 대해 $m = qn$이면 $|x^n| = q$이다. x가 어떤 소수 q를 위수로 갖는 G의 원소라고 하자. 이때 $q = p$이면 정리가 증명된다. 따라서 $q \neq p$라고 가정하자. 가환군의 모든 부분군은 정규부분군이므로 잉여군 $\overline{G} = G/\langle x \rangle$를 구할 수 있다. $\overline{G}$는 가환군이고, $|\overline{G}| = |G|/q$이므로 p는 $|\overline{G}|$의 약수이다. 따라서 수학적 귀납법에 의해 $\overline{G}$는 위수가 p인 원소를 갖고, [EX 9.16]에 의해 G도 마찬가지로 위수가 p인 원소를 갖는다. ■

9.4 내직적

외직적은 여러 개의 군들을 서로 합쳐서 더 큰 군을 만드는 방법으로 각 군을 큰 군의 한 성분으로 간주함으로써, 각 성분에 있는 군들의 성질로부터 큰 군의 성질을 결정하는 방식이다. 예를 들어 $G = H \oplus K$이면 $|G| = |H||K|$이다. $G = H \oplus K$의 모든 원소는 $h \in H$, $k \in K$일 때, (h, k) 형태로 유일하게 나타낼 수 있고, $(h_1, k_1)(h_2, k_2) = (h_1h_2, k_1k_2)$이다. $|h|$와 $|k|$가 유한한 경우 $|(h, k)| = \text{lcm}(|h|, |k|)$이다. H와 K가 가환군이면 G는 가환군이고, H와 K가 순환군이며 $|h|$와 $|k|$가 서로소이면 $H \oplus K$는 순환군이다.

이 과정을 반대로 할 수 있다면, 즉 괄호와 콤마 없이 동일한 성질이 유지되는 방식으로 큰 군 G에서 시작하여 부분군 H와 K의 곱으로 분해할 수 있다면 매우 유용할 것이다. 즉, $G = HK$일 때 $|G| = |H||K|$가 되는 경우이다. 이 경우에는 다음을 만족해야 한다. G의 모든 원소는 $h \in H$, $k \in K$에 대해 hk 형태로 유일하게 나타나고, $h_1k_1h_2k_2 = h_1h_2k_1k_2$이며, $|h|$와 $|k|$가 유한한 경우 $|hk| = \text{lcm}(|h|, |k|)$이다. 요약하면, 군 HK가 군 $H \oplus K$와 같은 성질을 갖는 경우이다. 종종 이와 같은 경우가 가능하다.

정의 H와 K의 내직적

G의 정규부분군 H, K에 대해 $G = HK$이고 $H \cap K = \{e\}$이면, G를 H와 K의 **내직적** (internal direct product)이라 하고 $G = H \times K$로 표기한다.

'내직적'이라는 용어는 정당화하기 쉽다. 만약 H와 K가 G의 부분군이고 G가 H와 K의 외직적과 동형이면 G를 H와 K의 내직적이라고 하는 게 자연스럽다. 군 G에서 시작하여 G가 H와 K의 외직적과 동형이 되도록 하는 G의 두 부분군 H, K를 찾아서 H와 K의 내직적을 만든다(정의를 이용하면 이 결과가 참임을 알 수 있다. [정리 9.6]을 참고하자).

한편, 서로 관련이 있든 없든 임의의 두 군 H와 K로 시작하여 외직적을 만들어서 더 큰 군 $H \oplus K$를 구한다. 두 곱의 차이점을 알아보자. 내직적은 G의 부분군과 G의 연산을 이용해 G 자체 내에서 형성될 수 있는 반면에, 외직적은 서로 관련되지 않은 군으로 새로운 집합과 새로운 연산을 생성하여 만들 수 있다([그림 9.1], [그림 9.2] 참고).

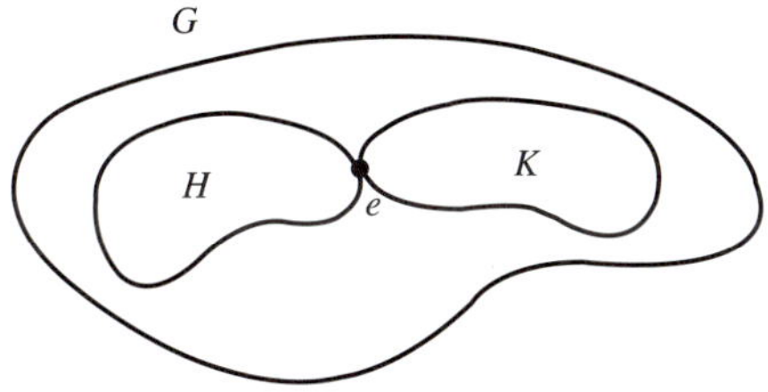

[그림 9.1] 내직적을 정의하려면 H와 K는 같은 군의 부분군이어야 한다.

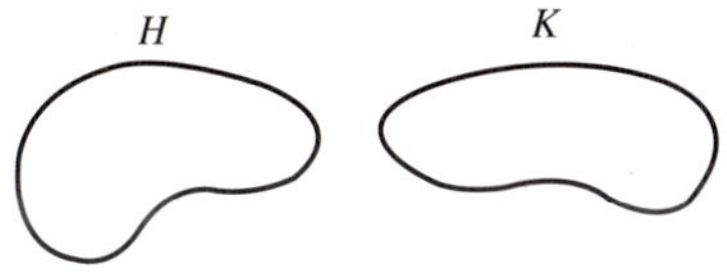

[그림 9.2] 외직적을 정의할 때 H와 K는 임의의 군일 수 있다.

앞에서 논의한 군의 두 가지 곱의 차이점을 확인하는 데 다음과 같은 정수에 대한 유추는 유용하다. (유한개의) 정수들을 이용해 정수들 사이의 곱을 만들 수 있는 것처럼, 여러 군의 외직적을 만들 수 있다. 반대로 특정한 정수에서 시작하여 이 정수를 약수들의 곱으로 표현할 수 있는 것처럼, 특정한 군에서 시작하여 이 군을 특정한 부분군들의 내직적으로 분해할 수 있다. [EX 9.18]은 [정리 8.3]의 내용을 개선한다.

EX 9.18 서로소인 양의 정수 s, t에 대해 $U(st) = U_s(st) \times U_t(st)$이다.

EX 9.19 위수가 12인 정이면체군 D_6에 대해 F를 반사이동, R_k를 $k°$만큼의 회전이동이라 하면 다음과 같다.

$$D_6 = \{R_0,\ R_{120},\ R_{240},\ F,\ R_{120}F,\ R_{240}F\} \times \{R_0,\ R_{180}\}$$

[EX 9.19]는 D_6이 $D_3 \oplus \mathbb{Z}_2$와 동형임을 보여준다([연습문제 9.84] 참고).

내직적의 정의의 모든 조건이 $HK \approx H \oplus K$를 정당화하는 데 필요한 조건임에 주의를 기울여야 한다. 예를 들면 $G = S_3$, $H = \langle (123) \rangle$, $K = \langle (12) \rangle$에 대해 $G = HK$이고 $H \cap K = \{(1)\}$이다. 그러나 G는 $H \oplus K$와 동형이 아니다. 왜냐하면 [정리 8.2]에 의해 $H \oplus K$는 순환군이지만 S_3은 순환군이 아니기 때문이다. 이때 K는 정규부분군이 아님에 유의하자.

군 G는 부분군들의 모임의 내직적일 수도 있다.

정의 내직적 $H_1 \times H_2 \times \cdots \times H_n$

$H_1, H_2, \cdots, H_n$을 G의 유한개의 정규부분군의 모임이라 하자. 다음 두 조건을 만족하면 G를 $H_1, H_2, \cdots, H_n$의 **내직적**(internal direct product)이라 하고 $G = H_1 \times H_2 \times \cdots \times H_n$으로 표기한다.

(1) $G = H_1 H_2 \cdots H_n = \{h_1 h_2 \cdots h_n \mid h_i \in H_i\}$

(2) $i = 1, 2, \cdots, n-1$에 대해 $(H_1 H_2 \cdots H_i) \cap H_{i+1} = \{e\}$

이 정의는 두 부분군에 대한 내직적의 정의보다 다소 복잡하다. 아마도 이 정의가 어떻게 나오게 되었는지 궁금할 수 있다. 예를 들어 부분군들이 왜 정규부분군이어야 하고, 각 부분군이 이전의 모든 부분군들의 곱과 서로소여야 바람직할까? 그 이유는 아주 간단하다. 내직적이 외직적과 동형이 되기를 원하기 때문이다. 다음 정리에서 알 수 있듯이, 내직적의 정의에 있는 조건은 내직적과 외직적이 동형이 된다는 사실을 보장하기 위해 선택되었다.

정리 9.6 $H_1 \times H_2 \times \cdots \times H_n \approx H_1 \oplus H_2 \oplus \cdots \oplus H_n$

군 G가 유한개의 부분군 $H_1, H_2, \cdots, H_n$의 내직적이면 G는 $H_1, H_2, \cdots, H_n$의 외직적과 동형이다.

증명

먼저 H의 정규성과 내직적의 정의의 조건 (2)가 서로 다른 H_i의 원소 h_i들 사이에 교환법칙이 성립함을 보장한다는 사실을 보일 것이다. $i \neq j$일 때, $h_i \in H_i$, $h_j \in H_j$이면 다음이 성립한다.

$$(h_i h_j h_i^{-1}) h_j^{-1} \in H_j h_j^{-1} = H_j$$

$$h_i (h_j h_i^{-1} h_j^{-1}) \in h_i H_i = H_i$$

따라서 $h_i h_j h_i^{-1} h_j^{-1} \in H_i \cap H_j = \{e\}$ ([연습문제 9.5] 참고)이므로 $h_i h_j = h_j h_i$이다. 다음으로 G의 원소가 각 $h_i \in H_i$에 대해 $h_1 h_2 \cdots h_n$ 형태로 유일하게 표현될 수 있음을 증명하고자 한다. 내직

적 정의의 조건 (1)에 의해 이와 같은 표현이 적어도 하나 존재한다. 이제 유일성을 증명하기 위해 $g = h_1h_2 \cdots h_n$, $g = h_1'h_2' \cdots h_n'$이라고 하자. 여기서 $i = 1, 2, \cdots, n$에 대해 h_i와 h_i'은 H_i의 원소이다. 그러면 서로 다른 H_i의 원소 h_i들 사이에 교환법칙이 성립한다는 사실을 이용해 다음 방정식을 풀 수 있다.

$$h_1h_2 \cdots h_n = h_1'h_2' \cdots h_n' \tag{9.1}$$

$h_n'h_n^{-1}$에 대해 위 식을 풀면 다음과 같다.

$$h_n'h_n^{-1} = (h_1')^{-1}h_1(h_2')^{-1}h_2 \cdots (h_{n-1}')^{-1}h_{n-1}$$

그러나 다음이 성립한다.

$$h_n'h_n^{-1} \in H_1H_2 \cdots H_{n-1} \cap H_n = \{e\}$$

따라서 $h_n'h_n^{-1} = e$이므로 $h_n' = h_n$이다. 식 (9.1)의 양변에서 h_n과 h_n'을 소거하고 앞의 과정을 반복하면 $h_{n-1} = h_{n-1}'$을 얻는다. 이런 방식으로 계속하면 결국 $i = 1, 2, \cdots, n$에 대해 $h_i = h_i'$이다. 이제 주장을 확인했으므로 G에서 $H_1 \oplus H_2 \oplus \cdots \oplus H_n$으로의 함수 ϕ를 $\phi(h_1h_2 \cdots h_n) = (h_1, h_2, \cdots, h_n)$으로 정의할 수 있다. ϕ가 동형사상이라는 것은 쉽게 확인할 수 있으므로 독자에게 남긴다. ■

군 $G = H \times K$에 대해 [정리 9.6]의 본질은 $H \oplus K$에서의 곱 $(h_1, k_1)(h_2, k_2) = (h_1h_2, k_1k_2)$가 $H \times K$에서의 $h_1h_2k_1k_2$와 동일하다는 것이다. 따라서 $H \oplus K$의 연산은 괄호와 콤마를 무시하고 H와 K를 구분함으로써 HK 내에서 계산할 수 있다.

U-군은 앞의 아이디어를 설명하고 내직적과 외직적 사이의 구분을 명확히 하는 편리한 방법을 제공한다. [정리 8.3]과 그 [따름정리], [정리 9.6]에 의해 $i \neq j$에 대해 $\gcd(n_i, n_j) = 1$이고 $m = n_1n_2 \cdots n_k$이면 다음이 성립한다.

$$\begin{aligned} U(m) &= U_{m/n_1}(m) \times U_{m/n_2}(m) \times \cdots \times U_{m/n_k}(m) \\ &\approx U(n_1) \oplus U(n_2) \oplus \cdots \oplus U(n_k) \end{aligned}$$

[정리 8.3]의 아래에 주어진 다음 예를 다시 생각해보자.

$$\begin{aligned} U(105) &= U(15 \cdot 7) = U_{15}(105) \times U_7(105) \\ &= \{1, 16, 31, 46, 61, 76\} \times \{1, 8, 22, 29, 43, 64, 71, 92\} \\ &\approx U(7) \oplus U(15) \end{aligned}$$

$$\begin{aligned} U(105) &= U(5 \cdot 21) = U_5(105) \times U_{21}(105) \\ &= \{1,\ 11,\ 16,\ 26,\ 31,\ 41,\ 46,\ 61,\ 71,\ 76,\ 86,\ 101\} \times \{1,\ 22,\ 43,\ 64\} \\ &\approx U(21) \oplus U(5) \end{aligned}$$

$$\begin{aligned} U(105) &= U(3 \cdot 5 \cdot 7) = U_{35}(105) \times U_{21}(105) \times U_{15}(105) \\ &= \{1,\ 71\} \times \{1,\ 22,\ 43,\ 64\} \times \{1,\ 16,\ 31,\ 46,\ 61,\ 76\} \\ &\approx U(3) \oplus U(5) \oplus U(7) \end{aligned}$$

위와 같은 아이디어는 U-군의 다양한 부분군을 찾는 쉬운 방법을 제공한다.

EX 9.20 $U(1000)$의 위수가 4, 100, 200인 부분군을 구해보자. [정리 8.3]에 의해 $U(1000) \approx U(8) \oplus U(125) \approx U_{125}(1000) \oplus U_8(1000) \approx \mathbb{Z}_2 \oplus \mathbb{Z}_2 \oplus \mathbb{Z}_{100}$이다. $U(1000)$의 위수가 4, 100인 부분군은 각각 $U_{125}(1000) = \{1,\ 251,\ 501,\ 751\}$과 $U_8(1000)$이다. 251의 위수는 2이므로 부분군 $\langle 251 \rangle U_8(1000)$의 위수는 200이다.

다음으로 [정리 9.6]을 적용하여 두 가지 분류 정리를 증명한다. 먼저 지금까지 증명한 분류 정리를 검토해보자. [정리 9.8]은 다음 페이지에 있는 목록의 마지막 결과를 모든 소수 p에 대한 결과로 일반화한다.

- **유한 순환군의 부분군의 분류** : 군의 위수의 각 약수를 위수로 갖는 부분군이 정확히 하나 존재하고 다른 부분군은 없다.
- **위수가 소수인 군의 분류** : 위수가 소수 p인 모든 군은 $\mathbb{Z}_p$와 동형이다.
- **홀수인 소수 p에 대해 위수가 $2p$인 군의 분류** : 소수 p에 대해 위수가 $2p$인 모든 군은 $\mathbb{Z}_{2p}$ 또는 D_p와 동형이다.
- **위수가 4인 군의 분류** : 위수가 4인 모든 군은 $\mathbb{Z}_4$ 또는 $\mathbb{Z}_2 \oplus \mathbb{Z}_2$와 동형이다.

정리 9.7 제곱 인수가 없는 위수를 갖는 유한 가환군의 분류

서로 다른 소수 p_i에 대해 위수가 $p_1 p_2 \cdots p_k$인 모든 가환군은 순환군이다.

증명

서로 다른 소수 p_i에 대해 G를 위수가 $p_1 p_2 \cdots p_k$인 군이라고 하자. 코시 정리에 의해 G는 $i = 1,\ 2,\ \cdots,\ k$에 대해 위수가 p_i인 부분군 H_i를 갖는다. [정리 7.2]와 라그랑주 정리에 의해 $G = H_1 \times H_2 \times \cdots \times H_k$이다. 따라서 [정리 9.6]과 [정리 8.2]의 [따름정리 1]에 의해 G는 순환군이다. ■

정리 9.8 위수가 p^2인 군의 분류

소수 p에 대해 위수가 p^2인 모든 군은 $\mathbb{Z}_{p^2}$ 또는 $\mathbb{Z}_p \oplus \mathbb{Z}_p$와 동형이다.

증명

G를 소수 p에 대해 위수가 p^2인 군이라고 하자. 군 G에 위수가 p^2인 원소가 존재하면 G는 $\mathbb{Z}_{p^2}$과 동형이다. 따라서 라그랑주 정리의 [따름정리 2]에 의해 G의 항등원이 아닌 모든 원소의 위수가 p라고 가정할 수 있다. 먼저 임의의 원소 a에 대해 부분군 $\langle a \rangle$가 G의 정규부분군임을 보이자. 만약 정규부분군이 아니면 $b\langle a \rangle b^{-1} = \langle bab^{-1} \rangle \not\subseteq \langle a \rangle$인 원소 b가 G에 존재한다. 그러면 $\langle a \rangle$와 $\langle bab^{-1} \rangle$은 위수가 p인 서로 다른 부분군이다. $\langle a \rangle \cap \langle bab^{-1} \rangle$은 $\langle a \rangle$와 $\langle bab^{-1} \rangle$ 모두의 부분군이므로 $\langle a \rangle \cap \langle bab^{-1} \rangle = \{e\}$이다. 이 결과에 따라 $\langle bab^{-1} \rangle$의 서로 다른 좌잉여류는 $\langle bab^{-1} \rangle$, $a\langle bab^{-1} \rangle$, $a^2\langle bab^{-1} \rangle$, $\cdots$, $a^{p-1}\langle bab^{-1} \rangle$이다. b^{-1}은 이러한 잉여류 중 하나에 속해야 하므로, 어떤 i, j에 대해 b^{-1}을 $b^{-1} = a^i(bab^{-1})^j = a^iba^jb^{-1}$ 형태로 나타낼 수 있다. b^{-1}을 소거하면 $e = a^iba^j$이다. 따라서 $b = a^{-i-j} \in \langle a \rangle$이다. 이 모순은 $\langle a \rangle$ 형태의 모든 부분군이 G의 정규부분군이라는 주장을 확인한다. 증명을 완료하기 위해 x를 G의 항등원이 아닌 원소라 하고 y를 $\langle x \rangle$에 없는 G의 원소라고 하자. 그러면 위수 비교와 [정리 9.6]을 통해 $G = \langle x \rangle \times \langle y \rangle \approx \mathbb{Z}_p \oplus \mathbb{Z}_p$임을 알 수 있다. ■

[정리 9.8]로부터 다음과 같은 중요한 [따름정리]를 바로 얻을 수 있다.

따름정리

소수 p에 대해 G가 위수 p^2인 군이면 G는 가환군이다.

$G = H_1 \oplus H_2 \oplus \cdots \oplus H_n$이면 G는 H_1, $H_2, \cdots$, H_n과 동형인 부분군들의 내직적으로 나타낼 수 있다. 예를 들어 $G = H_1 \oplus H_2$이면 $\overline{H_1} = H_1 \oplus \{e_1\}$과 $\overline{H_2} = H_2 \oplus \{e_2\}$에 대해 $G = \overline{H_1} \times \overline{H_2}$이다.

직적에 대한 주제는 기호과 용어가 매우 다양하다. 대부분의 저자들이 H와 K의 내직적과 외직적의 기호에 차이를 두지 않고 $H \times K$로 표기한다. 일부 저자들은 외직적만 정의한다. 많은 사람들이 임의의 군에 대한 외직적을 $H \oplus K$로 표기하지 않는다. 이는 H와 K가 덧셈에 대한 가환군인 경우에 외직적을 $H \oplus K$로 표기하기 위함이다. 이때 이를 H와 K의 **직합**(direct sum)이라고 한다. 사실 이후 환에 대한 내용을 다룰 때는 이 용어를 사용할 것이다. 환은 항상 덧셈에 대한 가환군이기 때문이다.

9장 연습문제

> 수학의 핵심은 문제이다.
>
> **헐모시 팔(Halmos Pál)**

9.1 $H = \{(1),\ (12)\}$는 S_3의 정규부분군인가?

9.2 A_n이 S_n의 정규부분군임을 증명하라.

9.3 D_4에서 $K = \{R_0,\ R_{90},\ R_{180},\ R_{270}\}$이라 하자. $x \in K$에 대해 HR_{90}을 xH 형태로 나타내고, DR_{270}을 xD 형태로 나타내라. 또 $x \in K$에 대해 $R_{90}V$를 Vx 형태로 나타내라.

9.4 $(12)(13)(14)$를 $\alpha(12)\,(\alpha \in A_4)$ 형태로 나타내고, $(1234)(12)(23)$을 $\alpha(1234)\,(\alpha \in A_4)$ 형태로 나타내라.

9.5 G가 $H_1,\ H_2, \cdots,\ H_n$의 내직적이고, $1 \le i \le n,\ 1 \le j \le n\ \ i \ne j$이면 $H_i \cap H_j = \{e\}$임을 보여라.[2]

9.6 $H = \left\{ \begin{bmatrix} a & b \\ 0 & d \end{bmatrix} \middle| a,\ b,\ d \in \mathbb{R},\ ad \ne 0 \right\}$은 $GL(2,\ \mathbb{R})$의 정규부분군인가?

9.7 $G = GL(2,\ \mathbb{R})$이고 K가 $\mathbb{R}^*$의 부분군이라 하자. $H = \{A \in G \mid \det A \in K\}$가 G의 정규부분군임을 증명하라.

9.8 $\mathbb{Z}$의 부분군 $\langle 3 \rangle$, $\langle 12 \rangle$에 대해 $\langle 3 \rangle / \langle 12 \rangle$는 $\mathbb{Z}_4$와 동형임을 증명하라. 마찬가지로 $\langle 8 \rangle / \langle 48 \rangle$이 $\mathbb{Z}_6$과 동형임을 증명하라. 이 결과를 임의의 정수 k와 n에 대한 경우로 일반화하라.

9.9 G에서 H의 지표가 2이면 H는 G의 정규부분군임을 증명하라.[3]

9.10 A_4에서 $H = \{(1), (12)(34)\}$일 때, 다음 물음에 답하라.

(a) H가 A_4의 정규부분군이 아님을 보여라.

(b) A_4에 대한 케일리 표인 [표 5.1]을 참고하여, $\alpha_6 H = \alpha_7 H$이고 $\alpha_9 H = \alpha_{11} H$이지만, $\alpha_6 \alpha_9 H = \alpha_7 \alpha_{11} H$이 아님을 보여라. 이 결과가 H의 좌잉여류가 잉여류 곱셈에 대해 군을 만들지 않음을 증명하는 이유를 설명하라.

---

2 이 문제는 이 장의 본문에서 살펴봤다.

3 이 문제는 이 장의 본문에서 살펴봤고, 23장과 24장에서 다시 언급한다.

9.11 순환군의 잉여군이 순환군임을 증명하라.

9.12 가환군의 잉여군이 가환군임을 증명하라.

9.13 H를 유한군 G의 정규부분군이라 하고 a를 G의 원소라 할 때, 다음 문장의 빈칸을 채워라.

잉여군 G/H의 원소 aH의 위수는 a^n이 ______ 인 가장 작은 양의 정수 n이다.

9.14 잉여군 $\mathbb{Z}_{24}/\langle 8\rangle$에서 원소 $14+\langle 8\rangle$의 위수를 구하라.

9.15 $U(100)$에서 $H=\langle 21\rangle=\{1, 21, 41, 61, 81\}$이라 하자. $U(100)/H$에서 $|9H|$와 $|13H|$를 구하라.

9.16 $Z(D_6)=\{R_0, R_{180}\}$임을 상기하라. 잉여군 $D_6/Z(D_6)$의 원소 $R_{60}Z(D_6)$의 위수를 구하라.

9.17 군 $\mathbb{Q}/\langle 3.5\rangle$에서 $a+\langle 3.5\rangle=8+\langle 3.5\rangle\,(0<a<3.5)$를 만족하는 유일한 원소 $a+\langle 3.5\rangle$를 구하라.

9.18 k가 n의 약수라 하자. $\mathbb{Z}_n/\langle k\rangle$와 동형인 친숙한 군에 무엇이 있을까?

9.19 H가 G의 정규부분군이고 $|H|=2$일 때, H가 G의 중심에 포함됨을 증명하라. 위수가 2인 D_n의 모든 정규부분군을 구하라.

9.20 $U(40)/U_8(40)$은 순환군이지만, $U(40)/U_5(40)$은 순환군이 아님을 증명하라.

9.21 위수가 33인 가환군이 순환군임을 증명하라. p, q가 서로 다른 소수일 때, 33을 pq로 바꾸더라도 증명이 유효할까? 가환군의 위수가 $p_1p_2\cdots p_k$(p_i는 서로 다른 소수)인 경우로 일반화하라.

9.22 군 $(\mathbb{Z}\oplus\mathbb{Z})/(\langle(2, 2)\rangle)$가 두 원소 $(1, 0)+\langle(2, 2)\rangle$와 $(1, 1)+\langle(2, 2)\rangle$에 의해 생성됨을 증명하라. 즉, $(\mathbb{Z}\oplus\mathbb{Z})/(\langle(2, 2)\rangle)$의 모든 원소는 $a(1, 0)+\langle(2, 2)\rangle+b(1, 1)+\langle(2, 2)\rangle$ 형태로 나타낼 수 있다. 이때 $b=0$ 또는 $b=1$이다. 어떤 순환군의 외직적이 $(\mathbb{Z}\oplus\mathbb{Z})/(\langle(2, 2)\rangle)$와 동형인가? 또 어떤 순환군의 외직적이 $(\mathbb{Z}\oplus\mathbb{Z})/(\langle(n, n)\rangle)$과 동형인가?

9.23 군 $(\mathbb{Z}\oplus\mathbb{Z})/(\langle(2, 0)\rangle\oplus\langle(0, 2)\rangle)$의 원소 개수를 구하라. 이 군은 순환군인가?

9.24 군 $(\mathbb{Z}_4\oplus\mathbb{Z}_{12})/(\langle(2, 2)\rangle)$는 $\mathbb{Z}_8$, $\mathbb{Z}_4\oplus\mathbb{Z}_2$, $\mathbb{Z}_2\oplus\mathbb{Z}_2\oplus\mathbb{Z}_2$ 중 하나와 동형이다. 하나씩 소거하여 어떤 군과 동형인지 구하라.

9.25 $G=U(32)$이고 $H=\{1,\ 15\}$라고 하자. 군 G/H는 $\mathbb{Z}_8$, $\mathbb{Z}_4 \oplus \mathbb{Z}_2$, $\mathbb{Z}_2 \oplus \mathbb{Z}_2 \oplus \mathbb{Z}_2$ 중 하나와 동형이다. 하나씩 소거하여 어떤 군과 동형인지 구하라.

9.26 법 120에 관한 곱셈에 대한 군 $H=\{1,\ 17,\ 41,\ 49,\ 73,\ 89,\ 97,\ 113\}$을 $\mathbb{Z}_{2^k}$ 형태의 군의 외직적으로 나타내라. 또 H를 자명하지 않은 부분군의 내직적으로 나타내라.

9.27 $G=U(16)$, $H=\{1,\ 15\}$, $K=\{1,\ 9\}$일 때, H와 K는 동형인가? 또 G/H와 G/K는 동형인가?

9.28 $G=\mathbb{Z}_4 \oplus \mathbb{Z}_4$, $H=\{(0,\ 0), (2,\ 0), (0,\ 2), (2,\ 2)\}$, $K=\langle(1,\ 2)\rangle$일 때, G/H는 $\mathbb{Z}_4$ 또는 $\mathbb{Z}_2 \oplus \mathbb{Z}_2$와 동형인가? 또 G/K는 $\mathbb{Z}_4$ 또는 $\mathbb{Z}_2 \oplus \mathbb{Z}_2$와 동형인가?

9.29 위수가 8인 비가환군을 진부분군의 내직적으로 표현할 수 없는 이유를 설명하라.

9.30 $U(165)$를 네 가지 방법으로 진부분군의 내직적으로 표현하라.

9.31 $\mathbb{R}^*$를 곱셈에 대한 0이 아닌 모든 실수 집합의 군이라 하고, $\mathbb{R}^+$를 곱셈에 대한 양의 실수 집합의 군이라 하자. $\mathbb{R}^*$가 $\mathbb{R}^+$와 부분군 $\{1, -1\}$의 내직적임을 증명하라.

9.32 N이 G의 정규부분군이고 $|G/N|=m$이면, G의 모든 원소 x에 대해 $x^m \in N$임을 보여라.

9.33 H와 K를 군 G의 부분군이라고 하자. $G=HK$이고 $g=hk(h \in H,\ k \in K)$이면, $|g|$, $|h|$, $|k|$ 사이에 어떤 관계가 성립하는가? 만약 $G=H\times K$라면 결과는 어떻게 될까?

9.34 $\mathbb{Z}$에서 $H=\langle 5\rangle$, $K=\langle 7\rangle$일 때, $\mathbb{Z}=HK$임을 증명하라. $Z=H\times K$인가?

9.35 $G=\{3^a6^b10^c \mid a,\ b,\ c \in \mathbb{Z}\}$와 $H=\{3^a6^b12^c \mid a,\ b,\ c \in \mathbb{Z}\}$를 곱셈에 대한 군이라 하자. $G=\langle 3\rangle \times \langle 6\rangle \times \langle 10\rangle$이지만, $H \neq \langle 3\rangle \times \langle 6\rangle \times \langle 12\rangle$임을 증명하라.

9.36 $\mathbb{R}^*$(곱셈에 대한 0이 아닌 실수 집합의 군)에서 지표가 2인 모든 부분군을 구하라.

9.37 G를 유한군이라 하고 H를 G의 정규부분군이라 할 때, 임의의 원소 $g \in G$에 대해 $|gH|$가 $|g|$의 약수임을 증명하라.

9.38 모든 양의 정수 n에 대해 $\mathbb{Q}/\mathbb{Z}$가 위수 n인 원소를 가짐을 증명하라.

9.39 H를 G의 모든 원소 a, b에 대해 $aHbH=abH$인 군 G의 부분군이라고 하자. H가 G의 정규부분군임을 증명하라.

9.40 S_3에서 $H=\{(1),\ (12)\}$라고 하자. $(13)H(23)H \neq (13)(23)H$임을 보여라(이 결과는 H가 군 G의 정규부분군이 아닐 때, 군 G에 있는 H의 두 좌잉여류의 곱이 G에 있는 H의 좌잉여류일 필요가 없음을 의미한다).

9.41 덧셈에 대한 유리수 집합의 군 $\mathbb{Q}$에 유한 지표를 갖는 진부분군이 존재하지 않음을 보여라.

9.42 어떤 b에 대해 b^2 형태로 표현할 수 있는 원소를 **제곱**(square)이라고 한다. G가 가환군이고 H가 G의 부분군이라고 가정하자. H의 모든 원소가 제곱이고 G/H의 모든 원소가 제곱이면 G의 모든 원소가 제곱임을 증명하라. '제곱'을 'n제곱(n은 임의의 정수)'으로 바꿔도 증명이 유효할까?

9.43 잉여군 G/H에서 $|a| \neq |b|$이지만 $aH=bH$인 예를 제시하라.

9.44 [정리 9.6]의 증명 끝부분에서 정의한 사상이 동형사상인지 확인하라.

9.45 H를 D_n의 회전이동들의 모임인 부분군이라고 할 때, H가 D_n의 정규부분군임을 증명하라.

9.46 D_{13}이 $\mathrm{Inn}(D_{13})$과 동형임을 보여라.

9.47 H와 K를 군 G의 부분군이라고 하자. $|H|=63$이고 $|K|=45$이면 $H \cap K$가 가환군임을 증명하고, 이 결과를 일반화하라.

9.48 군 G에 대해 $|G:Z(G)|=4$이면 $G/Z(G) \approx \mathbb{Z}_2 \oplus \mathbb{Z}_2$임을 증명하라.

9.49 G가 위수가 p^3(p는 소수)인 비가환군이고 $Z(G) \neq \{e\}$라 하자. $|Z(G)|=p$임을 증명하라.

9.50 $|G|=pq$(p, q는 서로 다를 필요는 없는 소수)이면 $|Z(G)|=1$ 또는 pq임을 증명하라.

9.51 H가 G의 정규부분군이고 K가 H를 포함하는 G의 부분군이라 하자. K가 G에서 정규부분군일 필요충분조건은 K/H가 G/H에서 정규부분군인 것임을 증명하라.

9.52 G가 가환군이고 H가 유한 위수를 갖는 G의 모든 원소로 구성된 부분군이라고 하자. G/H의 항등원이 아닌 모든 원소가 무한 위수를 가짐을 증명하라.

9.53 유한 지표를 갖는 $\mathbb{R}^*$의 모든 부분군을 구하라.

9.54 $G=\{\pm 1, \pm i, \pm j, \pm k\}$라 하자. 여기서 $i^2=j^2=k^2=-1$, $-i=(-1)i$, $1^2=(-1)^2=1$, $ij=-ji=k$, $jk=-kj=i$, $ki=-ik=j$이다. 다음 물음에 답하라.

(a) $H=\{1, -1\} \lhd G$임을 보여라.

(b) G/H에 대한 케일리 표를 작성하라. G/H는 $\mathbb{Z}_4$ 또는 $\mathbb{Z}_2 \oplus \mathbb{Z}_2$와 동형인가?

(앞에서 설명한 i, j, k에 대한 규칙은 다음 원을 이용하면 쉽게 기억할 수 있다.

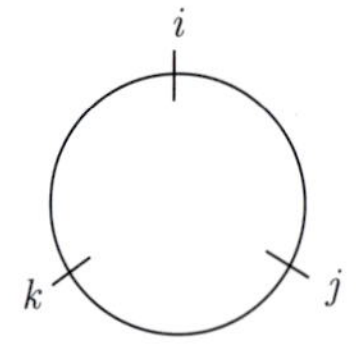

시계방향으로 연속된 두 문자의 곱은 나머지 문자이다. 또 반시계방향으로 연속된 두 문자의 곱은 나머지 문자에 음수를 붙이면 된다. 이와 같은 군을 **사원수군**(quaternions)이라고 한다. 이 군은 1843년 윌리엄 로언 해밀턴(William Rowan Hamilton)이 만들었다. 사원수군은 3차원 공간에서 회전이동을 설명하는 데 사용되며 물리학에서도 사용된다. 사원수군을 이용해 자연스럽게 복소수를 확장할 수 있다).

9.55 D_4에서 $K=\{R_0, D\}$이고 $L=\{R_0, D, D', R_{180}\}$이라 하자. $K \lhd L \lhd D_4$임을 보이고, D_4에서 K가 정규부분군이 아님을 보여라(즉, 정규성은 추이적이지 않다).

9.56 G의 두 정규부분군의 교집합이 G의 정규부분군임을 보이고, 이 결과를 일반화하라.

9.57 H가 유한군 G의 정규부분군이고 G/H가 D_6과 동형일 때, G의 원소의 위수에 대해 무엇을 말할 수 있는가?

9.58 N과 M이 G의 정규부분군이면 NM도 G의 정규부분군임을 증명하라.

9.59 N을 군 G의 정규부분군이라고 하자. N이 순환군이면 N의 모든 부분군도 G의 정규부분군임을 증명하라.[4]

9.60 D_n의 내부자기동형사상을 구하지 않고, 이러한 자기동형사상의 개수를 구하라.

9.61 H를 유한군 G의 정규부분군이라 하고 $x \in G$라 하자. $\gcd(|x|, |G/H|)=1$이면 $x \in H$임을 보여라.[5]

4 이 문제는 23장에서 다시 언급한다.

5 이 문제는 24장에서 다시 언급한다.

9.62 p가 소수이고 $p > m$일 때 G를 위수가 pm인 군이라고 하자. H가 위수 p인 G의 부분군이면 H가 정규부분군임을 증명하라.

9.63 위수가 24인 군에 위수가 3인 부분군이 2개 이상 존재할 경우, 이들 중 어느 것도 정규부분군이 될 수 없음을 증명하라.

9.64 군 G에 대해 G'을 집합 $S = \{x^{-1}y^{-1}xy \mid x, y \in G\}$로 생성된 G의 부분군이라고 하자. 다음을 증명하라.

(a) G'이 G의 정규부분군이다.

(b) G/G'이 가환군이다.

(c) G/N이 가환군이면 $G' \leq N$이다.

(d) H가 G의 부분군이고 $G' \leq H$이면 H는 G의 정규부분군이다.

9.65 군 $\mathbb{C}^*/\mathbb{R}^*$가 무한 위수를 가짐을 증명하라.

9.66 군 G에 위수가 n인 부분군이 있다고 가정하자. 위수가 n인 G의 모든 부분군의 교집합이 G의 정규부분군임을 증명하라.

9.67 G가 가환군이 아닐 때, $\mathrm{Aut}(G)$가 순환군이 아님을 보여라.

9.68 p를 소수라 하자. $\gcd(p, m) = 1$이고 $|G| = p^n m$이라 하자. 그리고 H가 위수 p^n인 G의 정규부분군이라고 가정하자. K가 위수가 p^k인 G의 부분군일 때, $K \subseteq H$임을 보여라.

9.69 g를 군 G의 원소라 하고 H를 위수가 2인 G의 정규부분군이라고 하자. $|g| = 16$이면 군 G/H의 원소 gH의 위수가 8 또는 16임을 증명하라. $|g| = 10$일 때, G/H에서 gH의 위수에 대해 무엇을 말할 수 있는가? 또 $|g| = 2n$인 경우에는 어떻게 될까?

9.70 A_4가 위수 12인 S_4의 유일한 부분군임을 증명하라.

9.71 $|G| = 30$, $|Z(G)| = 5$일 때, 어떤 친숙한 군이 $G/Z(G)$와 동형일까? 또 $|Z(G)| = 3$이면 어떤 친숙한 군이 $G/Z(G)$와 동형일까? 서로 다른 홀수인 소수 p, q에 대해 $|G| = 2pq$(p, q는 서로 다른 홀수인 소수)일 때, 이 결과를 일반화하라.

9.72 군 G에 대해 $|G/Z(G)| = 2p$(p는 홀수인 소수)이면 $G/Z(G)$와 동형인 군은 무엇일까?

9.73 A_5는 위수가 2인 정규부분군을 가질 수 없음을 증명하라.

9.74 G가 군이고 H가 지표가 2인 G의 부분군이라고 하자. H가 G의 홀수 위수를 갖는 모든 원소를 포함함을 보여라.

9.75 $U(72)$에서 위수가 4, 6, 12인 부분군을 찾으라.

9.76 $U(70)$에서 H를 부분군 $\{1, 11, 31, 41, 51, 61\}$이라고 하자. $|9H|$와 $|17H|$를 구하라.

9.77 A_5는 위수가 12인 정규부분군을 갖지 않음을 증명하라.

9.78 $U(60)/H$가 $\mathbb{Z}_8$과 동형이 되도록 하는 $U(60)$의 부분군 H가 존재하지 않는 이유를 설명하라.

9.79 군 $U(200)$과 정규부분군 $H=\{1, 51, 101, 151\}$에 대해 $153H=3H$인 이유를 설명하라.

9.80 군 $\mathbb{Q}/\langle 3.5 \rangle$에서 $|2+\langle 3.5 \rangle|$를 구하라.

9.81 g를 군 G의 원소라 하고 H를 G의 정규부분군이라고 하자. $\gcd(|g|, |H|)=1$이면 $|gH|=|g|$임을 증명하라.

9.82 [EX 9.15]에서 설명한 방법을 이용해 위수가 16인 군 $U(80)$의 부분군을 구하라.

9.83 $G=\langle a_1, a_2, \cdots, a_n \rangle$이고 H가 G의 정규부분군이면 $G/H=\langle a_1H, a_2H, \cdots, a_nH \rangle$임을 증명하라.

9.84 임의의 정수 $n \geq 3$에 대해 D_{2n}이 D_n과 위수 2인 부부군의 내직적으로 표현될 수 있을 필요충분조건은 n이 홀수인 것임을 증명하라.

9.85 G는 가환군이고 $H_1, H_2, \cdots, H_k$는 G의 모든 원소가 $h_1h_2 \cdots h_k (h_i \in H_i)$ 형태로 유일하게 표현되게 하는 G의 부분군이다. $G=H_1 \times H_2 \times \cdots \times H_k$임을 증명하라.

9.86 군 G에 대해 H를 G의 부분군이라 하고, $N(H)=\{x \in G \mid xHx^{-1}=H\}$로 정의하자. $N(H)$(이 군을 G에서 H의 **정규화부분군**(normalizer)이라고 함)가 G의 부분군임을 증명하라.

9.87 잉여군 $G/Z(G)$의 위수가 p^2(p는 소수)일 때, 어떤 친숙한 군이 $G/Z(G)$와 동형일까?

9.88 $G/Z(G)$가 덧셈에 대한 정수 집합의 군과 동형이라는 성질을 갖는 군 G가 존재하지 않는 이유를 설명하라.

9.89 m이 3과 서로소일 때, 위수가 $9m$인 군 G가 위수가 9인 정규부분군을 가지면, 그 정규부분군은 위수가 9인 유일한 부분군임을 증명하라. 이 결과를 군의 위수가 pm(p는 소수이고 m은 p와 서로소)인 경우로 일반화하라.

9.90 군 G에 대해 $\mathrm{Inn}(G)$가 $\mathrm{Aut}(G)$의 정규부분군임을 증명하라.

9.91 G를 위수가 $2n$(n은 양의 정수)인 가환군이라고 하자. G가 위수가 2인 원소를 정확히 하나 가질 필요충분조건은 G가 순환군인 것임을 증명하라. '2'를 소수 p로 바꾸어 이 결과를 적절히 일반화하라.

9.92 G를 위수가 mn(m과 n은 서로소)인 유한 가환군이라고 하자. $G^m = \{x \in G \mid x^m = e\}$이고 $G^n = \{x \in G \mid x^n = e\}$일 때, $G = G^m \times G^n$임을 증명하라.

9.93 $H = \{x^2 \mid x \in \mathbb{Q}^*\}$에 대해 $|\mathbb{Q}^* : H| = \infty$임을 증명하라. 잉여군 $\mathbb{Q}^*/H$의 원소의 위수에 대해 무엇을 말할 수 있는가?

에바리스트 갈루아(Évariste Galois)

17세의 갈루아는 방정식 이론에서 획기적인 정리를 발견했으며, 그 결과는 한 세기가 지난 후에도 다 소멸되지 않았다.

에릭 템플 벨(Eric Temple bell), *Men of Mathematics*

갈루아(gal-WAH로 읽음)는 고무적이면서 비극적인 짧은 생애를 보냈다. 그는 1811년 10월 25일 파리 교외에서 태어났다. 15세에 아드리앵마리 르장드르(Adrien-Marie Legendre)와 라그랑주(Lagrange)의 연구물을 독파했지만, 에콜 폴리테크니크의 입학 시험에서 두 번이나 낙방했다. 그는 기본적인 수학을 몰랐기 때문에 거의 전적으로 머릿속으로 수학을 해서 심사위원들을 곤란하게 했다.

The Granger Collection, NYC

18세에는 방정식 이론에 관한 중요한 연구 논문을 저술하여 출판하기 위해 프랑스 과학 아카데미에 제출했다. 이 논문은 심사위원인 코시(Cauchy)에게 전달되었고, 논문에 깊은 감명을 받은 코시가 아카데미로의 출판에 동의했지만 출판하지 못했다. 19세에는 프랑스 과학 아카데미에서 개최한 수학경진대회에 최고 수준의 논문을 제출했다. 그 논문은 조제프 푸리에(Joseph Fourier)에게 전달되었으나, 심사도 하기 전에 푸리에가 갑자기 사망하는 바람에 갈루아의 논문을 두 번 다시 볼 수 없게 되었다.

갈루아는 혁명조직에 가담한 정치 범죄로 생의 절반과 마지막 해의 대부분을 감옥에서 보냈다. 감옥에 있는 동안 자살 시도를 했으며 결투에서 죽음을 예언했다. 결국 1832년 5월 30일 결투에서 총에 맞았고 그 다음날 20세의 나이에 생을 마감했다.

갈루아가 도입한 개념으로는 정규부분군, 동형사상, 단순군, 유한체, 갈루아 이론 등이 있다. 그의 연구는 임의의 각을 3등분하는 문제와 정육면체의 부피를 두 배로 하는 문제와 같은 몇 가지 유명한 작도 문제를 해결하는 방법을 제공했다. 에드워드 프렌켈(Edward Frenkel)은 그의 저서 『Love and Math』에서 "갈루아의 뛰어난 통찰력은 사람들이 수와 방정식에 대해 생각하는 방식을 바꿔 놓았다."라고 말했다. 갈루아의 모든 업적은 60쪽 분량에 불과하다.

10

군 준동형사상
Group Homomorphisms

10.1 정의와 예

10.2 준동형사상의 성질

10.3 제1동형정리

10장 연습문제

"법칙에 있어서 대칭과 군 이론이 매우 유용한 개념이라는 데에는 의심의 여지가 없다. 입자 물리학에 대칭과 군의 언어를 도입하지 않았다면 기본 입자와 그 상호 작용에 대한 설명은 악몽 같았을 것이다. 군은 다른 수학적 개념과 달리 위수를 구체화하고 패턴을 식별한다."

마리오 리비오(Mario Livio), *The Equation That Couldn't be Solved*

"어떤 의미에서 군 이론의 주제는 동형, 정규부분군, 정규부분군에 의한 잉여군의 세 가지 개념으로부터 나온다."

이즈라엘 네이선 허스튼(Israel Nathan Herstein), *Abstract Algebra, 3rd ed.*

10.1 정의와 예

이 장에서는 대수학의 가장 근본적인 아이디어 중 하나인 준동형사상에 대해 알아본다. 준동형사상(homomorphism)이라는 용어는 '닮음'을 의미하는 그리스어 homo와 '형식'을 의미하는 그리스어 morphe의 합성어에서 유래했다. 준동형사상이 동형사상의 자연스러운 일반화이며, 군의 잉여군과 군의 동형사상 사이에 밀접한 관계가 있음을 살펴볼 것이다. 군 준동형사상 개념은 1870년 카미유 조르당(Camille Jordan)이 그의 유명한 저서 『Traité des replacements』에서 처음 소개했다.

정의 군 준동형사상

군의 연산을 보존하는 군 G에서 군 $\overline{G}$로의 사상을 군 G에서 군 $\overline{G}$로의 **준동형사상**(homomorphism)이라고 한다. 즉, G의 모든 원소 a, b에 대해 $\phi(ab)=\phi(a)\phi(b)$를 만족한다.

준동형사상의 수많은 성질을 설명하기 전에, 준동형사상의 상과 밀접한 관련이 있는 중요한 부분군을 먼저 소개한다([정리 10.1]의 성질 (4) 참고).

정의 준동형사상의 핵

군 G에서 항등원 e를 갖는 하나의 군으로 가는 준동형사상 ϕ의 **핵**(kernel)은 집합 $\{x \in G \mid \phi(x)=e\}$이다. ϕ의 핵은 $\operatorname{Ker}\phi$로 표기한다.

EX 10.1 모든 동형사상은 전단사인 준동형사상이다. 동형사상의 핵은 자명한 부분군이다.

EX 10.2 $\mathbb{R}^*$를 곱셈에 대한 0이 아닌 실수 집합의 군이라 하자. 행렬식 사상 $A \to \det A$는 $GL(2, \mathbb{R})$에서 $\mathbb{R}^*$로의 준동형사상이고, 이 사상의 핵은 $SL(2, \mathbb{R})$이다.

EX 10.3 $\phi(x)=|x|$로 정의된 $\mathbb{R}^*$에서 $\mathbb{R}^*$로의 사상 ϕ는 준동형사상이고, $\operatorname{Ker}\phi=\{1, -1\}$이다.

EX 10.4 $\mathbb{R}[x]$는 덧셈에 대한 모든 실수 계수 다항식 집합의 군을 나타낸다. $\mathbb{R}[x]$의 임의의 원소 f에 대해 f'이 f의 도함수를 나타낸다고 하자. 그러면 사상 $f \to f'$은 $\mathbb{R}[x]$에서 자기 자신으로 가는 준동형사상이다. 이러한 도함수 사상의 핵은 모든 상수 다항식의 집합이다.

EX 10.5 $\phi(m) = m \bmod n$으로 정의된 $\mathbb{Z}$에서 $\mathbb{Z}_n$으로의 사상 ϕ는 준동형사상이다([연습문제 0.11] 참고). 이 사상의 핵은 $\langle n \rangle$이다.

EX 10.6 i를 복소수 $\sqrt{-1}$이라고 하자. 덧셈에 대한 집합 $\mathbb{Z}[i] = \{a + bi \mid a, b \in \mathbb{Z}\}$는 **가우스 정수**(Gaussian integers)라고 하는 복소수 집합의 부분군이다. 양의 정수 n에 대해 $\mathbb{Z}_n[i] = \{a + bi \mid a, b \in \mathbb{Z}_n\}$은 법 n에 관한 덧셈에 대한 군이고, 이는 **법 n에 대한 가우스 정수**(Gaussian integers modulo n)라고 한다. $\phi(a + bi) = a \bmod n + (b \bmod n)i$로 정의되는 $\mathbb{Z}[i]$에서 $\mathbb{Z}_n[i]$로의 사상은 준동형사상이고, 이 사상의 핵은 $\{sn + tni \mid s, t \in \mathbb{Z}\}$이다.

$U(n)$을 진부분군의 내직적으로 표현하는 알고리즘은 지정된 핵을 갖는 $U(n)$에서 $U(n)$으로의 준동형사상을 정의하는 간단한 방법을 제공한다([연습문제 10.9] 참고).

EX 10.7 $U(40) = U_5(40) \times U_8(40)$을 $U_5(40)U_8(40) = \{ab \mid a \in U_5(40),\ b \in U_8(40)\}$의 형태로 나타내면, $\phi(ab) = a$로 정의된 $U(40)$에서 $U(40)$으로의 사상은 핵이 $U_8(40)$인 준동형사상이다. 그리고 $\phi(ab) = b$로 정의된 $U(40)$에서 $U(40)$으로의 사상은 핵이 $U_5(40)$인 준동형사상이다.

EX 10.8 $\phi(x) = x^2$으로 정의된 덧셈에 대한 실수 집합의 군 $\mathbb{R}$에서 자기 자신으로 가는 사상은 준동형사상이 아니다. 왜냐하면 $\phi(a+b) = (a+b)^2 = a^2 + 2ab + b^2$이지만, $\phi(a) + \phi(b) = a^2 + b^2$이기 때문이다.

원소를 나타내는 방법이 여러 가지인 군에서 준동형사상을 정의할 때, 주어진 대응이 함수임을 확인해야 한다(이 책에서 '잘 정의되었다'는 용어를 자주 사용한다). 예를 들어 $\mathbb{Z}_6$에서 $3(x+y) = 3x + 3y$이므로, $\mathbb{Z}/\langle 3 \rangle$에서 $\mathbb{Z}_6$으로의 대응 $x + \langle 3 \rangle \to 3x$를 준동형사상이라 생각할 수 있다. 그러나 $\mathbb{Z}/\langle 3 \rangle$에서 $0 + \langle 3 \rangle = 3 + \langle 3 \rangle$이지만 $\mathbb{Z}_6$에서 $3 \cdot 0 \neq 3 \cdot 3$이므로 함수가 아니다.

선형대수학을 배운 독자들을 위해 설명하면, 모든 선형변환은 준동형사상이고 영공간은 핵과 동일하다. 또 가역선형변환은 군 동형사상이다.

10.2 준동형사상의 성질

> **정리 10.1 준동형사상에 관한 원소의 성질**
>
> ϕ를 군 G에서 군 $\overline{G}$로의 준동형사상이라 하고, g를 G의 원소라 하면 다음이 성립한다.
>
> (1) ϕ는 G의 항등원을 $\overline{G}$의 항등원으로 대응한다.
>
> (2) 임의의 $n \in \mathbb{Z}$에 대해 $\phi(g^n) = \{\phi(g)\}^n$이다.
>
> (3) $|g|$가 유한하면 $|\phi(g)|$는 $|g|$의 약수이다. 그리고 $|G|$가 유한하면 $|\phi(g)|$는 $|g|$와 $|\phi(G)|$의 약수이다.
>
> (4) $\text{Ker}\,\phi$는 G의 부분군이다.
>
> (5) $\phi(a) = \phi(b)$일 필요충분조건은 $a\text{Ker}\,\phi = b\text{Ker}\,\phi$이다.
>
> (6) $\phi(g) = g'$이면 $\phi^{-1}(g') = \{x \in G \mid \phi(x) = g'\} = g\text{Ker}\,\phi$이다.

증명

성질 (1), (2)의 증명은 [정리 6.2]의 동형사상의 성질 (1), (2)의 증명과 동일하다. 성질 (3)을 증명하려면 성질 (1), (2)에 의해 $g^n = e$이면 $e = \phi(e) = \phi(g^n) = (\phi(g))^n$임을 알아야 한다. 따라서 [정리 4.1]의 [따름정리 2]에 의해 $|\phi(g)|$는 n의 약수이다. 또 $|G|$가 유한할 때, 라그랑주 정리에 의해 $|\phi(g)|$가 $|\phi(G)|$를 나눈다.

성질 (1)을 통해 $\text{Ker}\,\phi$가 공집합이 아님을 알 수 있다. 따라서 성질 (4)를 증명하기 위해 $a, b \in \text{Ker}\,\phi$라 가정하고 $ab^{-1} \in \text{Ker}\,\phi$임을 보여야 한다. $\phi(a) = e$, $\phi(b) = e$이므로 $\phi(ab^{-1}) = \phi(a)\phi(b^{-1}) = \phi(a)\phi(b)^{-1} = ee^{-1} = e$이다. 그러므로 $ab^{-1} \in \text{Ker}\,\phi$이다.

성질 (5)를 증명하기 위해 먼저 $\phi(a) = \phi(b)$라 가정하자. 그러면 $e = (\phi(b))^{-1}\phi(a) = \phi(b^{-1})\phi(a) = \phi(b^{-1}a)$이므로 $b^{-1}a \in \text{Ker}\,\phi$이다. 따라서 7장 [보조정리]의 성질 (6)에 의해 $a\text{Ker}\,\phi = b\text{Ker}\,\phi$이다. 이 논증 과정을 역으로 하면 증명이 마무리된다.

성질 (6)을 증명하기 위해서는 $\phi^{-1}(g') \subseteq g\text{Ker}\,\phi$이고 $g\text{Ker}\,\phi \subseteq \phi^{-1}(g')$임을 보여야 한다. 첫 번째 포함관계를 보이기 위해 $x \in \phi^{-1}(g')$이라고 하면 $\phi(x) = g'$이다. 그러면 $\phi(g) = \phi(x)$이고 성질 (5)에 의해 $g\text{Ker}\,\phi = x\text{Ker}\,\phi$이므로 $x \in g\text{Ker}\,\phi$이다. 이로써 $\phi^{-1}(g') \subseteq g\text{Ker}\,\phi$임을 증

명했다. 이제 $g\text{Ker}\,\phi \subseteq \phi^{-1}(g')$임을 증명하기 위해 $k \in \text{Ker}\,\phi$라고 하자. 그러면 $\phi(gk) = \phi(g)\phi(k) = g'e = g'$이다. 따라서 정의에 따라 $gk \in \phi^{-1}(g')$이다. ■

군 준동형사상은 군의 연산을 보존하므로, 군 준동형사상이 군의 여러 성질을 보존하는 것은 놀랄 일이 아니다.

정리 10.2 준동형사상에 관한 부분군의 성질

ϕ를 군 G에서 군 $\overline{G}$로의 준동형사상이라 하고, H를 G의 부분군이라 하면 다음이 성립한다.

(1) $\phi(H) = \{\phi(h) \mid h \in H\}$는 $\overline{G}$의 부분군이다.

(2) H가 순환군이면 $\phi(H)$도 순환군이다.

(3) H가 가환군이면 $\phi(H)$도 가환군이다.

(4) H가 G의 정규부분군이면 $\phi(H)$도 $\phi(G)$의 정규부분군이다.

(5) $|\text{Ker}\,\phi| = n$이면 ϕ는 G에서 $\phi(G)$로의 전사이며 n대1 사상이다.

(6) H가 유한하면 $|\phi(H)|$는 $|H|$의 약수이다.

(7) $\phi(Z(G))$는 $Z(\phi(G))$의 부분군이다.

(8) $\overline{K}$가 $\overline{G}$의 부분군이면 $\phi^{-1}(\overline{K}) = \{k \in G \mid \phi(k) \in \overline{K}\}$는 G의 부분군이다.

(9) $\overline{K}$가 $\overline{G}$의 정규부분군이면 $\phi^{-1}(\overline{K}) = \{k \in G \mid \phi(k) \in \overline{K}\}$는 G의 정규부분군이다.

(10) ϕ가 전사이고 $\text{Ker}\,\phi = \{e\}$이면 ϕ는 G에서 $\overline{G}$로의 동형사상이다.

증명

먼저 성질 (1), (2), (3), (7)의 증명은 동형사상이 연산을 보존하는 사상이라는 사실만을 이용하므로, [정리 6.2]의 성질 (4), (3), (2), (6)의 증명과 각각 동일하다.

성질 (4)를 증명하기 위해 $\phi(h) \in \phi(H)$, $\phi(g) \in \phi(G)$라고 하자. 그러면 H가 G의 정규부분군이므로 $\phi(g)\phi(h)\phi(g)^{-1} = \phi(ghg^{-1}) \in \phi(H)$이다.

성질 (5)는 [정리 10.1]의 성질 (6)과 $\text{Ker}\,\phi = \phi^{-1}(e)$의 모든 잉여류의 원소 개수가 같다는 사실을 이용하면 증명할 수 있다.

성질 (6)을 증명하기 위해 ϕ_H를 ϕ의 정의역을 H로 제한한 사상이라 하자. 그러면 ϕ_H는 H에서 $\phi(H)$로의 전사인 준동형사상이다. $|\text{Ker}\,\phi_H| = t$라 하면 성질 (5)에 의해 ϕ_H는 t대1 사상이다. 따라서 $|\phi(H)|t = |H|$이다.

성질 (8)을 증명하기 위해 [정리 3.1]의 1단계 부분군 판정법을 이용한다. 분명히 $e \in \phi^{-1}(\overline{K})$이므로 $\phi^{-1}(\overline{K})$는 공집합이 아니다. $k_1, k_2 \in \phi^{-1}(\overline{K})$라 하면 $\phi^{-1}(\overline{K})$의 정의에 의해 $\phi(k_1)$,

$\phi(k_2) \in \overline{K}$ 임을 알 수 있다. 따라서 $\phi(k_2)^{-1} \in \overline{K}$ 이고, $\phi(k_1 k_2^{-1}) = \phi(k_1)\phi(k_2)^{-1} \in \overline{K}$ 이다. 그러므로 $\phi^{-1}(\overline{K})$의 정의에 의해 $k_1 k_2^{-1} \in \phi^{-1}(\overline{K})$이다.

성질 (9)를 증명하기 위해 [정리 9.1]의 정규부분군 판정법을 이용한다. $x\phi^{-1}(\overline{K})x^{-1}$의 모든 원소는 $xkx^{-1}(\phi(k) \in \overline{K})$ 형태이다. 따라서 $\overline{K}$가 $\overline{G}$의 정규부분군이므로 $\phi(xkx^{-1}) = \phi(x)\phi(k)(\phi(x))^{-1} \in \overline{K}$ 이다. 그러므로 $xkx^{-1} \in \phi^{-1}(\overline{K})$이다.

마지막으로 성질 (10)은 성질 (5)에 의해 성립한다. ■

[정리 10.1]과 [정리 10.2]에 대한 몇 가지 설명이 필요하다. 이 정리들의 다양한 성질은 말로 기억해야 한다. 예를 들어 [정리 10.2]의 성질 (2), (3)은 순환군의 준동형사상에 의한 상은 순환군이고, 가환군의 준동형사상에 의한 상은 가환군임을 말한다. [정리 10.2]의 성질 (4)는 G의 정규부분군의 준동형사상에 의한 상은 G의 상의 정규부분군임을 말한다. [정리 10.2]의 성질 (5)는 ϕ가 G에서 $\overline{G}$로의 준동형사상일 때 다음 내용을 알려준다. G의 상에 있는 $\overline{G}$의 각 원소에 대해 ϕ에 의해 이 원소로 가는 G의 원소의 개수는 항등원으로 가는 G의 원소의 개수와 같다. [정리 10.1]의 성질 (6)에서 정의한 집합 $\phi^{-1}(g')$을 g'의 **역상**(inverse image) 또는 g'의 **당김**(pullback)이라고 한다. 한 원소의 역상은 핵의 잉여류이며, 이러한 잉여류의 모든 원소들의 상은 동일하다. 비슷하게 [정리 10.2]의 성질 (8)에서 정의한 집합 $\phi^{-1}(\overline{K})$는 $\overline{K}$의 **역상**(inverse image) 또는 $\overline{K}$의 **당김**(pullback)이라고 한다.

[정리 10.1]의 성질 (6)은 선형대수학과 미분방정식을 연상시킨다. x가 연립선형방정식의 특정한 해이고 S가 그 동차 연립선형방정식의 해집합인 경우, $x + S$는 비동차 연립선형방정식의 해집합임을 기억하자. 실제로 이 명제는 성질 (6)의 특별한 예이다. [정리 10.1]의 성질 (1), (6)과 [정리 10.2]의 성질 (5)를 그림으로 나타내면 [그림 10.1]과 같다.

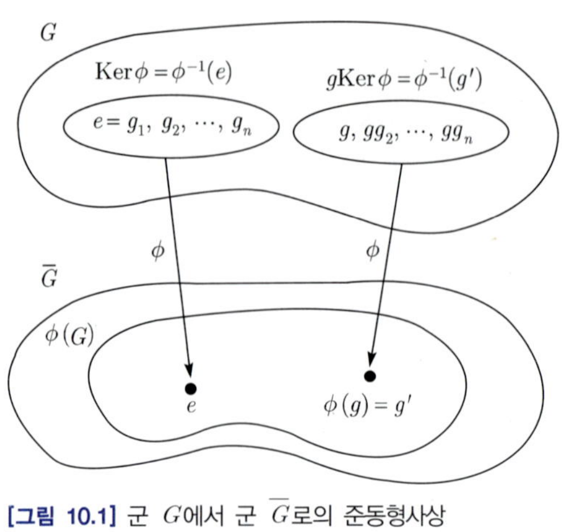

[그림 10.1] 군 G에서 군 $\overline{G}$로의 준동형사상

[정리 10.2]의 성질 (9)에서 $\overline{K} = \{e\}$인 특별한 경우는 매우 중요하므로 별도로 살펴본다.

따름정리 핵은 정규부분군이다

ϕ를 군 G에서 군 $\overline{G}$로의 준동형사상이라 하자. $\text{Ker}\,\phi$는 G의 정규부분군이다.

다음 세 가지 예는 [정리 10.1]과 [정리 10.2]의 여러 가지 성질을 설명한다.

EX 10.9 $\phi(x) = x^4$으로 주어진 $\mathbb{C}^*$에서 $\mathbb{C}^*$로의 사상 ϕ를 생각해보자. $(xy)^4 = x^4y^4$이므로 ϕ는 준동형사상이다. 분명히 $\text{Ker}\,\phi = \{x \mid x^4 = 1\} = \{1, -1, i, -i\}$이다. 따라서 [정리 10.2]의 성질 (5)에 의해 ϕ는 4대1 사상임을 알 수 있다.

이제 2로 사상되는 모든 원소를 찾아보자. 분명히 $\phi(\sqrt[4]{2}) = 2$이다. 그러므로 [정리 10.1]의 성질 (6)에 의해 2로 사상되는 모든 원소의 집합은 $\sqrt[4]{2}\,\text{Ker}\,\phi = \{\sqrt[4]{2}, -\sqrt[4]{2}, \sqrt[4]{2}i, -\sqrt[4]{2}i\}$이다.

마지막으로 [정리 10.1]의 성질 (3)과 [정리 10.2]의 성질 (2), (6)의 특별한 예를 살펴보자. $H = \langle \cos 30° + i\sin 30° \rangle$라고 하자. 드 므와브르 정리([EX 0.13] 참고)에 의해 $|H| = 12$, $\phi(H) = \langle \cos 120° + i\sin 120° \rangle$이고 $|\phi(H)| = 3$이다.

EX 10.10 $\phi: \mathbb{Z}_{12} \rightarrow \mathbb{Z}_{12}$를 $\phi(x) = 3x$로 정의하자. ϕ가 준동형사상임을 확인하기 위해 $\mathbb{Z}_{12}$에서 $3(a+b) = 3a + 3b$임을 관찰한다(군 연산이 법 12에 대한 덧셈이므로). 직접 계산하면 $\text{Ker}\,\phi = \{0, 4, 8\}$이다. 따라서 [정리 10.2]의 성질 (5)에 의해 ϕ는 3대1 사상이다.

$\phi(2) = 6$이므로 [정리 10.1]의 성질 (6)에 의해 $\phi^{-1}(6) = 2 + \text{Ker}\,\phi = \{2, 6, 10\}$이다. 또 $\langle 2 \rangle$가 순환군이므로 $\phi(\langle 2 \rangle) = \{0, 6\}$도 순환군이다. 게다가 $|2| = 6$이고 $|\phi(2)| = |6| = 2$이므로 $|\phi(2)|$가 $|2|$의 약수임을 알 수 있다. 이 결과는 [정리 10.1]의 성질 (3)과 일치한다. $\overline{K} = \{0, 6\}$이라고 하면 $\phi^{-1}(\overline{K}) = \{0, 2, 4, 6, 8, 10\}$이다. 따라서 이 특별한 경우에서 [정리 10.2]의 성질 (8)을 확인할 수 있다.

[EX 10.11]은 순환군에서 순환군으로 가는 모든 준동형사상을 쉽게 구하는 방법을 보여준다.

EX 10.11 $\mathbb{Z}_{12}$에서 $\mathbb{Z}_{30}$으로 가는 모든 준동형사상을 구해보자. [정리 10.1]의 성질 (2)에 의해 준동형사상은 1의 상에 의해 완전히 정해진다. 즉, 1이 a로 사상되면 x는 xa로 사상된다. 라그랑주 정리와 [정리 10.1]의 성질 (3)에 의해 $|a|$는 12와 30 모두의 약수이다. 따라서 $|a| = 1,\ 2,\ 3,\ 6$이므로 $a = 0,\ 15,\ 10,\ 20,\ 5,\ 25$이다. 이렇게 하면 준동형사상 후보의 목록을 얻을 수 있다. 후보로 가능한 6가지 각각이 연산을 보존하는 잘 정의된 함수를 만든다는 것은 직접 계산하여 확인할 수 있다. 이때 $\gcd(12, 30) = 6$이다. 이 결과는 우연이 아니다.

EX 10.12 우치환을 0으로, 기치환을 1로 사상하는 S_n에서 $\mathbb{Z}_2$로의 사상은 준동형사상이다. [그림 10.2]는 사상의 포개지는 특성을 보여준다.

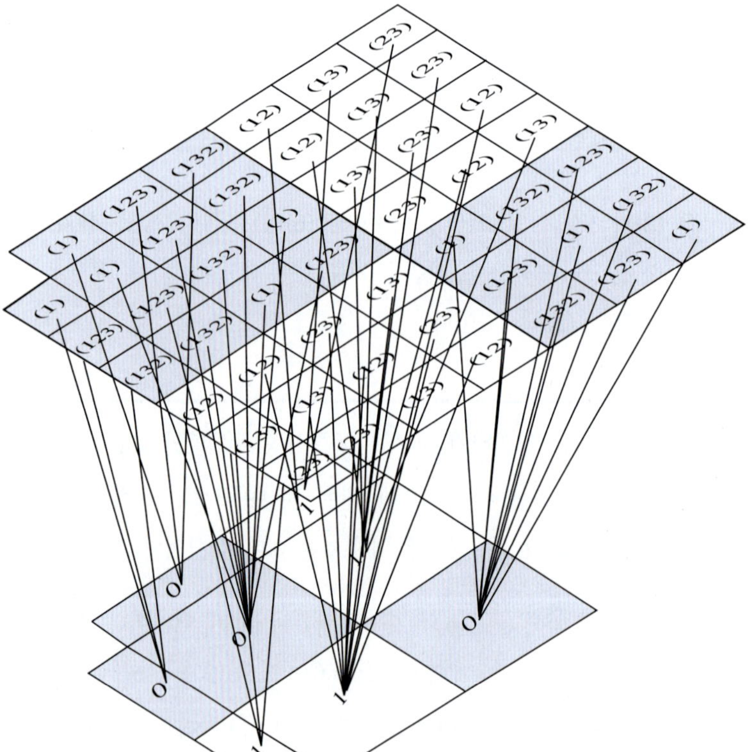

[그림 10.2] S_3에서 $\mathbb{Z}_2$로 가는 준동형사상

10.3 제1동형정리

9장에서는 군 G와 정규부분군 H에 대해 G의 케일리 표를 G에서 H의 잉여류를 나타내는 박스로 배열할 수 있으며, 이 박스가 G/H에 대한 케일리 표가 된다는 것을 보였다. [정리 10.3]은 이와 동일한 과정으로 G의 임의의 준동형사상 ϕ와 정규부분군 $\mathrm{Ker}\,\phi$에 대해 G의 상과 동형인 케일리 표를 만든다는 것을 보여준다. 따라서 준동형사상은 잉여군과 마찬가지로 주어진 군을 간단하지만 체계적인 방식으로 밀접하게 연관된 군들로 쪼개지게 만든다. 이는 망원경의 반대쪽 끝을 통해 군을 보는 것과 비슷하다고 할 수 있다. 다시 말해, 군의 일반적인 특징은 여전히 갖고 있지만 겉으로 봤을 때 크기는 줄어든다. 다음과 같이 주어진 준동형사상과 잉여군 사이의 중요한 관계를 보여주는 정리를 종종 **군 준동형사상의 기본정리**(fundamental theorem of group homomorphisms)라고 한다.

> **정리 10.3 제1동형정리(조르당(Jordan), 1870)**
>
> ϕ를 G에서 $\overline{G}$로의 준동형사상이라고 하자. 그러면 $g\,\mathrm{Ker}\,\phi \to \phi(g)$로 주어진 $G/\mathrm{Ker}\,\phi$에서 $\phi(G)$로의 사상은 동형사상이고, 이를 $G/\mathrm{Ker}\,\phi \approx \phi(G)$로 표기한다.

증명

대응 $g\,\mathrm{Ker}\,\phi \to \phi(g)$를 ψ로 나타내자. ψ는 잘 정의되어 있고(즉, 해당 대응은 잉여류에서 선택한 대표원소와 독립적임), [정리 10.1]의 성질 (5)에 의해 단사함수이다. 또 $\psi(x\,\mathrm{Ker}\,\phi\, y\mathrm{Ker}\,\phi) = \psi(xy\mathrm{Ker}\,\phi) = \phi(xy) = \phi(x)\phi(y) = \psi(x\,\mathrm{Ker}\,\phi)\psi(y\mathrm{Ker}\,\phi)$이므로 ψ는 연산을 보존한다. ■

[정리 10.3]은 준동형사상을 이용해 잉여군과 군 자체에 대한 통찰력을 얻을 수 있고, 잉여군을 이용해 준동형사상과 준동형사상의 상에 대한 통찰력을 얻을 수 있다는 큰 장점을 갖는다. 예를 들어 [EX 9.9]에서 군 A_4의 위수 4인 부분군이 S_4의 정규부분군임에 주목하면 S_3이 S_4의 준동형사상에 의한 상임을 추론할 수 있다([연습문제 10.45] 참고). 비슷하게 [EX 7.5]에서 $\mathbb{Z}_2$가 A_4의 준동형사상에 의한 상이 아님을 알 수 있다.

다음으로 매우 유용한 [정리 10.3]의 따름정리들을 살펴보자.

> **따름정리 1**
>
> ϕ를 유한군 G에서 $\overline{G}$로의 준동형사상이라 하면 $|G|/|\mathrm{Ker}\,\phi| = |\phi(G)|$이다.

[따름정리 2]는 [정리 10.3], [정리 10.2]의 성질 (1)과 라그랑주 정리로부터 바로 나오는 결과이다.

따름정리 2

ϕ를 유한군 G에서 $\overline{G}$로의 준동형사상이라 하면 $|\phi(G)|$는 $|G|$와 $|\overline{G}|$ 모두의 약수이다.

EX 10.13 [정리 10.3]과 그 증명을 설명하기 위해, 다음과 같이 주어진 D_4에서 자기 자신으로의 준동형사상 ϕ를 생각해보자.

$$R_0,\ R_{180} \to R_0$$
$$R_{90},\ R_{270} \to H$$
$$H,\ V \to R_{180}$$
$$D,\ D' \to V$$

그러면 $\mathrm{Ker}\,\phi = \{R_0,\ R_{180}\}$이고, [정리 10.3]에서의 사상 ψ는 $R_0\mathrm{Ker}\,\phi \to R_0$, $R_{90}\mathrm{Ker}\,\phi \to H$, $D\,\mathrm{Ker}\,\phi \to V$이다. 사상 ψ가 동형사상이라는 것은 간단히 확인할 수 있다.

수학자들은 종종 [정리 10.3]을 다음과 같이 도표로 나타낸다.

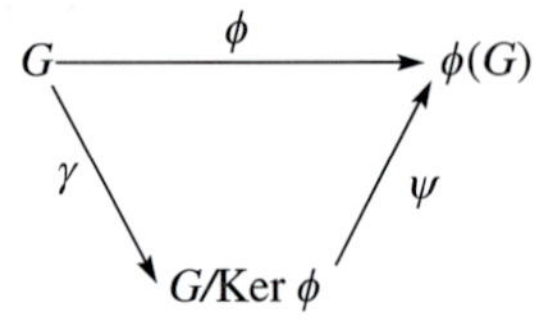

여기서 $\gamma : G \to G/\mathrm{Ker}\,\phi$는 $\gamma(g) = g\,\mathrm{Ker}\,\phi$로 정의된다. 사상 γ는 G에서 $G/\mathrm{Ker}\,\phi$로의 **자연스러운 사상**(natural mapping)이라고 한다. [정리 10.3]의 증명은 $\psi\gamma = \phi$임을 보여준다. 이 경우 앞의 도표에서 **교환법칙이 성립**한다고 한다.

[정리 10.3]의 결과에 따라 G의 모든 준동형사상에 의한 상은 G를 이용해 결정할 수 있다. 단순히 G의 다양한 잉여군을 고려하면 된다. 예를 들어, 가환군의 준동형사상에 의한 상은 가환군이다. 왜냐하면 가환군의 잉여군은 가환군이기 때문이다. 또 위수가 n인 순환군 G의 준동형사상에 의한 상의 개수는 n의 약수의 개수이다. 왜냐하면 n의 각 약수를 위수로 갖는 G의 부분군이 정확히 하나 존재(따라서 G의 잉여군도 정확히 하나 존재)하기 때문이다. 주의할 점은 위수가 n인 순환군의 준동형사상의 개수는 n의 약수의 개수와 같을 필요가 없다는 것이다. 그 이유는 서로 다른 준동형사상이 동일한 상을 가질 수 있기 때문이다.

EX 10.14 모든 양의 정수 n에 대해 [EX 10.5]와 [EX 10.6]의 준동형사상과 [정리 10.3]을 통해 $\mathbb{Z}/\langle n\rangle \approx \mathbb{Z}_n$이고 $\mathbb{Z}[i]/\{sn+tni \mid s,\ t\in\mathbb{Z}\} \approx \mathbb{Z}_n[i]$임을 알 수 있다.

[정리 10.3]을 통해 잉여군 G/H가 어떤 군 $\overline{G}$와 동형임을 간접적으로 편리하게 증명할 수 있다. 다음 예를 통해 확인해보자.

EX 10.15 $GL(2,\ \mathbb{R})$의 정규부분군 $SL(2,\ \mathbb{R}) = \{A\in GL(2,\ \mathbb{R}) \mid \det A = 1\}$을 생각해보자. $GL(2,\ \mathbb{R})$에서 $\mathbb{R}^*$로 가는 전사인 사상 $\phi(A)=\det A$가 $\operatorname{Ker}\phi = SL(2,\ \mathbb{R})$인 준동형사상이므로, [정리 10.3]에 의해 $GL(2,\ \mathbb{R})/SL(2,\ \mathbb{R}) \approx \mathbb{R}^*$이다.

마찬가지로 $GL(2,\ \mathbb{R})$의 정규부분군 $SL^{\pm}(2,\ \mathbb{R}) = \{A\in GL(2,\ \mathbb{R}) \mid \det A = \pm 1\}$에 대해 $GL(2,\ \mathbb{R})$에서 $\mathbb{R}^+$로 가는 전사인 사상 $\phi(A)=(\det A)^2$이 $\operatorname{Ker}\phi = SL^{\pm}(2,\ \mathbb{R})$인 준동형사상이므로, [정리 10.3]에 의해 $GL(2,\ \mathbb{R})/SL^{\pm}(2,\ \mathbb{R}) \approx \mathbb{R}^+$이다.

EX 10.16 가환군 G와 양의 정수 k에 대해 G^k을 부분군 $\{x^k \mid x\in G\}$라 하고 $G^{(k)}$를 부분군 $\{x\in G \mid x^k = e\}$라 하자([EX 3.4], [EX 3.5] 참고). $\phi(x)=x^k$으로 주어진 G에서 G^k으로의 전사인 사상 ϕ는 준동형사상이며 $\operatorname{Ker}\phi = G^{(k)}$이므로, [정리 10.3]에 의해 $G/G^{(k)} \approx G^k$이다.

[EX 10.17]은 23장과 24장에서 자주 사용할 정리이다.

EX 10.17 ***N/C* 정리**

H를 군 G의 부분군이라 하자. G에서 H의 **정규화부분군**(normalizer) $N(H) = \{x\in G \mid xHx^{-1} = H\}$와 G에서 H의 **중심화부분군**(centralizer) $C(H) = \{x\in G \mid$ 모든 $h\in H$에 대해 $xhx^{-1} = h\}$는 G의 부분군이다.

$g\to\phi_g$로 주어진 $N(H)$에서 $\operatorname{Aut}(H)$로의 사상을 생각해보자, ϕ_g는 g에 의해 유도되는 H의 내부자기동형사상이다(즉, 모든 $h\in H$에 대해 $\phi_g(h) = ghg^{-1}$). ϕ_g는 핵이 $C(H)$인 준동형사상이다. 따라서 [정리 10.3]에 의해 $N(H)/C(H)$는 $\operatorname{Aut}(H)$의 부분군과 동형이다.

N/C 정리의 응용으로, 위수가 35인 모든 군이 순환군임을 보일 것이다. $p<q$이고 p가 $q-1$의 약수가 아닌 임의의 두 소수 p, q에 대해서도 동일하게 증명할 수 있다([연습문제 10.71] 참고). $p<q$이고 p가 $q-1$의 약수인 임의의 두 소수 p, q에 대해 위수가 pq인 유일한 비가환군이 존재한다(단, 동형인 군은 같은 군으로 간주한다).

EX 10.18 G를 위수가 35인 군이라고 하자. 라그랑주 정리에 의해 G의 항등원이 아닌 모든 원소의 위수는 5, 7, 35 중 하나이다. 어떤 원소의 위수가 35이면 G는 순환군이다. G가 순환군임을 보이기 위해 항등원이 아닌 모든 원소의 위수가 5 또는 7이라고 가정해보자. 그러나 위수가 5인 원소는 한 번에 4개씩 나오고($|x|=5$이면 $|x^2|=|x^3|=|x^4|=5$) 4는 34를 나누지 않으므로, 항등원이 아닌 G의 모든 원소의 위수가 5일 수는 없다. 마찬가지로 6은 34를 나누지 않으므로, 항등원이 아닌 모든 원소의 위수가 7일 수는 없다. 따라서 G는 위수가 7인 원소와 5인 원소를 모두 갖는다.

G가 위수 7인 원소를 가지므로 위수가 7인 부분군을 갖는다. 이 부분군을 H라고 하자. 사실 H는 위수가 7인 G의 유일한 부분군이다. 왜냐하면 위수가 7인 G의 또 다른 부분군 K가 존재하면 [정리 7.2]에 의해 $|HK|=\dfrac{|H||K|}{|H\cap K|}=\dfrac{7\cdot 7}{1}=49$인데, 이는 위수가 35인 군에서 불가능하기 때문이다. G의 모든 원소 a에 대해 aHa^{-1}도 위수가 7인 G의 부분군이므로 $aHa^{-1}=H$여야 한다. 따라서 $N(H)=G$이다. H는 위수가 소수이므로 순환군이고, 따라서 가환군이다. 특히 $C(H)$는 H를 포함한다. 따라서 7은 $|C(H)|$를 나누고 $|C(H)|$는 35를 나눈다. 그러면 $C(H)=G$ 또는 $C(H)=H$이다. 만약 $C(H)=G$이면 $x=hk$로 하여 위수가 35인 원소 x를 얻을 수 있다. 이때 h는 H의 항등원이 아닌 원소이고 k는 위수가 5이다. 반면에 $C(H)=H$이면 $|C(H)|=7$이고, $|N(H)/C(H)|=\dfrac{35}{7}=5$이다. 그러나 5는 $|\mathrm{Aut}(H)|=|\mathrm{Aut}(\mathbb{Z}_7)|=6$를 나누지 않는다. 따라서 모순이 발생하므로 G는 순환군이다.

[정리 10.2]의 [따름정리]에 의해 군의 모든 준동형사상의 핵은 군의 정규부분군이다. 이 명제의 역도 참임을 확인하면서 이 장을 마무리한다.

정리 10.4 정규부분군은 핵이다

군 G의 모든 정규부분군은 G의 준동형사상의 핵이다. 특히 G의 정규부분군 N은 G에서 G/N으로 가는 사상 $g\to gN$의 핵이다.

증명

$\gamma : G \to G/N$을 $\gamma(g) = gN$으로 정의한다(이 사상을 G에서 G/N으로 가는 **자연스러운 준동형사상**(natural homomorphism)이라고 한다). 그러면 $\gamma(xy) = (xy)N = xNyN = \gamma(x)\gamma(y)$이다. 또한 $g \in \text{Ker}\gamma$일 필요충분조건은 $gN = \gamma(g) = N$이며, 이는 $g \in N$인 경우에만 참이다(7장 [보조정리]의 성질 (2) 참고). ■

EX 10.19 이 예에서는 [EX 9.9]에 주어진 A_4의 위수가 4인 정규부분군 H와 [정리 10.4]를 이용해 A_4에서 $\mathbb{Z}_3$으로의 전사인 준동형사상을 구하는 방법을 보여준다.

[정리 10.4]에 의해 $\alpha \to \alpha H$로 주어진 A_4에서 $A_4/H = \{H, (123)H, (123)^2H\}$로의 전사인 사상은 준동형사상이다. A_4/H는 $\mathbb{Z}_3$과 동형이므로, $H \to 0$, $(123)H \to 1$, $(123)^2H \to 2$로 주어진 A_4에서 $\mathbb{Z}_3$으로의 사상은 A_4에서 $\mathbb{Z}_3$으로의 전사인 준동형사상이다([연습문제 10.34]와 비교하라).

[EX 10.14], [EX 10.15], [EX 10.16], [EX 10.17]은 제1동형정리의 유용성을 보여준다. 그러나 일반적으로 준동형사상은 어떨까? 또 군의 준동형사상을 연구하는 데 왜 관심을 가질까? 그 이유는 군의 잉여군의 경우와 마찬가지로 군의 준동형사상에 의한 상이 원래 군의 성질 중 일부를 알려주기 때문이다. 군과 이 군의 준동형사상에 의한 상의 유사성에 대한 척도 중 하나는 핵의 크기이다. 군 G의 준동형사상의 핵이 항등원이면 G의 상은 G에 대한 (이론적인) 모든 것을 알려준다(이때 G와 G의 상은 동형이다). 반면에 준동형사상의 핵이 G 자체이면 G의 상은 G에 대한 아무 정보도 알려주지 않는다. 이러한 두 극단적인 경우 사이에서 G에 대한 일부 정보는 보존되고 일부는 손실된다.

준동형사상이 유용한 점은 불필요한 일부 성질은 잃지만, 군의 원하는 성질은 보존한다는 것이다. 이런 방식으로 G를 G보다 덜 복잡한(즉, 연구하기 쉬운) 군으로 대체한다. 이 과정에서 G 자체에 대한 질문에 답할 수 있는 충분한 정보를 얻는다. 예를 들어 G가 위수가 60인 군이고, G의 준동형사상에 의한 상이 순환군인 동시에 위수가 12이면 [정리 10.2]의 성질 (5), (8), (9)에 의해 G는 위수가 5, 10, 15, 20, 30, 60인 정규부분군을 갖는다.

[EX 10.20]과 [EX 10.21]은 준동형사상을 이용해 문제를 간단히 만드는 방법을 보여준다.

EX 10.20 세 진부분군의 합집합이 되는 무한군을 찾는다고 하자. 이를 직접 시도하는 대신 먼저 세 진부분군의 합집합인 유한군을 찾아 문제를 더 쉽게 만들려고 한다. 어떤 순환군도 진부분군의 합집합이 될 수 없으므로 가장 작은 후보는 $U(8)$과 같이 위수가 4인 비순환군이다. $U(8)$이 $H=\{1, 3\}$, $K=\{1, 5\}$, $L=\{1, 7\}$의 합집합임을 관찰하여 유한군을 찾았다. 이제 $U(8)$을 준동형사상에 의한 상으로 갖는 무한군을 생각하고 H, K, L의 역상을 생각한다. 그러면 원래의 문제가 해결된다. 분명히 $\phi(a, b)=a$로 주어진 $U(8)\oplus\mathbb{Z}$에서 $U(8)$로의 전사인 사상은 조건을 만족하는 사상이므로, $U(8)\oplus\mathbb{Z}$는 세 진부분군 $\phi^{-1}(H)$, $\phi^{-1}(K)$, $\phi^{-1}(L)$의 합집합이다.

EX 10.21 군 $\mathbb{Z}\oplus\mathbb{Z}$와 $\mathbb{Z}\oplus\mathbb{Z}\oplus\mathbb{Z}$는 동형이 아니다. 이를 확인하기 위해 α를 $\mathbb{Z}\oplus\mathbb{Z}$에서 $\mathbb{Z}\oplus\mathbb{Z}\oplus\mathbb{Z}$로 가는 동형사상이라고 가정하자. 또 $\mathbb{Z}\oplus\mathbb{Z}\oplus\mathbb{Z}$에서 $\mathbb{Z}_2\oplus\mathbb{Z}_2\oplus\mathbb{Z}_2$로 가는 전사인 준동형사상 β가 $\beta(x, y, z)=(x \bmod 2, y \bmod 2, z \bmod 2)$로 주어진다고 하자. 그러면 $\gamma=\beta\alpha$는 $\mathbb{Z}\oplus\mathbb{Z}$에서 $\mathbb{Z}_2\oplus\mathbb{Z}_2\oplus\mathbb{Z}_2$로 가는 전사인 준동형사상이다. $\mathbb{Z}\oplus\mathbb{Z}$는 $(1, 0)$과 $(0, 1)$에 의해 생성되므로, $\mathbb{Z}_2\oplus\mathbb{Z}_2\oplus\mathbb{Z}_2$는 $\gamma(1, 0)$과 $\gamma(0, 1)$에 의해 생성된다. 그러나 $\mathbb{Z}_2\oplus\mathbb{Z}_2\oplus\mathbb{Z}_2$의 두 원소에 의해 생성되는 임의의 부분군의 위수는 최대 4이므로 모순이다.

동형사상은 준동형사상의 특수한 경우이지만 두 개념은 완전히 다른 역할을 한다. 동형사상은 군을 다른 방식으로 볼 수 있게 해주는 반면, 준동형사상은 일종의 조사 도구이다. 준동형사상을 다음과 같이 사진에 비유하면 이해하는 데 도움이 될 수 있다.[1] 어떤 사람의 사진을 통해 그 사람의 정확한 키, 몸무게, 나이를 알 수는 없지만, 그 사람이 키가 큰지 작은지, 뚱뚱한지 날씬한지, 나이가 많은지 적은지, 남자인지 여자인지 등을 판단할 수 있다. 같은 방식으로 군의 준동형사상에 의한 상은 군에 대한 여러 정보를 제공한다.

군 이론의 특정 분야, 특히 물리학과 화학에서는 종종 복소수에 대한 행렬군의 모든 준동형사상에 의한 상을 알기를 원한다(이를 **군의 표현**(group representations)이라고 함). 이를 사진에 비유하면 한 단계 더 나아가 마치 엑스레이로 찍듯이 다양한 각도(앞모습, 옆모습, 머리부터 발끝까지의 모습, 클로즈업 등)를 찍은 사진을 원하는 것과 같다고 할 수 있다. 이와 같은 사진의 복합적인 정보를 통해 그 사람에 대해 많은 것을 알 수 있는 것처럼, 군의 여러 준동형사상에 의한 상을 통해 그 군에 대해 많은 것을 알 수 있다.

1 '진실에 대한 모든 인식은 유추의 감지이다.' by Henry David Thoreau, Journal.

10장 연습문제

> 어려움이 클수록 극복하는 영광도 커진다. 숙련된 조종사는 폭풍과 폭풍우에서 명성을 얻는다.
>
> **에피쿠로스(Epicurus)**

10.1 [EX 10.2]에 주어진 사상이 준동형사상임을 증명하라.

10.2 [EX 10.3]에 주어진 사상이 준동형사상임을 증명하라.

10.3 [EX 10.4]에 주어진 사상이 준동형사상임을 증명하라.

10.4 [EX 10.12]에 주어진 사상이 준동형사상임을 증명하라.

10.5 $\mathbb{R}^*$를 곱셈에 대해 0이 아닌 실수 집합의 군이라 하고 r을 양의 정수라고 하자. x에서 x^r으로 가는 사상이 $\mathbb{R}^*$에서 $\mathbb{R}^*$로의 준동형사상임을 보이고, 이 사상의 핵을 구하라. 어떤 r 값이 이 사상을 동형사상으로 만들까?

10.6 G를 덧셈에 대한 모든 실수 계수 다항식 집합의 군이라고 하자. G의 각 원소 f에 대해 $\int f$는 점 $(0, 0)$을 지나는 f의 역도함수이다. G에서 G로의 사상 $f \to \int f$가 준동형사상임을 보이고, 이 사상의 핵을 구하라. $\int f$가 점 $(0, 1)$을 지나는 f의 역도함수를 나타낼 때, 이 사상은 준동형사상인가?

10.7 ϕ가 G에서 H로의 준동형사상이고 σ가 H에서 K로의 준동형사상일 때, $\sigma\phi$가 G에서 K로의 준동형사상임을 보여라. $\mathrm{Ker}\,\phi$와 $\mathrm{Ker}\,\sigma\phi$ 사이에는 어떤 관련이 있을까? ϕ와 σ가 전사이고 G가 유한군일 때, $[\mathrm{Ker}\,\sigma\phi : \mathrm{Ker}\,\phi]$를 $|H|$와 $|K|$로 나타내라.

10.8 G를 치환군이라 할 때, G의 각 원소 σ에 대해 다음과 같이 정의한다.

$$\mathrm{sgn}(\sigma) = \begin{cases} +1, & \sigma\text{가 우치환인 경우} \\ -1, & \sigma\text{가 기치환인 경우} \end{cases}$$

sgn이 군 G에서 곱셈군 $\{+1, -1\}$로 가는 준동형사상임을 증명하고, 이 사상의 핵을 구하라. 이 준동형사상을 통해 A_n이 지표가 2인 S_n의 정규부분군이라는 결론을 내릴 수 있는 이유는 무엇일까? 그리고 이 결과가 왜 [연습문제 5.27]을 증명할까?

10.9 $(g, h) \to g$로 주어진 $G \oplus H$에서 G로의 사상이 준동형사상임을 증명하고, 이 사상의 핵을 구하라. 이 사상을 $G \oplus H$에서 G로의 전사인 **사영**(projection)이라고 한다.

10.10 G를 어떤 정이면체군의 부분군이라 할 때, G의 각 원소 x에 대해 다음과 같이 정의하자.

$$\phi(x) = \begin{cases} +1, & x\text{가 회전이동인 경우} \\ -1, & x\text{가 반사이동인 경우} \end{cases}$$

ϕ가 G에서 곱셈군 $\{+1, -1\}$로의 준동형사상임을 증명하고, 이 사상의 핵을 구하라. 이것이 왜 [연습문제 3.30]을 증명할까?

10.11 $(\mathbb{Z} \oplus \mathbb{Z})/(\langle(a, 0)\rangle \oplus \langle(0, b)\rangle)$가 $\mathbb{Z}_a \oplus \mathbb{Z}_b$와 동형임을 증명하라.

10.12 k가 n의 약수일 때, $\mathbb{Z}_n/\langle k\rangle \approx \mathbb{Z}_k$임을 증명하라.

10.13 $(A \oplus B)/(A \oplus \{e\}) \approx B$임을 증명하라.

10.14 $\mathbb{Z}_{12}$에서 $\mathbb{Z}_{10}$으로 가는 대응 $x \rightarrow 3x$가 준동형사상이 아닌 이유를 설명하라.

10.15 ϕ가 $\mathbb{Z}_{30}$에서 $\mathbb{Z}_{30}$으로 가는 준동형사상이고 $\mathrm{Ker}\,\phi = \{0, 10, 20\}$이라 가정하자. $\phi(23) = 9$일 때, 9로 사상되는 모든 원소를 구하라.

10.16 $\mathbb{Z}_8 \oplus \mathbb{Z}_2$에서 $\mathbb{Z}_4 \oplus \mathbb{Z}_4$로 가는 전사인 준동형사상이 존재하지 않음을 증명하라.

10.17 $\mathbb{Z}_{16} \oplus \mathbb{Z}_2$에서 $\mathbb{Z}_4 \oplus \mathbb{Z}_4$로 가는 전사인 준동형사상이 존재하지 않음을 증명하라.

10.18 $\mathbb{Z}_4 \oplus \mathbb{Z}_4$에서 $\mathbb{Z}_8$로 가는 전사인 준동형사상이 존재하는가? $\mathbb{Z}_{16}$에서 $\mathbb{Z}_2 \oplus \mathbb{Z}_2$로 가는 전사인 준동형사상이 존재하는가? $\mathbb{Z}_{18}$에서 $\mathbb{Z}_3 \oplus \mathbb{Z}_2$로 가는 전사인 준동형사상이 존재하는가? 각 답변에 대해 설명하라.

10.19 $\mathbb{Z}_{17}$에서 어떤 군으로 가는 준동형사상 ϕ가 존재하고 ϕ가 단사가 아니라고 할 때, ϕ를 구하라.

10.20 $\mathbb{Z}_{20}$에서 $\mathbb{Z}_8$로 가는 전사인 준동형사상이 몇 개 존재하는가? 또 $\mathbb{Z}_{20}$에서 $\mathbb{Z}_8$로 가는 준동형사상이 몇 개 존재하는가?

10.21 ϕ가 $\mathbb{Z}_{30}$에서 위수가 5인 군으로 가는 전사인 준동형사상일 때, ϕ의 핵을 구하라.

10.22 ϕ가 유한군 G에서 $\overline{G}$로의 전사인 준동형사상이고 $\overline{G}$가 위수가 8인 원소를 갖는다고 하자. G가 위수가 8인 원소를 가짐을 증명하고, 이 결과를 일반화하라.

10.23 ϕ를 유한군 G에서 $\overline{G}$로 가는 준동형사상이라고 하자. H가 $\overline{G}$의 부분군일 때, $|\phi^{-1}(H)|$를 $|H|$와 ϕ로 나타내라.

10.24 $\phi: \mathbb{Z}_{50} \to \mathbb{Z}_{15}$가 $\phi(7)=6$인 군 준동형사상이라 할 때, 다음 물음에 답하라.

(a) $\phi(x)$를 구하라.

(b) ϕ의 상을 구하라.

(c) ϕ의 핵을 구하라.

(d) $\phi^{-1}(12)$를 구하라. 즉, 12에 사상되는 모든 원소의 집합을 구하라.

10.25 $\mathbb{Z}_{20}$에서 $\mathbb{Z}_{10}$으로 가는 전사인 준동형사상이 몇 개 존재하는가? 또 $\mathbb{Z}_{20}$에서 $\mathbb{Z}_{10}$으로 가는 준동형사상이 몇 개 존재하는가?

10.26 $\mathbb{Z}_4$에서 $\mathbb{Z}_2 \oplus \mathbb{Z}_2$로 가는 준동형사상을 모두 구하라.

10.27 $\mathbb{Z}_n$에서 $\mathbb{Z}_n$으로 가는 준동형사상을 모두 구하라.

10.28 ϕ가 S_4에서 $\mathbb{Z}_2$로 가는 전사인 준동형사상이라 할 때, $\mathrm{Ker}\,\phi$를 구하라. 또 S_4에서 $\mathbb{Z}_2$로 가는 준동형사상을 모두 구하라.

10.29 유한군 G에서 $\mathbb{Z}_{10}$으로 가는 전사인 준동형사상이 존재한다고 할 때, G에 지표가 2이고 5인 정규부분군이 각각 존재함을 증명하라.

10.30 ϕ가 군 G에서 $\mathbb{Z}_6 \oplus \mathbb{Z}_2$로 가는 전사인 준동형사상이고 ϕ의 핵의 위수가 5라고 하자. G가 위수 5, 10, 15, 20, 30, 60인 정규부분군을 가져야 하는 이유를 설명하라.

10.31 ϕ가 $U(30)$에서 $U(30)$으로 가는 준동형사상이고 $\mathrm{Ker}\,\phi=\{1, 11\}$이라고 하자. $\phi(7)=7$일 때, 7로 사상되는 $U(30)$의 원소를 모두 구하라.

10.32 ϕ가 $\mathbb{Z}_{30}$에서 $\mathbb{Z}_{30}$으로 가는 준동형사상이고 $\mathrm{Ker}\,\phi=\{0, 5, 10, 15, 20, 25\}$라고 하자. $\phi(7)=12$일 때, 24로 사상되는 $\mathbb{Z}_{30}$의 원소를 모두 구하고, 6으로 사상되는 $\mathbb{Z}_{30}$의 원소를 모두 구하라.

10.33 ϕ가 $U(40)$에서 $U(40)$으로 가는 준동형사상이고 $\mathrm{Ker}\,\phi=\{1, 9, 17, 33\}$이라고 하자. $\phi(11)=11$일 때, 11로 사상되는 $U(40)$의 원소를 모두 구하라.

10.34 ϕ가 A_4에서 순환군 G로 가는 전사인 준동형사상이면 $|G|=1$ 또는 3임을 증명하라.

10.35 $(a, b) \to a-b$로 주어진 사상 ϕ: $\mathbb{Z} \oplus \mathbb{Z} \to \mathbb{Z}$가 준동형사상임을 증명하고, 사상 ϕ의 핵을 구하라. 그리고 집합 $\phi^{-1}(3)$(즉, 3으로 사상되는 모든 원소)에 대해 설명하라.

10.36 $\phi((3, 2)) = a$, $\phi((2, 1)) = b$를 만족하는 $\mathbb{Z} \oplus \mathbb{Z}$에서 군 G로의 준동형사상 ϕ가 존재한다고 하자. $\phi((4, 4))$를 a와 b로 나타내라. 이때 G의 연산은 덧셈이라고 가정한다.

10.37 $H = \{z \in \mathbb{C}^* \mid |z| = 1\}$이라 하자. $\mathbb{C}^*/H$가 곱셈에 대한 양수 집합의 군 $\mathbb{R}^+$와 동형임을 증명하라($|a+bi| = \sqrt{a^2+b^2}$ 임을 기억하자).

10.38 α를 G_1에서 H_1로 가는 준동형사상이라 하고, β를 G_2에서 H_2로 가는 준동형사상이라고 하자. $\gamma(g_1, g_2) = (\alpha(g_1), \beta(g_2))$로 정의되는 $G_1 \oplus G_2$에서 $H_1 \oplus H_2$로의 준동형사상 γ의 핵을 구하라.

10.39 $\mathbb{C}^*$에서 $\mathbb{C}^*$로 가는 사상 $x \to x^6$이 준동형사상임을 증명하고, 이 사상의 핵을 구하라.

10.40 각 양의 정수쌍 m, n에 대해 $\mathbb{Z}$에서 $\mathbb{Z}_m \oplus \mathbb{Z}_n$으로 가는 준동형사상을 $x \to (x \bmod m, x \bmod n)$으로 정의할 수 있다. $(m, n) = (3, 4)$일 때 이 사상의 핵을 구하고, $(m, n) = (6, 4)$일 때 이 사상의 핵을 구하라. 그리고 이 결과를 일반화하라.

10.41 G가 가환군이고 ϕ가 G에서 어떤 군으로 가는 준동형사상이면 $H = \{x \in G \mid \phi(x) = x^{-2}\}$은 G의 부분군임을 증명하라. $\phi(x) = x^3$이면 H의 원소의 위수에 대해 무엇을 말할 수 있을까?

10.42 ϕ가 D_6에서 D_3으로 가는 전사인 준동형사상일 때, $\operatorname{Ker}\phi$를 구하라.

10.43 $\mathbb{Z}_{16}$, $\mathbb{Z}_8 \oplus \mathbb{Z}_2$, $\mathbb{Z}_4 \oplus \mathbb{Z}_4$에서 $\mathbb{Z}_2 \oplus \mathbb{Z}_2 \oplus \mathbb{Z}_2$로 가는 전사인 준동형사상이 존재하지 않음을 증명하라. 그리고 이 결과를 $\mathbb{Z}_{2^m}$, $\mathbb{Z}_{2^m} \oplus \mathbb{Z}_{2^n}$에서 $\mathbb{Z}_2 \oplus \mathbb{Z}_2 \oplus \mathbb{Z}_2$로 가는 전사인 준동형사상으로 일반화하라. p가 소수일 때, 앞선 주장이 $\mathbb{Z}_{p^m}$, $\mathbb{Z}_{p^m} \oplus \mathbb{Z}_{p^n}$에서 $\mathbb{Z}_p \oplus \mathbb{Z}_p \oplus \mathbb{Z}_p$로 가는 전사인 준동형사상으로 바뀌어도 유효할까?

10.44 S_3에서 $\mathbb{Z}_3$으로 가는 전사인 준동형사상이 존재하지 않음을 증명하라. 또 S_4에서 $\mathbb{Z}_3$으로 가는 전사인 준동형사상이 존재하지 않음을 증명하라.

10.45 [EX 9.9]에서 정의한 부분군 H를 이용해 S_4에서 S_3으로 가는 전사인 준동형사상이 존재함을 증명하라.[2]

---

2 이 문제는 이 장의 본문에서 살펴봤다.

10.46 $\mathbb{Z}_m \oplus \mathbb{Z}_n$의 모든 준동형사상에 의한 상이 $\mathbb{Z}_s \oplus \mathbb{Z}_t$ 형태임을 증명하라. 이때 s는 m의 약수이고 t는 n의 약수이다.

10.47 s와 t가 서로소인 양의 정수일 때, $U(st)/U_s(st)$가 $U(s)$와 동형임을 증명하라.

10.48 $G=\langle S\rangle$이고 ϕ가 G에서 어떤 군으로 가는 준동형사상이면 $\phi(G)=\langle \phi(S)\rangle$임을 증명하라.

10.49 **[제2동형정리]** K가 G의 부분군이고 N이 G의 정규부분군이면 $K/(K\cap N)\approx KN/N$임을 증명하라.

10.50 **[제3동형정리]** M과 N이 G의 정규부분군이고 $N\le M$이면 $(G/N)/(M/N)\approx G/M$임을 증명하라. 분자와 분모의 N을 '약분'하는 형태로 생각하라.

10.51 A_4에서 위수가 3의 배수가 아닌 유한군으로 가는 유일한 준동형사상은 모든 원소를 항등원으로 보내는 자명한 사상임을 증명하라.

10.52 k가 n의 약수일 때, $x\to x \bmod k$로 주어진 $U(n)$에서 $U(k)$로 가는 준동형사상을 생각해보자. 이 준동형사상과 $U(n)$의 부분군 $U_k(n)$ 사이에 어떤 관계가 있을까?

10.53 D_4의 모든 준동형사상에 의한 상을 구하라(단, 동형인 군은 같은 군으로 간주한다).

10.54 N을 유한군 G의 정규부분군이라고 하자. 이 장의 정리를 이용해 군 G/N의 원소 gN의 위수가 g의 위수의 약수임을 증명하라.

10.55 G가 유한군이고 $\mathbb{Z}_{10}$이 군 G의 준동형사상에 의한 상이라고 할 때, $|G|$에 대해 무엇을 말할 수 있는가? 이 결과를 일반화하라.

10.56 $\mathbb{Z}_{10}$과 $\mathbb{Z}_{15}$가 모두 유한군 G의 준동형사상에 의한 상이라고 할 때, $|G|$에 대해 무엇을 말할 수 있는가? 이 결과를 일반화하라.

10.57 각 소수 p에 대해 $\mathbb{Z}_p$가 군 G의 준동형사상에 의한 상이라고 할 때, $|G|$에 대해 무엇을 말할 수 있는가? 이와 같은 군의 예를 제시하라.

10.58 **[선형대수학을 배운 독자를 위한 문제]** x가 연립선형방정식의 특정한 해이고 S가 해당 동차 연립선형방정식의 해집합이라고 하자. [정리 10.1]의 성질 **(6)**이 $x+S$가 비동차 연립방정식의 해집합임을 보장하는 이유를 설명하라. 특히 관련 군과 이 군들 사이의 준동형사상에 대해 설명하라.

10.59 N을 군 G의 정규부분군이라고 하자. [정리 10.2]의 성질 (8)을 이용해 G/N의 모든 부분군이 H/N(H는 G의 부분군) 형태임을 증명하라.[3]

10.60 순환군에서 정의된 준동형사상은 군의 생성원의 상에 따라 완전히 결정됨을 보여라.

10.61 제1동형정리를 이용해 [정리 9.4]를 증명하라.

10.62 D_5에서 $\mathbb{Z}_2 \oplus \mathbb{Z}_2$로 가는 전사인 준동형사상을 모두 구하라. 또 D_5에서 $\mathbb{Z}_2 \oplus \mathbb{Z}_2$로 가는 준동형사상을 모두 구하라.

10.63 $\mathbb{Z}[x]$를 덧셈에 대해 x에 관한 정수 계수 다항식 집합의 군이라고 하자. $f(x) \to f(3)$으로 주어진 $\mathbb{Z}[x]$에서 $\mathbb{Z}$로 가는 사상이 준동형사상임을 증명하라. 이 준동형사상의 핵에 대해 기하학적으로 설명하고, 이 결과를 일반화하라.

10.64 $x \to \begin{bmatrix} \cos x & \sin x \\ -\sin x & \cos x \end{bmatrix}$로 주어지는 덧셈에 대한 군 $\mathbb{R}$에서 $SL(2, \mathbb{R})$로의 사상이 군 준동형사상임을 증명하고, 이 준동형사상의 핵을 구하라.

10.65 G에서 $\mathbb{Z}_2 \oplus \mathbb{Z}_2$로 가는 전사인 준동형사상 ϕ가 존재한다고 할 때, G가 3개의 진 정규부분군의 합집합임을 증명하라.

10.66 H와 K가 G의 정규부분군이고 $H \cap K = \{e\}$일 때, G가 $G/H \oplus G/K$의 부분군과 동형임을 증명하라.

10.67 $\mathbb{Z}_8 \oplus \mathbb{Z}_4$에서 $\mathbb{Z}_4 \oplus \mathbb{Z}_4$로 가는 전사인 준동형사상을 구하라.

10.68 ϕ가 D_{12}에서 D_3으로 가는 전사인 준동형사상이라고 할 때, $\phi(R_{180})$을 구하라.

10.69 위수가 35인 모든 군이 순환군임을 증명하기 위해 [EX 10.18]에서 전개한 주장이 위수가 55인 군에 대해서도 적용되는지를 확인하라. 만약 적용되지 않는다면 어느 부분이 문제일까?

10.70 G가 비가환군이고 $|G| = 55$이면 G가 위수 5인 부분군을 정확히 11개 가짐을 증명하고, 이러한 부분군들이 a^iKa^{-i}(a는 G의 원소, K는 G의 부분군, $i = 0, 1, 2, \cdots, 10$) 형태임을 증명하라.

10.71 p가 $q-1$의 약수가 아니며 $p < q$인 임의의 두 소수 p, q에 대해 위수가 pq인 군이 순환군임을 증명하라.

---

3 이 문제는 11장과 23장에서 다시 언급한다.

10.72 $\mathbb{Z}$에서 S_3으로 가는 전사인 준동형사상을 모두 구하고, $\mathbb{Z}$에서 S_3으로 가는 준동형사상을 모두 구하라.

10.73 G가 가환군일 때, S_3에서 G로 가는 준동형사상을 모두 구하라.

10.74 양의 정수 m, n에 대해 $\phi(x) = x \bmod n$으로 주어진 $\mathbb{Z}_m$에서 $\mathbb{Z}_n$으로의 사상이 준동형사상일 필요충분조건은 n이 m의 약수인 것임을 증명하라.

10.75 $\phi(x) = x^2$으로 정의된 $\mathbb{C}^*$에서 $\mathbb{C}^*$로 가는 사상이 준동형사상임을 증명하고, $\mathbb{C}^*/\{1, -1\}$과 $\mathbb{C}^*$가 동형임을 증명하라. 만약 $\mathbb{C}^*$가 $\mathbb{R}^*$로 바뀌면 어떻게 될까?

10.76 p가 소수라 하자. $\mathbb{Z}_p \oplus \mathbb{Z}_p$에서 $\mathbb{Z}_p$로 가는 준동형사상의 개수를 구하라.

* 이 장을 위한 컴퓨터 연습문제는 http://www.d.umn.edu/~jgallian에서 확인할 수 있다.

카미유 조르당(Camille Jordan)

조르당은 해석학과 위상수학에 공헌한 것만으로도 동시대 수학자 중 매우 높은 평가를 받기에 충분했지만, 서른이 채 되지 않은 나이에 대수학자로서 유명 인사가 되었다. 그 이후 40년 동안 조르당은 군 이론의 권위자로 널리 인정받았다.

장 디외도네(Jean Dieudonné), *Dictionary of Scientific Biography*

The Granger Collection, NYC

조르당은 1838년 1월 5일 프랑스 리옹의 부유한 가정에서 태어났다. 그는 아버지의 모교인 에콜 폴리테크니크를 졸업하고 기술자가 되었다. 1885년 기술자로서 은퇴하기 전에 거의 120편에 달하는 수학 연구 논문을 작성했다. 1873년부터 1912년까지 조르당은 에콜 폴리테크니크와 프랑스대학에서 동시에 강의를 했다.

위대한 프랑스 전통 속에서, 조르당은 수학의 거의 모든 분야에 대한 논문을 발표한 만능의 수학자였다. 조르당의 이름이 붙여진 개념으로 행렬 이론의 조르당 표준형(Jordan canonical form), 위상수학의 조르당 곡선 정리(Jordan curve theorem), 군 이론의 조르당-횔더 정리(Jordan-Hölder theorem) 등이 있다.

1870년에 출판된 조르당의 고전서 『Traité des replacements』는 군 이론과 다른 수학 분야로의 응용에만 집중한 최초의 책이다. 또 다른 책인 『Cours d'analyse』는 엄격함에 대한 새로운 기준을 세우며 큰 영향을 미쳤다. 이 책에서 부피와 다중적분 개념에 대해 최초로 명확한 정의를 제시했다. 이 책이 출판된 지 거의 100년이 지난 후, 저명한 수학자인 동시에 수학사 연구자인 바르털 판데르 바르던(Bartel van Der Waerden)은 "『Cours d'analyse』는 한 장 한 장 넘길 때마다 나에게 즐거움을 선사했다."라고 말했다. 조르당은 1922년 1월 22일 파리에서 생을 마감했다.

11

유한 가환군의 기본정리
Fundamental Theorem of Finite Abelian Groups

"작은 표본으로 전체를 판단할 수 있다."

미겔 데 세르반테스(Miguel De Cervantes), *Don Quixote*

"('군'의 개념에 대하여) … 작은 시작에서 매우 풍부하고 웅장한 생각이 솟아날 수 있다."

H. F. 베이커(H. F. Baker)

11.1 유한 가환군의 기본정리

이 장에서는 대수학자의 관점에서(즉, 동형의 관점에서) 모든 유한 가환군을 표준화된 방법으로 설명하는 정리를 제시한다. 길고 어려운 증명을 하기 전에, 정리와 그 증명의 몇 가지 결과에 대해 먼저 논의한다. 이 정리에 대한 최초의 증명은 1858년에 레오폴트 크로네커(Leopold Kronecker)가 발표했다.

정리 11.1 유한 가환군의 기본정리
모든 유한 가환군은 위수가 소수의 거듭제곱인 순환군들의 직적이다. 또한 직적의 항의 개수와 순환군의 위수는 군에 의해 유일하게 결정된다.

[정리 11.1]은 유한 가환군에 대한 질문을 순환군에 대한 질문으로 축소하고, 이전 장의 결과와 결합하면 이 질문을 완벽하게 이해할 수 있다. 순환군은 일반적으로 질문에 대한 완전한 답을 산출한다. 위수가 n인 순환군은 $\mathbb{Z}_n$과 동형이므로, [정리 11.1]은 모든 유한 가환군 G가 다음과 같은 형태의 군과 동형임을 보여준다.

$$\mathbb{Z}_{p_1^{n_1}} \oplus \mathbb{Z}_{p_2^{n_2}} \oplus \cdots \oplus \mathbb{Z}_{p_k^{n_k}}$$

이때 p_i가 반드시 서로 다른 소수일 필요는 없고 소수의 거듭제곱 $p_1^{n_1}, p_2^{n_2}, \cdots, p_k^{n_k}$은 G에 의해 유일하게 결정된다. 군을 이와 같은 형태로 나타내는 것을 G의 **동형류 결정**(determining the isomorphism class)이라고 한다.

11.2 가환군의 동형류

유한 가환군의 기본정리는 매우 강력하다. 이 정리를 응용하면 임의의 위수를 갖는 모든 가환군을 구하는 알고리즘으로 사용할 수 있다. 소수 p와 $k \leq 4$에 대해 위수가 p^k인 군을 살펴보자. 일반적으로 합이 k가 되는 양의 정수의 집합(이 집합을 k의 **분할**(partition)이라고 한다)에 대해 위수가 p^k인 군이 하나 존재한다. 즉, 각 양의 정수 n_i에 대해 k를

$$k = n_1 + n_2 + \cdots + n_t$$

로 나타내면, 다음 군은 위수가 p^k인 가환군이다.

$$\mathbb{Z}_{p^{n_1}} \oplus \mathbb{Z}_{p^{n_2}} \oplus \cdots \oplus \mathbb{Z}_{p^{n_t}}$$

군 G의 위수에 대한 k의 분할과 G로 가능한 직적들은 다음 표와 같다.

G의 위수	**k의 분할**	**G로 가능한 직적**
p	1	$\mathbb{Z}_p$
p^2	2 1+1	$\mathbb{Z}_{p^2}$ $\mathbb{Z}_p \oplus \mathbb{Z}_p$
p^3	3 2+1 1+1+1	$\mathbb{Z}_{p^3}$ $\mathbb{Z}_{p^2} \oplus \mathbb{Z}_p$ $\mathbb{Z}_p \oplus \mathbb{Z}_p \oplus \mathbb{Z}_p$
p^4	4 3+1 2+2 2+1+1 1+1+1+1	$\mathbb{Z}_{p^4}$ $\mathbb{Z}_{p^3} \oplus \mathbb{Z}_p$ $\mathbb{Z}_{p^2} \oplus \mathbb{Z}_{p^2}$ $\mathbb{Z}_{p^2} \oplus \mathbb{Z}_p \oplus \mathbb{Z}_p$ $\mathbb{Z}_p \oplus \mathbb{Z}_p \oplus \mathbb{Z}_p \oplus \mathbb{Z}_p$

더 나아가 유한 가환군의 기본정리의 유일성 부분은 k의 서로 다른 분할이 서로 다른 동형류를 만든다는 것을 보장한다. 예를 들어 $\mathbb{Z}_9 \oplus \mathbb{Z}_3$은 $\mathbb{Z}_3 \oplus \mathbb{Z}_3 \oplus \mathbb{Z}_3$과 동형이 아니다. 외직적을 비교하기 위한 유용한 방법은 다음과 같은 소거법칙이다. 만약 A가 유한하면 다음이 성립한다.

$$A \oplus B \approx A \oplus C \Leftrightarrow B \approx C$$

따라서 $\mathbb{Z}_4 \oplus \mathbb{Z}_4$는 $\mathbb{Z}_4 \oplus \mathbb{Z}_2 \oplus \mathbb{Z}_2$와 동형이 아니다. 왜냐하면 $\mathbb{Z}_4$와 $\mathbb{Z}_2 \oplus \mathbb{Z}_2$가 동형이 아니기 때문이다. 유한 가환군의 기본정리의 힘은 $k \le 4$에 대해 위수가 p^k인 가환군으로 가능한 모든 군을 분류하는 문제가 비가환군에 대한 동일한 문제보다 훨씬 쉽다는 것을 알 수 있다는 점이다. 심지어 위수가 8인 두 비가환군에 대한 설명도 어려운 문제이며([정리 25.4] 참고), 위수가 16인 9개의 비가환군에 대한 설명은 이 책의 범위를 훨씬 넘어선다.

이제 위수가 소수의 거듭제곱인 모든 가환군을 구하는 방법을 알았으므로, 특정한 n을 위수로 갖는 모든 가환군을 구하는 문제를 살펴보자. 여기서 n이 2개 이상의 서로 다른 소인수를 갖는다고 가정하자. 먼저 n을 $n = p_1^{n_1} p_2^{n_2} \cdots p_k^{n_k}$ 형태로 소인수분해한다. 다음으로 앞에서 설명한 방법에 따라 위수가 $p_1^{n_1}$, $p_2^{n_2}, \cdots$인 가환군을 순서대로 각각 구한다. 마지막으로 이 군들의 가능한 외직적을 모두 구한다.

예를 들어 $n = 1176 = 2^3 \cdot 3 \cdot 7^2$인 경우, 위수가 1176인 가환군의 서로 다른 동형류는 모두 다음과 같다.

$$\mathbb{Z}_8 \oplus \mathbb{Z}_3 \oplus \mathbb{Z}_{49}$$
$$\mathbb{Z}_4 \oplus \mathbb{Z}_2 \oplus \mathbb{Z}_3 \oplus \mathbb{Z}_{49}$$
$$\mathbb{Z}_2 \oplus \mathbb{Z}_2 \oplus \mathbb{Z}_2 \oplus \mathbb{Z}_3 \oplus \mathbb{Z}_{49}$$
$$\mathbb{Z}_8 \oplus \mathbb{Z}_3 \oplus \mathbb{Z}_7 \oplus \mathbb{Z}_7$$
$$\mathbb{Z}_4 \oplus \mathbb{Z}_2 \oplus \mathbb{Z}_3 \oplus \mathbb{Z}_7 \oplus \mathbb{Z}_7$$
$$\mathbb{Z}_2 \oplus \mathbb{Z}_2 \oplus \mathbb{Z}_2 \oplus \mathbb{Z}_3 \oplus \mathbb{Z}_7 \oplus \mathbb{Z}_7$$

위수가 1176인 특정한 가환군 G가 주어질 때, G에 대해 알고 싶은 질문은 다음과 같다. 앞의 6가지 동형류 중 G의 구조를 표현하는 것은 무엇일까? 두 유한 가환군이 동형일 필요충분조건은 각 위수를 갖는 원소의 개수가 서로 같은 것이므로, G의 원소들의 위수를 6가지 직적의 원소들의 위수와 비교하면 이 질문에 답할 수 있다. 예를 들어 G가 위수가 8인 임의의 원소를 갖는지 확인해보자. 만약 갖는다면 G는 앞의 동형류 중 첫 번째 또는 네 번째 군과 동형이어야 한다. 왜냐하면 두 군들만 위수가 8인 원소를 갖기 때문이다. 이제 G를 하나의 군으로 정하려면 G가 위수가 49인 원소를 갖는지만 확인하면 된다. 왜냐하면 앞의 동형류 중 첫 번째 직적에는 위수가 49인 원소가 존재하지만, 네 번째 군에는 존재하지 않기 때문이다.

[EX 11.1]에서 군은 원소의 위수로부터 동형류를 쉽게 결정할 수 있을 만큼 충분히 작다.

EX 11.1 $G = \{1, 8, 12, 14, 18, 21, 27, 31, 34, 38, 44, 47, 51, 53, 57, 64\}$를 법 65에 관한 곱셈에 대한 군이라 하자. G의 위수가 16이므로 다음 군들 중 하나와 동형이다.

$$\mathbb{Z}_{16}, \quad \mathbb{Z}_8 \oplus \mathbb{Z}_2, \quad \mathbb{Z}_4 \oplus \mathbb{Z}_4$$
$$\mathbb{Z}_4 \oplus \mathbb{Z}_2 \oplus \mathbb{Z}_2, \quad \mathbb{Z}_2 \oplus \mathbb{Z}_2 \oplus \mathbb{Z}_2 \oplus \mathbb{Z}_2$$

이들 중 어떤 군과 동형인지 결정하기 위해, 웹사이트 planetcalc.com/8326의 합동 연산 계산기를 이용하면 다음과 같이 G의 원소들의 위수를 구할 수 있다.

원소	1	8	12	14	18	21	27	31	34	38	44	47	51	53	57	64
위수	1	4	4	2	4	4	4	4	4	4	4	4	2	4	4	2

위수들의 표로부터 $\mathbb{Z}_4 \oplus \mathbb{Z}_4$, $\mathbb{Z}_4 \oplus \mathbb{Z}_2 \oplus \mathbb{Z}_2$가 아닌 모든 군이 바로 제외된다. 마지막으로 $\mathbb{Z}_4 \oplus \mathbb{Z}_2 \oplus \mathbb{Z}_2$는 $\mathbb{Z}_2 \oplus \mathbb{Z}_2 \oplus \mathbb{Z}_2$와 동형인 부분군을 가지므로, 위수가 2인 원소가 3개 이상 존재하여 $G \approx \mathbb{Z}_4 \oplus \mathbb{Z}_4$여야 한다.

G를 내직적으로 표현하면 훨씬 더 쉽다. 먼저 위수가 가장 큰 원소를 선택한다. 예를 들어 위수가 가장 큰 원소인 8을 이용해 $\langle 8 \rangle$을 내직적의 인수로 사용할 것이다. 다음으로 두 번째 원소 a를 선택하면 a의 위수는 4이고 $\langle a \rangle \cap \langle 8 \rangle = \{1\}$이어야 한다. 이를 만족하는 원소는 12이므로 $G = \langle 8 \rangle \times \langle 12 \rangle$이다.

[EX 11.1]은 유한 가환군 G의 모든 원소의 위수를 알면 매우 쉽고 빠르게 G를 직적으로 나타낼 수 있음을 보여준다. 그러나 그 모든 원소의 위수를 계산하는 것은 확실히 매력적인 방법은 아니다. 좋은 소식은 이론과 몇 가지 원소들의 위수만 계산하면 일반적으로 충분하다는 것이다.

EX 11.2 $G = \{1, 8, 17, 19, 26, 28, 37, 44, 46, 53, 62, 64, 71, 73, 82, 89, 91, 98, 107, 109, 116, 118, 127, 134\}$를 법 135에 관한 곱셈에 대한 군이라 하자. G의 위수가 24이므로 다음 군들 중 하나와 동형이다.

$$\mathbb{Z}_8 \oplus \mathbb{Z}_3 \approx \mathbb{Z}_{24}$$
$$\mathbb{Z}_4 \oplus \mathbb{Z}_2 \oplus \mathbb{Z}_3 \approx \mathbb{Z}_{12} \oplus \mathbb{Z}_2$$
$$\mathbb{Z}_2 \oplus \mathbb{Z}_2 \oplus \mathbb{Z}_2 \oplus \mathbb{Z}_3 \approx \mathbb{Z}_6 \oplus \mathbb{Z}_2 \oplus \mathbb{Z}_2$$

원소 8을 생각해보자. 직접 계산하면 $8^4 = 49$, $8^6 = 109$, $8^{12} = 1$이므로 $|8| = 12$이다. 이제 G를 알 수 있다. 어떻게 알까? $|8| = 12$이므로 분명히 앞의 목록에서 세 번째 군이 제외된다. 또 $|109| = 2 = |134|$($134 = -1 \bmod 135$임을 기억하라)이므로, G는 $\mathbb{Z}_{24}$가 아니다([정리 4.4] 참고). 따라서 $G \approx \mathbb{Z}_{12} \oplus \mathbb{Z}_2$이고 $G = \langle 8 \rangle \times \langle 134 \rangle$이다.

가환군을 위수가 소수의 거듭제곱인 순환군들의 직적으로 표현하는 것보다, $\mathbb{Z}_{n_1} \oplus \mathbb{Z}_{n_2} \oplus \cdots \oplus \mathbb{Z}_{n_k}$(여기서 n_i가 n_{i-1}을 나눈다) 형태의 직적을 얻기 위해 [EX 11.2]에서 수행한 것처럼 서로소인 위수의 순환군들을 합치는 것이 종종 더 편리하다. 예를 들어 $\mathbb{Z}_4 \oplus \mathbb{Z}_4 \oplus \mathbb{Z}_2 \oplus \mathbb{Z}_9 \oplus \mathbb{Z}_3 \oplus \mathbb{Z}_5$는 $\mathbb{Z}_{180} \oplus \mathbb{Z}_{12} \oplus \mathbb{Z}_2$로 나타낼 수 있다([연습문제 11.11] 참고).

유한 가환군의 기본정리에 대한 결과로, 라그랑주 정리의 역이 유한 가환군에 대해 참임을 보이는 다음 정리를 살펴보자.

따름정리 가환군의 부분군의 존재성

m이 유한 가환군 G의 위수의 약수이면, G는 위수 m인 부분군을 갖는다.

증명

G가 위수가 n인 가환군이고 m이 n의 약수라고 하자. G의 위수에 대해 수학적 귀납법을 적용하자. n 또는 m이 1인 경우는 자명하다. p가 m을 나누는 소수라고 하면, [정리 11.1]과 순환군의 성질에 의해 G는 위수가 p인 부분군 K를 갖는다. 그러면 G/K는 위수가 $\frac{n}{p}$인 가환군이고 $\frac{m}{p}$은 $|G/K|$의 약수이다. 수학적 귀납법의 두 번째 원리에 따르면 G/K는 H/K 형태의 부분군을 갖는다(여기서 H는 G의 부분군이며 $|H/K| = \frac{m}{p}$이다)([연습문제 10.59] 참고). 따라서 $|H| = \left(\frac{|H|}{|K|}\right)|K| = \left(\frac{m}{p}\right)p = m$이다. ■

이 [따름정리]의 결과는 특정한 예로 확인하면 더 유익하다. 위수가 72인 가환군 G에서 위수가 12인 부분군을 구해보자. 유한 가환군의 기본정리에 따르면 G는 다음과 같은 6개의 군 중 하나와 동형이다.

$$\begin{array}{ll} \mathbb{Z}_8 \oplus \mathbb{Z}_9, & \mathbb{Z}_8 \oplus \mathbb{Z}_3 \oplus \mathbb{Z}_3 \\ \mathbb{Z}_4 \oplus \mathbb{Z}_2 \oplus \mathbb{Z}_9, & \mathbb{Z}_4 \oplus \mathbb{Z}_2 \oplus \mathbb{Z}_3 \oplus \mathbb{Z}_3 \\ \mathbb{Z}_2 \oplus \mathbb{Z}_2 \oplus \mathbb{Z}_2 \oplus \mathbb{Z}_9, & \mathbb{Z}_2 \oplus \mathbb{Z}_2 \oplus \mathbb{Z}_2 \oplus \mathbb{Z}_3 \oplus \mathbb{Z}_3 \end{array}$$

분명히 $\mathbb{Z}_8 \oplus \mathbb{Z}_9 \approx \mathbb{Z}_{72}$이고, $\mathbb{Z}_4 \oplus \mathbb{Z}_2 \oplus \mathbb{Z}_3 \oplus \mathbb{Z}_3 \approx \mathbb{Z}_{12} \oplus \mathbb{Z}_6$은 위수가 12인 부분군을 갖는다. $\mathbb{Z}_4 \oplus \mathbb{Z}_2 \oplus \mathbb{Z}_9$에서 위수가 12인 부분군을 구하기 위해, 단순히 $\mathbb{Z}_4$의 모든 원소와 $\mathbb{Z}_9$의 위수가 3인 부분군을 결합한다. 즉, $\{(a, 0, b) \mid a \in \mathbb{Z}_4, b \in \{0, 3, 6\}\}$이다. $\mathbb{Z}_8 \oplus \mathbb{Z}_3 \oplus \mathbb{Z}_3$에서 위수가 12인 부분군은 $\{(a, b, 0) \mid a \in \{0, 2, 4, 6\}, b \in \mathbb{Z}_3\}$으로 주어진다. 비슷한 방법으로 나머지 경우도 계산할 수 있으며, 실제로 모든 유한 가환군에 대해 적용할 수 있다.

11.3 유한 가환군의 기본정리 증명

유한 가환군의 기본정리에 대한 증명이 매우 길고 복잡하므로, 일련의 보조정리로 나누어 증명한다.

보조정리 1

G를 위수가 $p^n m$인 유한 가환군이라고 하자. 이때 p는 소수이고 p는 m의 약수가 아니다. 그러면 $H = \{x \in G \mid x^{p^n} = e\}$, $K = \{x \in G \mid x^m = e\}$일 때, $G = H \times K$이다. 더욱이 $|H| = p^n$이다.

증명

H와 K가 G의 부분군임을 증명하는 것은 쉽다([연습문제 3.51] 참고). G가 가환군이므로 $G = H \times K$임을 증명하기 위해서는 $G = HK$이고 $H \cap K = \{e\}$임을 증명하기만 하면 된다. $\gcd(m, p^n) = 1$이므로 $1 = sm + tp^n$인 정수 s, t가 존재한다. 따라서 G의 모든 원소 x에 대해 $x = x^1 = x^{sm+tp^n} = x^{sm}x^{tp^n}$이며, 라그랑주 정리(정리 7.1)의 [따름정리 4]에 의해 $x^{sm} \in H$, $x^{tp^n} \in K$이다. 그러므로 $G = HK$이다. 이제 $x \in H \cap K$라고 가정하면 $x^{p^n} = e = x^m$이고 [정리 4.1]의 [따름정리 2]에 의해 $|x|$는 p^n과 m의 공약수이다. 그런데 p는 m의 약수가 아니므로 $|x| = 1$이 되어 $x = e$이다.

이 보조정리의 두 번째 주장을 증명하기 위해서는 $p^n m = |HK| = \dfrac{|H||K|}{|H \cap K|} = |H||K|$임을 알아야 한다([정리 7.2] 참고). [정리 9.5]와 [정리 4.1]의 [따름정리 2]에 의해 p가 $|K|$의 약수가 아니므로 $|H| = p^n$이다. ■

가환군 G가 서로 다른 소수 p_i에 대해 $|G| = p_1^{n_1}p_2^{n_2}\cdots p_k^{n_k}$일 때, $G(p_i)$를 집합 $\{x \in G \mid x^{p_i^{n_i}} = e\}$라 하자. 그러면 [보조정리 1]과 수학적 귀납법에 의해 $G = G(p_1) \times G(p_2) \times \cdots \times G(p_k)$이고 $|G(p_i)| = p_i^{n_i}$이다. 따라서 유한 가환군의 기본정리의 증명은 위수가 소수의 거듭제곱인 군에 대해서만 증명하면 된다.

보조정리 2

G를 위수가 소수의 거듭제곱인 유한 가환군이라 하고, a를 G에서 위수가 가장 큰 원소라 하면 G는 $\langle a \rangle \times K$ 형태로 나타낼 수 있다.

증명

$|G| = p^n$이라 하고 n에 대한 수학적 귀납법으로 증명해보자. $n = 1$이면 $G = \langle a \rangle \times \langle e \rangle$이다. 이제 $k < n$에 대해 위수가 p^k인 모든 가환군에 대해 이 명제가 참이라고 가정하자. G의 모든 원소들 중 가장 큰 위수 p^m을 갖는 원소를 a라 하면, G의 모든 원소 x에 대해 $x^{p^m} = e$이다. $G \neq \langle a \rangle$라고 가정하자. $G = \langle a \rangle$이면 더 이상 증명할 내용이 없기 때문이다. 이제 $\langle a \rangle$의 원소가 아닌 G의 모든 원소들 중 위수가 가장 작은 원소 $b \notin \langle a \rangle$를 선택한다. 이제 $\langle a \rangle \cap \langle b \rangle = \{e\}$임을 증명하자. $|b^p| = \dfrac{|b|}{p}$이므로 b의 조건에 의해 $b^p \in \langle a \rangle$임을 알 수 있다. $b^p = a^i$이라 하면, $e = b^{p^m} = (b^p)^{p^{m-1}} = (a^i)^{p^{m-1}}$이므로 $|a^i| \leq p^{m-1}$이다. 따라서 a^i은 $\langle a \rangle$의 생성원이 아니므로 [정리 4.2]의 [따름정리 3]에 의해 $\gcd(p^m, i) \neq 1$이다. 이 결과는 p가 i의 약수임을 증명하므로 $i = pj$로 나타낼 수 있다. 그러면 $b^p = a^i = a^{pj}$이다. 원소 $c = a^{-j}b$를 생각해보자. 분명히 c는

$\langle a \rangle$의 원소가 아니다. 만약 그렇다면 b도 $\langle a \rangle$의 원소이기 때문이다. 또한 $c^p = a^{-jp}b^p = a^{-i}b^p = b^{-p}b^p = e$이다. 따라서 $c \notin \langle a \rangle$를 만족하며 위수가 p인 원소 c를 찾았다. b는 $b \notin \langle a \rangle$를 만족하며 가장 작은 위수를 갖도록 선택했으므로, b의 위수도 p라고 결론내릴 수 있다. 그러므로 $\langle a \rangle \cap \langle b \rangle = \{e\}$이다. 왜냐하면 $\langle a \rangle \cap \langle b \rangle$에 항등원이 아닌 원소가 존재할 경우, 그 원소가 $\langle b \rangle$의 생성원이 되어 $b \notin \langle a \rangle$에 대해 모순이기 때문이다.

이제 잉여군 $\overline{G} = G/\langle b \rangle$를 생각해보자. 간단히 표기하기 위해 $\overline{G}$에서 잉여류 $x\langle b \rangle$를 $\overline{x}$로 표기한다. 만약 $|\overline{a}| < |a| = p^m$이면 $\overline{a}^{p^{m-1}} = \overline{e}$이다. 즉, $(a\langle b \rangle)^{p^{m-1}} = a^{p^{m-1}}\langle b \rangle = \langle b \rangle$이므로, $a^{p^{m-1}} \in \langle a \rangle \cap \langle b \rangle = \{e\}$가 되어 $|a| = p^m$에 대해 모순이다. 따라서 $|\overline{a}| = |a| = p^m$이다. 그러므로 $\overline{a}$는 $\overline{G}$에서 위수가 가장 큰 원소이다.

수학적 귀납법에 따라 $\overline{G}$의 어떤 부분군 $\overline{K}$에 대해 $\overline{G}$를 $\langle \overline{a} \rangle \times \overline{K}$로 나타낼 수 있다. G에서 $\overline{G}$로 가는 자연스러운 준동형사상에서 $\overline{K}$의 역상을 K라 하자(즉, $K = \{x \in G \mid \overline{x} \in \overline{K}\}$). 이제 $\langle a \rangle \cap K = \{e\}$임을 증명한다. 만약 $x \in \langle a \rangle \cap K$이면 $\overline{x} \in \langle \overline{a} \rangle \cap \overline{K} = \{\overline{e}\} = \{\langle b \rangle\}$이고, $x \in \langle a \rangle \cap \langle b \rangle = \{e\}$이다. 위수를 비교해보면 $G = \langle a \rangle K$이므로([연습문제 11.37] 참고) $\langle a \rangle \times K$이다. ■

이제 [보조정리 2]와 군의 위수에 대한 수학적 귀납법에 의해 다음 [보조정리 3]이 성립한다.

보조정리 3

위수가 소수의 거듭제곱인 유한 가환군은 순환군들의 내직적이다.

지금까지 유한 가환군의 기본정리를 어느 정도 증명했는지 정리해보자. [보조정리 1]에 대한 설명을 통해 $G = G(p_1) \times G(p_2) \times \cdots \times G(p_n)$임을 알았다. 여기서 각 $G(p_i)$는 위수가 소수의 거듭제곱인 군이고, [보조정리 3]에 의해 각 인수들은 순환군의 내직적이다. 이로써 모든 유한 가환군 G는 위수가 소수의 거듭제곱인 순환군들의 내직적임을 증명했다. 이제 증명해야 할 것은 이러한 인수들의 유일성이다. 분명히 군 $G(p_i)$는 군 G에 의해 유일하게 결정된다. 왜냐하면 $G(p_i)$는 위수가 p_i의 거듭제곱인 G의 원소들로 구성되기 때문이다. 따라서 각 $G(p_i)$를 순환군들의 내직적으로 나타내는 방법이 유일하다는 것을 증명해야 한다(단, 동형인 군이나 인수를 재배열한 군은 같은 군으로 간주한다).

보조정리 4

G를 위수가 소수의 거듭제곱인 유한 가환군이라고 하자. G의 자명하지 않은 순환부분군 H_i와 K_j에 대해 $|H_1| \geq |H_2| \geq \cdots \geq |H_m|$, $|K_1| \geq |K_2| \geq \cdots \geq |K_n|$이고 $G = H_1 \times H_2 \times \cdots \times H_m$, $G = K_1 \times K_2 \times \cdots \times K_n$이면 $m = n$이고 모든 i에 대해 $|H_i| = |K_i|$이다.

증명

$|G|$에 대한 수학적 귀납법으로 증명한다. $|G| = p$인 경우에는 분명히 참이다. 이제 $|G|$보다 작은 위수를 갖는 모든 가환군에 대해 이 명제가 참이라고 가정하자. 임의의 가환군 L에 대해 집합 $L^p = \{x^p \mid x \in L\}$은 L의 부분군이고([EX 3.5] 참고), 만약 p가 $|L|$의 약수이면 [정리 9.5]에 의해 L^p은 진부분군이다. $|H_i| > p$를 만족하는 가장 큰 정수 i를 m'이라 하고, $|K_j| > p$를 만족하는 가장 큰 정수 j를 n'이라 할 때, $G^p = H_1^p \times H_2^p \times \cdots \times H_{m'}^p$이고 $G^p = K_1^p \times K_2^p \times \cdots \times K_{n'}^p$이다(이렇게 하면 G^p의 두 직적에는 자명한 부분군이 포함되지 않는다). $|G^p| < |G|$이므로 수학적 귀납법에 의해 $m' = n'$이고, $i = 1, 2, \cdots, m'$에 대해 $|H_i^p| = |K_i^p|$이다. $|H_i| = p|t H_i^p|$이므로 모든 $i = 1, 2, \cdots, m'$에 대해 $|H_i| = |K_i|$이다. 따라서 위수가 p인 H_i의 개수와 위수가 p인 K_i의 개수가 같음을 증명하면 된다. 즉, ($n' = m'$이므로) $m - m' = n - n'$임을 증명하면 된다. $|H_i| = |K_i|$이고 $m' = n'$이므로 다음 식에 의해 $m - m' = n - n'$이다.

$$|H_1||H_2|\cdots|H_{m'}|p^{m-m'} = |G| = |K_1||K_2|\cdots|K_{n'}|p^{n-n'}$$ ■

11장 연습문제

> 문제가 연이어 나타나고 그 문제를 해결하는 데서 가장 큰 기쁨을 찾을 수 있다.
>
> **칼 메닝거(Karl Menninger)**

11.1 위수가 n인 동형이 아닌 군이 2개 존재하도록 하는 자연수 n 중 가장 작은 n을 구하라. 두 군의 이름은 무엇인가?

11.2 위수가 n인 동형이 아닌 가환군이 3개 존재하도록 하는 자연수 n 중 가장 작은 n을 구하라. 세 군의 이름은 무엇인가?

11.3 위수가 n인 동형이 아닌 가환군이 정확히 4개 존재하도록 하는 자연수 n 중 가장 작은 n을 구하라. 네 군의 이름은 무엇인가?

11.4 $\mathbb{Z}_{16}$, $\mathbb{Z}_8 \oplus \mathbb{Z}_2$, $\mathbb{Z}_4 \oplus \mathbb{Z}_4$, $\mathbb{Z}_4 \oplus \mathbb{Z}_2 \oplus \mathbb{Z}_2$에서 위수가 2인 원소의 개수를 각각 구하라. 또 위수가 4인 원소의 개수도 각각 구하라.

11.5 위수가 45인 가환군이 위수가 15인 원소를 가짐을 증명하라. 위수가 45인 모든 가환군이 위수가 9인 원소를 가질까?

11.6 위수가 3인 부분군을 정확히 1개 갖는 위수가 108인 가환군이 2개 존재함을 보여라.

11.7 위수가 3인 부분군을 정확히 4개 갖는 위수가 108인 가환군이 2개 존재함을 보여라.

11.8 위수가 3인 부분군을 정확히 13개 갖는 위수가 108인 가환군이 2개 존재함을 보여라.

11.9 위수가 120인 가환군 G가 위수가 2인 원소를 정확히 3개 갖는다고 할 때, G의 동형류를 구하라.

11.10 위수가 360인 모든 가환군을 구하라(단, 동형인 군은 같은 군으로 간주한다).

11.11 모든 유한 가환군은 위수가 각각 $n_1, n_2, \cdots, n_t$($i=1, 2, \cdots, t-1$에 대해 n_{i+1}이 n_i를 나눈다)인 순환군들의 (외)직적으로 표현될 수 있음을 증명하라.[1]

11.12 어떤 유한 가환군의 위수가 10의 배수일 때, 이 군이 위수가 10인 순환부분군을 가짐을 증명하라.

11.13 유한 가환군의 위수가 4의 배수일 때, 이 군이 위수가 4인 순환부분군을 가질 필요가 없음을 예를 제시하여 보여라.

11.14 [연습문제 11.12]와 [연습문제 11.13]을 이용해 유한 가환군의 순환부분군의 존재성에 대한 일반적인 결과를 도출하라.

11.15 다음 각 경우에 대해 가환군의 개수를 구하고, 주어진 물음에 답하라(단, 동형인 군은 같은 군으로 간주한다).

(a) 위수가 6인 경우
(b) 위수가 15인 경우
(c) 위수가 42인 경우
(d) 위수가 pq(p, q는 서로 다른 소수)인 경우
(e) 위수가 pqr(p, q, r은 서로 다른 소수)인 경우
(f) (d)와 (e)의 결과를 일반화하라.

1 이 문제는 이 장의 본문에서 살펴봤다.

11.16 다음 각 경우에 대해 위수가 n인 가환군의 개수와 위수가 m인 가환군의 개수를 비교하라(단, 동형인 군은 같은 군으로 간주한다).

(a) $n=3^2,\ m=5^2$인 경우

(b) $n=2^4,\ m=5^4$인 경우

(c) $n=p^r,\ m=q^r(p,\ q$는 소수)인 경우

(d) $n=p^r,\ m=p^rq(p,\ q$는 서로 다른 소수)인 경우

(e) $n=p^r,\ m=p^rq^2(p,\ q$는 서로 다른 소수)인 경우

11.17 군의 모든 원소 x에 대해 $x+x+x+x=0$인 성질을 갖는 위수 16인 덧셈에 대한 가환군의 개수를 구하라(단, 동형인 군은 같은 군으로 간주한다).

11.18 $p_1,\ p_2,\cdots,\ p_n$을 서로 다른 소수라 하자. 위수가 $p_1^4p_2^4\cdots p_n^4$인 가환군의 개수를 구하라(단, 동형인 군은 같은 군으로 간주한다).

11.19 정사각형이 아닌 직사각형의 대칭군은 위수가 4인 가환군이다. 이 군은 $\mathbb{Z}_4$와 $\mathbb{Z}_2\oplus\mathbb{Z}_2$ 중 어떤 군과 동형일까?

11.20 군의 위수가 1080이고 그 약수가 180인 경우에 대한 유한 가환군의 기본정리의 [따름정리]를 확인하라.

11.21 집합 $\{1,\ 9,\ 16,\ 22,\ 29,\ 53,\ 74,\ 79,\ 81\}$을 법 91에 관한 곱셈에 대한 군이라 하자. 이 군의 동형류를 구하라.

11.22 G가 $|G|$의 각 약수를 위수로 갖는 부분군을 정확히 하나씩 갖는 유한 가환군이라 할 때, G가 순환군임을 보여라.

11.23 위수가 n인 가환군이 모두 순환군이 되도록 하는 정수 n의 특징을 설명하라.

11.24 위수가 n인 임의의 가환군이 정확히 4개의 동형류 중 하나에 속하도록 하는 정수 n의 특징을 설명하라.

11.25 [EX 11.1]을 참고하여 G의 동형류를 구하기 위해 나열한 마지막 5개 원소의 위수를 구할 필요가 없는 이유를 설명하라.

11.26 법 96에 관한 곱셈에 대한 군 $G=\{1,\ 7,\ 17,\ 23,\ 49,\ 55,\ 65,\ 71\}$을 순환군들의 외직적과 내직적으로 표현하라.

11.27 법 200에 관한 곱셈에 대한 군 $G=\{1, 7, 43, 49, 51, 57, 93, 99, 101, 107, 143, 149, 151, 157, 193, 199\}$를 순환군들의 외직적과 내직적으로 표현하라.

11.28 집합 $G=\{1, 4, 11, 14, 16, 19, 26, 29, 31, 34, 41, 44\}$가 법 45에 관한 곱셈에 대한 군이라 하자. 위수가 소수의 거듭제곱인 순환군들의 외직적과 내직적으로 G를 표현하라.

11.29 $(\mathbb{Z}_{16}\oplus\mathbb{Z}_{16})/\langle(2, 2)\rangle$의 동형류를 구하라.

11.30 G를 위수가 16인 $U(200)$의 부분군이라 할 때, G의 동형류를 구하라.

11.31 G를 위수가 9인 가환군이라고 하자. G의 동형류를 구하기 위해 위수를 계산해야 하는 원소(항등원 제외)의 최대 개수를 구하라. 만약 G의 위수가 18이면 어떻게 될까? 또 G의 위수가 16이면 어떻게 될까?

11.32 G를 위수가 16인 가환군이라고 하자. 군 G의 원소의 위수를 계산할 때, 위수가 8인 원소 1개와 위수가 2인 원소 2개를 발견했다고 하자. G의 동형류를 구하기 위해 더 계산할 필요가 없는 이유를 설명하라.

11.33 G를 위수가 16인 가환군이라고 하자. $|a|=|b|=4$이고 $a^2\neq b^2$인 G의 두 원소 a, b가 존재할 때, G의 동형류를 구하라.

11.34 위수가 $2^n(n\geq 1)$인 가환군에 위수가 2인 원소가 홀수개 존재해야 함을 증명하라.

11.35 라그랑주 정리를 이용하지 않고, 홀수 위수를 갖는 가환군이 짝수 위수의 원소를 가질 수 없음을 보여라.

11.36 G를 주대각 성분이 ± 1인 모든 $n\times n$ 대각행렬 집합의 군이라고 하자. G의 동형류를 구하라.

11.37 [보조정리 2]의 증명에서 $G=\langle a\rangle K$임을 증명하라.

11.38 G가 유한 가환군이라고 하자. G의 위수가 p^n(p는 소수)일 필요충분조건은 G의 모든 원소의 위수가 p의 거듭제곱인 것임을 증명하라.

11.39 **디리클레 정리**(Dirichlet's theorem)는 임의의 서로소인 정수 a, b에 대해 $at+b$ 형태의 소수가 무한히 존재함을 말한다. 디리클레 정리를 이용해 임의의 유한 가환군이 U-군의 부분군과 동형임을 증명하라.

11.40 $\mathrm{Aut}(\mathbb{Z}_2\oplus\mathbb{Z}_3\oplus\mathbb{Z}_5)$의 동형류를 구하라.

11.41 G가 비가환군인 경우, [보조정리 2]가 거짓임을 보여주는 예를 제시하라.

11.42 위수가 2^n인 가환군이 순환군일 필요충분조건은 위수가 2인 원소가 정확히 하나 존재하는 것임을 증명하라. 이 결과를 위수가 p^n(p는 소수)인 가환군인 경우로 일반화하라.

11.43 위수가 최소 3인 모든 유한 가환군에 대해 자명하지 않은 자기동형사상이 존재함을 증명하라.

11.44 유한군 G의 지수(exponent)가 G의 모든 원소 x에 대해 $x^n = e$인 가장 작은 양의 정수 n임을 기억하자. G가 유한 가환군일 때, G의 지수는 G의 모든 원소의 위수 중 가장 큰 수임을 증명하라. 그리고 유한 비가환군에 대해서는 이 결과가 참이 아님을 보여주는 예를 제시하라.

11.45 G가 모든 양의 정수 n에 대해 G에서 $x^n = e$의 해의 개수가 최대 n인 유한 가환군이면, G는 순환군임을 증명하라.

11.46 H가 짝수 위수를 갖는 유한 가환군 G의 부분군이고, 짝수 위수를 갖는 G의 모든 원소를 포함할 때 $H = G$임을 증명하라.

11.47 [EX 11.1]에서 원소 8, 12, 18, 21, 27의 위수만 계산하여 군의 동형류를 구할 수 있다는 [EX 11.1] 이후의 주장을 확인하라.

11.48 군의 모든 부분군이 순환군이라는 성질을 갖는 모든 유한 가환군의 동형류의 특징을 설명하라.

* 이 장을 위한 컴퓨터 연습문제는 http://www.d.umn.edu/~jgallian에서 확인할 수 있다.

12

환의 개요
Introduction to Rings

"예는 인류의 배움터이고, 다른 어떤 곳에서도 배우지 못한다."

에드먼드 버크(Edmund Burke), *On a Regicide Peace*

"… 모든 위대한 수학의 원천은 특별한 경우, 즉 구체적인 예이다. 수학에서는 겉보기에 위대한 일반성을 지닌 개념의 모든 사례가 본질적으로 작고 구체적인 특별한 경우와 동일한 일이 종종 있다."

헐모시 팔(Halmos Pál), *I Want to be a Mathematician*

12.1 환의 정의

많은 집합들은 자연스럽게 덧셈과 곱셈이라는 두 이항연산을 갖는다. 빠르게 떠오르는 예로 정수 집합, 법 n에 대한 정수 집합, 실수 집합, 행렬 집합, 다항식 집합이 있다. 이러한 집합을 군으로 볼 때, 단순히 덧셈을 사용하고 곱셈은 무시했다. 그러나 많은 경우에 덧셈과 곱셈을 모두 고려하는 것이 자연스럽다. 이러한 성질을 갖는 추상적인 개념 중 하나가 환이다.[1] 이 개념은 19세기 중반 리하르트 데데킨트(Richard Dedekind)가 도입했으나, 1914년이 되어서야 아브라함 프렝켈(Abraham Fraenkel)에 의해 공식적인 추상적 정의가 최초로 소개되었다.

정의 환

집합 R 위에 두 이항연산 덧셈($a+b$로 표기)과 곱셈(ab로 표기)이 정의되어 있고, R의 임의의 원소 a, b, c에 대해 다음이 성립하면 R을 **환**(ring)이라고 한다.

(1) $a+b=b+a$

(2) $(a+b)+c=a+(b+c)$

(3) 덧셈에 대한 항등원 0이 존재한다. 즉, R의 모든 원소 a에 대해 $a+0=a$를 만족하는 원소 0이 존재한다.

(4) $a+(-a)=0$을 만족하는 원소 $-a$가 R에 존재한다.

(5) $a(bc)=(ab)c$

(6) $a(b+c)=ab+ac$, $(b+c)a=ba+ca$

따라서 환은 덧셈에 대한 가환군이고, 곱셈에 대해 결합법칙을 만족하며, 곱셈과 덧셈에 대해 좌, 우 분배법칙을 만족한다. 환에서 곱셈에 대한 교환법칙이 성립할 필요는 없다. 만약 곱셈에 대한 교환법칙이 성립하면 **가환환**(commutative ring)이라고 한다. 또 환은 곱셈에 대한 항등원을 가질 필요가 없다. 환의 **단위원**(unity)은 곱셈에 대한 항등원이며 0이 아닌 원소이다. 단위원을 갖는 가환환의 0이 아닌 원소가 모두 곱셈에 대한 역원을 가질 필요는 없다. 만약 곱셈에 대한 역원이 존재하면 그 원소를 환의 **단원**(unit)이라고 한다. 따라서 a^{-1}이 존재하면 a는 단원이다.

알아두면 편리한 용어와 표기법을 살펴보자. 가환환 R의 원소 a, b에 대해 a가 0이 아닐 때, $b=ac$를 만족하는 R의 원소 c가 존재하면 'a가 b를 **나눈다**(divide)' 또는 'a가 b의 **인수**(factor)이다'라 하고 $a \mid b$로 표기한다. a가 b를 나누지 않으면 $a \nmid b$로 표기한다.

1 환이라는 용어는 1897년 독일 수학자 다비트 힐베르트(David Hilbert, 1862~1943)가 처음 사용했다.

a가 덧셈에 대한 군의 원소이고 n이 양의 정수인 경우, na는 $a+a+\cdots+a$로서 a를 n번 더한다는 의미한다. 환을 다룰 때 이 표기는 혼동을 일으킬 수 있다. 환의 곱셈에도 같은 표현을 사용하기 때문이다. 두 표현을 구분하기 위해 a를 n번 더하는 $a+a+\cdots+a$는 $n\cdot a$로 표기한다(이때 n을 합인자(summand)라 한다).

추상화하는 것이 연구할 가치가 있으려면 구체적인 예가 다양하게 존재해야 한다. 다음에 소개할 예들은 환의 개념이 널리 퍼져 있음을 보여준다.

12.2 환의 예

EX 12.1 일반적인 덧셈과 곱셈에 대한 정수 집합 $\mathbb{Z}$는 단위원 1을 갖는 가환환이다. $\mathbb{Z}$의 단원은 1과 -1이다.

EX 12.2 법 n에 관한 덧셈과 곱셈에 대한 집합 $\mathbb{Z}_n=\{0, 1, \cdots, n-1\}$은 단위원 1을 갖는 가환환이다. $\mathbb{Z}_n$의 단원의 집합은 $U(n)$이다.

EX 12.3 일반적인 덧셈과 곱셈에 대해 x에 관한 정수 계수 다항식의 집합 $\mathbb{Z}[x]$는 단위원 $f(x)=1$을 갖는 가환환이다.

EX 12.4 모든 성분이 정수인 2×2 행렬의 집합 $M_2(\mathbb{Z})$는 단위원 $\begin{bmatrix}1 & 0\\ 0 & 1\end{bmatrix}$을 갖는 비가환환이다. $M_2(\mathbb{Z})$의 단원은 $\det A=\pm1$인 행렬 A이다([연습문제 12.63] 참고).

EX 12.5 일반적인 덧셈과 곱셈에 대해 짝수인 정수 집합 $2\mathbb{Z}$는 단위원을 갖지 않는 가환환이다.

EX 12.6 그래프가 점 (1, 0)을 지나는 모든 연속인 실함수의 집합은 다음과 같은 함숫값끼리의 덧셈과 곱셈에 대해 단위원을 갖지 않는 가환환이다.

$$(f+g)(a)=f(a)+g(a), \quad (fg)(a)=f(a)g(a)$$

EX 12.7 환 R_1, $R_2, \cdots, R_n$을 이용해 다음과 같은 새로운 환을 만들 수 있다.

$$R_1 \oplus R_2 \oplus \cdots \oplus R_n = \{(a_1, a_2, \cdots, a_n) \mid a_i \in R_i\}$$

각 성분별 덧셈과 곱셈에 대해 다음과 같이 정의한다.

$$(a_1, a_2, \cdots, a_n)+(b_1, b_2, \cdots, b_n)=(a_1+b_1, a_2+b_2, \cdots, a_n+b_n)$$
$$(a_1, a_2, \cdots, a_n)(b_1, b_2, \cdots, b_n)=(a_1b_1, a_2b_2, \cdots, a_nb_n)$$

이러한 환을 R_1, $R_2, \cdots, R_n$의 **직합**(direct sum)이라고 한다.

12.3 환의 성질

[정리 12.1]은 덧셈과 곱셈 연산 사이의 관계를 보여준다. $b+(-c)$는 $b-c$로 나타낸다.

정리 12.1 곱셈에 대한 법칙

환의 원소 a, b, c에 대해 다음이 성립한다.

(1) $a0=0a=0$

(2) $a(-b)=(-a)b=-(ab)$

(3) $(-a)(-b)=ab$

(4) $a(b-c)=ab-ac$, $(b-c)a=ba-ca$

더욱이 환 R이 단위원 1을 가지면 다음이 성립한다.

(5) $(-1)a=-a$

(6) $(-1)(-1)=1$

증명

성질 (1), (2)를 증명하고 나머지는 [연습문제 12.11]로 남긴다. [정리 12.1]과 같은 명제를 증명하려면 R이 항등원이 0인 덧셈에 대한 군이라는 사실에 대해 분배법칙을 '시행'하기만 하면 된다. 성질 (1)을 생각해보면 다음이 성립한다.

$$0 + a0 = a0 = a(0 + 0) = a0 + a0$$

따라서 소거법칙에 의해 $0 = a0$이다. 마찬가지로, $0a = 0$이다.

이제 성질 (2)를 증명해보자. $a(-b) + ab = a(-b + b) = a0 = 0$이므로, 양변에 $-(ab)$를 더하면 $a(-b) = -(ab)$이다. 성질 (2)의 나머지 부분도 비슷하게 증명하면 된다. ■

군의 경우 항등원과 역원이 유일하다는 점을 기억하라. 환의 경우에도 마찬가지로 항등원과 역원이 유일하다. 이에 대한 증명은 군의 증명과 동일하므로 생략한다.

정리 12.2 단위원과 역원의 유일성

환이 단위원을 가지면 그 단위원은 유일하다. 그리고 환의 한 원소가 곱셈에 대한 역원을 가지면 그 역원은 유일하다.

많은 사람들이 환을 곱셈에 대한 군으로 잘못 생각하는 경향이 있는데 이는 잘못된 것이다. 일반적으로 자주 범하는 오류가 두 가지 있다. 하나는 환이 곱셈에 대한 역원을 갖는다는 가정이고, 다른 하나는 환이 곱셈에 대한 항등원을 갖는다는 가정이다. 이 두 가정은 사실이 아닐 수도 있다.

예를 들어 환의 원소 a, b, c에 대해 $a \neq 0$이고 $ab = ac$일 때 $b = c$라고 결론을 내릴 수 없다. 마찬가지로 $a^2 = a$일 때 $a = 0$ 또는 1이라고 결론을 내릴 수 없다(단, 실수인 경우에는 성립한다). 왜냐하면 환에서 곱셈에 대한 소거법칙이 성립하지 않을 수도 있고, 환이 곱셈에 대한 항등원을 갖지 않을 수도 있기 때문이다. 곱셈에 대한 항등원을 갖고 곱셈에 대한 소거법칙을 만족하는 $\mathbb{Z}$, $\mathbb{Z}[x]$와 같은 중요한 환의 한 부류가 존재한다. 이와 같은 부류에 대해서는 다음 장에서 자세히 살펴본다.

12.4 부분환

군에 대한 연구에서 부분군은 중요한 역할을 했다. 환 이론의 유사한 구조인 부분환을 부분군보다 훨씬 덜 중요한 역할을 한다. 그럼에도 불구하고 부분환은 중요하다.

정의 부분환

환 R의 부분집합 S가 R의 연산에 대해 환이면 S를 R의 **부분환**(subring)이라고 한다.

부분군의 경우와 마찬가지로 부분환에 대한 간단한 판정법이 있다.

정리 12.3 부분환 판정법

환 R의 공집합이 아닌 부분집합 S가 뺄셈과 곱셈에 대해 닫혀있으면, 즉 S의 임의의 두 원소 a, b에 대해 $a-b$와 ab가 S에 속하면 S는 R의 부분환이다.

증명

환 R은 덧셈에 대해 교환법칙이 성립하고 S는 뺄셈에 대해 닫혀있으므로, [정리 3.1]의 1단계 부분군 판정법에 의해 S는 덧셈에 대한 가환군이다. 또한 R에서 곱셈에 대한 결합법칙과 분배법칙이 성립하므로, S에서도 같은 성질이 성립한다. 따라서 확인해야 할 유일한 조건은 곱셈이 S에서의 이항연산인지 확인하는 것이다. 그러나 이는 연산의 닫힘성을 의미하므로 주어진 조건에 의해 바로 성립한다. ■

다음 예에서 부분환이 됨을 확인하는 것은 [연습문제 12.10]으로 남긴다.

EX 12.8 임의의 환 R은 $\{0\}$과 R 자신을 부분환으로 갖는다. $\{0\}$은 R의 **자명한 부분환**(trivial subring)이라고 한다.

EX 12.9 $\{0, 2, 4\}$는 법 6에 대한 정수 집합 $\mathbb{Z}_6$의 부분환이다. $\mathbb{Z}_6$의 단위원은 1이지만, $\{0, 2, 4\}$의 단위원은 4이다.

EX 12.10 양의 정수 n에 대해 집합 $n\mathbb{Z} = \{0, \pm n, \pm 2n, \pm 3n, \cdots\}$은 정수 집합 $\mathbb{Z}$ 의 부분환이다.

EX 12.11 가우스 정수의 집합 $\mathbb{Z}[i] = \{a+bi \mid a, b \in \mathbb{Z}\}$는 복소수 집합 $\mathbb{C}$ 의 부분환이다.

EX 12.12 R을 함숫값끼리의 덧셈과 곱셈에 대한 모든 단일 실함수 집합의 환이라고 하자. 그래프가 원점을 지나는 함수들로 이루어진 R의 부분집합 S는 R의 부분환이다.

EX 12.13 대각행렬의 집합 $\left\{\begin{bmatrix} a & 0 \\ 0 & b \end{bmatrix} \middle| a, b \in \mathbb{Z}\right\}$는 성분이 $\mathbb{Z}$ 의 원소인 모든 2×2 행렬 집합의 환에 대한 부분환이다.

부분환 도표를 통해 환과 다양한 부분환 사이의 관계를 표현할 수 있다. 부분환 도표에서 임의의 환은 하나 이상의 위쪽 선으로 연결된 모든 환의 부분환이다. [그림 12.1]은 이미 논의한 일부 환들 사이의 관계를 보여준다.

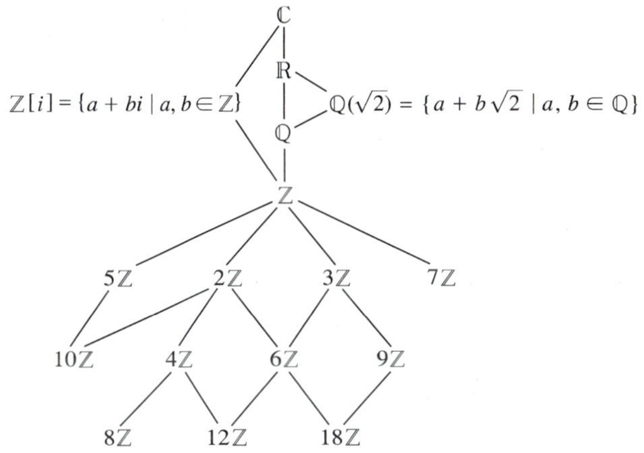

[그림 12.1] $\mathbb{C}$의 일부 부분환 도표

다음 몇 개 장들에서는 군 이론의 기본 개념 중 많은 부분이 환의 개념으로 자연스럽게 확장될 수 있음을 보일 것이다. 특히 환 준동형사상과 잉여환에 대해 소개한다.

12장 연습문제

노력을 대신할 수 있는 것은 없다.

토머스 앨바 에디슨(Thomas Alva Edison), ***Life***

12.1 유한 비가환환의 예를 제시하고, 단위원을 갖지 않는 무한 비가환환의 예를 제시하라.

12.2 $\mathbb{Z}_{10}$의 부분환 $R=\{0, 2, 4, 6, 8\}$이 단위원을 가지며 R의 0이 아닌 모든 원소가 단원임을 보여라. 이러한 원소들 중 어느 것도 $\mathbb{Z}_{10}$의 단원이 아님에 유의한다.

12.3 덧셈에 대해 부분군이지만 부분환은 아닌 환의 부분집합의 예를 제시하라.

12.4 어떤 환의 0이 아닌 고정된 두 원소 a, b에 대해 방정식 $ax=b$가 2개 이상의 해를 가질 수 있음을 예를 제시하여 보여라. 이 결과를 군의 경우와 비교해서 설명하라.

12.5 다음과 같은 $\mathbb{Z}[x]$의 부분집합 중 부분환은 무엇인가?

(a) 모든 계수가 짝수인 $\mathbb{Z}[x]$의 모든 원소

(b) $\{f(x)\in\mathbb{Z}[x]\,|\,f'(0)=0\}$ (단, $f'(x)$는 $f(x)$의 도함수)

(c) x^2의 계수가 0인 $\mathbb{Z}[x]$의 모든 원소

12.6 정수환이 갖는 다음과 같은 성질을 환 $\mathbb{Z}_n$이 가질 필요가 없음을 보여주는 정수 n을 찾으라. 그리고 찾은 n이 소수인지 확인하라.

(a) $a^2=a$이면 $a=0$ 또는 $a=1$이다.

(b) $ab=0$이면 $a=0$ 또는 $b=0$이다.

(c) $ab=ac$이고 $a\neq 0$이면 $b=c$이다.

12.7 $\mathbb{Z}_p$(p는 소수)에서 [연습문제 12.6]의 세 가지 성질이 유효함을 보여라.

12.8 $a\neq 0$일 때 $ab=ca$이면 $b=c$인 성질을 갖는 환은 가환환임을 보여라(바깥쪽 소거법칙이 성립하면 교환법칙이 성립함을 의미한다). $b\neq 0$일 때 $ab=bc$이면 $a=c$인 성질을 갖는 환도 가환환임을 보여라(안쪽 소거법칙이 성립하면 교환법칙이 성립함을 의미한다).

12.9 환 R의 부분환들로 이루어진 임의의 집합의 교집합이 R의 부분환임을 증명하라.

12.10 [EX 12.8] ~ [EX 12.13]에서 부분환이 됨을 확인하라.

12.11 [정리 12.1]의 성질 (3)~(6)을 증명하라.

12.12 a, b, c를 가환환의 원소라 하고 a를 단원이라고 하자. b가 c의 약수일 필요충분조건은 ab가 c의 약수인 것임을 증명하라.

12.13 정수환의 모든 부분환에 대해 설명하라.

12.14 a, b가 환의 원소이고 m이 정수일 때, $m \cdot (ab) = (m \cdot a)b = a(m \cdot b)$임을 증명하라.

12.15 a, b가 환의 원소이고 m, n이 정수일 때, $(m \cdot a)(n \cdot b) = (mn) \cdot (ab)$임을 증명하라.[2]

12.16 a가 환의 원소이고 n이 정수일 때, $n \cdot (-a) = -(n \cdot a)$임을 보여라.

12.17 덧셈에 대한 순환군인 환이 가환환임을 보여라.

12.18 r을 환 R의 고정된 원소라 하자. $S = \{x \in R \mid rx = 0\}$일 때, S가 R의 부분환임을 보여라.

12.19 환 R의 중심은 집합 $\{x \in R \mid$ 모든 $a \in R$에 대해 $ax = xa\}$이다. 환의 중심이 부분환임을 증명하라.

12.20 $R_0 = \mathbb{Z}$, $\bigcap_{i=0}^{\infty} R_i = \{0\}$이 되는 부분환의 순올림 열 $R_0 \subset R_1 \subset R_2 \cdots$를 찾으라.

12.21 R_1, $R_2, \cdots$, R_n을 0이 아닌 원소를 포함하는 환이라 하자. $R_1 \oplus R_2 \cdots \oplus R_n$이 단위원을 가질 필요충분조건은 각 R_i가 단위원을 갖는 것임을 보여라.

12.22 R이 단위원을 갖는 가환환이고, $U(R)$이 R의 단원들의 집합이라고 하자. $U(R)$이 R의 곱셈에 대한 군임을 증명하라(이 군을 R의 **단원군**(group of units)이라고 한다).

12.23 $U(\mathbb{Z}[i])$를 구하라([EX 12.11] 참고).

2 이 문제는 13장과 15장에서 다시 언급한다.

12.24 $R_1, R_2, \cdots, R_n$이 단위원을 갖는 가환환이면 $U(R_1 \oplus R_2 \cdots \oplus R_n) = U(R_1) \oplus U(R_2) \cdots \oplus U(R_n)$임을 보여라.

12.25 $U(\mathbb{Z}[x])$를 구하라.[3]

12.26 $U(\mathbb{R}[x])$를 구하라.

12.27 환의 단원이 환의 모든 원소의 약수임을 보여라.

12.28 $\mathbb{Z}_6$에서 $4 \mid 2$임을 보이고, $\mathbb{Z}_8$에서 $3 \mid 7$임을 보여라. 또 $\mathbb{Z}_{15}$에서 $9 \mid 12$임을 보여라.

12.29 a, b가 단위원을 갖는 가환환 R의 원소라고 하자. a가 R의 단원이고 $b^2 = 0$이면 $a+b$가 R의 단원임을 보여라.

12.30 a가 단위원을 갖는 환 R의 원소이고 어떤 양의 정수 n에 대해 $a^n = 0$이라고 하자(이러한 원소를 **멱영원**(nilpotent)이라고 한다). $1-a$의 곱셈에 대한 역원이 R에 존재함을 증명하라.

힌트 $(1-a)(1+a+a^2+\cdots+a^{n-1})$임을 생각한다.

12.31 가환환의 멱영원들의 모임이 부분환을 만든다는 것을 보여라.

12.32 어떤 환의 모든 원소 x에 대해 $x^n = x$를 만족하는 정수 $n > 1$이 있다고 하자. m이 양의 정수이고 어떤 a에 대해 $a^m = 0$이면 $a = 0$임을 보여라.

12.33 $ab = 0$이지만 $ba \neq 0$인 환의 원소 a, b의 예를 제시하라.

12.34 n이 1보다 큰 정수라고 하자. 이때 환의 모든 원소 x가 $x^n = x$를 만족한다고 하자. 이 환의 원소 a, b에 대해 $ab = 0$이면 $ba = 0$임을 보여라.

12.35 임의의 정수 $n > 1$에 대해 집합 $R = \left\{ \begin{bmatrix} 0 & a \\ 0 & b \end{bmatrix} \middle| \, a, b \in \mathbb{Z} \right\}$는 위수가 n^2인 비가환환임을 증명하라. $m > 1$인 경우 위수가 n^m인 비가환환으로 이 결과를 일반화하라.

3 이 문제는 17장에서 다시 언급한다.

12.36 R이 모든 $x \in R$에 대해 $x^3 = x$를 만족하는 환이라고 할 때, 다음 물음에 답하라.

(a) 모든 $x \in R$에 대해 $6x = 0$임을 증명하라.

(b) 모든 $x \in \mathbb{Z}_n$에 대해 $x^3 = x$인 양의 정수 n을 모두 구하라.

12.37 R이 모든 $x \in R$에 대해 $x^4 = x$를 만족하는 환이라고 하자. 이때 모든 $x \in R$에 대해 $2x = 0$임을 증명하라.

12.38 환의 원소 a가 $a^4 = a^2$을 만족한다고 하자. 모든 $n \geq 1$에 대해 $a^{2n} = a^2$임을 증명하라.

12.39 모든 $a \in \mathbb{Z}_6$에 대해 $a^n = a$를 만족하는 정수 $n > 1$을 구하라. $\mathbb{Z}_{10}$에 대해서도 동일한 과정으로 정수 $n > 1$을 구하라. 그리고 정수 m이 어떤 소수의 제곱으로 나누어질 때, $\mathbb{Z}_m$에 대해 이러한 n이 존재하지 않음을 보여라.

12.40 m, n을 양의 정수라 하고, k를 m, n의 최소공배수라고 하자. $m\mathbb{Z} \cap n\mathbb{Z} = k\mathbb{Z}$임을 보여라.

12.41 덧셈에 대한 군 $\mathbb{Z}_n$의 모든 부분군이 $\mathbb{Z}_n$의 부분환이기도 한 이유를 설명하라.

12.42 $\mathbb{Z}_6$이 $\mathbb{Z}_{12}$의 부분환인지 확인하라.

12.43 R이 단위원 1을 갖는 환이고 a가 $a^2 = 1$을 만족하는 R의 원소라고 하자. $S = \{ara \mid r \in R\}$일 때, S가 R의 부분환임을 증명하라. S는 1을 포함하는가?

12.44 $M_2(\mathbb{Z})$를 성분이 정수인 모든 2×2 행렬 집합의 환이라 하고, $R = \left\{ \begin{bmatrix} a & a+b \\ a+b & b \end{bmatrix} \,\middle|\, a, b \in \mathbb{Z} \right\}$라 하자. R이 $M_2(\mathbb{Z})$의 부분환임을 증명하거나 반증하라.

12.45 $M_2(\mathbb{Z})$를 성분이 정수인 모든 2×2 행렬 집합의 환이라 하고, $R = \left\{ \begin{bmatrix} a & a-b \\ a-b & b \end{bmatrix} \,\middle|\, a, b \in \mathbb{Z} \right\}$라 하자. R이 $M_2(\mathbb{Z})$의 부분환임을 증명하거나 반증하라.

12.46 $M_2(\mathbb{Z})$를 성분이 정수인 모든 2×2 행렬 집합의 환이라 하고, $R = \left\{ \begin{bmatrix} a & a \\ b & b \end{bmatrix} \,\middle|\, a, b \in \mathbb{Z} \right\}$라 하자. R이 $M_2(\mathbb{Z})$의 부분환임을 증명하거나 반증하라.

12.47 $R = \left\{ \begin{bmatrix} 0 & a \\ 0 & 0 \end{bmatrix} \,\middle|\, a \in \mathbb{Z} \right\}$와 $S = \left\{ \begin{bmatrix} 0 & 0 \\ a & 0 \end{bmatrix} \,\middle|\, a \in \mathbb{Z} \right\}$가 $M_2(\mathbb{Z})$의 부분환임을 증명하거나 반증하라. R과 S의 특별한 점은 무엇일까?

12.48 $R=\left\{\begin{bmatrix} a & 0 \\ 0 & 0 \end{bmatrix} \middle| a\in\mathbb{Z}\right\}$와 $S=\left\{\begin{bmatrix} 0 & 0 \\ 0 & a \end{bmatrix} \middle| a\in\mathbb{Z}\right\}$가 $M_2(\mathbb{Z})$의 부분환임을 증명하거나 반증하라.

12.49 $R=\mathbb{Z}\oplus\mathbb{Z}\oplus\mathbb{Z}$이고 $S=\{(a, b, c)\in R \mid a+b=c\}$라 하자. S가 R의 부분환임을 증명하거나 반증하라.

12.50 어떤 환의 모든 원소 a에 대해 $a^n=a$를 만족하는 짝수인 양의 정수 n이 존재한다고 하자. 환의 모든 원소 a에 대해 $-a=a$임을 보여라.

12.51 R이 단위원 1을 갖는 환일 때, $S=\{n\cdot 1 \mid n\in\mathbb{Z}\}$가 R의 부분환임을 보여라.

12.52 $2\mathbb{Z}\cup 3\mathbb{Z}$가 $\mathbb{Z}$의 부분환이 아님을 보여라.

12.53 $\frac{2}{3}$를 포함하는 $\mathbb{Q}$의 가장 작은 부분환을 구하라(즉, 다음을 만족하는 부분환 S를 찾으라. S가 $\frac{2}{3}$를 포함하고, T가 $\frac{2}{3}$를 포함하는 부분환이면 T는 S를 포함한다).

12.54 a, b, c가 단위원을 갖는 환의 원소라고 하자. a가 단원이고 $a=bc$이면 b와 c가 단원임을 증명하라.

12.55 환 R의 모든 원소 a, b에 대해 $a^2-b^2=(a+b)(a-b)$일 필요충분조건은 R이 가환환인 것임을 증명하라.

12.56 환 R의 모든 원소 a에 대해 $a^2=a$일 때, R이 가환환임을 보여라(모든 원소 a에 대해 $a^2=a$인 환을 **부울환**(Boolean ring)이라고 한다. 이 용어는 영국 수학자 조지 부울(George Boole, 1815 ~ 1864)을 기리기 위해 사용되었다).

12.57 4개의 원소로 이루어진 부울환의 예를 제시하라. 또 무한 부울환의 예를 제시하라.

12.58 a, b, c가 환의 원소이면 방정식 $ax+b=c$의 해 x는 항상 존재할까? 해가 존재하면 그 해는 유일할까? a가 단원인 경우에 대해서도 동일한 물음에 답하라.

12.59 R과 S를 가환환이라 하자. $R\oplus S$에서 (a, b)가 영인자[4]일 필요충분조건은 a 또는 b가 영인자이거나 a 또는 b 중 정확히 하나가 0인 것임을 보여라.

12.60 $4x^2+6x+3$이 $\mathbb{Z}_8[x]$에서 단원임을 보여라.

4 (감수) 가환환 R의 0이 아닌 원소 a에 대해 $ab=0$을 만족하는 0이 아닌 원소 $b\in R$이 존재하면 a를 **영인자**(zero-divisor)라고 한다. 영인자의 정의는 13.1절에서 확인할 수 있다.

12.61 R을 2개 이상의 원소를 갖는 가환환이라고 하자. R의 0이 아닌 모든 원소 a에 대해 $aR=R$이면 R이 단위원을 가지며 0이 아닌 모든 원소는 역원을 가짐을 증명하라.

12.62 $a,\ b\in R,\ a\neq b$와 서로소인 양의 정수 n과 m에 대해 $a^n=b^n,\ a^m=b^m$인 단위원을 갖는 가환환 R의 예를 제시하라([연습문제 13.39(b)]의 결과와 비교하라).

12.63 $M_2(\mathbb{Z})$의 원소 A가 단원일 필요충분조건은 $\det A=\pm 1$임을 증명하라.

* 이 장을 위한 컴퓨터 연습문제는 http://www.d.umn.edu/~jgallian에서 확인할 수 있다.

이즈라엘 네이선 허스튼(Israel Nathan Herstein)

모든 세대의 책과 나를 포함한 모든 세대의 수학자들은 허스튼의 책 『Topics in Algebra』로부터 깊은 영향을 받았다.

조지아 벤카트(Georgia Benkart)

Archives of the Mathematisches

허스튼은 1923년 3월 28일 폴란드에서 태어났다. 그의 가족은 그가 7세 때 캐나다로 이주했다. 그는 가난하고 힘든 환경에서 성장했으며, 그의 이웃으로부터 너는 조폭이 되거나 대학교수가 될 것이라는 말을 들었다. 학창 시절에 그는 축구, 하키, 골프, 테니스, 당구를 했다. 이 기간 동안 그는 굴뚝수리공과 시장의 이발사로 일했다.

허스튼은 매니토바대학교에서 학사 학위를 취득했고, 토론토대학교에서 석사 학위를 취득했으며, 1948년 막스 존(Max Zorn)의 지도하에 인디애나대학교에서 박사 학위를 취득했다. 1962년 시카고대학교에 영구적으로 정착하기 전에 캔자스대학교, 오하이오주립대학교, 펜실베이니아대학교, 코넬대학교에서 강의를 했다.

허스튼은 100편 이상의 연구 논문과 12권의 책을 저술했다. 그의 주요 관심 분야는 비가환환 이론이었지만, 유한군, 선형대수학, 수리경제학에 관한 논문들도 저술했다. 1964년 처음 출판된 그의 책 『Topics in Algebra』는 20년 동안 이 분야를 지배한 고전 서적이 되었다. 허스튼은 그의 강의와 동료들과의 공동연구를 통해 위대한 업적을 남겼다. 그는 30명의 박사 학위자를 배출했으며, 세계 여러 나라를 여행하며 강의했다. 그의 비수학적 관심사로는 언어와 예술이 있었다. 그는 이탈리아어, 히브리어, 폴란드어, 포르투갈어를 구사할 수 있었다. 허스튼은 오랜 암 투병 끝에 1988년 2월 9일 생을 마감했다.

13

정역
Integral Domains

"단순히 그것을 읽지 마라! 자신만의 질문을 해보고, 자신만의 예를 찾고, 자신만의 증명을 발견하라. 그 가정이 필요한가? 그 역도 참인가? 특수한 경우에는 어떤 일이 발생할까? 증명의 어느 부분에서 가설을 사용하는가?"

헐모시 팔(Halmos Pál)

"군, 환, 체를 아는 사람들은 어디에서나 이들을 볼 수 있다."

헨드리크 W. 렌스트라 Jr.(Hendrik W. Lenstra Jr.)

13.1 정의와 예

어느 정도까지 환의 개념은 정수의 대수적 성질을 추상화하는 시도에서 발명되었다. 그러나 추상화 과정에서 너무 많은 것이 손실되므로 환이 정수의 적절한 추상화는 아니다. 교환법칙과 단위원의 존재라는 두 가지 분명한 성질 외에 환에서는 일반적으로 성립하지 않는 정수의 또 다른 성질로 소거법칙이 있다. 이 장에서는 이러한 세 가지 성질을 모두 갖는 특정한 환인 정역을 소개한다. 정역은 정수론과 대수기하학에서 중요한 역할을 한다.

정의 영인자

가환환 R의 0이 아닌 원소 a에 대해 $ab=0$을 만족하는 0이 아닌 원소 $b \in R$이 존재하면 a를 **영인자**(zero-divisor)라고 한다.

정의 정역

단위원을 갖지만 영인자를 갖지 않는 가환환을 **정역**(integral domain)이라고 한다.

따라서 정역에서는 곱의 인수 중 적어도 하나가 0인 경우에만 곱이 0이다. 즉, $a=0$ 또는 $b=0$인 경우에만 $ab=0$이다. 다음 예는 우리에게 익숙한 많은 환이 정역이며, 일부 환은 그렇지 않음을 보여준다. 각 예에 대해 주장한 내용을 직접 확인해보자.

EX 13.1 정수환은 정역이다.

EX 13.2 가우스 정수환 $\mathbb{Z}[i]=\{a+bi \mid a,\ b \in \mathbb{Z}\}$는 정역이다.

EX 13.3 정수 계수의 다항식환 $\mathbb{Z}[x]$는 정역이다.

EX 13.4 환 $\mathbb{Z}[\sqrt{2}]=\{a+b\sqrt{2} \mid a,\ b \in \mathbb{Z}\}$는 정역이다.

EX 13.5 모든 소수 p에 대해, 법 p에 대한 정수환 $\mathbb{Z}_p$는 정역이다.

EX 13.6 n이 소수가 아닐 때, 법 n에 대한 정수환 $\mathbb{Z}_n$은 정역이 아니다.

EX 13.7 모든 성분이 정수인 2×2 행렬 집합의 환 $M_2(\mathbb{Z})$는 정역이 아니다.

EX 13.8 $\mathbb{Z}\oplus\mathbb{Z}$는 정역이 아니다.

정역이 특별히 중요한 이유는 0이 아닌 원소들이 곱셈 연산에 대해 군이 되지 않을 수 있음에도 불구하고, 곱셈 연산에 대한 군의 중요한 성질을 만족하기 때문이다. 이 성질은 소거법칙이다.

정리 13.1 소거법칙(cancellation law)

정역의 원소 a, b, c에 대해 $a\neq 0$이고 $ab=ac$이면 $b=c$이다.

증명

$ab=ac$로부터 $a(b-c)=0$이다. $a\neq 0$이므로 $b-c=0$이어야 한다. ■

많은 저자들은 소거법칙을 이용해 정역을 정의한다. 즉, 정역을 소거법칙이 성립하는 단위원을 갖는 가환환으로 정의한다. 이 정의는 앞서 정의한 것과 동치이다.

13.2 체

많은 응용 분야에서 정역의 특별한 종류인 체를 이용한다.

정의 체

0이 아닌 모든 원소가 단원이고 단위원을 갖는 가환환을 **체**(field)라고 한다.

모든 체가 정역임을 확인하기 위해, 체의 원소 a, b에 대해 $a \neq 0$이고 $ab = 0$이면 마지막 식의 양변에 a^{-1}을 곱해 $b = 0$을 얻을 수 있음을 관찰한다.

ab^{-1}은 a를 b로 나눈 것으로 생각하면 도움이 된다. 이를 염두에 두면 체는 단순히 덧셈, 뺄셈, 곱셈, 나눗셈(0으로 나누는 것 제외)에 대해 닫혀있는 대수적 체계로 생각할 수 있다. 복소수, 실수, 유리수와 같은 수많은 체의 예가 있다. 체의 추상적 이론은 1893년 하인리히 베버(Heinrich Weber)가 처음 연구했다. 군, 환, 체는 추상대수학의 세 가지 주요한 분야이다. [정리 13.2]는 유한환인 경우 체와 정역이 동일함을 의미한다.

정리 13.2 유한정역은 체이다

유한정역은 체이다.

증명

D가 단위원 1을 갖는 유한정역이라 하고, a가 D의 0이 아닌 원소라 하자. a가 단원임을 보이면 된다. $a = 1$이면 a의 역원은 자기 자신이므로 $a \neq 1$이라고 가정한다. 이제 D의 원소들의 수열 a, a^2, a^3, $\cdots$을 생각해보자. D는 유한집합이므로, 적당한 양의 정수 i, j가 존재하여 $i > j$이고 $a^i = a^j$이다. 따라서 소거법칙에 의해 $a^{i-j} = 1$이다. $a \neq 1$이므로 $i - j > 1$이고, a^{i-j-1}이 a의 역원이 된다. ■

따름정리 $\mathbb{Z}_p$는 체이다

모든 소수 p에 대해, 법 p에 대한 정수환 $\mathbb{Z}_p$는 체이다.

증명

[정리 13.2]에 따라 $\mathbb{Z}_p$가 영인자를 갖지 않음을 보이면 된다. $a, b \in \mathbb{Z}_p$이고 $ab = 0$이라 가정하자. 그러면 적당한 정수 k가 존재하여 $ab = pk$이다. 따라서 유클리드의 보조정리(0장 참고)에 의해 p가 a를 나누거나 p가 b를 나눈다. 즉, $\mathbb{Z}_p$에서 $a = 0$ 또는 $b = 0$이다. ■

위의 [따름정리]와 [EX 13.6]을 참고하면 $\mathbb{Z}_n$은 n이 소수인 경우에만 체임을 알 수 있다. 21장에서는 모든 유한체를 구성하는 방법을 설명한다. [EX 13.9]에서 $\mathbb{Z}_p$ 형태가 아닌 유한체의 한 예를 확인해보자.

EX 13.9 **원소의 개수가 9개인 체**

$i^2 = -1$에 대해 $\mathbb{Z}_3[i] = \{a + bi \mid a, b \in \mathbb{Z}_3\} = \{0, 1, 2, i, 1+i, 2+i, 2i, 1+2i, 2+2i\}$ 라 하자. 이 집합은 법 3에 대한 가우스 정수환이다. 계수가 법 3으로 제한된다는 점을 제외하면 원소는 복소수 연산을 따라 더하고 곱한다. 특히 $-1 = 2$이다. [표 13.1]은 $\mathbb{Z}_3[i]$의 0이 아닌 원소에 대한 케일리 표이다. 2가 위수 2인 유일한 원소이므로 $\mathbb{Z}_3[i]^*$는 순환군이다.

[표 13.1] $\mathbb{Z}_3[i]^*$의 케일리 표

	1	2	i	$1+i$	$2+i$	$2i$	$1+2i$	$2+2i$
1	1	2	i	$1+i$	$2+i$	$2i$	$1+2i$	$2+2i$
2	2	1	$2i$	$2+2i$	$1+2i$	i	$2+i$	$1+i$
i	i	$2i$	2	$2+i$	$2+2i$	1	$1+i$	$1+2i$
$1+i$	$1+i$	$2+2i$	$2+i$	$2i$	1	$1+2i$	2	i
$2+i$	$2+i$	$1+2i$	$2+2i$	1	i	$1+i$	$2i$	2
$2i$	$2i$	i	1	$1+2i$	$1+i$	2	$2+2i$	$2+i$
$1+2i$	$1+2i$	$2+i$	$1+i$	2	$2i$	$2+2i$	i	1
$2+2i$	$2+2i$	$1+i$	$1+2i$	i	2	$2+i$	1	$2i$

EX 13.10 환 $\mathbb{Z}_5[i] = \{a + bi \mid a, b \in \mathbb{Z}_5, i^2 = -1\}$은 원소의 개수가 25개이지만 정역은 아니다. 왜냐하면 $(1+2i)(1-2i) = 1 - 4i^2 = 0$이기 때문이다([연습문제 13.43], [연습문제 13.61]과 비교하라).

EX 13.11 $\mathbb{Q}[\sqrt{2}] = \{a + b\sqrt{2} \mid a, b \in \mathbb{Q}\}$가 환임을 보이는 것은 쉽다. $\mathbb{R}$의 원소로 볼 때, $a + b\sqrt{2}$ 형태인 0이 아닌 원소의 곱셈에 대한 역수는 단순히 $\dfrac{1}{a+b\sqrt{2}}$이다. $\mathbb{Q}[\sqrt{2}]$가 체가 되는지 확인하기 위해서는 $\dfrac{1}{a+b\sqrt{2}}$을 $c + d\sqrt{2}$ 형태로 나타낼 수 있는지 보여야 한다. 고등학교 수학에서는 이 과정을 '분모의 유리화'라고 한다.

$$\frac{1}{a+b\sqrt{2}} = \frac{1}{a+b\sqrt{2}}\,\frac{a-b\sqrt{2}}{a-b\sqrt{2}} = \frac{a}{a^2-2b^2} - \frac{b}{a^2-2b^2}\sqrt{2}$$

$a + b\sqrt{2} \neq 0$은 $a - b\sqrt{2} \neq 0$임을 보장한다는 것을 알아두자.

13.3 환의 표수

$\mathbb{Z}_3[i]$의 임의의 원소 x에 대해 $3x = x + x + x = 0$이다. 왜냐하면 법 3에 대해 덧셈 연산을 하기 때문이다. 마찬가지로 $\mathbb{Z}_{12}$의 부분환 $\{0, 3, 6, 9\}$에서는 모든 원소 x에 대해 $4x = x + x + x + x = 0$이다. 이러한 관찰을 통해 다음을 정의한다.

정의 환의 표수

환 R의 모든 원소 x에 대해 $nx = 0$을 만족하는 가장 작은 양의 정수 n을 환 R의 **표수**(characteristic)라 하고 $\mathrm{char} R$로 표기한다. 이러한 정수가 존재하지 않으면 환 R의 표수는 0이라고 한다.

따라서 정수환의 표수는 0이고 $\mathbb{Z}_n$의 표수는 n이다. 무한환은 0이 아닌 표수를 가질 수 있다. 실제로 $\mathbb{Z}_2$의 원소를 계수로 하는 모든 다항식환 $\mathbb{Z}_2[x]$의 표수는 2이다(이때 덧셈과 곱셈은 계수가 법 2에 대해 줄어든다는 점을 제외하면 일반 정수 계수 다항식의 경우와 동일하다). 환이 단위원을 가질 때, [정리 13.3]을 이용하면 표수를 간단히 구할 수 있다.

정리 13.3 단위원을 갖는 환의 표수

R이 단위원 1을 갖는 환이라 하자. 1이 덧셈에 대해 무한 위수를 가지면 R의 표수는 0이다. 1의 덧셈에 대한 위수가 n이면 R의 표수는 n이다.

증명

1이 무한 위수를 가지면 $n \cdot 1 = 0$인 양의 정수 n이 존재하지 않으므로 R의 표수는 0이다. 이제 1의 덧셈에 대한 위수가 n이라고 가정하자. 그러면 $n \cdot 1 = 0$이고 n은 이를 만족하는 가장 작은 양의 정수이다. 또한 R의 임의의 원소 x에 대해 다음이 성립한다.

$$\begin{aligned} n \cdot x &= x + x + \cdots + x \ (n\text{개의 합}) \\ &= 1x + 1x + \cdots + 1x \ (n\text{개의 합}) \\ &= (1 + 1 + \cdots + 1)x \ (n\text{개의 합}) \\ &= (n \cdot 1)x = 0x = 0 \end{aligned}$$

따라서 R의 표수는 n이다. ■

정역의 경우에는 가능한 표수가 매우 제한적이다.

정리 13.4 정역의 표수
정역의 표수는 0 또는 소수이다.

증명

[정리 13.3]에 의해 1의 덧셈에 대한 위수가 유한하면 그 위수가 소수임을 보이면 된다. 1의 위수가 n이고 $1 \le s,\ t \le n$에 대해 $n = st$라 가정하자. [연습문제 12.15]에 의해 다음이 성립한다.

$$0 = n \cdot 1 = (st) \cdot 1 = (s \cdot 1)(t \cdot 1)$$

따라서 $s \cdot 1 = 0$ 또는 $t \cdot 1 = 0$이다. n이 $n \cdot 1 = 0$을 만족하는 가장 작은 양의 정수이므로 $s = n$ 또는 $t = n$이다. 그러므로 n은 소수이다. ■

환의 원소를 계수로 갖는 다항식에 대한 간략한 설명으로 이 장을 마무리한다. 이 주제는 이후의 장에서 자세히 다룰 것이다. 환이 영인자를 갖는 경우, 환의 원소를 계수로 갖는 다항식의 해를 찾을 때 비정상적인 결과가 발생한다. 예를 들어 방정식 $x^2 - 4x + 3 = 0$을 생각해보자. 정수환 $\mathbb{Z}$에서는 다음과 같이 인수분해하고 각 인수를 0으로 설정함으로써 모든 해를 찾을 수 있다.

$$x^2 - 4x + 3 = (x-3)(x-1) = 0$$

그러나 이러한 방식으로 모든 해를 찾을 수 있다고 할 때, 곱이 0이 되는 유일한 방법은 인수 중 하나가 0이 되는 것이다. 즉, $\mathbb{Z}$가 정역이라는 사실을 이용한다. 그러나 $\mathbb{Z}_{12}$에는 곱이 0이 되는 0이 아닌 순서쌍이 많이 존재한다($2 \cdot 6 = 0,\ 3 \cdot 4 = 0,\ 4 \cdot 6 = 0,\ 6 \cdot 8 = 0$ 등). 그렇다면 $\mathbb{Z}_{12}$에서 $x^2 - 4x + 3 = 0$의 모든 해를 어떻게 찾을 수 있을까? 가장 쉬운 방법은 단순히 모든 원소를 하나하나 대입해보는 것이다. 이렇게 하면 네 가지 해 $x = 1,\ x = 3,\ x = 7,\ x = 9$를 찾을 수 있다. $\mathbb{Z}_{11}$ 또는 $\mathbb{Z}_{13}$에서 두 인수 $x-3,\ x-1$을 0으로 둠으로써, $x^2 - 4x + 3 = 0$의 모든 해를 찾을 수 있다. 물론 이렇게 구할 수 있는 이유는 이들이 모두 정역이기 때문이다. 이 결과를 통해 정역이 유용한 환임을 확신할 수 있을 것이다. [표 13.2]는 지금까지 소개한 일부 환과 그 성질에 대한 요약이다.

[표 13.2] 환과 그 성질의 요약

환	원소의 형태	단위원	교환법칙	정역	체	표수
$\mathbb{Z}$	k	1	○	○	×	0
$\mathbb{Z}_n(n$: 합성수)	k	1	○	×	×	n
$\mathbb{Z}_p(p$: 소수)	k	1	○	○	○	p
$\mathbb{Z}[x]$	$a_nx^n+\cdots+a_1x+a_0$	$f(x)=1$	○	○	×	0
$n\mathbb{Z},\ n>1$	nk	없음	○	×	×	0
$M_2(\mathbb{Z})$	$\begin{bmatrix} a & b \\ c & d \end{bmatrix}$	$\begin{bmatrix} 1 & 0 \\ 0 & 1 \end{bmatrix}$	×	×	×	0
$M_2(2\mathbb{Z})$	$\begin{bmatrix} 2a & 2b \\ 2c & 2d \end{bmatrix}$	없음	×	×	×	0
$\mathbb{Z}[i]$	$a+bi$	1	○	○	×	0
$\mathbb{Z}_3[i]$	$a+bi,\ a,\ b\in\mathbb{Z}_3$	1	○	○	○	3
$\mathbb{Z}_5[i]$	$a+bi,\ a,\ b\in\mathbb{Z}_5$	1	○	×	×	5
$\mathbb{Z}[\sqrt{2}]$	$a+b\sqrt{2},\ a,\ b\in\mathbb{Z}$	1	○	○	×	0
$\mathbb{Q}[\sqrt{2}]$	$a+b\sqrt{2},\ a,\ b\in\mathbb{Q}$	1	○	○	○	0
$\mathbb{Z}\oplus\mathbb{Z}$	$(a,\ b)$	$(1,\ 1)$	○	×	×	0

13장 연습문제

> 그것은 절대 불가능해 보였다. 그러나 과학 문제에 대해 계속 걱정하다가 누워서 휴식을 취할 때 그것에 대한 답을 우연히 잡는 경우가 있다.
>
> **윌리엄 로런스 브래그(William Lawrence Bragg)[1]**

13.1 [EX 13.1] ~ [EX 13.8]에서 주장한 내용이 사실인지 확인하라.

13.2 [EX 13.1] ~ [EX 13.5] 중 체는 무엇인가?

13.3 (곱셈에 대한) 소거법칙이 성립하는 가환환에 영인자가 존재하지 않음을 보여라.

13.4 $\mathbb{Z}_{20}$의 모든 영인자를 구하라. $\mathbb{Z}_{20}$의 영인자와 $\mathbb{Z}_{20}$의 단원 사이에 어떤 관계가 성립할까?

1 브래그는 24세에 X선 결정학을 발견하여 노벨상을 수상했다. 그는 지금까지 노벨상을 받은 최연소 인물로 남아 있다.

13.5 $\mathbb{Z}_n$의 0이 아닌 모든 원소가 단원 또는 영인자임을 보여라.

13.6 환에서 영인자도 단원도 아닌 0이 아닌 원소를 찾으라.

13.7 R을 단위원을 갖는 유한 가환환이라 하자. R의 0이 아닌 모든 원소가 영인자 또는 단원임을 증명하라. R에서 '유한' 조건을 삭제하면 어떻게 될까?

13.8 $a \neq 0$이 가환환의 원소라고 하자. 이때 a가 영인자일 필요충분조건은 어떤 $b \neq 0$에 대해 $a^2b=0$임을 증명하라.

13.9 환 $\mathbb{Z} \oplus \mathbb{Z} \oplus \mathbb{Z}$에서 ab, ac, bc는 영인자이지만 abc는 영인자가 아닌 원소 a, b, c를 찾으라.

13.10 $\mathbb{Z} \oplus \mathbb{Q} \oplus \mathbb{Z}$의 모든 영인자와 단원에 대해 설명하라.

13.11 d가 정수일 때, $\mathbb{Z}[\sqrt{d}]=\{a+b\sqrt{d} \mid a,\ b \in \mathbb{Z}\}$는 정역임을 증명하라.[2]

13.12 $\mathbb{Z}_7$에서 $\frac{1}{2}$, $-\frac{2}{3}$, $\sqrt{-3}$, $-\frac{1}{6}$을 적절한 원소로 표현하라.

13.13 정역이 아니고 영인자를 갖지 않는 가환환의 예를 제시하라.

13.14 환에서 a, b가 모두 영인자이고 $a+b \neq 0$이며 $a+b$가 영인자가 아닌 환의 두 원소 a, b를 찾으라.

13.15 a가 단위원을 갖는 환 R의 원소이고, 어떤 양의 정수 n에 대해 $a^n=0$이라고 가정하자(이러한 원소를 **멱영원**(nilpotent)이라고 한다). R에서 $1-a$의 곱셈에 대한 역원이 존재함을 증명하라.

힌트 $(1-a)(1+a+a^2+\cdots+a^{n-1})$을 생각한다.

13.16 가환환의 멱역원들이 부분환을 형성함을 보여라.

13.17 0이 정역의 유일한 멱영원임을 보여라.

13.18 $a^2=a$를 만족하는 환의 원소 a를 **멱등원**(idempotent)이라고 한다. 정역의 멱등원이 0과 1뿐임을 증명하라.

---

2 이 문제는 18장에서 다시 언급한다.

13.19 가환환에서 a, b를 멱등원이라고 할 때, ab, $a-ab$, $a+b-ab$, $a+b-2ab$도 멱등원임을 보여라. a가 $a^2=-a$를 만족하는 환의 원소이면 $-a$에 대해 무엇을 말할 수 있을까?

13.20 $\mathbb{Z}_n$이 0이 아닌 멱영원을 가질 필요충분조건은 n이 어떤 소수의 제곱으로 나누어지는 것임을 보여라.

13.21 R을 $[-1, 1]$에서 연속인 실함수 집합의 환이라고 할 때, R이 영인자를 가짐을 보여라.

13.22 a가 환의 멱등원이면 모든 양의 정수 n에 대해 $a^n=a$임을 증명하라.

13.23 멱영원이고 멱등원인 환의 원소를 모두 구하라.

13.24 $\mathbb{Z}_5[i]=\{a+bi \mid a, b\in\mathbb{Z}_5\}$의 멱등원을 구하라.

13.25 [표 13.1]을 이용해 순환군 $\mathbb{Z}_3[i]^*$의 생성원을 구하라.

13.26 $\mathbb{Z}_3\oplus\mathbb{Z}_6$의 단원, 영인자, 멱등원, 멱영원을 모두 구하라.

13.27 단원이고 멱등원인 환의 모든 원소를 구하라.

13.28 R을 함수의 덧셈과 곱셈에 대한 모든 실함수의 집합이라고 할 때, 다음 물음에 답하라.

(a) R의 모든 영인자를 구하라.

(b) R의 모든 멱영원을 구하라.

(c) 0이 아닌 임의의 원소는 영인자 또는 단원임을 보여라.

13.29 **[부분체 판정법]** F를 체라 하고 K를 적어도 두 원소를 포함하는 F의 부분집합이라고 하자. K의 임의의 원소 a, $b(b\neq 0)$에 대해 $a-b$와 ab^{-1}이 K에 속하면 K가 F의 부분체임을 증명하라.

13.30 양의 정수 d에 대해 $\mathbb{Q}[\sqrt{d}]=\{a+b\sqrt{d} \mid a, b\in\mathbb{Q}\}$는 체임을 증명하라.

13.31 R을 단위원 1을 갖는 환이라고 하자. R의 0이 아닌 임의의 두 원소의 곱이 0이 아닌 경우, $ab=1$이면 $ba=1$임을 증명하라.

13.32 법 10에 관한 덧셈과 곱셈에 대해 $R=\{0, 2, 4, 6, 8\}$이라 하자. R이 체임을 증명하라.

13.33 부분정역의 적절한 정의를 공식화해보자. D를 단위원 1을 갖는 정역이라 할 때, $P=\{n \cdot 1 \mid n \in \mathbb{Z}\}$ (즉, 1의 모든 정수배)가 D의 부분정역임을 보여라. 또 P가 D의 모든 부분정역에 포함됨을 보여라. P의 위수에 대해 무엇을 말할 수 있을까?

13.34 원소가 정확히 6개인 정역이 존재하지 않음을 증명하라. 이 증명에서 한 주장을 원소가 정확히 4개인 정역이 존재하지 않음을 보이는 데에도 적용할 수 있을까? 원소가 정확히 15개인 경우는 어떨까? 이러한 관찰을 통해 유한정역의 원소의 개수에 대한 일반적인 결과를 추측하라.

13.35 F를 위수가 2^n인 체라고 할 때, $\operatorname{char} F=2$임을 증명하라. 만약 2가 소수 p로 바뀌어도 이 증명이 유효할까?

13.36 곱셈에 대한 역원이 자기 자신인 정역의 모든 원소를 구하라.

13.37 곱셈에 대한 역원이 자기 자신인 유일한 원소가 1인 정역에 대해 설명하라.

13.38 $(n-1)!$이 $\mathbb{Z}_n$의 영인자가 되는 정수 $n>1$을 모두 구하라.

13.39 정역의 원소 a, b에 대해 다음을 증명하라.

(a) $a^5=b^5$이고 $a^3=b^3$이면 $a=b$이다.

(b) m, n이 서로소인 양의 정수일 때, $a^m=b^m$이고 $a^n=b^n$이면 $a=b$이다.

13.40 $a^m=b^m$이고 $a^n=b^n$이지만 $a \neq b$인 서로 다른 양의 정수 m, n과 정역의 예를 제시하라.

13.41 F를 위수가 32인 체라고 하자. F의 부분체는 F 자신과 $\{0,\ 1\}$뿐임을 보여라.

13.42 법 2에 대한 가우스 정수환 $\mathbb{Z}_2[i]$의 케일리 표를 작성하라. 이 환은 체일까? 혹은 정역일까?

13.43 $\mathbb{Z}_7[\sqrt{3}]=\{a+b\sqrt{3} \mid a,\ b \in \mathbb{Z}_7\}$이 체임을 보여라. 임의의 양의 정수 k와 임의의 소수 p에 대해 $\mathbb{Z}_p[\sqrt{k}]=\{a+b\sqrt{k} \mid a,\ b \in \mathbb{Z}_p\}$가 체가 되기 위한 필요충분조건을 구하라.

13.44 $\mathbb{Z}_3[i]$의 0이 아닌 원소들의 모임은 곱셈에 대해 위수가 8인 가환군이 된다. 이 군은 $\mathbb{Z}_8$, $\mathbb{Z}_4 \oplus \mathbb{Z}_2$, $\mathbb{Z}_2 \oplus \mathbb{Z}_2 \oplus \mathbb{Z}_2$ 중 무엇과 동형일까?

13.45 영인자를 갖지 않고 최소 2개의 원소를 갖는 유한 가환환이 단위원을 가짐을 보여라.

13.46 가환환의 원소 a, b에 대해 ab가 영인자라고 할 때, a 또는 b가 영인자임을 보여라.

13.47 R이 영인자를 갖지 않는 가환환이라고 하자. R의 모든 0이 아닌 원소가 덧셈에 대해 동일한 위수를 가짐을 보여라.

13.48 R이 영인자를 갖지 않는 가환환이라고 하자. R의 표수가 0 또는 소수임을 보여라.

13.49 $x_1, x_2, \cdots, x_n$이 표수가 소수 p인 가환환의 원소일 때, 다음 물음에 답하라.

(a) $(x_1+x_2+\cdots+x_n)^p = x_1^p+x_2^p+\cdots+x_n^p$임을 보여라.[3]

(b) 모든 양의 정수 m에 대해 $(x_1+x_2+\cdots+x_n)^{p^m} = x_1^{p^m}+x_2^{p^m}+\cdots+x_n^{p^m}$임을 보여라.

(c) 표수가 4인 환에서 $(x+y)^4 \neq x^4+y^4$인 원소 x, y를 구하라.

13.50 R을 단위원 1을 가지며 표수가 소수인 가환환이라고 하자. $a \in R$이 멱영원이면 $(1+a)^k = 1$인 양의 정수 k가 존재함을 증명하라.

13.51 임의의 유한체의 위수가 p^n(p는 소수) 형태임을 보여라.[4]

힌트 유한 가환군에 대한 사실을 이용한다.

13.52 표수가 3인 무한정역의 예를 제시하라.

13.53 R을 환이라 하고, $M_2(R)$을 성분이 R의 원소인 2×2 행렬 집합의 환이라고 하자. 두 환의 표수가 동일한 이유를 설명하라.

13.54 R이 원소가 m개인 환이라고 할 때, R의 표수가 m의 약수임을 보여라.

13.55 유한환의 표수가 0이 아니어야 하는 이유를 설명하라.

13.56 $\mathbb{Z}_3[i]$에서 $x^2-x+2=0$의 모든 해를 구하라([EX 13.9] 참고).

---

3 이 문제는 19장에서 다시 언급한다.

4 이 문제는 21장에서 다시 언급한다.

13.57 방정식 $x^2-5x+6=0$에 대해 다음 물음에 답하라.

(a) $\mathbb{Z}_7$에서 이 방정식의 해는 몇 개인가?

(b) $\mathbb{Z}_8$에서 이 방정식의 모든 해를 구하라.

(c) $\mathbb{Z}_{12}$에서 이 방정식의 모든 해를 구하라.

(d) $\mathbb{Z}_{14}$에서 이 방정식의 모든 해를 구하라.

13.58 R이 표수가 $m>0$인 환이고 S가 R의 부분환일 때, S의 표수에 대해 무엇을 말할 수 있는가?

13.59 R이 $20\cdot 1=0$이고 $12\cdot 1=0$인 정역이라고 하자($n\cdot 1$은 n개 항의 합 $1+1+\cdots+1$임을 기억하라). R의 표수를 구하라.

13.60 표수가 2인 가환환에서 멱등원들의 모임이 부분환을 만든다는 것을 증명하라.

13.61 소수 p에 대해 $x^2+1=0$이 $\mathbb{Z}_p$에서 해를 가지면 $\mathbb{Z}_p[i]=\{a+bi\mid a,\ b\in\mathbb{Z}_p\}$는 체가 아님을 증명하라.

13.62 0 또는 1이 아닌 단위원을 갖는 가환환의 모든 멱등원은 영인자임을 증명하라.

13.63 위수가 16인 임의의 체는 위수가 8인 부분체를 갖지 않음을 보여라.

13.64 F를 원소가 n개인 유한체라고 하자. F의 0이 아닌 모든 원소 x에 대해 $x^{n-1}=1$임을 증명하라.

13.65 F를 표수가 소수 p인 체라고 하자. $K=\{x\in F\mid x^p=x\}$가 F의 부분체임을 증명하라.

13.66 복소수 집합 $\mathbb{Q}(i)=\{a+bi\mid a,\ b\in\mathbb{Q}\}$는 체임을 증명하라. 이 체를 **가우스 유리수**(Gaussian rationals)라고 한다.

13.67 $R=\mathbb{Z}_2\oplus\mathbb{Z}_3\oplus\mathbb{Z}_4\oplus\cdots$라 할 때, R의 항등원과 $\mathrm{char}R$을 구하라. 각 양의 정수 n에 대해 R이 표수가 n인 부분환을 가짐을 증명하라.

13.68 a가 가환환 R의 멱등원이면 a가 아이디얼[5] $\langle a\rangle$의 항등원임을 증명하라.

13.69 환 R의 부분환 S에 대해 u_S를 S의 단위원, u_R을 R의 단위원이라 하고 $u_S\neq u_R$이라고 하자. u_S와 u_R-u_S가 R의 영인자임을 증명하라.

---

5 (감수) **아이디얼**(ideal) $\langle a\rangle$는 환 $\langle a\rangle=\{ra\mid r\in R\}$로 정의되는 부분환으로, 자세한 정의는 14.1절에서 확인할 수 있다.

13.70 a, b가 정역의 원소이면, $\langle a\rangle = \langle b\rangle$일 필요충분조건은 $a = bu$(u는 단원)임을 증명하라.

13.71 F를 원소가 27개인 체라고 하자. 모든 원소 $a \in F$에 대해 $5a = -a$임을 보여라.

13.72 a, b가 위수가 8인 체의 원소이고 $a^2 + ab + b^2 = 0$이라고 하자. $a = 0$이고 $b = 0$임을 증명하라. 체의 위수가 2^n(n은 홀수)인 경우에 대해서도 동일하게 증명하라.

13.73 F가 3개 이상의 원소를 갖고 표수가 2인 체라고 하자. F의 어떤 원소 x, y에 대해 $(x+y)^3 \neq x^3 + y^3$임을 보여라.

* 이 장을 위한 컴퓨터 연습문제는 http://www.d.umn.edu/~jgallian에서 확인할 수 있다.

14

아이디얼과 잉여환
Ideals and Factor Rings

"종종 수학에서 비난의 대상이 되기도 하는 추상성은 수학의 주된 영광이자 실용적인 유용성에 대한 가장 확실한 주제이다. 또한 추상성은 수학에서 나올 수 있는 아름다움의 원천이기도 하다."

에릭 템플 벨(Eric Temple Bell)

"과학의 비결은 올바른 질문을 던지는 것이며, 과학계의 천재로 기록되는 것은 무엇보다도 문제의 선택에 달려 있다."

헨리 티자드 경(Sir Henry Tizard), C. P. Snow, *Science and Government*

14.1 아이디얼

군 이론에서 정규부분군은 특별한 역할을 한다. 정규부분군을 통해 잉여군을 구성할 수 있다. 이 장에서는 환에서의 유사한 개념인 아이디얼과 잉여환을 소개한다.

정의 아이디얼

A가 환 R의 부분환일 때, 임의의 $r \in R$과 임의의 $a \in A$에 대해 $ra \in A$, $ar \in A$이면 A를 R의 (양쪽) **아이디얼**(ideal)이라고 한다.

따라서 만약 A가 R의 원소를 '흡수'하면, 즉 임의의 $r \in R$에 대해 $rA = \{ra \mid a \in A\} \subseteq A$이고 $Ar = \{ar \mid a \in A\} \subseteq A$이면 환 R의 부분환 A는 환 R의 아이디얼이다.

환 R의 아이디얼 A는 A가 R의 진부분집합일 경우 R의 **진아이디얼**(proper ideal)이라고 한다. 실제로 다음 판정법을 통해 아이디얼을 판별할 수 있다. 이 정리는 아이디얼의 정의와 [정리 12.3]의 부분환 판정법에 대한 즉각적인 결과이다.

정리 14.1 아이디얼 판정법

환 R의 공집합이 아닌 부분집합 A에 대해 다음이 성립하면 A는 R의 아이디얼이다.

(1) 임의의 a, $b \in A$에 대해 $a - b \in A$이다.

(2) 임의의 $a \in A$, $r \in R$에 대해 $ra \in A$, $ar \in A$이다.

EX 14.1 임의의 환 R에 대해 $\{0\}$과 R은 R의 아이디얼이다. 특히 $\{0\}$을 **자명한 아이디얼**(trivial ideal)이라고 한다.

EX 14.2 임의의 양의 정수 n에 대해 집합 $n\mathbb{Z} = \{0, \pm n, \pm 2n, \cdots\}$은 $\mathbb{Z}$의 아이디얼이다.

EX 14.3 R을 단위원을 갖는 가환환이라 하고 $a \in R$이라고 하자. 집합 $\langle a \rangle = \{ra \mid r \in R\}$은 R의 아이디얼이며, **a에 의해 생성된 주아이디얼**(principal ideal generated by a)이라고 한다 ($\langle a \rangle$는 a에 의해 생성된 순환부분군의 표기법과 일치하지만, 문맥상에서 그 개념이 명확히 구분될 것이다). 이 예에서는 R이 가환환이라는 가정이 필요하다.

EX 14.4 $\mathbb{R}[x]$를 모든 실계수 다항식의 집합이라 하고, A를 상수항이 0인 모든 다항식으로 이루어진 $\mathbb{R}[x]$의 부분집합이라 하자. 그러면 A는 $\mathbb{R}[x]$의 아이디얼이고 $A = \langle x \rangle$이다.

EX 14.5 R을 단위원을 갖는 가환환이라 하고, $a_1, a_2, \cdots, a_n$을 R의 원소라고 하자. 그러면 $I = \langle a_1, a_2, \cdots, a_n \rangle = \{r_1 a_1 + r_2 a_2 + \cdots + r_n a_n \mid r_i \in R\}$은 R의 아이디얼이며, $a_1, a_2, \cdots, a_n$**에 의해 생성된 아이디얼**(ideal generated by $a_1, a_2, \cdots, a_n$)이라고 한다. I가 아이디얼임을 보이는 것은 쉬우므로 [연습문제 14.3]으로 남긴다.

EX 14.6 $\mathbb{Z}[x]$를 모든 정수 계수 다항식의 집합이라 하고, $\mathbb{Z}[x]$의 부분집합 I를 상수항이 짝수인 모든 다항식의 집합이라고 하자. I는 $\mathbb{Z}[x]$의 아이디얼이고 $I = \langle x, 2 \rangle$이다([연습문제 14.51] 참고).

EX 14.7 R을 모든 실함수 집합의 환이라고 하자. 모든 미분가능한 함수로 이루어진 R의 부분집합 S는 R의 부분환이지만 R의 아이디얼은 아니다.

14.2 잉여환

R을 환이라 하고 A를 R의 아이디얼이라고 하자. R은 덧셈에 대한 군이고 A는 R의 정규부분군이므로, 잉여군 $R/A = \{r + A \mid r \in R\}$을 만들 수 있다. 그렇다면 이 잉여군을 환으로 만들 수 있을까? 덧셈은 이미 환의 조건을 만족하도록 정의했다. 또한 두 잉여류 $s + A$와 $t + A$의 곱은 잉여군과 유사하게 $st + A$로 정의한다. 다음 정리는 이러한 정의가 A가 R의 임의의 부분환인 경우에는 불가능하고, R의 아이디얼이어야만 가능함을 보여준다.

정리 14.2 잉여환의 존재성

R을 환이라 하고 A를 R의 부분환이라고 하자. 잉여류 집합 $\{r + A \mid r \in R\}$이 두 연산 $(s + A) + (t + A) = s + t + A$와 $(s + A)(t + A) = st + A$에 대해 환일 필요충분조건은 A가 R의 아이디얼인 것이다.

증명

잉여류의 집합이 덧셈에 대한 군임을 이미 알고 있다. 곱셈이 실제로 잉여류 집합에 대한 이항연산임을 확인하면 곱셈에 대한 결합법칙과 두 연산에 대한 분배법칙이 성립함을 쉽게 확인할 수 있다. 따라서 곱셈이 잘 정의된다는 것과 A가 R의 아이디얼이 되는 것이 동치임을 보이면 된다. 우선 A가 R의 아이디얼이고 $s+A=s'+A$, $t+A=t'+A$라 가정하고 $st+A=s't'+A$임을 보이자. 정의에 따라 A의 원소 a, b에 대해 $s=s'+a$, $t=t'+b$이므로 다음이 성립한다.

$$st=(s'+a)(t'+b)=s't'+at'+s'b+ab$$

그러면 A가 $at'+s'b+ab$를 흡수하므로 다음이 성립한다.

$$st+A=s't'+at'+s'b+ab+A=s't'+A$$

따라서 A가 R의 아이디얼일 때 곱셈이 잘 정의된다.

한편, A가 R의 아이디얼이 아닌 R의 부분환이라고 가정하자. 그러면 $ar \notin A$ 또는 $ra \notin A$인 원소 $a \in A$와 $r \in R$이 존재한다. 편의상 $ar \notin A$라 하자. 원소 $a+A=0+A$와 $r+A$를 생각해보면, 분명히 $(a+A)(r+A)=ar+A$이지만 $(0+A)(r+A)=0 \cdot r+A=A$이다. $ar+A \neq A$이므로 곱셈은 잘 정의되지 않는다. 따라서 잉여류의 집합은 환이 아니다. ■

다음은 잉여환에 대한 몇 가지 예이다.

EX 14.8 $\mathbb{Z}/4\mathbb{Z}=\{0+4\mathbb{Z},\ 1+4\mathbb{Z},\ 2+4\mathbb{Z},\ 3+4\mathbb{Z}\}$의 두 원소 $2+4\mathbb{Z}$와 $3+4\mathbb{Z}$의 덧셈과 곱셈을 계산해보자.

$$(2+4\mathbb{Z})+(3+4\mathbb{Z})=5+4\mathbb{Z}=1+4+4\mathbb{Z}=1+4\mathbb{Z}$$
$$(2+4\mathbb{Z})(3+4\mathbb{Z})=6+4\mathbb{Z}=2+4+4\mathbb{Z}=2+4\mathbb{Z}$$

두 연산이 기본적으로 법 4에 대한 연산임을 쉽게 알 수 있다.

EX 14.9 $2\mathbb{Z}/6\mathbb{Z}=\{0+6\mathbb{Z},\ 2+6\mathbb{Z},\ 4+6\mathbb{Z}\}$의 연산은 본질적으로 법 6에 대한 연산이다. 예를 들어 $(4+6\mathbb{Z})+(4+6\mathbb{Z})=2+6\mathbb{Z}$이고 $(4+6\mathbb{Z})(4+6\mathbb{Z})=4+6\mathbb{Z}$이다.

이제 비가환환의 아이디얼과 잉여환에 대한 예를 살펴보자.

EX 14.10 $R=\left\{\begin{bmatrix} a_1 & a_2 \\ a_3 & a_4 \end{bmatrix} \middle| a_i \in \mathbb{Z}\right\}$이라 하고, R의 부분집합 I를 짝수 성분으로 구성된 행렬 집합이라 하자. I가 R의 아이디얼임을 보이는 것은 쉽다([연습문제 14.25] 참고). 잉여환 R/I를 생각해보자. 이 환의 크기는 무엇일까? R/I의 원소는 16개이다. 실제로 $R/I=\left\{\begin{bmatrix} r_1 & r_2 \\ r_3 & r_4 \end{bmatrix}+I \middle| r_i \in \{0,\ 1\}\right\}$이다. 예를 들어 16개의 원소 중 $\begin{bmatrix} 7 & 8 \\ 5 & -3 \end{bmatrix}+I$는 무엇일까? 아이디얼은 자신의 원소를 흡수하므로 $\begin{bmatrix} 7 & 8 \\ 5 & -3 \end{bmatrix}+I=\begin{bmatrix} 1 & 0 \\ 1 & 1 \end{bmatrix}+\begin{bmatrix} 6 & 8 \\ 4 & -4 \end{bmatrix}+I=\begin{bmatrix} 1 & 0 \\ 1 & 1 \end{bmatrix}+I$이다. 본질적으로는 짝수 성분을 0으로, 홀수 성분을 1로 바꿀 수 있다. 일반적인 경우에 대한 증명은 독자에게 남긴다([연습문제 14.27] 참고).

[EX 14.10]은 환 R의 아이디얼 I에 대한 특정 성질을 이용해 잉여환 R/I의 원소의 형태를 간단히 나타내는 방법을 보여준다. 더 많은 예를 확인해보자.

EX 14.11 잉여환 $R=\mathbb{Z}_3[x]/\langle x^2+1\rangle$을 생각해보자. 간단히 표기하기 위해 $I=\langle x^2+1\rangle$이라 하자. 정의에 따라 R의 원소는 $f(x)+I$ 형태이다. 여기서 $f(x)$는 계수가 $\mathbb{Z}_3$의 원소인 다항식이다. 그렇다면 R의 서로 다른 잉여류는 어떻게 생겼을까? $x^2+1+I=0+I$이므로 잉여류의 대표원소를 다룰 때, x^2+1을 0과 동치라고 볼 수 있다. 따라서 $x^2=-1$을 의미한다. 예를 들어 $2x^2+x+1+I=-2+x+1+I=x-1+I$이다. 또한 잉여류의 대표원소를 다룰 때, $x^2=-1$은 $x^3=-x$와 $x^4=1$을 의미한다. 따라서 $x^4+2x^3+x^2+2+I=1-2x-1+2+I=-2x+2+I=x+2+I$이다($\mathbb{Z}_3$에서 $-2=1$이므로). 같은 방식으로 $x^5=x$, $x^6=x^2x^4=-1$이다. 그러므로 $R=\{ax+b+I \mid a,\ b\in\mathbb{Z}_3\}$이다. 따라서 R의 위수가 9임을 알 수 있다. I를 사용하지 않고 잉여류 $ax+b+I$를 $ax+b$로 나타내 한 번 더 간단히 나타낼 수 있다. 이때 염두에 두어야 할 것은 곱 $(ax+b)(cx+d)=acx^2+(ad+bc)x+bd$에서 acx^2을 $-ac$로 대체한다는 것이다.

이제 R의 0이 아닌 특정한 원소가 단원인지 또는 영인자인지 궁금할 수 있다. $x+1$을 생각해보자. $(x+1)^2=x^2+2x+1=2x$이므로, $(x+1)^4=(2x)^2=4x^2=-1$이다. 따라서 $x+1$은 단원이고 $|x+1|=8$이다. 이를 통해 R의 0이 아닌 원소들의 모임은 곱셈에 대한 순환군을 이룬다는 것을 알 수 있다. 따라서 R은 위수가 9인 체가 된다.

EX 14.12 잉여환 $R=\mathbb{Z}_5[x]/\langle x^2+1\rangle$을 생각해보자. $|R|=25$이고 $(x+1)^4=(2x)^2=$ $=4x^2=-4=1$이다. 따라서 $x+1$은 단원이고 $|x+1|=4$이다. 대조적으로 $(x+2)(x+3)=$ $x^2+1=0$이므로 $x+2$와 $x+3$은 영인자이고 R은 체가 아니다.

앞의 두 가지 예에서 대조되는 특징에 대한 간단한 설명은 16장에서 확인하자.

EX 14.13 가우스 정수환의 잉여환 $R=\mathbb{Z}[i]/\langle 2-i\rangle$를 생각해보자. 먼저 잉여환의 서로 다른 원소가 어떤 형태인지 알아야 한다. R의 원소의 형태는 $a+bi+\langle 2-i\rangle$이다. 여기서 a, b는 정수이고, 잉여류의 대표원소를 다룰 때 $\langle 2-i\rangle$와 0은 동치이므로 $2=i$이다. 예를 들어 $3+4i+\langle 2-i\rangle=3+8+\langle 2-i\rangle=11+\langle 2-i\rangle$이다. 마찬가지로 R의 모든 원소는 $a+\langle 2-i\rangle$(a는 정수) 형태로 나타낼 수 있다. 그러나 잉여류의 대표원소를 다룰 때 $2=i$가 $4=-1$($2=i$의 양변을 제곱하여 얻음) 또는 $5=0$을 의미하므로, 서로 다른 잉여류의 대표원소의 집합을 더 줄일 수 있다. 따라서 $3+4i+\langle 2-i\rangle=11+\langle 2-i\rangle=1+5+5+\langle 2-i\rangle=1+\langle 2-i\rangle$이다. 이런 방식으로 R의 모든 원소가 다음 잉여류 중 하나와 같음을 보일 수 있다

$$0+\langle 2-i\rangle,\ 1+\langle 2-i\rangle,\ 2+\langle 2-i\rangle,\ 3+\langle 2-i\rangle,\ 4+\langle 2-i\rangle$$

추가로 더 줄일 수는 있을까? 그럴 수 없음을 보이기 위해 위와 같은 다섯 가지 잉여류가 서로 다름을 보일 것이다. $1+\langle 2-i\rangle$의 덧셈에 대한 위수가 5임을 보이면 충분하다. $5(1+\langle 2-i\rangle)=5+\langle 2-i\rangle=0+\langle 2-i\rangle$이므로, $1+\langle 2-i\rangle$의 위수는 1 또는 5이다. 만약 위수가 1이라면 $1+\langle 2-i\rangle=0+\langle 2-i\rangle$이므로 $1\in\langle 2-i\rangle$이다. 따라서 어떤 정수 a, b에 대해 $1=(2-i)$ $a+bi)=2a+b+(-a+2b)i$이다. 그러나 이 방정식은 $1=2a+b$, $0=-a+2b$를 의미하므로 두 식을 동시에 만족하는 해를 찾으면 $b=\frac{1}{5}$이 되어 모순이다. 분명히 환 R은 본질적으로 체 $\mathbb{Z}_5$와 구조가 같음을 알 수 있다.

[EX 14.11]은 잉여환의 가장 중요한 응용 중 하나인 바람직한 성질을 갖는 환의 구성을 보여준다. 특히 정역과 체를 구성하기 위해 잉여환을 이용하는 방법을 보여준다.

14.3 소아이디얼과 극대아이디얼

정의 소아이디얼과 극대아이디얼

(1) 가환환 R의 진아이디얼 A에 대해, a, $b \in R$, $ab \in A$일 때 $a \in A$ 또는 $b \in A$이면 A를 R의 **소아이디얼**(prime ideal)이라고 한다.

(2) 가환환 R의 진아이디얼 A에 대해, B가 R의 아이디얼이고 $A \subseteq B \subseteq R$일 때 $B = A$ 또는 $B = R$이면 A를 R의 **극대아이디얼**(maximal ideal)이라고 한다.

따라서 극대아이디얼을 진부분집합으로 포함하는 유일한 아이디얼은 전체 환이다. 소아이디얼의 정의는 정수환에서 비롯된다.

EX 14.14 n을 1보다 큰 정수라 하자. 정수환 $\mathbb{Z}$의 아이디얼 $n\mathbb{Z}$가 소아이디얼일 필요충분조건은 n이 소수인 것이다([연습문제 14.13] 참고). 참고로 $\{0\}$도 $\mathbb{Z}$의 소아이디얼이다.

EX 14.15 $\mathbb{Z}_{36}$의 아이디얼 도표([그림 14.1] 참고)를 보면 오직 $\langle 2 \rangle$와 $\langle 3 \rangle$만 $\mathbb{Z}_{36}$의 극대아이디얼임을 알 수 있다.

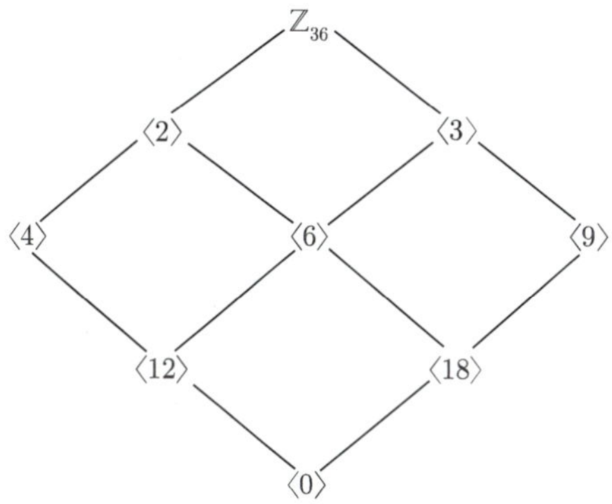

[그림 14.1] $\mathbb{Z}_{36}$의 아이디얼 도표

EX 14.16 $\mathbb{R}[x]$의 아이디얼 $\langle x^2+1 \rangle$은 극대아이디얼이다. 이를 보이기 위해 A가 $\langle x^2+1 \rangle$을 포함하는 $\mathbb{R}[x]$의 아이디얼이라고 하자. A가 0이 아닌 실수 c를 포함함을 보임으로써 $A=\mathbb{R}[x]$임을 증명할 것이다(이는 모든 x에 대해 $h(x)=c$를 만족하는 상수다항식이다). 만약 A가 c를 포함한다면 $1=\left(\frac{1}{c}\right)c \in A$이므로, [연습문제 14.19]에 의해 $A=\mathbb{R}[x]$이다. 증명을 끝내기 위해 $f(x) \in A$, $f(x) \notin \langle x^2+1 \rangle$이라 하면 다음과 같다.

$$f(x)=q(x)(x^2+1)+r(x)$$

이때 $r(x) \neq 0$이고 $r(x)$의 차수는 2보다 작다. 따라서 $r(x)=ax+b$이다. 이때 a, b가 동시에 0이 되지는 않고 다음과 같다.

$$ax+b=r(x)=f(x)-q(x)(x^2+1) \in A$$

그러므로 다음이 성립한다.

$$a^2x^2-b^2=(ax+b)(ax-b) \in A, \quad a^2(x^2+1) \in A$$

따라서 다음과 같다.

$$0 \neq a^2+b^2=(a^2x^2+a^2)-(a^2x^2-b^2) \in A$$

EX 14.17 아이디얼 $\langle x^2+1 \rangle$은 $\mathbb{Z}_2[x]$의 소아이디얼이 아니다. 왜냐하면 $(x+1)^2=x^2+2x+1=x^2+1$이지만, $\langle x^2+1 \rangle$이 $x+1$을 포함하지 않기 때문이다.

정리 14.3 R/A가 정역일 필요충분조건은 A가 소아이디얼인 것이다

R을 단위원을 갖는 가환환이라 하고 A를 R의 아이디얼이라 하자. R/A가 정역일 필요충분조건은 A가 R의 소아이디얼인 것이다.

증명

R/A가 정역이고 $ab \in A$라고 하자. 그러면 $(a+A)(b+A)=ab+A=A$이다. 여기서 A는 환 R의 항등원이다. 따라서 $a+A=A$ 또는 $b+A=A$이다. 즉, $a \in A$ 또는 $b \in A$이다. 따라서 A는 R의 소아이디얼이다.

정리의 나머지 절반을 증명하기 위해 먼저 임의의 진아이디얼 A에 대해 R/A가 단위원을 갖는 가환환임을 관찰한다. A가 R의 소아이디얼이면 R/A가 영인자를 갖지 않음을 보이고자 한다. A가 R의 소아이디얼이고 $(a+A)(b+A)=0+A=A$라고 하자. 그러면 $ab \in A$이고, 따라서 $a \in A$ 또는 $b \in A$이다. 그러므로 $a+A$ 또는 $b+A$가 R/A의 항등원인 A이다. ■

극대아이디얼에 대해서는 더 좋은 성질을 만족한다.

정리 14.4 R/A가 체일 필요충분조건은 A가 극대아이디얼인 것이다

R을 단위원을 갖는 가환환이라 하고 A를 R의 아이디얼이라 하자. R/A가 체일 필요충분조건은 A가 R의 극대아이디얼인 것이다.

증명

R/A가 체이고 B가 A를 진부분집합으로 포함하는 R의 아이디얼이라고 하자. 그리고 $b \in B$, $b \notin A$라 하자. 그러면 $b+A$는 R/A의 영이 아닌 원소이므로 $c+A$가 존재하여 $(b+A)\cdot(c+A)=1+A$이다. 여기서 $1+A$는 R/A의 곱셈에 대한 단위원이다. $b \in B$이므로 $bc \in B$이고, $1+A=(b+A)(c+A)=bc+A$이므로 $1-bc \in A \subset B$이다. 따라서 $1=(1-bc)+bc \in B$이다. [연습문제 14.19]에 의해 $B=R$이다. 따라서 A가 R의 극대아이디얼임을 증명했다.

이제 A가 R의 극대아이디얼이고 $b \in R$, $b \notin A$라 하자. $b+A$가 곱셈에 대한 역원을 가짐을 보이면 충분하다(체에 대한 다른 모든 성질은 자명하게 따른다). 집합 $B=\{br+a \mid r \in R,\ a \in A\}$를 생각해보자. 이 집합은 A를 진부분집합으로 포함하는 R의 아이디얼이다([연습문제 14.37] 참고). A가 R의 극대아이디얼이므로 $B=R$이어야 한다. 따라서 $1 \in B$, 즉 $a' \in A$에 대해 $1=bc+a'$이다. 그러면 다음이 성립한다.

$$1+A=bc+a'+A=bc+A=(b+A)(c+A)$$ ■

[정리 14.3], [정리 14.4]와 [EX 14.11], [EX 14.12]로부터 아이디얼 $\langle x^2+1\rangle$은 $\mathbb{Z}_3[x]$의 극대아이디얼이지만 $\mathbb{Z}_5[x]$의 소아이디얼은 아님을 알 수 있다.

가환환이 단위원을 가질 때, [정리 14.3]과 [정리 14.4]로부터 극데아이디얼은 소아이디얼이 된다는 결론이 나온다. [EX 14.18]은 소아이디얼이 극대아이디얼일 필요는 없음을 보여준다.

EX 14.18 $\langle x \rangle$는 $\mathbb{Z}[x]$의 소아이디얼이지만 $\mathbb{Z}[x]$의 극대아이디얼은 아니다. 이를 보이기 위해 $\langle x \rangle = \{f(x) \in \mathbb{Z}[x] \mid f(0)=0\}$ 임을 관찰한다([연습문제 14.43] 참고). 따라서 $g(x)h(x) \in \langle x \rangle$이면 $g(0)h(0)=0$이다. $g(0)$과 $h(0)$은 정수이므로, $g(0)=0$ 또는 $h(0)=0$이다.

$\langle x \rangle$가 극대아이디얼이 아님을 보이기 위해서는 단순히 $\langle x \rangle \subset \langle x,\ 2 \rangle \subset \mathbb{Z}[x]$임을 보이면 된다([연습문제 14.51] 참고).

14장 연습문제

> 하나의 문제가 차례로 나타날 때 그 문제를 해결하는 데서 가장 큰 기쁨을 찾을 수 있다.
>
> **칼 메닝거(Karl Menninger)**

14.1 [EX 14.3]에서 정의한 집합이 아이디얼인지 확인하라.

14.2 [EX 14.4]의 집합 A가 아이디얼이며 $A=\langle x \rangle$임을 확인하라.

14.3 [EX 14.5]의 집합 I가 아이디얼인지 확인하고, J가 $a_1,\ a_2, \cdots,\ a_n$을 포함하는 R의 아이디얼이면 $I \subseteq J$임을 확인하라(따라서 $\langle a_1,\ a_2, \cdots,\ a_n \rangle$이 $a_1,\ a_2, \cdots,\ a_n$을 포함하는 R의 가장 작은 아이디얼이다).

14.4 $\mathbb{Z} \oplus \mathbb{Z}$의 아이디얼이 아닌 부분환을 찾으라.

14.5 $S=\{a+bi \mid a,\ b \in \mathbb{Z},\ b\text{는 짝수}\}$라 하자. S가 $\mathbb{Z}[i]$의 부분환이지만 $\mathbb{Z}[i]$의 아이디얼은 아님을 보여라.

14.6 다음과 같은 환의 극대아이디얼을 찾으라.

(a) $\mathbb{Z}_8$ (b) $\mathbb{Z}_{10}$ (c) $\mathbb{Z}_{12}$ (d) $\mathbb{Z}_{30}$

14.7 1보다 큰 n의 약수 $s,\ t$에 대해 $n=st$라 하자. $\langle s \rangle$가 $\mathbb{Z}_n$의 극대아이디얼일 필요충분조건은 s가 소수인 것임을 증명하라.

14.8 R을 $\langle a \rangle$(a는 R의 원소) 형태의 환이라고 하자. R의 표수가 덧셈 연산에 대한 a의 위수임을 증명하라.

14.9 R이 가환환이고 a가 R의 원소라고 하자. $\{0\}$이 R의 극대아이디얼이면 $aR=\{ar \mid r\in R\}=\{0\}$이거나 a가 aR의 원소임을 증명하라.

14.10 $\mathbb{Z}[x]$에서 $\langle 2x,\ 3\rangle=\langle x,\ 3\rangle$임을 증명하라.

14.11 가환환 R의 원소 a에 대해 $aR=\{ar \mid r\in R\}$이 R의 아이디얼임을 보여라. 그리고 R이 짝수 정수환일 때, $4R$의 원소를 나열하라.

14.12 환의 아이디얼의 교집합도 아이디얼임을 증명하라.

14.13 n이 1보다 큰 정수이면, $\langle n\rangle=n\mathbb{Z}$가 $\mathbb{Z}$의 소아이디얼일 필요충분조건은 n이 소수인 것임을 보여라.[1]

14.14 A와 B가 환의 아이디얼이면 A와 B의 합 $A+B=\{a+b \mid a\in A,\ b\in B\}$도 아이디얼임을 보여라.

14.15 정수환에서 다음을 만족하는 양의 정수 a를 각각 구하라.

(a) $\langle a\rangle=\langle 2\rangle+\langle 3\rangle$

(b) $\langle a\rangle=\langle 6\rangle+\langle 8\rangle$

(c) $\langle a\rangle=\langle m\rangle+\langle n\rangle$

14.16 A와 B가 환의 아이디얼이면 A와 B의 곱 $AB=\{a_1b_1+a_2b_2+\cdots+a_nb_n \mid a_i\in A,\ b_i\in B,\ n$은 양의 정수$\}$도 아이디얼임을 보여라.

14.17 다음을 만족하는 양의 정수 a를 각각 구하라.

(a) $\langle a\rangle=\langle 3\rangle\langle 4\rangle$

(b) $\langle a\rangle=\langle 6\rangle\langle 8\rangle$

(c) $\langle a\rangle=\langle m\rangle\langle n\rangle$

14.18 A와 B를 환의 아이디얼이라 할 때, $AB\subseteq A\cap B$임을 증명하라.

14.19 A가 환 R의 아이디얼이고 1이 A의 원소일 때, $A=R$임을 증명하라.[2]

14.20 A와 B가 단위원을 갖는 가환환 R의 아이디얼이고 $A+B=R$이면 $A\cap B=AB$임을 보여라.

---

1 이 문제는 이 장의 본문에서 살펴봤다.

2 이 문제는 이 장의 본문에서 살펴봤다.

14.21 환 R의 아이디얼 I가 단원을 포함하면 $I=R$임을 보여라.

14.22 R이 단위원을 갖는 유한 가환환이면 R의 모든 소아이디얼은 R의 극대아이디얼임을 증명하라.

14.23 정확히 2개의 극대아이디얼을 갖는 환의 예를 제시하라.

14.24 R이 가환환이고 $|R|=30$이라 하자. I가 R의 아이디얼이고 $|I|=10$이면 I가 극대아이디얼임을 증명하라.

14.25 [EX 14.10]의 R과 I에 대해, I가 R의 아이디얼임을 증명하라.

14.26 $I=\{f(x)\in\mathbb{Z}[x]\mid f(1)\text{은 짝수}\}$는 $\mathbb{Z}[x]$의 아이디얼임을 증명하라.

14.27 $n>1$은 정수이고, [EX 14.10]의 환 R에 대해 $I=\left\{\begin{bmatrix} b_1 & b_2 \\ b_3 & b_4 \end{bmatrix} \middle| b_i\text{는 } n\text{의 배수}\right\}$라 하자. I가 R의 아이디얼임을 증명하라. I의 원소는 몇 개인가?

14.28 $M_2(\mathbb{Z})=\left\{\begin{bmatrix} a_1 & a_2 \\ a_3 & a_4 \end{bmatrix} \middle| a_i\in\mathbb{Z}\right\}$에서 $A=\left\{\begin{bmatrix} a_1 & a_2 \\ 0 & 0 \end{bmatrix} \middle| a_i\in\mathbb{Z}\right\}$라 하자. A는 $M_2(\mathbb{Z})$의 부분환일까? 또 A는 $M_2(\mathbb{Z})$의 아이디얼일까?

14.29 $R=\left\{\begin{bmatrix} a & b \\ 0 & c \end{bmatrix} \middle| a,\ b,\ c\in\mathbb{R}\right\}$이고 $I=\left\{\begin{bmatrix} 0 & x \\ 0 & y \end{bmatrix} \middle| x,\ y\in\mathbb{R}\right\}$이라 하자. I가 R의 아이디얼이고 R/I가 체임을 증명하라. $\begin{bmatrix} 2 & 0 \\ 0 & 0 \end{bmatrix}+I$의 곱셈에 대한 역원은 무엇인가?

14.30 $\mathbb{Z}[i]/\langle i\rangle$의 위수를 구하라.

14.31 $R=\{a+bi+\langle 2i\rangle \mid a,\ b\in\mathbb{Z}\}$의 서로 다른 원소를 나열하라. R은 정역일까?

14.32 [연습문제 0.24]를 이용해 [EX 14.13]에서 다룬 1의 위수가 5임을 증명하라.

14.33 $\mathbb{Z}_5[x]$에서 $I=\langle x^2-1\rangle$이라 하자. 일일이 구하지 않고 $R=\mathbb{Z}_5[x]/I$가 정확히 8개의 영인자를 가짐을 보여라. 그리고 R의 다른 0이 아닌 원소가 R의 단원군 $U(R)$의 원소인 이유를 설명하라. 또 $U(R)$의 동형류를 구하라(즉, $U(R)$과 동형인 $\mathbb{Z}_n$ 형태의 군의 외직적을 구하라).

14.34 $\mathbb{Z}$에서 $I=\langle 2\rangle$라 하자. I가 $\mathbb{Z}$의 극대아이디얼이지만 $I[x]$가 $\mathbb{Z}[x]$의 극대아이디얼이 아님을 증명하라.

14.35 [EX 14.10]에서 한 R/I의 크기에 대한 주장을 증명하라.

14.36 소아이디얼이 아니면서 극대아이디얼인 아이디얼을 갖는 가환환의 예를 제시하라.

14.37 [정리 14.4]의 증명 후반부에 있는 집합 B가 R의 아이디얼임을 보여라.[3]

14.38 $A=\{a_nx^n+\cdots+a_1x+a_0\in\mathbb{Z}[x] \mid$ 모든 a_i는 짝수$\}$라고 하자. $A=\langle f(x)\rangle$가 되는 $\mathbb{Z}[x]$의 원소 $f(x)$를 구하라.

14.39 체 F의 아이디얼은 오직 $\{0\}$과 F 자신뿐임을 증명하라.

14.40 R을 단위원을 갖는 가환환이라고 하자. R의 아이디얼이 오직 $\{0\}$과 R뿐이라고 할 때, R이 체임을 보여라.

14.41 0 또는 1이 아닌 단위원을 갖는 가환환의 모든 멱등원은 영인자임을 증명하라.

14.42 $\mathbb{R}[x]/\langle x^2+1\rangle$이 체임을 보여라.

14.43 정수 계수의 다항식환 $\mathbb{Z}[x]$에서 $I=\{f(x)\in\mathbb{Z}[x] \mid f(0)=0\}$이라 하자. $I=\langle g(x)\rangle$를 만족하는 $g(x)\in\mathbb{Z}[x]$를 구하라. I는 극대아이디얼인가?[4]

14.44 $A=\{(3x,\ y) \mid x,\ y\in\mathbb{Z}\}$가 $\mathbb{Z}\oplus\mathbb{Z}$의 극대아이디얼임을 보이고, 이 결과를 일반화하라. $3x$를 $4x$로 대체하면 어떻게 되는지 확인하고, 이 결과를 일반화하라.

14.45 R을 $\mathbb{R}$에서 $\mathbb{R}$로 가는 연속함수 집합의 환이라고 하자. $I=\{f\in R \mid f(0)=0\}$이 R의 극대아이디얼임을 보여라.

14.46 $R=\mathbb{Z}_8\oplus\mathbb{Z}_{30}$의 모든 극대아이디얼을 구하고, 각 극대아이디얼 I에 대해 체 R/I의 크기를 확인하라.

14.47 $\mathbb{Z}[i]/\langle 3+i\rangle$의 원소의 개수를 구하고 그 이유를 설명하라.

14.48 가우스 정수환 $\mathbb{Z}[i]=\{a+bi \mid a,\ b\in\mathbb{Z}\}$에서 $I=\{a+bi \mid a,\ b$는 짝수$\}$라 하자. I가 아이디얼임을 증명하라. 그리고 $\mathbb{Z}[i]/I$의 원소의 개수를 구하라. $\mathbb{Z}[i]/I$는 체일까? 혹은 $\mathbb{Z}[i]/I$는 정역일까?

---

3 이 문제는 이 장의 본문에서 살펴봤다.

4 이 문제는 이 장의 본문에서 살펴봤고, 15장에서 다시 언급한다.

14.49 $\mathbb{Z} \oplus \mathbb{Z}$에서 $I = \{(a, 0) \mid a \in \mathbb{Z}\}$라 하자. I가 소아이디얼이지만 극대아이디얼은 아님을 보여라.

14.50 R을 환이라 하고 I를 R의 아이디얼이라고 하자. R의 잉여환 R/I가 가환환일 필요충분조건은 R의 모든 원소 r, s에 대해 $rs - sr \in I$임을 증명하라.

14.51 $\mathbb{Z}[x]$에서 $I = \{f(x) \in \mathbb{Z}[x] \mid f(0)$은 짝수$\}$라 할 때, $I = \langle x, 2 \rangle$임을 증명하라. I가 $\mathbb{Z}[x]$의 주아이디얼일까? 혹은 I가 $\mathbb{Z}[x]$의 극대아이디얼일까? $\mathbb{Z}[x]/I$의 원소의 개수를 구하라.[5]

14.52 $\mathbb{Z}[x]$에서 $I = \{a_n x^n + \cdots + a_1 x + 4a_0 \mid i > 0$에 대해 모든 a_i는 짝수$\}$라고 하자. I를 $\langle f_1(x), f_2(x) \rangle$($f_1(x)$, $f_2(x)$는 $\mathbb{Z}[x]$의 특정한 원소)의 형태로 표현하라.

14.53 I를 진부분집합으로 포함하는 $\mathbb{Z}[x]$의 진아이디얼 J를 보임으로써, $\mathbb{Z}[x]$의 아이디얼 $I = \langle x^2 + 1 \rangle$이 극대아이디얼이 아님을 증명하라.

14.54 $I = \langle 2 + 2i \rangle$가 $\mathbb{Z}[i]$의 소아이디얼이 아님을 증명하라. $\mathbb{Z}[i]/I$의 원소의 개수를 구하고, $\mathbb{Z}[i]/I$의 표수를 구하라.

14.55 $\mathbb{Z}_5[x]$에서 $I = \langle x^2 + x + 2 \rangle$라 하자. $\mathbb{Z}_5[x]/I$에서 $2x + 3 + I$의 곱셈에 대한 역원을 구하라.

14.56 R을 환이라 하고 p를 고정된 소수라 하자. $I_p = \{r \in R \mid r$의 덧셈에 대한 위수가 p의 거듭제곱$\}$이 R의 아이디얼임을 보여라.

14.57 정역 D의 모든 아이디얼이 D의 어떤 원소 a에 대해 $\langle a \rangle = \{ad \mid d \in D\}$ 형태이면 정역 D를 **주아이디얼정역**(principal ideal domain)이라고 한다. $\mathbb{Z}$가 주아이디얼정역임을 보여라.[6]

14.58 $R = \left\{ \begin{bmatrix} a & b \\ 0 & d \end{bmatrix} \middle| a, b, d \in \mathbb{Z} \right\}$이고 $S = \left\{ \begin{bmatrix} r & s \\ 0 & t \end{bmatrix} \middle| r, s, t \in \mathbb{Z},\ s\text{는 짝수} \right\}$라 하자. S가 R의 아이디얼이면 r과 t에 대해 무엇을 말할 수 있을까?

14.59 R과 S가 주아이디얼정역이면 $R \oplus S$가 주아이디얼환임을 증명하라(즉, $R \oplus S$의 모든 아이디얼은 $\langle (r, s) \rangle$ 형태이다).

14.60 주아이디얼정역에서 자명하지 않은 모든 소아이디얼은 극대아이디얼임을 보여라.

---

5 이 문제는 이 장의 본문에서 살펴봤다.

6 이 문제는 18장에서 다시 언급한다.

14.61 R을 가환환이라 하고 A를 R의 부분집합이라고 하자. A의 **소멸자**(annihilator) $\mathrm{Ann}(A)=\{r\in R \mid$ 모든 $a\in A$에 대해 $ra=0\}$은 아이디얼임을 보여라.

14.62 R을 가환환이라 하고 A를 R의 임의의 아이디얼이라고 하자. A의 **닐 라디칼**(nil radical) $N(A)=\{r\in R \mid$ 어떤 양의 정수 n(n은 r에 의존)에 대해 $r^n\in A\}$는 R의 아이디얼임을 보여라($N(\langle 0\rangle)$을 R의 닐 라디칼이라고 한다).

14.63 $R=\mathbb{Z}_{27}$에 대해 다음을 구하라.

(a) $N(\langle 0\rangle)$ (b) $N(\langle 3\rangle)$ (c) $N(\langle 9\rangle)$

14.64 $R=\mathbb{Z}_{36}$에 대해 다음을 구하라.

(a) $N(\langle 0\rangle)$ (b) $N(\langle 4\rangle)$ (c) $N(\langle 6\rangle)$

14.65 R을 가환환이라 하자. $R/N(\langle 0\rangle)$이 0이 아닌 멱영원을 갖지 않음을 보여라.

14.66 A를 가환환의 아이디얼이라 할 때, $N(N(A))=N(A)$임을 증명하라.

14.67 $\mathbb{Z}_2[x]$를 $\mathbb{Z}_2$의 원소를 계수로 하는 다항식환이라고 하자(즉, 계수는 0 또는 1이고 계수의 덧셈과 곱셈은 법 2에 대한 연산이다). $\mathbb{Z}_2[x]/\langle x^2+x+1\rangle$이 체임을 보여라.

14.68 $R=\{a+bi+\langle 2i\rangle \mid a,\ b\in\mathbb{Z}\}$의 서로 다른 원소들을 나열하라. R은 정역일까?

14.69 $\mathbb{Z}_3[x]/\langle x^2+x+1\rangle$이 체가 아님을 보여라.

14.70 R을 단위원을 갖지 않는 가환환이라 하고 $a\in R$이라 하자. a를 포함하는 R의 가장 작은 아이디얼 I에 대해 설명하라(즉, J가 a를 포함하는 아이디얼이면 $I\subseteq J$이다).

14.71 R을 $\mathbb{R}$에서 $\mathbb{R}$로 가는 연속함수 집합의 환이라 하고, $A=\{f\in R \mid f(0)$은 짝수$\}$라 하자. A는 R의 부분환이지만 R의 아이디얼은 아님을 보여라.

14.72 $\mathbb{Z}[i]/\langle 1-i\rangle$가 체임을 보여라. 이 체의 원소는 몇 개인가?

14.73 R이 주아이디얼정역이고 I가 R의 아이디얼이면 R/I의 모든 아이디얼이 주아이디얼임을 증명하라([연습문제 14.57] 참고).

14.74 $\mathbb{Z}_5[i]/\langle 1+i\rangle$의 원소의 개수를 구하라.

14.75 2개의 소아이디얼의 교집합이 반드시 소아이디얼이 될 필요는 없는 예를 제시하라.

14.76 $\mathbb{R}$을 실수환이라 할 때, $\mathbb{R}\oplus\mathbb{R}$의 모든 아이디얼을 구하라. $\mathbb{R}$을 체 F로 대체하면 어떻게 될까?

14.77 $\mathbb{Z}[i]/\langle 2+i\rangle$의 표수를 구하라.

14.78 $\mathbb{Z}[i]/\langle a+bi\rangle$의 표수가 a^2+b^2의 약수임을 보여라.

14.79 계수가 모두 짝수인 모든 다항식의 집합이 $\mathbb{Z}[x]$의 소아이디얼임을 증명하라.

14.80 $R=\mathbb{Z}[\sqrt{-5}]=\{a+b\sqrt{-5}\mid a,\ b\in\mathbb{Z}\}$이고 $I=\{a+b\sqrt{-5}\mid a,\ b\in\mathbb{Z},\ a-b$는 짝수$\}$라 하자. I가 아이디얼이고 극대아이디얼임을 보여라.

14.81 R이 R의 모든 원소 a에 대해 $a^2=a$인 성질을 가지며 단위원을 갖는 가환환이라 하자. I를 R의 소아이디얼이라 할 때, $|R/I|=2$임을 보여라.

14.82 R을 단위원을 갖는 가환환이라 하고, I를 다음을 만족하는 진아이디얼이라 하자. I에 포함되지 않는 R의 모든 원소는 R의 단원이다. I가 R의 유일한 극대아이디얼임을 증명하라.

14.83 $I_0=\{f(x)\in\mathbb{Z}[x]\mid f(0)=0\}$이라 하자. 임의의 양의 정수 n에 대해 $I_0\subset I_1\subset I_2\subset\cdots\subset I_n\subset\mathbb{Z}[x]$와 같이 순증가하는 아이디얼의 수열이 존재함을 보여라.

* 이 장을 위한 컴퓨터 연습문제는 http://www.d.umn.edu/~jgallian에서 확인할 수 있다.

리하르트 데데킨트(Richard Dedekind)

리하르트 데데킨트는 평범한 수학자가 아니라 수학 역사상 가장 위대한 사람 중 하나이다. 현재와 과거를 통틀어 위대한 시대의 마지막 영웅인 가우스의 마지막 제자였고, 그의 업적은 우리뿐만 아니라 우리의 선생님들과 선생님들의 선생님들까지 40년에 걸쳐 고전 명작으로 남아 있다.

에드문트 란다우(Edmund Landau), *Commemorative Address to the Royal Society of Göttingen*

akg-images/Newscom

데데킨트는 1831년 10월 6일 가우스(Gauss)의 출생지인 독일 브런즈윅에서 태어났다. 그는 법학 교수의 네 자녀 중 막내였다. 그의 초창기 관심사는 화학과 물리학이었으나, 괴팅겐대학교에서 가우스의 지도하에 21세에 수학 박사 학위를 취득했다. 데데킨트는 괴팅겐대학교에서 몇 년 동안 연구를 계속했고, 1854년에 이곳에서 강의를 시작했다.

데데킨트는 1858년에서 1862년까지 취리히에서 교수로 지냈다. 그 후 그가 한때 학생으로 지냈던 브런즈윅에 있는 한 연구소에 자리를 잡았다. 비록 이 학교가 대학의 수준에 미치지 못했지만, 데데킨트는 50년 동안 그곳에 머물렀다. 그는 1916년 브런즈윅에서 생을 마감했다.

데데킨트의 경력을 보면 그는 수학에 수많은 근본적인 공헌을 했음을 알 수 있다. 무리수에 대한 그의 방법인 '데데킨트 절단(Dedekind cuts)'은 해석학에 확고한 논리적 초석을 놓았다. 또 그의 유일인수분해에 대한 연구는 대수적 수론에 대한 현대 이론을 선도했다. 그는 환과 체 이론의 선구자였다. 아이디얼의 개념뿐만 아니라 용어 자체에도 데데킨트가 기여했다. 수학 역사학자 모리스 클라인(Morris Kline)은 그를 '추상대수학의 유능한 창시자'라고 칭했다.

에미 뇌터(Emmy Noether)

… 그녀는 오늘날 젊은 세대 수학자들이 발전하는 데 대단히 중요한 것으로 입증된 방법을 발견했다.

알베르트 아인슈타인(Albert Einstein), *The New York Times*

The Granger Collection, NY

뇌터는 1882년 3월 23일 독일에서 태어났다. 에를랑엔 대학교에 입학했을 때, 그녀는 1,000명의 학생들 중 단 2명의 여성 중 한 명이었다. 뇌터는 1907년 박사 학위를 취득했다.

1916년 뇌터는 괴팅겐으로 가서 다비트 힐베르트(David Hilbert)와 펠릭스 클라인(Felix Klein)의 영향을 받아 일반 상대성 이론에 관심을 갖게 되었다. 그곳에 있는 동안 그녀는 자연에 대칭성이 있다면 보존 법칙도 성립하고 그 역도 성립한다는 그녀의 정리로 물리학에 큰 공헌을 했다. 2012년 뉴욕 타임스 과학 저술가인 랜섬 스티븐스(Ransom Stephens)는 "그녀의 정리가 모든 현대 물리학의 근간을 이루는 뼈대라는 강력한 주장을 펼칠 수 있다."고 말했다. 또 힐베르트는 "후보자의 성별이 그녀의 사강사(privatdozent)로의 입회를 반대하는 근거가 되면 안 된다. 이곳은 대학교지 목욕 시설이 아니다."라고 말하며 괴팅겐에서 뇌터를 위한 교수직을 얻으려고 시도했지만 실패했다.

뇌터의 진정한 천재성은 그녀가 38세가 되어서야 비로소 드러났다. 그 후 13년 동안 그녀는 일반적인 아이디얼 이론과 비가환환 대수 이론을 발전시키는 공리적 방법을 사용했다. 뇌터는 이 추상적인 이론을 통해 많은 중요한 개념을 결합할 수 있었다. 그녀의 접근 방식은 개별적인 결과보다 훨씬 더 중요했다. 헤르만 바일(Hermann Weyl)은 뇌터에 대해 "그녀는 무엇보다도 대수학에서 새롭고 획기적인 사고방식을 창안했다."고 말했다.

1933년 히틀러의 등장으로 유대인 뇌터는 미국으로 피신하여 브린마대학에 재직하게 되었다. 그녀는 1935년 4월 14일 수술하는 중에 갑자기 사망했다.

15

환 준동형사상
Ring Homomorphisms

"만약 현대대수학의 모든 영역에서 공통으로 중심적인 개념이 있다면 그 개념은 준동형사상이다."

이즈라엘 네이선 허스튼(Israel Nathan Herstein), *Topics in Algebra*

"수학에서 함수는 (1) 한 시스템의 원소를 다른 시스템의 원소와 일치시키기 위해, (2) 주어진 시스템(또는 문제)을 더 간단한 시스템으로 변환하기 위해 사용한다."

노먼 J. 블록(Norman J. Block), *Abstract Algebra with Applications*

15.1 정의와 예

어느 군에 대한 정보를 발견하는 한 가지 방법은 준동형사상을 이용해 다른 군들과의 상호작용을 조사하는 것이다. 이러한 개념이 환에서도 똑같이 유용한 결과를 내며 확장된다는 사실은 그다지 놀라운 일이 아니다. 군 준동형사상이 군의 연산을 보존하는 것처럼 환 준동형사상은 환의 연산을 보존한다.

정의 환 준동형사상과 환 동형사상

환의 두 연산을 보존하는 환 R에서 환 S로의 사상 ϕ를 **환 준동형사상**(ring homomorphism)이라고 한다. 즉, R의 임의의 원소 a, b에 대해 다음이 성립하면 ϕ는 환 준동형사상이다.

$$\phi(a+b)=\phi(a)+\phi(b),\ \phi(ab)=\phi(a)\phi(b)$$

환준동형사상이 전사이고 단사이면 **환 동형사상**(ring isomorphism)이라고 한다.

군의 경우와 마찬가지로, 환의 정의에서 좌변의 연산은 R의 연산이고 우변의 연산은 S의 연산이다.

군 이론에서와 같이 환 동형사상과 환 준동형사상은 역할이 완전히 다르다. 환 동형사상은 두 환이 대수적으로 동일함을 보여준다. 환 준동형사상은 환의 특정 성질을 유지하면서 환을 단순화하는 데 사용된다.

환 준동형사상의 대략적인 표현은 [그림 15.1]에서 확인할 수 있다. 점선 화살표는 환의 연산 결과를 나타낸다.

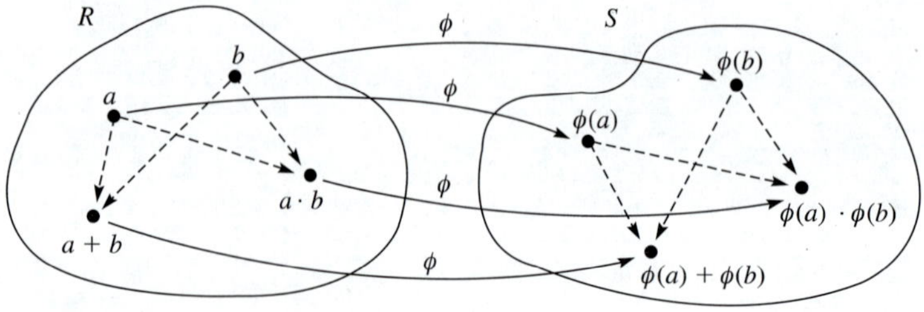

[그림 15.1] 환 준동형사상의 작용

다음은 환 준동형사상에 대한 예이다. 풀이에서 생략된 과정은 직접 보충해보자.

EX 15.1 임의의 양의 정수 n에 대해 사상 $k \to k \bmod n$은 $\mathbb{Z}$에서 $\mathbb{Z}_n$으로 가는 전사인 환 준동형사상이다([연습문제 0.9] 참고). 이 사상을 $\mathbb{Z}$에서 $\mathbb{Z}_n$으로 가는 **자연스러운 준동형사상**(natural homomorphism)이라고 한다.

EX 15.2 사상 $a+bi \to a-bi$는 복소수 집합에서 복소수 집합으로 가는 전사인 환 동형사상이다([연습문제 6.39] 참고).

EX 15.3 $\mathbb{R}[x]$를 모든 실계수 다항식 집합의 환이라 하자. 사상 $f(x) \to f(1)$은 $\mathbb{R}[x]$에서 $\mathbb{R}$로 가는 전사인 환 준동형사상이다.

EX 15.4 $\mathbb{Z}_{10}$에서 $\mathbb{Z}_{20}$으로 가는 영이 아닌 모든 환 준동형사상과 $\mathbb{Z}_{20}$에서 $\mathbb{Z}_{10}$으로 가는 영이 아닌 모든 환 준동형사상을 구해보자. 군 준동형사상의 성질에 의해 $\mathbb{Z}_{10}$에서 $\mathbb{Z}_{20}$으로 가는 영이 아닌 모든 환 준동형사상 ϕ의 상의 위수는 10, 5, 2 중 하나이다. 단위원을 갖는 환 R에서 환 S로의 임의의 전사인 환 준동형사상 ϕ에 대해 $\phi(1)=a$이면, $1 \cdot 1 = 1$이므로 $a \cdot a = a$이다. 즉, a는 S에서 멱등원이다. 만약 $|a|=10$이면 [정리 4.2]의 [따름정리 4]에 의해 $a = 2,\ 2 \cdot 3 = = 6,\ 2 \cdot 7 = 14,\ 2 \cdot 9 = 18$이다. 만약 $|a|=5$이면 $a = 4,\ 8,\ 12,\ 16$이다. 이 중 16만 멱등원이다. 만약 $|a|=2$이면 $a=10$이고 10은 멱등원이 아니다. 따라서 $\mathbb{Z}_{10}$에서 $\mathbb{Z}_{20}$으로 가는 0이 아닌 환 준동형사상은 $\phi(x)=16x$뿐이다. 정의에 따라 이 환 준동형사상은 잘 정의되어 있고 환의 두 연산을 모두 보존한다.

$\mathbb{Z}_{20}$에서 $\mathbb{Z}_{10}$으로 가는 환 준동형사상을 구하기 위해 $\mathbb{Z}_{10}$의 멱등원 a에 대해 $\phi(1)=a$라고 하자. $\mathbb{Z}_{10}$의 멱등원은 5와 6임을 알 수 있다. $|5|=2,\ |6|=5$이고 2와 5는 모두 20의 약수이다. 이와 같은 상 5, 6은 $\phi(1)$의 후보이며, 실제로 사상 $\phi(x)=5x$와 $\phi(x)=6x$는 환 준동형사상이다.

EX 15.5 $\mathbb{Z}_{12}$에서 $\mathbb{Z}_{30}$으로 가는 모든 환 준동형사상을 구해보자. [EX 10.11]에 의해 $\mathbb{Z}_{12}$에서 $\mathbb{Z}_{30}$으로 가는 유일한 군 준동형사상은 $a = 0,\ 15,\ 10,\ 20,\ 5,\ 25$에 대해 $x \to ax$이다. 그러나 $\mathbb{Z}_{12}$에서 $1 \cdot 1 = 1$이므로 $\mathbb{Z}_{30}$에서 $a \cdot a = a$이다. 이에 따라 a의 후보 중 20과 5를 제외한다. 나머지 네 후보에 대해 직접 계산하면 각각이 환 준동형사상을 만듦을 확인할 수 있다.

EX 15.6 R을 표수가 2인 가환환이라 하자. 사상 $a \to a^2$은 R에서 R로 가는 환 준동형사상이다.

EX 15.7 덧셈에 대한 짝수인 정수 집합의 군 $2\mathbb{Z}$가 덧셈에 대한 군 $\mathbb{Z}$와 군 동형이지만, 환 $2\mathbb{Z}$는 환 $\mathbb{Z}$와 환 동형이 아니다($\mathbb{Z}$에는 있지만 $2\mathbb{Z}$에는 없는 것이 무엇일까?).

다음 두 예는 [EX 15.1]에 주어진 자연스러운 준동형사상을 정수론에 적용한 것이다.

EX 15.8 **9로 나누어떨어지는 수 판별**

십진수 표현이 $a_k a_{k-1} \cdots a_0$인 정수 n이 9로 나누어떨어질 필요충분조건은 $a_k + a_{k-1} + \cdots + a_0$이 9로 나누어떨어지는 것이다. 이를 확인하기 위해 $n = a_k 10^k + a_{k-1}10^{k-1} + \cdots + a_0$을 살펴보자. α를 $\mathbb{Z}$에서 $\mathbb{Z}_9$로 가는 자연스러운 준동형사상이라 할 때(특히 $\alpha(10) = 1$), n이 9로 나누어떨어질 필요충분조건은 다음과 같다.

$$\begin{aligned} 0 = \alpha(n) &= \alpha(a_k)(\alpha(10))^k + \alpha(a_{k-1})(\alpha(10))^{k-1} + \cdots + \alpha(a_0) \\ &= \alpha(a_k) + \alpha(a_{k-1}) + \cdots + \alpha(a_0) \\ &= \alpha(a_k + a_{k-1} + \cdots + a_0) \end{aligned}$$

당연히 여기서 $\alpha(a_k + a_{k-1} + \cdots + a_0) = 0$일 필요충분조건은 $a_k + a_{k-1} + \cdots + a_0$이 9로 나누어떨어지는 것이다.

EX 15.9 **게르소니데스 정리(theorem of Gersonides)**

1844년 외젠 샤를 카탈랑(Eugène Charles Catalan)은 1보다 큰 수 중에서 연속하는 두 거듭제곱의 예가 2^3과 3^2뿐이라고 추측했다. 즉, m, n, x, $y > 1$에 대해 $x^m - y^n = 1$의 자연수 해는 2^3과 3^2뿐이다. 이 추측은 프레다 미허일레스쿠(Preda Mihăilescu)가 2002년에 증명했다. x와 y가 2와 3일 때만 고려하는 특별한 경우는 14세기에 랍비 게르소니데스(Gersonides)가 처음 증명했다. 게르소니데스는 m, $n > 1$일 때 $2^m = 3^n \pm 1$을 만족하는 경우는 $(m, n) = (3, 2)$뿐임을 증명했다. $2^m = 3^n + 1$에 대해 이 결과가 사실인지 확인하려면 모든 n에 대해 $3^n \bmod 8 = 3$ 또는 1임을 관찰하라. 따라서 $3^n + 1 \bmod 8 = 4$ 또는 2이다. 반면에 $m > 2$에 대해 $2^m \bmod 8 = 0$이다. $2^m = 3^n - 1$인 경우를 확인하기 위해, 먼저 모든 n에 대해 $n \bmod 4$ 값에 따라 $3^n \bmod 16 = 3, 9, 11, 1$임에 주목한다. 따라서 $(3^n - 1) \bmod 16 = 2, 8, 10, 0$이다. $m \geq 4$일 때,

$2^m \bmod 16 = 0$이므로 $n \bmod 4 = 1, 2, 3$인 경우를 배제한다. $(3^4)^k \bmod 5 = 1^k \bmod 5 = 1$이므로 $(3^{4k}-1) \bmod 5 = 0$이 성립함을 알 수 있다. 그러나 $2^m \bmod 5$로 가능한 값은 2, 4, 3, 1뿐이므로 모순이 발생하여 증명을 마무리한다.[1]

15.2 환 준동형사상의 성질

정리 15.1 환 준동형사상의 성질

ϕ를 환 R에서 환 S로의 환 준동형사상이라 하고, A를 R의 부분환, B를 S의 아이디얼이라 할 때, 다음이 성립한다.

(1) 임의의 $r \in R$과 임의의 양의 정수 n에 대해 $\phi(nr) = n\phi(r)$, $\phi(r^n) = (\phi(r))^n$이다.

(2) $\phi(A) = \{\phi(a) \mid a \in A\}$는 S의 부분환이다.

(3) A가 R의 아이디얼이고 ϕ가 S로 가는 전사이면, $\phi(A)$는 S의 아이디얼이다.

(4) $\phi^{-1}(B) = \{r \in R \mid \phi(r) \in B\}$는 R의 아이디얼이다.

(5) R이 가환환이면 $\phi(R)$도 가환환이다.

(6) R이 단위원 1을 갖고 $S \neq \{0\}$이며 ϕ가 전사이면, $\phi(1)$은 S의 단위원이고 R에서의 단원은 S에서의 단원으로 사상된다.

(7) ϕ가 동형사상일 필요충분조건은 ϕ가 전사이고 $\text{Ker}\,\phi = \{r \in R \mid \phi(r) = 0\} = \{0\}$인 것이다.

(8) ϕ가 R에서 S로 가는 동형사상이면, ϕ^{-1}는 S에서 R로 가는 동형사상이다.

증명

이 정리의 증명은 [정리 10.1]과 [정리 10.2]의 증명과 비슷하므로 [연습문제 15.1]로 남긴다. ■

[정리 15.1]의 다양한 성질은 기호뿐만 아니라 그 의미를 이해해야 한다. 성질 (2)는 부분환의 환 준동형사상에 의한 상이 부분환임을 의미한다. 성질 (4)는 아이디얼의 역상이 아이디얼임을 의미한다.

1 (감수) $1 < m \leq 3$인 경우에는 식 $2^m = 3^n \pm 1$에 직접 대입하여 $(m, n) = (3, 2)$만이 이 식을 만족한다는 것을 알 수 있다.

다음 세 가지 정리는 군에 대한 결과와 비슷하다. 증명은 군 이론에서 대응하는 내용들과 거의 동일하므로 연습문제로 남긴다([연습문제 15.2], [연습문제 15.3], [연습문제 15.4] 참고).

정리 15.2 핵은 아이디얼이다

ϕ를 환 R에서 환 S로 가는 환 준동형사상이라 하면 $\text{Ker }\phi = \{r \in R \mid \phi(r) = 0\}$은 R의 아이디얼이다.

정리 15.3 환에 대한 제1동형정리

ϕ를 환 R에서 환 S로 가는 환 준동형사상이라 하면 $r + \text{Ker }\phi \to \phi(r)$로 주어진 $R/\text{Ker }\phi$에서 $\phi(R)$로 가는 사상은 환 동형사상이다. 기호로 나타내면 $R/\text{Ker }\phi \approx \phi(R)$이다.

정리 15.4 아이디얼은 핵이다

환 R의 임의의 아이디얼은 R에서 정의된 어떤 환 준동형사상의 핵으로 볼 수 있다. 특히 아이디얼 A는 R에서 R/A로의 사상 $r \to r + A$의 핵이다.

[정리 15.4]에 주어진 R에서 R/A로의 환 준동형사상은 R에서 R/A로의 **자연스러운 준동형사상**이라고 한다. [정리 15.3]은 종종 환 준동형사상의 기본정리라고 한다.

[EX 14.18]에서 $\langle x \rangle$가 $\mathbb{Z}[x]$의 소아이디얼이지만 극대아이디얼은 아님을 직접 증명했다. [EX 15.10]은 이러한 종류의 문제를 해결하는 더 나은 방법을 설명한다.

EX 15.10 $\phi(f(x)) = f(0)$으로 주어진 $\mathbb{Z}[x]$에서 $\mathbb{Z}$로 가는 전사인 사상 ϕ는 $\text{Ker }\phi = \langle x \rangle$인 환 준동형사상이므로([연습문제 14.43] 참고), [정리 15.3]에 의해 $\mathbb{Z}[x]/\langle x \rangle \approx \mathbb{Z}$이다. $\mathbb{Z}$는 정역이고 체가 아니므로, [정리 14.3]과 [정리 14.4]에 의해 $\langle x \rangle$는 $\mathbb{Z}[x]$의 소아이디얼이고 극대아이디얼은 아니다.

정리 15.5 $\mathbb{Z}$에서 단위원을 갖는 환으로의 준동형사상

R을 단위원 1을 갖는 환이라 하자. $n \to n \cdot 1$로 주어진 사상 ϕ: $\mathbb{Z} \to R$은 환 준동형사상이다.

증명

곱셈군의 성질 $a^{m+n}=a^m a^n$은 연산이 덧셈일 때 $(m+n)a=ma+na$로 해석할 수 있으므로 $\phi(m+n)=(m+n)\cdot 1=m\cdot 1+n\cdot 1$이다. 따라서 ϕ는 덧셈 연산을 보존한다.

또한 [연습문제 12.15]의 '임의의 m, n에 대해 $(m\cdot a)(n\cdot b)=(mn)\cdot(ab)$'라는 성질에 의해 ϕ는 곱셈 연산을 보존한다. 다시 말해 $\phi(mn)=(mn)\cdot 1=(mn)\cdot((1)(1))=(m\cdot 1)(n\cdot 1)$ $\phi(m)\phi(n)$이므로, ϕ가 곱셈 연산을 보존한다. ■

따름정리 1 단위원을 갖는 환은 $\mathbb{Z}_n$ 또는 $\mathbb{Z}$를 포함한다

R이 단위원을 갖고 R의 표수가 $n>0$이면 R은 $\mathbb{Z}_n$과 동형인 부분환을 포함한다. R의 표수가 0이면 R은 $\mathbb{Z}$와 동형인 부분환을 포함한다.

증명

1을 R의 단위원이라 하고 $S=\{k\cdot 1 \mid k\in\mathbb{Z}\}$라 하자. [정리 15.5]에 의해 $\phi(k)=k\cdot 1$로 주어진 $\mathbb{Z}$에서 S로의 사상 ϕ는 환 준동형사상이고, 환에 대한 제1동형정리에 의해 $\mathbb{Z}/\mathrm{Ker}\,\phi\approx S$이다. 그러나 n이 1의 덧셈에 대한 위수일 때 분명히 $\mathrm{Ker}\,\phi=\langle n\rangle$이고, [정리 13.3]에 의해 n은 R의 표수이다. 따라서 R의 표수가 n이면 $S\approx\mathbb{Z}/\langle n\rangle\approx\mathbb{Z}_n$이다. R의 표수가 0이면 $S\approx\mathbb{Z}/\langle 0\rangle\approx\mathbb{Z}$이다. ■

다음은 단위원이 명확하지 않아 바로 구할 수 없는 환에 대해 [따름정리 1]의 사상을 적용한 것이다.

EX 15.11 $R=\{0, 2, 4, 6, 8\}$을 법 10에 관한 덧셈과 곱셈에 대한 환이라 하자. 6이 단위원이고, 모든 x에 대해 $5x=0$이므로 R의 표수는 5이다. 따라서 사상 $\phi(n)=n\cdot 6=6n$은 $\mathrm{Ker}\,\phi=\langle 5\rangle$인 동형사상이다. 즉, $R\approx\mathbb{Z}/\langle 5\rangle\approx\mathbb{Z}_5$이고 R은 체이다.

따름정리 2 $\mathbb{Z}_m$은 $\mathbb{Z}$의 환 준동형사상에 의한 상이다.

임의의 양의 정수 m에 대해 $x\to x \bmod m$으로 주어진 사상 ϕ: $\mathbb{Z}\to\mathbb{Z}_m$은 환 준동형사상이다.

증명

환 $\mathbb{Z}_m$에서 정수 $x \bmod m$이 $x\cdot 1$이므로, [정리 15.5]로부터 바로 알 수 있다(예를 들어 $\mathbb{Z}_3$에서 만약 $x=5$이면 $5\cdot 1=1+1+1+1+1=2$이다). ■

따름정리 3 체는 $\mathbb{Z}_p$ 또는 $\mathbb{Q}$를 포함한다(슈타이니츠(Steinitz), 1910)

체 F의 표수가 소수 p이면 F는 $\mathbb{Z}_p$와 동형인 부분체를 포함한다. 체 F의 표수가 0이면 F는 유리수체와 동형인 부분체를 포함한다.

증명

[따름정리 1]에 의해 F의 표수가 p이면 F는 $\mathbb{Z}_p$와 동형인 부분환을 포함하고, F의 표수가 0이면 F는 $\mathbb{Z}$와 동형인 부분환 S를 포함한다. 후자의 경우에는 다음과 같은 집합을 고려하자.

$$T = \{ab^{-1} \mid a,\ b \in S,\ b \neq 0\}$$

그러면 T는 유리수체와 동형이다([연습문제 15.71] 참고). ■

체의 임의의 부분체의 교집합은 부분체이므로([연습문제 15.13] 참고), 임의의 체는 가장 작은 부분체(즉, 모든 부분체에 포함된 부분체)를 갖는다. 이 부분체를 체의 **소체**(prime subfield)라고 한다. [따름정리 3]에 의해 표수가 p인 체의 소체는 $\mathbb{Z}_p$와 동형이고, 표수가 0인 체의 소체는 $\mathbb{Q}$와 동형이다([연습문제 15.75] 참고).

15.3 분수체

정역 $\mathbb{Z}$가 체는 아니지만 적어도 한 체(유리수체)에 포함된다. 그리고 유리수체는 두 정수환의 분수 형태이다. 정수환으로부터 유리수체를 만드는 방법을 모방하여 한 정역에서 동일하게 체를 만들 수 있을까? 그렇다. [정리 15.6]에서 만든 체를 D의 **분수체**(field of quotients)라고 한다. [정리 15.6]의 증명 과정에서 D의 분수체를 만들기 위한 모델로 정수환에서 유리수체를 만드는 과정을 사용하는 것을 명심해야 한다.

정리 15.6 분수체

D를 정역이라고 하면, D와 동형인 부분환을 포함하는 체 F(D의 분수체라고 함)가 존재한다.

증명

$S=\{(a, b) \mid a, b \in D, b \neq 0\}$이라 하자. $ad=bc$인 경우 S에 대한 동치관계를 $(a, b) \equiv (c, d)$로 정의한다. 이제 F를 관계 $\equiv$에 관한 S의 동치류 집합이라 하고, (x, y)를 포함하는 동치류를 x/y로 표기한다. F에서의 덧셈과 곱셈을 다음과 같이 정의하자.

$$a/b+c/d=(ad+bc)/(bd), \quad a/b \cdot c/d=(ac)/(bd)$$

여기서 D가 정역이므로 곱셈에 대해 닫혀있음을 보장할 수 있다. 즉, $b \neq 0$이고 $d \neq 0$이면 $bd \neq 0$이다. F의 특정한 원소는 여러 가지 방법으로 표현할 수 있으므로(유리수체에서 $1/2=3/6=4/8$), 두 연산이 잘 정의되어 있음을 보여야 한다. 이를 증명하기 위해 $a/b=a'/b'$, $c/d=c'/d'$라고 가정한다. 즉, $ab'=a'b$, $cd'=c'd$이다. 그러면 다음이 성립한다.

$$\begin{aligned}(ad+bc)b'd' &= adb'd'+bcb'd'=(ab')dd'+(cd')bb' \\ &=(a'b)dd'+(c'd)bb'=a'd'bd+b'c'bd \\ &=(a'd'+b'c')bd\end{aligned}$$

따라서 정의에 의해 다음과 같다.

$$(ad+bc)/(bd)=(a'd'+b'c')/(b'd')$$

그러므로 덧셈은 잘 정의되어 있다. 곱셈이 잘 정의되어 있는지에 대한 확인은 [연습문제 15.63]으로 남긴다. F가 체임을 보이는 것은 간단하다. 1을 D의 단위원이라고 하면 $0/1$은 F의 덧셈에 대한 항등원이다. a/b의 덧셈에 대한 역원은 $-a/b$이다. 0이 아닌 원소 a/b의 곱셈에 대한 역원은 b/a이다. 체에 대한 나머지 성질들도 쉽게 확인할 수 있다.

끝으로 $x \to x/1$로 주어진 사상 $\phi: D \to F$는 D에서 $\phi(D)$로 가는 환 동형사상을 만들 수 있다([연습문제 15.7] 참고). ■

EX 15.12 $D=\mathbb{Z}[x]$라 하자. D의 분수체는 $\{f(x)/g(x) \mid f(x), g(x) \in D, g(x)$는 영다항식이 아니다$\}$이다.

F가 체이면 $F[x]$의 분수체는 $F(x)$로 표기한다.

EX 15.13 소수 p에 대해 $\mathbb{Z}_p(x)=\{f(x)/g(x) \mid f(x), g(x) \in \mathbb{Z}_p[x], g(x) \neq 0\}$은 표수가 p인 무한체이다.

여기서 한 가지 설명이 필요하다. 분수체 $F(x)$에서 원소 $f(x)=x$의 역원은 $g(x)=1/x$인 반면, F-값 함수 $f(x)=x$는 $F[x]$를 포함하는 임의의 다항식환에서 역원을 갖지 않는다. 왜냐하면 $x=0$에서 $1/x$이 정의되지 않기 때문이다. 가환환 R 위의 다항식[2]은 추상적인 대상인 반면, R에서 R로의 함수를 정의하는 데 사용되는 다항식은 추상적인 다항식의 특정한 응용이다. 다음 장에서 서로 다른 다항식이 같은 함수를 정의할 수 있음을 알게 될 것이다.

15장 연습문제

> 우리는 그것을 해결할 수 있다.
>
> **존 레논(John Lennon), 폴 매카트니(Paul McCartney), *〈We Can Work It Out〉***[3]

15.1 [정리 15.1]을 증명하라.

15.2 [정리 15.2]를 증명하라.

15.3 [정리 15.3]을 증명하라.

15.4 [정리 15.4]를 증명하라.

15.5 $\mathbb{Z}_5$에서 $\mathbb{Z}_{10}$으로 가는 대응 $x \to 5x$가 덧셈 연산을 보존하지 않음을 보여라.

15.6 $\mathbb{Z}_4$에서 $\mathbb{Z}_{12}$로 가는 대응 $x \to 3x$가 곱셈 연산을 보존하지 않음을 보여라.

15.7 [정리 15.6]의 증명에서의 사상 $\phi: D \to F$가 환 준동형사상임을 보여라.

15.8 $\mathbb{Z}_n$에서 자기 자신으로 가는 모든 환 준동형사상 ϕ는 $\phi(x)=ax$($a \in \mathbb{Z}_n$은 $a^2=a$를 만족) 형태임을 증명하라.

---

2 (감수) R 위의 다항식은 계수가 R의 원소인 다항식으로, 16장에서 자세히 다룬다.

3

15.9 ϕ가 $\mathbb{Z}_m$에서 $\mathbb{Z}_n$으로 가는 환 준동형사상이라고 하자. $\phi(1)=a$이면 $a^2=a$임을 증명하라. 그리고 그 역은 거짓임을 보여주는 예를 제시하라.

15.10 [EX 14.10]에서 환 R이 환 $S=\left\{\begin{bmatrix} a_1 & a_2 \\ a_3 & a_4 \end{bmatrix} \middle| a_i \in \mathbb{Z}_2\right\}$와 동형임을 증명하라.

15.11 [EX 15.11]의 환 R에 대해 $\mathbb{Z}_5$에서 R로 가는 군 동형사상의 개수와 환 동형사상의 개수를 구하라.

15.12 다음 물음에 답하라.

(a) 환 $2\mathbb{Z}$는 환 $3\mathbb{Z}$와 동형일까?

(b) 환 $2\mathbb{Z}$는 환 $4\mathbb{Z}$와 동형일까?

15.13 체 F의 임의의 부분체들의 교집합이 F의 부분체임을 증명하라.[4]

15.14 $\mathbb{Z}_3[i]=\{a+bi \mid a,\ b\in\mathbb{Z}_3\}$이라고 하자([EX 13.9] 참고). 체 $\mathbb{Z}_3[i]$가 체 $\mathbb{Z}_3[x]/\langle x^2+1\rangle$과 환 동형임을 보여라.

15.15 $S=\left\{\begin{bmatrix} a & b \\ -b & a \end{bmatrix} \middle| a,\ b\in\mathbb{R}\right\}$이라 하자. 다음과 같이 주어진 사상 ϕ: $\mathbb{C}\to S$가 환 동형사상임을 보여라.

$$\phi(a+bi)=\begin{bmatrix} a & b \\ -b & a \end{bmatrix}$$

15.16 $\mathbb{Z}[\sqrt{2}]=\{a+b\sqrt{2} \mid a,\ b\in\mathbb{Z}\}$이고 $H=\left\{\begin{bmatrix} a & 2b \\ b & a \end{bmatrix} \middle| a,\ b\in\mathbb{Z}\right\}$라 하자. $\mathbb{Z}[\sqrt{2}]$와 H가 환 동형임을 보여라.

15.17 $M_2(\mathbb{Z})$에서 $\mathbb{Z}$로 가는 사상 $\begin{bmatrix} a & b \\ c & d \end{bmatrix}\to a$가 환 준동형사상임을 증명하거나 반증하라.

15.18 $\left\{\begin{bmatrix} a & b \\ 0 & c \end{bmatrix} \middle| a,\ b,\ c\in\mathbb{Z}\right\}$라 하자. 사상 $\begin{bmatrix} a & b \\ 0 & c \end{bmatrix}\to a$가 환 준동형사상임을 증명하거나 반증하라.

15.19 $x\to 6x$로 주어진 $\mathbb{Z}_5$에서 $\mathbb{Z}_{30}$으로 가는 사상은 환 준동형사상인가? 이때 단위원의 상은 $\mathbb{Z}_{30}$의 단위원이 아니라 상의 단위원이라는 점을 유의한다.

15.20 $x\to 2x$로 주어진 $\mathbb{Z}_{10}$에서 $\mathbb{Z}_{10}$으로 가는 사상은 환 준동형사상인가?

---

4 이 문제는 이 장의 본문에서 살펴봤다.

15.21 [EX 15.3]에 주어진 준동형사상의 핵에 대해 설명하라.

15.22 [연습문제 12.47]에 주어진 환과 동형인 친숙한 환은 무엇인가?

15.23 $a^2 = a$를 만족하는 환의 원소 a를 멱등원이라고 한다. 환 준동형사상이 멱등원을 멱등원으로 보내는 사상임을 증명하라.

15.24 $\mathbb{Z}_{25}$에서 $\mathbb{Z}_{20}$으로 가는 환 준동형사상을 모두 구하라.

15.25 $\mathbb{Z}_6$에서 $\mathbb{Z}_6$으로 가는 환 준동형사상을 모두 구하라. 또 $\mathbb{Z}_{20}$에서 $\mathbb{Z}_{30}$으로 가는 환 준동형사상을 모두 구하라.

15.26 $\mathbb{Z}_n$에서 자기 자신으로 가는 환 준동형사상을 모두 구하라.

15.27 $\mathbb{Z}$에서 $\mathbb{Z}$로 가는 환 준동형사상을 모두 구하라.

15.28 ϕ를 $\mathbb{Z} \oplus \mathbb{Z}$에서 $\mathbb{Z} \oplus \mathbb{Z}$로 가는 환 준동형사상이라고 하자. $\phi((1, 0))$로 가능한 것은 무엇인가?

15.29 $\mathbb{Z} \oplus \mathbb{Z}$에서 $\mathbb{Z} \oplus \mathbb{Z}$로 가는 환 준동형사상을 모두 구하라.

15.30 $\mathbb{Z}$에서 $A = \langle 2 \rangle$, $B = \langle 8 \rangle$이라고 하자. 군 A/B는 군 $\mathbb{Z}_4$와 동형이지만, 환 A/B는 환 $\mathbb{Z}_4$와 동형이 아님을 보여라.

15.31 $\mathbb{R}[x]/\langle x^2 \rangle$은 $\left\{ \begin{bmatrix} a & b \\ 0 & a \end{bmatrix} \middle| a, b \in \mathbb{R} \right\}$과 동형임을 증명하라.

15.32 환 $\mathbb{Z}_3[x]/\langle x^2+1 \rangle$은 체 $\mathbb{Z}_3[i]$와 동형임을 증명하라.

15.33 ϕ가 $\mathbb{Z} \oplus \mathbb{Z}$에서 $\mathbb{Z} \oplus \mathbb{Z}$로 가는 환 준동형사상이며 $\phi((1, 0)) = (0, 1)$이고 $\phi((1, 1)) = (1, 1)$일 때, $\phi((a, b))$에 대한 식을 구하라.

15.34 $(\mathbb{Z} \oplus \mathbb{Z})/(\langle a \rangle \oplus \langle b \rangle)$는 $\mathbb{Z}_a \oplus \mathbb{Z}_b$와 환 동형임을 보여라.

15.35 $\mathbb{Z} \oplus \mathbb{Z}$에서 $\mathbb{Z}$로 가는 환 준동형사상을 모두 구하라.

15.36 연속적인 세 정수의 제곱들의 합은 제곱수가 될 수 없음을 증명하라.

15.37 m은 양의 정수이고, m의 각 자릿수를 재배열하여 얻은 정수를 n이라고 하자(예를 들어 72345는 35274를 재배열한 것). $m-n$이 9로 나누어떨어짐을 보여라.

15.38 **[11로 나누어떨어지는 수 판별]** n을 십진수 표현이 $a_k a_{k-1} \cdots a_1 a_0$인 정수라 하자. 이때 n이 11로 나누어떨어질 필요충분조건은 $a_0 - a_1 + a_2 - \cdots + (-1)^k a_k$가 11로 나누어떨어지는 것임을 증명하라.

15.39 수 7,176,825,942,116,027,211이 9로는 나누어떨어지지만 11로는 나누어떨어지지 않음을 보여라.

15.40 양의 정수 m, n에 대해 $\phi(x) = x \bmod n$으로 주어진 $\mathbb{Z}_m$에서 $\mathbb{Z}_n$으로 가는 사상이 환 준동형사상일 필요충분조건은 n이 m의 약수인 것임을 증명하라.

15.41 **[3으로 나누어떨어지는 수 판별]** n을 십진수 표현이 $a_k a_{k-1} \cdots a_1 a_0$인 정수라 하자. 이때 n이 3으로 나누어떨어질 필요충분조건은 $a_0 + a_1 + \cdots + a_{k-1} + a_k$가 3으로 나누어떨어지는 것임을 증명하라.

15.42 **[4로 나누어떨어지는 수 판별]** n을 십진수 표현이 $a_k a_{k-1} \cdots a_1 a_0$인 정수라 하자. 이때 n이 4로 나누어떨어질 필요충분조건은 $a_1 a_0$이 4로 나누어떨어지는 것임을 증명하라.

15.43 임의의 정수 $n > 1$에 대해 $\mathbb{Z}_n[x]/\langle x \rangle$가 $\mathbb{Z}_n$과 동형임을 증명하라.

15.44 임의의 정수 $n > 1$에 대해 $\langle x \rangle$가 $\mathbb{Z}_n[x]$의 극대아이디얼일 필요충분조건은 n이 소수인 것임을 증명하라.

15.45 R의 영인자를 S의 단위원으로 보내는 가환환 R에서 환 S로의 환 준동형사상의 예를 제시하라.

15.46 체 F의 임의의 자기동형사상은 소체에서 자기 자신으로 가는 항등사상임을 증명하라.

15.47 암산으로 $(2 \cdot 10^{75} + 2)^{100} \bmod 3$과 $(10^{100} + 1)^{99} \bmod 3$을 계산하라.

15.48 $\mathbb{Q}$에서 $\mathbb{Q}$로 가는 환 준동형사상을 모두 구하라.

15.49 R과 S를 단위원을 갖는 가환환이라고 하자. ϕ가 R에서 S로 가는 전사인 환 준동형사상이고 R의 표수가 0이 아닌 경우, S의 표수가 R의 표수를 나눈다는 것을 증명하라.

15.50 R을 표수가 소수 p인 가환환이라고 하자. 이때 **프로베니우스 사상**(Frobenius map) $x \to x^p$이 R에서 R로 가는 환 준동형사상임을 보여라. 그리고 R이 체인 경우에는 이 사상이 환 동형사상임을 증명하라.

15.51 실수 집합에서 핵이 정수 집합인 어떤 환으로 가는 환 준동형사상이 존재하는가?

15.52 한 체에서 원소가 2개 이상인 환으로 가는 전사인 준동형사상은 동형사상이어야 함을 보여라.

15.53 R과 S가 단위원을 갖는 가환환이라고 하자. ϕ를 R에서 S로 가는 전사인 환 준동형사상이라 하고 A를 S의 아이디얼이라 할 때, 다음 물음에 답하라.

(a) A가 S의 소아이디얼이면 $\phi^{-1}(A) = \{x \in R \mid \phi(x) \in A\}$는 R의 소아이디얼임을 보여라.

(b) A가 S의 극대아이디얼이면 $\phi^{-1}(A)$가 R의 극대아이디얼임을 보여라.

15.54 임의의 아이디얼이 $\langle a \rangle$ 형태이며 단위원을 갖는 가환환을 **주아이디얼환**(principal ideal ring)이라고 한다. 주아이디얼환의 준동형사상에 의한 상이 주아이디얼환임을 보여라.

15.55 R과 S를 환이라 할 때, 다음 물음에 답하라.

(a) $(a, b) \to a$로 주어진 $R \oplus S$에서 R로 가는 사상이 전사인 환 준동형사상임을 보여라.

(b) $a \to (a, 0)$으로 주어진 R에서 $R \oplus S$로 가는 사상이 단사인 환 준동형사상임을 보여라.

(c) $R \oplus S$와 $S \oplus R$이 환 동형임을 보여라.

15.56 R과 S를 가환환이라고 하자. I가 R의 극대아이디얼이면 $I \oplus S$가 $R \oplus S$의 극대아이디얼임을 증명하라.

15.57 m과 n이 서로소일 때, $\mathbb{Z}_{mn}$은 $\mathbb{Z}_m \oplus \mathbb{Z}_n$과 환 동형임을 보여라.

15.58 m과 n이 서로 다른 양의 정수이면 $m\mathbb{Z}$는 $n\mathbb{Z}$와 환 동형이 아님을 보여라.

15.59 ϕ를 체 $\mathbb{Q}[\sqrt[3]{2}] = \{r + s\sqrt[3]{2} + t(\sqrt[3]{2})^2 \mid r,\ s,\ t \in \mathbb{Q}\}$의 환 자기동형사상이라 할 때, $\phi(\sqrt[3]{2})$를 구하라.

15.60 실수 집합의 유일한 환 자기동형사상이 항등사상임을 보여라.

15.61 $\mathbb{R}$에서 $\mathbb{R}$로 가는 환 준동형사상을 모두 구하라.

15.62 n이 m의 약수이고 a가 $\mathbb{Z}_n$의 멱등원이라고 하자(즉, $a^2 = a$). 사상 $x \to ax$가 $\mathbb{Z}_m$에서 $\mathbb{Z}_n$으로 가는 환 준동형사상임을 보여라. 이때 n이 m의 약수가 아니면 동일한 대응이 환 준동형사상일 필요가 없음을 보여라.

15.63 [정리 15.6]의 증명에 정의된 곱셈 연산이 잘 정의되어 있음을 보여라.

15.64 $\mathbb{Q}[\sqrt{2}]=\{a+b\sqrt{2}\mid a,\ b\in\mathbb{Q}\}$이고 $\mathbb{Q}[\sqrt{5}]=\{a+b\sqrt{5}\mid a,\ b\in\mathbb{Q}\}$라 하자. 이 두 환이 환 동형이 아님을 보여라.

15.65 $\mathbb{Z}[i]=\{a+bi\mid a,\ b\in\mathbb{Z}\}$라고 하자. $\mathbb{Z}[i]$의 분수체가 $\mathbb{Q}[i]=\{r+si\mid r,\ s\in\mathbb{Q}\}$와 환 동형임을 보여라.[5]

15.66 체 F의 분수체는 F와 환 동형임을 보여라.

15.67 D를 정역이라 하고 F를 D의 분수체라고 하자. E가 D를 포함하는 임의의 체인 경우, E가 F와 환 동형인 부분체를 포함함을 보여라(따라서 정역 D의 분수체는 D를 포함하는 가장 작은 체이다).

15.68 정역이 아닌 단위원을 갖는 가환환이 체에 포함될 수 없는 이유에 대해 설명하라([정리 15.6]과 비교하라).

15.69 [정리 15.6]의 증명에서 정의한 관계 $\equiv$가 동치관계임을 보여라.

15.70 체에 포함된 단위원을 갖지 않는 환의 예를 제시하라.

15.71 [정리 15.5]의 [따름정리 3]의 증명에서 집합 T가 유리수체와 환 동형임을 증명하라.

15.72 0이 아닌 복소수 $a+bi$에 대해 $\mathbb{Z}[i]/\langle a+bi\rangle$는 $\mathbb{Z}[i]/\langle a-bi\rangle$와 환 동형임을 보여라.

15.73 $f(x)\in\mathbb{R}[x]$라고 하자. $a+bi$가 $f(x)$의 복소근이면 $a-bi$도 $f(x)$의 근임을 보여라(단, $i=\sqrt{-1}$이다).[6]

15.74 $R=\left\{\begin{bmatrix} a & b \\ b & a \end{bmatrix}\middle|\, a,\ b\in\mathbb{Z}\right\}$라고 하자, ϕ가 $\begin{bmatrix} a & b \\ b & a \end{bmatrix}$를 $a-b$로 보내는 사상이라고 할 때, 다음 물음에 답하라.

(a) ϕ가 준동형사상임을 보여라.

(b) ϕ의 핵을 구하라.

(c) $R/\mathrm{Ker}\,\phi$는 $\mathbb{Z}$와 동형임을 보여라.

(d) $\mathrm{Ker}\,\phi$는 소아이디얼인가?

(e) $\mathrm{Ker}\,\phi$는 극대아이디얼인가?

---

5 이 문제는 18장에서 다시 언급한다.

6 이 문제는 30장에서 다시 언급한다.

15.75 표수가 소수 p인 체의 소체는 $\mathbb{Z}_p$와 환 동형이고, 표수가 0인 체의 소체는 $\mathbb{Q}$와 환 동형임을 보여라.[7]

15.76 n을 양의 정수라 하자. $\mathbb{Z}_2$에서 $\mathbb{Z}_{2n}$의 부분환으로 가는 환 동형사상이 존재할 필요충분조건은 n이 홀수인 것임을 보여라.

7 이 문제는 이 장의 본문에서 살펴봤다.

16

다항식환
Polynomial Rings

"추상화에 의한 일반화의 기본 원칙을 정한다. 다양한 이론의 주요 특징 사이에 유추가 존재한다는 것은 특정 이론의 기초가 되며 주요 특징과 관련해 이와 같은 특정 이론을 통합하는 일반 이론이 존재함을 의미한다."

일라이어킴 헤이스팅스 무어(Eliakim Hastings Moore, 1862～1932)

"재치는 서로 다른 것들 사이의 유사점과 서로 비슷한 것들 사이의 차이점을 인식하는 데 있다."

마담 드 스탈(Madame de Staël)

16.1 기호와 용어

학생들에게 아주 익숙하고 편안한 수학 개념 중 하나가 다항식이다. 고등학교 수학에서는 정수 계수, 유리수 계수, 실수 계수, 심지어는 복소수 계수의 다항식에 대해 학습했다. 이 책의 이전 장에서는 $\mathbb{Z}_n$의 원소를 계수로 갖는 새로운 다항식을 소개했다. 이러한 다항식들의 집합은 모두 환이며, 각 경우에 계수들의 집합도 역시 환이다. 이 장에서는 이러한 모든 예들을 하나로 추상화할 것이다.

정의 **R 위의 다항식환**

R을 가환환이라 하자. 다음과 같은 형식적 표현의 집합을 **부정원 x에 대한 R 위의 다항식환**(ring of polynomials over R in the indeterminate x)이라고 한다.

$$R[x] = \{a_n x^n + a_{n-1}x^{n-1} + \cdots + a_1 x + a_0 \mid a_i \in R,\ n\text{은 음이 아닌 정수}\}$$

$R[x]$의 다음과 같은 두 원소 $a_n x^n + a_{n-1}x^{n-1} + \cdots + a_1 x + a_0$과 $b_m x^m + b_{m-1}x^{m-1} + \cdots + b_1 x + b_0$이 같다는 것은 모든 음이 아닌 정수 i에 대해 $a_i = b_i$라는 의미이다($i > n$일 때 $a_i = 0$, $i > m$일 때 $b_i = 0$으로 정의한다).

이 정의에서 기호 x, $x^2, \cdots$, x^n은 환 R의 '알 수 없는' 원소나 변수를 나타내지는 않는다. 오히려 이와 같은 기호의 목적은 환의 원소 a_n, $a_{n-1}, \cdots$, a_0을 구분하는 편리한 자리 표시자 역할을 하는 것이다. 다항식을 무한수열 a_0, a_1, $a_2, \cdots$, a_n, 0, 0, 0, ⋯으로 정의하면 x를 사용하지 않고 나타낼 수 있다. 그러나 x를 변수로 나타내는 다항식이 익숙한 독자들의 경험에 기반해 x를 이용해 나타낸 것이다. 이 방법을 사용할 때는 다항식과 다항식으로 결정되는 함수를 혼동하지 않도록 주의해야 한다. 예를 들어 $\mathbb{Z}_3[x]$의 다항식 $f(x) = x$와 $g(x) = x^3$은 $\mathbb{Z}_3$의 모든 원소 a에 대해 $f(a) = g(a)$이므로 $\mathbb{Z}_3$에서 $\mathbb{Z}_3$으로 가는 동일한 함수이다.[1] 그러나 $f(x)$와 $g(x)$는 $\mathbb{Z}_3[x]$의 다른 원소이다. 또한 환 $\mathbb{Z}_n[x]$에서는 법 n에 대해 계수는 줄어들지만, 지수는 줄어들지 않음에 주의해야 한다. 예를 들어 $\mathbb{Z}_3[x]$에서 $5x = 2x$이지만 $x^5 \neq x^2$이다.

$R[x]$를 환으로 만들기 위해 일반적인 방법으로 덧셈과 곱셈을 정의한다.

1 일반적으로 $R[x]$의 원소 $f(x)$와 R의 원소 a가 주어진 경우, $f(a)$는 $f(x)$에 대한 공식에서 x를 a로 대체하는 것을 의미한다. 이 치환은 $R[x]$에서 R로 가는 준동형사상이다.

정의 $R[x]$**에서의 덧셈과 곱셈**

R을 가환환이라 하자. $R[x]$의 두 원소

$$f(x)=a_nx^n+a_{n-1}x^{n-1}+\cdots+a_1x+a_0$$
$$g(x)=b_mx^m+b_{m-1}x^{m-1}+\cdots+b_1x+b_0$$

에 대해 다음과 같이 덧셈을 정의한다.

$$f(x)+g(x)=(a_s+b_s)x^s+(a_{s-1}+b_{s-1})x^{b-1}+\cdots+(a_1+b_1)x+a_0+b_0$$

이때 s는 m과 n의 최댓값이고, $i>n$에 대해 $a_i=0$이며 $i>m$에 대해 $b_i=0$이다. 또한 다음과 같이 곱셈을 정의한다.

$$f(x)g(x)=c_{m+n}x^{m+n}+c_{m+n-1}x^{m+n-1}+\cdots+c_1x+c_0$$

이때 $k=0,\cdots,m+n$에 대해 $c_k=a_kb_0+a_{k-1}b_1+\cdots+a_1b_{k-1}+a_0b_k$이다.

곱셈의 정의가 복잡해 보일 수도 있지만, 이는 단지 분배법칙을 적용하고 동류항끼리 정리하는 친숙한 과정을 공식화한 것일 뿐이다. 따라서 일반적으로 다항식을 곱하는 것과 같은 방식으로 가환환 R 위의 다항식을 곱하면 된다.

예를 들어 $\mathbb{Z}_3[x]$의 두 다항식 $f(x)=2x^3+x^2+2x+2$와 $g(x)=2x^2+2x+1$을 생각해보자. 앞의 다항식 계수의 표기법에 따라 $a_5=0$, $a_4=0$, $a_3=2$, $a_2=1$, $a_1=2$, $a_0=2$이고 $b_5=0$, $b_4=0$, $b_3=0$, $b_2=2$, $b_1=2$, $b_0=1$이다. 이제 정의를 이용하고 계수의 덧셈과 곱셈이 법 3에 대해 수행됨을 기억하면 다음을 얻는다.

$$\begin{aligned}f(x)+g(x)&=(2+0)x^3+(1+2)x^2+(2+2)x+(2+1)\\&=2x^3+0x^2+1x+0\\&=2x^3+x\end{aligned}$$

$$\begin{aligned}f(x)\cdot g(x)=&(0\cdot1+0\cdot2+2\cdot2+1\cdot0+2\cdot0+2\cdot0)x^5\\&+(0\cdot1+2\cdot2+1\cdot2+2\cdot0+2\cdot0)x^4\\&+(2\cdot1+1\cdot2+2\cdot2+2\cdot0)x^3\\&+(1\cdot1+2\cdot2+2\cdot2)x^2+(2\cdot1+2\cdot2)x+2\cdot1\\=&x^5+0x^4+2x^3+0x^2+0x+2\\=&x^5+2x^3+2\end{aligned}$$

다항식의 덧셈과 곱셈에 대한 정의는 교환법칙, 결합법칙, 덧셈에 대한 곱셈의 분배법칙이 성립하도록 공식화되었다. $R[x]$가 환이 됨을 확인하는 것은 독자에게 남긴다.

이제 다항식에 대한 몇 가지 용어를 소개하고자 한다. $a_n \neq 0$일 때, 다음과 같은 다항식 $f(x)$를 살펴보자.

$$f(x) = a_n x^n + a_{n-1} x^{n-1} + \cdots + a_1 x + a_0$$

n을 $f(x)$의 **차수**(degree)라고 한다. a_n을 $f(x)$의 **선행계수**(leading coefficient)라 하고, 선행계수가 R의 곱셈에 대한 항등원이면 $f(x)$를 **모닉다항식**(monic polynomial)이라고 한다. 다항식 $f(x) = 0$은 차수가 없다고 한다. $f(x) = a_0$ 형태의 다항식은 **상수**(constant)라고 한다. $f(x)$의 차수가 n이면 $\deg f(x) = n$으로 표기한다. 실수 계수를 갖는 다항식과 마찬가지로 $0x^k$ 형태의 항을 삽입하거나 삭제할 수 있다. $1x^k$은 x^k과 동일하다. $+(-a_k)x^k$은 $-a_k x^k$과 동일하다.

R의 성질이 $R[x]$로 이어지는 경우가 많다. [정리 16.1]이 대표적인 예이다.

정리 16.1 D가 정역이면 $D[x]$도 정역이다

D가 정역이면 $D[x]$도 정역이다.

증명

이미 $D[x]$가 환임을 알고 있으므로, $D[x]$가 단위원을 가지며 영인자를 갖지 않는 가환환임을 보일 필요가 있다. D에서 교환법칙이 성립하므로 $D[x]$에서도 교환법칙이 성립한다. 1은 D의 단위원이므로 분명히 $f(x) = 1$이 $D[x]$의 단위원이다. 끝으로 $a_n \neq 0$이고 $b_m \neq 0$일 때, $f(x)$와 $g(x)$가 다음과 같다고 가정하자.

$$f(x) = a_n x^n + a_{n-1} x^{n-1} + \cdots + a_1 x + a_0$$
$$g(x) = b_m x^m + b_{m-1} x^{m-1} + \cdots + b_1 x + b_0$$

정의에 의해 $f(x)g(x)$의 선행계수 $a_n b_m$은 D가 정역이므로 $a_n b_m \neq 0$이다. ■

16.2 나눗셈 알고리즘과 결과

우리가 계속 사용한 정수의 성질 중 하나는 나눗셈 알고리즘이다. 나눗셈 알고리즘은 a와 b가 정수이고 $b \neq 0$이면 유일한 정수 q, r이 존재하여 $a = bq + r$, $0 \leq r < |b|$를 만족한다는 것이다. 다음 정리는 체 위의 다항식에 대한 유사한 정리이다.

정리 16.2 $F[x]$에 대한 나눗셈 알고리즘(division algorithm)

F가 체이고, $f(x)$, $g(x) \in F[x]$, $g(x) \neq 0$이라고 하자. 그러면 $F[x]$에 유일한 다항식 $q(x)$, $r(x)$가 존재하여 $f(x) = g(x)q(x) + r(x)$이고, $r(x) = 0$ 또는 $\deg r(x) < \deg g(x)$이다.

증명

먼저 $q(x)$와 $r(x)$의 존재성을 보이자. $f(x) = 0$ 또는 $\deg f(x) < \deg g(x)$이면 간단히 $q(x) = 0$, $r(x) = f(x)$라고 설정한다. 따라서 $n = \deg f(x) \geq \deg g(x) = m$이라 하고 다음과 같이 가정할 수 있다.

$$f(x) = a_n x^n + a_{n-1}x^{n-1} + \cdots + a_1 x + a_0$$
$$g(x) = b_m x^m + b_{m-1}x^{m-1} + \cdots + b_1 x + b_0$$

이 증명의 기본 아이디어는 '장제법(long division)'을 이용해 $f(x)$를 $g(x)$로 나누고, $\deg f(x)$에 대한 수학적 귀납법의 두 번째 원리를 적용하여 마무리하는 것이다. 따라서 장제법에 따라 $f_1(x) = f(x) - a_n b_m^{-1} x^{n-m} g(x)$라 하자.[2] 그러면 $f_1(x) = 0$ 또는 $\deg f_1(x) < \deg f(x)$이다. 따라서 수학적 귀납법의 가정에 의해 $F[x]$에 $q_1(x)$와 $r_1(x)$가 존재하여 $f_1(x) = g(x)q_1(x) + r_1(x)$이고, $r_1(x) = 0$ 또는 $\deg r_1(x) < \deg g(x)$이다.

(기술적으로 수학적 귀납법은 $\deg f(x) = 0$인 경우를 증명함으로써 시작해야 하지만, 이는 자명하다). 따라서 다음이 성립한다.

$$\begin{aligned} f(x) &= a_n b_m^{-1} x^{n-m} g(x) + f_1(x) \\ &= a_n b_m^{-1} x^{n-m} g(x) + q_1(x) g(x) + r_1(x) \\ &= (a_n b_m^{-1} x^{n-m} + q_1(x)) g(x) + r_1(x) \end{aligned}$$

---

2 예를 들면 다음과 같다.

$$\begin{array}{r l} & (3/2)x^2 \\ 2x^2+2 \,\big) & \overline{3x^4 \qquad\quad + x + 1} \\ & 3x^4 + 3x^2 \\ & \overline{\quad -3x^2 + x + 1} \end{array}$$

따라서 $-3x^2 + x + 1 = 3x^4 + x + 1 - (3/2)x^2(2x^2 + 2)$이다. 일반적으로는 다음과 같다.

$$\begin{array}{r l} & a_n b_m^{-1} x^{n-m} \\ b_m x^m + \cdots \,\big) & \overline{a_n x^n + \cdots} \\ & a_n x^n + \cdots \\ & \overline{\quad f_1(x)} \end{array}$$

따라서 $f_1(x) = (a_n x^n + \cdots) - a_n b_m^{-1} x^{n-m} (b_m x^m + \cdots)$이다.

그러므로 $q(x)=a_n b_m^{-1}x^{n-m}+q_1(x)$이고 $r(x)=r_1(x)$라 하면 $q(x)$, $r(x)$가 존재함을 알 수 있다.

유일성을 증명하기 위해 $f(x)=g(x)q(x)+r(x)$, $f(x)=g(x)\bar{q}(x)+\bar{r}(x)$이고, $r(x)=0$ 또는 $\deg r(x)<\deg g(x)$, $\bar{r}(x)=0$ 또는 $\deg \bar{r}(x)<\deg g(x)$라 가정하자. 두 식을 빼면 다음과 같다.

$$0=g(x)(q(x)-\bar{q}(x))+(r(x)-\bar{r}(x)) \Leftrightarrow \bar{r}(x)-r(x)=g(x)(q(x)-\bar{q}(x))$$

따라서 $\bar{r}(x)-r(x)$는 0이거나 $\bar{r}(x)-r(x)$의 차수가 $g(x)$의 차수보다 크거나 같다. 후자는 분명히 불가능하므로 $\bar{r}(x)=r(x)$, $q(x)=\bar{q}(x)$이다. ■

나눗셈 알고리즘에서 $f(x)$를 $g(x)$로 나눌 때, 다항식 $q(x)$와 $r(x)$를 각각 **몫**(quotient)과 **나머지**(remainder)라고 한다. 다항식환에서 계수들의 환이 체인 경우 장제법 과정을 사용하여 몫과 나머지를 구할 수 있다.

EX 16.1 $\mathbb{Z}_5[x]$의 원소 $f(x)$, $g(x)$에 대해 $f(x)=3x^4+x^3+2x^2+1$을 $g(x)=x^2+4x+2$로 나눈 후 몫과 나머지를 구하려면, 덧셈과 곱셈이 법 5에 대한 연산임을 생각하고 장제법으로 계산한다.

$$\begin{array}{r@{}l}
 & \quad 3x^2+4x \\ \cline{2-2}
x^2+4x+2 \big) & \; 3x^4+\;\; x^3+2x^2 \qquad +1 \\
 & \; 3x^4+2x^3+\;\; x^2 \\ \cline{2-2}
 & \qquad\quad 4x^3+\;\; x^2 \qquad +1 \\
 & \qquad\quad 4x^3+\;\; x^2+3x \\ \cline{2-2}
 & \qquad\qquad\qquad\quad 2x+1
\end{array}$$

따라서 몫은 $3x^2+4x$이고 나머지는 $2x+1$이다. 그러므로 다음과 같다.

$$3x^4+x^3+2x^2+1=(x^2+4x+2)(3x^2+4x)+2x+1$$

D를 정역이라 하자. $f(x)$, $g(x)\in D[x]$일 때, 적당한 $h(x)\in D[x]$가 존재하여 $f(x)=g(x)h(x)$를 만족하면 $D[x]$에서 $g(x)$가 $f(x)$를 **나눈다**(divide)고 하고 $g(x)\mid f(x)$로 표기한다. 이 경우 $g(x)$를 $f(x)$의 **인수**(factor)라고 한다. $f(a)=0$인 경우, 원소 a는 다항식 $f(x)$의 **영**(zero) 또는 **근**(root)이라고 한다($f(a)$는 $f(x)$에 대한 식에서 x에 a를 대입한다는 의미임을 상기한다). F가 체이고 $a\in F$, $f(x)\in F[x]$일 때, $(x-a)^k$이 $f(x)$의 인수이지만 $(x-a)^{k+1}$은 $f(x)$의 인수가 아닌 경우 a를 **중복도가 k인 근**(zero of multiplicity k)이라고 한다($k\geq 1$). 이와 같은

정의에 따라 나눗셈 알고리즘에 대한 몇 가지 중요한 결과를 소개할 수 있다. F가 실수체인 특별한 경우에 대해서는 이러한 내용을 잘 알고 있을 것이다.

따름정리 1 나머지 정리(remainder theorem)

F가 체이고 $a \in F$, $f(x) \in F[x]$일 때, $f(a)$는 $f(x)$를 $x-a$로 나눈 나머지이다.

증명

증명은 [연습문제 16.5]로 남긴다. ■

따름정리 2 인수 정리(factor theorem)

F가 체이고 $a \in F$, $f(x) \in F[x]$일 때, a가 $f(x)$의 근일 필요충분조건은 $x-a$가 $f(x)$의 인수인 것이다.

증명

증명은 [연습문제 16.5]로 남긴다. ■

정리 16.3 n차다항식은 최대 n개의 근을 갖는다

체 위에서 n차다항식은 중복도를 고려하여 최대 n개의 근을 갖는다.

증명

n에 대한 수학적 귀납법을 적용한다. 분명히 체 위에서 0차다항식은 근을 갖지 않는다. 이제 $f(x)$가 체 위의 n차다항식이고, a가 중복도 k인 $f(x)$의 근이라고 하자. 그러면 $f(x) = (x-a)^k q(x)$이고 $q(a) \neq 0$이다. 그리고 $n = \deg f(x) = \deg (x-a)^k q(x) = k + \deg q(x)$이므로 $k \leq n$이다([연습문제 16.19] 참고). $f(x)$가 a가 아닌 다른 근을 갖지 않으면 증명은 끝난다. 반면에, $b \neq a$이고 b가 $f(x)$의 근이면 $0 = f(b) = (b-a)^k q(b)$이므로 b도 $q(x)$의 근이며, 그 중복도는 $f(x)$에서의 중복도와 동일하다([연습문제 16.21] 참고). 수학적 귀납법의 두 번째 원리에 의해 $q(x)$는 중복도를 고려하여 최대 $\deg q(x) = n-k$개의 근을 갖는다. 따라서 $f(x)$는 중복도를 고려하여 최대 $k+n-k=n$개의 근을 갖는다. ■

[정리 16.3]이 임의의 다항식환에 대해서는 성립하지 않는다. 예를 들어 $\mathbb{Z}_8$ 위의 다항식 x^2+7의 근은 1, 3, 5, 7이다. 라그랑주는 $\mathbb{Z}_p[x]$의 다항식에 대한 [정리 16.3]을 최초로 증명했다.

EX 16.2 X^n-1의 복소근

x^n-1의 모든 복소근을 구해보자. $\omega=\cos\dfrac{360°}{n}+i\sin\dfrac{360°}{n}$라 하자. 드 므와브르 정리([EX 0.13] 참고)에 따르면, $1 \le k < n$에 대해 $\omega^n=1$이고 $\omega^k \ne 1$이다. 따라서 $1, \omega, \omega^2, \cdots, \omega^{n-1}$은 각각 x^n-1의 근이고, [정리 16.3]에 의해 그 외의 근은 존재하지 않는다.

[EX 16.2]의 복소수 ω를 **단위원의 원시 n제곱근**(primitive nth root of unity)이라고 한다.

나눗셈 알고리즘의 중요한 이론적 응용으로 이 장을 마무리한다. 먼저 중요한 정의를 하나 살펴보자.

정의 주아이디얼정역(PID)

정역 R의 임의의 아이디얼이 R의 어떤 원소 a에 대해 $\langle a\rangle=\{ra \mid r\in R\}$ 형태이면 R을 **주아이디얼정역**(PID; Principal Ideal Domain)이라고 한다.

정리 16.4 $F[x]$는 PID이다

F가 체이면 $F[x]$는 주아이디얼정역이다.

증명

[정리 16.1]에 의해 $F[x]$는 정역이다. 이제 I를 $F[x]$의 아이디얼이라고 하자. $I=\{0\}$이면 $I=\langle 0\rangle$이다. 이제 $I\ne\{0\}$일 때, I의 0이 아닌 모든 원소 중 차수[3]가 최소인 다항식을 $g(x)$라 하자. 여기서 $I=\langle g(x)\rangle$임을 보이고자 한다. $g(x)\in I$이므로 $\langle g(x)\rangle\subseteq I$이다. 이제 $f(x)\in I$라 하면 나눗셈 알고리즘에 의해 $f(x)=g(x)q(x)+r(x)$로 나타낼 수 있고, $r(x)=0$ 또는 $\deg r(x)<\deg g(x)$이다. $r(x)=f(x)-g(x)q(x)\in I$이므로, $\deg g(x)$가 최소라는 가정에 의해 후자의 조건 $\deg r(x)<\deg g(x)$는 성립할 수 없다. 따라서 $r(x)=0$이므로 $f(x)\in\langle g(x)\rangle$이다. 그러므로 $I\subseteq\langle g(x)\rangle$이다. ■

$\mathbb{Z}[x]$는 상징적인 다항식의 정역이므로, 이 정역이 주아이디얼정역인지 궁금할 수 있다. 그러나 $\mathbb{Z}[x]$는 주아이디얼정역이 아니다. 상수항이 짝수인 $\mathbb{Z}[x]$의 모든 원소에 대해 아이디얼은 원소 하나에 의해 생성되지 않는다. [연습문제 16.45]를 참고하자.

[정리 16.4]에 대한 증명에서 다음 정리를 얻을 수 있다.

3 (감수) 이 책에서는 0의 차수가 없다고 정의했기 때문에 0이 아닌 다항식으로 고려해야 한다.

정리 16.5 $I=\langle g(x)\rangle$에 대한 판정법

F를 체라 하고, I를 $F[x]$의 영이 아닌 아이디얼, $g(x)$를 $F[x]$의 원소라고 하자. 그러면 $I=\langle g(x)\rangle$일 필요충분조건은 $g(x)$가 I에서 차수가 가장 작은 다항식인 것이다.

환에 대한 제1동형정리(정리 15.3)와 [정리 16.5]를 적용해 환 $\mathbb{R}[x]/\langle x^2+1\rangle$이 복소수환과 동형이라는 것을 [EX 16.3]에서 증명해보자. 이는 [EX 14.12] 다음의 문장에서 가볍게 언급한 내용이다.

EX 16.3 $f(x)\to f(i)$(즉, $\mathbb{R}[x]$의 다항식에서 x에 i를 대입)로 주어진 $\mathbb{R}[x]$에서 $\mathbb{C}$로 가는 전사인 준동형사상 ϕ를 생각해보자. $x^2+1\in \operatorname{Ker}\phi$이고, 이는 분명히 $\operatorname{Ker}\phi-\{0\}$에서 차수가 가장 작은 다항식이다. 따라서 $\operatorname{Ker}\phi=\langle x^2+1\rangle$이고 $\mathbb{R}[x]/\langle x^2+1\rangle$은 $\mathbb{C}$와 동형이다.

16장 연습문제

불행하다고 느낄 때 행복해지기 위해 수학을 한다. 또 행복하다면 이 행복을 유지하기 위해 수학을 한다.

투란 팔(Turán Pál)

16.1 $f(x),\ g(x)\in\mathbb{Z}_5[x]$이고 $f(x)=4x^3+2x^2+x+3,\ g(x)=3x^4+3x^3+3x^2+x+4$라고 하자. $f(x)+g(x)$와 $f(x)\cdot g(x)$를 구하라.

16.2 $\mathbb{Z}_3[x]$의 서로 다른 다항식 x^4+x와 x^2+x가 $\mathbb{Z}_3$에서 $\mathbb{Z}_3$으로 가는 동일한 함수를 만든다는 것을 보여라.

16.3 x^2+3x+2가 $\mathbb{Z}_6$에서 4개의 근을 가짐을 보여라.

16.4 R이 가환환이면 $R[x]$의 표수는 R의 표수와 같음을 보여라.

16.5 D가 정역이고 $g(x)$의 선행계수가 단원일 때, [정리 16.2]와 그 따름정리들이 $D[x]$에 대해 참임을 증명하라.

16.6 $\mathbb{Z}_2[x]$의 2차다항식을 모두 나열하고, 이들 중 $\mathbb{Z}_2$에서 $\mathbb{Z}_2$로 가는 함수로서 동일한 것을 골라라.

16.7 일반적인 덧셈과 곱셈의 정의에 따라 $\mathbb{Z}_3$에서 $\mathbb{Z}_3$으로 가는 다항식환의 임의의 원소는 ax^2+bx+c $(a,\ b,\ c \in \mathbb{Z}_3)$ 형태로 나타낼 수 있음을 증명하라. 이 결과를 $\mathbb{Z}_p$(p는 소수)로 일반화하라(이 환은 $\mathbb{Z}_3[x]$가 아니라는 점에 유의한다. $R[x]$의 정의에 따른 논의를 참고한다).

16.8 일반적인 덧셈과 곱셈의 정의에 대해 $\mathbb{Z}_3$의 원소를 계수로 하는 다항식환이 정역이 아님을 증명하라. 이 명제가 [정리 16.1]에 모순이 아닌 이유는 무엇일까?

16.9 x^3+x^2-2를 $\mathbb{Z}_3[x]$에서 1차식의 곱으로 나타내라.

16.10 임의의 양의 정수 n에 대해 $\mathbb{Z}_2$에서 n차다항식은 몇 개인가? 또 $\mathbb{Z}_2$에서 $\mathbb{Z}_2$로 가는 서로 다른 다항함수는 몇 개인가?

16.11 $\mathbb{Z}_7[x]$의 원소 $f(x)=5x^4+3x^3+1$과 $g(x)=3x^2+2x+1$에 대해 $f(x)$를 $g(x)$로 나눈 몫과 나머지를 구하라.

16.12 i와 $2+i$를 근으로 갖는 실계수 다항식을 구하라.

16.13 $\phi\colon R \to S$가 환 준동형사상인 경우, $\overline{\phi}\colon R[x] \to S[x]$를 $(a_nx^n+\cdots+a_0) \to \phi(a_n)x^n+\cdots+\phi(a_0)$이라 정의하자. $\overline{\phi}$가 환 준동형사상임을 보여라.[4]

16.14 환 R과 S가 동형이면 $R[x]$와 $S[x]$가 동형임을 보여라(역은 사실이 아니다).

16.15 $\mathbb{Z}_4[x]$에는 단원과 멱영원이 무수히 많이 존재함을 증명하라.

16.16 $f(x)$와 $g(x)$를 4개의 정수 a에 대해 $f(a)=g(a)$가 되는 정수 계수의 3차다항식이라고 하자. $f(x)=g(x)$임을 증명하고 이 결과를 일반화하라.

16.17 $\mathbb{Z}_4[x]$의 다항식 $2x+1$이 $\mathbb{Z}_4[x]$에서 곱셈에 대한 역원을 가짐을 보여라.

16.18 [정리 16.4]가 영인자를 갖는 임의의 가환환에 대해서는 거짓임을 보여라.

---

4 이 문제는 17장과 31장에서 다시 언급한다.

16.19 **[차수 법칙(degree rule)]** D가 정역이고 $f(x),\ g(x) \in D[x]$일 때, $\deg(f(x) \cdot g(x)) = \deg f(x) + \deg g(x)$임을 증명하라(단, $f(x)$, $g(x)$는 0이 아닌 다항식이다).[5] 예를 들어 가환환 R의 경우, $\deg f(x)g(x) < \deg f(x) + \deg g(x)$를 만족하는 $R[x]$의 영이 아닌 원소 $f(x)$, $g(x)$가 존재함을 보여라.[6]

16.20 $\mathbb{Z}_4[x]$의 유일한 멱등원은 0과 1임을 증명하라.

16.21 $f(x)$가 $F[x]$에 속한다고 하자. 이때 F는 체이다. a를 중복도 n인 $f(x)$의 근이라 하고 $f(x) = (x-a)^n q(x)$로 표현한다. $b \neq a$가 $q(x)$의 근인 경우, b는 $f(x)$에서의 중복도와 같은 중복도를 가짐을 보여라.[7]

16.22 $x^3 - x^2 - 4$는 모든 체에서 근을 갖는다는 것을 증명하라.

16.23 R을 가환환이라고 하자. 임의의 $r \in R$에 대해 $\phi(f(x)) = f(r)$로 주어진 $R[x]$에서 R로 가는 사상이 환 준동형사상임을 증명하라. 이 사상을 **값매김 준동형사상**(evaluation homomorphism)이라고 한다.

16.24 $f(x) \in \mathbb{C}[x]$이고 $f(i) = 0$이면 $f(i^3) = 0$임을 증명하라.

16.25 어떤 소수 p에 대해 $\mathbb{Z}_p$ 위의 $f(x) = x^4 - 2x - 2$가 $x - 2$를 인수로 갖는가?

16.26 b를 가환환의 단원이라 하자. b가 $a_n x^n + a_{n-1}x^{n-1} + \cdots + a_1 x + a_0$의 근이면, b^{-1}이 $a_0 x^n + a_1 x^{n-1} + \cdots + a_{n-1}x + a_n$의 근임을 증명하라.

16.27 임의의 소수 p에 대해 군 $U(p)$가 순환군임을 증명하라.

16.28 환 $\mathbb{Z}_4[x]$에 곱셈에 대한 위수가 2인 원소가 무수히 많음을 보여라.

16.29 5개의 서로 다른 근을 갖는 1차다항식을 갖는 가환환의 예를 제시하라.

16.30 $n > 1$을 소수가 아닌 정수라 하자. n개의 서로 다른 근을 갖는 $(n-1)$차다항식 $f(x) \in \mathbb{Z}_n[x]$가 존재함을 보여라([정리 16.3]과 비교하라).

---

5 (감수) 어떤 책에서는 차수 법칙이 성립하도록 0의 차수를 $-\infty$로 정의하기도 한다.
6 이 문제는 이 장의 본문에서 살펴봤고, 17장과 18장에서 다시 언급한다.
7 이 문제는 이 장의 본문에서 살펴봤다.

16.31 임의의 체 F에 대해 환 $F[x]$의 분수체를 $F(x)$로 표기함을 기억하자. $F(x)$에는 제곱이 x인 원소가 존재하지 않음을 증명하라.

16.32 모든 $a \in \mathbb{Z}_5$에 대해 $f(a)=1$이며 차수가 양의 정수인 $\mathbb{Z}_5[x]$의 다항식의 예를 제시하라.

16.33 D를 정역이라 하자. $D[x]$의 상수가 아닌 원소는 $D[x]$에서 곱셈에 대한 역원을 갖지 않음을 증명하라.

16.34 x^3+2x^2-x-2를 $\mathbb{Z}_3$에서 1차식의 곱으로 나타내라.

16.35 x^3-2x^2-9는 모든 체에서 근을 가짐을 증명하라.

16.36 F를 체라 하고, $f(x)$와 $g(x)$를 $F[x]$의 영이 아닌 원소라고 하자. $\langle f(x)\rangle = \langle g(x)\rangle$일 필요충분조건은 F의 어떤 c에 대해 $f(x)=cg(x)$임을 증명하라.

16.37 F를 체라 하고, I를 아이디얼 $\{f(x) \in F[x] \mid f(1)=0,\ f(2)=0\}$이라고 하자. $I=\langle g(x)\rangle$를 만족하는 $g(x) \in F[x]$를 찾으라.

16.38 $\mathbb{Z}_n$의 유일한 멱영원이 0이면 $\mathbb{Z}_n[x]$에 차수가 양수인 멱등원이 존재하지 않음을 증명하라.

16.39 $\mathbb{Z}_{17}[x]$에서 x^9+1의 모든 근을 구하라.

16.40 $\mathbb{Q}[x]/\langle x^2+1\rangle$은 복소수체의 부분체 $\mathbb{Q}(i)=\{a+bi \mid a, b \in \mathbb{Q}\}$와 동형임을 증명하라.

16.41 $\mathbb{Z}_{37}[x]$에서 $x+1$은 $f(x)=x^{25}+1$의 인수이지만 $(x+1)^2$은 인수가 아님을 보여라.

16.42 $f(x) \in \mathbb{Z}_5[x]$가 모든 $a \in \mathbb{Z}_5$에 대해 $f(a)=2$인 상수가 아닌 다항식이라고 하자. $f(x)$의 가능한 최소 차수는 얼마인가?

16.43 F가 체이고, $f(x)$와 $g(x)$가 모두 영이 아닌 $F[x]$의 원소라 하자. $f(x)$와 $g(x)$를 모두 나누는 차수가 양수인 다항식이 $F[x]$에 존재하지 않으면(이 경우 $f(x)$와 $g(x)$를 **서로소**(relatively prime)라고 함), 적당한 $F[x]$의 다항식 $h(x)$와 $k(x)$가 존재하여 $f(x)h(x)+g(x)k(x)=1$임을 증명하라.[8]

8 이 문제는 19장에서 다시 언급한다.

16.44 F가 체이고, $f(x)$와 $g(x)$가 모두 영이 아닌 $F[x]$의 원소라 하자. $F[x]$의 다항식 $d(x)$가 $f(x)$와 $g(x)$를 모두 나누고, $d(x)$가 이를 만족하는 모든 다항식 중 차수가 최대이면 $d(x)$는 $f(x)$와 $g(x)$의 **최대공약수**(greatest common divisor)라고 한다. $F[x]$의 임의의 원소 $f(x)$와 $g(x)$가 모두 영이 아닌 경우, $f(x)$와 $g(x)$의 최대공약수 $d(x)$에 대해 $\langle f(x),\ g(x)\rangle = \langle d(x)\rangle$임을 증명하라. 또 $F[x]$의 임의의 원소 $f(x)$와 $g(x)$가 모두 영이 아닌 경우, $f(x)$와 $g(x)$의 모닉다항식인 최대공약수가 유일하게 존재함을 증명하라.

16.45 $\mathbb{Z}[x]$에서 $I = \langle x,\ 2\rangle$가 주아이디얼이 아님을 증명하라.

16.46 F가 무한체이고 $f(x),\ g(x) \in F[x]$라 하자. F의 무수히 많은 원소 a에 대해 $f(a) = g(a)$이면 $f(x) = g(x)$임을 보여라.

16.47 F가 체이고 $p(x) \in F[x]$라 하자. $f(x),\ g(x) \in F[x]$, $\deg f(x) < \deg p(x)$, $\deg g(x) < \deg p(x)$일 때, $f(x) + \langle p(x)\rangle = g(x) + \langle p(x)\rangle$이면 $f(x) = g(x)$임을 보여라.[9]

16.48 $\frac{1}{2}$과 $-\frac{1}{3}$을 근으로 갖는 정수 계수의 다항식을 구하라.

16.49 임의의 고정된 양의 정수 n에 대해, 곱셈에 대한 위수가 최대 n인 체의 원소의 개수가 최대 $1+2+\cdots+n$임을 증명하라.

16.50 $f(x) \in \mathbb{R}[x]$라 하자. $f(a) = 0$이지만 $f'(a) \neq 0$이라 하자. 이때 $f'(x)$는 $f(x)$의 도함수이다. a는 중복도가 1인 $f(x)$의 근임을 보여라.

16.51 [정리 16.2]의 [따름정리 2]가 단위원을 갖는 모든 가환환에 대해 참임을 보여라.

16.52 [정리 16.3]이 정역 위의 다항식에 대해 참임을 보여라.

16.53 F가 체이고, $I = \{a_n x^n + a_{n-1}x^{n-1} + \cdots + a_0 \mid a_n,\ a_{n-1}, \cdots,\ a_0 \in F,\ a_n + a_{n-1} + \cdots + a_0 = 0\}$이라 하자. I가 $F[x]$의 아이디얼임을 보이고, I에 대한 생성원을 구하라.

16.54 F가 체이고, $f(x) = a_n x^n + a_{n-1}x^{n-1} + \cdots + a_0 \in F[x]$라 하자. $x-1$이 $f(x)$의 인수일 필요충분조건은 $a_n + a_{n-1} + \cdots + a_0 = 0$임을 증명하라.

9 이 문제는 19장에서 다시 언급한다.

16.55 임의의 소수 p에 대해 환 $\mathbb{Z}_{p^2}[x]$는 무수히 많은 단원을 가짐을 증명하라.

16.56 $\mathbb{Z}_3$의 모든 원소 a에 대해 $f(a)=0$을 만족하는 $\mathbb{Z}_3[x]$의 무수히 많은 다항식 $f(x)$를 구하라.

16.57 모든 소수 p에 대해 $\mathbb{Z}_p[x]$에서 $x^{p-1}-1=(x-1)(x-2)\cdots(x-(p-1))$임을 보여라.

16.58 **[윌슨 정리**(Wilson's theorem)] 모든 정수 $n>1$에 대해 $(n-1)!\bmod n = n-1$일 필요충분조건은 n이 소수인 것임을 증명하라.

16.59 모든 소수 p에 대해 $(p-2)!\bmod p = 1$임을 보여라.

16.60 $98!$을 101로 나눈 나머지를 구하라.

16.61 $x+4$가 $x^{48}+x^{21}+a$의 인수가 되는 $\mathbb{Z}_5$의 원소 a를 구하라.

16.62 ϕ가 $\phi(f(x))=f(1)$로 주어진 $\mathbb{Q}[x]$에서 $\mathbb{Q}$로 가는 환 준동형사상이라고 하자. $\operatorname{Ker}\phi=\langle g(x)\rangle$인 $\mathbb{Q}[x]$의 모닉다항식 $g(x)$를 구하라. 그리고 $\mathbb{Q}[x]/\operatorname{Ker}\phi$와 동형인 친숙한 환을 찾으라.

16.63 복소수체 $\mathbb{C}$를 진부분집합으로 포함하는 체의 예를 제시하라.

16.64 I가 환 R의 아이디얼이면 $I[x]$가 $R[x]$의 아이디얼임을 증명하라.

16.65 $I[x]$가 $R[x]$의 극대아이디얼이 아니지만 I가 R의 극대아이디얼인 단위원을 갖는 가환환 R의 예를 제시하라.

16.66 R이 단위원을 갖는 가환환이라 하자. I가 R의 소아이디얼이면 $I[x]$가 $R[x]$의 소아이디얼임을 증명하라.

16.67 $\mathbb{Z}_{37}$에서 $x^{25}-1=0$의 유일한 해가 1임을 보여라.

16.68 $\mathbb{Q}[x]/\langle x^2-2\rangle$가 $\mathbb{Q}[\sqrt{2}]=\{a+b\sqrt{2}\mid a,\ b\in\mathbb{Q}\}$와 환 동형임을 증명하라.

16.69 $f(x)\in\mathbb{R}[x]$라 하자. $f(a)=0$이고 $f'(a)=0$이면($f'(a)$는 a에서 $f(x)$의 미분계수이다), $(x-a)^2$이 $f(x)$의 인수임을 보여라.

16.70 F가 체이고, $I=\{f(x)\in F[x] \mid F$의 모든 원소 a에 대해 $f(a)=0\}$이라 하자. $F[x]$에서 I가 아이디얼임을 증명하라. F가 유한집합일 때 I는 무한집합이고, F가 무한집합일 때 $I=\{0\}$임을 증명하라. F가 유한집합인 경우, $I=\langle g(x)\rangle$를 만족하는 모닉다항식 $g(x)$를 구하라.

16.71 $g(x)$와 $h(x)$가 $\mathbb{Z}[x]$의 원소이고, $h(x)$가 모닉다항식이라 하자. $\mathbb{Q}[x]$에서 $h(x)$가 $g(x)$의 인수일 때, $\mathbb{Z}[x]$에서 $h(x)$가 $g(x)$의 인수임을 보여라.[10]

16.72 R은 환이고 x는 부정원이라 하자. 환 $R[x]$와 $R[x^2]$이 환 동형임을 증명하라.

16.73 $f(x)$가 $\mathbb{Z}[x]$의 상수가 아닌 원소라 하자. $f(x)$가 $\mathbb{Z}$에서 무수히 많은 값을 취함을 증명하라.

16.74 F를 체라고 하자. 아이디얼 $I=\{f(x)\in F[x] \mid f(0)=0,\ f(1)=0\}$의 생성원을 구하고, 이 결과를 일반화하라.

16.75 F가 체이고 $\mathbb{Z}$에서 F로 가는 전사인 환 준동형사상이 존재한다고 하자. F가 어떤 소수 p에 대해 $\mathbb{Z}_p$와 동형임을 보여라.

16.76 p가 소수이고 b가 $\mathbb{Z}_p$의 원소이며 $f(x)$가 $\mathbb{Z}_p[x]$의 원소라고 하자. $f(b)=0$이면 $f(b^p)=0$임을 증명하고, 이 결과를 일반화하라.

16.77 $f(x)$를 계수가 홀수이고 차수가 짝수인 다항식이라 하자. $f(x)$가 유리수근을 갖지 않음을 증명하라.

16.78 $\mathbb{Z}_7[x]$에서 x^{51}을 $x+4$로 나눈 나머지를 구하라.

16.79 F를 체라고 하자. x^2+x+1이 $x^{43}+ax+b$를 나누는 $a,\ b\in F$가 존재함을 보여라.

---

10 이 문제는 31장에서 다시 언급한다.

17

다항식의 인수분해
Factorization of Polynomials

"수학교육을 처음 받는 시기(중학교나 고등학교)에 다항식을 접한다. 오랜 시간 동안 다항식을 인수분해하고, 곱하고, 나누고, 단순화하는 과정을 지루할 정도로 훈련했다. 2차방정식을 인수분해하는 능력은 진정한 수학적 재능으로 혼동되기도 한다."

이즈라엘 네이선 허스튼(Israel Nathan Herstein), *Topics in Algebra*

"원리의 가치는 그 원리가 설명하는 것의 가짓수에 있다."

랠프 월도 에머슨(Ralph Waldo Emerson)

17.1 가약성 판정법

고등학교 수학에서 다항식을 인수분해하고 근을 구하는 데 많은 시간을 보낸다. 이 장에서는 보다 추상적인 환경에서 동일한 문제를 생각해보자. 다항식의 인수분해에 대해 논의하기 위해, 먼저 정수에서 소수와 비슷한 역할을 하는 다항식을 소개한다.

정의 기약다항식(irreducible polynomial)과 가약다항식(reducible polynomial)

D를 정역이라 하자. $D[x]$의 다항식 $f(x)$가 영다항식도 아니고 $D[x]$의 단원도 아닌 경우, 적당한 $g(x),\ h(x) \in D[x]$가 존재하여 곱 $f(x)=g(x)h(x)$로 표현될 때마다 $g(x)$ 또는 $h(x)$가 $D[x]$의 단원이면 $f(x)$가 D 위에서 **기약**(irreducible)이라고 한다. 영다항식도 단원도 아닌 $D[x]$의 원소가 D 위에서 기약이 아닐 때, 이 원소를 D 위에서 **가약**(reducible)이라고 한다.

정역이 체 F인 경우, $f(x)$를 더 낮은 차수인 두 다항식의 곱으로 표현할 수 없으면 상수가 아닌 다항식 $f(x) \in F[x]$를 기약이라고 정의한다.

EX 17.1 $f(x)=2x^2+4$는 $\mathbb{Q}$ 위에서 기약이지만 $\mathbb{Z}$ 위에서는 가약이다. 왜냐하면 $2x^2+4=2(x^2+2)$이고, 2와 x^2+2가 모두 $\mathbb{Z}[x]$의 단원이 아니기 때문이다.

EX 17.2 다항식 $f(x)=2x^2+4$는 $\mathbb{R}$ 위에서 기약이지만 $\mathbb{C}$ 위에서는 가약이다.

EX 17.3 다항식 x^2-2는 $\mathbb{Q}$ 위에서 기약이지만 $\mathbb{R}$ 위에서는 가약이다.

EX 17.4 다항식 x^2+1은 $\mathbb{Z}_3$ 위에서 기약이지만 $\mathbb{Z}_5$ 위에서는 가약이다.

일반적으로 특정한 다항식이 정역 위에서 가약인지 여부를 결정하는 것은 어려운 문제이지만, 특별한 경우에는 쉬울 수 있다. [정리 17.1]이 바로 그 경우이다. 이 정리는 앞에서 살펴본 네 가지 [EX 17.1] ~ [EX 17.4]에 적용된다.

정리 17.1 2차, 3차 가약성 판별

F를 체라 하자. $f(x) \in F[x]$이고 $\deg f(x)$가 2 또는 3이면, $f(x)$가 F 위에서 가약일 필요충분조건은 $f(x)$가 F 위에서 근을 갖는 것이다.

증명

$F[x]$의 원소 $g(x)$, $h(x)$의 차수가 $f(x)$의 차수보다 작고 $f(x)=g(x)h(x)$라고 하자. $\deg f(x)=\deg g(x)+\deg h(x)$([연습문제 16.19] 참고)이고 $\deg f(x)$는 2 또는 3이므로, $g(x)$와 $h(x)$ 중 적어도 하나의 차수는 1이다. $g(x)=ax+b$라 하면 분명히 $-a^{-1}b$는 $g(x)$의 근이므로, $f(x)$의 근이기도 하다.

역으로 $a \in F$에 대해 $f(a)=0$이라 하자. 그러면 인수 정리에 의해 $x-a$가 $f(x)$의 인수이므로, $f(x)$는 F 위에서 가약이다. ■

[정리 17.1]은 체가 $\mathbb{Z}_p$인 경우에 특히 사용하기 쉽다. 왜냐하면 $a=0, 1, \cdots, p-1$에 대해 $f(a)=0$인지만 알면 $f(x)$의 가약성을 간단히 확인할 수 있기 때문이다. 예를 들어 2는 $\mathbb{Z}_5$ 위에서 x^2+1의 근이므로, x^2+1은 $\mathbb{Z}_5$ 위에서 가약이다. 반면에, 0, 1, 2 모두 $\mathbb{Z}_3$ 위에서 x^2+1의 근이 아니므로, x^2+1은 $\mathbb{Z}_3$ 위에서 기약이다.

3보다 큰 차수의 다항식은 체 위에서 근을 갖지 않더라도 체 위에서 가약일 수 있다. 예를 들어 $\mathbb{Q}[x]$ 위에서 다항식 x^4+2x^2+1은 $(x^2+1)^2$과 같지만, $\mathbb{Q}$ 위에서 근을 갖지 않는다.

다음 세 가지 판정법에서는 정수 계수 다항식을 다룬다. [정리 17.2]의 증명을 단순화하기 위해 몇 가지 용어를 소개하고, 논증의 일부를 보조정리 형태로 분리하여 소개한다.

정의 다항식의 내용, 원시다항식

정수 계수 a_i에 대해 영이 아닌 다항식 $a_n x^n + a_{n-1}x^{n-1} + \cdots + a_0$의 **내용**(content)은 정수 $a_n, a_{n-1}, \cdots, a_0$의 최대공약수이다. $\mathbb{Z}[x]$의 원소 중 내용이 1인 다항식을 **원시다항식**(primitive polynomial)이라고 한다.

보조정리 가우스의 보조정리(Gauss's lemma)

두 원시다항식의 곱은 원시다항식이다.

증명

$f(x)$와 $g(x)$를 원시다항식이라고 하자. $f(x)g(x)$가 원시다항식이 아니라고 가정하자. $f(x)g(x)$의 내용의 소인수를 p라 하고, $\overline{f}(x)$, $\overline{g}(x)$, $\overline{f(x)g(x)}$는 $f(x)$, $g(x)$, $f(x)g(x)$의 계수를 법 p에 대해 축소한 다항식이라고 하자. 그러면 $\overline{f}(x)$와 $\overline{g}(x)$는 정역 $\mathbb{Z}_p[x]$의 원소이고, $\mathbb{Z}_p[x]$에서 $\overline{f}(x)\overline{g}(x) = \overline{f(x)g(x)} = 0$이다. 따라서 $\overline{f}(x) = 0$ 또는 $\overline{g}(x) = 0$이다. 즉, p가 $f(x)$의 모든 계수를 나누거나 p가 $g(x)$의 모든 계수를 나눈다. 따라서 $f(x)$가 원시다항식이 아니거나 $g(x)$가 원시다항식이 아니다. 모순이 발생하므로 증명을 마친다. ■

다항식의 가약성은 그 다항식의 계수가 어떤 환에 속하는지에 따라 달라진다. 따라서 $x^2 - 2$는 $\mathbb{Z}$ 위에서 기약이지만 $\mathbb{Q}[\sqrt{2}]$ 위에서는 가약이다. 19장에서 차수가 1보다 큰 임의의 다항식의 계수가 정역의 원소이면, 이 다항식은 어떤 체 위에서 가약임을 증명할 것이다. [정리 17.2]는 $\mathbb{Z}$ 위에서 기약인 다항식의 경우, 이를 만족하는 체가 유리수체보다 더 큰 체여야 함을 보여준다.

정리 17.2 $\mathbb{Q}$ 위에서의 가약성은 $\mathbb{Z}$ 위에서의 가약성을 유도한다

$f(x) \in \mathbb{Z}[x]$라 하자. $f(x)$가 $\mathbb{Q}$ 위에서 가약이면 $\mathbb{Z}$ 위에서도 가약이다.

증명

$g(x)$, $h(x) \in \mathbb{Q}[x]$에 대해 $f(x) = g(x)h(x)$라 하자. 분명히 $f(x)$와 $g(x)$를 모두 $f(x)$의 내용으로 나눠서 생각해도 되므로, $f(x)$는 원시다항식이라 가정할 수 있다. $g(x)$의 계수들의 분모의 최소공배수를 a라 하고, $h(x)$의 계수들의 분모의 최소공배수를 b라 하자. 그러면 $ag(x)$, $bh(x) \in \mathbb{Z}[x]$에 대해 $abf(x) = ag(x) \cdot bh(x)$이다. c_1을 $ag(x)$의 내용, c_2를 $bh(x)$의 내용이라 하면 $ag(x) = c_1g_1(x)$, $bh(x) = c_2h_1(x)$이다. 여기서 $g_1(x)$와 $h_1(x)$는 모두 원시다항식이고 $abf(x) = c_1c_2g_1(x)h_1(x)$이다. $f(x)$는 원시다항식이므로 $abf(x)$의 내용은 ab이다. 또한 두 원시다항식의 곱은 원시다항식이므로, $c_1c_2g_1(x)h_1(x)$의 내용은 c_1c_2이다. 따라서 $ab = c_1c_2$이고, $g_1(x)$, $h_1(x) \in \mathbb{Z}[x]$에 대해 $f(x) = g_1(x)h_1(x)$이며, $\deg g_1(x) = \deg g(x)$, $\deg h_1(x) = \deg h(x)$이다. ■

EX 17.5 다항식 $f(x) = 6x^2 + x - 2 = \left(3x - \frac{3}{2}\right)\left(2x + \frac{4}{3}\right) = g(x)h(x)$를 통해 [정리 17.2]의 증명을 이해해보자. 이 경우 $a = 2$, $b = 3$, $c_1 = 3$, $c_2 = 2$이고, $g_1(x) = 2x - 1$, $h_1(x) = 3x + 2$이므로 $2 \cdot 3(6x^2 + x - 2) = 3 \cdot 2(2x - 1)(3x + 2)$ 또는 $6x^2 + x - 2 = (2x - 1)(3x + 2)$이다.

17.2 기약성 판정법

[정리 17.1]은 2차 또는 3차다항식의 기약성에 대한 문제를 근을 찾는 문제로 유도한다. 다음 정리를 이용하면 이 문제를 더욱 간단히 만들 수 있다.

> **정리 17.3** mod$p$ **기약성 판정법**
> p는 소수이고 $f(x) \in \mathbb{Z}[x]$, $\deg f(x) \geq 1$이라 하자. $f(x)$의 모든 계수를 법 p에 대해 축소한 $\mathbb{Z}_p[x]$의 다항식을 $\overline{f}(x)$라 하자. $\overline{f}(x)$가 $\mathbb{Z}_p$ 위에서 기약이고 $\deg \overline{f}(x) = \deg f(x)$이면 $f(x)$는 $\mathbb{Q}$ 위에서 기약이다.

증명

[정리 17.2]의 증명에 따라 $f(x)$가 $\mathbb{Q}$ 위에서 가약이면 $f(x) = g(x)h(x)$, $g(x)$, $h(x) \in \mathbb{Z}[x]$이고, $g(x)$와 $h(x)$의 차수는 모두 $f(x)$보다 작다. $f(x)$, $g(x)$, $h(x)$의 모든 계수를 법 p에 대해 축소한 다항식을 $\overline{f}(x)$, $\overline{g}(x)$, $\overline{h}(x)$라 하자. $\deg f(x) = \deg \overline{f}(x)$이므로 $\deg \overline{g}(x) \leq \deg g(x) < \deg \overline{f}(x)$이고 $\deg \overline{h}(x) \leq \deg h(x) < \deg \overline{f}(x)$이다. 그러나 $\overline{f}(x) = \overline{g}(x)\overline{h}(x)$이고, 이는 $\overline{f}(x)$가 $\mathbb{Z}_p$ 위에서 기약이라는 가정에 모순이다. ■

EX 17.6 $f(x) = 21x^3 - 3x^2 + 2x + 9$라 하면 $\mathbb{Z}_2$ 위에서 $\overline{f}(x) = x^3 + x^2 + 1$이고, $\overline{f}(0) = 1$, $\overline{f}(1) = 1$이므로 $\overline{f}(x)$는 $\mathbb{Z}_2$ 위에서 기약이다. 즉, $f(x)$는 $\mathbb{Q}$ 위에서 기약이다. 그러나 $\mathbb{Z}_3$의 경우에 대해 [정리 17.3]을 적용해보면 $\mathbb{Z}_3$ 위에서 $\overline{f}(x) = 2x$가 기약이므로 $f(x)$가 $\mathbb{Q}$ 위에서 기약이라는 결론을 내릴 수 없다.

[정리 17.3]의 역은 이용하지 않도록 주의해야 한다. $f(x) \in \mathbb{Z}[x]$이고 $\overline{f}(x)$가 어떤 소수 p에 대해 $\mathbb{Z}_p$ 위에서 가약이지만, $f(x)$는 여전히 $\mathbb{Q}$ 위에서 기약일 수 있다. 예를 들어 $f(x) = 21x^3 - 3x^2 + 2x + 8$을 생각해보자. $\mathbb{Z}_2$ 위에서는 $\overline{f}(x) = x^3 + x^2 = x^2(x+1)$이므로 가약이다. 그리고 $\mathbb{Z}_5$ 위에서는 $\overline{f}(x)$가 근을 갖지 않으므로 $\mathbb{Z}_5$ 위에서 기약이다. 따라서 $f(x)$는 $\mathbb{Q}$ 위에서 기약이다. 이 예는 mod$p$ 기약성 판정법을 어떤 p에 대해서는 적용할 수 있고, 어떤 p에 대해서는 적용할 수 없음을 보여준다. $\mathbb{Z}[x]$의 특정한 다항식 $f(x)$가 $\mathbb{Q}$ 위에서 기약이기 위해서는 $\mathbb{Z}_p$ 위의 대응하는 다항식 $\overline{f}(x)$가 기약이 되게 하는 소수 p를 하나만 찾으면 된다. 그러나 이것이 항상 가능하지는 않다. 예를 들어 $f(x) = x^4 + 1$은 $\mathbb{Q}$ 위에서 기약이지만 임의의 소수 p에 대해 $\mathbb{Z}_p$ 위에서는 가약이다.

mod$p$ 기약성 판정법은 차수가 3보다 큰 유리수 계수 다항식의 기약성을 확인하는 데에도 도움이 된다.

EX 17.7 $f(x)=\frac{3}{7}x^4-\frac{2}{7}x^2+\frac{9}{35}x+\frac{3}{5}$이 $\mathbb{Q}$ 위에서 기약임을 보이자. 먼저 $h(x)=35f(x)=15x^4-10x^2+9x+21$이라 하자. $h(x)$가 $\mathbb{Z}$ 위에서 기약이면 $f(x)$는 $\mathbb{Q}$ 위에서 기약이다. 다음으로 $h(x)$에 mod2 기약성 판정법을 적용하면 $\overline{h}(x)=x^4+x+1$을 얻는다. 분명히 $\overline{h}(x)$는 $\mathbb{Z}_2$ 위에서 근을 갖지 않는다. 더욱이 $\overline{h}(x)$는 $\mathbb{Z}_2[x]$에서 2차식을 인수로 갖지 않는다(만약 갖는다면 인수는 x^2+x+1 또는 x^2+1이어야 한다. 장제법에 따라 x^2+x+1은 인수가 아니고, $\overline{h}(x)$는 근을 갖지 않는데 x^2+1은 근을 가지므로 인수가 될 수 없다). 따라서 $\overline{h}(x)$는 $\mathbb{Z}_2[x]$ 위에서 기약이다. 그러므로 $h(x)$는 $\mathbb{Q}$ 위에서 기약이다.

EX 17.8 $f(x)=x^5+2x+4$라 하자. 분명히 [정리 17.1]이나 mod2 기약성 판정법은 여기서 도움이 되지 않는다. mod3에 대해 시도해보자. 0, 1, 2를 $\overline{f}(x)$에 대입하면 0이 되지 않으므로 1차식을 인수로 갖지 않는다. 그러나 $\overline{f}(x)$는 2차식을 인수로 가질 수 있다. 그러면 인수가 $x^2+ax+b(b\neq 0)$ 형태라고 가정할 수 있다([연습문제 17.5] 참고). 이 식은 6가지 형태가 가능하다. $\overline{f}(x)$는 근을 갖지 않으므로, 6가지 경우 중 $\mathbb{Z}_3$ 위에서 근을 갖는 경우를 바로 제외할 수 있다. 이제 x^2+1, x^2+x+2, x^2+2x+2만 확인하면 된다. 장제법에 의해 이 식들은 제외된다. 따라서 $\overline{f}(x)$는 $\mathbb{Z}_3$ 위에서 기약이므로, $f(x)$는 $\mathbb{Q}$ 위에서 기약이다(왜 3차 또는 4차 인수는 확인할 필요가 없을까?).

이제 가우스의 제자인 페르디난트 아이젠슈타인(Ferdinand Eisenstein, 1823~1852)이 만든 중요한 다른 기약성 판정법을 소개한다. 이 정리의 [따름정리]는 가우스가 다른 방법으로 처음 증명했다.

정리 17.4 아이젠슈타인 판정법(Eisenstein's criterion, 1850)

$f(x)=a_nx^n+a_{n-1}x^{n-1}+\cdots+a_0\in\mathbb{Z}[x]$라고 하자. $p\nmid a_n$, $p\mid a_{n-1}$, $\cdots$, $p\mid a_0$, $p^2\nmid a_0$을 만족하는 소수 p가 존재하면 $f(x)$는 $\mathbb{Q}$ 위에서 기약이다.

증명

$f(x)$가 $\mathbb{Q}$ 위에서 가약이면 [정리 17.2]에 의해 적당한 $g(x)$, $h(x) \in \mathbb{Z}[x]$가 존재하여 $f(x) = g(x)h(x)$, $1 \leq \deg g(x)$, $\deg h(x) < n$이다. 여기서 $g(x) = b_r x^r + \cdots + b_0$, $h(x) = c_s x^s + \cdots + c_0$이라 가정하자. 그러면 $p \mid a_0$, $p^2 \nmid a_0$, $a_0 = b_0 c_0$이므로, p는 b_0과 c_0 중 하나만 나눈다. $p \mid b_0$, $p \nmid c_0$이라 하자. 또한 $p \nmid a_n = b_r c_s$이므로 $p \nmid b_r$이다. 따라서 $p \nmid b_t$인 가장 작은 정수 t가 존재한다. 이제 $a_t = b_t c_0 + b_{t-1} c_1 + \cdots + b_0 c_t$를 생각해보자. 가정에 따르면 a_t는 p로 나누어지고, t의 선택에 따라 식 a_t의 첫 번째 이후에 있는 각 합인자($b_{t-1}c_1, \cdots, b_0 c_t$)는 p로 나누어진다. 이 결과에 따라 분명히 p는 $b_t c_0$도 나눈다. 그러나 p가 소수이고, p는 b_t와 c_0을 모두 나누지 않으므로 이는 불가능하다. ■

따름정리 p차 원분다항식(cyclotomic polynomial)의 기약성

임의의 소수 p에 대해 다음과 같은 p차 원분다항식은 $\mathbb{Q}$ 위에서 기약이다.

$$\Phi_p(x) = \frac{x^p - 1}{x - 1} = x^{p-1} + x^{p-2} + \cdots + x + 1$$

증명

$f(x) = \Phi_p(x+1) = \dfrac{(x+1)^p - 1}{(x+1) - 1} = x^{p-1} + \dbinom{p}{1} x^{p-2} + \dbinom{p}{2} x^{p-3} + \cdots + \dbinom{p}{1}$이라 하자. 그러면 $\dbinom{p}{k} = \dfrac{p!}{(p-k)!k!}$이므로 x^{p-1}의 계수를 제외한 모든 계수가 p로 나누어지고, 상수항은 p^2으로 나누어지지 않는다, 아이젠슈타인 판정법에 의해 $f(x)$는 $\mathbb{Q}$ 위에서 기약이다. 따라서 $\Phi_p(x) = g(x)h(x)$를 $\mathbb{Q}$ 위에서 $\Phi_p(x)$의 자명하지 않은 인수분해라 하면 $f(x) = \Phi_p(x+1) = g(x+1) \cdot h(x+1)$는 $\mathbb{Q}$ 위에서 $f(x)$의 자명하지 않은 인수분해이다. 이는 불가능하므로 $\Phi_p(x)$는 $\mathbb{Q}$ 위에서 기약이다. ■

EX 17.9 다항식 $3x^5 + 15x^4 - 20x^3 + 10x + 20$은 $\mathbb{Q}$ 위에서 기약이다. 왜냐하면 $5 \nmid 3$, $25 \nmid 20$이지만, 5는 15, -20, 10, 20을 나누기 때문이다.

기약다항식에 관심을 갖는 주된 이유는 기약다항식, 극대아이디얼, 체 사이에 긴밀한 관계가 있기 때문이다. 다음 정리와 [따름정리 1]에서 그 관계를 확인해보자.

정리 17.5 $\langle p(x)\rangle$가 극대아이디얼일 필요충분조건은 $p(x)$가 기약인 것이다

F가 체이고 $p(x)\in F[x]$라 하자. $\langle p(x)\rangle$가 $F[x]$의 극대아이디얼일 필요충분조건은 $p(x)$가 F 위에서 기약인 것이다.

증명

먼저 $\langle p(x)\rangle$가 $F[x]$의 극대아이디얼이라고 가정하자. 분명히 $p(x)$는 영다항식도 아니고 $F[x]$의 단원도 아니다. 왜냐하면 $\{0\}$과 $F[x]$가 모두 $F[x]$의 극대아이디얼이 아니기 때문이다. 만약 $p(x)$가 F 위에서 $p(x)=g(x)h(x)$로 인수분해된다면 $\langle p(x)\rangle\subseteq\langle g(x)\rangle\subseteq F[x]$이다. 따라서 $\langle p(x)\rangle=\langle g(x)\rangle$ 또는 $F[x]=\langle g(x)\rangle$이다. 첫 번째 경우에는 $\deg p(x)=\deg g(x)$이다. 두 번째 경우에는 $\deg g(x)=0$이고 따라서 $\deg h(x)=\deg p(x)$이다. 따라서 $p(x)$는 $F[x]$ 위에서 더 낮은 차수의 두 다항식의 곱으로 나타낼 수 없다.

이제 $p(x)$가 F 위에서 기약이라고 가정하자. I가 $\langle p(x)\rangle\subseteq I\subseteq F[x]$를 만족하는 $F[x]$의 아이디얼이라 하자. $F[x]$는 주아이디얼정역이므로, 어떤 $g(x)\in F[x]$에 대해 $I=\langle g(x)\rangle$이다. 따라서 $p(x)\in\langle g(x)\rangle$이므로, 적당한 $h(x)\in F[x]$에 대해 $p(x)=g(x)h(x)$이다. $p(x)$는 F 위에서 기약이므로, $g(x)$가 상수이거나 $h(x)$가 상수이다. 첫 번째 경우에는 $I=F[x]$이다. 두 번째 경우에는 $\langle p(x)\rangle=\langle g(x)\rangle=I$이다. 따라서 $\langle p(x)\rangle$는 $F[x]$의 극대아이디얼이다. ■

따름정리 1 $F[x]/\langle p(x)\rangle$가 체이다

F가 체이고 $p(x)$는 F 위의 기약다항식이면 $F[x]/\langle p(x)\rangle$는 체이다.

증명

이 정리는 [정리 17.5]와 [정리 14.4]에 의해 바로 증명된다. ■

다음 [따름정리 2]는 소수에 대한 유클리드의 보조정리와 유사한 다항식에 관한 성질이다(0장 참고).

따름정리 2 $p(x)\mid a(x)b(x)$는 $p(x)\mid a(x)$ 또는 $p(x)\mid b(x)$를 의미한다

F가 체이고 $p(x),\ a(x),\ b(x)\in F[x]$라 하자. $p(x)$가 F 위에서 기약이고 $p(x)\mid a(x)b(x)$이면 $p(x)\mid a(x)$ 또는 $p(x)\mid b(x)$이다.

증명

$p(x)$가 기약다항식이므로 $F[x]/\langle p(x)\rangle$는 체이고, 따라서 정역이다. [정리 14.3]에 의해 $\langle p(x)\rangle$는 소아이디얼이다. 그리고 $p(x)$가 $a(x)b(x)$를 나누면 $a(x)b(x)\in\langle p(x)\rangle$이다. 그러

므로 $a(x)\in\langle p(x)\rangle$ 또는 $b(x)\in\langle p(x)\rangle$이다. 즉, $p(x)\mid a(x)$ 또는 $p(x)\mid b(x)$이다. ■

[EX 17.10]과 [EX 17.11]에서 앞서 살펴본 이론을 실제로 적용해보자.

EX 17.10 원소가 8개인 체

원소가 8개인 체를 만들어보자. [정리 17.1]과 [정리 17.5]의 [따름정리 1]에 의해 $\mathbb{Z}_2$ 위에서 근을 갖지 않는 $\mathbb{Z}_2$ 위의 3차다항식을 찾으면 된다. 조사해보면 x^3+x+1을 찾을 수 있다. 따라서 $\mathbb{Z}_2[x]/\langle x^3+x+1\rangle=\{ax^2+bx+c+\langle x^3+x+1\rangle \mid a,\ b,\ c\in\mathbb{Z}_2\}$는 원소가 8개인 체이다. 이 체에서 몇 가지 연산을 해보자. ax^2+bx+c 형태의 두 다항식의 합은 동일한 형태의 또 다른 형태이므로 덧셈은 쉽다. 예를 들면 다음과 같다.

$$(x^2+x+1+\langle x^3+x+1\rangle)+(x^2+1+\langle x^3+x+1\rangle)=x+\langle x^3+x+1\rangle$$

반면에, 두 잉여류의 대표원소를 곱하면 기존의 8개 잉여류의 대표원소 중 하나로 나오지 않는 경우도 있다. 예를 들어 다음을 계산해보자.

$$\begin{aligned}(x^2+x+1+\langle x^3+x+1\rangle)\cdot(x^2+1+\langle x^3+x+1\rangle)&=x^4+x^3+x+1+\langle x^3+x+1\rangle\\&=x^4+\langle x^3+x+1\rangle\end{aligned}$$

아이디얼 $\langle x^3+x+1\rangle$이 마지막 세 항 x^3, x, 1을 흡수했다. 어떻게 하면 $ax^2+bx+c+\langle x^3+x+1\rangle$ 형태로 표현할 수 있을까? 한 가지 방법은 x^4을 x^3+x+1로 나누어 나머지 x^2+x를 얻는 것이다(12를 5로 나누어 나머지 2를 얻으므로 $12+\langle 5\rangle$를 $2+\langle 5\rangle$로 축소하는 것과 같다). 또 다른 방법은 $x^3+x+1+\langle x^3+x+1\rangle=0+\langle x^3+x+1\rangle$이 $x^3+\langle x^3+x+1\rangle=x+1+\langle x^3+x+1\rangle$을 의미한다는 사실을 이용하는 것이다. 따라서 위 식의 양변에 x를 곱해서 다음을 얻는다.

$$x^4+\langle x^3+x+1\rangle=x^2+x+\langle x^3+x+1\rangle$$

마찬가지로 다음과 같다.

$$\begin{aligned}(x^2+x+\langle x^3+x+1\rangle)\cdot(x+\langle x^3+x+1\rangle)&=x^3+x^2+\langle x^3+x+1\rangle\\&=x^2+x+1+\langle x^3+x+1\rangle\end{aligned}$$

[표 17.1]은 이 체에 대한 부분 케일리 표이다. 간단히 표기하기 위해 잉여류는 대표원소로만 표기했다(x^3을 $x+1$로, x^4을 x^2+x로 대체하여 케일리 표를 직접 완성해보자).

[표 17.1] [EX 17.10]을 위한 부분 케일리 표

	1	x	$x+1$	x^2	x^2+1	x^2+x	x^2+x+1
1	1	x	$x+1$	x^2	x^2+1	x^2+x	x^2+x+1
x	x	x^2	x^2+x	$x+1$	1	x^2+x+1	x^2+1
$x+1$	$x+1$	x^2+x	x^2+1	x^2+x+1	x^2	1	x
x^2	x^2	$x+1$	x^2+x+1	x^2+x	x	x^2+1	1
x^2+1	x^2+1	1	x^2	x	x^2+x+1	$x+1$	x^2+x

EX 17.11 x^2+1은 $\mathbb{Z}_{11}$ 위에서 근을 갖지 않으므로 $\mathbb{Z}_{11}$ 위에서 기약이다. 그러므로 $\mathbb{Z}_{11}[x]/\langle x^2+1\rangle$은 체이다. [EX 14.11]과 유사하게 $\mathbb{Z}_{11}[x]/\langle x^2+1\rangle=\{ax+b+\langle x^2+1\rangle \mid a,\ b\in\mathbb{Z}_{11}\}$이다. 그러므로 이 체의 원소는 121개이다.

17.3 $\mathbb{Z}[x]$의 유일인수분해

이 장에서 소개한 아이디어를 이용해 $\mathbb{Z}[x]$가 중요한 인수분해 성질을 갖는다는 사실을 증명한다. 18장에서 이 성질에 대해 더 자세히 알아볼 것이다. [정리 17.6]은 가우스가 최초로 증명했다. 이 정리와 그 증명에서 알아두어야 할 내용은 $\mathbb{Z}[x]$의 단원이 $f(x)=1$과 $f(x)=-1$이고([연습문제 12.25] 참고), $\mathbb{Z}$ 위에서 차수가 0인 기약다항식은 소수 p에 대해 $f(x)=p$와 $f(x)=-p$이며, $\mathbb{Z}$ 위에서 기약인 $\mathbb{Z}[x]$의 모든 상수가 아닌 다항식은 원시다항식이라는 것이다([연습문제 17.3] 참고).

정리 17.6 $\mathbb{Z}[x]$의 유일인수분해(unique factorization)
영다항식도 아니고 $\mathbb{Z}[x]$의 단원도 아닌 $\mathbb{Z}[x]$의 임의의 다항식은 0차 기약다항식 b_i와 양의 차수의 기약다항식 $p_i(x)$에 대해 $b_1b_2\cdots b_sp_1(x)p_2(x)\cdots p_m(x)$로 나타낼 수 있다. 더욱이 0차 기약다항식 b_i, c_i와 양의 차수의 기약다항식 $p_i(x)$, $q_i(x)$에 대해 $b_1b_2\cdots b_sp_1(x)p_2(x)\cdots p_m(x)=c_1c_2\cdots c_tq_1(x)q_2(x)\cdots q_n(x)$이면 $s=t$, $m=n$이다. 이때 c와 $q(x)$의 순서를 적절히 바꾸어 나타내면 $i=1,\ 2,\cdots,\ s$에 대해 $b_i=\pm c_i$이고, $i=1,\ 2,\cdots,\ m$에 대해 $p_i(x)=\pm q_i(x)$이다.

증명

$f(x)$를 영다항식도 아니고 $\mathbb{Z}[x]$의 단원도 아닌 $\mathbb{Z}[x]$의 임의의 다항식이라 하자. 산술의 기본정리에 의해 $\deg f(x)=0$이면 $f(x)$는 상수이다. $\deg f(x)>0$일 때, b는 $f(x)$의 내용이라 하고, $b_1 b_2 \cdots b_s$는 b를 소수의 곱으로 인수분해한 것이라 하자. 그러면 $f(x)=b_1 b_2 \cdots b_s f_1(x)$가 원시다항식이며, $\deg f_1(x)=\deg f(x)$를 만족하는 $\mathbb{Z}[x]$의 원소 $f_1(x)$가 존재한다. 이 정리의 존재성을 증명하기 위해서는 양의 차수의 원시다항식 $f(x)$를 양의 차수의 기약다항식들의 곱으로 나타낼 수 있음을 보여주면 된다. $\deg f(x)$에 대해 수학적 귀납법을 적용해보자. $\deg f(x)=1$이면 $f(x)$는 이미 기약다항식이므로 바로 성립한다. 이제 $\deg f(x)$보다 작은 차수의 임의의 원시다항식이 양의 차수의 기약다항식들의 곱으로 표현된다고 가정하자. 만약 $f(x)$가 기약다항식이면 더 증명할 내용은 없고, 그렇지 않으면 $f(x)=g(x)h(x)$이다. 여기서 $g(x)$와 $h(x)$는 모두 원시다항식이며 $f(x)$보다 더 낮은 차수를 갖는다. 따라서 수학적 귀납법에 의해 $g(x)$와 $h(x)$는 모두 양의 차수의 기약다항식들의 곱으로 나타낼 수 있다. 그렇다면 $f(x)$도 당연히 기약다항식들의 곱으로 표현된다.

이 정리의 유일성을 증명하기 위해 다음을 가정해보자.

$$f(x)=b_1 b_2 \cdots b_s p_1(x) p_2(x) \cdots p_m(x)=c_1 c_2 \cdots c_t q_1(x) q_2(x) \cdots q_n(x)$$

이때 b_i와 c_i는 차수가 0인 기약다항식이고, $p_i(x)$와 $q_i(x)$는 양의 차수의 기약다항식이다. $b=b_1 b_2 \cdots b_s$, $c=c_1 c_2 \cdots c_t$라 하자. $p_i(x)$와 $q_i(x)$가 원시다항식이므로, 가우스의 보조정리에 의해 $p_1(x)p_2(x)\cdots p_m(x)$와 $q_1(x)q_2(x)\cdots q_n(x)$는 원시다항식이다. 그러므로 b와 c는 모두 $f(x)$의 내용과 부호만 다를 수 있다. 즉, $f(x)$의 내용과 절댓값이 같아야 한다. 그러면 산술의 기본정리에 따라 $s=t$이고, 적절히 순서를 바꾸어 나타내면 $i=1, 2, \cdots, s$에 대해 $b_i=\pm c_i$이다. 따라서 $f(x)$에 대한 두 인수분해에서 상수항을 소거하면 $p_1(x)p_2(x)\cdots p_m(x)=\pm q_1(x)q_2(x)\cdots q_n(x)$이다. 이제 $p(x)$와 $q(x)$를 $\mathbb{Q}[x]$의 원소로 보면 $p_1(x)$가 $q_1(x)q_2(x)\cdots q_n(x)$를 나누므로, [정리 17.5]의 [따름정리 2]와 수학적 귀납법에 의해 어떤 i에 대해 $p_1(x) \mid q_i(x)$이다([연습문제 17.36] 참고). 적절히 순서를 바꾸어 $i=1$이라고 가정하면 $q_1(x)$가 기약다항식이므로 적당한 $r, s \in \mathbb{Z}$에 대해 $q_1(x)=\frac{r}{s}p_1(x)$이다. 그러나 $q_1(x)$와 $p_1(x)$는 원시다항식이므로 $\frac{r}{s}=\pm 1$이어야 한다. 따라서 $q_1(x)=\pm p_1(x)$이다. 약분하면 $p_2(x)\cdots p_m(x)=\pm q_2(x)\cdots q_n(x)$이다. 이제 $p_1(x)$ 대신 $p_2(x)$에 대해 앞의 방법을 계속 적용할 수 있다. $m<n$인 경우, m번 적용하면 좌변에는 1이 있고 우변에는 상수가 아닌 다항식이 있다. 이는 분명히 불가능하다. 반면에 $m>n$인 경우, n번 적용하면 우변에는 ± 1이 있고, 좌변에는 상수가 아닌 다항식이 있다. 이 또한 불가능하다. 따라서 $q(x)$의 순서를 적절히 바꾸면 $m=n$이고 $p_i(x)=\pm q_i(x)$이다. ■

17.4 불가사의한 주사위 : 유일인수분해의 응용

EX 17.12 각 면에 1부터 6까지의 수가 적힌 일반적인 한 쌍의 주사위를 생각해보자. 두 주사위를 던져서 주사위 숫자의 합이 2가 나올 확률은 $\frac{1}{36}$이고, 3이 나올 확률은 $\frac{2}{36}$이다. 1978년 『Scientific American』에서 마틴 가드너(Martin Gardner)는 한 정육면체의 여섯 면에 정수 1, 2, 2, 3, 3, 4를 적고, 다른 정육면체의 여섯 면에 정수 1, 3, 4, 5, 6, 8을 적어서 만든 새로운 주사위(이를 **시커만 주사위**(Sicherman dice)라고 함)를 이용해 두 주사위를 던져서 특정 합이 나올 확률은 앞서 살펴본 일반적인 주사위의 경우와 확률이 같다고 발표했다(예 2가 나올 확률은 $\frac{1}{36}$, 3이 나올 확률은 $\frac{2}{36}$ 등).

[그림 17.1]을 보면 시커만 주사위가 어떻게 계산되어 1부터 6까지의 수가 적힌 일반적인 주사위와 같은 결과를 갖는지 보여준다. 이를 보이기 위해 $\mathbb{Z}[x]$가 유일인수분해 성질을 갖는다는 사실을 이용한다.

	1	2	3	4	5	6
1	2	3	4	5	6	7
2	3	4	5	6	7	8
3	4	5	6	7	8	9
4	5	6	7	8	9	10
5	6	7	8	9	10	11
6	7	8	9	10	11	12

	1	2	2	3	3	4
1	2	3	3	4	4	5
3	4	5	5	6	6	7
4	5	6	6	7	7	8
5	6	7	7	8	8	9
6	7	8	8	9	9	10
8	9	10	10	11	11	12

[그림 17.1] 시커만 주사위

우선 일반적인 주사위 한 쌍을 던졌을 때 합이 6이 나오는 경우는 (5, 1), (4, 2), (3, 3), (2, 4), (1, 5)로 다섯 가지이다. 다음으로 일반적인 주사위의 숫자를 지수로 나타낸 두 다항식의 곱을 생각해보자.

$$(x^6+x^5+x^4+x^3+x^2+x)(x^6+x^5+x^4+x^3+x^2+x)$$

이 곱에서 항 x^6이 나오는 경우는 $x^5 \cdot x^1$, $x^4 \cdot x^2$, $x^3 \cdot x^3$, $x^2 \cdot x^4$, $x^1 \cdot x^5$이다. 주사위 숫자의 합이 6이 나오는 수의 순서쌍과 두 다항식을 곱했을 때 항 x^6이 나오는 항의 순서쌍 사이의 대응관계에 주목하자. 시커만 주사위를 포함한 임의의 주사위에 대해 이러한 일대일 대응이 성립한다. 주사위 한 쌍을 던졌을 때 나오는 두 수의 합에 대한 확률이 1부터 6까지의 수가 적힌 일반적인 주사위를 던졌을 때 나오는 두 수의 합에 대한 확률과 같으면, 이러한 주사위를 **불가사의한 주사위**(weird dice)라 하자. 그리고 $a_1, a_2, a_3, a_4, a_5, a_6$과 $b_1, b_2, b_3, b_4, b_5, b_6$이 불가사의한 주사위인 두 정육면체 주사위의 각 면에 적힌 임의의 양의 정수를 나열한 것이라 하자. 이를 다항식의 곱으로 나타내면 다음과 같다.

$$(x^6+x^5+x^4+x^3+x^2+x)(x^6+x^5+x^4+x^3+x^2+x)$$
$$=(x^{a_1}+x^{a_2}+x^{a_3}+x^{a_4}+x^{a_5}+x^{a_6})\cdot(x^{b_1}+x^{b_2}+x^{b_3}+x^{b_4}+x^{b_5}+x^{b_6}) \qquad (17.1)$$

이제 해야 할 일은 a_i와 b_i에 대한 방정식을 푸는 것이다. 여기서 $\mathbb{Z}[x]$의 유일인수분해 성질을 이용해야 한다. 다항식 $x^6+x^5+x^4+x^3+x^2+x$는 다음과 같은 기약다항식들로 유일하게 인수분해된다.

$$x(x+1)(x^2+x+1)(x^2-x+1)$$

따라서 식 (17.1)의 좌변에 대한 인수분해는 다음과 같다.

$$x^2(x+1)^2(x^2+x+1)^2(x^2-x+1)^2$$

그러므로 [정리 17.6]에 의해 위와 같은 인수들은 $P(x)=x^{a_1}+x^{a_2}+x^{a_3}+x^{a_4}+x^{a_5}+x^{a_6}$의 유일한 기약 인수이다. 따라서 $P(x)$는 $0\le q,\ r,\ t,\ u\le 2$에 대해 다음과 같은 형태이다.

$$x^q(x+1)^r(x^2+x+1)^t(x^2-x+1)^u$$

이 네 가지 매개변수에 대한 범위를 더 제한하기 위해, 두 가지 방법으로 $P(1)$을 구한다. $P(1)=1^{a_1}+1^{a_2}+1^{a_3}+1^{a_4}+1^{a_5}+1^{a_6}$이고 $P(1)=1^q2^r3^t1^u$이다. 분명히 $r=1$이고 $t=1$이다. q는 어떻게 될까? 두 가지 방법으로 $P(0)$을 구하면 $q\ne 0$임을 알 수 있다. 한편, $q=2$이면 주사위를 던졌을 때 나올 수 있는 가장 작은 합이 3이다. 이는 가정에 모순이므로 $q,\ r,\ t,\ u$로 가능한 목록은 $q=1,\ r=1,\ t=1,\ u=0,\ 1,\ 2$이다. 각 경우를 차례로 살펴보자.

$u=0$이면 $P(x)=x^4+x^3+x^3+x^2+x^2+x$이고, 주사위의 숫자는 4, 3, 3, 2, 2, 1이다. 즉, 시커만 주사위이다.

$u=1$이면 $P(x)=x^6+x^5+x^4+x^3+x^2+x$이고, 주사위의 숫자는 6, 5, 4, 3, 2, 1이다. 즉, 일반적인 주사위이다.

$u=2$이면 $P(x)=x^8+x^6+x^5+x^4+x^3+x$이고, 주사위의 숫자는 8, 6, 5, 4, 3, 1이다. 즉, 또 다른 시커만 주사위이다.

이로써 시커만 주사위가 일반적인 주사위와 같은 확률을 갖는다는 것을 증명했고, 이러한 성질을 갖는 일반적인 주사위가 아닌 주사위는 시커먼 주사위뿐임을 증명했다.

17장 연습문제

> 당신이 어떤 일을 아무리 잘해도 당신보다 더 나은 사람이 항상 있기 마련이다.
>
> **호머 심슨(Homer Simpson)**

17.1 [EX 17.2]의 주장을 확인하라.

17.2 D가 정역이고 F가 D를 포함하는 체라고 하자. $f(x) \in D[x]$이고, $f(x)$가 F 위에서 기약이지만 D 위에서는 가약이면 D 위에서 $f(x)$의 인수분해에 대해 무엇을 말할 수 있을까?

17.3 $\mathbb{Z}$ 위에서 기약인 $\mathbb{Z}[x]$의 상수가 아닌 다항식은 원시다항식임을 보여라.[1]

17.4 $f(x) = x^n + a_{n-1}x^{n-1} + \cdots + a_0 \in \mathbb{Z}[x]$라 하자. r이 유리수이고 $x - r$이 $f(x)$를 나누면 r은 정수임을 보여라.

17.5 F가 체이고 a가 F의 0이 아닌 원소일 때, 다음 물음에 답하라.

(a) $af(x)$가 F 위에서 기약이면, $f(x)$가 F 위에서 기약임을 증명하라.

(b) $f(ax)$가 F 위에서 기약이면, $f(x)$가 F 위에서 기약임을 증명하라.

(c) $f(x+a)$가 F 위에서 기약이면, $f(x)$가 F 위에서 기약임을 증명하라.

(d) (c)를 이용해 $8x^3 - 6x + 1$이 $\mathbb{Q}$ 위에서 기약임을 증명하라.[2]

17.6 F가 체이고 $f(x) \in F[x]$라 하자. F 위에서 $f(x)$의 기약가능성을 결정할 때, $f(x)$가 모닉다항식이라고 가정할 수 있음을 보여라(이 가정은 컴퓨터로 기약성을 확인할 때 유용하다).

17.7 $r + \dfrac{1}{r}$이 홀수인 실수 r이 존재한다고 할 때, r이 무리수임을 증명하라.

17.8 방정식 $x^2 - 7y^2 = 3$은 정수해를 갖지 않음을 보여라.

17.9 $\mathbb{Q}[x]$의 원소들의 기약성을 판정하기 위해 $\bmod p$ 기약성 판정(정리 17.3)을 어떻게 사용하는지를 설명하라.

17.10 p가 소수이고 $f(x) \in \mathbb{Z}_p[x]$이며, $f(x)$가 $\mathbb{Z}_p$ 위에서 기약이라고 하자. 이때 $\deg f(x) = n$이면 $\mathbb{Z}_p[x]/\langle f(x) \rangle$가 p^n개의 원소로 이루어진 체임을 증명하라.

---

1 이 문제는 이 장의 본문에서 살펴봤다.

2 이 문제는 이 장의 본문에서 살펴봤다.

17.11 위수가 25인 체를 만들어라.

17.12 위수가 27인 체를 만들어라.

17.13 x^3+x^2+x+1이 $\mathbb{Q}$ 위에서 가약임을 보여라. 이 사실은 [정리 17.4]의 [따름정리]에 모순일까?

17.14 다음 다항식 중 $\mathbb{Q}$ 위에서 기약인 것을 찾으라.

(a) $x^5+9x^4+12x^2+6$

(b) x^4+x+1

(c) x^4+3x^2+3

(d) x^5+5x^2+1

(e) $\frac{5}{2}x^5+\frac{9}{2}x^4+15x^3+\frac{3}{7}x^2+6x+\frac{3}{14}$

17.15 [EX 17.10]의 체를 참고하고 잉여류를 잉여류의 대표원소로만 나타내어 $(x^2+x)^2$과 $(x^2+x)^{-1}$의 대표원소를 찾으라.

17.16 F가 [EX 17.10]의 체를 나타내고 F^*가 F의 곱셈에 대한 부분군이라 하자. F^*의 항등원이 아닌 임의의 원소 a에 대해 a에 의해 생성된 순환부분군은 F^*임을 증명하라. $|F|=32$인 체 F에 대해 이 사실이 성립할까? 또 $|F|=16$인 경우에는 어떻게 될까?

17.17 어떤 소수 p에 대해 $f(x)$가 $\mathbb{Z}_p[x]$ 위에서(즉, $f(x)$의 계수가 법 p에 대해 축소될 때) 기약이면, $\mathbb{Z}[x]$의 다항식 $f(x)$에 대해 어떤 결론을 내릴 수 있을까? 또 임의의 소수 p에 대해 $f(x)$가 $\mathbb{Z}_p[x]$ 위에서(즉, $f(x)$의 계수가 법 p에 대해 축소될 때) 가약이면, $\mathbb{Z}[x]$의 다항식 $f(x)$에 대해 어떤 결론을 내릴 수 있을까?

17.18 $f(x)\in\mathbb{Z}_2[x]$이고 $\deg f(x)=5$라 하자. 0과 1 모두 $f(x)$의 근이 아닌 경우, $f(x)$가 $\mathbb{Z}_2$ 위에서 기약임을 증명하기 위해 x^2+x+1이 $f(x)$의 인수가 아니라는 것만 보이면 충분한 이유를 설명하라.

17.19 $I=\langle x^2+2\rangle$일 때, 체 $\mathbb{Z}_7[x]/I$에 대해 $x+I$, $x+1+I$의 곱셈에 대한 위수를 구하라. 또 $x+I$의 곱셈에 대한 역원을 구하라.

17.20 F가 체이고, $f(x)\in F[x]$가 $\deg f(x)>1$이며 F 위에서 가약이라고 하자. $F[x]/\langle f(x)\rangle$가 정역이 아님을 증명하라.

17.21 x^4+1이 $\mathbb{Q}$ 위에서 기약임을 보여라.

17.22 $f(x)=ax^4+bx^2+c\in\mathbb{Z}[x]$라 하자. $p(x)$가 $\mathbb{Z}[x]$에서 $f(x)$의 인수이면 $p(-x)$도 $\mathbb{Z}[x]$에서 $f(x)$의 인수임을 증명하라.

17.23 $f(x)=x^3+6\in\mathbb{Z}_7[x]$라 하자. $\mathbb{Z}_7$ 위에서 $f(x)$를 기약다항식들의 곱으로 나타내라.

17.24 $f(x)=x^3+x^2+x+1\in\mathbb{Z}_2[x]$라 하자. $\mathbb{Z}_2$ 위에서 $f(x)$를 기약다항식들의 곱으로 나타내라.

17.25 x^4+15x^3+7이 $\mathbb{Q}$ 위에서 기약임을 증명하라.

17.26 대입법을 통해 $\mathbb{Z}_7$ 위에서 $f(x)=3x^2+x+4$의 모든 근을 구하라. 또 2차방정식에 대한 근의 공식 $(-b\pm\sqrt{b^2-4ac})(2a)^{-1}$을 이용해 $f(x)$의 모든 근을 구하라(모든 계산은 $\mathbb{Z}_7$ 위에서 함). 두 방법으로 구한 답이 일치하는가? 그리고 대입법을 이용해 $\mathbb{Z}_5$ 위에서 $g(x)=2x^2+x+3$의 모든 근을 구하라. 또 $g(x)$에 대해 2차방정식의 근의 공식을 이용해 모든 근을 구하라. 두 방법으로 구한 답이 일치하는가? p가 2보다 큰 소수일 때, $\mathbb{Z}_p[x]$에서 근의 공식이 2차방정식의 모든 근을 구할 필요충분조건을 작성하라.

17.27 소수 p에 대해 다음 물음에 답하라.

(a) $\mathbb{Z}_p$ 위에서 x^2+ax+b 형태의 가약다항식의 개수는 $\dfrac{p(p+1)}{2}$개임을 보여라.

(b) $\mathbb{Z}_p$ 위에서 가약인 2차다항식의 개수를 구하라.

17.28 소수 p에 대해 다음 물음에 답하라.

(a) $\mathbb{Z}_p$ 위에서 x^2+ax+b 형태의 기약다항식의 개수를 구하라.

(b) $\mathbb{Z}_p$ 위에서 2차 기약다항식의 개수를 구하라.

17.29 모든 소수 p에 대해 위수가 p^2인 체가 존재함을 보여라.

17.30 모든 양의 정수 n에 대해 $\mathbb{Q}$ 위에서 기약이고 모닉다항식인 $\mathbb{Z}[x]$의 n차다항식이 무수히 많음을 증명하라.

17.31 [EX 17.11]에 주어진 체가 [EX 13.9]에 주어진 체와 동형임을 보여라.

17.32 $f(x)\in\mathbb{Z}_p[x]$라 하자. $f(x)$가 x^2+ax+b 형태의 인수를 갖지 않으면, $f(x)$는 $\mathbb{Z}_p$ 위에서 2차다항식을 인수로 갖지 않음을 증명하라.

17.33 $\mathbb{Z}_3$ 위에서 기약인 2차 모닉다항식을 모두 구하라.

17.34 π가 영이 아닌 유리수 계수 다항식의 근이 아니라는 점을 고려하여, π^2을 $a\pi+b$(a, b는 유리수) 형태로 나타낼 수 없음을 증명하라.

17.35 **[유리근 판정법 정리(rational root theorem)]** $f(x)=a_nx^n+a_{n-1}x^{n-1}+\cdots+a_0\in\mathbb{Z}[x]$, $a_n\neq 0$이라 하자. r과 s가 서로소이고 $f\left(\frac{r}{s}\right)=0$이면 $r\mid a_0$이고 $s\mid a_n$임을 증명하라.

17.36 F가 체이고 $p(x)$, $a_1(x)$, $a_2(x)$, $\cdots$, $a_k(x)\in F[x]$이며, $p(x)$가 F 위에서 기약다항식이라고 하자. 만약 $p(x)\mid a_1(x)a_2(x)\cdots a_k(x)$이면 $p(x)$는 어떤 $a_i(x)$를 나눈다는 것을 보여라.[3]

17.37 F가 체이고 $p(x)\in F[x]$라 하자. [정리 14.4]를 이용해 $\langle p(x)\rangle$가 $F[x]$의 극대아이디얼이면 $p(x)$는 F 위에서 기약임을 증명하라([정리 17.5] 참고).

17.38 p가 소수이면 $x^{p-1}-x^{p-2}+x^{p-3}-\cdots-x+1$이 $\mathbb{Q}$ 위에서 기약임을 증명하라.

17.39 F가 체이고 $p(x)$가 F 위에서 기약이라고 하자. E가 F를 포함하는 체이고, $p(a)=0$인 원소 a가 E에 존재하면 $f(x)\to f(a)$로 주어지는 사상 ϕ: $F[x]\to E$는 핵이 $\langle p(x)\rangle$인 환 준동형사상임을 보여라.[4]

17.40 아이디얼 $\langle x^2+1\rangle$이 $\mathbb{Z}[x]$의 소아이디얼이지만 극대아이디얼은 아님을 증명하라.

17.41 F가 체이고 $p(x)$가 F 위에서 기약이라고 하자. $\{a+\langle p(x)\rangle\mid a\in F\}$는 F와 동형인 $F[x]/\langle p(x)\rangle$의 부분체임을 보여라.[5]

17.42 F가 체이고 $f(x)$가 F 위에서 가약인 $F[x]$의 다항식이라 하자. $\langle f(x)\rangle$가 $F[x]$의 소아이디얼이 아님을 증명하라.

17.43 [EX 17.1]은 [정리 17.2]의 역이 참이 아님을 보여준다. 즉, $\mathbb{Z}[x]$의 다항식 $f(x)$는 $\mathbb{Z}$ 위에서 가약이지만 $\mathbb{Q}$ 위에서는 기약이다. 역이 참이 되는 $f(x)$의 조건을 답하라.

* 이 장을 위한 컴퓨터 연습문제는 http://www.d.umn.edu/~jgallian에서 확인할 수 있다.

---

3 이 문제는 이 장의 [정리 17.6]의 증명에서 살펴봤다.
4 이 문제는 19장에서 다시 언급한다.
5 이 문제는 19장에서 다시 언급한다.

서지 랭(Serge Lang)

랭의 대수학은 대학원에서 대수학을 가르치는 방식을 변화시켰다. 이는 이후 모든 대학원 수준의 대수학 책에 영향을 미쳤다.

스틸상(Steele prize)의 인용

Courtesy of Bogdan Oporowski

랭은 다작의 수학자였고, 영감을 주는 교사이자 정치 운동가였다. 그는 1927년 5월 19일 파리 근교에서 태어났다. 그의 가족은 그가 10대일 때 로스앤젤레스로 이주했다. 랭은 칼텍(Caltech)에서 물리학 학사 학위를 취득했다. 1951년에는 프린스턴대학교에서 에밀 아르틴(Emil Artin)의 지도로 수학 박사 학위를 취득했다. 그의 첫 연구 직위는 1955년 컬럼비아대학교였지만, 1971년 랭은 컬럼비아대학교의 월남전 반대 시위대에 대한 처분에 의사를 표하며 사임했다. 그는 1972년 예일대학교에 가서 정년까지 머물렀다.

랭은 정수론, 대수기하학, 미분기하학, 해석학에 상당한 기여를 했다. 그는 120편 이상의 연구 논문과 60권의 책을 저술했다.

그의 가장 유명하고 영향력 있는 책은 대학원 수준의 '대수학'이었다. 랭은 그의 학생들에게 끼친 엄청난 공헌으로 큰 상을 받은 교사였다.

랭은 종종 수학, 예술, 정치에 대한 열띤 토론을 벌이기도 했다. 한 사건으로, 비틀즈가 베토벤보다 더 뛰어난 음악가임이 명백하다는 사실을 인정하지 않았다는 이유로 동료 수학자를 청동 흉상으로 내려치려고 위협한 적이 있다.

랭은 미국수학회로부터 수학 부문에서 스틸상(the Steele prize for mathematical exposition)을 받았고, 대수학 분야에서 콜상(Cole prize)(24장 참고)을 받았으며, 미국국립과학원의 회원으로 선출되었다. 랭은 2005년 9월 25일 78세의 나이로 사망했다.

18

정역의 나눗셈
Divisibility in Integral Domains

"기본적인 정의는 탐색의 시작이 아니라 끝에서 발생한다. 왜냐하면 어떤 것을 정의하려면 그것이 무엇인지, 어디에 좋은지 알아야 하기 때문이다."

한스 프로이덴탈(Hans Freudenthal), *Developments in Mathematical Education*

"스스로 고치며 결실을 맺는 방향으로 갈 수 있는 유익한 오류를 언제든지 나에게 제공하라. 당신은 무익한 불모의 진실을 스스로 간직할 수 있다."

빌프레도 파레토(Vilfredo Pareto)

18.1 기약원과 소원

16장과 17장에서는 정수 또는 체 위에서의 다항식의 인수분해에 대해 집중적으로 살펴봤다. 예를 들어 $\mathbb{Z}[x]$의 유일인수분해와 $F[x]$의 나눗셈 알고리즘 등은 정수에 대한 정리들과 자연스럽게 대응되는 성질이다. 이 장과 다음 장에서는 더 추상적인 대수 구조에서의 인수분해에 대해 알아본다.

정의 동반원, 기약원, 소원

정역 D의 원소 a, b에 대해 D의 단원 u가 존재하여 $a=ub$이면 a, b를 **동반원**(associates)이라고 한다. 정역 D의 영이 아닌 원소 a가 단원이 아니고 b, $c \in D$에 대해 $a=bc$일 때, b 또는 c가 단원이면 a를 **기약원**(irreducible)이라고 한다. 정역 D의 영이 아닌 원소 a가 단원이 아니고 $a \mid bc$일 때, $a \mid b$ 또는 $a \mid c$이면 a를 **소원**(prime)이라고 한다.

간단히 말하면, 기약원은 자명한 방법으로만 인수분해되는 원소이다. 원소 a가 소원일 필요충분조건은 $\langle a \rangle$가 소아이디얼인 것이다.

위 정의를 정수와 연결하는 것은 다소 혼란스러울 수 있다. 왜냐하면 0장에서는 양의 정수가 기약원의 정의를 만족하면 소수라고 정의했고, 소수인 정수가 정역에서 소원의 정의를 만족함을 증명했기 때문이다(유클리드의 보조정리 참고). 여기서 혼란스러운 이유는 정수의 경우 기약원과 소원이 동일한 개념이지만, 일반적으로는 둘이 다른 개념이기 때문이다.

소원과 기약원의 구별을 잘 설명해주는 환은 정역 $\mathbb{Z}[\sqrt{d}]=\{a+b\sqrt{d} \mid a,\ b \in \mathbb{Z}\}$이다. 여기서 d는 1이 아니며 소수의 거듭제곱으로 나누어지지 않는다(환 $\mathbb{Z}[\sqrt{d}]$는 정수론에서 핵심적인 대상이며 상당히 중요하다). 이 환을 분석하려면 단원, 기약원, 소원을 구하는 편리한 방법이 필요하다. 이를 위해 $\mathbb{Z}[\sqrt{d}]$에서 음이 아닌 정수 집합으로 가는 함수 N을 $N(a+b\sqrt{d})=|a^2-db^2|$으로 정의하자. 이 함수 N을 **노름**(norm)이라고 한다. 다음 네 가지 성질에 대한 확인은 독자에게 남긴다([연습문제 18.1] 참고).

(1) $N(x)=0$일 필요충분조건은 $x=0$이다.

(2) 임의의 x, y에 대해 $N(xy)=N(x)N(y)$이다.

(3) x가 단원일 필요충분조건은 $N(x)=1$이다.

(4) $N(x)$가 소원이면 x는 $\mathbb{Z}[\sqrt{d}]$의 기약원이다.

EX 18.1 $\mathbb{Z}[\sqrt{-3}]$에서 소원이 아닌 기약원을 구해보자. 여기서 $N(a+b\sqrt{-3})=a^2+3b^2$이다. $1+\sqrt{-3}$을 xy로 인수분해할 수 있다고 가정하자. 여기서 x, y는 모두 단원이 아니다. 그러면 $N(xy)=N(x)N(y)=N(1+\sqrt{-3})=4$이고, 따라서 $N(x)=2$이다. 그러나 $a^2+3b^2=2$를 만족하는 정수 a, b는 존재하지 않는다. 따라서 x 또는 y는 단원이고 $1+\sqrt{-3}$은 기약원이다. 이제 $1+\sqrt{-3}$이 소원이 아님을 확인해보자. $(1+\sqrt{-3})(1+\sqrt{-3})=4=2\cdot 2$이므로 $1+\sqrt{-3}$이 $2\cdot 2$를 나눈다. 한편, 적당한 정수 a, b가 존재하여 $2=(1+\sqrt{-3})(a+b\sqrt{-3})=(a-3b)+(a+b)\sqrt{-3}$을 만족하려면 $a-3b=2$, $a+b=0$이어야 한다. 그러나 이는 불가능하다.

$\mathbb{Z}[\sqrt{d}]$ 형태의 환의 원소가 기약원임을 보이는 것은 $d>1$일 때 특히 더 어렵다. [EX 18.2]에서는 이를 보이는 한 가지 방법을 설명한다. 여기서 노름에 대한 앞의 성질 (4)의 역이 참이 아님을 보여준다. 즉, $N(x)$가 소원이 아니더라도 x는 기약원일 수 있음을 보여준다.

EX 18.2 원소 7은 환 $\mathbb{Z}[\sqrt{5}]$의 기약원이다. 이 주장을 확인하기 위해 $7=xy$라 하자. 여기서 x, y는 모두 단원이 아니다. 그러면 $49=N(7)=N(x)N(y)$이고, x는 단원이 아니므로 $N(x)\neq 1$이다. 즉, $N(x)=7$이다. $x=a+b\sqrt{5}$라 하면 $|a^2-5b^2|=7$을 만족하는 정수 a, b가 존재한다. 즉, $a^2-5b^2=\pm 7$이다. 방정식 $a^2-5b^2=\pm 7$의 모든 정수해는 임의의 양의 정수 n에 대해 $\mathbb{Z}_n$에서의 해이기도 하므로, 법 5에 대해 적용하면 $a^2=2$와 $a^2=-2=3$만 확인하면 된다. a에 대한 다섯 가지 경우를 모두 확인하면 해가 존재하지 않음을 알 수 있다.

[EX 18.1]을 보면 기약원은 아니지만 소원인 원소를 갖는 정역이 존재하는지에 대한 자연스러운 질문을 할 수 있는데, 이러한 정역은 존재하지 않는다.

정리 18.1 소원이면 기약원이다

정역에서 모든 소원은 기약원이다.

증명

정역의 원소 a가 소원이고 $a=bc$라 가정하자. b 또는 c가 단원임을 보여야 한다. 소원의 정의에 따라 $a\mid b$ 또는 $a\mid c$이다. $b=at$라 하자. 그러면 $1b=b=at=(bc)t=b(ct)$이고, 소거법칙에 따라 $1=ct$이다. 따라서 c는 단원이다. ■

주아이디얼정역은 모든 아이디얼이 $\langle a \rangle$ 형태인 정역이다. 다음 정리는 소원과 기약원이 동등한 개념이 되는 조건을 보여준다.

정리 18.2 주아이디얼정역(PID)에서 기약원과 소원은 같다

주아이디얼정역에서 한 원소가 기약원일 필요충분조건은 그 원소가 소원인 것이다.

증명

[정리 18.1]에서는 소원이 기약원임을 증명했다. 이제 그 역을 증명하기 위해 a를 주아이디얼정역 D의 기약원이라 하고 $a \mid bc$라고 가정하자. $a \mid b$ 또는 $a \mid c$임을 보이면 된다. 아이디얼 $I = \{ax + by \mid x,\ y \in D\}$에 대해 $\langle d \rangle = I$라 하자. $a \in I$이므로 $a = dr$로 나타낼 수 있다. a는 기약원이므로 d 또는 r이 단원이다.

d가 단원이면 $I = D$이고, $1 = ax + by$로 나타낼 수 있다. 그러면 $c = acx + bcy$이고, a가 두 항 acx, bcy를 모두 나누므로 a는 c도 나눈다. 반면에, r이 단원이면 $\langle a \rangle = \langle d \rangle = I$이다. 그리고 $b \in I$이므로 D에 적당한 원소 t가 존재하여 $at = b$이다. 즉, a가 b를 나눈다. ■

$\mathbb{Z}$와 체 F에 대해 $F[x]$에 대한 나눗셈 알고리즘으로 쉽게 알 수 있는 결과는 $\mathbb{Z}$와 $F[x]$가 주아이디얼정역이라는 것이다([연습문제 14.57]과 [정리 16.3] 참고). [EX 18.3]에서는 우리에게 친숙한 환이지만 주아이디얼정역이 아닌 예를 살펴본다.

EX 18.3 $\mathbb{Z}[x]$가 주아이디얼정역이 아님을 보이자. 아이디얼 $I = \langle 2,\ x \rangle$가 $\langle h(x) \rangle$ 형태가 아님을 보일 것이다. 만약 $I = \langle h(x) \rangle$이면 2와 x가 I의 원소이므로, 적당한 $f(x)$, $g(x) \in \mathbb{Z}[x]$가 존재하여 $2 = h(x)f(x)$, $x = h(x)g(x)$이다. 차수 법칙([연습문제 16.19] 참고)에 따라 $0 = \deg 2 = \deg h(x) + \deg f(x)$이므로 $h(x)$는 상수다항식이다. 그 상수를 구하기 위해 $2 = h(1)f(1)$을 이용하면 $h(1) = \pm 1$ 또는 ± 2이다. $1 \notin I$이므로 $h(x) = \pm 2$이다. 그러면 $x = \pm 2g(x)$가 되어 모순이다.

앞서 정역 $\mathbb{Z}$와 $\mathbb{Z}[x]$의 중요한 인수분해 성질을 증명했다. 1보다 큰 모든 정수는 기약원(즉, 소원)의 곱으로 유일하게 인수분해되고, 0도 아니고 단원도 아닌 모든 다항식은 기약다항식의 곱으로 유일하게 인수분해된다. 모든 정역이 이와 같은 성질을 가질까? 정역의 유일인수분해에 대한 문제는 **페르마의 마지막 정리**(Fermat's last theorem)라는 정수론의 유명한 문제를 해결하는 과정에서 처음 제기되었다.

18.2 페르마의 마지막 정리에 대한 역사적 논의

방정식 $x^2+y^2=z^2$을 만족하는 0이 아닌 정수 x, y, z는 무수히 많다. 그러나 방정식 $x^3+y^3=z^3$이나, 더 일반적인 경우로 2보다 큰 양의 정수 n과 0이 아닌 정수 x, y, z에 대해 $x^n+y^n=z^n$은 어떨까? 그동안 이 방정식에 대해 단 하나의 해도 발견하지 못했고, 지난 3세기가 넘도록 많은 사람들이 이와 같은 해가 존재하지 않음을 증명하려고 노력했다. 수학자 오일러(Euler), 르장드르(Legendre), 아벨(Abel), 가우스(Gauss), 디리클레(Dirichlet), 코시(Cauchy), 쿠머(Kummer), 크로네커(Kronecker), 힐베르트(Hilbert)는 이 방정식의 해가 존재하지 않음을 증명하기 위해 엄청난 노력을 기울였고, 이는 환 이론의 발전에 큰 영향을 미쳤다.

약 1,000년 전, 아랍 수학자들은 $n=3$인 경우에 대해 해가 존재하지 않는다는 잘못된 증명을 했다. 이 문제는 1637년까지 유지되었는데, 프랑스 수학자 피에르 드 페르마(Pierre de Fermat, 1601~1665)는 그의 저서의 여백에서 다음과 같이 말했다.

"… 한 세제곱수를 두 세제곱수의 합으로 나타낼 수 없고, 한 네제곱수를 두 네제곱수의 합으로 나타낼 수 없다. 일반적으로 3차 이상의 거듭제곱수를 같은 차수인 두 거듭제곱수의 합으로 나타낼 수 없다. 나는 이 일반적인 정리에 대한 놀라운 증명을 발견했다. 그러나 이 책의 여백이 너무 좁아 담을 수 없다."

페르마는 증명을 하지 못했기 때문에 많은 수학자들이 그 결과를 증명하려고 노력했다. $n=3$인 경우는 1770년에 오일러가 증명했지만 그의 증명은 불완전했다. $n=4$인 경우는 기본적이어서 페르마 자신이 증명했다. $n=5$인 경우는 1825년에 20세의 디리클레와 70세가 넘은 르장드르가 증명했다. 특정 정수에 대해 성립하면 그 정수의 모든 배수에 대해 성립하므로, 다음으로 관심을 가진 것은 $n=7$인 경우였다. 1839년 가브리엘 라메(Gabriel Lamé)가 해결할 때까지 훌륭한 수학자들이 노력을 기울였다. 1847년 라메는 이 문제를 완전히 해결했다고 발표하여 흥분의 도가니로 만들었다. 그의 접근 방식은 홀수인 소수 p에 대해 식 x^p+y^p을 다음과 같이 인수분해하는 것이었다.

$$(x+y)(x+\alpha y)\cdots(x+\alpha^{p-1}y)$$

이때 α는 복소수 $\cos\dfrac{2\pi}{p}+i\sin\dfrac{2\pi}{p}$이다. 즉, 그의 인수분해는 환 $\mathbb{Z}[\alpha]=\{a_0+a_1\alpha+\cdots+a_{p-1}\alpha^{p-1}\mid a_i\in\mathbb{Z}\}$에서 일어난다. 그러나 라메는 이와 같은 환에서 기약원들의 곱으로 유일하게 인수분해된다고 가정하는 오류를 범했다. 사실 3년 전에 에른스트 에두아르트 쿠머(Ernst Eduard Kummer)는 이 결과가 항상 성립하지는 않음을 증명했다. 유일인수분해의 실패에 굴하지 않고 쿠머는 새로운 형태의 수를 만들어 인수분해의 성질을 유지하는 이론을 개발하기 시작했다. 라메의 발표

이후 몇 주 이내에 쿠머는 페르마의 마지막 정리가 특수한 형태의 모든 소수에 대해 성립함을 보였다. 37, 59, 67, 74를 제외하면 소수든 아니든 상관없이 100보다 작은 모든 지수에 대해 정리가 성립한다고 증명했다. 쿠머의 연구는 오늘날 우리가 알고 있는 아이디얼 이론으로 이어졌다.

수세기에 걸쳐 제안된 많은 증명들은 면밀하게 분석되지 못했다. 유명한 정수론 연구자 에드문트 란다우(Edmund Landau)는 이에 관한 수많은 증명의 검토를 요청받았기 때문에 '__쪽의 __에서 _____까지 행에 오류가 있다.'라고 인쇄된 양식을 가지고 다녔다. 『Scientific American』의 'Mathematical Games' 칼럼니스트인 마틴 가드너(Martin Gardner)는 자신의 증명을 검토해 달라는 독자들의 요청을 거절한다는 엽서를 남기기도 했다.

페르마의 마지막 정리를 현대 수학 이론과 밀접하게 연결하는 최근의 발견은 이러한 이론이 결국 증명으로 이어질 수 있다는 희망을 주었다. 1988년 3월, 전 세계의 신문과 과학잡지에는 미야오카 요이치(Miyaoka Yoichi)의 증명에 대한 소식이 실렸다([그림 18.1] 참고). 그러나 몇 주 안에 미야오카의 증명은 잘못된 것임이 밝혀졌다. 1993년 6월, 프린스턴대학교의 앤드루 와일스(Andrew Wiles)가 페르마의 마지막 정리를 증명했다고 발표하자 수학계가 떠들썩해졌다([그림 18.2] 참고). 프린스턴대학교의 수학과 학과장은 "우리가 그 소식을 들었을 때, 사람들은 마치 하늘 위로 걷기 시작하는 것 같았다."라고 말했다. 그러나 다시 한 번 검토한 결과, 이 증명은 성립하지 않았다. 하지만 이 이야기는 좋은 결말을 맞이했다. 수학계는 1994년 9월에 와일스와 리차드 테일러(Richard Taylor)가 제시한 수정된 증명이 성립한다고 받아들였다.[1]

수많은 저명한 수학자들이 그 당시에 매우 강력한 이론들이 있었음에도 불구하고 페르마의 마지막 정리를 증명할 수 없었다는 사실을 고려하면, 페르마가 정확한 증명을 했을 가능성은 매우 희박해 보인다. 아마도 그의 후계자들이 유일인수분해와 같은 정수의 성질들이 일반적인 정역에서도 성립한다고 가정한 오류를 그도 범했을 가능성이 높다.

1 과학 작가 하워드 블룸(Howard Bloom)은 페르마의 마지막 정리를 증명하는 데 1,300만 이상의 시간이 필요했다고 추정했다.

Doubts about Fermat solution

Careful scrutiny of a recently proposed proof of Fermat's last theorem (SN: 3/19/88, p.180) has turned up several flaws that cast doubt on the proof's validity. Japanese mathematician Yoichi Miyaoka, who is presently working at the Max Planck Institute for Mathematics in Bonn, West Germany, last week admitted that his proof has a serious problem. He is now studying how to revise his proof.

Institut des Hautes Etudes near Paris, wh... discussing the ... Miyaoka. "But it means there's more ... do. It's a rather c... proof. If you change things in one part of ... proof, then all the other p... may be subject to change."

Fermat's last theorem concerns equations of the form xn + yn ...

Fermat's last theorem: a promising approach.

The end of a centuries-long search for a proof of Fermat's last theorem, one of the most famous unsolved problems in mathematics, may at last be in sight. A Japanese mathematician, Yoichi Miyaoka of the Tokyo Metropolitan University, has proposed a proof for a key link in a chain of reasoning that establishes the theorem's truth. If Miyaoka's proof survives the mathematical community's intense scrutiny, then fermat's conjecture (as it ought to be called until a proof is firmly established) can truly be called a theorem.

Miyaoka's method builds on work done by several Russian mathematicians and links important ideas in three mathematical fields: number theory, algebra and geometry. Though highly technical, his argument fills fewer than a dozen manuscript pages -- short for such a significant mathematical proof. Miyaoka recently presented a sketch of his ideas at a seminar at the Max Planck Institute for Mathematics in Bonn, West Germany.

"It looks very nice," mathematician Don B. Zagier of the Max Planck Institute told Science News.

A curvy path leads to Fermat's last theorem.

After more than 300 years, Fermat's last theorem may finally live up to its common designation as a theorem. In a dramatic announcement that caught the mathematical community completely by surprise, Andrew Wiles of Princeton University revealed last week that he had proved major parts of a significant conjecture in number theory, These results, in turn, establish the truth of Fermat's famous, devilishly simple conjecture.

"It's an amazing piece of work," says Peter C. Sarnak, one of Wiles' Princeton colleagues. "The proof hasn't been totally checked, but it's very convincing?"

Pierre de Fermat's last theorem goes back to the 17th century, when the French jurist and mathematician asserted that for any whole number n greater than 2, the equation [x.sup.n]+[y.sup.n] = [z.sup.n] has no solution for which x, y, and z are all whole numbers greater than zero.

Fermat scribbled hi... a page in a mathem... Then, in a tantalizing ... mathematicians for c... that although he had ... theorem, he didn't have ...

After Fermat died, schol... of the proof in any o... mathematicians proved th... exponent n = 3 and solved several other special cases. Last year, a massive computer-aided effort by J.P. Buhler of Reed College in Portland, Ore., and Richard E. Crandall of NeXT Computer Inc., in Redwood City, Calif., verified Fermat's last theorem for exponents up to 4 million.

Meanwhile, mathematicians had picked up some valuable hints of a potential avenue to a general proof that the conjecture is true. In the mid-1980s, Gerhard Frey of the University of the Saarlands in Saarbrucken, Germany, unexpectedly uncovered an intriguing link between Fermat% conjecture and a seemingly

...problem into an area of ... for which mathematicians had already developed a wide range of techniques for solving problems. A number of mathematicians, including Barry Mazur of Harvard University and Kenneth A. Ribet of the University of California, Berkeley, followed up Frey's surprising insight with additional results that ultimately tied Fermat's last theorem to a central conjecture in number theory (SN: 6/20/87, p.397).

Named for Japanese mathematician Yutaka Taniyama, this conjecture concerns certain characteristics of elliptic curves. A proof of this conjecture would automatically imply that Fermat's last theorem must be true.

[그림 18.1] Times Magazine, Science News #133, LA Times

[그림 18.2] 앤드루 와일스(AP Images/Charles Rex Arbogast)

18.3 유일인수분해정역

이제 유일인수분해에 대한 아이디어를 공식화하는 데 필요한 용어를 알아보자.

정의 유일인수분해정역(UFD)

정역 D가 다음 두 조건을 만족하면 **유일인수분해정역**(UFD; Unique Factorization Domain)이라고 한다.

(1) 단원이 아닌 D의 모든 0이 아닌 원소는 D의 기약원들의 곱으로 표현된다.

(2) 기약원들의 곱으로 표현할 때, 기약원들이 나타나는 순서와 동반원으로 바꾸는 것의 차이를 무시하면 인수분해의 표현 방법은 유일하다.

이 정의의 조건 (2)를 공식화하는 또 다른 방법은 다음과 같다.

$p_1^{n_1}p_2^{n_2}\cdots p_r^{n_r}$과 $q_1^{m_1}q_2^{m_2}\cdots q_s^{m_s}$이 어떤 원소를 기약원들의 곱으로 인수분해한 두 표현이라고 하자. 이때 어느 두 p_i들도 동반원이 아니고 어느 두 q_j들도 동반원이 아니면, $r=s$이고 각 p_i는 단 하나의 q_j와 동반원이 되며 $n_i=m_j$이다.

물론 산술의 기본정리에 따라 정수환은 유일인수분해정역이다. 또한 [정리 17.6]에 의해 $\mathbb{Z}[x]$가 유일인수분해정역이다. 곧 알게 되겠지만, 우리가 이미 살펴본 대부분의 정역은 유일인수분해정역이다.

다음 정리를 증명하기 전에 아이디얼에 대한 **오름사슬조건**(ascending chain condition)이 필요하다.

보조정리 PID를 위한 오름사슬조건

주아이디얼정역에서 순증가하는(즉, 모든 i에 대해 $I_i \subset I_{i+1}$이고 $I_i \neq I_{i+1}$) 임의의 아이디얼의 사슬 $I_1 \subset I_2 \subset \cdots$는 그 길이가 유한하다.

증명

$I_1 \subset I_2 \subset \cdots$를 정역 D의 순증가하는 아이디얼의 사슬이라 하자. 그리고 I를 이 사슬의 모든 아이디얼들의 합집합이라 하자. I가 D의 아이디얼임을 확인하는 것은 [연습문제 18.3]으로 남긴다. 그러면 D는 주아이디얼정역이므로 원소 $a \in D$가 존재하여 $I=\langle a\rangle$이다. $a \in I$이고 $I=\cup I_k$이므로, a는 이 사슬의 어떤 원소 I_n에 속한다. 즉, $a \in I_n$이다. 그러면 사슬의 임의의 원소 I_i에 대해 $I_i \subseteq I=\langle a\rangle \subseteq I_n$이므로, I_n이 이 사슬의 마지막 아이디얼이어야 한다. ■

정리 18.3 PID는 UFD이다

모든 주아이디얼정역은 유일인수분해정역이다.

증명

D를 주아이디얼정역이라 하고, a_0을 D의 0이 아니며 단원도 아닌 원소라 하자. 우선 a_0이 기약원들의 곱으로 표현될 수 있음을 보이자(이 곱은 단 하나의 인수로만 구성될 수도 있다). 먼저 a_0이 기약인 원소를 하나 이상 가짐을 보이자. 만약 a_0이 기약원이면 여기서 끝난다. 따라서 $a_0 = b_1 a_1$이라 가정한다. 이때 b_1과 a_1은 모두 단원이 아니고 a_1은 0이 아니다. a_1이 기약원이 아니면 $a_1 = b_2 a_2$로 나타낼 수 있다. 이때 b_2와 a_2는 모두 단원이 아니고 a_2는 0이 아니다. 이와 같은 방법을 계속 진행하면 D의 단원이 아닌 원소들로 이루어진 수열 $b_1, b_2, \cdots$와 0이 아닌 D의 원소들로 이루어진 수열 $a_0, a_1, a_2, \cdots$가 모든 n에 대해 $a_n = b_{n+1} a_{n+1}$이 성립한다. 따라서 $\langle a_0 \rangle \subset \langle a_1 \rangle \subset \cdots$은 순증가하는 아이디얼의 사슬이며([연습문제 18.5] 참고), 앞의 [보조정리]에 따라 $\langle a_0 \rangle \subset \langle a_1 \rangle \subset \cdots \subset \langle a_r \rangle$과 같이 길이가 유한해야 한다. 특히 a_r은 a_0의 기약원인 인수이다. 이 논증은 D의 0이 아니며 단원도 아닌 모든 원소가 적어도 하나 이상의 기약원인 인수를 가짐을 보여준다.

이제 $a_0 = p_1 c_1$이라 하자. 여기서 p_1은 기약원이고 c_1은 단원이 아니다. 만약 c_1이 기약원이 아니면 $c_1 = p_2 c_2$로 나타낼 수 있다. 이때 p_2는 기약원이고 c_2는 단원이 아니다. 이와 같은 방법을 계속 진행하면 이전과 같이 순증가하는 수열 $\langle a_0 \rangle \subset \langle c_1 \rangle \subset \langle c_2 \rangle \subset \cdots$를 얻고, 이 사슬의 길이는 유한해야 한다. 이 수열이 $\langle c_s \rangle$로 끝난다고 가정해보자. 그러면 c_s는 기약원이고 $a_0 = p_1 p_2 \cdots p_s c_s$이며, 이때 각 p_i는 기약원이다. 이는 0이 아니며 단원도 아닌 주아이디얼정역의 모든 원소가 기약원들의 곱임을 증명한다.

이제 인수분해는 기약원들이 나타나는 순서와 동반원으로 바꾸는 것의 차이를 무시하면 그 표현 방법이 유일함을 보여야 한다. 이를 위해 D의 어떤 원소 a를 다음과 같이 나타낼 수 있다고 하자.

$$a = p_1 p_2 \cdots p_r = q_1 q_2 \cdots q_s$$

이때 p_i와 q_j는 기약원이며 중복이 허용된다. r에 대한 수학적 귀납법을 이용해보자. $r=1$이면 a는 기약원이고, 분명히 $s=1$이며 $p_1 = q_1$이다. 따라서 r개 미만의 기약원들의 곱으로 표현되는 모든 원소는 단 한 가지 방법으로만 표현된다고 가정하자(기약원들이 나타나는 순서와 동반원으로 바꾸는 것의 차이를 무시한다). D는 주아이디얼정역이므로, [정리 18.2]에 의해 곱 $p_1 p_2 \cdots p_r$에서 각 기약원 p_i는 소원이다. 그러면 p_1이 $q_1 q_2 \cdots q_s$를 나누므로 p_1은 어떤 q_i를 나누어야 한다([연습문제 18.33] 참고). 예를 들어 $p_1 \mid q_1$이라 하자. 그러면 $q_1 = up_1$이며, 여기서 u는 D의 단원이다. 이때

$$up_1p_2 \cdots p_r = uq_1q_2 \cdots q_s = q_1(uq_2) \cdots q_s, \quad up_1 = q_1$$

이므로, 소거법칙에 의해 다음이 성립한다.

$$p_2 \cdots p_r = (uq_2) \cdots q_s$$

수학적 귀납법의 가정을 통해 이 두 인수분해는 기약원들이 나타나는 순서와 동반원으로 바꾸는 것의 차이를 무시하면 그 표현 방법이 유일하다는 것을 알 수 있다. 따라서 a의 두 인수분해도 마찬가지로 동일하다. ■

[정리 18.3]의 증명의 존재성 부분에서, 정역 D가 주아이디얼정역이라는 사실은 D에 무한하며 순증가하는 아이디얼의 사슬이 존재하지 않는다는 것을 말하기 위해서만 사용되었다. 이와 같은 성질을 갖는 정역을 **뇌터 정역**(Noetherian domain)이라고 한다. 이 용어는 대수학에서 사슬조건을 최초로 사용한 에미 뇌터(Emmy Noether)를 기리기 위해 사용되었다. 뇌터 정역은 대수기하학에서 무엇보다도 중요하다. 중요한 이유 중 하나는, 많은 중요한 환 R에 대해 다항식환 $R[x]$가 뇌터 정역이지만 주아이디얼정역은 아닌 경우가 있다는 것이다. 그러한 예로 $\mathbb{Z}[x]$가 있다. $\mathbb{Z}[x]$는 UFD가 PID일 필요는 없음을 보여주는 예이다([EX 18.3] 참고).

[정리 18.3]에서 바로 연결되는 다음 [따름정리]를 살펴보자.

> **따름정리 $F[x]$는 UFD이다**
> F가 체이면 $F[x]$는 유일인수분해정역이다.

증명

[정리 16.4]에 의해 $F[x]$는 주아이디얼정역이다. 따라서 $F[x]$는 유일인수분해정역이다. ■

[따름정리]의 결과를 적용하면 리차드 싱어(Richard Singer)의 아이젠슈타인 판정법(정리 17.4)에 대한 우아한 증명을 얻는다.

EX 18.4 $f(x) = a_nx^n + a_{n-1}x^{n-1} + \cdots + a_0 \in \mathbb{Z}[x]$라 하고, 소수 p에 대해 다음이 성립한다고 하자.

$$p \nmid a_n,\ p \mid a_{n-1}, \cdots,\ p \mid a_0,\ p^2 \nmid a_0$$

$f(x)$가 $\mathbb{Q}$ 위에서 기약임을 증명하자. $f(x)$가 $\mathbb{Q}$ 위에서 가약이면 [정리 17.2]에 의해 $\mathbb{Z}[x]$의 적당한 원소 $g(x)$, $h(x)$가 존재하여 $f(x) = g(x)h(x)$, $1 \le \deg g(x) < n$, $1 \le \deg h(x) < n$이다.

$f(x)$, $g(x)$, $h(x)$의 모든 계수를 법 p로 축소한 $\mathbb{Z}_p[x]$의 다항식을 $\overline{f}(x)$, $\overline{g}(x)$, $\overline{h}(x)$라 하자. 그러면 p는 a_n을 제외한 $f(x)$의 모든 계수를 나누므로 $\overline{a_n}x^n = \overline{f}(x) = \overline{g}(x) \cdot \overline{h}(x)$이다. $\mathbb{Z}_p$는 체이므로 $\mathbb{Z}_p[x]$는 유일인수분해정역이다. 그러므로 $x \mid \overline{g}(x)$, $x \mid \overline{h}(x)$이다. 따라서 $\overline{g}(0) = \overline{h}(0) = 0$이므로, $p \mid g(0)$이고 $p \mid h(0)$이다. 그러면 $p^2 \mid g(0)h(0) = f(0) = a_0$인데, 이는 모순이다.

18.4 유클리드정역

또 다른 중요한 종류의 정역은 바로 유클리드정역이다.

정의 유클리드정역(ED)

정역 D의 0이 아닌 원소들을 음이 아닌 정수로 대응하는 함수 d(**측도**(measure)라고 함)가 존재하여 다음 두 조건을 만족하면 D를 **유클리드정역**(ED; Euclidean Domain)이라고 한다.

(1) D의 0이 아닌 임의의 원소 a, b에 대해 $d(a) \le d(ab)$이다.

(2) $a, b \in D$, $b \ne 0$이면 D에 적당한 q와 r이 존재하여 $a = bq + r$, $r = 0$ 또는 $d(r) < d(b)$이다.

EX 18.5 환 $\mathbb{Z}$는 유클리드정역이다. 이때 $d(a) = |a|$(a의 절댓값)이다.

EX 18.6 F가 체일 때, $F[x]$는 유클리드정역이다. 이때 $d(f(x)) = \deg f(x)$로 정의한다([정리 16.2] 참고).

[EX 18.5]와 [EX 18.6]은 환 $\mathbb{Z}$와 $F[x]$ 사이의 많은 유사점 중 하나를 보여준다. 추가적인 유사점은 [표 18.1]에서 설명한다.

[표 18.1] $\mathbb{Z}$와 $F[x]$ 사이의 유사점

$\mathbb{Z}$		$F[x]$
유클리드정역 : $d(a)=\lvert a\rvert$ **단원** : a가 단원일 필요충분조건은 $\lvert a\rvert=1$이다.	$\leftrightarrow$	**유클리드정역** : $d(f(x))=\deg f(x)$ **단원** : $f(x)$가 단원일 필요충분조건은 $\deg f(x)=0$이다.
나눗셈 알고리즘 : $a, b\in\mathbb{Z}$, $b\neq 0$에 대해 $q, r\in\mathbb{Z}$가 존재하여 $a=bq+r$, $0\leq r<\lvert b\rvert$를 만족한다.	$\leftrightarrow$	**나눗셈 알고리즘** : $f(x), g(x)\in F[x]$, $g(x)\neq 0$에 대해 $q(x), r(x)\in F[x]$가 존재하여 $f(x)=g(x)q(x)+r(x)$, $0\leq \deg r(x)<\deg g(x)$ 또는 $r(x)=0$을 만족한다.
PID : 영이 아닌 모든 아이디얼은 $I=\langle a\rangle$, $a\neq 0$이고 $\lvert a\rvert$는 최솟값이다.	$\leftrightarrow$	PID : 영이 아닌 모든 아이디얼은 $I=\langle f(x)\rangle$이고, $\deg f(x)$는 최솟값이다.
소수 : 비자명한 인수가 없다.	$\leftrightarrow$	**기약원** : 비자명한 인수가 없다.
UFD : 모든 원소는 소수들의 '유일한' 곱이다.	$\leftrightarrow$	UFD : 모든 원소는 기약원들의 '유일한' 곱이다.

EX 18.7 가우스 정수환 $\mathbb{Z}[i]=\{a+bi \mid a, b\in\mathbb{Z}\}$는 유클리드정역이다. 이때 $d(a+bi)=a^2+b^2$으로 정의한다. [EX 18.5], [EX 18.6]과 다르게, 함수 d가 필요한 조건을 만족한다는 것은 자명하지 않다. 임의의 $x, y\in\mathbb{Z}[i]$에 대해 $d(xy)=d(x)d(y)$([연습문제 18.7] 참고)이므로, $d(x)\leq d(xy)$이다. 유클리드정역의 정의의 조건 (2)가 성립하는지 확인해보자. 만약 $x, y\in\mathbb{Z}[i]$, $y\neq 0$이면 $xy^{-1}\in\mathbb{Q}[i]$이고, $\mathbb{Q}[i]$는 $\mathbb{Z}[i]$의 분수체이다([연습문제 15.65] 참고). $s, t\in\mathbb{Q}$에 대해 $xy^{-1}=s+ti$라 가정하자. 이제 m을 s와 가장 가까운 정수라 하고, n을 t와 가장 가까운 정수라 하자(이 정수들은 유일하게 결정되지 않을 수 있지만 딱히 문제가 되지 않는다). 따라서 $\lvert m-s\rvert\leq\frac{1}{2}$, $\lvert n-t\rvert\leq\frac{1}{2}$이다. 그러므로 다음이 성립한다.

$$\begin{aligned} xy^{-1}&=s+ti=(m-m+s)+(n-n+t)i\\ &=(m+ni)+[(s-m)+(t-n)i] \end{aligned}$$

따라서 다음과 같다.

$$x=(m+ni)y+[(s-m)+(t-n)i]y$$

유클리드정역의 정의의 나눗셈 조건은 $q=m+ni$이고 $r=[(s-m)+(t-n)i]y$일 때 만족한다. 분명히 q가 $\mathbb{Z}[i]$의 원소이고 $r=s-qy$이므로, r도 $\mathbb{Z}[i]$의 원소이다. 끝으로 다음이 성립한다.

$$\begin{aligned} d(r)&=d([(s-m)+(t-n)i])d(y)\\ &=[(s-m)^2+(t-n)^2]d(y)\\ &\leq\left(\frac{1}{4}+\frac{1}{4}\right)d(y)<d(y) \end{aligned}$$

정리 18.4 ED는 PID이다
모든 유클리드정역은 주아이디얼정역이다.

증명

D는 유클리드정역이고 I는 D의 영이 아닌 아이디얼이라고 하자. I의 영이 아닌 모든 원소 중 $d(a)$가 최소인 원소 a를 선택한다. 그러면 $I = \langle a \rangle$이다. 예를 들어 $b \in I$이면 적당한 q, r이 D에 존재하여 $b = aq + r$이다. 이때 $r = 0$ 또는 $d(r) < d(a)$이다. 그러나 $r = b - aq \in I$이므로, $d(r)$은 $d(a)$보다 작을 수 없다. 따라서 $r = 0$이고 $b \in \langle a \rangle$이다. 마지막으로 영아이디얼은 $\langle 0 \rangle$이다. ■

검증하기 쉽지는 않지만, 유클리드정역이 아닌 주아이디얼정역이 존재한다. 이러한 최초의 예는 1949년 테오도르 모츠킨(Theodore Motzkin)이 제시했다.

[정리 18.3]과 [정리 18.4]로부터 다음과 같은 중요한 결과를 이끌어낼 수 있다.

따름정리 ED는 UFD이다
모든 유클리드정역은 유일인수분해정역이다.

앞서 살펴본 정리와 설명을 요약하면 다음과 같다.

$$\text{ED} \Rightarrow \text{PID} \Rightarrow \text{UFD}$$
$$\text{UFD} \not\Rightarrow \text{PID} \not\Rightarrow \text{ED}$$

위에 나열한 명제들은 알파벳순으로 쉽게 기억할 수 있다. 17장에서 $\mathbb{Z}[x]$가 유일인수분해정역임을 증명했다. $\mathbb{Z}$는 유일인수분해정역이므로, 다음 정리에서 이 사실을 광범위하게 일반화한 내용을 다룬다. 이 증명은 특별한 경우에 대한 증명과 유사하므로 생략한다.

정리 18.5 D가 UFD이면 $D[x]$도 UFD이다
D가 유일인수분해정역이면 $D[x]$도 유일인수분해정역이다.

유일인수분해정역이 아닌 정역의 예를 소개하며 이 장을 마무리한다.

EX 18.8 환 $\mathbb{Z}[\sqrt{-5}]=\{a+b\sqrt{-5} \mid a,\ b\in\mathbb{Z}\}$는 정역이지만 유일인수분해정역은 아니다. $\mathbb{Z}[\sqrt{-5}]$가 정역임은 바로 알 수 있다([연습문제 13.11] 참고). 유일인수분해 성질을 만족하지 않음을 확인하기 위해 [EX 18.1]에서 적용했던 방법을 $N(a+b\sqrt{-5})=a^2+5b^2$을 이용해 적용해보자. $N(xy)=N(x)N(y)$, $N(x)=1$일 필요충분조건은 x가 단원인 것이므로([연습문제 18.1] 참고), $\mathbb{Z}[\sqrt{-5}]$의 단원은 ± 1뿐이다. 이제 다음 인수분해를 생각해보자.

$$46=2\cdot 23$$

$$46=(1+3\sqrt{-5})(1-3\sqrt{-5})$$

네 가지 인수 각각이 $\mathbb{Z}[\sqrt{-5}]$의 기약원임을 보이자. 단원이 아닌 두 원소 $x,\ y\in\mathbb{Z}[\sqrt{-5}]$에 대해 $2=xy$라 하자. 그러면 $4=N(2)=N(x)N(y)$이므로 $N(x)=N(y)=2$이다. 이는 불가능하다. 마찬가지로 $23=xy$가 자명하지 않은 인수분해라면 $N(x)=23$이다. 따라서 적당한 정수 $a,\ b$가 존재하여 $a^2+5b^2=23$을 만족할 것이다. 그러나 이러한 정수는 분명히 존재하지 않는다. 같은 방법을 $1\pm 3\sqrt{-5}$에도 적용할 수 있고, 이 또한 기약원임을 알 수 있다.

[EX 18.7]과 [EX 18.8]을 보면 $d<0$에 대해 $\mathbb{Z}[\sqrt{d}]$가 유일인수분해정역인지 궁금할 것이다. 이에 대한 답은 $d=-1$ 또는 -2인 경우에만 알 수 있다. $d=-1$인 경우는 가우스가 처음 증명했다.

18장 연습문제

그들이 수학 연구에 전념한다면 육체의 욕망에 대항하는 최선의 해결책을 발견할 것이다.

토마스 만(Thomas Mann), *The Magic Mountain*

18.1 $d\neq 1$이고 d가 소수의 거듭제곱으로 나누어지지 않을 때, 환 $\mathbb{Z}[\sqrt{d}]=\{a+b\sqrt{d} \mid a,\ b\in\mathbb{Z}\}$에 대해 노름 $N(a+b\sqrt{d})=|a^2-db^2|$은 [EX 18.1]의 네 가지 주장을 만족함을 증명하라.[2]

18.2 정역에서 a와 b가 동반원일 필요충분조건은 $\langle a\rangle=\langle b\rangle$임을 보여라.

18.3 환 R의 아이디얼의 사슬 $I_1\subset I_2\subset\cdots$의 합집합이 R의 아이디얼임을 보여라.[3]

2 이 문제는 이 장의 본문에서 살펴봤다.
3 이 문제는 이 장의 본문에서 살펴봤다.

18.4 정역에서 기약원과 단원의 곱이 기약원임을 보여라.

18.5 a, b가 정역의 원소이고 $b \neq 0$이라 하자. $\langle ab \rangle$가 $\langle b \rangle$의 진부분집합일 필요충분조건은 a가 단원이 아닌 것임을 보여라.[4]

18.6 D를 정역이라 하자. a와 b가 동반원일 때 $a \sim b$로 정의하자. 이 관계가 D에 대한 동치관계임을 보여라.

18.7 [EX 18.7]의 표기법에서 $d(xy) = d(x)d(y)$임을 보여라.

18.8 D가 측도 d를 갖는 유클리드정역이라 하자. u가 D에서 단원일 필요충분조건은 $d(u) = d(1)$임을 증명하라.

18.9 D가 측도 d를 갖는 유클리드정역이라 하자. a와 b가 D의 동반원이면 $d(a) = d(b)$임을 보여라.

18.10 D를 주아이디얼정역이라 하고 $p \in D$라 하자. p가 기약원일 필요충분조건은 $\langle p \rangle$가 D에서 극대아이디얼인 것임을 증명하라.

18.11 d가 소수의 제곱으로 나누어지지 않는 -1보다 작은 정수라 하자. $\mathbb{Z}[\sqrt{d}]$의 단원은 $+1$과 -1뿐임을 증명하라.

18.12 D를 주아이디얼정역이라 하자. D의 모든 진아이디얼은 D의 극대아이디얼에 포함됨을 보여라.

18.13 $\mathbb{Z}[\sqrt{-5}]$에서 21이 기약원들의 곱으로 유일하게 인수분해되지 않음을 보여라.

18.14 $1-i$가 $\mathbb{Z}[i]$에서 기약원임을 보여라.

18.15 $\mathbb{Z}[\sqrt{-6}]$이 유일인수분해정역이 아님을 보여라. 이 결과가 $\mathbb{Z}[\sqrt{-6}]$이 주아이디얼정역이 아님을 보여주는 이유는 무엇일까?

힌트 10은 두 가지 방식으로 인수분해된다.

18.16 유일인수분해정역이 아닌 부분정역을 갖는 유일인수분해정역의 예를 제시하라.

18.17 $\mathbb{Z}[i]$에서 3은 기약원이지만, 2와 5는 그렇지 않음을 보여라.

18.18 $\mathbb{Z}[\sqrt{6}]$에서 $N(7)$이 소원이 아니지만 7이 기약원임을 증명하라.

18.19 소수 p를 $\mathbb{Z}$에서 a^2+b^2 형태로 나타낼 수 있으면, $a+bi$는 $\mathbb{Z}[i]$에서 기약원임을 증명하라. 이 성질을 갖는 소수 3개와 이에 상응하는 기약원을 찾으라.

4 이 문제는 이 장의 본문에서 살펴봤다.

18.20 $\mathbb{Z}[\sqrt{-3}]$이 주아이디얼정역이 아님을 증명하라.

18.21 $\mathbb{Z}[\sqrt{-5}]$에서 $1+3\sqrt{-5}$가 기약원이지만 소원은 아님을 증명하라.

18.22 $\mathbb{Z}[\sqrt{5}]$에서 2와 $1+\sqrt{5}$가 모두 기약원이지만 소원은 아님을 증명하라.

18.23 $\mathbb{Z}[\sqrt{5}]$가 유일인수분해정역이 아님을 증명하라.

18.24 F가 체일 때, $F[x]$에서 0이 아닌 소아이디얼은 극대아이디얼임을 보여라.

18.25 [EX 18.7]에 주어진 논증을 이용해 $\mathbb{Z}[i]$에서 $3-4i=(2+5i)q+r$이고 $d(r)<d(2+5i)$인 q와 r을 찾으라.

18.26 $\mathbb{Z}[\sqrt{2}]=\{a+b\sqrt{2} \mid a,\ b\in\mathbb{Z}\}$에서 양의 정수 n에 대해 $(3+2\sqrt{2})^n$ 형태의 모든 원소가 단원임을 보여라.

18.27 d가 소수의 거듭제곱으로 나누어지지 않을 때, a와 b가 $\mathbb{Z}[\sqrt{d}]$의 원소이고 ab가 단원이면 a와 b가 단원임을 증명하라.

18.28 정역에서 한 것처럼, 단위원을 갖는 가환환에 대해 동반원, 기약원, 소원을 정의할 수 있다. 이 정의를 이용해 $\mathbb{Z}_{12}$에서 2와 3이 모두 소원이지만, 2는 기약원이고 3은 기약원이 아님을 보여라.

18.29 n은 양의 정수이고, p는 n을 나누는 소수라 하자. $\mathbb{Z}_n$에서 p가 소수임을 증명하라([연습문제 18.28] 참고).

18.30 p를 양의 정수 n의 소인수라 하자. p가 $\mathbb{Z}_n$의 기약원일 필요충분조건은 p^2이 n을 나누는 것임을 증명하라([연습문제 18.28] 참고).

18.31 D가 주아이디얼정역이면 $D[x]$도 주아이디얼정역임을 증명하거나 반증하라.

18.32 $\mathbb{Z}[i]$의 단원을 구하라.

18.33 p를 정역에서의 소수라 하자. $p \mid a_1a_2\cdots a_n$이면, p가 어떤 a_i를 나눈다는 것을 증명하라.[5]

18.34 $3x^2+4x+3\in\mathbb{Z}_5[x]$가 $(3x+2)(x+4)$와 $(4x+1)(2x+3)$으로 인수분해됨을 보여라. 이 결과가 [정리 18.3]의 결과에 대해 모순이 아닌 이유를 설명하라.

18.35 D를 주아이디얼정역이라 하고 p를 D의 기약원인 원소라 하자. $D/\langle p\rangle$가 체임을 증명하라.

5 이 문제는 이 장의 본문에서 살펴봤다.

18.36 순감소하는 모든 아이디얼의 사슬 $I_1 \supset I_2 \supset \cdots$의 길이가 유한해야 한다는 성질을 갖는 정역은 체임을 보여라.

18.37 단위원을 갖는 가환환 R의 아이디얼 A의 원소 $a_1, a_2, \cdots, a_n$이 존재하여 $A = \langle a_1, a_2, \cdots, a_n \rangle$일 때, A는 **유한생성된다**(finitely generated)고 한다. 정역 R의 순증가하는 임의의 아이디얼의 사슬 $I_1 \subset I_2 \subset \cdots$의 길이가 유한하면 **오름사슬조건**(ascending chain condition)을 만족한다고 한다. 정역 R이 오름사슬조건을 만족할 필요충분조건은 R의 임의의 아이디얼이 유한생성되는 것임을 보여라.

18.38 유클리드정역의 부분정역이 유클리드정역임을 증명하거나 반증하라.

18.39 $\mathbb{Z}[i]$의 임의의 아이디얼 I에 대해 $\mathbb{Z}[i]/I$가 유한함을 보여라.

18.40 $\mathbb{Z}[\sqrt{2}]$에서 $1+\sqrt{2}$의 역원을 구하라. $1+\sqrt{2}$의 곱셈에 대한 위수는 무엇인가?

18.41 $\mathbb{Z}[\sqrt{-7}]$에서 $N(6+2\sqrt{-7}) = N(1+3\sqrt{-7})$이지만, $6+2\sqrt{-7}$과 $1+3\sqrt{-7}$은 동반원이 아님을 보여라.

18.42 $R = \mathbb{Z} \oplus \mathbb{Z} \oplus \cdots$(성분별 덧셈과 곱셈에 따른 모든 정수 수열의 모음)라 하자. R이 $I_1 \subset I_2 \subset I_3 \subset \cdots$인 아이디얼 $I_1, I_2, I_3, \cdots$ 을 가짐을 보여라(따라서 R은 오름사슬조건을 만족하지 않는다).

18.43 유일인수분해정역에서 원소가 기약원일 필요충분조건은 원소가 소원인 것임을 증명하라.

18.44 F가 체이고, R이 x^2과 x^3으로 만들어진 $F[x]$의 정역이라 하자(즉, R은 x^2과 x^3을 포함하는 $F[x]$의 모든 정역에 포함된다). R이 유일인수분해정역이 아님을 보여라.

18.45 임의의 체 F에 대해 $F[x]$가 기약원인 원소를 무수히 많이 가짐을 증명하라.

18.46 $\mathbb{Z}[\sqrt{-2}]$와 $\mathbb{Z}[\sqrt{2}]$가 유일인수분해정역임을 증명하라.

힌트 [EX 18.7]의 방법을 모방한다.

18.47 13과 $5+i$를 모두 $\mathbb{Z}[i]$의 기약원들의 곱으로 표현하라.

18.48 [그림 18.2]의 명제에서 실수한 부분을 찾으라.

18.49 I를 주아이디얼정역 R의 영이 아닌 아이디얼이라 하자. R/I가 유한개의 아이디얼을 가짐을 증명하라.

* $\mathbb{Z}[i]$에서 양의 정수 n이 소원인지를 결정하는 컴퓨터 연습문제는 http://www.d.umn.edu/~jgallian에서 확인할 수 있다.

소피 제르맹(Sophie Germain)

관습과 편견에 따라 남성보다 훨씬 더 많은 어려움에 직면해야 하는 성별을 가졌음에도 불구하고, 이러한 장애물을 극복하고 '정수론'의 가장 모호한 부분들을 관통하는 데 성공했으므로, 그녀는 의심할 여지 없이 고귀한 용기와 매우 뛰어난 재능과 천재성을 가졌음에 틀림없다.

카를 프리드리히 가우스(Carl Friedrick Gauss)

Stock Montage

제르맹은 1776년 4월 1일 파리에서 태어났다. 그녀는 라틴어로 된 뉴턴(Newton)과 오일러(Euler)의 연구물과 라그랑주(Lagrange)의 강의 노트를 읽으며 독학했다. 1804년에 제르맹은 정수론에 관한 자신의 연구를 가우스(Gauss)에게 전달했는데, 가우스가 여성의 연구물을 진지하게 받아들이지 않을지도 모른다는 두려움에 무슈 르블랑(Monsieur LeBlanc)이라는 가명을 사용했다. 가우스는 제르맹의 연구 결과를 높이 평가했으며 몇 년 후 그녀가 여성임을 알게 된 후 그녀에게 다음과 같은 편지를 썼다.

"존경하는 르블랑 씨가 믿기 어려울 만큼 훌륭한 예를 제시한 저명한 인물임을 알았을 때 때, 얼마나 놀랐는지 이루 말로 표현할 수 없었다. 일반적으로 추상과학, 무엇보다도 수의 신비에 흥미를 갖는 것은 매우 드물다. 이러한 주제는 일반 사람들이 관심을 가질 만한 주제는 아니다. 숭고한 과학의 매력은 그 분야에 깊이 들어갈 용기가 있는 사람에게만 드러난다. 그러나 관습과 편견에 따라 이 까다로운 연구에 익숙해지기 위해 남성보다 훨씬 더 많은 어려움에 직면해야 하는 성별을 가졌음에도 불구하고, 이러한 장애물을 극복하고 '정수론'의 가장 모호한 부분을 관통하는 데 성공했으므로, 그녀는 의심할 여지 없이 고귀한 용기와 매우 뛰어난 재능과 천재성을 가졌음에 틀림없다." [6]

제르맹은 페르마의 마지막 정리에 대한 연구로 가장 잘 알려져 있다. 그녀는 1831년 6월 27일 파리에서 생을 마감했다.

6 『Math's Hidden Woman』, Nova Online(accessed Nov 5, 2008)에서 인용 (http://www.pbs.org/wgbh/nova/proof/germain.html)

앤드루 와일스(Andrew Wiles)

정수론 및 관련 분야에 놀라운 공헌을 했으며, 근본적인 추측에 대한 주요 발전과 페르마의 마지막 정리를 정립하는 데 기여했다.

울프상(Wolf prize)에서 인용

페르마의 마지막 정리를 기리기 위해
체코에서 발행한 우표

Princeton University

1993년 프린스턴대학교의 와일스는 7년간의 노력 끝에 페르마의 마지막 정리를 증명했다고 발표하여 수학계를 열광시켰다. 200쪽에 달하는 그의 증명은 환 이론과 군 이론에 크게 의존했다. 와일스의 탄탄한 평판과 그의 접근 방식은 이미 문제를 밝혀낸 심오한 결과에 기반을 두고 있었기 때문에, 이 분야의 많은 전문가들은 많은 사람들이 실패했던 부분에서 와일스가 성공하리라 믿었다. 와일스의 업적은 전 세계의 신문과 잡지에 보도되었다. 뉴욕 타임스는 이에 대한 기사를 1면에 실었고, 한 TV 네트워크는 저녁 뉴스에 이 내용을 발표했다. 와일스는 1993년 피플 잡지에서 선정한 가장 흥미로운 인물 25인에 선정되기도 했다. 샌프란시스코에서는 한 수학자 단체가 1,200석 규모의 영화관을 임대하여 증명에 관한 공개 강연 표를 1인당 5달러에 판매했다. 암표상들은 매진된 표 한 장당 무려 25달러를 받았다.

그러나 전문가들이 와일스의 원고를 면밀히 검토하는 과정에서 거품은 곧 꺼졌다. 12월에 와일스는 증명의 결함을 해결하기 위해 노력하고 있다는 성명을 발표했다. 1994년 9월, 와일스와 그의 전 제자였던 리차드 테일러(Richard Taylor)는 논문을 통해 그의 증명의 결함을 해결했다. 그 이후 많은 전문가들이 증명을 검토한 결과 오류가 발견되지 않았다. 한 수학자는 "활기가 돌아왔다."고 말했다. 1997년에 와일스의 증명은 PBS Nova 프로그램의 주제가 되었다.

와일스는 1953년 영국 케임브리지에서 태어났다. 그는 1980년에 옥스퍼드대학교에서 학사 학위를, 케임브리지대학교에서 박사 학위를 취득했다. 2011년에는 옥스퍼드대학교에 다시 합류했다. 그의 수많은 명예 중에는 콜상(Cole prize), 페르마상(Fermat prize), 아벨상(Abel prize), 코플리메달(Copley medal), 기사 작위(knighthood) 등이 있다. 2018년에 그는 옥스포드대학교에서 최초로 수학과 레지우스 교수(regius professor)로 임명되었다.

피에르 드 페르마(Pierre de Fermat)

페르마의 소정리는 현대 정수론의 훌륭한 도구 중 하나이다.

윌리엄 던햄(William Dunham)

Marzolino/Shutterstock.com

페르마는 1601년 8월 프랑스 보몽드로마뉴에서 태어나 1665년에 사망했다. 페르마는 1631년 오를레앙대학교에서 민법 학사 학위를 취득했다. 그는 법조인으로 생계를 유지하면서 취미로 수학을 공부했다. 그는 정리를 증명하고 발표하기보다는 자신의 연구 결과와 질문을 주요 수학자들에게 보내곤 했다. 그의 중요한 연구 중 하나는 '$4k+1$ 형태의 모든 소수는 단 한 가지의 두 제곱수의 합으로 나타낼 수 있는 반면, $4k-1$ 형태의 소수는 두 제곱수의 합으로 나타낼 수 없다는 것'이다. 수학 역사학자 윌리엄 던햄(William Dunham)은 어떤 방식으로든 페르마가 소수의 이분법을 발견한 것이 정수론 분야의 획기적인 사건 중 하나라고 주장한다.

정수론에 대한 페르마의 공헌에 대해 앙드레 베유(André Weil)는 다음과 같이 말했다.

"… 종수가 1인 곡선을 다루는 그의 방법은 놀라울 정도로 일관성이 있으며, 이는 여전히 그러한 곡선에 대한 현대 이론의 기초이다."

페르마에 관한 위키피디아 기사에서는 "페르마는 본질적으로 현대 정수론을 창안했다."라고 결론을 내렸다. 정수론에 대한 공헌 외에도 페르마는 광학 법칙도 발견했으며, 해석기하학과 확률 이론의 창시자 중 한 명으로도 알려져 있다. 1989년 프랑스의 Institut de Mathématiques de Toulouse는 페르마가 주요한 공헌을 한 분야의 연구에 대해 페르마상(Fermat prize)을 제정했다. 수상자로는 앤드루 와일스와 리차드 테일러 등이 있다.

19

확장체
Extension Fields

"대수학의 역사를 돌이켜 보면, 특정 다항식의 근을 구하기 위해 새로운 수 체계를 구성해야 하는 경우가 많았다."

노만 J. 블록(Norman J. Block), *Abstract Algebra with Applications*

"크로네커 정리는 여러 측면에서 대수학의 기본적인 정리이다."

리처드 A. 딘(Richard A. Dean), *Elements of Abstract Algebra*

19.1 체 이론의 기본정리

환에 대한 연구를 통해 수많은 유한체와 무한체를 발견했다. 실제로 $\mathbb{Z}_3[x]/\langle x^2+1\rangle$이 위수가 9인 체인 반면, $\mathbb{R}[x]/\langle x^2+1\rangle$은 복소수체와 동형인 체임을 확인했다. 이후 3개 장에서는 체에 대한 주제를 체계적으로 살펴본다.

정의 확장체

체 E, F에 대해 $F\subseteq E$이고, F의 연산이 E의 연산을 F로 제한한 것일 때, 체 E를 체 F의 **확장체**(extension field)라고 한다.

1847년 코시는 $\mathbb{R}[x]/\langle x^2+1\rangle$이 x^2+1의 근을 포함하는 체임을 발견했다. 이 사실은 다음과 같이 전면적으로 일반화할 수 있는 길을 열어주었다.

정리 19.1 체 이론의 기본정리, 크로네커 정리(Kronecker's theorem, 1887)

F가 체이고 $f(x)$가 $F[x]$에서 상수가 아닌 다항식이라 하자. 그러면 $f(x)$의 근을 포함하는 F의 확장체 E가 존재한다.

증명

$F[x]$는 유일인수분해정역이므로 $f(x)$가 기약다항식인 인수 $p(x)$를 갖는다. 이제 $p(x)$의 근을 포함하는 F의 확장체 E를 구성하면 충분하다. E에 대한 후보로 $F[x]/\langle p(x)\rangle$를 생각해보자. $F[x]/\langle p(x)\rangle$는 [정리 17.5]의 [따름정리 1]에 의해 체임을 알 수 있다. 또한 $\phi(a)=a+\langle p(x)\rangle$로 주어진 사상 $\phi: F\rightarrow E$는 단사이고 두 연산을 모두 보존하므로, E는 F와 동형인 부분체를 갖는다. 잉여류 $a+\langle p(x)\rangle$를 F에 속하는 유일한 잉여류의 대표원소인 a로 인식하면 E가 F를 포함한다고 생각할 수 있다(즉, $a+\langle p(x)\rangle$를 a로 생각하고, 그 반대도 마찬가지이다. [연습문제 17.41]을 참고한다).

마지막으로 $p(x)$가 E에서 한 근을 갖는다는 것을 보이기 위해 다음과 같이 나타내자.

$$p(x)=a_nx^n+a_{n-1}x^{n-1}+\cdots+a_0$$

그러면 E에서 $x+\langle p(x)\rangle$가 $p(x)$의 근이다. 그 이유는 다음과 같다.

$$\begin{aligned}p(x+\langle p(x)\rangle) &= a_n(x+\langle p(x)\rangle)^n + a_{n-1}(x+\langle p(x)\rangle)^{n-1} + \cdots + a_0 \\ &= a_n(x^n+\langle p(x)\rangle) + a_{n-1}(x^{n-1}+\langle p(x)\rangle) + \cdots + a_0 \\ &= a_nx^n + a_{n-1}x^{n-1} + \cdots + a_0 + \langle p(x)\rangle \\ &= p(x) + \langle p(x)\rangle \\ &= 0 + \langle p(x)\rangle\end{aligned}$$

■

EX 19.1 $f(x)=x^2+1\in\mathbb{Q}[x]$라 하자. $f(x)$를 $E[x]=(\mathbb{Q}[x]/\langle x^2+1\rangle)[x]$의 원소로 보면 다음과 같다.

$$\begin{aligned}f(x+\langle x^2+1\rangle) &= (x+\langle x^2+1\rangle)^2+1 \\ &= x^2+\langle x^2+1\rangle+1 \\ &= x^2+1+\langle x^2+1\rangle \\ &= 0+\langle x^2+1\rangle\end{aligned}$$

물론 다항식 x^2+1은 복소수 $\sqrt{-1}$을 근으로 갖지만, 여기서 강조하고 싶은 점은 오직 유리수만을 이용해 유리수와 다항식 x^2+1의 근을 포함하는 체를 구성했다는 것이다. 복소수에 대한 지식은 필요하지 않다. 이 방법에서는 주어진 체만을 사용한다.

EX 19.2 $f(x)=x^5+2x^2+2x+2\in\mathbb{Z}_3[x]$라 하자. $\mathbb{Z}_3$ 위에서 $f(x)$의 기약 인수분해를 하면 $(x^2+1)(x^3+2x+2)$이다. 따라서 $f(x)$의 근을 포함하는 $\mathbb{Z}_3$의 확장체 E로 $E=\mathbb{Z}_3[x]/\langle x^2+1\rangle$을 선택하면 원소의 개수가 9개인 체이고, $E=\mathbb{Z}_3[x]/\langle x^3+2x+2\rangle$를 선택하면 원소의 개수가 27개인 체이다.

모든 정역은 분수체([정리 15.6] 참고)에 포함되므로, 정역의 원소를 계수로 갖는 상수가 아닌 임의의 다항식은 그 정역을 포함하는 어떤 체에서 항상 근을 갖는다. 일반적인 가환환에 대해서는 이 사실이 참이 아니다. 다음 [EX 19.3]에서 이 예에 대해 다룬다.

EX 19.3 $f(x)=2x+1\in\mathbb{Z}_4[x]$라 하자. $f(x)$는 $\mathbb{Z}_4$를 부분환으로 갖는 모든 환에서 근을 갖지 않는다. 왜냐하면 이와 같은 환에서 β를 근으로 가지면 $0=2\beta+1$이고, 따라서 $0=2(2\beta+1)=2(2\beta)+2=(2\cdot 2)\beta+2=0\cdot\beta+2=2$이기 때문이다. 그러나 $\mathbb{Z}_4$에서는 $0\neq 2$이다.

19.2 분해체

분해체에 대한 정의와 정리를 도입하기 위해 잠시 [EX 19.1]로 돌아가자. 표기상의 편의를 위해 $F = \mathbb{Q}[x]/\langle x^2+1\rangle$에서 α를 F의 원소 $x+\langle x^2+1\rangle$이라 하고, 임의의 $a \in \mathbb{Q}$에 대해 잉여류 $a+\langle x^2+1\rangle$을 a로 표기한다. 그러면 α와 $-\alpha$는 모두 F에서 다항식 x^2+1의 근이므로, x^2+1은 F에서 $(x-\alpha)(x+\alpha)$로 인수분해되어야 한다. 이를 확인해보자.

$$\begin{aligned}\alpha^2 &= (x+\langle x^2+1\rangle)^2 = x^2+\langle x^2+1\rangle = x^2+(1-1)+\langle x^2+1\rangle \\ &= x^2+1-1+\langle x^2+1\rangle = -1+\langle x^2+1\rangle = -1\end{aligned}$$

따라서 F에서 $(x-\alpha)(x+\alpha) = x^2-\alpha^2 = x^2+1$이다. 이 결과는 x^2+1을 $\mathbb{Q}$의 어떤 확장체 위에서 1차식 인수들의 곱으로 나타낼 수 있음을 보여준다. 이 결과가 굉장히 쉽고 우연이라고 생각할 수도 있다. [EX 19.2]에 주어진 다항식은 더 큰 문제를 보여준다. 다항식이 1차식 인수들의 곱으로 인수분해되는 $\mathbb{Z}_3$의 확장체가 존재할까? 그렇다. 먼저 몇 가지 기호와 정의를 살펴보자.

F가 체이고 $a_1, a_2, \cdots, a_n$이 F의 어떤 확장체 E의 원소라 하자. F와 집합 $\{a_1, a_2, \cdots, a_n\}$을 포함하는 E의 가장 작은 부분체를 $F(a_1, a_2, \cdots, a_n)$으로 표기한다. $F(a_1, a_2, \cdots, a_n)$이 F와 집합 $\{a_1, a_2, \cdots, a_n\}$을 포함하는 E의 모든 부분체의 교집합임을 보이는 것은 [연습문제 19.37]로 남긴다. 다시 말해, K가 F와 집합 $\{a_1, a_2, \cdots, a_n\}$을 포함하는 임의의 체이면 K는 $F(a_1, a_2, \cdots, a_n)$을 포함한다.

정의 분해체

E가 F의 확장체이고, $f(x) \in F[x]$의 차수가 적어도 1이라 하자. $a \in F$, $a_1, a_2, \cdots, a_n \in E$가 존재하여 다음을 만족하면 $f(x)$는 E 위에서 **분해된다**(splits)고 한다.

$$f(x) = a(x-a_1)(x-a_2)\cdots(x-a_n)$$

$E = F(a_1, a_2, \cdots, a_n)$이면 E를 F 위에서의 $f(x)$의 **분해체**(splitting field)라고 한다.

체 위에서 다항식의 분해체는 다항식뿐만 아니라 체에 따라서도 달라진다. 실제로 F 위에서 $f(x)$의 분해체는 $f(x)$가 분해되는 F의 가장 작은 확장체이다. [EX 19.4]에서는 체 F 위에서 다항식 $f(x)$의 분해체가 체 F에 따라 어떻게 달라지는지를 보여준다.

EX 19.4 다항식 $f(x)=x^2+1\in\mathbb{Q}[x]$를 생각해보자. $x^2+1=(x+\sqrt{-1})(x-\sqrt{-1})$이므로, $f(x)$는 $\mathbb{C}$ 위에서 분해된다. 그러나 $\mathbb{Q}$ 위에서 x^2+1의 분해체는 $\mathbb{Q}(i)=\{r+si \mid r, s\in\mathbb{Q}\}$이다. $\mathbb{R}$ 위에서 x^2+1의 분해체는 $\mathbb{C}$ 이다. 마찬가지로 $x^2-2\in\mathbb{Q}[x]$는 $\mathbb{R}$ 위에서 분해되지만 $\mathbb{Q}$ 위에서 x^2-2의 분해체는 $\mathbb{Q}(\sqrt{2})=\{r+s\sqrt{2} \mid r, s\in\mathbb{Q}\}$이다.

분해체의 정의와 기약다항식의 정의 사이에는 유용한 유사점이 있다. '$f(x)$는 기약이다.'라는 말이 아무 의미가 없는 것처럼, 'E는 $f(x)$의 분해체이다.'라는 말도 의미가 없다. 각 경우에 대해 기본적인 체를 명시해야 한다. 즉, '$f(x)$는 F 위에서 기약이다.', 'E는 F 위에서 $f(x)$의 분해체이다.'라고 해야 한다.

[EX 19.4]에서 사용한 표기법은 이전 장에서 사용한 표기법과 일치하지 않아 보인다. 예를 들어 집합 $\{a+b\sqrt{2} \mid a, b\in\mathbb{Z}\}$는 $\mathbb{Z}[\sqrt{2}]$로, 집합 $\{a+b\sqrt{2} \mid a, b\in\mathbb{Q}\}$는 $\mathbb{Q}(\sqrt{2})$로 표기한다. 차이점은 $\mathbb{Z}[\sqrt{2}]$는 단순한 환인 반면에, $\mathbb{Q}(\sqrt{2})$는 체라는 것이다. 일반적으로 소괄호 ( )는 집합이 체임을 표기할 때 사용한다. 만약 환의 성질에만 관심이 있다면, $\mathbb{Q}[\sqrt{2}]$를 이용해 집합 $\{a+b\sqrt{2} \mid a, b\in\mathbb{Q}\}$를 나타내도 된다. 소괄호 ( ) 대신 대괄호 [ ]를 이용하면 집합에 대해 좀 더 많은 정보를 전달할 수 있다.

정리 19.2 분해체의 존재성

F가 체이고 $f(x)$가 $F[x]$의 상수다항식이 아닌 원소라 하자. 그러면 F 위에서 $f(x)$의 분해체 E가 존재한다.

증명

$\deg f(x)$에 대해 수학적 귀납법을 사용한다. $\deg f(x)=1$이면 $f(x)$는 1차식이다. 따라서 F 위에서의 $f(x)$의 분해체는 F이다. 이제 이 명제가 모든 체와 $f(x)$보다 차수가 작은 모든 다항식에 대해 참이라고 하자. [정리 19.1]에 의해 $f(x)$의 근 a_1을 포함하는 체 F의 확장체 E가 존재한다. 그러면 $g(x)\in E[x]$에 대해 $f(x)=(x-a_1)g(x)$라 나타낼 수 있다. $\deg g(x)<\deg f(x)$이므로 수학적 귀납법에 의해 체 E와 $g(x)$의 모든 근, 즉 $a_2, \cdots, a_n$을 포함하는 체 K가 존재한다. 그러면 분명히 F 위에서 $f(x)$의 분해체는 $F(a_1, a_2, \cdots, a_n)$이다. ■

EX 19.5 $\mathbb{Q}$ 위의 다항식 $f(x)=x^4-x^2-2=(x^2-2)(x^2+1)$을 생각해보자. $\mathbb{C}$에서 $f(x)$의 근은 $\pm\sqrt{2}$, $\pm i$이다. 따라서 $\mathbb{Q}$ 위에서 $f(x)$의 분해체는 다음과 같다.

$$\begin{aligned}\mathbb{Q}(\sqrt{2},\, i) &= \mathbb{Q}(\sqrt{2})(i) = \{\alpha+\beta i \mid \alpha,\ \beta \in \mathbb{Q}(\sqrt{2})\} \\ &= \{(a+b\sqrt{2})+(c+d\sqrt{2})i \mid a,\ b,\ c,\ d \in \mathbb{Q}\}\end{aligned}$$

EX 19.6 $\mathbb{Z}_3$ 위의 다항식 $f(x)=x^2+x+2$를 생각해보자. $\mathbb{Z}_3(i)=\{a+bi \mid a,\ b\in\mathbb{Z}_3\}$ ([EX 13.9] 참고)은 $\mathbb{Z}_3$ 위에서 $f(x)$의 분해체이다. 왜냐하면 $f(x)=(x-(1+i))(x-(1-i))$이기 때문이다.

동시에 크로네커 정리의 증명에 의해 $F=\mathbb{Z}_3[x]/\langle x^2+x+2\rangle$의 원소 $x+\langle x^2+x+2\rangle$는 $f(x)$의 근임을 알 수 있다. $f(x)$의 차수는 2이므로 인수 정리([정리 16.2]의 [따름정리 2] 참고)에 의해 $f(x)$의 다른 근도 F에 존재해야 한다. 따라서 $f(x)$는 F 위에서 인수분해된다. F는 $\mathbb{Z}_3$ 위의 2차원 벡터공간이므로, F는 $\mathbb{Z}_3$ 위에서 $f(x)$의 분해체이다.

그러면 F 위에서 $f(x)$는 어떻게 인수분해될까? F 위에서 $f(x)$를 인수분해할 때, 기호 x를 서로 다른 두 가지 방법으로 사용하기 때문에 혼란스럽다(다항식 $f(x)$를 나타내기 위한 변수로 사용되며, F의 잉여류의 대표원소를 만드는 데 사용된다). 이러한 혼란은 잉여류 $1+\langle x^2+x+2\rangle$를 단순히 $\mathbb{Z}_3$의 원소 1로 인식하고, 잉여류 $x+\langle x^2+x+2\rangle$를 β로 인식함으로써 피할 수 있다. 이를 통해 체 $\mathbb{Z}_3[x]/\langle x^2+x+2\rangle$는 $\{0,\ 1,\ 2,\ \beta,\ 2\beta,\ \beta+1,\ 2\beta+1,\ \beta+2,\ 2\beta+2\}$로 표현할 수 있다. $x^2+x+2+\langle x^2+x+2\rangle=0$이면 $\beta^2+\beta+2=0$이므로, $\beta^2=-\beta-2=2\beta+1$이다. 예를 들어 $(2\beta+1)(\beta+2)=2\beta^2+5\beta+2=2(2\beta+1)+5\beta+2=9\beta+4=1$이다. 다음과 같은 장제법을 통해 F 위에서 $f(x)$의 인수분해를 얻을 수 있다.

$$\begin{array}{r l} & x+(\beta+1) \\ x-\beta\,\big) & x^2+x+2 \\ & \underline{x^2-\beta x} \\ & (\beta+1)x+2 \\ & \underline{(\beta+1)x-(\beta+1)\beta} \\ & (\beta+1)\beta+2=\beta^2+\beta+2=0 \end{array}$$

따라서 $x^2+x+2=(x-\beta)(x+\beta+1)$이다. 그러므로 $\mathbb{Z}_3$ 위에서 x^2+x+2의 분해체를 2개 찾았다. 하나는 $F(a)$ 형태이고, 다른 하나는 $F[x]/\langle p(x)\rangle$ 형태이다(이때 $F=\mathbb{Z}_3$, $p(x)=x^2+x+2$).

다음 정리는 $p(x)$가 F 위에서 기약이고 a가 F의 어떤 확장체에서 $p(x)$의 근인 경우, 체 $F(a)$와 $F[x]/\langle p(x)\rangle$가 어떻게 관련되는지를 보여준다.

정리 19.3 $F(a) \approx F[x]/\langle p(x)\rangle$

F가 체이고 $p(x) \in F[x]$가 F 위에서 기약이라고 하자. a가 F의 어떤 확장체 E에서 $p(x)$의 근이면 $F(a)$는 $F[x]/\langle p(x)\rangle$와 동형이다. 더욱이 $\deg p(x) = n$이면 $F(a)$의 임의의 원소는 다음과 같은 형태로 유일하게 나타낼 수 있다.

$$c_{n-1}a^{n-1} + c_{n-2}a^{n-2} + \cdots + c_1 a + c_0$$

이때 $c_0, c_1, \cdots, c_{n-1} \in F$이다.

증명

$F[x]$에서 $F(a)$로 가는 사상 ϕ를 $\phi(f(x)) = f(a)$로 정의하면 분명히 ϕ는 환 준동형사상이다. $\text{Ker}\,\phi = \langle p(x)\rangle$임을 보이자([연습문제 17.39] 참고). $p(a) = 0$이므로 $\langle p(x)\rangle \subseteq \text{Ker}\,\phi$이다. 한편, [정리 17.5]에 의해 $\langle p(x)\rangle$는 $F[x]$의 극대아이디얼이다. 따라서 $\text{Ker}\,\phi \neq F[x]$이므로(상수다항식 $f(x) = 1$을 포함하지 않음), $\text{Ker}\,\phi = \langle p(x)\rangle$이다.

이제 환에 대한 제1동형정리와 [정리 17.5]의 [따름정리 1]에 의해 $\phi(F[x])$는 $F(a)$의 부분체이다. $\phi(F[x])$가 체 F와 a를 모두 포함하고, $F(a)$가 이와 같은 체 중 가장 작은 체이므로 $F[x]/\langle p(x)\rangle \approx \phi(F[x]) = F(a)$이다.

정리의 마지막 주장은 다음 두 가지 사실로부터 증명된다. $F[x]/\langle p(x)\rangle$의 임의의 원소는 다음과 같은 형태로 유일하게 표현된다.

$$c_{n-1}a^{n-1} + \cdots + c_0 + \langle p(x)\rangle$$

이때 $c_0, c_1, \cdots, c_{n-1} \in F$이다([연습문제 16.47] 참고). 또한 $F[x]/\langle p(x)\rangle$에서 $F(a)$로 가는 자연스러운 동형사상은 $c_k x^k + \langle p(x)\rangle$를 $c_k a^k$으로 보낸다. ■

[정리 19.3]의 즉각적인 [따름정리]로, 다음과 같은 매력적인 결과를 얻을 수 있다.

따름정리 $F(a) \approx F(b)$

F가 체이고 $p(x) \in F[x]$가 F 위에서 기약이라고 하자. a가 F의 어떤 확장체 E에서 $p(x)$의 근이고, b가 F의 어떤 확장체 E'에서 $p(x)$의 근이면 체 $F(a)$와 $F(b)$는 동형이다.

증명

[정리 19.3]에 의해 $F(a) \approx F[x]/\langle p(x)\rangle \approx F(b)$이다. ■

체 F 위의 n차원 벡터공간의 기저는 n개의 벡터 $v_1, v_2, \cdots, v_n$의 집합으로, 벡터공간의 임의의 원소가 F의 원소 a_i에 대해 $a_1v_1 + a_2v_2 + \cdots + a_nv_n$ 형태로 유일하게 표현된다는 성질을 갖는다. 따라서 벡터공간의 의미로, [정리 19.3]의 후반부에서 이야기하는 내용은 다음과 같이 표현할 수 있다. a가 F 위의 n차 기약다항식의 근이면, 집합 $\{1, a, \cdots, a^{n-1}\}$은 F 위에서 $F(a)$의 기저이다.

[정리 19.3]은 종종 체의 원소를 설명하는 편리한 방법을 제공한다.

EX 19.7 $\mathbb{Q}$ 위의 기약다항식 $f(x) = x^6 - 2$를 생각해보자. $\sqrt[6]{2}$가 $f(x)$의 근이므로, [정리 19.3]에 의해 집합 $\{1, 2^{1/6}, 2^{2/6}, 2^{3/6}, 2^{4/6}, 2^{5/6}\}$은 $\mathbb{Q}$ 위에서 $\mathbb{Q}(\sqrt[6]{2})$의 기저이다. 따라서 $\mathbb{Q}(\sqrt[6]{2}) = \{a_0 + a_1 2^{1/6} + a_2 2^{2/6} + a_3 2^{3/6} + a_4 2^{4/6} + a_5 2^{5/6} \mid a_i \in \mathbb{Q}\}$이다. 이 체는 $\mathbb{Q}[x]/\langle x^6 - 2\rangle$와 동형이다.

[정리 19.3]은 F 위에서 기약인 n차다항식 $p(x)$의 근을 갖는 F의 확장체를 두 가지 방법으로 표현했다. 일반적으로 분해체의 존재성과 유일성을 증명하는 것과 같은 이론적 작업을 위해 $F[x]/\langle p(x)\rangle$에 대한 일반적인 접근 방식을 사용하고, [EX 19.7]과 같이 구체적인 다항식이 주어질 때는 $F(a) = \{c_{n-1}a^{n-1} + c_{n-2}a^{n-2} + \cdots + c_1x + c_0 \mid c_0, c_1, \cdots, c_{n-1} \in F\}$를 사용한다. 후자가 더 구체적이고 표기하기 편리하다. 상황에 따라 둘 중 하나를 선택하면 된다.

1882년 페르디난트 폰 린데만(Ferdinand von Lindemann, 1852~1939)은 π가 $\mathbb{Q}[x]$의 모든 다항식의 근이 아님을 증명했다. 이 중요한 결과 때문에 [정리 19.3]은 $\mathbb{Q}(\pi)$에 적용할 수 없다([연습문제 19.11] 참고). a가 F의 어떤 확장체의 원소이지만 $F[x]$의 원소의 근이 아닐 경우, $F(a)$ 형태의 체는 다음 장에서 논의한다.

[EX 19.6]에서는 $\mathbb{Z}_3$ 위의 다항식 $x^2 + x + 2$에 대한 분해체를 두 가지 만들었다. 마찬가지로 $\mathbb{Q}[x]/\langle x^2 + 1\rangle$과 $\mathbb{Q}(i) = \{r + si \mid r, s \in \mathbb{Q}\}$는 $\mathbb{Q}$ 위에서 다항식 $x^2 + 1$의 분해체이다. 이렇게 서로 달라 보이는 분해체는 대수적으로 다를까? 그렇지 않다. 동형인 체는 같은 체로 간주할 때, 분해체가 유일하다는 것을 증명함으로써 분해체에 대한 논의를 마무리한다. 수학적 귀납법을 더 쉽게 적용하기 위해 보다 일반적인 결과를 증명하겠다.

먼저 F에서 F'으로 가는 임의의 환 동형사상 ϕ는 다음과 같이 주어지는 $F[x]$에서 $F'[x]$로의 자연스러운 확장을 갖는다.

$$c_n x^n + c_{n-1}x^{n-1} + \cdots + c_1 x + c_0 \to \phi(c_n)x^n + \phi(c_{n-1})x^{n-1} + \cdots + \phi(c_1)x + \phi(c_0)$$

이 사상은 F에서 사상 ϕ와 일치하므로 이 사상을 나타내기 위해 ϕ를 사용하면 편리하고 자연스럽다.

보조정리

F가 체이고 $p(x) \in F[x]$가 F 위에서 기약이라고 하자. a가 F의 어떤 확장체에서 $p(x)$의 근이라 하자. ϕ가 F에서 F'으로 가는 체 동형사상이고, b가 F'의 어떤 확장체에서 $\phi(p(x))$의 근인 경우, $F(a)$에서 $F'(b)$로의 동형사상이 존재한다. 이 동형사상은 F에서 ϕ와 일치하고 a를 b로 대응한다.

증명

먼저 $p(x)$가 F 위에서 기약이므로 $\phi(p(x))$가 F' 위에서 기약이다. 이제 다음과 같이 주어진 $F[x]/\langle p(x) \rangle$에서 $F'[x]/\langle \phi(p(x)) \rangle$로의 사상이 체 동형사상임을 간단히 확인할 수 있다.

$$f(x) + \langle p(x) \rangle \to \phi(f(x)) + \langle \phi(p(x)) \rangle$$

표기법을 약간 혼용하여 이 사상 또한 ϕ로 표기한다(이의가 있는 경우 ϕ 위에 막대 표기를 하면 된다). [정리 19.3]의 증명에 의해 $F(a)$에서 $F[x]/\langle p(x) \rangle$로 가는 동형사상 α가 F 위의 항등사상이고, a를 $x + \langle p(x) \rangle$로 대응한다. 비슷하게 F' 위의 항등사상이며 $x + \langle \phi(p(x)) \rangle$를 b로 대응하는 $F'[x]/\langle \phi(p(x)) \rangle$에서 $F'(b)$로의 동형사상 β가 존재한다. 따라서 $\beta\phi\alpha$가 우리가 구하고자 한 $F(a)$에서 $F'(b)$로의 사상이다. [그림 19.1]을 확인하라. ■

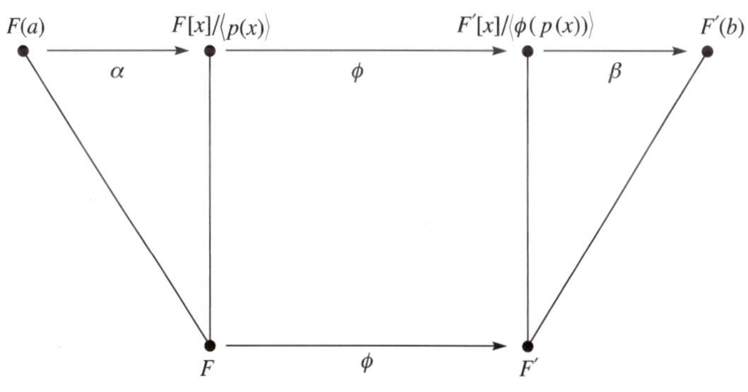

[그림 19.1] 사상 $\beta\phi\alpha$

정리 19.4 $\phi: F \to F'$의 확장

ϕ를 체 F에서 체 F'으로 가는 동형사상이라 하고, $f(x) \in F[x]$라 하자. E가 F 위에서 $f(x)$의 분해체이고, E'이 F' 위에서 $\phi(f(x))$의 분해체이면, F에서 ϕ와 일치하는 E에서 E'으로의 동형사상이 존재한다.

증명

$\deg f(x)$에 대한 수학적 귀납법을 이용한다. $\deg f(x) = 1$이면 $E = F$이고 $E' = F'$이므로 ϕ 자체가 구하고자 하는 사상이다. $\deg f(x) > 1$이면 $p(x)$를 $f(x)$의 기약다항식인 인수라 하고, a를 E에서의 $p(x)$의 근이라 하고, b를 E'에서의 $\phi(p(x))$의 근이라 하자. 바로 앞의 [보조정리]에 의해 $F(a)$에서 $F'(b)$로의 동형사상 α가 존재하고, 이 사상은 F에서 ϕ와 일치하며 a를 b로 보낸다. 이제 $g(x) \in F(a)[x]$에 대해 $f(x) = (x-a)g(x)$로 나타내자. 그러면 E는 $F(a)$ 위에서 $g(x)$의 분해체이고, E'은 $F'(b)$ 위에서 $\alpha(g(x))$의 분해체이다. $\deg g(x) < \deg f(x)$이므로 $F(a)$에서 α와 일치하고, F에서 ϕ와 일치하는 E에서 E'으로의 동형사상이 존재한다. ■

따름정리 분해체는 유일하다

F가 체이고 $f(x) \in F[x]$라 하자. 그러면 F 위에서 $f(x)$의 임의의 두 분해체는 동형이다.

증명

E와 E'을 체 F 위에서의 $f(x)$의 분해체라고 하자. ϕ를 F에서 F로의 항등사상이라 하면 [정리 19.4]에 의해 바로 증명된다. ■

위의 [따름정리]에 따라, 체 F 위에서 다항식의 분해체를 모호함 없이 언급할 수 있다. $x^6 - 2$가 $\mathbb{Q}(\sqrt[6]{2})$에서 근을 갖더라도 $\mathbb{Q}(\sqrt[6]{2})$에서는 분해되지 않는다. 그러나 분해체는 쉽게 구할 수 있다.

EX 19.8 $\mathbb{Q}$ 위에서의 $x^n - a$의 분해체

a를 양의 유리수, ω를 단위원의 원시 n제곱근이라 하자([EX 16.2] 참고). 그러면 $a^{1/n}$, $\omega a^{1/n}$, $\omega^2 a^{1/n}, \cdots, \omega^{n-1} a^{1/n}$은 각각 $\mathbb{Q}(\sqrt[n]{a}, \omega)$에서 $x^n - a$의 근이다.

19.3 기약다항식의 근

지금까지 체 위의 상수가 아닌 임의의 다항식이 어떤 확장체 안에서 분해됨을 확인했다. 이제 기약다항식이 어떤 특별한 방법으로 분해되는지 궁금할 것이다. 그 방법을 알아내기 위해 미분적분학에 기반을 둔 몇 가지 개념을 먼저 알아보자.

정의 도함수

$f(x) = a_n x^n + a_{n-1} x^{n-1} + \cdots + a_1 x + a_0$이 $F[x]$의 원소라 하자. $f(x)$의 **도함수**(derivative)는 $F[x]$의 다항식 $na_n x^{n-1} + (n-1)a_{n-1} x^{n-2} + \cdots + a_1$로 정의하며 $f'(x)$로 표기한다.

이 도함수의 정의는 극한 개념을 포함하지 않는다. 미분적분학에서의 함수의 합과 곱에 대한 표준 규칙은 임의의 체 위에서도 적용된다.

보조정리 도함수의 성질

$f(x),\ g(x) \in F[x]$이고 $a \in F$라 하면 다음이 성립한다.

(1) $(f(x) + g(x))' = f'(x) + g'(x)$

(2) $(af(x))' = af'(x)$

(3) $(f(x)g(x))' = f(x)g'(x) + g(x)f'(x)$

증명

성질 (1)과 (2)는 도함수의 정의를 직접 적용한 결과이다. 성질 (1)과 $\deg f(x)$에 대한 수학적 귀납법을 이용하면 성질 (3)은 $f(x) = a_n x^n$인 특별한 경우로 축소된다. 이 또한 도함수의 정의에 의해 바로 성립한다. ■

기약다항식의 근의 본질에 대한 질문을 다루기 전에, 중복도가 1보다 큰 근에 대한 일반적인 정리를 소개한다. 이러한 근을 **중근**(multiple zeros)이라고 한다.

정리 19.5 중근에 대한 판정법

체 F 위의 다항식 $f(x)$가 어떤 확장체 E에서 중근을 가질 필요충분조건은 $f(x)$와 $f'(x)$가 $F[x]$에서 양의 차수의 공통 인수를 갖는 것이다.

증명

a가 어떤 확장체 E에서 $f(x)$의 중근이면 적당한 $g(x)$가 $E[x]$에 존재하여 $f(x)=(x-a)^2g(x)$이다. $f'(x)=(x-a)^2g'(x)+2(x-a)g(x)$이므로 $f'(a)=0$이다. 따라서 F의 확장체인 E 위에서 $x-a$는 $f(x)$와 $f'(x)$의 공통 인수이다. 이제 $f(x)$, $f'(x)$가 $F[x]$에서 양의 차수의 공통 인수를 갖지 않으면, $F[x]$에 다항식 $h(x)$, $k(x)$가 존재하여 $f(x)h(x)+f'(x)k(x)=1$이다([연습문제 16.43] 참고). $f(x)h(x)+f'(x)k(x)$를 $E[x]$의 원소로 보면 $x-a$가 1의 인수가 되어 모순이다. 따라서 $f(x)$와 $f'(x)$는 $F[x]$에서 양의 차수의 공통 인수를 가져야 한다.

역으로 $f(x)$와 $f'(x)$가 $F[x]$에서 양의 차수의 공통 인수를 갖는다고 하자. a를 공통 인수의 근이라고 하면 a는 $f(x)$와 $f'(x)$의 근이다. a는 $f(x)$의 근이므로, 적당한 다항식 $q(x)$가 존재하여 $f(x)=(x-a)q(x)$이다. 그러면 $f'(x)=(x-a)q'(x)+q(x)$이고 $0=f'(a)=q(a)$이다. 따라서 $x-a$는 $q(x)$의 인수이고 a는 $f(x)$의 중근이다. ■

> **정리 19.6 기약다항식의 근**
>
> $f(x)$를 체 F 위의 기약다항식이라 하자. F의 표수가 0이면, $f(x)$는 중근을 갖지 않는다. 그리고 F의 표수가 $p\neq 0$이면, 적당한 다항식 $g(x)$가 $F[x]$에 존재하여 $f(x)=g(x^p)$ 형태인 경우에만 $f(x)$가 중근을 갖는다.

증명

$f(x)$가 중근을 가지면 [정리 19.5]에 의해 $f(x)$와 $f'(x)$가 $F[x]$에서 양의 차수의 공통 인수를 갖는다. $F[x]$에서 $f(x)$의 양의 차수인 인수는 동반원으로 바꾸는 것의 차이를 무시하면 $f(x)$뿐이므로, $f(x)$는 $f'(x)$를 나눈다. 체 위의 다항식은 더 작은 차수의 다항식을 나눌 수 없으므로 $f'(x)=0$이다.

$f'(x)=0$은 무엇을 의미할까? $f(x)=a_nx^n+a_{n-1}x^{n-1}+\cdots+a_1x+a_0$으로 나타내면 $f'(x)=na_nx^{n-1}+(n-1)a_{n-1}x^{n-2}+\cdots+a_1$이다. 따라서 $k=1, 2, \cdots, n$에 대해 $ka_k=0$일 때만 $f'(x)=0$이다.

따라서 $\operatorname{char} F=0$일 때, $f(x)=a_0$이며, 이는 기약다항식이 아니다. 이 결과는 $f(x)$가 F 위에서 기약이라는 가정에 모순이다. 따라서 $f(x)$는 중근을 갖지 않는다. $\operatorname{char} F=p\neq 0$일 때, p가 k를 나누지 않으면 $a_k=0$이다. 따라서 합 $a_nx^n+\cdots+a_1x+a_0$에서 x의 거듭제곱 중 $x^{pj}=(x^p)^j$ 형태만 남는다. 즉, 어떤 $g(x)\in F[x]$에 대해 $f(x)=g(x^p)$이다(예를 들어 $f(x)=x^{4p}+3x^{2p}+x^p+1$이면 $g(x)=x^4+3x^2+x+1$이다). ■

[정리 19.6]은 표수가 0인 체 위의 기약다항식은 중근을 가질 수 없음을 보여준다. 이 결과를 더 큰 체로 확장하려면 다음 정의가 필요하다.

정의 완전체

체 F의 표수가 0이거나, 체 F의 표수가 p이고 $F^p = \{a^p \mid a \in F\} = F$이면 F를 **완전체**(perfect field)라고 한다.

표수가 p인 완전체 중 가장 중요한 체는 유한체이다.

정리 19.7 유한체는 완전체이다

모든 유한체는 완전체이다.

증명

F를 표수가 p인 유한체라 하고, F에서 F로의 사상 ϕ를 모든 $x \in F$에 대해 $\phi(x) = x^p$으로 정의하자. 이제 ϕ가 체 자기동형사상임을 보이자. 분명히 $\phi(ab) = (ab)^p = a^p b^p = \phi(a)\phi(b)$이다. 뿐만 아니라 각 $\binom{p}{i}$는 p로 나누어지므로 다음과 같다.

$$\phi(a+b) = (a+b)^p = a^p + \binom{p}{1}a^{p-1}b + \binom{p}{2}a^{p-2}b^2 + \cdots + \binom{p}{p-1}ab^{p-1} + b^p = a^p + b^p$$

마지막으로 $x \neq 0$일 때 $x^p \neq 0$이므로 $\operatorname{Ker} \phi = \{0\}$이다. 따라서 ϕ는 단사이고, F가 유한집합이므로 ϕ는 전사이다. 이로써 $F^p = F$임을 증명했다. ■

정리 19.8 중근을 갖지 않는 조건

$f(x)$가 완전체 F 위의 기약다항식이면 $f(x)$는 중근을 갖지 않는다.

증명

F의 표수가 0인 경우는 이미 증명했다([정리 19.6] 참고). 따라서 $f(x) \in F[x]$가 표수가 p인 완전체 F 위에서 기약이고 $f(x)$가 중근을 갖는다고 하자. [정리 19.6]에 의해 어떤 $g(x) \in F[x]$, $g(x) = a_n x^n + a_{n-1}x^{n-1} + \cdots + a_1 x + a_0$에 대해 $f(x) = g(x^p)$이다. $F^p = F$이므로, F의 각 원소 a_i는 F의 어떤 원소 b_i에 대해 b_i^p으로 나타낼 수 있다. 따라서 [연습문제 13.49(a)]를 이용해 다음과 같이 나타낼 수 있다.

$$\begin{aligned} f(x) = g(x^p) &= b_n^p x^{pn} + b_{n-1}^p x^{p(n-1)} + \cdots + b_1^p x^p + b_0^p \\ &= (b_n x^n + b_{n-1} x^{n-1} + \cdots + b_1 x + b_0)^p = (h(x))^p \end{aligned}$$

이때 $h(x) \in F[x]$이다. 결국 $f(x)$는 기약다항식이 아니므로 모순이다. ■

다음 정리는 기약다항식이 중근을 가질 때, 중복도에 대한 놀라운 사실을 보여준다.

정리 19.9 분해체 위의 기약다항식의 근

$f(x)$를 체 F 위의 기약다항식이라 하고, 체 E를 F 위의 $f(x)$의 분해체라 하자. 그러면 E 위에서 $f(x)$의 모든 근은 같은 중복도를 갖는다.

증명

a, b를 E 위의 $f(x)$의 서로 다른 근이라고 하자. a의 중복도를 m이라 하면 $E[x]$에서 $f(x) = (x-a)^m g(x)$로 나타낼 수 있다. [정리 19.4]와 [정리 19.4] 바로 이전의 [보조정리]에 의해 E에서 자기 자신으로 가는 체 동형사상 ϕ가 존재하며, 이 사상은 a를 b로 보내고 F에서 항등사상이다. 그러므로 다음과 같다.

$$f(x) = \phi(f(x)) = (x-b)^m \phi(g(x))$$

b의 중복도는 a의 중복도보다 크거나 같음을 알 수 있다. 이제 a와 b의 역할을 바꾸어 생각하면 a의 중복도가 b의 중복도보다 크거나 같음을 알 수 있다. 따라서 a와 b의 중복도가 같음을 증명했다. ■

[정리 19.9]를 통해 다음과 같은 [따름정리]를 바로 얻을 수 있다.

따름정리 분해체 위에서의 기약다항식의 인수분해

$f(x)$를 체 F 위의 기약다항식이라 하고, E를 F 위에서의 $f(x)$의 분해체라 하자. 그러면 $f(x)$는 다음과 같은 형태로 인수분해된다.

$$a(x-a_1)^n (x-a_2)^n \cdots (x-a_t)^n$$

이때 $a_1, a_2, \cdots, a_t$는 E의 서로 다른 원소이고 $a \in F$이다.

체에서 중근을 갖는 기약다항식의 예를 하나 설명함으로써 이 장을 마무리한다. 특히 [EX 19.9]에서 사용하는 체는 완전체가 아니다.

EX 19.9 $F=\mathbb{Z}_2(t)$를 부정원 t에 대해 $\mathbb{Z}_2$의 원소를 계수로 갖는 다항식환 $\mathbb{Z}_2[t]$의 분수체라 하자(F의 원소들이 $F[x]$의 원소들의 계수가 되어야 하므로, x 이외의 다른 문자 t를 도입해야 한다). 이제 $f(x)=x^2-t\in F[x]$라 하자. $f(x)$가 F 위에서 기약임을 확인하기 위해서는 $f(x)$가 F에서 근을 갖지 않음을 보이면 충분하다. $h(t)/k(t)$가 $f(x)$의 근이라고 하자.[1] 그러면 $(h(t)/k(t))^2=t$이므로 $(h(t))^2=t(k(t))^2$이다. 그러나 $\deg(h(t))^2$은 짝수인 반면, $\deg tk(t)^2$은 홀수이다. 따라서 $f(x)$는 F 위에서 기약이다.

마지막으로 t는 $F[x]$에서 상수이고 F의 표수는 2이다. 따라서 $f'(x)=0$이므로 $f'(x)$와 $f(x)$는 $f(x)$를 공통 인수로 갖는다. 그러므로 [정리 19.5]에 의해 $f(x)$는 F의 어떤 확장체에서 중근을 갖는다(실제로 $K=F[x]/\langle x^2-t\rangle$에서 중복도 2인 단 하나의 근을 갖는다).

19장 연습문제

> 아무리 복잡한 문제라고 해도 올바른 방식으로 검토했을 때 더 복잡해지는 문제는 본 적이 없다.
>
> **폴 앤더슨(Paul Anderson),** ***New Scientist***

19.1 $\mathbb{Q}(\sqrt[3]{5})$의 원소를 구하라.

19.2 $\mathbb{Q}(\sqrt{2},\ \sqrt{3})=\mathbb{Q}(\sqrt{2}+\sqrt{3})$임을 보여라.

19.3 $\mathbb{Q}$ 위에서 x^3-1의 분해체를 구하라. 그리고 이 분해체를 $\mathbb{Q}(a)$ 형태로 나타내라.

19.4 E가 F의 확장체이고 a, b가 E의 원소라 하자. $F(a,\ b)=F(a)(b)=F(b)(a)$임을 증명하라.

19.5 $\mathbb{Q}$ 위에서 $x^4+x^2+1=(x^2+x+1)(x^2-x+1)$의 분해체를 구하라.

1 (감수) $\mathbb{Z}_2(t)$의 원소는 $h(t)/k(t)\,(h(t),\ k(t)(\neq 0)\in\mathbb{Z}_2[t])$ 형태이다.

19.6 $\mathbb{Q}(2^{1/3})=\mathbb{Q}(2^{2/3})$임을 증명하라.

19.7 F가 체이고 a, b가 F의 원소이며 $a\neq 0$이라 하자. c가 F의 어떤 확장체에 속하면 $F(c)=F(ac+b)$임을 증명하라(F는 자기 자신의 원소를 '흡수'한다).

19.8 $F=\mathbb{Z}_2$이고 $f(x)=x^3+x+1\in F[x]$라 하자. F의 어떤 확장체에서 a가 $f(x)$의 근이라 할 때, $F(a)$의 원소는 몇 개일까? $F(a)$의 각 원소를 a로 표현하고, $F(a)$에 대한 완전한 케일리 표를 작성하라.

19.9 $F(a)$가 [연습문제 19.8]에서 설명한 체일 때, a^5, a^{-2}, a^{100}을 각각 $c_2a^2+c_1a+c_0$ 형태로 표현하라.

19.10 $F(a)$가 [연습문제 19.8]에서 설명한 체일 때, a^2과 a^2+a가 x^3+x+1의 근임을 보여라.

19.11 $\mathbb{Q}(\pi)$의 원소에 대해 설명하라.

19.12 $F=\mathbb{Q}(\pi^3)$이라 할 때, F 위에서 $F(\pi)$의 기저를 구하라.

19.13 x^7-x를 $\mathbb{Z}_3$ 위에서 1차식 인수들의 곱으로 표현하라. $x^{10}-x$에 대해서도 동일한 결과를 구하라.

19.14 $\mathbb{Q}(\sqrt{5})$의 모든 환 자기동형사상을 구하라. 또 $\mathbb{Q}(\sqrt[3]{5})$의 모든 환 자기동형사상을 구하라.

19.15 F가 표수가 p인 체이고, $f(x)=x^p-a\in F[x]$라 하자. $f(x)$가 F 위에서 기약이거나 $f(x)$가 F 안에서 분해가능함을 보여라.

19.16 $\mathbb{Z}_2$의 어떤 확장체 E에서 β가 $f(x)=x^4+x+1$의 근이라고 하자. $f(x)$를 $E[x]$의 1차식 인수들의 곱으로 표현하라.

19.17 $(1+\sqrt[3]{4})/(2-\sqrt[3]{2})=a+b\sqrt[3]{2}+c\sqrt[3]{4}$를 만족하는 $\mathbb{Q}$의 원소 a, b, c를 구하라. 이때 $(1+\sqrt[3]{4})/(2-\sqrt[3]{2})\in\mathbb{Q}(\sqrt[3]{2})=\{a+b\sqrt[3]{2}+c\sqrt[3]{4}\mid a,\ b,\ c\in\mathbb{Q}\}$이므로 이와 같은 a, b, c는 존재한다.

19.18 $(3+4\sqrt{2})^{-1}$을 $a+b\sqrt{2}\ (a,\ b\in\mathbb{Q})$ 형태로 표현하라.

19.19 $i=\sqrt{-1}$일 때, $\mathbb{Q}(4-i)=\mathbb{Q}(1+i)$임을 보여라.

19.20 $\mathbb{Q}(\sqrt{1+\sqrt{5}})$가 $\mathbb{Q}[x]/\langle p(x)\rangle$와 환 동형이 되도록 하는 $\mathbb{Q}[x]$의 다항식 $p(x)$를 구하라.

19.21 $f(x) \in F[x]$이고 $a \in F$라 하자. $f(x)$와 $f(x+a)$가 F 위에서 같은 분해체를 가짐을 보여라.

19.22 $F[x]$에 $f(x)$와 $g(x)$를 모두 나누는 양의 차수의 다항식이 존재하지 않으면 $F[x]$의 두 다항식 $f(x)$와 $g(x)$를 서로소라고 한다. $f(x)$와 $g(x)$가 $F[x]$에서 서로소이면 $K[x]$(K는 F의 확장체)에서도 서로소임을 보여라.

19.23 $\mathbb{Q}(\sqrt{2})$의 모든 부분체를 구하라.

19.24 체 $\mathbb{Q}(\sqrt{2})$ 위의 확장체 $\mathbb{Q}(\sqrt[4]{2})$의 원소에 대해 설명하라.

19.25 $\mathbb{Z}_2$ 위에서 $x^5+x^4+1=(x^2+x+1)(x^3+x+1)$의 분해체의 위수에 대해 설명하라.

19.26 $\mathbb{Q}$ 위에서 x^4+1의 분해체를 구하라.

19.27 x^3+2x+1을 $\mathbb{Z}_3$의 어떤 확장체 위에서의 1차다항식의 곱으로 표현하라.

19.28 x^8-x를 $\mathbb{Z}_2$ 위에서 기약다항식의 곱으로 표현하라.

19.29 $\mathbb{Q}(\sqrt{3})$과 $\mathbb{Q}(\sqrt{-3})$이 환 동형임을 증명하거나 반증하라.

19.30 임의의 소수 p에 대해 완전체가 아니며 표수가 p인 체를 찾으라.

19.31 β가 $\mathbb{Z}_5$에서 x^2+x+2의 근일 때, 다른 근을 찾으라.

19.32 $\mathbb{Z}_2$ 위의 다항식 x^4+x+1은 $\mathbb{Z}_2$의 임의의 확장체에서 중근을 갖지 않음을 보여라.

19.33 $x^{21}+2x^8+1$은 $\mathbb{Z}_3$의 임의의 확장체에서 중근을 갖지 않음을 보여라.

19.34 $x^{19}+x^8+1$이 $\mathbb{Z}_3$의 어떤 확장체에서 중근을 가짐을 보여라.

19.35 F를 표수가 $p \neq 0$인 체라 하자. F 위에서 다항식 $f(x)=x^{p^n}-x$가 서로 다른 근을 가짐을 보여라.

19.36 $\mathbb{Z}_3$ 위에서 $f(x)=(x^2+x+2)(x^2+2x+2)$의 분해체를 구하고, 분해체의 위수를 구하라. 그리고 $f(x)$를 이 분해체 위에서의 1차식 인수들의 곱으로 표현하라.

19.37 F를 체라 하고 E를 $a_1, a_2, \cdots, a_n$을 포함하는 F의 확장체라 하자. $F(a_1, a_2, \cdots, a_n)$은 F와 집합 $\{a_1, a_2, \cdots, a_n\}$을 포함하는 E의 모든 부분체의 교집합임을 증명하라.[2]

19.38 $\mathbb{Z}_3$ 위에서 $x^4 - x^2 - 2$의 분해체를 구하라.

19.39 $f(x)$가 $\mathbb{Z}_2$ 위에서 기약인 5차다항식이라 하자. 항등원이 아닌 모든 원소는 순환군 $(\mathbb{Z}_2[x]/\langle f(x)\rangle)^*$의 생성원임을 증명하라.

19.40 $\mathbb{Q}(\sqrt{7}, i)$가 $x^4 - 6x^2 - 7$의 분해체임을 보여라.

19.41 유리수 계수를 갖는 2차다항식 $p(x)$가 $\mathbb{Q}$ 위에서 기약이라고 하자. $p(x)$가 $\mathbb{Q}[x]/\langle p(x)\rangle$에서 2개의 근을 가짐을 보여라.

19.42 $p(x) \in F[x]$이고 $\deg p(x) = n$이면 F 위에서 $p(x)$의 분해체는 최대 $n!$개의 기저를 가짐을 보여라.

19.43 p를 소수라 하고 $F = \mathbb{Z}_p(t)$(환 $\mathbb{Z}_p[x]$의 분수체)이고 $f(x) = x^p - t$라 하자. $f(x)$가 F 위에서 기약이고 $K = F[x]/\langle x^p - t\rangle$에서 중근을 가짐을 증명하라.

19.44 $f(x)$를 체 F 위의 기약다항식이라 하자. 분해체에서 $f(x)$의 서로 다른 근의 개수가 $\deg f(x)$를 나눈다는 것을 증명하라.

19.45 n을 짝수인 양의 정수라 하고 F를 표수가 2인 유한체라고 하자. F 위에서 $x^n - x$의 기약 인수분해가 $x(x-1)(x+1)g_1(x)g_2(x)\cdots g_k(x)$ 형태일 수 없는 이유를 설명하라.

19.46 F가 표수가 2인 유한체이고 $f(x)$가 $F[x]$의 원소라 하자. F 위에서 $f(x)$의 기약 인수분해가 $x(x-1)g_1(x)g_2(x)\cdots g_k(x)$($g_i(x) \in F[x]$는 차수가 2 이상인 기약다항식) 형태인 경우, 곱에서 2차식 인수는 최대 몇 개일까?

19.47 $\mathbb{Q}(\sqrt[3]{2})$ 위에서 $f(x) = x^3 - 2$의 분해체를 구하라. $\mathbb{Q}(\sqrt{3}i)$ 위에서 $f(x)$의 분해체는 무엇인가?

19.48 체 $\mathbb{Z}_3$의 어떤 확장체에서 a가 $x^3 - x - 1$의 근이라 하자. $(a^2+a)(a^2+1)$을 $a_2a^2 + a_1a + a_0$ ($a_2, a_1, a_0 \in \mathbb{Z}_3$) 형태로 나타내라.

---

2 이 문제는 이 장의 본문에서 살펴봤다.

19.49 α를 $\mathbb{Z}_5$의 원소가 아닌 원소라 하자. $\mathbb{Z}_5(\alpha)=\{a\alpha+b\,|\,a,\ b\in\mathbb{Z}_5\}$와 $\alpha^2=2\alpha+1$을 만족하는 $\mathbb{Z}_5$의 확장체 $\mathbb{Z}_5(\alpha)$가 존재하는가? 답에 대한 이유를 설명하라.

19.50 α를 F의 원소가 아닌 원소라 하자. $F(\alpha)=\{a\alpha+b\,|\,a,\ b\in F\}$와 $\alpha^2=\alpha+2$를 만족하는 F의 확장체 $F(\alpha)$가 존재하는가? 답에 대한 이유를 설명하라.

19.51 x^2+1과 x^2+x+1이 체 F에서 근을 갖지 않는다고 하자. F의 어떤 확장체 E에서 α가 x^2+1의 근이고 β가 x^2+x+1의 근인 경우, α는 $F(\beta)$의 원소가 아니고 β는 $F(\alpha)$의 원소가 아님을 증명하라.

19.52 x^2+1이 분해되는 $\mathbb{Q}$의 확장체 $F_0,\ F_1,\ F_2,\cdots$ 의 예를 무한개 제시하라.

레오폴트 크로네커(Leopold Kronecker)

크로네커는 자신의 주요 관심 분야인 정수론, 방정식 이론, 타원함수의 세 가지 요소를 하나의 아름다운 패턴으로 여겼다.

에릭 템플 벨(Eric Temple Bell)

The Granger Collection, NYC—All rights reserved

크로네커는 1823년 12월 7일 프로이센의 레그니차에서 태어났다. 학창 시절 그는 위대한 대수학자 쿠머(Kummer)로부터 특별 교육을 받았다. 크로네커는 1841년에 베를린대학교에 입학하여 특정 환에서의 단원에 대한 논문으로 1845년에 박사 학위를 취득했다.

크로네커는 1845년부터 1853년까지 수학을 취미로 여기고 사업에 전념했다. 그 후 경제적으로 부유해진 그는 대수학과 정수론을 연구하는 데 대부분의 시간을 보냈다. 크로네커는 대수학에 대한 추상적 접근 방식의 초기 옹호론자 중 한 명이었다. 그는 대수적 수론에 대한 그의 깨달음에 환과 체를 혁신적으로 적용했고 유한 가환군의 기본정리를 확립했으며, 갈루아의 체 이론을 마스터한 최초의 수학자였다.

크로네커는 모든 증명과 정의에 대한 구체적인 방법을 옹호했다. 그는 모든 수학이 정수들 사이의 어떤 관계에 기반을 두고 있다고 믿었다. 그는 π가 초월수임을 증명한 린데만에게 무리수는 존재하지 않는다고 말했다. 이 문제에 대해 그가 한 가장 유명한 말은 "신은 정수를 만들었고, 나머지는 모두 인간의 작품이다."였다. 앙리 푸앵카레(Henri Poincaré)는 크로네커가 자신의 철학을 잠시 망각함으로써 정수론과 대수학 분야에서 훌륭한 업적을 만들어낼 수 있었다고 말한 적이 있다. 크로네커는 1891년 12월 29일 68세의 나이로 사망했다.

20

대수적 확장체
Algebraic Extensions

"모든 일은 쉬워지기 전에는 어렵다."

노만 J. 블록(Norman J. Block), *Abstract Algebra with Applications*

"바나흐(Banach)는 나에게 "훌륭한 수학자는 정리나 이론 사이의 유사성을 찾아낼 수 있고, 최고의 수학자는 이러한 유사성들 중 가장 비슷한 것을 볼 수 있는 능력이 있다."라고 말했다."

스타니스와프 울람(Stanisław Ulam), *Adventures of a Mathematician*

20.1 확장체의 성질

19장에서 체 $\mathbb{Q}(\sqrt{2})$의 임의의 원소는 유리수 a, b에 대해 $a+b\sqrt{2}$라는 매우 단순한 형태임을 확인했다. 한편, 체 $\mathbb{Q}(\pi)$의 원소는 다음과 같이 더 복잡한 형태이다.

$$(a_n\pi^n + a_{n-1}\pi^{n-1} + \cdots + a_0)/(b_m\pi^m + b_{m-1}\pi^{m-1} + \cdots + b_0)$$

여기서 a_i와 b_j들은 유리수이다. 첫 번째 유형의 체는 많은 대수적 구조를 갖는다. 이 구조에 대한 논의가 이 장의 주제이다.

정의 확장체의 유형

E가 체 F의 확장체이고 $a \in E$라 하자. a가 $F[x]$의 어떤 영이 아닌 다항식의 근인 경우, a는 F 위에서 **대수적**(algebraic)이라고 한다. 만약 a가 F 위에서 대수적이지 않으면 a가 F 위에서 **초월적**(transcendental)이라고 한다. E의 모든 원소가 F 위에서 대수적이면 F의 확장체 E를 F의 **대수적 확장체**(algebraic extension)라고 한다. E가 F의 대수적 확장체가 아니면 E를 F의 **초월적 확장체**(transcendental extension)라고 한다. $F(a)$ 형태의 F의 확장체를 F의 **단순 확장체**(simple extension)라고 한다.

오일러는 '대수적 방법의 힘을 초월했기 때문에' 대수적이지 않은 수에 대해 초월이라는 용어를 사용했다. 오일러가 1744년에 이러한 구별을 했지만, 1844년이 되어서야 조제프 리우빌(Joseph Liouville)에 의해 $\mathbb{Q}$ 위에서 초월수의 존재성이 증명되었다. 샤를 에리미트(Charles Hermite)는 1873년에 e가 $\mathbb{Q}$ 위에서 초월적임을 증명했고, 린데만은 1882년에 π가 $\mathbb{Q}$ 위에서 초월적임을 증명했다. 오늘날까지도 $\pi+e$가 $\mathbb{Q}$ 위에서 초월적인지의 여부는 알려져 있지 않다. '거의 모든'의 명확한 정의에 따라, 거의 모든 실수가 $\mathbb{Q}$ 위에서 초월적임을 알 수 있다.

[정리 20.1]은 체 위에서 대수적인 원소와 초월적인 원소를 구별하는 이유를 보여준다. $F(x)$는 $F[x]$의 분수체임을 기억하자. 즉, 다음과 같다.

$$F(x) = \{f(x)/g(x) \mid f(x),\ g(x) \in F[x],\ g(x) \neq 0\}$$

정리 20.1 확장체의 특성화

E가 체 F의 확장체이고 $a \in E$라 하자. a가 F 위에서 초월적이면 $F(a) \approx F(x)$이다. 그리고 a가 F 위에서 대수적이면 차수가 가장 작고 $p(a)=0$인 $F[x]$의 다항식 $p(x)$에 대해 $F(a) \approx F[x]/\langle p(x) \rangle$이다. 더욱이 $p(x)$는 F 위에서 기약이다.

증명

준동형사상 $\phi: F[x] \to F(a)$를 $f(x) \to f(a)$로 정의해보자. a가 F 위에서 초월적이면 $\text{Ker}\,\phi = \{0\}$이다. ϕ를 $\overline{\phi}(f(x)/g(x)) = f(a)/g(a)$로 정의된 동형사상 $\overline{\phi}$: $F(x) \to F(a)$로 확장하자.

a가 F 위에서 대수적이면 $\text{Ker}\,\phi \neq \{0\}$이다. 그리고 [정리 16.5]에 의해 $\text{Ker}\,\phi$의 모든 영이 아닌 원소 중 차수가 가장 작은 $F[x]$의 다항식 $p(x)$가 존재하여 $\text{Ker}\,\phi = \langle p(x) \rangle$이다. 따라서 $p(a) = 0$이고 $p(x)$는 이와 같은 성질을 갖는 가장 작은 차수의 다항식이므로 F 위에서 기약이다. ■

[정리 20.1]의 증명은 다음 두 가지 결과를 바로 유도한다. 두 정리의 증명은 독자에게 남긴다([연습문제 20.1] 참고).

정리 20.2 유일성

a가 체 F 위에서 대수적이면 $p(a)=0$인 모닉 기약다항식 $p(x)$가 $F[x]$에 유일하게 존재한다.

[정리 20.2]의 성질을 갖는 다항식을 F 위의 a에 대한 **최소다항식**(minimal polynomial)이라고 한다.

정리 20.3 나눗셈 성질

a가 F 위에서 대수적이고, $p(x)$가 F 위의 a에 대한 최소다항식이라 하자. $f(x) \in F[x]$이고 $f(a)=0$이면 $F[x]$에서 $p(x)$는 $f(x)$를 나눈다.

E가 F의 확장체라 하면 E를 F 위의 한 벡터공간으로 볼 수 있다(즉, E의 원소는 벡터이고 F의 원소는 스칼라이다). 그러면 벡터공간에 대한 논의에서 차원, 기저와 같은 개념을 적용할 수 있다.

20.2 유한 확장체

정의 확장체의 차수

E를 체 F의 확장체라 하자. E가 F 위의 n차원 벡터공간이면 E는 F 위에서 **차수**(degree) n을 갖는다고 하고 $[E:F]=n$으로 표기한다. $[E:F]$가 유한하면 E를 F의 **유한 확장체**(finite extension)라 하고, 그렇지 않으면 E를 F의 **무한 확장체**(infinite extension)라고 한다.

[그림 20.1]은 체 위의 확장체의 차수를 나타내는 편리한 방법을 보여준다.

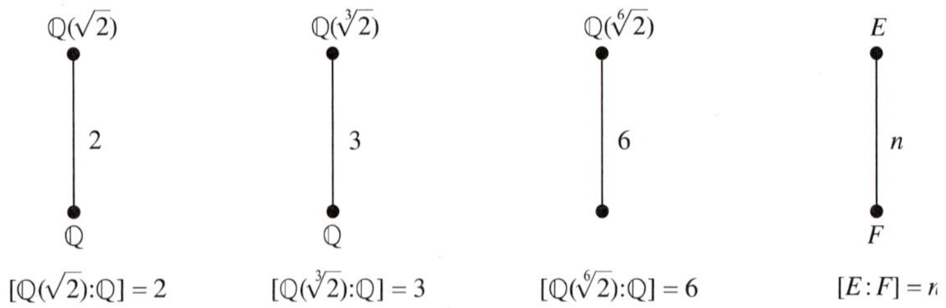

[그림 20.1] 유한 확장체

EX 20.1 복소수체는 실수 위에서 $\{1, i\}$를 기저로 가지므로 차수가 2이다. 그리고 복소수체는 유리수 위의 무한 확장체이다.

EX 20.2 a가 F 위에서 대수적이고 F 위의 a에 대한 최소다항식의 차수가 n이면 [정리 19.3]에 의해 $\{1, a, \cdots, a^{n-1}\}$은 F 위에서 $F(a)$의 기저이다. 그러므로 $[F(a):F]=n$이다. 이 경우에 a는 F 위에서 차수가 n이다.

정리 20.4 유한 확장체는 대수적 확장체이다

E가 F의 유한 확장체이면 E는 F의 대수적 확장체이다.

증명

$[E:F]=n$이고 $a\in F$라 하자. 그러면 집합 $\{1, a, \cdots, a^n\}$은 F 위에서 일차종속이다. 즉, F에서 모두 영이 아닌 원소 $c_0, c_1, \cdots, c_n$이 존재하여 다음을 만족한다.

$$c_n a^n + c_{n-1}a^{n-1} + \cdots + c_1 a + c_0 = 0$$

분명히 a는 영이 아닌 다항식 $f(x) = c_n x^n + c_{n-1}x^{n-1} + \cdots + c_1 x + c_0$의 근이다. ■

[정리 20.4]의 역은 참이 아니다. 그렇지 않다고 가정하면 F 위에서 E의 임의의 대수적 확장체의 원소들의 차수는 유계일 것이다. 그러나 $\mathbb{Q}(\sqrt{2}, \sqrt[3]{2}, \sqrt[4]{2}, \cdots)$는 $\mathbb{Q}$의 모든 차수의 원소를 포함하는 $\mathbb{Q}$의 대수적 확장체이다([연습문제 20.3] 참고).

다음 정리는 유한군에 대한 라그랑주 정리에 대응하는 체 이론이다. 모든 셈법을 이용하는 정리와 마찬가지로 이 정리로부터 광범위한 응용 결과를 얻을 수 있다.

정리 20.5 $[K:F]=[K:E][E:F]$

K가 체 E의 유한 확장체이고 E가 체 F의 유한 확장체라 하자. 그러면 K는 F의 유한 확장체이고 $[K:F]=[K:E][E:F]$이다.

증명

$X=\{x_1, x_2, \cdots, x_n\}$이 E 위에서 K의 기저이고, $Y=\{y_1, y_2, \cdots, y_m\}$이 F 위에서 E의 기저라 하자. 이제 다음과 같은 집합 YX가 F 위에서 K의 기저임을 보이면 된다.

$$YX=\{y_j x_i \mid 1 \le j \le m,\ 1 \le i \le n\}$$

이를 보이기 위해 $a \in K$라 하면 원소 $b_1, b_2, \cdots, b_n \in E$가 존재하여 다음이 성립한다.

$$a = b_1 x_1 + b_2 x_2 + \cdots + b_n x_n$$

그리고 각 $i=1, 2, \cdots, n$에 대해 원소 $c_{i1}, c_{i2}, \cdots, c_{im} \in F$가 존재하여 다음을 만족한다.

$$b_i = c_{i1}y_1 + c_{i2}y_2 + \cdots + c_{im}y_m$$

그러므로 다음이 성립한다.

$$a = \sum_{i=1}^{n} b_i x_i = \sum_{i=1}^{n}\left(\sum_{j=1}^{m} c_{ij}y_j\right)x_i = \sum_{i,j} c_{ij}(y_j x_i)$$

이 결과는 YX가 F 위에서 K를 생성함을 증명한다. 이제 F에 원소 c_{ij}가 존재하여 다음을 만족한다고 하자.

$$0 = \sum_{i,j} c_{ij}(y_j x_i) = \sum_i\left(\sum_j c_{ij}y_j\right)x_i$$

그러면 $\sum_j c_{ij} y_j \in E$이고, X가 E 위에서 K의 기저이므로, 각 i에 대해 다음이 성립한다.

$$\sum_j c_{ij} y_j = 0$$

그런데 $c_{ij} \in F$이고 Y는 F 위에서 E의 기저이므로 $c_{ij} = 0$이다. 이로써 집합 YX가 F 위에서 일차독립임을 증명했다. ■

체 J의 임의의 확장체 L에 대해 $[L : J] = n$일 필요충분조건은 L이 J^n과 벡터공간으로서 동형인 것이다([연습문제 20.57] 참고). 이 사실을 이용하면 다음과 같이 [정리 20.5]를 증명할 수 있다. $[K : E] = n$이고 $[E : F] = m$이라 하면 $K \approx E^n$이고 $E \approx F^m$이다. 따라서 $K \approx E^n \approx (F^m)^n \approx F^{mn}$이다. 그러므로 $[K : F] = mn$이다.

[정리 20.5]의 내용은 [그림 20.2]와 같이 나타낼 수 있다. [EX 20.3], [EX 20.4], [EX 20.5]에서는 [정리 20.5]가 어떻게 자주 활용되는지를 보여준다.

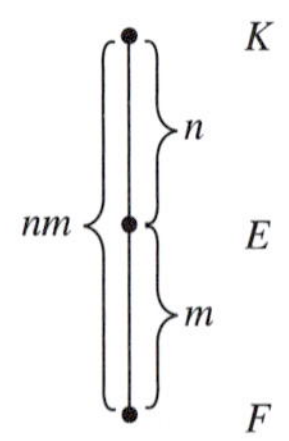

$[K:F] = [K:E][E:F]$

[그림 20.2] 차수가 nm인 확장체

EX 20.3 $\{1, \sqrt{3}\}$이 $\mathbb{Q}(\sqrt{5})$ 위에서 $\mathbb{Q}(\sqrt{3}, \sqrt{5})$의 기저이고([연습문제 20.7] 참고), $\{1, \sqrt{5}\}$가 $\mathbb{Q}$ 위에서 $\mathbb{Q}(\sqrt{5})$의 기저이므로, [정리 20.5]의 증명은 $\{1, \sqrt{3}, \sqrt{5}, \sqrt{15}\}$가 $\mathbb{Q}$ 위에서 $\mathbb{Q}(\sqrt{3}, \sqrt{5})$의 기저임을 보여준다([그림 20.3] 참고).

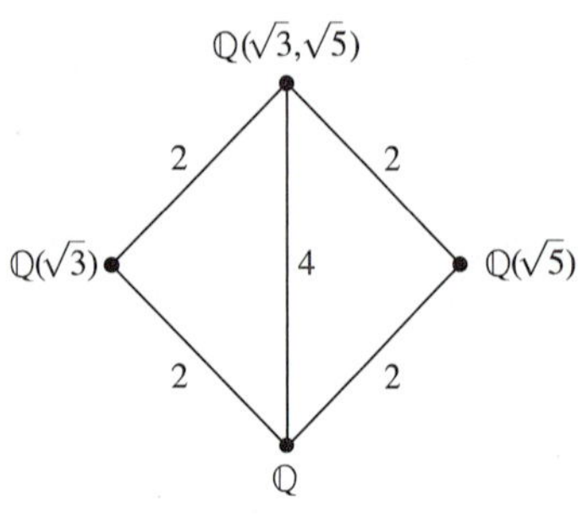

[그림 20.3] 차수가 4인 확장체

EX 20.4 $\mathbb{Q}(\sqrt[3]{2}, \sqrt[4]{3})$을 생각해보자([그림 20.4] 참고). $[\mathbb{Q}(\sqrt[3]{2}, \sqrt[4]{3}) : \mathbb{Q}] = 12$임을 증명하자. 분명히 다음이 성립한다.

$$[\mathbb{Q}(\sqrt[3]{2}, \sqrt[4]{3}) : \mathbb{Q}] = [\mathbb{Q}(\sqrt[3]{2}, \sqrt[4]{3}) : \mathbb{Q}(\sqrt[3]{2})][\mathbb{Q}(\sqrt[3]{2}) : \mathbb{Q}]$$
$$[\mathbb{Q}(\sqrt[3]{2}, \sqrt[4]{3}) : \mathbb{Q}] = [\mathbb{Q}(\sqrt[3]{2}, \sqrt[4]{3}) : \mathbb{Q}(\sqrt[4]{3})][\mathbb{Q}(\sqrt[4]{3}) : \mathbb{Q}]$$

따라서 $3 = [\mathbb{Q}(\sqrt[3]{2}) : \mathbb{Q}]$와 $4 = [\mathbb{Q}(\sqrt[4]{3}) : \mathbb{Q}]$는 $[\mathbb{Q}(\sqrt[3]{2}, \sqrt[4]{3}) : \mathbb{Q}]$를 나눈다. 다시 말해, $[\mathbb{Q}(\sqrt[3]{2}, \sqrt[4]{3}) : \mathbb{Q}] \geq 12$이다. 한편, $\sqrt[4]{3}$이 $x^4 - 3 \in \mathbb{Q}(\sqrt[3]{2})[x]$의 근이므로 $[\mathbb{Q}(\sqrt[3]{2}, \sqrt[4]{3}) : \mathbb{Q}(\sqrt[3]{2})]$는 최대 4이다. 따라서 다음과 같다([그림 20.4] 참고).

$$[\mathbb{Q}(\sqrt[3]{2}, \sqrt[4]{3}) : \mathbb{Q}] = [\mathbb{Q}(\sqrt[3]{2}, \sqrt[4]{3}) : \mathbb{Q}(\sqrt[3]{2})][\mathbb{Q}(\sqrt[3]{2}) : \mathbb{Q}] \leq 4 \cdot 3 = 12$$

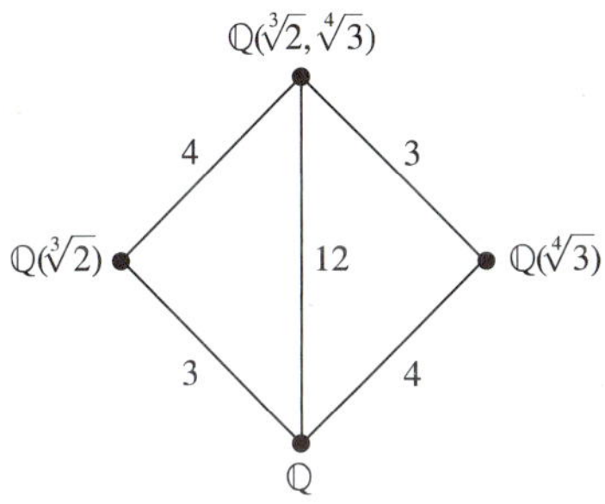

[그림 20.4] 차수가 12인 확장체

[정리 20.5]는 종종 체에 특정한 원소가 포함되지 않음을 표현하는 데 사용되기도 한다.

EX 20.5 [EX 17.7]에서는 $h(x) = 15x^4 - 10x^2 + 9x + 21$이 $\mathbb{Q}$ 위에서 기약임을 보였다. $\mathbb{Q}$의 어떤 확장체에서 $h(x)$의 근을 β라 하자. 그러면 β값을 정확히 알지 못하더라도, $\sqrt[3]{2}$가 $\mathbb{Q}(\beta)$의 원소가 아님을 증명할 수 있다. 만약 원소라면 $\mathbb{Q} \subset \mathbb{Q}(\sqrt[3]{2}) \subseteq \mathbb{Q}(\beta)$이고 $4 = [\mathbb{Q}(\beta) : \mathbb{Q}] = [\mathbb{Q}(\beta) : \mathbb{Q}(\sqrt[3]{2})][\mathbb{Q}(\sqrt[3]{2}) : \mathbb{Q}]$이므로 3이 4를 나누기 때문이다. 이 논리는 $\sqrt{2}$가 $\mathbb{Q}(\beta)$에 포함되지 않음을 보이는 데는 사용될 수 없다.

EX 20.6 $\mathbb{Q}(\sqrt{3}, \sqrt{5})$에 대해 $\mathbb{Q}(\sqrt{3}, \sqrt{5}) = \mathbb{Q}(\sqrt{3}+\sqrt{5})$임을 보이자. $\mathbb{Q}(\sqrt{3}+\sqrt{5}) \subseteq \mathbb{Q}(\sqrt{3}, \sqrt{5})$는 분명하고, 다음이 성립한다.

$$(\sqrt{3}+\sqrt{5})^{-1} = \frac{1}{\sqrt{3}+\sqrt{5}} \cdot \frac{\sqrt{3}-\sqrt{5}}{\sqrt{3}-\sqrt{5}} = -\frac{1}{2}(\sqrt{3}-\sqrt{5})$$

따라서 $\sqrt{3}-\sqrt{5}$는 $\mathbb{Q}(\sqrt{3}+\sqrt{5})$에 속한다. 그러므로 $\frac{(\sqrt{3}+\sqrt{5})+(\sqrt{3}-\sqrt{5})}{2} = \sqrt{3}$과 $\frac{(\sqrt{3}+\sqrt{5})-(\sqrt{3}-\sqrt{5})}{2} = \sqrt{5}$가 모두 $\mathbb{Q}(\sqrt{3}+\sqrt{5})$에 속한다. 따라서 $\mathbb{Q}(\sqrt{3}, \sqrt{5}) \subseteq \mathbb{Q}(\sqrt{3}+\sqrt{5})$이다.

EX 20.7 [EX 20.6]과 [정리 19.3]에 의해 $\mathbb{Q}$ 위의 $\sqrt{3}+\sqrt{5}$에 대한 최소다항식의 차수는 4이다. 이 다항식을 어떻게 찾을 수 있을까? $x = \sqrt{3}+\sqrt{5}$로 시작하면 $x^2 = 3+2\sqrt{15}+5$이다. 이 식으로부터 $x^2-8 = 2\sqrt{15}$를 얻고, 양변을 제곱하면 $x^4-16x^2+64 = 60$이다. 따라서 $\sqrt{3}+\sqrt{5}$는 $x^4-16x^2+4=0$의 근이다. 이 식은 4차 모닉다항식이므로, 이 식이 $\mathbb{Q}$ 위의 $\sqrt{3}+\sqrt{5}$에 대한 최소다항식임을 알 수 있다.

[EX 20.6]은 한 체에 두 원소를 추가하여 얻은 확장체를 그 체에 단 하나의 원소를 추가하여 얻을 수 있음을 보여준다. 다음 정리는 특정 조건하에서 항상 이러한 작업이 가능함을 보여준다.

정리 20.6 원시 원소 정리(primitive element theorem)(슈타이니츠(Steinitz), 1910)
F가 표수가 0인 체이고 a, b가 F 위에서 대수적이면, $F(a, b)$에 원소 c가 존재하여 $F(a, b) = F(c)$를 만족한다.

증명

$p(x)$와 $q(x)$를 각각 F 위의 a, b에 대한 최소다항식이라 하자. F의 어떤 확장체 K에서 $a_1, a_2, \cdots, a_m$과 $b_1, b_2, \cdots, b_n$을 각각 $p(x)$와 $q(x)$의 서로 다른 근이라 하자. 이때 $a = a_1$이고 $b = b_1$이다. F의 무수히 많은 원소 중 모든 $i \geq 1$과 $j > 1$에 대해 $\frac{a_i - a}{b - b_j}$와 같지 않은 원소 d를 선택한다. 특히 $j > 1$에 대해 $a_i \neq a + d(b - b_j)$이다.

$c = a + db$에 대해 $F(a, b) = F(c)$가 성립함을 보이자. 분명히 $F(c) \subseteq F(a, b)$이다. $F(a, b) \subseteq F(c)$임을 확인하려면 $b \in F(c)$임을 증명하면 된다. 왜냐하면 b, c, d가 $F(c)$에 속하고 $a = c - bd$이므로 $a \in F(c)$이기 때문이다. 이제 $F(c)$ 위의 두 다항식 $q(x)$와 $r(x) = p(c - dx)$

를 생각해보자(즉, $r(x)$는 $p(x)$의 x에 $c-dx$를 대입하여 얻는다). $q(b)=0$, $r(b)=p(c-db)=p(a)=0$이므로, $q(x)$와 $r(x)$는 모두 $F(c)$ 위의 b에 대한 최소다항식 $s(x)$로 나누어진다([정리 20.3] 참고). $s(x)\in F(c)[x]$이므로, $s(x)=x-b$임을 보이면 증명을 완성할 수 있다. $s(x)$는 $q(x)$와 $r(x)$의 공통 인수이므로, K에서 $s(x)$의 가능한 근은 $r(x)$의 근인 동시에 $q(x)$의 근이다. 그러나 $r(b_j)=p(c-db_j)=p(a+db-db_j)=p(a+d(b-b_j))$이고, d는 $j>1$에 대해 $a+d(b-b_j)\neq a_i$를 만족하도록 선택되었다. 따라서 b는 $K[x]$에서 $s(x)$의 유일한 근이고 $s(x)=(x-b)^u$이다. $s(x)$는 기약다항식이고 F는 표수가 0인 체이므로, [정리 19.6]에 의해 $u=1$이다. ■

앞서 소개한 용어에 따르면, [정리 20.6]과 수학적 귀납법에 의해 표수가 0인 체의 유한 확장체는 단순 확장체이다. $E=F(a)$일 때, 원소 a를 E의 **원시 원소**(primitive element)라고 한다.

20.3 대수적 확장체의 성질

> **정리 20.7 대수적 확장체의 대수적 확장체는 대수적 확장체이다**
> K가 E의 대수적 확장체이고 E가 F의 대수적 확장체이면, K가 F의 대수적 확장체이다.

증명

$a\in K$라고 하자. a가 F의 어떤 유한 확장체에 포함됨을 보이면 된다. a는 E 위에서 대수적이므로, a가 $E[x]$의 한 기약다항식, 예를 들어 $p(x)=b_nx^n+\cdots+b_0$의 근이다. 이제 다음과 같이 F 위의 확장체의 탑을 구성해보자.

$$F_0=F(b_0),\ F_1=F_0(b_1),\cdots,\ F_n=F_{n-1}(b_n)$$

특히 $F_n=F(b_0, b_1,\cdots, b_n)$이다. 따라서 $p(x)\in F_n[x]$이다. 그러므로 $[F_n(a):F_n]=n$이다. 그리고 각 b_i가 F 위에서 대수적이므로, 각 $[F_{i+1}:F_i]$가 유한하다. 따라서 다음은 유한하다([그림 20.5] 참고).

$$[F_n(a):F]=[F_n(a):F_n][F_n:F_{n-1}]\cdots[F_1:F_0][F_0:F]$$

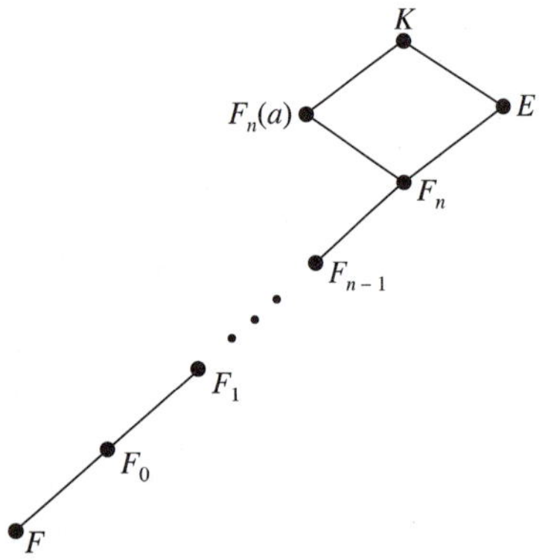

[그림 20.5] 확장체의 탑

따름정리 대수적 원소의 부분체

E를 체 F의 확장체라 하자. F 위에서 대수적인 E의 모든 원소들의 집합은 E의 부분체이다.

증명

$a,\ b \in E$가 F 위에서 대수적이고 $b \neq 0$이라 하자. $a+b,\ a-b,\ ab,\ \dfrac{a}{b}$가 모두 F 위에서 대수적임을 보이기 위해 $[F(a,\ b) : F]$가 유한함을 보이면 된다. 왜냐하면 이 네 가지 원소들이 모두 $F(a,\ b)$에 포함되기 때문이다. 그런데 $[F(a,\ b) : F] = [F(a,\ b) : F(b)]\,[F(b) : F]$ 이고 a가 F 위에서 대수적이므로, a는 $F(b)$ 위에서도 대수적이다. 따라서 $[F(a,\ b) : F(b)]$와 $[F(b) : F]$는 모두 유한하다. ■

체 F의 임의의 확장체 E에 대해 F 위에서 대수적인 E의 원소들의 집합은 E의 부분체이며, 이를 E에서 F의 **대수적 닫힘**(algebraic closure)이라고 한다.

체 F의 최대 대수적 확장체가 존재하는지, 즉 진 대수적 확장체를 갖지 않는 F의 대수적 확장체 E가 존재하는지 궁금할 수 있다. 이와 같은 체 E가 존재하려면 $E[x]$의 모든 다항식이 E 위에서 분해되어야 한다. 그렇지 않으면 크로네커 정리에 따라 E는 진 대수적 확장체를 갖는다. 또한 이 조건이면 충분하다. $E[x]$의 모든 다항식이 E 위에서 분해되고 K가 E의 대수적 확장체인 경우, K의 모든 원소는 $E[x]$의 어떤 다항식의 근이다. 그러나 $E[x]$의 다항식의 모든 근은 E에 존재한다. 진 대수적 확장체를 갖지 않는 체를 **대수적으로 닫혀있다**(algebraically closed)고 한다.

1910년에 에른스트 슈타이니츠(Ernst Steinitz)는 임의의 체 F는 대수적으로 닫혀있는 유일한(단, 동형인 체는 같은 체로 간주) 대수적 확장체를 갖는다는 것을 증명했다. 이 체를 F의 대수적 닫힘이라고 했다. 이 결과를 증명하기 위해서는 복잡한 집합론의 이론적 배경이 필요하다. 1799년 가우스는 22세의 나이에 $\mathbb{C}$가 대수적으로 닫혀있음을 증명했다. 이 사실은 당시 **대수학의 기본정리**

(the fundamental theorem of algebra)라고 불리며 매우 중요하게 간주되었다. 50여 년에 걸쳐 가우스는 이 기본정리에 대한 세 가지 증명 방법을 추가로 발견했다. 오늘날에는 100가지 이상의 증명 방법이 존재한다. 20세기 추상대수학의 기세를 고려하면, 가우스의 결과는 '고전 대수학의 기본정리'라는 표현이 더 적절할 것이다.

20장 연습문제

> 당신이 어떤 목표를 추구하는지는 중요하지 않는다.
> 그 비밀이 여기에 숨어 있다.
> 결과 혹은 장미꽃을 얻기 위해 당신은 매주 파헤쳐야 한다.
>
> **에드거 게스트(Edgar Guest)**

20.1 [정리 20.2]와 [정리 20.3]을 증명하라.

20.2 E가 F의 대수적 닫힘일 때, $F[x]$의 모든 다항식이 E 위에서 분해됨을 보여라.

20.3 $\mathbb{Q}(\sqrt{2},\ \sqrt[3]{2},\ \sqrt[4]{2},\cdots)$가 $\mathbb{Q}$의 대수적 확장체이지만 $\mathbb{Q}$의 유한 확장체는 아님을 증명하라.[1]

20.4 E를 F의 대수적 확장체라 하자. $F[x]$의 모든 다항식이 E 위에서 분해되면 E는 대수적으로 닫혀있음을 보여라.

20.5 F가 체이고 $F[x]$의 모든 기약다항식이 1차식이라 할 때, F가 대수적으로 닫혀있음을 보여라.

20.6 $f(x)$와 $g(x)$가 F 위에서 기약이고, $\deg f(x)$와 $\deg g(x)$가 서로소라고 하자. F의 어떤 확장체에서 a가 $f(x)$의 근이면 $g(x)$가 $F(a)$ 위에서 기약임을 보여라.

20.7 $a,\ b$가 $\mathbb{Q}$의 원소이고 $b \neq 0$이라 하자. $\mathbb{Q}(\sqrt{a}) = \mathbb{Q}(\sqrt{b})$일 필요충분조건은 어떤 $c \in \mathbb{Q}$가 존재하여 $a = bc^2$인 것임을 보여라.

20.8 $\mathbb{Q}(\sqrt{15})$ 위에서 $\mathbb{Q}(\sqrt{3}+\sqrt{5})$의 기저와 차수를 구하라. 또 $\mathbb{Q}$ 위에서 $\mathbb{Q}(\sqrt{2},\ \sqrt[3]{2},\ \sqrt[4]{2})$의 기저와 차수를 구하라.

---

1 이 문제는 이 장의 본문에서 살펴봤다.

20.9 $[F(a):F]=5$일 때 $[F(a^3):F]$를 구하라. a^3이 a^2 또는 a^4으로 대체되어도 같은 주장을 할 수 있을까?

20.10 E가 소수 차수를 갖는 F의 확장체라 하자. E의 모든 원소 a에 대해 $F(a)=F$ 또는 $F(a)=E$임을 보여라.

20.11 E와 F가 $[E:F]=n$인 체라 하자. $f(x)$가 F 위에서 기약이고 $f(x)$의 차수가 n을 나누지 않는 경우, $f(x)$의 근이 E에 존재하지 않음을 증명하라.

20.12 E가 체 F의 확장체이고 $[E:F]=n$이라 하자. 이때 n은 홀수이다. $a\in E$이면 $F(a^2)=F(a)$임을 증명하라.

20.13 F가 체이고 $f(x)\in F[x]$이며, F의 어떤 확장체에서 a가 $f(x)$의 근이라 하자. b와 c가 F의 원소이고 $b\neq 0$인 경우, $ab+c$를 근으로 갖는 $g(x)\in F[x]$를 구하라.

20.14 β가 F 위에서 초월적이라 하고 n을 양의 정수라 하자. $[F(\beta):F(\beta^n)]$을 구하라. $n=4$에 대해 $3\beta^5+a\beta^{-3}$을 기저와 $F(\beta^4)$의 계수를 이용해 일차결합으로 표현하라.

20.15 F가 표수가 0인 체이고 $a_1, a_2, \cdots, a_n$이 F 위에서 대수적이면, 적당한 원소 c가 $F(a_1, a_2, \cdots, a_n)$에 존재하여 $F(a_1, a_2, \cdots, a_n)=F(c)$임을 증명하라.

20.16 $11\sqrt{12}-7\sqrt{45}$를 $a+b(\sqrt{3}+\sqrt{5})+c(\sqrt{3}+\sqrt{5})^2+d(\sqrt{3}+\sqrt{5})^3$($a$, b, c, d는 유리수) 형태로 표현할 수 있는 이유를 설명하라.

20.17 $[\mathbb{Q}(\sqrt[6]{2}):\mathbb{Q}]$, $[\mathbb{Q}(\sqrt[6]{2}):\mathbb{Q}(\sqrt{2})]$, $[\mathbb{Q}(\sqrt[6]{2}):\mathbb{Q}(\sqrt[3]{2})]$를 구하라.

20.18 $\mathbb{Q}$ 위에서 $\mathbb{Q}(\sqrt[6]{2})$의 기저를 구하고, $\mathbb{Q}(\sqrt{2})$ 위에서 $\mathbb{Q}(\sqrt[6]{2})$의 기저를 구하라. 또 $\mathbb{Q}(\sqrt[3]{2})$ 위에서 $\mathbb{Q}(\sqrt[6]{2})$의 기저를 구하라.

20.19 [그림 20.4]에 있는 $\mathbb{Q}(\sqrt[3]{2}, \sqrt[4]{3})$의 부분체 도표와 $\mathbb{Z}_{12}$의 부분군 도표를 비교하라.

20.20 F가 체이고 $[F(a):F]=n$인 경우, 차원이 $k(1\leq k\leq n)$인 $F(a)$의 부분공간의 원소에 대해 설명하라.

20.21 F가 체이고 $f(x)$가 $F[x]$의 a에 대한 최소다항식이라 하자. b, c가 F의 원소일 때, $F[x]$의 $ab+c$에 대한 최소다항식을 구하라.

20.22 $f(x)=x^3-2$일 때, $\mathbb{Q}$, $\mathbb{Q}(\sqrt[3]{2})$, $\mathbb{Q}(\sqrt{3})$, $\mathbb{Q}(i)$ 위에서 $\deg f(x)$를 구하라.

20.23 $\mathbb{R}[x]$의 모든 다항식이 $\mathbb{C}[x]$에서 분해된다는 점을 고려하여, $\mathbb{R}$ 위에서 기약인 $\mathbb{R}[x]$의 모든 다항식은 1차식 또는 2차식임을 증명하라.

20.24 $\mathbb{Q}$ 위에서 차수가 2인 $\mathbb{Q}(\sqrt[3]{2}, \sqrt[4]{3})$의 유일한 부분체는 $\mathbb{Q}(\sqrt{3})$임을 증명하라.

20.25 정확히 2개의 진부분체를 갖는 $\mathbb{Q}$의 확장체의 예를 제시하라.

20.26 $\mathbb{Q}(\sqrt[3]{3}, \sqrt[3]{5})$의 서로 다른 진부분체 5개를 구하라.

20.27 E를 체 F의 확장체라 할 때, $[E:F]=1$일 필요충분조건은 $E=F$임을 증명하라.

20.28 F, K, L이 $F\subseteq K\subseteq L$인 체라 하자. L이 F의 유한 확장체이고 $[L:F]=[L:K]$이면 $F=K$임을 증명하라.

20.29 원시 원소 정리를 이용하지 않고, $[K:F]$가 소수이면 K가 원시 원소를 가짐을 증명하라.

20.30 복소수 a가 $\mathbb{Q}$ 위에서 대수적이라고 할 때, $\sqrt{a}$가 $\mathbb{Q}$ 위에서 대수적임을 보여라. 이 주장에 따라 모든 양의 정수 $k\geq 2$에 대해 $\sqrt[k]{a}$가 $\mathbb{Q}$ 위에서 대수적일까? 그렇다면 이 결과가 모든 양의 정수 m, n에 대해 $a^{m/n}$이 $\mathbb{Q}$ 위에서 대수적임을 의미하는 이유는 무엇일까?

20.31 β가 $f(x)=x^5+2x+4$의 근이라고 하자([EX 17.8] 참고). $\sqrt{2}$, $\sqrt[3]{2}$, $\sqrt[4]{2}$가 모두 $\mathbb{Q}(\beta)$에 속하지 않음을 보여라.

20.32 $\mathbb{Q}(\sqrt{2}, \sqrt[3]{2})=\mathbb{Q}(\sqrt[6]{2})$임을 증명하라.

20.33 유리수 a, b에 대해 $\mathbb{Q}(\sqrt{a}, \sqrt{b})=\mathbb{Q}(\sqrt{a}+\sqrt{b})$임을 증명하라.

20.34 $\mathbb{Q}$ 위의 $\sqrt[3]{2}+\sqrt[3]{4}$에 대한 최소다항식을 구하라.

20.35 K를 F의 확장체라고 하자. E_1과 E_2가 K에 포함되며 F의 확장체라고 하자. $[E_1:F]$와 $[E_2:F]$가 모두 소수이면 $E_1=E_2$ 또는 $E_1\cap E_2=F$임을 보여라.

20.36 $\mathbb{Q}(\sqrt{3})$ 위에서 $g(\sqrt[4]{3})=0$이 되는 가장 작은 차수의 다항식 $g(x)$를 구하라.

20.37 a가 체 F 위에서 대수적일 때, a와 $1+a^{-1}$이 F 위에서 같은 차수를 가짐을 보여라.

20.38 ab가 체 F 위에서 대수적이고 $b\neq 0$이면 a가 $F(b)$ 위에서 대수적임을 증명하라.

20.39 E를 체 F의 대수적 확장체라고 하자. R이 환이고 $E\supseteq R\supseteq F$인 경우, R이 체여야 함을 보여라.

20.40 π^2-1이 $\mathbb{Q}(\pi^3)$ 위에서 대수적임을 증명하라.

20.41 a가 F 위에서 초월적이면 F에 포함되지 않은 $F(a)$의 모든 원소는 F 위에서 초월적임을 보여라.

20.42 E가 F의 확장체이고 $a,\ b\in E$라 하자. 서로소인 $m,\ n$에 대해 a가 차수가 m인 F 위에서 대수적인 원소이고, b가 차수가 n인 F 위에서 대수적인 원소이면 $[F(a,\ b):F]=mn$임을 보여라.

20.43 K가 F의 확장체이고 $a\in K$일 때, $[F(a):F(a^3)]\leq 3$임을 보여라. 또 $[F(a):F(a^3)]$이 $1,\ 2,\ 3$이 되는 예를 제시하라.

20.44 $F(a,\ b)\neq F(a)$, $F(a,\ b)\neq F(b)$, $[F(a,\ b):F]<[F(a):F][F(b):F]$를 만족하는 체 F와 어떤 확장체의 원소 $a,\ b$의 예를 제시하라.

20.45 E를 $\mathbb{R}$의 유한 확장체라 하자. $\mathbb{C}$가 대수적으로 닫혀있다는 사실을 이용해 $E=\mathbb{C}$ 또는 $E=\mathbb{R}$임을 증명하라.

20.46 $[E:\mathbb{Q}]=2$라 하자. $E=\mathbb{Q}(\sqrt{d})$를 만족하는 소수의 제곱으로 나누어지지 않는 정수 d가 존재함을 보여라.

20.47 $p(x)\in F[x]$이고 E가 F의 유한 확장체라 하자. $p(x)$가 F 위에서 기약이고, $\deg p(x)$와 $[E:F]$가 서로소이면 $p(x)$가 E 위에서 기약임을 보여라.

20.48 E를 F의 확장체라 하자. $[E:F]$가 유한할 필요충분조건은 F 위에서 대수적인 $a_1,\ a_2,\ \cdots,\ a_n$이 존재하여 $E=F(a_1,\ a_2,\ \cdots,\ a_n)$인 것임을 보여라.

20.49 $\alpha,\ \beta$가 실수이고 $\mathbb{Q}$ 위에서 초월적이면 $\alpha\beta$ 또는 $\alpha+\beta$도 $\mathbb{Q}$ 위에서 초월적임을 보여라.

20.50 $f(x)$가 $F[x]$의 상수가 아닌 원소라 하자. a가 F의 어떤 확장체에 속하고 $f(a)$가 F 위에서 대수적이면 a가 F 위에서 대수적임을 증명하라.

20.51 $f(x)=ax^2+bx+c\in\mathbb{Q}[x]$라 하자. $\mathbb{Q}$ 위에서 $f(x)$의 분해체에 대한 원시 원소를 구하라.

20.52 $f(x)$, $g(x)$가 체 F 위의 기약다항식이고, a, b가 F의 어떤 확장체 E에 속한다고 하자. a가 $f(x)$의 근이고 b가 $g(x)$의 근이면, $f(x)$가 $F(b)$ 위에서 기약일 필요충분조건은 $g(x)$가 $F(a)$ 위에서 기약인 것임을 보여라.

20.53 a를 x^3-1의 복소근이라 할 때, $\mathbb{Q}(\sqrt{a})=\mathbb{Q}(a)$임을 증명하라.

20.54 $f(x)\in F[x]$라 하자. $\deg f(x)=2$이고 a가 F의 어떤 확장체에서 $f(x)$의 근인 경우, $F(a)$가 F 위에서 $f(x)$의 분해체임을 증명하라.

20.55 F가 체이고 F의 영이 아닌 원소들의 곱셈군이 순환군이면 F가 유한함을 증명하라.

20.56 $r^s=\pi^t$을 만족하는 양의 유리수 r, s, t가 존재하지 않음을 증명하라.

20.57 K가 F의 확장체인 경우, $[K:F]=n$이라는 것은 K가 벡터공간으로서 F^n과 동형인 것임을 증명하라.[2]

20.58 a를 $\mathbb{Q}$의 원소가 아닌 양의 실수라 하고 n을 1보다 큰 정수라 하자. $[\mathbb{Q}(a^{1/n}):\mathbb{Q}]=n$임을 증명하거나 반증하라.

20.59 a, b가 F의 어떤 유한 확장체에 포함된다고 할 때, $[F(a, b):F(a)]\leq[F(a, b):F]$임을 증명하라.

20.60 a가 체 F 위의 기약다항식 $c_{d-1}x^{d-1}+c_{d-2}x^{d-2}+\cdots+c_1x+c_0$의 근이라고 하자. a^{-1}을 a^0, a, a^2, $\cdots$, a^{d-1}이 기저이고 계수가 F의 원소인 일차결합으로 표현하라.

20.61 F가 체이고 K가 F 위에서 상수가 아닌 어떤 다항식의 분해체라 하자. K가 F의 유한 확장체임을 보여라.

20.62 $\mathbb{C}$는 $\mathbb{Q}[x]$의 다항식의 분해체가 될 수 없음을 증명하라.

20.63 $\sqrt{2}$가 $\mathbb{Q}(\pi)$의 원소가 아님을 증명하고, 이 결과를 일반화하라.

20.64 $\alpha=\cos\frac{2\pi}{7}+i\sin\frac{2\pi}{7}$, $\beta=\cos\frac{2\pi}{5}+i\sin\frac{2\pi}{5}$일 때, β가 $\mathbb{Q}(\alpha)$의 원소가 아님을 증명하라.

20.65 m을 양의 정수라 하자. a가 체 F 위에서 초월적이면 a^m도 F 위에서 초월적임을 증명하라.

20.66 K가 차수 n인 F의 확장체라 하자. K의 어떤 원소 x_1, x_2, $\cdots$, x_n에 대해 K를 $F(x_1, x_2, \cdots, x_n)$ 형태로 나타낼 수 있음을 증명하라.

---

2 이 문제는 이 장의 본문에서 살펴봤다.

에른스트 슈타이니츠(Ernst Steinitz)

슈타이니츠가 작성한 이 논문이 중요하다는 사실은 아무리 강조해도 지나치지 않는다. 이 논문의 등장은 20세기 대수학사의 전환점이었다.

바르털 판데르 바르던(Bartel van Der Waerden)

슈타이니츠는 1871년 6월 13일 독일 실레시아(현 폴란드)의 라우라테에서 태어났다. 그는 1894년 브로츠와프대학교에서 박사 학위를 취득했다. 슈타이니츠의 획기적인 연구는 1910년에 그가 논문으로 처음 제시한 '체'의 개념에 대한 추상적인 정의이다. 그가 소개한 개념으로는 소체, 완전체, 확장체의 차수, 대수적 닫힘 등이 있다.

George M. Bergman, Archives of the Mathematisches

바르던은 현대대수학에 관한 그의 고전서에서 "우리가 이 과정에서 학생들에게 가르치는 체에 대한 거의 모든 개념과 사실은 슈타이니츠의 논문에 있다."라고 말했다. 헬무트 하세(Hulmut Hasse)는 고등 대수학 책에서 "모든 대수학자는 체 이론에 관한 이 기본 논문을 적어도 한 번 읽어야 한다."라고 말했다. 수학사에 관한 부르바키(Bourbaki) 저서에서 "체에 관한 슈타이니츠의 논문은 오늘날 대수학 개념의 기원으로 간주되는 근본적인 작업이다."라고 설명했다.

체 이론 외에도 슈타이니츠는 다면체 이론, 모듈 이론, 선형대수학, 대수기하학, 그래프 이론에 중요한 기여를 했다. 그의 유명한 정리 중 두 가지는 벡터공간에 대한 슈타이니츠 대체 정리와 원시 원소 정리이다. 그는 1928년 9월 29일 독일 킬에서 생을 마감했다.

21

유한체
Finite Fields

"이러한 유한체의 수 체계는 유리수처럼 우리에게 친숙한 수 체계와 매우 달라 보이지만, 눈에 띄는 동일한 성질을 갖는다."

에드워드 프렌켈(Edward Frenkel), *Love and Math*

"유한체 이론은 그 자체로도 상당한 흥미를 끌며, 특히 앞 장의 일반적인 이론이 모든 유한체에 대한 상세한 설명을 제공하기 위해 어떻게 결합되는지를 보여주는 아름다운 예를 제공한다."

리처드 A. 딘(Richard A. Dean), *Elements of Abstract Algebra*

21.1 유한체의 분류

체 이론의 마지막 장인 이 장에서는 추상대수학의 아주 아름답고 중요한 영역 중 하나인 유한체를 다룬다. 유한체는 1830년 갈루아가 일반적인 5차방정식을 풀 수 없음을 증명하면서 처음 소개했다. 수십 년 후 케일리가 행렬을 발견하면서 자연스럽게 유한체에 대한 행렬군을 연구하게 되었다. 오늘날까지도 유한체 위에서 정의된 행렬군은 군의 아주 중요한 예들 중 하나이다. 지난 70년간 유한체를 응용한 주요 분야로는 컴퓨터 과학, 코딩 이론, 정보 이론, 암호학 등이 있다. 최근에는 DNA 문자열을 분석하는 데 위수가 4, 16인 유한체를 사용했다. 그러나 유한체는 순수수학과 응용수학에서의 다양한 응용 외에도, 이를 연구해야 하는 또 다른 흥미로운 이유가 있다.

유한체에 대한 가장 놀라운 사실은 위수와 구조의 제한적인 성질이다. 이 결과에 대한 증명은 유한 가환군, 정역, 벡터공간, 체의 유한 확장체의 성질을 활용할 것이다. [정리 21.1]은 유한체의 위수에 대한 내용이다.

> **정리 21.1 유한체의 분류**
>
> 소수 p와 양의 정수 n에 대해 동형인 체를 같은 체로 간주할 때, 위수가 p^n인 유한체가 유일하게 존재한다.

증명

$\mathbb{Z}_p$ 위에서 $f(x) = x^{p^n} - x$의 분해체 E를 생각해보자. $|E| = p^n$임을 보일 것이다. $f(x)$는 E 위에서 분해되므로, 중복도를 고려하면 $f(x)$는 E에서 정확히 p^n개의 근을 갖는다. 또 [정리 19.5]에 의해 $f(x)$의 모든 근은 중복도가 1이다. 따라서 $f(x)$는 E에서 p^n개의 서로 다른 근을 갖는다. 한편, E에서 $f(x)$의 근의 집합은 덧셈, 뺄셈, 곱셈, 0이 아닌 원소로의 나눗셈에 대해 닫혀있으므로([연습문제 21.39] 참고), $f(x)$의 근의 집합은 $f(x)$가 분해되는 $\mathbb{Z}_p$의 확장체이다. 따라서 $f(x)$의 근의 집합은 E이므로 $|E| = p^n$이다.

위수가 각 소수의 거듭제곱인 체가 유일하게 존재함을 보이기 위해 K를 위수가 p^n인 체라 하자. 그러면 K는 $\mathbb{Z}_p$(1에 의해 생성됨)와 동형인 부분체를 가지며, K의 0이 아닌 원소들의 모임은 위수가 $(p^n - 1)$인 곱셈군을 만드므로, K의 모든 원소는 $f(x) = x^{p^n} - x$의 근이다([연습문제 21.39] 참고). 따라서 K는 $\mathbb{Z}_p$ 위에서 $f(x)$의 분해체이다. [정리 19.4]의 [따름정리]에 의해 동형을 포함하여 이와 같은 체는 단 하나 존재한다. ■

[정리 21.1]의 존재성 부분에 대한 증명은 19세기 초반 갈루아와 가우스의 논문에서 확인할 수 있다. 1857년 데데킨트와 1870년 조르당은 군 이론에 관한 고전서에서 이에 대한 엄밀한 증명을 제시했다. [정리 21.1]의 유일성 부분은 1893년 일라이어킴 헤이스팅스 무어(Eliakim Hastings Moore)의 유한군에 관한 논문에서 입증되었다. 수학 역사학자인 에릭 템플 벨(Eric Temple Bell)은 무어의 이 논문이 미국 추상대수학의 시작을 알렸다고 말했다.

각 소수의 거듭제곱인 p^n을 위수로 갖는 체는 하나만 존재하므로, 갈루아의 이름을 따서 이 체를 위수가 p^n인 **갈루아체**(Galois field)라 하고 $\mathrm{GF}(p^n)$으로 표기한다. 체에 대해 논의할 때 종종 $\mathrm{GF}(p)$를 $\mathbb{Z}_p$와 같은 의미로 사용한다.

21.2 유한체의 구조

다음 정리는 위수가 p^n인 체의 덧셈과 곱셈에 대한 군의 구조를 설명한다.

정리 21.2 유한체의 구조

덧셈에 대한 군으로서 $\mathrm{GF}(p^n)$은 다음과 같은 동형이다.

$$\underbrace{\mathbb{Z}_p \oplus \mathbb{Z}_p \oplus \cdots \oplus \mathbb{Z}_p}_{n\text{개의 인수}}$$

곱셈에 대한 군으로서 $\mathrm{GF}(p^n)$의 0이 아닌 원소들의 집합은 $\mathbb{Z}_{p^n-1}$과 동형이다(따라서 순환군이다).

증명

$\mathrm{GF}(p^n)$은 표수가 p이므로([정리 13.3] 참고), $\mathrm{GF}(p^n)$의 0이 아닌 모든 원소는 덧셈에 대한 위수가 p이다. 그러면 유한 가환군의 기본정리(정리 11.1)에 의해 덧셈에 대한 군 $\mathrm{GF}(p^n)$은 $\mathbb{Z}_p$의 n개의 직적과 동형이다.

$\mathrm{GF}(p^n)$의 0이 아닌 원소들의 집합인 곱셈군 $\mathrm{GF}(p^n)^*$가 순환군임을 보이기 위해, 먼저 유한 가환군의 기본정리에 의해 $\mathrm{GF}(p^n)^*$가 $\mathbb{Z}_{n_1} \oplus \mathbb{Z}_{n_2} \oplus \cdots \oplus \mathbb{Z}_{n_m}$ 형태인 직적과 동형임을 확인한다. 각 성분들의 위수가 쌍마다 서로소인 경우, [정리 8.2]의 [따름정리 1]에 의해 $\mathrm{GF}(p^n)^*$는 순환군이다. 따라서 직적의 두 성분의 위수를 나누는 적당한 정수 $d > 1$이 존재한다고 가정하자. 순환군의 기본

정리(정리 4.3)에 의해 이러한 성분 각각은 위수가 d인 부분군을 갖는다. 즉, $\mathrm{GF}(p^n)^*$는 위수가 d인 서로 다른 두 부분군 H와 K를 갖는다. 그러나 H와 K의 모든 원소는 x^d-1의 근이며, 이는 d차다항식이 한 체 위에서 최대 d개의 근을 갖는다는 사실에 모순이다([정리 16.3] 참고). ■

누군가는 [정리 21.2]가 '$\mathbb{Z}_p \oplus \mathbb{Z}_p \oplus \cdots \oplus \mathbb{Z}_p$는 위수가 p^n인 체'임을 의미한다고 잘못 해석할 수 있다. 그러나 적어도 하나의 성분이 0인 $\mathbb{Z}_p \oplus \mathbb{Z}_p \oplus \cdots \oplus \mathbb{Z}_p$의 원소는 역원을 가질 수 없으므로 체가 아니다.

$\mathbb{Z}_p \oplus \mathbb{Z}_p \oplus \cdots \oplus \mathbb{Z}_p$는 $\{(1, 0, \cdots, 0), (0, 1, \cdots, 0), \cdots, (0, 0, \cdots, 1)\}$을 기저로 갖는 $\mathbb{Z}_p$ 위의 벡터공간이므로, 다음과 같이 유용하며 미적으로 매력적인 공식을 얻을 수 있다.

따름정리 1

$[\mathrm{GF}(p^n):\mathrm{GF}(p)]=n$

따름정리 2 $\mathrm{GF}(p^n)$은 차수가 n인 원소를 포함한다

$\mathrm{GF}(p^n)$의 0이 아닌 원소들에 대한 곱셈군의 생성원을 a라 하자. 그러면 a는 $\mathrm{GF}(p)$ 위에서 대수적이고 차수가 n이다.

증명

$[\mathrm{GF}(p)(a):\mathrm{GF}(p)]=[\mathrm{GF}(p^n):\mathrm{GF}(p)]=n$임을 보면 알 수 있다. ■

EX 21.1 체 GF(16)을 자세히 살펴보자. x^4+x+1은 $\mathbb{Z}_2$ 위에서 기약이므로, [정리 21.1]에 의해 GF(16)에서 x^4+x+1의 임의의 근 a에 대해 다음과 같다.

$$\mathrm{GF}(16) \approx \{c_3a^3+c_2a^2+c_1a+c_0 \mid c_0,\ c_1,\ c_2,\ c_3,\ c_4 \in \mathbb{Z}_2\}$$

여기서 덧셈은 $\mathbb{Z}_2(a)$에서와 같이 계산한다. 이제 체의 16개 원소 중에서 무엇이 곱 $(a^3+a^2+a+1)(a^3+a)$인지를 찾기 위해, 이 식을 일반적인 방법으로 전개한다. 조건 $a^4+a+1=0$에 의해 다음이 성립한다.

$$a^4=a+1,\quad a^5=a^2+a,\quad a^6=a^3+a^2$$

그러므로 다음이 성립한다.

$$(a^3+a^2+a+1)(a^3+a) = a^6+a^5+a^4+a^3+a^4+a^3+a^2+a$$
$$= a^6+a^5+a^2+a = (a^3+a^2)+(a^2+a)+a^2+a = a^3+a^2$$

곱셈 과정을 단순화하는 방법은 GF(16)의 0이 아닌 원소들의 모임이 위수가 15인 순환군을 이룬다는 사실을 이용하는 것이다. 이 방법을 이용하려면 먼저 이 군의 생성원을 찾아야 한다. $\mathrm{GF}(16)^*$의 임의의 원소는 곱셈에 대한 위수가 15의 약수이므로, $\mathrm{GF}(16)^*$에서 위수가 1, 3, 5가 아닌 원소를 찾으면 된다. 위 계산으로부터 a가 이와 같은 성질을 만족한다는 사실을 알 수 있다. 따라서 GF(16)은 $a^{15}=1$에 대해 집합 $\{0,\ 1,\ a,\ a^2, \cdots,\ a^{14}\}$으로 생각할 수 있다. 그러나 이 방법은 GF(16)의 곱셈을 간단하게 만들지만 덧셈은 더 어렵게 만든다. 예를 들어 $a^{10} \cdot a^7 = a^{17} = a^2$인데, $a^{10}+a^7$은 무엇일까? 이에 따라 딜레마에 직면한다. GF(16)의 원소를 덧셈 형태 $c_3a^3+c_2a^2+c_1a+c_0$으로 나타내면 덧셈은 쉽고 곱셈은 어렵다. 한편, $\mathrm{GF}(16)^*$의 원소를 곱셈 형태인 a^i으로 나타내면 곱셈은 쉽고 덧셈은 어렵다. 두 방법의 장점을 모두 가져올 수 있을까? 할 수 있다. 이제 [표 21.1]과 같이 관계식 $a^4 = a+1$을 이용해 양방향으로 계산할 수 있는 변환표를 만들면 된다. [표 21.1]로부터 다음을 알 수 있다.

$$a^{10}+a^7 = (a^2+a+1)+(a^3+a+1) = a^3+a^2 = a^6$$
$$(a^3+a^2+1)(a^3+a^2+a+1) = a^{13} \cdot a^{12} = a^{25} = a^{10} = a^2+a+1$$

[표 21.1] GF(16)에 대한 덧셈과 곱셈의 변환표

곱셈 형태를 덧셈 형태로 변환		덧셈 형태를 곱셈 형태로 변환	
1	1	1	1
a	a	a	a
a^2	a^2	$a+1$	a^4
a^3	a^3	a^2	a^2
a^4	$a+1$	a^2+a	a^5
a^5	a^2+a	a^2+1	a^8
a^6	a^3+a^2	a^2+a+1	a^{10}
a^7	a^3+a+1	a^3	a^3
a^8	a^2+1	a^3+a^2	a^6
a^9	a^3+a	a^3+a	a^9
a^{10}	a^2+a+1	a^3+1	a^{14}
a^{11}	a^3+a^2+a	a^3+a^2+a	a^{11}
a^{12}	a^3+a^2+a+1	a^3+a^2+1	a^{13}
a^{13}	a^3+a^2+1	a^3+a+1	a^7
a^{14}	a^3+1	a^3+a^2+a+1	a^{12}

[EX 21.1]에 따라 0이 아닌 원소들의 순환 곱셈군에서 원소 x가 항상 생성원이 될 것이라 오해하지 않길 바란다. 그렇지 않은 경우가 있다([연습문제 21.33] 참고). $\mathbb{Z}_p[x]$ 위에서 동일한 차수를 갖는 임의의 두 기약다항식은 동형인 체를 생성하지만, 계산 목적에 따라 둘 중 더 좋은 다항식이 있을 수 있다.

EX 21.2 $\mathbb{Z}_2$ 위의 다항식 $f(x)=x^3+x^2+1$을 생각해보자. $f(x)$를 어떻게 1차식 인수들의 곱으로 나타낼 수 있을까? $F=\mathbb{Z}_2[x]/\langle f(x)\rangle$라 하고 a가 F에서 $f(x)$의 근이라 하자. 그러면 $|F|=8$이고 $|F^*|=7$이다. [정리 7.1]의 [따름정리 2]에 의해 $|a|=7$이다. 따라서 [정리 19.3]에 의해 다음과 같다.

$$\begin{aligned}F&=\{0,\ 1,\ a,\ a^2,\ a^3,\ a^4,\ a^5,\ a^6\}\\&=\{0,\ 1,\ a,\ a+1,\ a^2,\ a^2+a+1,\ a^2+1,\ a^2+a\}\end{aligned}$$

a가 $f(x)$의 한 근임을 알고 있으며, F의 다른 원소들이 근인지 아닌지 확인할 수 있다. F의 원소를 나타내는 두 가지 형태에 대한 변환표를 만들기 위해, 관계식 $a^3+a^2+1=0$을 이용해 계산을 단순화할 수 있다. $\operatorname{char}F=2$이므로 $a^3=a^2+1$임을 알 수 있다. 그러면 다음과 같다.

$$\begin{aligned}a^4&=a^3+a=(a^2+1)+a=a^2+a+1\\a^5&=a^3+a^2+a=(a^2+1)+a^2+a=a+1\\a^6&=a^2+a\\a^7&=1\end{aligned}$$

이제 a^2이 $f(x)$의 근인지 살펴보자.

$$\begin{aligned}f(a^2)&=(a^2)^3+(a^2)^2+1=a^6+a^4+1\\&=(a^2+a)+(a^2+a+1)+1=0\end{aligned}$$

따라서 a^2은 $f(x)$의 근이다. 다음으로 a^3이 $f(x)$의 근인지 살펴보자.

$$\begin{aligned}f(a^3)&=(a^3)^3+(a^3)^2+1=a^9+a^6+1\\&=a^2+(a^2+a)+1=a+1\neq 0\end{aligned}$$

따라서 a^3은 $f(x)$의 근이 아니다. 이제 a^4이 $f(x)$의 근인지 살펴보자.

$$\begin{aligned}f(a^4)&=(a^4)^3+(a^4)^2+1=a^{12}+a^8+1\\&=a^5+a+1=(a+1)+a+1=0\end{aligned}$$

따라서 a^4은 $f(x)$의 또 다른 근이다. 그러므로 $f(x)=(x-a)(x-a^2)(x-a^4)=(x+a)(x+a^2)(x+a^4)$이다. 왜냐하면 char$F=2$이기 때문이다. 곱을 전개하고 변환표를 이용하면 $f(x)=x^3+x^2+1$이므로, 이 인수분해를 확인할 수 있다.

[EX 21.2]에서는 근을 하나씩 확인했는데, 다음 정리는 $\mathbb{Z}_p$ 위에서 하나의 근이 주어진 기약다항식의 모든 근을 찾는 간단한 방법을 보여준다.

정리 21.3 $\mathbb{Z}_p$ 위의 기약다항식의 근

$f(x)\in\mathbb{Z}_p[x]$를 차수가 d인 $\mathbb{Z}_p$ 위의 기약다항식이라 하고, a를 $\mathbb{Z}_p$의 어떤 확장체 E에서의 $f(x)$의 근이라 하자. 그러면 $a,\ a^p,\ a^{p^2},\ \cdots,\ a^{p^{d-1}}$은 $f(x)$의 근이고, 이 근들은 서로 다르다.

증명

$a\in\mathbb{Z}_p$인 경우에는 $d=1$이고, a는 $f(x)$의 유일한 근이다. 따라서 $d\neq 1$이라 하자. $|\mathbb{Z}_p^*|=p-1$이므로 임의의 원소 $c\in\mathbb{Z}_p^*$에 대해 $c^{p-1}=1$이다. 따라서 임의의 $c\in\mathbb{Z}_p$에 대해 $c^p=c$이다. 이에 따라 임의의 $c\in\mathbb{Z}_p$와 모든 양의 정수 i에 대해 $c^{p^i}=c$이다([연습문제 13.49] 참고).

$f(x)=c_dx^d+c_{d-1}x^{d-1}+\cdots+c_1x+c_0\in\mathbb{Z}_p[x]$라 하면 $f(a)=c_da^d+c_{d-1}a^{d-1}+\cdots+c_1a+c_0=0$이다. GF$(p^n)$에 대한 [연습문제 21.9]에서 $\phi(x)=x^{p^i}$으로 주어진 자기동형사상을 이용하면 $c_d^{p^i}(a^{p^i})^d+c_{d-1}^{p^i}(a^{p^i})^{d-1}+\cdots+c_1^{p^i}a^{p^i}+c_0^{p^i}=c_d(a^{p^i})^d+c_{d-1}(a^{p^i})^{d-1}+\cdots+c_1a^{p^i}+c_0=0$이다. 따라서 $i=0,1,\cdots,d-1$에 대해 a^{p^i}은 $f(x)$의 근이다.

이제 근 $a,\ a^p,\ a^{p^2},\cdots,\ a^{p^{d-1}}$이 서로 다르다는 것을 보이자. 어떤 $0\le n<m<d$에 대해 $a^{p^m}=a^{p^n}$이라 가정하고 $m-n=j$라 하자. 그러면 $0=a^{p^m}-a^{p^n}=a^{p^{n+j}}-a^{p^n}=(a^{p^n})^{p^j}-a^{p^n}=(a^{p^j}-a)^{p^n}$이다. 따라서 $a^{p^j}-a=0$이다. $K=\left\{x\in\mathbb{Z}_p(a)\mid x^{p^j}-x=0\right\}$이라 하자. $a^{p^j}-a=0$이므로 $a\in K$이다. 즉, K는 a와 $\mathbb{Z}_p$를 포함하는 체이다. 따라서 $|K|=|\mathbb{Z}_p(a)|$이다. 한편, $(\mathbb{Z}_p(a))^*$가 순환군임을 이용하면 K는 위수가 최대 p^j인 $\mathbb{Z}_p(a)$의 부분체임을 알 수 있다. 그러나 $|\mathbb{Z}_p(a)|=p^d$이므로 $p^j\ge|K|=p^d$이 되어 불가능하다. ■

EX 21.3 GF(27)에서 a가 $f(x)=x^3+2x+1$의 근이라 하자. [정리 21.3]에 의해 GF(27)에서 $f(x)$의 세 근은 a, a^3, $a^{3^2}=a^9$이다. 따라서 $\mathbb{Z}_3$ 위에서 $f(x)$의 인수분해는 $(x-a)(x-a^3)(x-a^9)$이다.

[EX 21.2]와 [EX 21.3]의 다항식 인수분해 과정을 비교하면 [정리 21.3]의 힘을 확인할 수 있다. [정리 21.3]에 따라 다음과 같은 유용한 결과를 바로 얻는다.

따름정리 $\mathbb{Z}_p$ 위에서의 기약다항식의 분해체

$f(x)$가 $\mathbb{Z}_p$ 위의 기약다항식이고 $\mathbb{Z}_p$의 어떤 확장체에서 a가 $f(x)$의 근이면 $\mathbb{Z}_p(a)$는 $\mathbb{Z}_p$ 위에서 $f(x)$의 분해체이다.

21.3 유한체의 부분체

[정리 21.1]은 모든 유한체에 대한 완전한 설명을 제공한다. 다음 정리는 유한체의 모든 부분체에 대한 완전한 설명을 제공한다. 이 정리와 유한순환군의 모든 부분군을 설명하는 [정리 4.3]이 매우 유사하다는 점에 주목하자.

정리 21.4 유한체의 부분체

n의 각 약수 m에 대해 GF(p^n)은 위수가 p^m인 유일한 부분체를 갖는다. 더욱이 이러한 형태의 부분체만이 GF(p^n)의 부분체이다.

증명

정리의 존재성 부분을 증명하기 위해 m이 n을 나눈다고 가정하면 다음과 같다.

$$p^n-1=(p^m-1)(p^{n-m}+p^{n-2m}+\cdots+p^m+1)$$

따라서 p^m-1이 p^n-1을 나눈다. 이를 간략히 표현하기 위해 $p^n-1=(p^m-1)t$라 하자. $K=\{x\in \text{GF}(p^n)\mid x^{p^m}=x\}$라 할 때, K가 GF(p^n)의 부분체임을 보이는 것은 쉬우므로 [연습문제 21.37]로 남긴다. 다항식 $x^{p^m}-x$는 GF(p^n)에서 최대 p^m개의 근을 가지므로 $|K|\le p^m$이다.

$\langle a \rangle = \mathrm{GF}(p^n)^*$라 하면 $|a^t| = p^m - 1$이고, $(a^t)^{p^m - 1} = 1$이므로 $a^t \in K$이다. 따라서 K는 위수가 p^m인 $\mathrm{GF}(p^n)$의 부분체이다.

정리의 유일성 부분을 증명해보자. $\mathrm{GF}(p^n)$이 위수가 p^m인 서로 다른 두 부분체를 갖는 경우, 다항식 $x^{p^m} - x$는 $\mathrm{GF}(p^n)$에서 p^m개보다 더 많은 근을 갖는다. 그러나 이는 [정리 16.3]에 모순이다.

마지막으로 F가 $\mathrm{GF}(p^n)$의 부분체라고 하자. 그러면 [정리 20.5]에 의해 F는 어떤 m에 대해 $\mathrm{GF}(p^m)$과 동형이고 다음이 성립한다.

$$\begin{aligned} n &= [\mathrm{GF}(p^n) : \mathrm{GF}(p)] \\ &= [\mathrm{GF}(p^n) : \mathrm{GF}(p^m)][\mathrm{GF}(p^m) : \mathrm{GF}(p)] \\ &= [\mathrm{GF}(p^n) : \mathrm{GF}(p^m)]m \end{aligned}$$

그러므로 m은 n을 나눈다. ■

다음 세 가지 예에서 볼 수 있듯이, [정리 21.2]와 [정리 21.4]는 [정리 4.3]과 함께 유한체의 부분체를 찾는 일을 간단한 계산 문제로 만든다.

EX 21.4 $\mathrm{GF}(2^{24})$의 부분체 도표는 다음과 같다.

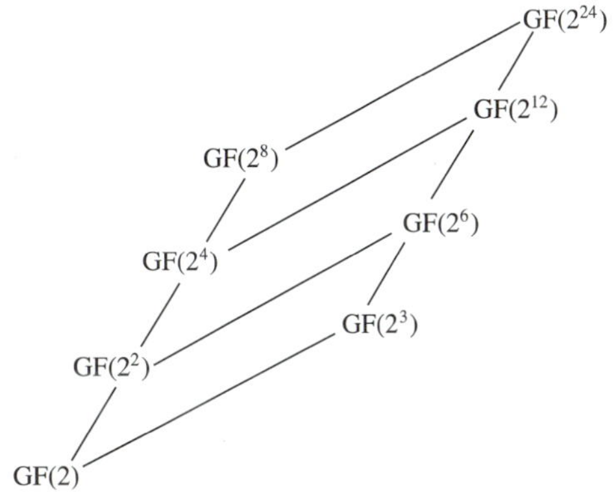

EX 21.5 F를 [EX 21.1]에 주어진 위수가 16인 체라 하자. 그러면 F의 부분체는 정확히 3개이고, 그 위수는 각각 2, 4, 16이다. 분명히 위수가 2인 부분체는 $\{0, 1\}$이고 위수가 16인 부분체는 F 자신이다. 위수가 4인 부분체를 구하려면 이 부분체의 0이 아닌 3개의 원소가 위수가 3인 $F^* = \langle a \rangle$의 순환부분군을 이룬다는 점을 보이면 된다. 따라서 위수가 4인 부분체는 $\{0, 1, a^5, a^{10}\} = \{0, 1, a^2 + a, a^2 + a + 1\}$이다.

EX 21.6 F가 위수가 $3^6 = 729$인 체이고 a가 F^*의 생성원이라 하면 F의 부분체는 다음과 같다.

(1) $\mathrm{GF}(3) = \{0\} \cup \langle a^{364} \rangle = \{0, 1, 2\}$

(2) $\mathrm{GF}(9) = \{0\} \cup \langle a^{91} \rangle$

(3) $\mathrm{GF}(27) = \{0\} \cup \langle a^{28} \rangle$

(4) $\mathrm{GF}(729) = \{0\} \cup \langle a \rangle$

[정리 21.5]는 $\mathbb{Z}_p$ 위에서 $x^{p^n} - x$를 기약다항식들의 곱으로 인수분해하는 것에 대한 정보를 결정하는 데 유용한 사실을 보여준다.

정리 21.5 $\mathbb{Z}_p$ 위에서의 $x^{p^n} - x$의 기약 인수들의 차수

$\mathbb{Z}_p$ 위에서 $x^{p^n} - x$의 기약 인수들의 차수는 n의 약수이다.

증명

$\mathbb{Z}_p$ 위에서 $x^{p^n} - x$의 기약 인수를 $g(x)$라 하고 $g(x)$의 차수를 d라 하자. $a \in \mathrm{GF}(p^n)$이 $g(x)$의 근이라 하면 $|\mathbb{Z}_p(a)| = p^d$이다. 따라서 d는 n의 약수이다. ■

EX 21.7 $\mathrm{GF}(16)$을 만드는 데 사용된 $x^{16} - x$의 기약 인수분해를 살펴보자. 분명히 x와 $x-1$은 인수이다. [정리 21.3]의 [따름정리]에 의해 $x^{16} - x$의 다른 기약 인수는 2차식 또는 4차식이다. 다행히 장제법을 이용하지 않고도 이러한 인수를 구할 수 있다. $x^{16} - x$는 $\mathrm{GF}(16)$에서 중근을 갖지 않으므로, 중복도가 1보다 큰 기약 인수는 없다. $x^{16} - x$의 1차식이 아닌 기약 인수들의 차수의 합은 14여야 하고 14는 4의 배수가 아니므로, 기약 인수들은 모두 4차식일 수 없다. $\mathbb{Z}_2$에 대한 유일한 2차 기약다항식은 $x^2 + x + 1$이므로, 기약 인수분해는 이 식과 3개의 4차식으로 구성됨을 알 수 있다.

마지막으로 모든 4차 기약다항식 인수는 x^4으로 시작하고 1로 끝나야 하며, 그 사이에는 홀수개의 항이 있어야 한다(그렇지 않으면 1이 근이 된다). 따라서 나머지 기약 인수는 $x^4 + x + 1$, $x^4 + x^2 + 1$, $x^4 + x^3 + x^2 + x + 1$이다. 이 예들이 명시된 두 가지 필수 조건을 만족하는 모든 기약다항식이다.

21장 연습문제

> 곤경 없이는 다이아몬드도 없다.
>
> **메리 케이스(Mary Case)**

21.1 $[\mathrm{GF}(729):\mathrm{GF}(9)]$와 $[\mathrm{GF}(64):\mathrm{GF}(8)]$을 구하라.

21.2 m이 n의 약수이면 $[\mathrm{GF}(p^n):\mathrm{GF}(p^m)]=\dfrac{n}{m}$임을 보여라.

21.3 $\mathrm{GF}(64)$의 부분체 도표를 그려라.

21.4 $\mathbb{Z}_2$의 어떤 확장체에서 a가 x^3+x^2+1의 근이라고 할 때, $\mathbb{Z}_2(a)$에서 $a+1$의 곱셈에 대한 역원을 구하라. 그리고 x에 대한 방정식 $(a+1)x+a=a^2+1$의 해를 $c_2a^2+c_1a+c_0(c_1,\ c_2\in\mathbb{Z}_2)$ 형태로 나타내라.

21.5 정확히 3개의 진부분체를 갖는 가장 작은 체는 무엇인가?

21.6 $\mathrm{GF}(32)^*$의 항등원이 아닌 모든 원소는 $\mathrm{GF}(32)^*$의 생성원임을 증명하라.

21.7 $\mathbb{Z}_3$의 어떤 확장체에서 a가 $f(x)=x^2+2x+2$의 근이라고 하자. 이때 $\mathbb{Z}_3(a)$에서 $f(x)$의 다른 근을 찾으라.

21.8 $\mathbb{Z}_2$의 어떤 확장체에서 a가 $f(x)=x^3+x+1$의 근이라고 하자. 이때 $\mathbb{Z}_2(a)$에서 $f(x)$의 다른 근을 찾으라.

21.9 모든 양의 정수 i에 대해 $\mathrm{GF}(p^n)$에서 자기 자신으로 가는 사상 $\phi(x)=x^{p^i}$이 체 자기동형사상임을 증명하라.

21.10 S를 체의 0이 아닌 원소가 하나 이상 포함된 유한부분집합이라 하자. S가 덧셈과 곱셈에 대해 닫혀있으면 S가 체임을 증명하라.

21.11 $\mathrm{GF}(2^n)$에서 x^2+1의 근은 1뿐임을 보여라.

21.12 순환군 $\mathrm{GF}(81)^*$의 원소 중 생성원은 몇 개일까?

21.13 $f(x)$를 $\mathbb{Z}_2$ 위에서 기약인 3차다항식이라고 하자. 이때 $\mathbb{Z}_2$ 위에서 $f(x)$의 분해체의 위수가 8임을 증명하라.

21.14 환 $\mathbb{Z}_3[x]/\langle x^2+x+2\rangle$와 $\mathbb{Z}_3[x]/\langle x^2+2x+2\rangle$가 동형임을 증명하라. 그리고 $\mathbb{Z}_3[x]/\langle x^2+x+2\rangle$가 $\mathbb{Z}_3[x]/\langle x^2+2x+1\rangle$과 환 동형이 아닌 이유를 설명하라.

21.15 $\mathrm{GF}(64)$에서 $\mathbb{Z}_2(a)=\mathrm{GF}(64)$를 만족하는 원소 a는 몇 개인가?

21.16 $\mathrm{GF}(16)$의 원소 a가 $\mathbb{Z}_2$ 위에서 기약인 4차다항식의 근이라고 할 때, 나머지 3개의 근을 구하라. 그리고 $\mathrm{GF}(16)$의 원소 a^7이 $\mathbb{Z}_2$ 위에서 기약인 4차다항식의 근이라고 할 때, 나머지 3개의 근을 구하라.

21.17 p가 소수이고 유한체 F가 위수가 p^4이고 p^6인 부분체를 각각 갖는다면, F의 다른 부분체의 위수는 얼마일까?

21.18 $g(x)$가 $\mathbb{Z}_2$ 위에서 x^8-x의 기약 인수이고 $\deg g(x)=m$일 때, 가능한 m의 값은 무엇인가?

21.19 a가 0 또는 1이 아닌 $\mathrm{GF}(8)$의 원소일 때, $\mathbb{Z}_2(a)=\mathrm{GF}(8)$임을 증명하라.

21.20 a가 0 또는 1이 아닌 $\mathrm{GF}(32)$의 원소일 때, a가 $\mathbb{Z}_2$ 위에서 기약인 5차다항식의 근임을 증명하라.

21.21 a가 $\mathrm{GF}(2^n)$의 원소라 하자. $a^{16}=a^4$이면 $a^4=a$임을 증명하라.

21.22 p가 소수이고 a가 $\mathbb{Z}_p$ 위에서 기약인 n차다항식 $g(x)$의 근이라 하자. b가 $\mathbb{Z}_p(a)$의 원소인 동시에 $g(x)$의 근이면 $\mathbb{Z}_p(b)=\mathbb{Z}_p(a)$임을 증명하라.

21.23 $\mathbb{Z}_3$ 위에서 $x^{27}-x$의 기약 인수의 차수를 구하고, 각 차수에 해당하는 기약 인수의 개수를 구하라.

21.24 표수가 2인 유한체 F의 모든 원소는 F의 원소의 제곱 형태로 나타낼 수 있음을 증명하라.

21.25 $\mathrm{GF}(p^n)$을 진부분체로 포함하는 가장 작은 체는 무엇인가?

21.26 임의의 소수 p에 대해 $x^{p^n}-x+1$은 $\mathrm{GF}(p^n)$에서 근을 갖지 않음을 증명하라.

21.27 $F_1, F_2, F_3, \cdots$이 $F_1 \subset F_2 \subset F_3 \subset \cdots$의 성질을 만족하는 무수히 많은 체라 할 때, $F=\bigcup_{i=1}^{\infty} F_i$가 체임을 보여라.

21.28 가장 큰 진부분체가 $\mathrm{GF}(25)$인 유한체를 구하라.

21.29 x^9-x가 $\mathbb{Z}_3$ 위에서 기약다항식들의 곱으로 표현될 때, 인수인 다항식의 차수를 구하고, 각 차수에 해당하는 다항식 인수의 개수를 구하라.

21.30 정확히 6개의 부분체를 갖는 가장 작은 체를 찾으라.

21.31 x가 순환군 $(\mathbb{Z}_3[x]/\langle x^3+2x+1\rangle)^*$의 생성원임을 보여라.

21.32 $\mathrm{GF}(5^n)=\mathbb{Z}_5(a)$($n$은 양의 정수)라고 하자. 이때 $a^k=2$를 만족하는 가장 작은 양의 정수 k를 구하라.

21.33 x가 순환군 $(\mathbb{Z}_3[x]/\langle x^3+2x+2\rangle)^*$의 생성원이 아님을 보이고, 순환군의 생성원을 구하라.

21.34 $f(x)$가 $\mathbb{Z}_3$ 위에서 기약인 3차다항식이면 x 또는 $2x$가 순환군 $(\mathbb{Z}_3[x]/\langle f(x)\rangle)^*$의 생성원임을 증명하라.

21.35 군 이론의 논증을 이용해 [정리 21.3]의 유일성 부분을 증명하라.

21.36 a와 b를 $\mathrm{GF}(81)^*$의 원소라 하고 $|a|=5$, $|b|=16$이라고 하자. 이때 ab가 $\mathrm{GF}(81)^*$의 생성원임을 증명하라.

21.37 [정리 21.4]의 증명에서 집합 K가 부분체임을 보여라.[1]

21.38 체의 곱셈군에 대한 모든 유한부분군이 순환군임을 보여라.

---

1 이 문제는 [정리 21.4]의 증명에서 이미 언급했다.

21.39 군 이론의 논증을 이용해 F가 위수가 p^n인 체이면 F^*의 모든 원소는 $x^{p^n}-x$의 근임을 보여라.[2]

21.40 $\mathrm{GF}(3^{18})$과 $\mathrm{GF}(2^{30})$의 부분체 도표를 그려라.

21.41 $\mathrm{GF}(2^{30})$의 부분체 도표와 $\mathrm{GF}(3^{30})$의 부분체 도표를 비교하라.

21.42 $p(x)$가 중근을 갖지 않는 $\mathbb{Z}_p[x]$의 다항식이면 $p(x)$가 어떤 n에 대해 $x^{p^n}-x$의 인수임을 보여라.

21.43 소수 p에 대해 $p \neq 2$라 하자. a가 $\mathbb{Z}_p$에서 제곱수가 아니라고 하자. 즉, a는 $\mathbb{Z}_p$의 임의의 원소 b에 대해 b^2 형태로 나타낼 수 없다. n이 홀수이면 a가 $\mathrm{GF}(p^n)$에서 제곱수가 아니고, n이 짝수이면 a가 $\mathrm{GF}(p^n)$에서 제곱수임을 보여라.

21.44 $f(x)$가 $\mathbb{Z}_p$(p는 소수) 위에서 기약인 3차다항식이라 하자. $\mathbb{Z}_p$ 위에서 $f(x)$의 분해체의 차수가 p^3임을 증명하라.

21.45 F가 위수가 1024인 체이고 $F^* = \langle a \rangle$라 하자. F의 각 부분체의 원소를 나열하라.

21.46 대수적으로 닫힌 유한체는 없음을 보여라.

21.47 F가 위수가 125인 체이고 $F^* = \langle a \rangle$라 하자. $a^{62} = -1$임을 보여라.

21.48 L과 K를 $\mathrm{GF}(p^n)$의 부분체라 하자. L의 원소가 p^s개이고 K의 원소가 p^t개일 때, $L \cap K$의 원소의 개수를 구하라.

21.49 유한체의 유한 확장체는 단순 확장체임을 보여라.

21.50 F를 위수가 q인 유한체라 하고 a를 F의 0이 아닌 원소라 하자. n이 $q-1$을 나누는 경우, 방정식 $x^n = a$가 F에서 해를 갖지 않거나 F에서 서로 다른 n개의 해를 가짐을 증명하라.

21.51 a를 체 $\mathrm{GF}(p^n)$(p는 홀수인 소수, n은 양의 정수)의 원시 원소라 하자. $a^k = p-1$을 만족하는 가장 작은 양의 정수 k를 구하라.

---

2 이 문제는 [정리 21.1]의 증명에서 이미 언급했다.

21.52 체 $\mathrm{GF}(p^n)$에서 n의 모든 양의 약수 d에 대해, $x^{p^n}-x$는 $\mathrm{GF}(p^n)$ 위에서 d차 기약 인수를 가짐을 보여라.

21.53 임의의 소수 $p>2$에 대해, 위수가 p^n인 유한체 F는 F의 원소의 제곱으로 나타낼 수 있는 원소를 정확히 $\frac{p^n-1}{2}$개 가짐을 증명하라.

21.54 a를 체 $\mathrm{GF}(5^n)$(n은 양의 정수)의 원시 원소라 하자. $a^k=2$를 만족하는 가장 작은 양의 정수 k를 구하라.

21.55 p를 $p \bmod 4=1$인 소수라 하자. $\mathrm{GF}(p^n)^*$에는 위수가 4인 원소가 몇 개 존재하는가?

21.56 p를 $p \bmod 4=3$인 소수라 하자. $\mathrm{GF}(p^n)^*$에는 위수가 4인 원소가 몇 개 존재하는가?

21.57 $\mathbb{Z}_5$ 위의 2차 기약다항식의 근을 a라 하자. $\mathbb{Z}_5(a)$에 $(3a+2)(ba+c)=4a+1$을 만족하는 원소 b, c가 존재함을 증명하라.

21.58 a가 $\mathbb{Z}_2$ 위의 기약다항식 x^4+x+1의 근이라고 할 때, a가 $(\mathbb{Z}_2[x]/\langle x^4+x+1\rangle)^*$의 생성원이 아님을 증명하라.

21.59 $g(x)$가 $\mathrm{GF}(4)$ 위에서 기약인 5차다항식일 때, $\mathrm{GF}(4)[x]/\langle g(x)\rangle$에 대해 설명하라.

21.60 $f(x)$가 $\mathrm{GF}(64)$에서 근을 갖는 $\mathrm{GF}(8)$ 위의 비선형 기약다항식일 때, $f(x)$의 차수를 구하라. 그리고 이러한 다항식의 예를 제시하라.

21.61 a가 $\mathbb{Z}_5$의 원소가 아닌 $\mathrm{GF}(5^2)$의 원소라고 하자. 이때 $\mathrm{GF}(5^2)^*=\{1,\ 1+a,\ 1+a+a^2,\ 1+a+a^2+a^3,\ \cdots,\ 1+a+a^2+a^3+\cdots+a^{23}\}$임을 증명하라. 이 증명을 $\mathrm{GF}(p^n)(n\geq 2)$인 경우로 일반화할 수 있을까?

21.62 E를 32개의 원소로 구성된 체라 하자. $a\in E$이고 $\mathbb{Z}_2$ 위의 a에 대한 최소다항식이 $x^5+x^4+x^3+x^2+x+1$일 때, $x^5+x^4+x^3+x^2+x+1$의 나머지 4개의 근을 구하라.

21.63 주어진 유한체 F_1에 대해 $F_1\subset F_2\subset F_3\subset F_4\subset\cdots$를 만족하는 무수히 많은 유한체 $F_1,\ F_2,\ F_3,\ F_4,\cdots$를 구하라.

21.64 1차다항식 또는 2차다항식 인수를 갖는 $\mathbb{Z}_3[x]$의 모든 5차 모닉다항식을 직접 나열하지 않고, $\mathbb{Z}_3$ 위에서 기약인 5차 모닉다항식이 정확히 44개 존재하는 이유를 설명하라.

21.65 표수가 2인 모든 유한체를 부분체로 포함하는 체는 무엇인가?

21.66 정확히 하나의 유한부분체를 포함하는 표수가 소수인 무한체의 예를 제시하라.

21.67 고정된 소수 p와 모든 i에 대해 F_i의 유일한 진부분체가 $\mathrm{GF}(p)$인 무수히 많은 유한체 $F_1, F_2, F_3, \cdots$을 구하라.

레너드 유진 딕슨(Leonard Eugene Dickson)

딕슨의 저서 중 3권으로 구성된 『History of the Theory of Numbers』는 보통 사람에게 그 자체로 평생의 작품이 될 것이다.

A. A. 앨버트(A. A. Albert), *Bulletin of the American Mathematical Society*

Courtesy of the American Mathematical Society (www.ams.org)

딕슨은 1874년 1월 22일 아이오와주 인디펜던스에서 태어났다. 1896년 그는 시카고대학교에서 최초로 수학 박사 학위를 취득했다. 캘리포니아대학교와 텍사스대학교에서 몇 년을 보낸 후, 그는 시카고대학교의 교수로 임명되어 1939년 정년 때까지 그곳에서 근무했다.

딕슨은 20세기에 다작한 수학자 중 한 명으로, 267편의 연구 논문과 18권의 책을 집필했다. 그의 주요 관심 분야는 행렬군, 유한체, 대수학, 정수론이었다. 딕슨은 응용수학을 경멸했다. 그는 종종 "정수론이 어떤 응용과도 연결되지 않는다는 사실에 대해 신께 감사드린다."라고 말하곤 했다.

그는 유머 감각도 뛰어났는데, 자신의 신혼여행에 대해 종종 "단 2편의 연구 논문만 작성했다는 점을 빼면, 대단히 성공적이었다."라고 말했다. 딕슨은 그의 경력에서 많은 영예를 누렸다. 과학 발전에 크게 기여한 공로로 미국과학진흥회로부터 최초로 상을 받았으며, 미국수학회로부터 대수학 부문에서 최초로 콜상(Cole prize)을 받았다. 시카고대학교에는 그의 이름을 딴 연구 교수직(L. E. Dickson Instructor)이 있다. 딕슨은 1954년 1월 17일 사망했다.

일라이어킴 헤이스팅스 무어(Eliakim Hastings Moore)

무어는 비범한 천재이며, 상상력이 풍부하고 동정심이 많았다. 또 미국 수학자들을 외국 대학교에 대한 의존에서 해방시키고, 활기찬 미국 학교를 세우는 데 앞장선 지도자였다.

레이몬드 C. 아치볼드(Raynomd C. Archibald)

무어는 1862년 1월 26일 오하이오주 마리에타에서 태어났다. 그는 예일대학교에서 학사 학위를 취득했으며 수학, 라틴어, 영어, 천문학 분야에서 상을 받았다. 그는 졸업생 대표이자 파이베타카파(Phi Beta Kappa) 회원이었다. 1895년 예일대학교에서 박사 학위를 취득한 후, 7년 동안 독일에서 공부했고, 예일대학교와 노스웨스턴대학교에서 학생들을 가르쳤다. 1892년에는 시카고대학교의 새로 설립된 부서의 학과장으로 임명되어 1931년에 은퇴할 때까지 그 직위를 유지했다. 그의 리더십 아래 시카고대학교는 미국에서 최고의 수학 박사 학위를 부여하는 곳이자 최고의 연구 기관이 되었다.

Courtesy of the American Mathematical Society (www.ams.org)

그는 미국수학회와 미국국립과학원의 회장으로 선출되었으며, 그의 많은 박사 학생들 중 4명도 마찬가지로 선출되었다. 또 무어는 체론, 대수기하학, 정수론 분야에 중요한 공헌을 했다. 뿐만 아니라 미국과학진흥회 회장을 역임했으며 6개의 명예 학위를 받았다. 2002년 미국수학회는 그를 기리기 위해 연구상을 제정했다. 그는 1932년 12월 30일에 생을 마감했다.

22

기하 작도
Geometric Constructions

"나는 11살 때 유클리드를 시작했다. 이것은 마치 첫사랑처럼 내 인생의 위대한 사건 중 하나였다."

버트런드 러셀(Bertrand Russel)l

"메톤(Meton) : 직선 자를 이용해 원을 정사각형으로 만드는 작업을 시작했다."

아리스토파네스(Aristophanes, ca 444~380 BC)

22.1 기하 작도에 대한 역사적 논의

고대 그리스인들은 기하 작도를 좋아했다. 그들은 특히 눈금 없는 자와 컴퍼스만을 이용해 그릴 수 있는 작도 문제에 관심이 있었다. 예를 들어 임의의 각이 2등분될 수 있음을 알았고, 정삼각형, 정사각형, 정오각형, 정육각형을 작도하는 방법을 알았다. 그러나 그들은 임의의 각을 3등분하는 방법이나 정칠각형을 작도하는 방법은 몰랐다. 그들이 시도한 또 다른 문제는 정육면체의 부피를 2배로 만드는 문제였다. 즉, 주어진 정육면체에 대해 눈금 없는 자와 컴퍼스만을 이용해 부피가 2배인 새로운 정육면체를 작도하려고 했다. 전설에 따르면 고대 아테네인들은 델로스의 신탁을 통해 정육면체로 된 아폴로 신전 제단의 부피를 2배로 크게 만들면 전염병이 끝날 것이라는 말을 들었다고 한다. 그리스인들은 '정육면체의 부피를 2배로 만드는 것' 외에도 '원을 정사각형으로 만드는 것', 즉 주어진 원과 넓이가 같은 정사각형을 작도하는 시도를 했다. 그들은 컴퍼스와 2개의 표시가 있는 자, 눈금 없는 자와 나선 등을 이용해 이 모든 작도 문제를 해결하는 방법을 알아냈다. 그러나 눈금 없는 자와 컴퍼스만으로는 어떠한 작도 문제도 해결할 수 없었다. 이와 같은 문제는 2,000년 넘게 수학자들을 괴롭혔다. 이 난제는 19세기에 이르러 기하학 문제를 대수학 문제로 전환하면서 해결되었다.

해결해야 할 고대의 유명한 문제 중 하나는 정다각형의 작도 문제였다. 유클리드 이후로 정다각형의 작도 문제는 변의 개수가 2^k, $2^k \cdot 3$, $2^k \cdot 5$, $2^k \cdot 3 \cdot 5$ 형태인 경우에만 가능하다고 알려져 왔다. 1796년에 아직 10대였던 가우스는 변이 17개인 정다각형이 작도가능함을 증명했다. 1801년에 가우스는 변이 n개인 정다각형이 작도가능할 필요충분조건은 n이 $2^k p_1 p_2 \cdots p_m$ (p_i는 $2^{2^n}+1$ 형태인 서로 다른 소수) 형태인 것이라 주장했다. [정리 31.5]에서 이 명제에 대해 증명한다.

따라서 변의 개수가 3, 4, 5, 6, 8, 10, 12, 15, 16, 17, 20인 정다각형은 작도가능하지만, 변의 개수가 7, 9, 11, 13, 14, 18, 19개인 정다각형은 작도불가능하다. 이러한 작도 문제가 어떤 영향을 미치는지는 또 다른 문제이다. 어떤 사람은 변이 65,537개인 정다각형의 작도 방법을 찾기 위해 10년을 보내기도 했다.

정n각형의 작도가능성에 대한 가우스의 결과는 또 다른 유명한 미해결 문제를 해결했다. 왜냐하면 각 $60°$를 3등분할 수 있다면 정구각형을 작도할 수 있기 때문이다. 따라서 눈금 없는 자와 컴퍼스를 이용해 각 $60°$를 3등분하는 방법은 없다. 1837년 피에르 방첼(Pierre Wantzel)은 정육면체의 부피를 2배로 만드는 것은 불가능함을 증명했다. 또 주어진 원과 넓이가 같은 정사각형을 작도하는 문제는 1882년 린데만이 π가 초월수임을 증명할 때까지 모든 시도가 실패했다. 왜냐하면 앞으로 보이겠지만 모든 작도가능한 수는 대수적 수이기 때문이다.

22.2 작도가능한 수

지금까지 살펴본 체 이론을 이용하면 다음 문제는 쉽게 해결할 수 있다. 눈금 없는 자, 컴퍼스, 단위길이가 주어지면 다른 길이를 작도할 수 있을까? 눈금 없는 자, 컴퍼스, 단위길이를 이용해 유한번의 단계를 거쳐 길이가 $|\alpha|$인 선분을 작도할 수 있는 경우, 실수 α를 **작도가능**(constructible)하다고 한다.

평면기하학의 성질로부터 α와 $\beta(\beta \neq 0)$가 작도가능한 수이면 $\alpha+\beta$, $\alpha-\beta$, $\alpha \cdot \beta$, $\dfrac{\alpha}{\beta}$도 작도가능한 수임을 보일 수 있다([연습문제 22.1], [연습문제 22.2], [연습문제 22.4]의 힌트 참고). 따라서 작도가능한 수들의 집합은 $\mathbb{Q}$를 포함하는 실수 집합의 부분체이다. 우리가 원하는 것은 이 체를 대수적으로 특성화하는 것이다. 이러한 특성화를 유도하기 위해 F를 임의의 실수 집합의 부분체라 하자. 실수 평면의 부분집합 $\{(x, y) \in \mathbb{R}^2 \mid x, y \in F\}$를 ***F*의 평면**(plane of F)이라 하고, F의 평면의 두 점을 연결하는 모든 직선을 ***F*의 직선**(line in F)이라 하며, 중심이 F의 평면 위에 있고 반지름이 F의 원소인 모든 원을 ***F*의 원**(circle in F)이라고 한다. 그러면 F의 직선에 대한 방정식은 다음과 같다.

$$a,\ b,\ c \in F\text{에 대해 } ax+by+c=0$$

그리고 F의 원에 대한 방정식은 다음과 같다.

$$a,\ b,\ c \in F\text{에 대해 } x^2+y^2+ax+by+c=0$$

특히 F의 한 쌍의 직선의 교점이나 F의 직선과 F의 원의 교점을 찾기 위해서는, F 안에서 1차방정식이나 2차방정식을 풀면 된다. 이제 결정적인 질문을 하려고 한다. 어떤 체 F의 평면 위의 점에서 시작하여, 눈금 없는 자와 컴퍼스를 이용해 얻을 수 있는 실수 평면 위의 점은 무엇일까? F의 평면 위의 점에서 시작하여 작도할 수 있는 점은 다음의 세 가지 경우뿐이다.

(1) F에서 두 직선의 교점

(2) F에서 원과 직선의 교점

(3) F에서 두 원의 교점

경우 (1)은 F의 두 직선이 F의 평면 위의 한 점에서 교차하므로 새로운 점을 얻는 것은 아니다. 경우 (2)는 교점이 F에서의 1차방정식 또는 F에서의 2차방정식의 해이다. 따라서 교점은 F의 평면 또는 $F(\sqrt{\alpha})$의 평면 위에 있다. 여기서 $\alpha \in F$는 양수이다. 경우 (3)은 두 원이 $x^2+y^2+ax+by+c=0$, $x^2+y^2+a'x+b'y+c'=0$으로 주어지면 F의 직선 $(a-a')x+(b-b')y+(c-c')=0$을 얻는다. 따라서 경우 (3)은 경우 (2)로 한정된다.

그러면 체 F의 평면에서 작도할 수 있는 실수 평면 위의 유일한 점의 좌표는 양수 $\alpha \in F$에 대해 $F(\sqrt{\alpha})$ 형태인 체 안에 있다. 물론 $F_1 = F(\sqrt{\alpha})$에서 다시 시작하여 양수 $\beta \in F_1$에 대해 $F_2 = F_1(\sqrt{\beta})$ 형태인 체 안에 있는 점의 좌표를 작도할 수 있다. 이와 같은 방식으로 계속하면, 실수 c가 작도가능할 필요충분조건은 체들의 수열 $\mathbb{Q} = F_1 \subseteq F_2 \subseteq \cdots \subseteq F_n \subseteq \mathbb{R}$ 이 존재하여 $\alpha_i \in F_i$, $c \in F_n$에 대해 $F_{i+1} = F_i(\sqrt{\alpha_i})$가 되는 것임을 알 수 있다. $[F_{i+1} : F_i] = 1$ 또는 2이므로, [정리 20.5]에 의해 c가 작도가능한 수이면 음이 아닌 정수 k가 존재하여 $[\mathbb{Q}(c) : \mathbb{Q}] = 2^k$이 성립한다.

이제 그리스인들을 괴롭혔던 문제들을 해결해보자. 부피가 1인 정육면체의 부피를 2배로 만드는 문제를 생각해보자. 확대된 정육면체의 한 변의 길이는 $\sqrt[3]{2}$ 이다. 그러나 $[\mathbb{Q}(\sqrt[3]{2}) : \mathbb{Q}] = 3$이므로 이러한 정육면체는 작도할 수 없다.

다음으로 각 60°를 3등분하는 문제를 생각해보자. 각 60°를 3등분할 수 있다면 cos 20°를 작도할 수 있다([그림 22.1] 참고). 특히 어떤 정수 k에 대해 $[\mathbb{Q}(\cos 20°) : \mathbb{Q}] = 2^k$이다. 이제 삼각방정식 $\cos 3\theta = 4\cos^3\theta - 3\cos\theta$를 사용하자. $\theta = 20°$인 경우 $\frac{1}{2} = 4\cos^3 20° - 3\cos 20°$이므로, $\cos 20°$는 $8x^3 - 6x - 1$의 근이다. 그러나 $8x^3 - 6x - 1$은 $\mathbb{Q}$ 위에서 기약이므로([연습문제 22.13] 참고), $[\mathbb{Q}(\cos 20°) : \mathbb{Q}] = 3$이다. 이 모순에 따라 각 60°를 3등분하는 것은 불가능하다.

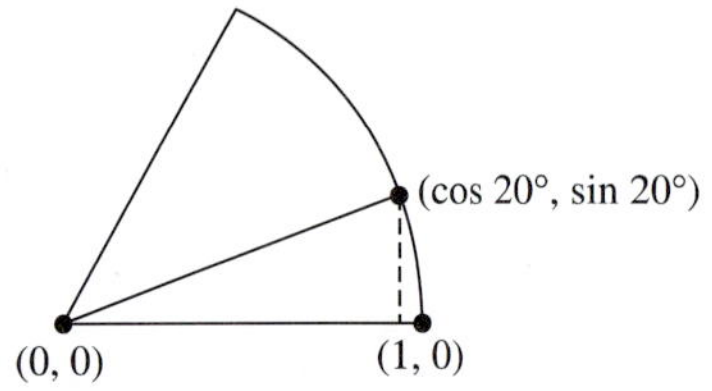

[그림 22.1] 각 60°

나머지 문제는 [연습문제 22.14], [연습문제 22.15], [연습문제 22.17]로 남긴다.

22.3 각의 3등분과 원의 정사각형화

수 세기에 걸쳐 많은 사람들이 불가능한 작도를 하나 이상을 해결했다고 주장했다. 이와 같은 주장이 넘쳐나자 1775년 파리 아카데미는 이러한 주장을 더 이상 조사하지 않겠다는 결의안을 통과시켰다. 마지막으로 작도불가능하다고 밝혀진 지 100년이 넘었지만, 그중 하나 이상을 해결했다고 주장하는 사람들의 행렬이 계속 이어지고 있다. 이들 대부분의 사람들은 작도불가능하다는 말을 듣고도 믿으려 하지 않았다. 어떤 사람은 자 하나만으로 임의의 각을 3등분할 수 있다고 주장했다. 또 다른 사람은 12,000시간의 작업 끝에 1973년에 3등분 방법을 발견했다고 주장했다. 또 누군가는 신으로부터 그 방법을 얻었다고 주장했다. 1971년에는 수학 박사 학위를 갖고 있는 어떤 사람이 임의의 각을 3등분하는 방법을 안다고 주장했다. 많은 사람들이 각을 3등분했고, 정육면체의 부피를 2배로 만들었으며, 원을 정사각형으로 만들었다고 주장하며 해트트릭을 달성했다고 말했다. 1961년에 이러한 주장을 한 두 사람은 연방의회기록에 그들의 업적을 남기는 데 성공했다. 신문과 잡지에서는 종종 '불가능한 일을 해내는 것'에 대한 기사를 실어 작도가 가능할 수도 있다는 인상을 주기도 했다. 각을 3등분할 수 있고 원을 정사각형으로 만들 수 있다고 주장하는 많은 사람들은 자비로 자신의 업적을 출판하고 대학교들에 배포했다. 어떤 사람은 4개국어로 인쇄하기도 했다.

르네상스의 다재다능한 천재 레오나르도 다 빈치(Leonardo da Vinci, 1452~1519)는 원을 정사각형으로 만들었다고 주장한 적은 없지만, 수년간 169번에 걸쳐 원을 정사각형으로 만드는 시도를 했다.

22장 연습문제

> 그것이 불가능함을 증명할 수만 있다면 오늘 밤에 바로 풀이에 착수하겠다.
>
> **원을 정사각형으로 바꾸는 문제가 불가능하다는 드 모르간(De Morgan)의 강의에서 청중이 한 말**

22.1 a, b가 작도가능한 수이고 $a \geq b > 0$이면 $a+b$와 $a-b$가 작도가능한 수임을 기하학적으로 증명하라.

22.2 a, b가 작도가능한 수이면 ab가 작도가능한 수임을 기하학적으로 증명하라.

힌트 다음 그림을 참고한다. 이 그림의 모든 선분은 눈금 없는 자와 컴퍼스를 이용해 작도할 수 있다.

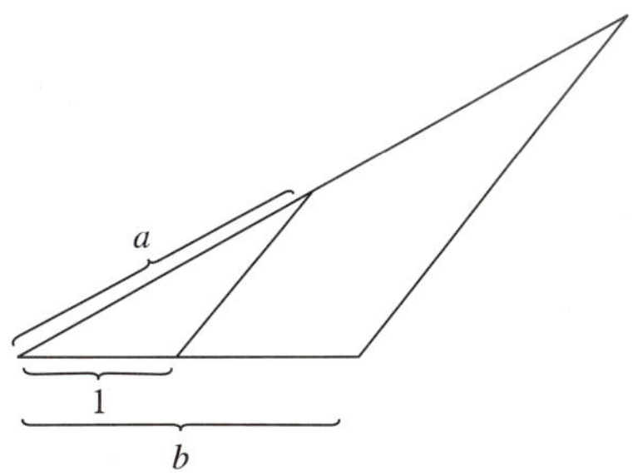

22.3 c가 작도가능한 수이면 $\sqrt{|c|}$가 작도가능한 수임을 증명하라.[1]

힌트 다음과 같이 지름이 $1+|c|$인 반원을 생각한다.

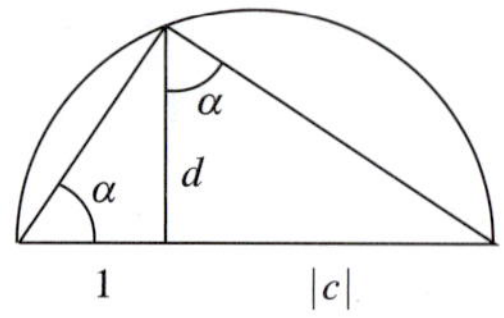

22.4 a, $b(b \neq 0)$가 작도가능한 수이면 $\frac{a}{b}$가 작도가능한 수임을 기하학적으로 증명하라.

힌트 다음 그림을 생각한다.

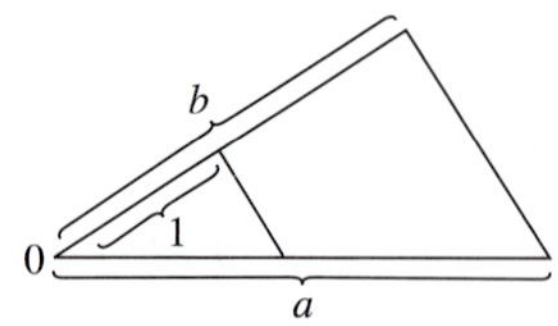

22.5 $\sin\theta$가 작도가능할 필요충분조건은 $\cos\theta$가 작도가능한 것임을 증명하라.

22.6 θ를 육십분법으로 나타냈다고 하자. θ가 작도가능할 필요충분조건은 $\sin\theta$가 작도가능한 것임을 증명하라.

22.7 $\cos 2\theta$가 작도가능할 필요충분조건은 $\cos\theta$가 작도가능한 것임을 증명하라.

22.8 각 $30°$가 작도가능함을 증명하라.

22.9 눈금 없는 자와 컴퍼스를 이용해 각 $45°$를 3등분할 수 있음을 증명하라.

22.10 각 $40°$는 작도불가능함을 증명하라.

22.11 체 F의 평면 위에 있는 두 직선의 교점은 F의 평면 위에 있음을 보여라.

22.12 체 F의 평면 위에 있는 원과 F의 평면 위에 있는 직선의 교점은 F의 평면 위에 있거나 $F(\sqrt{\alpha})$($\alpha \in F$는 양수)의 평면 위에 있음을 보여라. 원과 직선의 교점이 $\mathbb{Q}$의 평면 위에 있지 않은 $\mathbb{Q}$의 평면 위의 원과 직선의 예를 제시하라.

---

1 이 문제는 31장에서 다시 언급한다.

22.13 $8x^3-6x-1$이 $\mathbb{Q}$ 위에서 기약임을 증명하라.

22.14 $8\cos^3\left(\frac{2\pi}{7}\right)+4\cos^2\left(\frac{2\pi}{7}\right)-4\cos\left(\frac{2\pi}{7}\right)-1=0$이라는 사실을 이용해 정칠각형은 눈금 없는 자와 컴퍼스로 작도불가능함을 증명하라.

22.15 눈금 없는 자와 컴퍼스만으로는 정구각형을 작도할 수 없음을 보여라.

22.16 정n각형이 작도가능하면 정$2n$각형도 작도가능함을 보여라.

22.17 **[원의 정사각형화]** 눈금 없는 자와 컴퍼스를 이용해 반지름이 1인 원과 넓이가 같은 정사각형을 작도하는 것은 불가능함을 보여라. 이때 π가 $\mathbb{Q}$ 위의 초월수라는 사실을 이용할 수 있다.

22.18 $4\cos^2\left(\frac{2\pi}{5}\right)+2\cos\left(\frac{2\pi}{5}\right)-1=0$이라는 사실을 이용해 정오각형이 작도가능함을 증명하라.

22.19 작도가능한 정육면체에 대해 부피가 3배인 정육면체를 작도할 수 있을까?

22.20 작도가능한 정육면체에 대해 부피가 4배인 정육면체를 작도할 수 있을까?

22.21 작도가능한 원에 대해 원의 넓이(예를 들어, 반지름이 1일 때 π)를 부피로 갖는 정육면체를 작도할 수 있을까?

22.22 a, b, c가 작도가능하면 ax^2+bx+c의 실근이 작도가능함을 보여라.

23

실로우 정리
Sylow Theorems

"일반적으로 이 세 가지 결과는 '실로우 정리'라는 표현으로 함의된다. 이 결과는 모두 근본적으로 중요하다. 실제로 군 이론의 정리를 중요한 순서대로 나열하면, 실로우 정리는 라그랑주 정리 바로 뒤에 나와야 한다."

조지 아브람 밀러(George Abram Miller), *Theory and Application of Finite Groups*

"유한군에 대한 연구에서 실로우 정리는 매우 중요하다. 실로우 정리 없이는 그 연구가 잘 진행되지 않을 것이다."

이즈라엘 네이선 허스튼(Israel Nathan Herstein), *Abstract Algebra, 3rd ed.*

23.1 켤레류

이 장에서는 군과 이 군의 특정한 부분군 사이의 몇 가지 중요한 산술 관계를 도출한다. 7장에서 라그랑주 정리는 부분군의 잉여류가 군을 분할한다는 사실을 보임으로써 증명했음을 기억하자. 군의 원소를 분할하는 또 다른 유용한 방법은 켤레류를 이용하는 것이다.

정의 a의 켤레류

a, b를 군 G의 원소라 하자. G에 어떤 원소 x가 존재하여 $xax^{-1}=b$이면 a, b가 G에서 **켤레**(conjugate)라고 한다(그리고 b를 a의 **켤레**라고 한다). a의 **켤레류**(conjugacy class)는 집합 $\mathrm{cl}(a)=\{xax^{-1} \mid x \in G\}$이다.

켤레는 G에 대한 동치관계이고, a의 켤레류는 켤레에 대한 a의 동치류임을 증명하는 것은 독자에게 남긴다([연습문제 23.1] 참고). 따라서 임의의 군을 서로 다른 켤레류로 분할할 수 있다. 예를 들어 D_4에서는 다음과 같다.

$$\begin{aligned}\mathrm{cl}(H) &= \{R_0HR_0^{-1},\ R_{90}HR_{90}^{-1},\ R_{180}HR_{180}^{-1},\ R_{270}HR_{270}^{-1},\\ &\quad HHH^{-1},\ VHV^{-1},\ DHD^{-1}, D'HD'^{-1}\}\\ &= \{H,\ V\}\end{aligned}$$

마찬가지로 다음과 같다.

$$\begin{aligned}\mathrm{cl}(R_0) &= \{R_0\}\\ \mathrm{cl}(R_{90}) &= \{R_{90},\ R_{270}\} = \mathrm{cl}(R_{270})\\ \mathrm{cl}(R_{180}) &= \{R_{180}\}\\ \mathrm{cl}(V) &= \{V,\ H\} = \mathrm{cl}(H)\\ \mathrm{cl}(D) &= \{D,\ D'\} = \mathrm{cl}(D')\end{aligned}$$

[정리 23.1]은 a의 켤레류의 크기와 a의 중심화부분군 $C(a)$의 크기 사이의 산술 관계를 보여준다.

정리 23.1 a의 켤레의 개수

G가 유한군이고 a가 G의 원소이면 $|\mathrm{cl}(a)|=|G:C(a)|$이다.

증명

잉여류 $xC(a)$를 a의 켤레인 xax^{-1}으로 보내는 함수 T를 생각해보자. 관례적으로 계산하면 T는 잘 정의되어 있으며 좌잉여류 집합에서 a의 켤레류로 가는 전단사함수이다. 따라서 a의 켤레류에 있는 원소의 개수는 G에 대한 $C(a)$의 지표이다. ■

> **따름정리 1 $|\mathrm{cl}(a)|$는 $|G|$를 나눈다**
> 유한군에서 $|\mathrm{cl}(a)|$는 $|G|$를 나눈다.

23.2 류 방정식

켤레류가 군을 분할하므로, 다음의 중요한 계산 원리는 [정리 23.1]의 또 다른 따름정리이다.

> **따름정리 2 류 방정식(class equation)**
> 임의의 유한군 G에 대해 다음이 성립한다.
>
> $$|G| = \sum |G : C(a)|$$
>
> 이때 합(Σ)은 G의 각 켤레류에서 하나의 원소 a를 선택해 계산한 것이다.

유한군 이론에서 [따름정리 2]와 같은 셈에 대한 원리는 강력한 도구이다.[1] [정리 23.2]는 위수가 소수의 거듭제곱인 유한군에 대한 가장 중요한 사실이다(p가 소수일 때, 위수가 p^n인 군을 **p-군**(p-group)이라고 한다).

> **정리 23.2 p-군은 자명하지 않은 중심을 갖는다**
> G를 위수가 소수 p의 거듭제곱인 자명하지 않은 유한군이라 하자. 그러면 $Z(G)$는 하나 이상의 원소를 갖는다.

1 "무언가를 세는 정리를 결코 과소평가하지 마라." by 존 프렐라이(John Fraleigh), 『A First Course in Abstract Algebra』

증명

먼저 $\text{cl}(a) = \{a\}$일 필요충분조건은 $a \in Z(G)$이다([연습문제 23.4] 참고). 따라서 이러한 원소를 선별하면 류 방정식을 다음과 같이 나타낼 수 있다.

$$|G| = |Z(G)| + \sum |G : C(a)|$$

여기서 합(Σ)은 2개 이상의 원소를 갖는 모든 켤레류의 대표원소를 선택하여 계산한 것이다(이와 같은 원소들의 집합은 공집합일 수 있다). 그러나 $|G : C(a)| = |G|/|C(a)|$이므로, $\sum |G : C(a)|$의 각 항은 $k \geq 1$에 대해 p^k 형태이다. 따라서 다음과 같다.

$$|G| - \sum |G : C(a)| = |Z(G)|$$

여기서 좌변의 각 항은 p로 나누어진다. 그러면 p도 $|Z(G)|$를 나누므로 $|Z(G)| \neq 1$이다. ■

[정리 9.8]의 [따름정리]에 따라 소수 p에 대해 위수가 p^2인 군은 가환군임을 기억하자. 이 결과는 [정리 23.2]의 [따름정리]이기도 한다.

따름정리 위수가 p^2인 군은 가환군이다

소수 p에 대해 $|G| = p^2$이면 G는 가환군이다.

증명

[정리 23.2]와 라그랑주 정리에 의해 $|Z(G)| = p$ 또는 p^2이다. $|Z(G)| = p^2$이면 $G = Z(G)$이고 G는 가환군이다. $|Z(G)| = p$이면 $|G/Z(G)| = p$이므로 $G/Z(G)$는 순환군이다. 따라서 [정리 9.3]에 의해 G는 가환군이다. ■

23.3 실로우 정리

이제 실로우 정리를 살펴보자.[2] 라그랑주 정리의 역은 거짓임을 기억하자. 즉, G가 위수가 m인 군이고 n이 m을 나누는 경우, G는 위수 n인 부분군을 갖지 않을 수도 있다. 다음 정리는 라그랑주 정리의 역의 부분적인 내용이다. 이는 [정리 23.2]와 마찬가지로 노르웨이 수학자 루드비 실로우(Ludwig Sylow, 1832~1918)가 처음 증명했다. 실로우 정리와 라그랑주 정리는 유한군 이론에서

2 "군 이론을 연구하는 수학자에게 실로우 정리는 매우 기본적인 도구이므로, 마치 호흡을 하듯이 생각하지 않고 사용하게 된다." by 제프 로빈슨(Geoff Robinson)

가장 중요한 두 가지 결과이다.[3] 첫 번째 정리는 부분군이 존재하기 위한 충분조건을 제공하고, 두 번째 정리는 필요조건을 제공한다.

정리 23.3 실로우 제1정리(1872) : 위수가 소수의 거듭제곱인 부분군의 존재성

G가 유한군이고 p가 소수라 하자. p^k이 $|G|$를 나누면 G는 위수가 p^k인 부분군을 적어도 하나 갖는다.

증명

$|G|$에 대한 수학적 귀납법을 적용하자. 만약 $|G|=1$이면 [정리 23.3]은 자명하게 참이다. 이제 이 명제가 $|G|$보다 작은 모든 위수의 군에 대해 참이라 가정하자. 만약 G가 진부분군 H를 포함하고 p^k이 $|H|$를 나누면, 수학적 귀납법의 가정에 따라 H는 위수가 p^k인 부분군을 가지며 증명이 완료된다. 따라서 이제 p^k이 G의 진부분군의 위수를 나누지 않는다고 가정하자. 그리고 다음과 같은 형태의 G에 대한 류 방정식을 생각해보자.

$$|G|=|Z(G)|+\sum|G:C(a)|$$

여기서 $a\notin Z(G)$에 대해 각 켤레류 $\mathrm{cl}(a)$의 대표원소를 선택하여 더한다. 이때 p^k은 $|G|=|G:C(a)||C(a)|$를 나누고, p^k은 $|C(a)|$를 나누지 않으므로, 모든 $a\notin Z(G)$에 대해 p는 $|G:C(a)|$를 나누어야 한다. 그러면 류 방정식에 따라 p가 $|Z(G)|$를 나눈다. 유한 가환군의 기본정리(정리 11.1) 또는 [정리 9.5]에 의해 $Z(G)$는 위수가 p인 원소 x를 포함한다. x가 G의 중심의 원소이므로, $\langle x\rangle$는 G의 정규부분군이고 잉여군 $G/\langle x\rangle$를 만들 수 있다. 이제 p^{k-1}은 $|G/\langle x\rangle|$를 나눈다. 따라서 수학적 귀납법의 가정에 따라 $G/\langle x\rangle$는 위수가 p^{k-1}인 부분군을 갖고, [연습문제 10.59]에 의해 이 부분군은 G의 부분군 H에 대해 $H/\langle x\rangle$ 형태이다.

마지막으로 $|H/\langle x\rangle|=p^{k-1}$이고 $|\langle x\rangle|=p$이므로 $|H|=p^k$이다. 따라서 위수가 p^k인 부분군을 만들었는데, 이 결과는 이와 같은 부분군이 존재하지 않는다는 가정에 모순이다. 따라서 위수가 p^k인 부분군이 존재해야 하며, 해당 부분군에 수학적 귀납법의 가정을 적용할 수 있다. ■

실로우 제1정리가 무엇을 의미하는지 정확히 이해해보자. 위수가 $2^3\cdot3^2\cdot5^4\cdot7$인 군 G가 있다고 하면, 실로우 제1정리에 의해 G는 각 위수 2, 4, 8, 3, 9, 5, 25, 125, 625, 7에 대한 부분군을 하나 이상 가져야 한다. 한편, 실로우 제1정리는 위수가 6, 10, 15, 30이거나 2개 이상의 소인수를 갖는 $|G|$의 다른 약수가 위수인 부분군의 존재 여부에 대해서는 아무 정보도 주지 않는다. 실

3 저자가 생각하는 세 번째로 중요한 결과는 유한 가환군의 기본정리이다.

로우 제1정리에 의해 존재가 보장되는 특정 부분군은 유한군 이론에서 중심적인 역할을 하므로 다음과 같이 특별한 용어로 정의한다.

정의 실로우 p-부분군

G가 유한군이고 p가 소수라 하자. p^k이 $|G|$를 나누고 p^{k+1}이 $|G|$를 나누지 않을 때, 위수가 p^k인 G의 임의의 부분군을 G의 **실로우 p-부분군**(Sylow p-subgroup)이라고 한다.

따라서 위수가 $2^3 \cdot 3^2 \cdot 5^4 \cdot 7$인 군 G로 돌아가면, 위수가 8인 임의의 부분군을 G의 실로우 2-부분군, 위수가 625인 임의의 부분군을 G의 실로우 5-부분군이라고 한다. G의 실로우 p-부분군은 라그랑주 정리를 만족하는 p의 최대 거듭제곱의 위수를 갖는 부분군이다.

위수가 p인 부분군은 순환군이므로, 1845년 코시가 처음 증명한 [정리 9.5]를 다음과 같이 일반화할 수 있다. 이 정리에 대한 그의 증명은 9쪽에 달했다.

따름정리 코시 정리(Cauchy's theorem)

G가 유한군이고 p가 G의 위수를 나누는 소수라 하자. 그러면 G는 위수가 p인 원소를 갖는다.

실로우 제1정리는 유한군 이론의 중요한 기본정리이므로 이에 대한 다양한 증명이 수년에 걸쳐 발표되었다(앞서 살펴본 증명은 게오르크 프로베니우스(Georg Frobenius, 1849~1917)가 1895년에 발표한 것이다). 마찬가지로 실로우 정리에 대한 수많은 일반화된 결과들이 발표되었다.

유한 가환군의 기본정리와 실로우 제1정리에 대한 결과는 라그랑주 정리의 역이 모든 유한 가환군과 위수가 소수의 거듭제곱인 모든 유한군에 대해 참임을 보여준다. 유한군 이론에서 매우 중요한 도구인 실로우 정리가 2개 더 있다. 그 전에 먼저 새로운 용어를 소개하고자 한다.

정의 켤레부분군

H와 K가 군 G의 부분군이라 하자. G의 원소 g가 존재하여 $H = gKg^{-1}$을 만족하면 H와 K를 G에서 **켤레부분군**(conjugate subgroup)이라고 한다.

7장으로부터 만약 군 G가 집합 S 위에서의 치환에 대한 유한군이고 $i \in S$이면 $\text{orb}_G(i) = \{\phi(i) \mid \phi \in G\}$이고 $|\text{orb}_G(i)|$는 $|G|$를 나눈다는 것을 알 수 있다. 군 G의 부분군 H에 대해 G에서 H의 **정규화부분군**(normalizer)은 부분군 $N(H) = \{x \in G \mid xHx^{-1} = H\}$이다.

> **정리 23.4 실로우 제2정리**
> H가 유한군 G의 부분군이고 $|H|$가 소수 p의 거듭제곱이면 H는 G의 실로우 p-부분군에 포함된다.

증명

K를 G의 실로우 p-부분군이라 하고, $K = K_1$일 때 $C = \{K_1, K_2, \cdots, K_n\}$을 G에서 K의 모든 켤레부분군들의 집합이라 하자. 켤레사상[4]은 G의 자기동형사상이므로 C의 각 원소는 G의 실로우 p-부분군이다. S_C를 C의 모든 치환군이라 하자. 각 $g \in G$에 대해 $\phi_g: C \to C$를 $\phi_g(K_i) = gK_ig^{-1}$으로 정의한다. $\phi_g \in S_C$임은 쉽게 보일 수 있다.

이제 사상 $T: G \to S_C$를 $T(g) = \phi_g$로 정의하자. $\phi_{gh}(K_i) = (gh)K_i(gh)^{-1} = g(hK_ih^{-1})g^{-1} = g\phi_h(K_i)g^{-1} = \phi_g(\phi_h(K_i)) = (\phi_g\phi_h)(K_i)$이므로, $\phi_{gh} = \phi_g\phi_h$이다. 따라서 T는 G에서 S_C로 가는 준동형사상이다.

다음으로 T에 대한 H의 상인 $T(H)$를 생각해보자. $|H|$는 p의 거듭제곱이므로 $|T(H)|$도 마찬가지로 p의 거듭제곱이다([정리 10.2]의 성질 **(6)** 참고). 따라서 궤도-안정자 정리(정리 7.4)에 따라 각 i에 대해 $|\text{orb}_{T(H)}(K_i)|$가 $|T(H)|$를 나누므로, $|\text{orb}_{T(H)}(K_i)|$는 p의 거듭제곱이다. 이제 다음 질문을 생각해보자. 어떤 조건에서 $|\text{orb}_{T(H)}(K_i)| = 1$일까? $|\text{orb}_{T(H)}(K_i)| = 1$이면 임의의 $g \in H$에 대해 $\phi_g(K_i) = gK_ig^{-1} = K_i$이다. 즉, $|\text{orb}_{T(H)}(K_i)| = 1$일 필요충분조건은 $H \le N(K_i)$이다. 그러나 $N(K_i)$의 원소들 중 위수가 소수 p의 거듭제곱인 원소들은 K_i의 원소뿐이다([연습문제 23.17] 참고). 따라서 $|\text{orb}_{T(H)}(K_i)| = 1$일 필요충분조건은 $H \le K_i$이다.

이제 증명을 마무리하기 위해 어떤 i에 대해 $|\text{orb}_{T(H)}(K_i)| = 1$임을 보일 것이다. [정리 23.1]을 적용하면 $|C| = |G : N(K)|$이다([연습문제 23.9] 참고). $|G : K| = |G : N(K)||N(K) : K|$는 p로 나누어지지 않으므로, $|C|$도 p로 나누어지지 않는다. 궤도가 C를 분할하므로, $|C|$는 p의 거듭제곱의 합이다. 크기가 1인 궤도가 없으면 p는 각 합인자를 나누므로, p는 $|C|$를 나눈다. 이는 모순이다. 따라서 크기가 1인 궤도가 존재하고, 이로써 증명을 마친다. ■

4 (감수) 여기서 켤레사상은 G의 어떤 원소 g에 대해 $x \to gxg^{-1}$으로 가는 사상을 말한다.

정리 23.5 실로우 제3정리

p가 소수이고 p가 m을 나누지 않을 때, G를 위수가 $p^k m$인 군이라 하자. G의 실로우 p-부분군의 개수 n은 법 p에 대해 1이며 m을 나눈다. 더욱이 G의 임의의 두 실로우 p-부분군은 서로 켤레이다.

증명

K를 G의 임의의 실로우 p-부분군이라 하고, $K = K_1$일 때 $C = \{K_1, K_2, \cdots, K_n\}$을 G에서 K의 모든 켤레부분군들의 집합이라 하자. 먼저 $n \bmod p = 1$임을 증명하자.

S_C와 T를 [정리 23.4]의 증명에서와 같이 정의하자. 이번에는 T에 대한 K의 상인 $T(K)$를 고려한다. 이전과 마찬가지로 각 i에 대해 $|\text{orb}_{T(K)}(K_i)|$는 p의 거듭제곱이고, $|\text{orb}_{T(K)}(K_i)| = 1$일 필요충분조건은 $K \le K_i$이다. 따라서 $|\text{orb}_{T(K)}(K_1)| = 1$이고 $|\text{orb}_{T(K)}(K_i)|$는 모든 $i \ne 1$에 대해 1보다 큰 p의 거듭제곱이다. 궤도가 C를 분할하므로, 법 p에 대해 $n = |C| = 1$이다.

다음으로 G의 모든 실로우 p-부분군이 C에 포함됨을 보이자. 이를 설명하기 위해 H가 C에 포함되지 않는 G의 실로우 p-부분군이라 하자. S_C와 T를 [정리 23.4]의 증명에서와 같은 집합이라 하고 $T(H)$를 생각해보자. 이전 단락과 마찬가지로 $|C|$는 $T(H)$의 작용에 따른 궤도 크기의 합이다. 그러나 H가 C에 포함되지 않으므로 크기가 1인 궤도는 없다. 따라서 $|C|$는 p로 나누어지는 항들의 합이므로, 법 p에 대해 $n = |C| = 0$이다. 이는 모순이므로, H가 C에 포함되고 n이 G의 실로우 p-부분군의 개수임이 증명된다.

마지막으로 $n = |G : N(K)|$([연습문제 23.9] 참고)이고 n은 p와 서로소이므로, n이 m을 나눈다. ■

군의 실로우 p-부분군의 개수를 n_p로 표기하면 편리하다. 실로우 제3정리의 앞 부분이 셈에 대한 원리라는 점에 주의한다.[5] 실로우 제3정리의 중요한 응용 결과로서 다음 정리를 얻을 수 있다.

따름정리 유일한 실로우 p-부분군은 정규부분군이다

유한군 G의 한 실로우 p-부분군이 G의 정규부분군일 필요충분조건은 그 부분군이 G의 유일한 실로우 p-부분군인 것이다.

5 "할 수 있을 때마다 세어 보아라." by 프랜시스 골턴 경(Sir Francis Galton, 1822~1911), 『The World of Mathematics』

[EX 23.1]과 [EX 23.2]를 통해 실로우 제3정리를 설명한다.

EX 23.1 S_3의 실로우 2-부분군은 $\{(1), (12)\}$, $\{(1), (23)\}$, $\{(1), (13)\}$이다. 실로우 제3정리에 의해, 두 부분군 $\{(1), (23)\}$, $\{(1), (13)\}$은 첫 번째 부분군 $\{(1), (12)\}$의 켤레를 통해 얻을 수 있다. 실제로 다음과 같다.

$$(13)\{(1), (12)\}(13)^{-1} = \{(1), (23)\}$$
$$(23)\{(1), (12)\}(23)^{-1} = \{(1), (13)\}$$

EX 23.2 A_4의 실로우 3-부분군은 $\{\alpha_1, \alpha_5, \alpha_9\}$, $\{\alpha_1, \alpha_6, \alpha_{11}\}$, $\{\alpha_1, \alpha_7, \alpha_{12}\}$, $\{\alpha_1, \alpha_8, \alpha_{10}\}$이다 ([표 5.1] 참고). 그러면 다음과 같다.

$$\alpha_2\{\alpha_1, \alpha_5, \alpha_9\}\alpha_2^{-1} = \{\alpha_1, \alpha_7, \alpha_{12}\}$$
$$\alpha_3\{\alpha_1, \alpha_5, \alpha_9\}\alpha_3^{-1} = \{\alpha_1, \alpha_8, \alpha_{10}\}$$
$$\alpha_4\{\alpha_1, \alpha_5, \alpha_9\}\alpha_4^{-1} = \{\alpha_1, \alpha_6, \alpha_{11}\}$$

그러므로 실로우 3-부분군의 개수는 법 3에 대해 1이고, 4개의 실로우 3-부분군은 서로 켤레이다.

[그림 23.1]은 S_3과 A_4의 부분군 도표를 보여준다. 실로우 p-부분군을 점선인 원으로 연결하여 이 부분군들이 켤레 작용에 대해 하나의 궤도에 포함된다는 것을 표시했다. 실로우 제2정리에 따라 A_4의 위수가 2인 세 부분군은 실로우 2-부분군에 포함된다. 이 세 부분군도 켤레관계로 하나의 궤도에 포함된다. 그러나 이는 실로우 제3정리의 결과는 아니다.

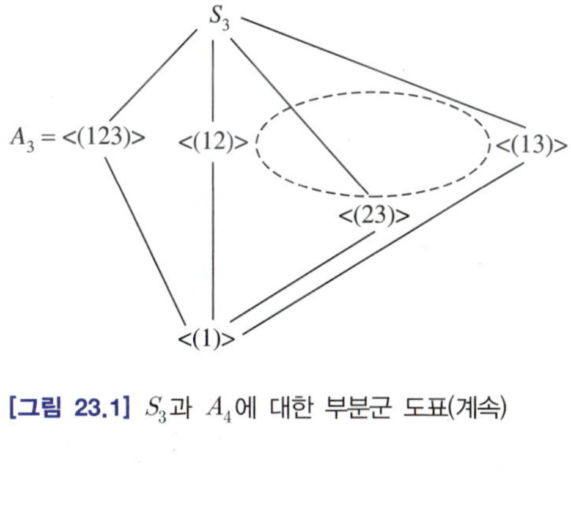

[그림 23.1] S_3과 A_4에 대한 부분군 도표(계속)

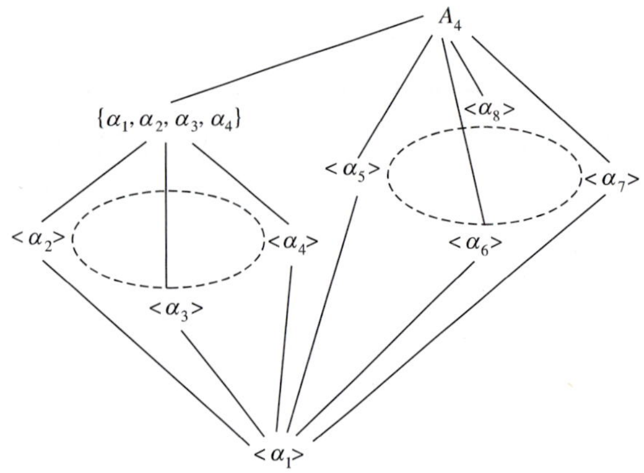

[그림 23.1] S_3과 A_4에 대한 부분군 도표

[EX 23.1], [EX 23.2]와 대조적으로, 위수가 12인 정이면체군은 위수가 2인 부분군을 7개 갖지만, $\{R_0, R_{180}\}$의 켤레인 정이면체군을 생각하면 이 군은 나머지 6개 중 어느 부분군도 되지 않는다(왜 그럴까?).

23.4 실로우 정리의 적용

몇 가지 계산을 하는 예를 통해 실로우 정리를 확인해보자.

EX 23.3 G를 위수가 40인 군이라 하자. 실로우 정리는 군 G에 대해 무엇을 알려줄까? 아주 많다. 40의 약수 중 법 5에 대해 1과 합동인 수는 1이 유일하므로, G는 위수가 5인 부분군을 정확히 하나 갖고 이는 정규부분군이다. 마찬가지로 G는 위수가 8인 부분군을 1개 또는 5개 갖는다. 만약 위수가 8인 부분군이 하나만 존재하면 이는 정규부분군이다. 만약 위수가 8인 부분군이 5개 존재하면 모두 정규부분군이 아니고, H와 같은 특정 부분군에서 시작하여 다양한 x에 대해 xHx^{-1}을 계산하면 5개의 부분군을 모두 얻을 수 있다. 마지막으로 K를 위수가 5인 정규부분군이라 하고 H를 위수가 8인 임의의 부분군이라 하면 $G = HK$이다([EX 9.5] 참고). 만약 H가 정규부분군이면 $G = H \times K$이다.

EX 23.4 위수가 30인 군을 생각해보자. 실로우 제3정리에 의해 위수가 5인 부분군은 1개 또는 6개이고, 위수가 3인 부분군은 1개 또는 10개여야 한다. 그러나 G는 위수가 5인 부분군 6개와 위수가 3인 부분군 10개를 모두 가질 수는 없다. 왜냐하면 이 경우에 G는 30개 이상의 원소를 갖기 때문이다. 따라서 위수가 3인 부분군이 유일하거나 위수가 5인 부분군이 유일하므로(혹은 둘 다 유일함), G의 정규부분군이다. 따라서 위수가 3인 부분군과 위수가 5인 부분군의 직적은 위수가 15인 순환군([연습문제 23.35] 참고)이고 G의 정규부분군([연습문제 9.9] 참고)이다. 이 결과는 차례로 위수가 3인 부분군과 위수가 5인 부분군이 모두 G에서 정규부분군임을 의미한다([연습문제 9.59] 참고). 따라서 y를 위수가 15인 순환부분군의 생성원이라 하고 x를 위수가 2인 원소(코시 정리에 의해 이 원소의 존재가 보장됨)라 하면 $G = \{x^i y^j \mid 0 \le i \le 1,\ 0 \le j \le 14\}$이다.

EX 23.5 위수가 72인 임의의 군 G가 자명하지 않은 진부분군인 정규부분군을 가짐을 보이자. 이와 관련한 내용은 24장에서 자세히 살펴본다. 실로우 제3정리에 따르면 G의 실로우 3-부분군의 개수는 법 3에 대해 1개이고 8을 나눈다. 따라서 개수는 1 또는 4이다. 개수가 1인 경우, 실로우 제3정리에 의해 이 부분군은 정규부분군이다. 개수가 1이 아닐 때, H와 H'을 서로 다른 두 실로우 3-부분군이라 하자. [정리 7.2]에 의해 $|HH'| = \frac{|H||H'|}{|H \cap H'|} = \frac{81}{|H \cap H'|}$이다. $|G| = 72$이고 $H \cap H'$은 H와 H'의 부분군이므로 $|H \cap H'| = 3$이다. [정리 23.2]의 [따름정리]에 의해 $N(H \cap H')$은 H와 H'을 모두 포함한다. 따라서 $|N(H \cap H')|$은 72를 나누고 9로 나누어지며 최소 $|HH'| = 27$개의 원소를 갖는다. 그러므로 $|N(H \cap H')|$은 36 또는 72이다. 첫 번째 경우에는 [연습문제 9.9]에 의해 $N(H \cap H')$이 G의 정규부분군이다. 두 번째 경우에는 정규화부분군의 정의에 의해 $H \cap H'$이 G의 정규부분군이다.

[EX 23.5]에서 군의 위수만으로 많은 정보를 추론할 수 있었다. 즉, 하나의 가정에서 많은 결론이 나왔다. 이것이 바로 유한군 이론의 아름다움이다.

7장에서 위수가 소수 p인 유일한 군이 $\mathbb{Z}_p$임을 알았고(동형인 군은 같은 군으로 간주), [EX 10.18]의 주장([연습문제 10.71] 참고)에 따라 $p < q$인 소수 p, q에 대해 p가 $q-1$의 약수가 아닌 경우, 위수가 pq인 유일한 군은 $\mathbb{Z}_{pq}$이다(동형인 군은 같은 군으로 간주). 실로우 정리의 강력함에 대해 더 자세히 알아보기 위해 앞 문장에서 언급한 두 번째 정리에 대한 또 다른 증명을 제공한다.[6]

6 $p < q$이고 p가 $q-1$의 약수인 홀수인 소수 p, q에 대해 위수가 pq인 비가환군이 존재함을 보일 수 있다. https://en.wikipedia.org/wiki/Semidirect_product를 참고하라.

> **정리 23.6 위수가 pq인 순환군**
>
> 소수 p, q에 대해 $p < q$이고 p가 $q-1$의 약수가 아닐 때, G를 위수가 pq인 군이라 하면 G는 순환군이다. 특히 G는 $\mathbb{Z}_{pq}$와 동형이다.

증명

H를 G의 실로우 p-부분군이라 하고 K를 G의 실로우 q-부분군이라 하자. 실로우 제3정리에 의해, G의 실로우 p-부분군의 개수는 $1+kp$ 형태이고 q를 나눈다. 따라서 $1+kp=1$ 또는 $1+kp=q$이다. p는 $q-1$의 약수가 아니므로 $k=0$이다. 따라서 H는 G의 유일한 실로우 p-부분군이다.

마찬가지로 G의 실로우 q-부분군도 유일하다([연습문제 23.25] 참고). 따라서 [정리 23.5]의 [따름정리]에 의해 H와 K는 G의 정규부분군이다. 또한 [정리 7.2]와 라그랑주 정리에 의해 $G=HK$이고 $H \cap K = \{e\}$이다. 즉, $G = H \times K$이다. 마지막으로 [정리 8.2]에 의해 $G \approx \mathbb{Z}_p \oplus \mathbb{Z}_q \approx \mathbb{Z}_{pq}$이다. ■

[정리 23.6]은 소인수를 적게 갖는 수를 위수로 갖는 유한군을 분류할 때, 실로우 정리가 얼마나 강력한지를 보여준다. 소수 p, q에 대해 위수가 p^2q, p^2q^2, p^3, p^4인 군에 대해서도 유사한 결과가 나타난다.

[그림 23.2]는 위수가 100 이하인 서로 동형이 아닌 군들의 개수를 보여준다. 특히 위수가 64인 군의 개수가 많다는 점에 유의한다. 또한 일반적으로 주어진 수를 위수로 갖는 군의 개수가 얼마나 많은지에 대한 정도는 그 군의 위수보다는 그 위수를 구성하는 소인수의 개수에 따라 주로 결정된다. 결론적으로 위수가 100 이하인 서로 동형이 아닌 군들의 개수는 1,047개이다. 이 결과를 위수가

위수	1	2	3	4	5	6	7	8	9	10	11	12	13	14	15	16	17	18	19	20
개수	1	1	1	2	1	2	1	5	2	2	1	5	1	2	1	14	1	5	1	5
위수	21	22	23	24	25	26	27	28	29	30	31	32	33	34	35	36	37	38	39	40
개수	2	2	1	15	2	2	5	4	1	4	1	51	1	2	1	14	1	2	2	14
위수	41	42	43	44	45	46	47	48	49	50	51	52	53	54	55	56	57	58	59	60
개수	1	6	1	4	2	2	1	52	2	5	1	5	1	15	2	13	2	2	1	13
위수	61	62	63	64	65	66	67	68	69	70	71	72	73	74	75	76	77	78	79	80
개수	1	2	4	267	1	4	1	5	1	4	1	50	1	2	3	4	1	6	1	52
위수	81	82	83	84	85	86	87	88	89	90	91	92	93	94	95	96	97	98	99	100
개수	15	2	1	15	1	2	1	12	1	10	1	4	2	2	1	230	1	5	2	16

[그림 23.2] 100 이하의 위수에 해당하는 군의 개수

$1,024 = 2^{10}$ 인 군이 49,487,365,422개 있다는 사실과 비교해보자. 2,048보다 위수가 작은 군의 개수는 http://oeis.org/A000001/b000001.txt에서 확인할 수 있다.

실로우 정리의 마지막 적용으로 위수가 각각 45, 66, 255인 군을 결정해보자. 사실 이 주장은 군 이론의 수많은 작업에 대해 좋은 시사점을 준다.

EX 23.6 위수가 45인 군의 결정

G를 위수가 45인 군이라 하자. H를 G의 실로우 3-부분군이라 하고 K를 G의 실로우 5-부분군이라 하자. 1은 법 5에 대해 1인 45의 유일한 양의 약수이므로, 실로우 제3정리와 그 [따름정리]에 의해 K는 G의 정규부분군이다. 마찬가지로 H는 G의 정규부분군이다. [정리 23.6]의 증명에서 사용한 논증에 따르면 $G = H \times K$이다. H와 K는 모두 가환군이므로 G도 가환군이다. 따라서 G는 $\mathbb{Z}_{45}$ 또는 $\mathbb{Z}_3 \oplus \mathbb{Z}_3 \oplus \mathbb{Z}_5$와 동형이다.

EX 23.7 위수가 66인 군의 결정

G를 위수가 66인 군이라 하자. H를 G의 실로우 3-부분군이라 하고 K를 G의 실로우 11-부분군이라 하자. 1은 법 11에 대해 1인 66의 유일한 양의 약수이므로, K는 G의 정규부분군이다. 따라서 HK는 위수가 33인 G의 부분군이다([EX 9.5]와 [정리 7.2] 참고). 위수가 33인 군은 순환군이므로([정리 23.6] 참고), $HK = \langle x \rangle$로 나타낼 수 있다. 다음으로 $y \in G$, $|y| = 2$라 하자. $\langle x \rangle$는 G에서 지표가 2이므로 정규부분군이다. 따라서 1에서 32까지의 어떤 i에 대해 $yxy^{-1} = x^i$이다. 그러면 $yx = x^i y$이므로 G의 모든 원소는 $x^s y^t$ 형태이다. 즉, 군 G의 구조는 i 값에 따라 완전히 결정된다. 가능한 i는 네 가지가 있다. 이 주장을 증명하기 위해 $|x^i| = |x|$를 만족하는 i 값을 구해보자. 즉, i와 33은 서로소여야 한다. 그러나 y의 위수는 2이므로 다음과 같다.

$$x = y^{-1}(yxy^{-1})y = y^{-1}x^i y = yx^i y^{-1} = (yxy^{-1})^i = (x^i)^i = x^{i^2}$$

그러므로 $x^{i^2-1} = e$이다. 따라서 33은 $i^2 - 1$을 나눈다. 이에 따라 11은 $i \pm 1$을 나누므로 $i = 0 \pm 1$, $i = 11 \pm 1$, $i = 22 \pm 1$, $i = 33 \pm 1$이다. 이 결과와 i에 대한 다른 정보를 함께 고려하면 $i = 1, 10, 23, 32$이다. 따라서 위수가 66인 군은 최대 4개 존재한다.

이러한 군이 정확히 4개 존재함을 증명하기 위해 $\mathbb{Z}_{66}$, D_{33}, $D_{11} \oplus \mathbb{Z}_3$, $D_3 \oplus \mathbb{Z}_{11}$ 각각이 위수가 66이고, 서로 동형이 아님을 확인한다. 예를 들어 $D_{11} \oplus \mathbb{Z}_3$은 위수가 2인 원소를 11개 갖지만, $D_3 \oplus \mathbb{Z}_{11}$은 위수가 2인 원소를 3개만 갖는다.

EX 23.8 위수가 255인 유일한 군은 $\mathbb{Z}_{255}$이다

G를 위수가 $255=3\cdot5\cdot17$인 군이라 하고, H를 G의 실로우 17-부분군이라 하자. 실로우 제3정리에 의해 H는 G의 유일한 실로우 17-부분군이므로 $N(H)=G$이다. [EX 10.17]에 의해 $|N(H)/C(H)|$는 $|\text{Aut}(H)|=|\text{Aut}(\mathbb{Z}_{17})|$을 나눈다. [정리 6.4]에 의해 $|\text{Aut}(\mathbb{Z}_{17})|=|U(17)|=16$이다. $|N(H)/C(H)|$는 255와 16을 나누어야 하므로, $|N(H)/C(H)|=1$이다. 따라서 $C(H)=G$이다. 즉, G의 모든 원소와 H의 모든 원소 사이에 교환법칙이 성립하므로 $H\subseteq Z(G)$이다. 따라서 17은 $|Z(G)|$를 나누고, $|Z(G)|$는 다시 255를 나눈다. 따라서 $|Z(G)|$는 17, 51, 85, 255이고 $|G/Z(G)|$는 15, 5, 3, 1이다. 그러나 위수가 15, 5, 3, 1인 군은 모두 순환군이므로, $G/Z(G)$는 순환군이다. 이제 G/Z 정리(정리 9.3)에 의해 G는 가환군이고, 유한 가환군의 기본정리에 의해 G는 순환군이다.

23장 연습문제

> 나는 항상 잘 풀리지 않는 문제와 어려움으로부터 성장해왔다. 그때가 내가 실제로 배웠던 때이다.
>
> **캐럴 버넷(Carol Burnett)**

23.1 켤레는 군의 동치관계임을 보여라.

23.2 a가 군의 원소인 경우, $\text{cl}(a)$의 모든 원소가 a와 동일한 위수를 가짐을 증명하라.

23.3 a가 짝수 위수를 갖는 군의 원소라 하자. a^2이 $\text{cl}(a)$의 원소가 아님을 증명하라.

23.4 사원수에 대한 모든 켤레류를 구하라([연습문제 9.54] 참고).

23.5 [정리 23.1]의 증명에서 정의한 함수 T가 잘 정의되어 있고 좌잉여류 집합에서 a의 켤레류로 가는 전단사 함수임을 보여라.

23.6 $\text{cl}(a)=\{a\}$일 필요충분조건은 $a\in Z(G)$임을 보여라.

23.7 $\mathbb{Z}_2$가 정확히 2개의 켤레류를 갖는 유일한 유한군임을 보여라.

23.8 위수가 $168=8\cdot 3\cdot 7$인 군에서 위수가 7인 원소의 개수에 대해 설명하라.

23.9 H를 군 G의 부분군이라 하자. G에서 H의 켤레의 개수는 $|G:N(H)|$임을 증명하라.[7]

23.10 H를 유한군 G의 진부분군이라 하자. G가 H의 모든 켤레의 합집합이 아님을 보여라.

23.11 군 G의 위수가 홀수이고 $x\in G$일 때, x^{-1}은 $\mathrm{cl}(x)$의 원소가 아님을 보여라.

23.12 위수가 각각 39, 55인 비가환에 대한 류 방정식을 구하라.

23.13 다음 방정식 중 [정리 23.2]의 증명에 주어진 류 방정식이 될 수 있는 것을 골라라. 그리고 각 보기에 대한 추론에 대해 설명하라.

(a) $9=3+3+3$

(b) $21=1+1+3+3+3+3+7$

(c) $10=1+2+2+5$

(d) $18=1+3+6+8$

23.14 D_6의 류 방정식을 구하라.

23.15 G를 위수가 48인 군이라 하자. G의 서로 다른 두 실로우 2-부분군의 교집합은 위수가 8임을 보여라.

23.16 a, b가 군의 원소이고 i, k가 양의 정수일 때, $bab^{-1}=a^i$이면 $b^kab^{-k}=a^{i^k}$임을 증명하라.

23.17 K를 유한군 G의 실로우 p-부분군이라 하자. $x\in N(K)$이고 x의 위수가 p의 거듭제곱이면 $x\in K$임을 증명하라.[8]

23.18 G가 $\{a^ib^j \mid i=0, 1, \cdots, 6,\ j=0, 1, 2\}$ 형태이고 $ba=ab^2$을 만족하는 군이라 하자. aba^2b를 a^ib^j 형태로 나타내라.

23.19 G가 군이고 $|G|=p^nm\,(p(>m)$는 소수)이라 하자. G의 실로우 p-부분군은 G의 정규부분군이어야 함을 증명하라.

---

7 이 문제는 이 장의 본문에서 살펴봤다.

8 이 문제는 이 장의 본문에서 살펴봤다.

23.20 H를 G의 실로우 p-부분군이라 하자. H가 $N(H)$에 포함된 G의 유일한 실로우 p-부분군임을 증명하라.

23.21 G를 위수가 168인 군이라 하자. G가 2개 이상의 실로우 7-부분군을 갖는다면 정확히 몇 개의 실로우 7-부분군을 가질까?

23.22 위수가 56인 임의의 군은 자명하지 않은 진 정규부분군을 가짐을 보여라.

23.23 위수가 n인 군이 유일할 때, 이를 만족하는 가장 작은 합성수(소수가 아닌 1보다 큰 수) n은 무엇인가?

23.24 G를 위수가 21인 비순환군이라 하자. G는 몇 개의 실로우 3-부분군을 갖는가?

23.25 G를 위수가 pq(p, q는 $p < q$인 서로 다른 소수)인 군이라 하자. 실로우 q-부분군이 G의 정규부분군임을 증명하라.[9]

23.26 S_5, S_6, S_7, A_5, A_6, A_7 중 어느 것도 위수가 3 또는 5인 정규부분군을 가질 수 없음을 증명하라.

23.27 실로우 정리를 통해 위수가 100인 군에 대해 무엇을 알 수 있을까?

23.28 위수가 175인 군은 가환군임을 증명하라.

23.29 G를 $|G| = 595 = 5 \cdot 7 \cdot 17$인 군이라 하자. G의 실로우 5-부분군은 G에서 정규부분군이고 $Z(G)$에 포함됨을 보여라.

23.30 $|a| = 7$, $|b| = 3$에 대해 $\{a^i b^j\}$ 형태의 위수가 21인 비가환군을 만들 수 있다. 이때 곱셈은 관계 $ba = a^2 b$ 또는 $ba = a^4 b$를 이용해 정의한다. 이 정보를 이용해 $|a|$, $|b|$, 2, 4 사이의 관계를 찾으라. 또 $|a| = 35$, $|b| = 3$에 대해 $a^i b^j$ 형태의 위수가 105인 비가환군을 만들 수 있다. 이때 곱셈은 관계 $ba = a^{11} b$ 또는 $ba = a^{18} b$를 이용해 정의한다. 이 정보를 이용해 $|a|$, $|b|$, 11, 16 사이의 관계를 찾으라.

23.31 $|G : Z(G)| = 15$를 만족하는 군 G가 존재할 수 없는 이유를 설명하라.

23.32 G를 2개 이상의 원소를 갖는 유한군이라 하고, H를 G의 모든 자명하지 않은 부분군의 교집합이라 할 때, $|H|$에 대해 설명하라.

23.33 [EX 23.6]에서 펼친 논리를 서로 다른 소수 p, q에 대해 위수가 $p^2 q$인 군에 대한 정리로 일반화하라.

---

9 이 문제는 이 장의 본문에서 살펴봤다.

23.34 위수가 375인 군이 위수가 15인 부분군을 가짐을 증명하라.

23.35 [정리 23.6]을 이용하지 않고, 위수가 15인 군이 순환군임을 증명하라.[10]

23.36 위수가 105인 군이 위수가 35인 정규부분군을 갖는다는 것을 증명하라.

23.37 위수가 595인 군이 정규부분군인 실로우 17-부분군을 갖는다는 것을 증명하라.

23.38 G를 위수가 60인 군이라 하자. G가 위수가 5인 원소를 정확히 4개 갖거나 24개 갖는다는 것을 증명하라. 둘 중 A_5에 해당하는 경우는 무엇인가?

23.39 위수가 60인 군의 중심의 위수는 4일 수 없음을 보여라.

23.40 G가 위수가 60인 군이고 위수가 2인 정규부분군 N을 갖는다고 할 때, 다음을 증명하라.

(a) G는 위수가 6, 10, 30인 정규부분군을 갖는다.

(b) G는 위수가 12, 20인 부분군을 갖는다.

(c) G는 위수가 30인 순환부분군을 갖는다.

23.41 G를 위수가 60인 군이라 하자. 실로우 3-부분군이 정규부분군이면 실로우 5-부분군이 정규부분군임을 보여라.

23.42 G가 위수 4인 정규부분군을 갖는 위수가 168인 군이면 G는 위수가 28인 정규부분군을 가짐을 보여라.

23.43 $|G|=p^n$(p는 소수)이라 하자. 1부터 n까지의 모든 자연수 k에 대해 G는 위수가 p^k인 정규부분군을 가짐을 보여라.

23.44 G가 위수가 p^n(p는 소수)인 군이고 p^n의 각 약수에 대해 정확히 하나의 부분군을 갖는다고 하자. G가 순환군임을 보여라.

23.45 $|G|=p^n$(p는 소수)이라 하자. H가 G의 진부분군이면 $N(H) > H$임을 증명하라.[11]

23.46 H가 군 G의 유한부분군이고 $x \in G$이면 $|N(H)|=|N(xHx^{-1})|$임을 증명하라.

---

10 이 문제는 위수가 30인 군에 대한 논의에서 살펴봤다.

11 이 문제는 24장에서 다시 언급한다.

23.47 H를 유한군 G의 실로우 3-부분군이라 하고 K를 G의 실로우 5-부분군이라 하자. 3이 $|N(K)|$를 나눌 때, 5가 $|N(H)|$를 나눈다는 것을 증명하라.

23.48 위수가 48인 군은 위수가 16인 정규부분군 또는 위수가 8인 정규부분군을 가짐을 증명하라.

23.49 $|G|$를 나누는 임의의 소수 p에 대해 유한군 G가 유일한 실로우 p-부분군을 갖는다고 하자. G가 자명하지 않은 실로우 p-부분군들의 내직적임을 증명하라. 각 실로우 p-부분군이 순환군이면 G는 순환군일까? 또 각 실로우 p-부분군이 가환군이면 G도 가환군일까?

23.50 G를 유한군이라 하자. $|G|$의 각 약수에 대해 G가 이 약수를 위수로 갖는 부분군을 정확히 1개 갖는다고 가정하자. G가 순환군임을 증명하라.

23.51 G를 유한군이라 하고 H를 G의 정규부분군인 실로우 p-부분군이라 하자. G의 임의의 자기동형사상 α에 대해 $\alpha(H) = H$임을 보여라.

23.52 H가 군의 실로우 p-부분군이면 $N(N(H)) = N(H)$임을 증명하라.

23.53 p가 소수이고 H와 K가 군 G의 실로우 p-부분군일 때, $|N(H)| = |N(K)|$임을 증명하라.

23.54 G를 위수가 p^2q^2인 군이라 하자. 이때 p, q는 서로 다른 소수이고 $q \nmid p^2 - 1$, $p \nmid q^2 - 1$이다. G가 가환군임을 증명하라. 그리고 이 조건을 만족하는 소수 쌍 3개를 나열하라.

23.55 H를 군 G의 정규부분군이라 하자. G에 있는 H의 원소들의 켤레류의 합집합이 H임을 보여라. H가 G의 정규부분군이 아닌 경우에도 이 결과가 참일까?

23.56 G가 유한군이고 p가 $|G|$를 나누는 소수라 하자. H가 $N(H)$의 실로우 p-부분군이면 H가 G의 실로우 p-부분군임을 증명하라.

23.57 위수가 12인 군은 위수가 2인 원소를 9개 가질 수 없음을 보여라.

23.58 $|G| = 36$이고 G가 가환군이 아닌 경우, G가 2개 이상의 실로우 2-부분군 또는 2개 이상의 실로우 3-부분군을 가짐을 증명하라.

23.59 G를 위수가 pq(p, q는 $p < q$인 소수)인 비가환군이라 하자. G가 정확히 $q+1$개의 자명하지 않은 진부분군을 가짐을 증명하라.

23.60 위수가 45인 군을 구하라.

23.61 위수가 $4m$ (m은 홀수)인 군이 $\mathbb{Z}_4$ 또는 $\mathbb{Z}_2 \oplus \mathbb{Z}_2$와 동형인 부분군을 가져야 하지만, $\mathbb{Z}_4$와 동형인 부분군과 $\mathbb{Z}_2 \oplus \mathbb{Z}_2$와 동형인 부분군을 모두 가질 수는 없는 이유를 설명하라. 또 S_4는 $\mathbb{Z}_4$와 동형인 부분군과 $\mathbb{Z}_2 \oplus \mathbb{Z}_2$와 동형인 부분군을 모두 가짐을 보여라.

23.62 p가 유한군 G의 위수를 나누는 가장 작은 소수라 하자. H가 G의 실로우 p-부분군이고 순환군이면 $N(H) = C(H)$임을 증명하라.

23.63 G를 위수가 $715 = 5 \cdot 11 \cdot 13$인 군이라 하자. H를 G의 실로우 13-부분군이라 하고 K를 G의 실로우 11-부분군이라 하자. H가 $Z(G)$에 포함됨을 증명하라. H가 $Z(G)$에 포함됨을 증명하는 데 사용한 논증을 K가 $Z(G)$에 포함됨을 증명하는 데에도 사용할 수 있을까?

23.64 H가 유한군 G의 정규부분군이고 어떤 소수 p에 대해 $|H| = p^k$이면 H가 G의 모든 실로우 p-부분군에 포함됨을 보여라.

* 이 장을 위한 컴퓨터 연습문제는 http://www.d.umn.edu/~jgallian에서 확인할 수 있다.

루드비 실로우(Ludwig Sylow)

실로우 정리는 100년의 역사를 가진 정리이다. 한 세기 동안 이 놀라운 정리는 수많은 이론들의 기초가 되었다.

레오니드 알렉산드로비치 셰메트코프(Leonid Alexandrovich Shemetkov)

Wolfgang Gaschütz
(출처 : Archives of the Mathematisches Forschungsinstitut Oberwolfach)

실로우는 1832년 12월 12일 노르웨이의 크리스티아니아(현 오슬로)에서 태어났다. 크리스티아니아대학교에 재학하는 동안 실로우는 문제풀이 경시대회에서 금메달을 받았다. 1855년에는 고등학교 교사가 되었다. 가르치는 일에 많은 시간을 보냈음에도 불구하고, 실로우는 시간을 내어 아벨(Abel)의 논문을 연구했다. 1862년부터 1863년까지 고등학교에 재직하면서, 크리스티아니아대학교로부터 시간강사 제의를 받고 갈루아 이론과 치환군에 대한 강의를 했다. 그의 학생 중에는 위대한 수학자 소푸스 리(Sophus Lie)가 있었는데, 훗날 그의 이름을 따서 리 대수학(Lie algebras)와 리 군(Lie groups)이라는 용어가 등장했다. 1873년부터 1881년까지 실로우는 리의 도움을 받아 아벨의 업적에 대한 새로운 출판물을 준비했다.

1902년 실로우와 엘링 홀스트(Elling Holst)는 아벨의 서신을 출판했다. 실로우의 놀라운 정리는 1872년에 등장했다.

실로우의 발견을 알게 된 조르당(Jordan)은 이 정리에 대해 '치환군 이론의 본질 중 하나'라고 했다. 이 결과는 19세기 말과 20세기 초, 추상군에 대한 이론이 꽃피울 때 더욱 중요해졌다.

1869년 실로우는 크리스티아니아대학교에서 교수직을 제의받았으나 거절했다. 그가 65세의 나이로 고등학교 교직에서 은퇴하자, 리는 크리스티아니아대학교에서 실로우를 위한 권위 있는 자리를 마련하기 위한 성공적인 캠페인 운동을 했다. 실로우는 1918년 9월 7일 사망할 때까지 이 직책을 맡았다.

24

유한 단순군
Finite Simple Groups

"유한단순군을 분류하는 문제는 거의 완성 단계에 이르렀다는 것이 널리 알려진 의견이다. 이 문제는 확실히 금세기 수학의 가장 위대한 업적 중 하나일 것이다."

네이선 제이컵슨(Nathan Jacobson)

"어려울 것이다. 어렵지 않다면 누구나 할 수 있으며, 어렵기 때문에 위대한 것이다."

지미 듀간(Jimmy Dugan), *A League of Their Own*

24.1 역사적 배경

이제 유한군 이론의 엘도라도(El Dorado), 즉 이상향에 이르렀다. 단순군 이론은 방대하고 어려운 주제이다. 모든 유한 단순군을 발견하고 분류하기 위해 오랜 시간에 걸쳐 수백명의 수학자들이 엄청난 노력을 쏟았기 때문에 단순군을 군 이론의 엘도라도라고 한다. 단순군의 정의와 몇 가지 역사적 배경으로 논의를 시작하자.

정의 단순군

군의 정규부분군이 자명한 부분군과 자기 자신뿐인 경우에 이 군을 **단순군**(simple group)이라고 한다.

단순군이라는 개념은 약 190년 전에 갈루아가 소개했다. 우치환군 A_5가 단순군이라는 것은 일반적인 5차다항식의 일반해가 존재하지 않는다는 그의 증명에서 중요한 역할을 했다. 그러면 군 이론에서 단순군이 중요한 이유는 무엇일까? 단순군은 군 이론에서 마치 정수론에서의 소수, 화학에서의 원소와 같은 역할을 하기 때문에 중요하다. 즉, 모든 군에 대한 기본 구성 요소로서의 역할을 한다. 이러한 구성 요소는 다음과 같은 방식으로 결정될 수 있다.

유한군 G가 주어지면 $G=G_0$의 위수가 최대인 진 정규부분군 G_1을 선택한다. 그러면 잉여군 G_0/G_1은 단순군이고, 다음으로 G_1의 위수가 최대인 진 정규부분군 G_2를 선택한다. 그러면 G_1/G_2도 단순군이다. $G_n=\{e\}$에 도달할 때까지 이 방식을 계속 진행한다. 단순군 G_0/G_1, G_1/G_2, $\cdots$, G_{n-1}/G_n을 G의 **합성인자**(composition factors)라고 한다. 100여년 전, 조르당(Jordan)과 횔더(Hölder)는 이와 같은 합성인자가 앞에서 설명한 과정에 따라 만들어지는 정규부분군의 선택과 무관함을 증명했다. 어떤 의미에서 군은 합성인자에 의해 재구성될 수 있고, 군의 많은 성질은 합성인자의 성질에 따라 결정된다. 이 사실을 비롯한 유한군에 관한 많은 질문들이 (수학적 귀납법에 의해) 단순군에 대한 질문으로 축소될 수 있다는 점에서 모든 유한 단순군을 결정하는 것은 중요하다.

그렇다면 어떤 군이 단순군일까? 가환 단순군은 $n=1$ 또는 소수 n에 대해 $\mathbb{Z}_n$이다. 이는 11장의 결과에 의해 바로 성립한다. 대조적으로 비가환 단순군을 설명하는 것은 매우 어렵다. 비가환 단순군에 대한 발견은 천천히 그리고 목적 없이 시작되었다. 여기서 할 수 있는 최선은 몇 가지 예를 제시하며 비가환 단순군의 발견에 대해 이야기하는 것이다. 1831년에 갈루아가 모든 $n \geq 5$에 대해 A_n이 단순군임을 처음 발견했다. 이후 1870년에 조르당이 체 $\mathbb{Z}_p$(p는 소수) 위에서 정의된 단순

행렬군인 4개의 무한 모임을 발견했다. 이러한 모임 중 하나는 $n=2$이고 $p=2$ 또는 $p=3$인 경우를 제외한 잉여군 $SL(n,\ \mathbb{Z}_p)/Z(SL(n,\ \mathbb{Z}_p))$이다. 1892년에서 1905년 사이에 미국 수학자 레너드 유진 딕슨(21장 참고)은 조르당의 결과를 임의의 유한체로 일반화하고 몇 가지 새로운 유형의 무한 단순군을 발견했다. 조지 아브람 밀러(George Abram Miller)와 프랭크 넬슨 콜(Frank Nelson Cole)은 거의 같은 시기인 1861년에 에밀 마티외(Émile Mathieu)가 처음 설명한 5개 군들의 모임이 실제로는 단순군이었음을 보였다. 이 5개의 군은 A_n이나 유한체에 대한 행렬군처럼 무한히 많은 모임을 생성하지 않는 특별한 방법으로 정의되기 때문에 '산발적(sporadic)'이라고 한다.

다음으로 중요한 발견은 1950년대에 이루어졌다. 10년 동안 새로운 단순군의 무한 모임이 많이 발견되었고, 모든 유한 단순군의 완전한 분류를 향한 험난한 길의 첫 단계가 시작되었다. 첫 단계는 위수가 2인 원소들의 중심화부분군이 단순군을 연구하는 데 중요한 도구라는 리하르트 브라우어(Richard Brauer)의 관찰이었다. 몇 년 후 존 톰슨(John Thompson)은 그의 박사 학위 논문에서 위수가 소수의 거듭제곱인 다양한 부분군들의 정규화 부분군을 연구하는 데 중요한 아이디어를 소개했다.

1960년대 초반, 비가환 단순군은 짝수 위수를 가져야 한다는 중요한 정리인 **페이트-톰슨 정리**(Feit-Thompson theorem)가 등장했다.[1] 이 정리는 1900년경 현대적인 군 이론 방법의 선구자 중 하나인 영국 수학자 윌리엄 번사이드(William Burnside)(27장 참고)가 처음 추측했다. 페이트-톰슨 정리의 증명은 학술지 한 호를 255쪽으로 모두 채웠다([그림 24.1] 참고). 2001년 단순군 이론 전문가인 로널드 솔로몬(Ronald Solomon)은 이 정리와 증명이 "물고기가 육지에 출현한 것과 같이 유한군 이론이 진화하는 순간"이라고 말했다.

이 결과는 유한 단순군을 분류하는 원동력이 되었다. 즉, 모든 유한 단순군을 발견했고 더 이상은 발견할 수 없음을 증명했다. 1960년대 전반에 걸쳐 페이트-톰슨 정리의 증명에 도입된 방법은 많은 수학자에 의해 일반화되고 개선되어 큰 성공을 거두었다. 게다가 1966년에서 1975년 사이에 19개의 새로운 산발적 단순군이 발견되었다. 이러한 눈부신 성과에도 불구하고 1960년대의 단순군 이론에 대한 연구는 우연에 불과했고, 유한 단순군의 분류가 결코 완료되지 않을 것이라 믿으며 10년이 흘렀다(비관론자들은 산발적 단순군이 모든 시도를 좌절시킬 것을 우려했다). 보다 낙관적인 사람들은 1990년대가 되어서야 이와 같은 분류가 이루어질 것이라고 예측했다.

1 페이트-톰슨 정리는 너무 유명해서 라그랑주 정리나 실로우 정리처럼 대부분의 연구 논문에서는 참고문헌에 인용 정보를 제공하지도 않는다.

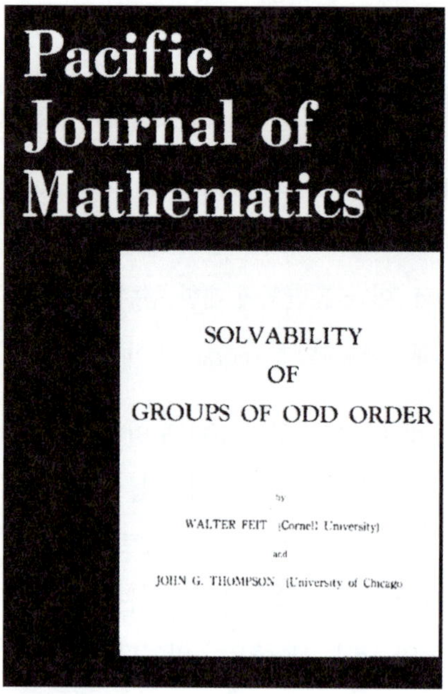

[그림 24.1] W. Feit and J. G. Thompson, "Solvability of Groups of Odd Order," Pacific Journal of Mathematics 13 (1963): 775-1029.

1970년대는 톰슨이 단순군 이론에 대한 근본적인 공헌으로 필즈상(Fields medal)을 수상하며 시작되었다. 이 영예는 수학자가 받을 수 있는 최고의 상이다(필즈상에 대한 자세한 내용은 24.4절 참고). 이후 몇 년 안에 궁극적으로 분류를 이끈 세 가지 주요 사건이 발생했다.

첫 번째, 톰슨은 단순군 이론에서 가장 중요한 단행본으로 간주되는 N-군에 대한 논문을 발표했다. 이 논문에서 톰슨은 많은 근본적인 기술을 소개하고 단순군의 광범위한 분류를 위한 모델을 제공했다. 두 번째, 다니엘 고렌슈타인(Daniel Gorenstein)은 1972년 시카고대학교에서 일련의 강의를 통해 분류 작업에 대한 정교한 개요를 제시했다. 이때 전반적인 증명을 위한 계획이 구성되었다. 이제 연구자들은 좋은 계획과 지휘자를 갖게 되었다. 그러나 연구자들은 여전히 더 많고, 더 나은 무기가 필요했다. 이에 따라 세 번째로 중요한 발전이 이루어졌다. 바로 마이클 애쉬배처(Michael Aschbacher)의 참여였다. 눈부시게 빛나는 일련의 논문에서 애쉬배처는 1960년대 전반에 걸쳐 일반화한 톰슨의 방법에 대한 자신의 통찰력과 베른드 피셔(Bernd Fischer)가 개척한 기하학적 접근 방식을 결합하여 연속적으로 빛나는 결과를 얻었다. 실제로 애쉬배처와 다른 사람들에 의해 많은 진전이 이루어져서, 1976년에는 분류를 완료하는 데 필요한 기술이 충분히 개발되었다는 것이 분명해졌다. 이제 세세한 과정만 남았다.

1980년대는 애쉬배처가 월터 페이트(Walter Feit)와 톰슨의 뒤를 이어 미국수학회의 대수학 부문에서 콜상(Cole prize)을 수상하며 시작되었다(콜상에 대한 자세한 내용은 24.5절 참고). 일주일 후,

로버트 그리스(Robert Griess)는 자신이 '괴물(monster)'을 만들었다는 놀라운 발표를 했다.[2] 괴물은 산발적 단순군 중 가장 큰 군이며, 실제로 매우 많은 원소를 갖고 있다. 비유하자면 지구상에 존재하는 원자 수보다 많다. 이 군의 위수는 다음과 같다.

$$808,017,424,794,512,875,886,459,904,961,710,757,005,754,368,000,000,000$$

이 수는 약 8×10^{53}(대략 단순군 A_{44}의 크기)이다. 괴물은 196,883차원의 회전이동군이다. 따라서 각 원소는 $196,883\times196,883$ 크기의 행렬로 표현할 수 있다.

1981년 미국수학회 연례학술대회에서 고렌슈타인은 모든 유한 단순군을 분류하기 위한 '25년간의 전쟁'이 끝났다고 발표했다. 마침내 군 이론가들은 모든 유한 단순군의 목록을 발견했고, 그 목록이 유한 단순군 전체라는 증명을 완료했다. 이 증명은 출판된 것과 출판되지 않은 것을 포함해 수백 개의 논문에 분산되어 있었고 그 길이는 10,000쪽 이상이었다. 증명의 극단적인 길이와 복잡성, 그리고 일부 핵심 부분이 공개되지 않았다는 점으로 인해 수학계에서는 이 분류가 확실하지 않다는 우려가 있었다. 10년이 넘을 무렵, 군 이론가들은 미발표 논문에 수정하기 어려운 결함이 실제로 있다는 결론을 내렸다. 1990년대 중반에 애쉬배처와 스티븐 스미스(Stephen Smith)는 이 문제에 대한 연구를 시작했다. 그리고 놀랍게도 2004년 미국수학회 연례학술대회에서 애쉬배처는 스미스와 함께 분류를 완료했다고 발표했다. 그들의 논문 길이는 1,200쪽 이상이었다. 솔로몬은 『Mathematical Reviews』에 이 논문을 '놀라운 역작'이자 '유한군 이론 역사의 주요 이정표'라고 적었다. 애쉬배처는 이제 증명에 오류가 없다고 내기를 하지는 않겠다고 말하며 발언을 마무리했다. 분류에서 중심적인 역할을 한 몇몇 사람들은 훨씬 더 짧고 이해하기 쉬운 '2세대' 증명을 연구하고 있다.

1950년대부터 2000년대 중반까지 군 이론가들이 유한 단순군을 발견하고 분류하기 위해 실행한 엄청난 노력은 화학과 물리학 분야에서도 비슷하게 확인할 수 있다. 최종 결과는 화학 원소의 주기율표의 완성과 비슷하며, 그를 위한 노력은 1920년대부터 1970년대까지 양자장 이론을 개발하고자 한 물리학자들의 탐구를 연상시킨다. 유한 단순군과 비슷한 '주기율표'는 https://irandrus.files.wordpress.com/2012/06/periodic-table-of-groups.pdf에서 확인할 수 있다.

2 이 이름은 존 호턴 콘웨이(John Horton Conway)가 만들었다. 그리스는 군을 '친절한 거인(friendly giant)'이라고 했다. 2010년 미국수학회는 괴물을 만든 연구에 대한 공로로 그리스에게 스틸상(Steele prize)을 수여했다.

24.2 비단순군 판정법

단순군이 모든 군의 구성 요소라는 사실을 생각하면 비가환 단순군의 얼마나 희귀한지 알게 되면 놀랄 것이다. 예를 들어 A_5는 위수가 168보다 작은 유일한 비가환 단순군이다. 1,000보다 위수가 작은 비가환 단순군은 5개뿐이고, 위수가 1,000,000보다 작은 비가환 단순군은 56개뿐이다. 이 절에서는 특정한 정수가 비가환 단순군의 위수가 아님을 증명하는 데 유용한 몇 가지 정리를 살펴본다. [정리 24.1]은 실로우 제3정리와 위수가 소수의 거듭제곱인 군이 자명하지 않은 중심을 갖는다는 사실을 결합해 얻은 쉬운 산술 판정법이다.

> **정리 24.1 비단순군에 대한 실로우 판정법**
> n이 소수가 아닌 양의 정수이고, p가 n의 소인수라 하자. 법 p에 대해 1이 되는 n의 유일한 약수가 1이면 위수가 n인 단순군은 존재하지 않는다.

증명

n이 소수의 거듭제곱이면 위수가 n인 군은 자명하지 않은 중심을 가지므로 단순군이 아니다. n이 소수의 거듭제곱이 아니면 모든 실로우 부분군은 진부분군이고, 실로우 제3정리에 의해 위수가 n인 군의 실로우 p-부분군의 개수는 법 p에 대해 1이며 n의 약수이다. 가정에 의해 1이 유일한 수이므로, 실로우 p-부분군은 유일하다. 따라서 실로우 제3정리에 의해 이 군은 정규부분군이다. ■

이 판정법은 얼마나 유용할까? 이 기준을 1에서 200 사이의 소수가 아닌 모든 정수에 적용하면 비가환 유한 단순군의 위수로 가능한 정수는 12, 24, 30, 36, 48, 56, 60, 72, 80, 90, 96, 105, 108, 112, 120, 132, 144, 150, 160, 168, 180, 192뿐이다(사실 컴퓨터 실험에 따르면, 500 이상의 큰 범위에서는 이 판정법을 통해 소수가 아닌 정수의 90% 이상이 단순군의 위수가 아님을 밝혔다).

다음 판정법에서는 30, 90, 150을 단순군의 위수에서 제외한다.

> **정리 24.2 2 · (홀수) 판정법**
> 1보다 큰 홀수 n에 대해, $2 \cdot n$ 형태의 정수는 단순군의 위수가 아니다.

증명

1보다 큰 홀수 n에 대해 군 G의 위수를 $2n$이라 하자. 그리고 케일리 정리(정리 6.5)의 증명으로부

터 사상 $g \to T_g$는 G에서 G의 원소에 대한 치환군으로 가는 동형사상임을 상기하자(이때 G의 모든 원소 x에 대해 $T_g(x) = gx$). $|G| = 2n$이므로, 코시 정리에 의해 G에 위수가 2인 원소 g가 존재한다. 그러면 치환 T_g를 서로소인 순환치환들의 곱 형태로 나타낼 때, 각 치환의 길이는 1 또는 2여야 한다. 그렇지 않으면 $|g| \neq 2$이다. 그러나 T_g는 길이가 1인 순환치환을 포함할 수 없다. 왜냐하면 길이가 1인 순환치환 (x)에 대해 $x = T_g(x) = gx$이므로 $g = e$가 되기 때문이다. 따라서 순환치환 형태에서 T_g는 정확히 n개의 호환으로 구성된다. n이 홀수이므로 T_g는 기치환이다. 즉, G의 상에서 우치환의 집합은 지표가 2인 정규부분군이다([연습문제 5.27], [연습문제 9.9] 참고). 따라서 G는 단순군이 아니다. ■

다음 정리는 케일리 정리의 광범위한 일반화이다. 이 정리의 두 가지 따름정리를 많이 활용할 것이다.

정리 24.3 일반화된 케일리 정리(generalized Cayley theorem)

G가 군이고 H가 G의 부분군이라 하자. S를 G에서 H의 좌잉여류들의 모든 치환으로 이루어진 군이라 하자. 그러면 G에서 S로 가는 준동형사상이 존재하고, 이 사상의 핵은 H에 포함되며 H에 포함된 G의 모든 정규부분군을 포함한다.

증명

각 $g \in G$에 대해 H의 좌잉여류들의 치환 T_g를 $T_g(xH) = gxH$로 정의하자. 케일리 정리의 증명에서와 같이, 사상 $\alpha : g \to T_g$는 G에서 S로 가는 준동형사상임을 쉽게 확인할 수 있다.

이제 $g \in \operatorname{Ker}\alpha$이면 T_g는 항등사상이다. 따라서 $H = T_g(H) = gH$이므로 g는 H에 포함된다. 그러므로 $\operatorname{Ker}\alpha \subseteq H$이다. 한편 K가 G의 정규부분군이고 $K \subseteq H$이면, 임의의 $k \in K$와 임의의 $x \in G$에 대해 $kx = xk'$을 만족하는 K의 원소 k'이 존재한다. 그러므로 다음과 같다.

$$T_k(xH) = kxH = xk'H = xH$$

따라서 T_k는 항등치환이다. 즉, $k \in \operatorname{Ker}\alpha$이다. 이로써 H에 포함된 G의 모든 정규부분군이 $\operatorname{Ker}\alpha$에 포함됨을 증명했다. ■

EX 24.1 D_4와 부분군 $K = \{R_0, H\}$로 일반화된 케일리 정리를 설명한다. 이때 [정리 24.3]에서 정의한 S는 4개의 잉여류 $K = \{R_0, H\}$, $R_{90}K = \{R_{90}, D'\}$, $R_{180}K = \{R_{180}, V\}$, $R_{270}K = \{R_{270}, D\}$에 대한 24개의 치환들로 이루어진 군이다. R_{90}과 H의 상을 행렬 형태로 나타내면 다음과 같다.

$$T_{R_{90}} = \begin{bmatrix} K & R_{90}K & R_{180}K & R_{270}K \\ R_{90}K & R_{180}K & R_{270}K & K \end{bmatrix}$$

$$T_H = \begin{bmatrix} K & R_{90}K & R_{180}K & R_{270}K \\ HK & HR_{90}K & HR_{180}K & HR_{270}K \end{bmatrix} = \begin{bmatrix} K & R_{90}K & R_{180}K & R_{270}K \\ K & R_{270}K & R_{180}K & R_{90}K \end{bmatrix}$$

R_{90}과 H의 상을 순환치환들의 곱 형태로 나타내면 다음과 같다(명확히 표현하기 위해 콤마를 사용한다).

$$T_{R_{90}} = (K,\ R_{90}K,\ R_{180}K,\ R_{270}K)$$
$$T_H = (K)(R_{180}K)(R_{90}K,\ R_{270}K) = (R_{90}K,\ R_{270}K)$$

[정리 24.3]의 결과로부터 비단순군에 대한 다음과 같은 강력한 산술 판정법을 얻는다.

따름정리 1 지표 정리(index theorem)

G가 유한군이고 H는 $|G|$가 $|G:H|!$을 나누지 않는 G의 진부분군이면 H는 G의 자명하지 않은 정규부분군을 포함한다. 특히 G는 단순군이 아니다.

증명

α를 [정리 24.3]의 증명에 주어진 준동형사상이라 하자. 그러면 $\mathrm{Ker}\,\alpha$는 H에 포함된 G의 정규부분군이다. 그리고 $G/\mathrm{Ker}\,\alpha$는 S의 부분군과 동형이다. 따라서 $|G/\mathrm{Ker}\,\alpha| = |G|/|\mathrm{Ker}\,\alpha|$가 $|S| = |G:H|!$을 나눈다. $|G|$가 $|G:H|!$을 나누지 않으므로, $\mathrm{Ker}\,\alpha$의 위수는 1보다 크다. ■

따름정리 2 끼워 넣기 정리(embedding theorem)

비가환 유한 단순군 G가 지표 n인 부분군을 가지면 G는 A_n의 부분군과 동형이다.

증명

H를 지표가 n인 부분군이라 하고, S_n을 G에서 H의 n개의 좌잉여류들의 모든 치환으로 이루어진 군이라고 하자. 일반화된 케일리 정리에 의해 G에서 S_n으로 가는 자명하지 않은 준동형사상이 존재한다. G는 단순군이고 이 준동형사상의 핵은 G의 정규부분군이므로, G에서 S_n으로 가는 사상은 단사이다. 따라서 G는 S_n의 한 부분군과 동형이다. [연습문제 5.27]에 따르면 S_n의 모든 부분군은 우치환으로만 구성되거나, 절반은 우치환으로, 절반은 기치환으로 구성된다. G가 후자 유형의 부분군과 동형인 경우, 우치환들의 집합은 지표가 2인 정규부분군이 되는데([연습문제

9.9] 참고), 이 결과는 G가 단순군이라는 사실에 대해 모순이다. 따라서 G는 A_n의 부분군과 동형이다. ■

H의 가장 큰 실로우 부분군에 대해 지표 정리를 적용하면 비가환 단순군의 가능한 위수 목록을 훨씬 더 줄일 수 있다. 예를 들어 G를 위수가 $80 = 16 \cdot 5$인 임의의 군이라 하자. H를 위수가 16인 부분군으로 선택할 수 있다. 80은 5!의 약수가 아니므로 위수가 80인 단순군은 존재하지 않는다. 이와 같은 논증이 12, 24, 36, 48, 96, 108, 160, 192인 경우에도 적용되며, 최대 200까지 고려하면 비가환 단순군의 위수로 가능한 수가 56, 60, 72, 105, 112, 120, 132, 144, 168, 180만 남는다. 셈법을 통해 이 위수들 중 가능하지 않은 수를 제거해보자. 실로우 제3정리에 의해, 위수가 $56 = 8 \cdot 7$인 단순군은 8개의 실로우 7-부분군과 7개의 실로우 2-부분군을 갖는다. 위수가 소수 p인 임의의 두 실로우 p-부분군의 공통 원소는 항등원뿐이다. 따라서 8개의 실로우 7-부분군의 합집합은 위수가 7인 원소를 48개 만들고, 2개의 실로우 2-부분군의 합집합은 최소 $8+8-4=12$개의 새로운 원소를 만든다. 그러나 총 56개의 원소만 존재해야 하므로 모순이 발생한다. 따라서 위수가 56인 단순군은 존재하지 않는다. 이와 비슷한 논증에 따르면 위수 105와 132도 제거된다.

따라서 최대 위수를 200까지 고려했을 때, 비가환 단순군으로 가능한 위수의 목록은 60, 72, 112, 120, 144, 168, 180으로 줄었다. 이 중 60과 168인 경우는 단순군이다. 나머지는 약간의 현란한 방법으로 제거할 수 있다.

가장 쉬운 경우는 $112 = 2^4 \cdot 7$이다. 위수가 112인 단순군 G가 존재한다고 가정하자. G의 실로우 2-부분군은 지표가 7이어야 한다. 따라서 끼워 넣기 정리에 의해, G는 A_7의 부분군과 동형이다. 그러나 112는 $|A_7|$을 나누지 못하므로 이는 모순이다.

또 다른 쉬운 경우는 72이다. 이 경우는 [EX 23.5]에서 살펴봤듯이, 지표 정리를 이용해 제거한다. [연습문제 23.9]에 의해 군 G의 실로우 p-부분군의 개수를 n_p로 표기하면 $n_p = |G : N(H)|$이다. 이때 H는 G의 실로우 p-부분군이고 $n_p \bmod p = 1$이다. 그러면 위수가 72인 단순군에서 $n_3 = 4$이다. 그러나 72는 4!을 나누지 못하므로 G는 단순군이 아니다.

다음으로 위수가 $144 = 9 \cdot 16$인 단순군 G가 존재하는지 생각해보자. 실로우 정리에 의해 $n_3 = 4$ 또는 16이고 $n_2 \geq 3$이다. 지표 정리에 의해 $n_3 = 4$인 경우가 제외되므로 16개의 실로우 3-부분군이 존재한다. 이제 임의의 두 실로우 3-부분군이 공통 원소로 항등원만 가지면 간단한 계산을 통해 144개 이상의 원소가 생성됨을 알 수 있다. 따라서 H와 H'을 교집합의 위수가 3인 두 실로우 3-부분군이라 하자. 그러면 $H \cap H'$은 H와 H'의 부분군이고, [정리 23.2]의 [따름정리](또는 [연습문제 23.45])에 의해 $N(H \cap H')$은 H와 H'을 모두 포함해야 한다. 따라서 $N(H \cap H')$은 집합 HH'도 포함해야 한다(HH'이 부분군일 필요는 없다). 그러므로 다음과 같다.

$$|N(H \cap H')| \ge |HH'| = \frac{|H||H'|}{|H \cap H'|} = \frac{9 \cdot 9}{3} = 27$$

이제 $k = |N(H \cap H')|$에 대한 세 가지 조건을 얻었다. 9가 k를 나누고, k가 144를 나누며, $k \ge 27$이다. 그러면 분명히 $k \ge 36$이므로 $|G : N(H \cap H')| \le 4$이다. 여기서 지표 정리를 이용하면 모순임을 알 수 있다.

마지막으로 G를 위수가 $180 = 2^2 \cdot 3^2 \cdot 5$인 비가환 단순군이라 하자. 그러면 $n_5 = 6$ 또는 36이고 $n_3 = 10$이다($n_3 = 4$는 지표 정리에 의해 제외된다). 먼저 $n_5 = 36$이라 가정하면 G는 위수가 5인 원소를 $36 \cdot 4 = 144$개 갖는다. 이제 임의의 두 실로우 3-부분군의 교집합이 항등원뿐이면 이 군은 80개의 원소를 더 갖게 된다. 그러나 이는 모순이다. 따라서 교집합의 위수가 3인 두 실로우 3-부분군 L_3과 L_3'이 존재한다고 가정할 수 있다. 그러면 위수가 144인 경우와 마찬가지로 다음을 얻는다.

$$|N(L_3 \cap L_3')| \ge |L_3 L_3'| = \frac{9 \cdot 9}{3} = 27$$

그러므로 $|N(L_3 \cap L_3')| = 9 \cdot k$(이때 $k \ge 3$, $k \mid 20$)이다. 분명히 $|N(L_3 \cap L_3')| \ge 36$이 성립하므로 $|G : N(L_3 \cap L_3')| \le 5$이다. 이는 지표 정리에 의해 모순이다. 이제 $n_5 = 6$이라 가정하자. 이 경우 H를 G의 실로우 5-부분군의 정규화부분군이라 하자. 실로우 제3정리에 의해 $6 = |G : H|$이므로 $|H| = 30$이다. 23장에서 위수가 30인 임의의 군은 위수가 15인 원소를 갖는다는 것을 증명했다. 한편, G는 지표가 6인 부분군 H를 가지므로 끼워 넣기 정리에 의해 G는 A_6의 부분군과 동형이다. 그러나 A_6은 위수가 15인 원소를 포함하지 않는다([연습문제 5.23] 참고).

불행히도 위수 120에 대한 논증은 굉장히 길고 복잡하다. 그러나 이를 위한 새로운 방법이 필요하지는 않으므로 [연습문제 24.17]로 남긴다.

24.3 A_5의 단순성

위수 120을 제외하면 비가환 단순군의 위수로 가능한 1과 200 사이의 정수는 60과 168뿐임을 보이게 된다. 끝맺음을 하기 위해 위수가 60인 A_5가 단순군임을 증명해보자. 비슷한 논증을 이용해 잉여군 $SL(2, \mathbb{Z}_7)/Z(SL(2, \mathbb{Z}_7))$이 위수가 168인 단순군임을 보일 수 있다([연습문제 24.33] 참고). 이 군은 $PSL(2, \mathbb{Z}_7)$로 표기한다.

A_5가 자명하지 않은 진 정규부분군 H를 갖는 경우, $|H|$는 2, 3, 4, 5, 6, 10, 12, 15, 20, 30이다. [연습문제 5.65]에 의해 A_5는 위수가 5인 원소를 24개, 위수가 3인 원소를 20개 포함하고, 위수가 15인 원소는 포함하지 않는다. 만약 $|H|=3, 6, 12, 15$이면 $|A_5/H|$는 3과 서로소이고, [연습문제 9.61]에 의해 H는 위수가 3인 원소 20개를 모두 포함해야 한다. $|H|=5, 10, 20$이면 $|A_5/H|$는 5와 서로소이므로, H는 위수가 5인 원소를 24개 포함해야 한다. $|H|=30$이면 $|A_5/H|$는 3, 5 모두와 서로소이므로, H는 위수가 3인 원소와 5인 원소를 모두 포함해야 한다. 마지막으로 $|H|=2, 4$이면 $|A_5/H|=30$ 또는 15이다. 23장의 결과에 따르면, 위수가 30 또는 15인 군은 위수가 15인 원소를 포함한다. 그러나 A_5는 위수가 15인 원소를 포함하지 않으므로 A_5/H도 마찬가지이다. 이로써 A_5가 단순군임을 증명했다.

A_5가 단순군이라는 사실을 1830년에 갈루아는 알고 있었지만, 공식적인 증명은 1870년 조르당이 최초로 했다. 몇 년 후 펠릭스 클라인(Felix Klein)은 정이십면체의 회전이동군이 단순군이므로 A_5와 동형임을 보였다([연습문제 24.27] 참고). 그 이후로 이 군을 종종 정이십면체군이라고 불러 왔다. 클라인은 위수가 168인 단순군이 존재함을 최초로 증명했다.

유한 단순군에 대해 특정 범위 안의 정수가 위수로 가능한지를 결정하는 문제는 1892년으로 거슬러 올라간다. 이때 횔더가 위수 200까지 발견했다. 정수 144와 180에 대한 그의 주장만 10쪽에 달한다. 1975년까지 이와 관련한 연구는 1,000,000건을 훨씬 넘었다. 물론 이제 모든 유한 단순군을 분류했으므로 이 문제는 단지 역사적 호기심에 불과하다.

임의의 군이 어떤 n에 대해 S_n의 부분군과 동형이라는 케일리 정리와, A_n이 모든 $n \geq 5$에 대해 단순군이라는 사실과 [연습문제 6.75]에서의 S_n이 A_{n+2}의 부분군이라는 사실을 종합하면 다음 결과를 알 수 있다. 모든 군은 유한 단순군의 부분군과 동형이라는 것이다.

24.4 필즈상

최고의 수학자에게 주는 영예로운 상으로 **필즈상**(Fields medal)이 있다. 필즈상은 4년마다 개최되는 세계 수학자 대회(ICM)의 개회식에서 2~4명에게 상을 수여한다. 많은 수학자들은 필즈상이 노벨상과 동등하다고 여기지만 두 상 사이에는 큰 차이가 있다. 두 상은 홍보 효과와 금전적 가치에 큰 차이가 있으며, 필즈상은 수상자의 나이를 40세 미만으로 제한한다.[3] 이러한 전통은 존 찰스 필즈(John Charles Fields)가 필즈상을 제정한 유언장에서 이 상은 '미래의 성취를 위한 격려'가 되어야 한다고 말한 데서 비롯되었다. 이러한 제한으로 인해 앤드루 와일스(Andrew Wiles)는 페르마의 마지막 정리에 대한 증명으로 필즈상을 받지 못했다. 필즈상에 대한 자세한 내용은 위키피디아(wikipedia)에서 찾아볼 수 있다.

필즈상

2014년과 2018년 필즈상 수상자들이 자신의 업적에 대해 이야기하는 3분짜리 영상 클립은 다음 링크에서 확인할 수 있다.

- https://www.youtube.com/results?search_query=2014+fields+medal
- https://www.youtube.com/results?search_query=2018+fields+medalists

24.5 콜상

1928년부터 미국수학회는 5년마다(2003년에는 3년마다로 변경됨) 대수학 분야에서 1~2명, 대수적 정수론 분야에서 1~2명에게 **콜상**(Cole prize)을 수여한다. 이 상은 프랭크 넬슨 콜(Frank Nelson Cole)이 미국수학회의 사무총장직에서 은퇴한 것을 기념하며 제정되었다. 콜이 단순군에 관심을 가진 초기 연구자들 중 한 명이었다는 사실을 고려할 때, 이 상의 수상자들 중 6명(딕슨(Dickson), 슈발레(Chevalley), 브라우어(Brauer), 페이트(Feit), 톰슨(Thompson), 애쉬배처(Aschbacher)) 이 상이 그들의 경력에서 단순군 이론에 중요한 기여를 했다는 사실은 매우 흥미롭다. 최근에는 콜상의 수상 간격이 3년으로 단축되었다.

3 "행동, 과학, 예술, 문학 분야에서 인간이 이룬 업적 전체에서 40세 이상인 사람들의 업적을 제외하면, 귀중한 보물을 놓치겠지만 실제로는 오늘날의 위치에 있게 될 것이다. 이 세상의 효과적이고 감동적이며 활력을 주는 일은 25세에서 40세 사이에 이루어진다." by 윌리엄 오슬러 경(Sir William Osler, 1849~1919), Life of Sir William Osler, Vol. I, Chap. 24 (The Fixed Period)

24장 연습문제

> 실수로부터 배우는 것이 없다면 실수를 저지른 의미가 없다.
>
> **허버트 빅터 프로크나우(Herbert Victor Prochnow)**

24.1 위수가 $210 = 2 \cdot 3 \cdot 5 \cdot 7$인 단순군이 존재하지 않음을 증명하라.

24.2 위수가 $280 = 2^3 \cdot 5 \cdot 7$인 단순군이 존재하지 않음을 증명하라.

24.3 위수가 $216 = 2^3 \cdot 3^3$인 단순군이 존재하지 않음을 증명하라.

24.4 위수가 $300 = 2^2 \cdot 3 \cdot 5^2$인 단순군이 존재하지 않음을 증명하라.

24.5 위수가 $525 = 3 \cdot 5^2 \cdot 7$인 단순군이 존재하지 않음을 증명하라.

24.6 위수가 $315 = 3^2 \cdot 5 \cdot 7$인 단순군이 존재하지 않음을 증명하라.

24.7 위수가 $528 = 2^4 \cdot 3 \cdot 11$인 단순군이 존재하지 않음을 증명하라.

24.8 위수가 $540 = 2^2 \cdot 3^3 \cdot 5$인 단순군이 존재하지 않음을 증명하라.

24.9 위수가 $396 = 2^2 \cdot 3^2 \cdot 11$인 단순군이 존재하지 않음을 증명하라.

24.10 $201 \le n \le 235$이고 n이 소수가 아닐 때, 위수가 n인 단순군이 존재하지 않음을 증명하라.

24.11 일반화된 케일리 정리나 그 따름정리들을 이용하지 않고, 위수가 112인 단순군이 존재하지 않음을 증명하라.

24.12 $n \ge 5$인 경우에 A_n이 단순군임을 이용해, $n \ge 5$일 때 A_n이 지표가 2인 S_n의 유일한 부분군임을 증명하라.

24.13 $n \ge 5$인 경우에 A_n이 단순군임을 이용해, $n \ge 5$일 때 A_n이 A_{n+1}의 위수가 최대인 진부분군임을 증명하라.

24.14 p, q, r이 소수일 때(p, q, r이 서로 다를 필요는 없음), 위수가 pqr인 단순군은 존재하지 않음을 보여라.

24.15 A_5는 위수가 30, 20, 15인 부분군을 갖지 않음을 증명하라.

24.16 A_6은 위수가 120, 90, 72인 부분군을 갖지 않음을 증명하라.

24.17 위수가 $120 = 2^3 \cdot 3 \cdot 5$인 단순군은 존재하지 않음을 증명하라.[4]

24.18 G가 유한군이고 H가 위수가 최대인 진 정규부분군이면 G/H는 단순군임을 증명하라.

24.19 H가 유한군 G의 부분군이고 $|H|$와 $(|G:H|-1)!$이 서로소라 하자. H가 G의 정규부분군임을 증명하라. 이 결과를 이용해 유한군의 지표가 2인 부분군에 대해 설명하라.

24.20 p가 $|G|$를 나누는 가장 작은 소수라 하자. G의 지표가 p인 모든 부분군이 G의 정규부분군임을 보여라.

24.21 S_5의 자명하지 않은 유일한 진 정규부분군은 A_5임을 증명하라.[5]

24.22 위수가 60인 단순군은 위수가 6인 부분군과 위수가 10인 부분군을 가짐을 증명하라.

24.23 A_4가 단순군이 아님을 증명하라.

24.24 치환 (12)와 (12345)가 S_5를 생성함을 보여라.

24.25 S_5의 부분군 H가 5-순환치환과 2-순환치환을 포함한다고 가정하자. $H = S_5$임을 보여라.[6]

24.26 유한 단순군 G가 부분군 H, K를 갖고 $|G:H|$와 $|G:K|$가 소수일 때, $|H| = |K|$임을 보여라.

24.27 A_5가 위수가 60인 유일한 단순군임을 보여라(단, 동형인 군은 같은 군으로 간주한다).[7]

24.28 단순군은 지표가 4인 부분군을 가질 수 없음을 증명하라.

4 이 문제는 이 장의 본문에서 살펴봤다.
5 이 문제는 30장에서 다시 언급한다.
6 이 문제는 30장에서 다시 언급한다.
7 이 문제는 이 장의 본문에서 살펴봤다.

24.29 p, q가 홀수인 소수이고 $q > p$일 때, 위수가 p^2q인 단순군은 존재하지 않음을 증명하라.

24.30 단순군 G가 위수가 최대인 서로 다른 두 부분군의 정규부분군인 K를 부분군으로 가질 때, $K = \{e\}$임을 증명하라.

24.31 순환군인 실로우 2-부분군을 갖는 짝수 위수의 유한군이 단순군이 아님을 보여라.

24.32 S_5는 위수가 40 또는 30인 부분군을 갖지 않음을 보여라.

24.33 위수가 168인 $PSL(2, \mathbb{Z}_7) = SL(2, \mathbb{Z}_7)/Z(SL(2, \mathbb{Z}_7))$이 단순군임을 보여라.[8]

24.34 유한군 G에서 S_n으로 가는 자명하지 않은 준동형사상이 존재하는 경우, $|G| > n!$이면 G는 단순군이 아님을 증명하라.

24.35 이 장의 내용을 이용해 위수가 36인 군이 위수가 3인 정규부분군 또는 위수가 9인 정규부분군을 가짐을 증명하라. 이에 대한 증명을 다음 명제에 대한 증명으로 일반화할 수 있을까?

'위수가 $4p^n$(p는 홀수인 소수)인 군은 위수가 p^{n-1}인 정규부분군을 갖거나 위수가 p^n인 정규부분군을 갖는다.'

24.36 G를 위수가 24인 군이라 하자. 이 장의 내용을 이용해 G가 위수가 8인 정규부분군 또는 위수가 4인 정규부분군을 가짐을 증명하라. 이에 대한 증명을 다음 명제에 대한 증명으로 일반화할 수 있을까?

'위수가 p^nq(p, q는 $p^2 > q$인 서로 다른 소수)인 군은 위수가 p^{n-1} 또는 p^n인 정규부분군을 갖는다.'

24.37 [정리 24.3]을 이용해 G가 유한군이고 H가 G의 부분군이며 $|G:H| = p$(p는 $|G|$의 가장 작은 소인수)이면 H는 G의 정규부분군임을 증명하라.

8 이 문제는 이 장의 본문에서 살펴봤다.

마이클 애쉬배처(Michael Aschbacher)

대학원을 갓 졸업한 애쉬배처는 현장에 들어갔고, 그 순간부터 그는 내 프로그램의 원동력이 되었다. 그는 연속해서 놀라운 정리를 하나씩 증명했다. 마지막 증명에 대한 주요 공헌자들이 많이 있었지만, 애쉬배처만이 내가 예상한 30년의 계획을 10년으로 단축했다.

다니엘 고렌슈타인(Daniel Gorenstein), *Scientific American*

Courtesy of Pam Aschbacher

애쉬배처는 1944년 4월 8일 아칸소주 리틀록에서 태어났다. 그가 태어난 직후, 그의 가족은 일리노이주로 이주했다. 그곳에서 그의 아버지는 회계학 교수였고 그의 어머니는 고등학교 영어 교사였다. 9세에 그의 가족은 미시간주 이스트 랜싱으로 이주했고, 6년 후에는 로스앤젤레스로 갔다.

고등학교를 졸업한 후 그는 칼텍(Caltech)에 등록했다. 학업과 병행하면서 처음 4번의 보험계리사 시험에 합격했고 몇 년간 여름에는 풀 타임으로, 학기 중에는 파트 타임으로 보험계리사로 근무했다. 그에게 영향을 준 칼텍의 수학자는 마셜 홀(Marshall Hall)과 도널드 커누스(Donald Knuth)였다. 4학년 때 애쉬배처는 추상대수학을 수강했지만 특별한 관심을 갖지 않았고 C학점을 받았다.

1966년에 애쉬배처는 박사 학위를 받기 위해 위스콘신대학교로 갔다. 그는 1969년에 논문을 완성했고, 일리노이대학교에서 조교수로 1년을 보낸 뒤 칼텍으로 돌아와 빠르게 교수로 승진했다.

애쉬배처는 조합기하학 분야에 대한 논문 활동을 하면서 특정한 군 이론에 대한 문제를 생각했다. 그리고 순수 군 이론 문제, 특히 유한 단순군의 분류에 관한 문제에 점점 더 관심을 가지게 되었다. 1980년 콜상(Cole prize) 선정 위원회는 그의 한 논문에 대해 "이 논문은 주제를 새로운 단계로 끌어올리고, 분류의 범위를 넓혔다."라고 말했다. 애쉬배처는 미국국립과학원, 미국예술과학아카데미 회원으로 선출되었으며 미국수학회의 부회장으로 선출되었다. 2011년에는 '역사상 가장 큰 수학 프로젝트 중 하나인 유한 단순군의 분류 문제에 대한 공헌'으로 스웨덴왕립과학원으로부터 75,000달러 상당의 롤프쇼크상(Rolf Schock prize)을 받았다. 2012년에는 유한군 이론에 대한 연구로 100,000달러 상의 울프상(Wolf prize)을 공동 수상했으며, 미국수학회로부터 이 연구에 대한 공로로 스틸상(Steele prize)을 공동 수상했다.

다니엘 고렌슈타인(Daniel Gorenstein)

고렌슈타인은 지난 수십년간 가장 영향력 있는 수학자들 중 하나였다.

마이클 애쉬배처(Michael Aschbacher), *Notices of the American Mathematical Society*

고렌슈타인은 1923년 1월 1일 보스턴에서 태어났다. 제2차세계대전 중인 1943년에 하버드대학교를 졸업한 뒤, 그는 하버드대학교에서 육군 요원들에게 수학을 가르치는 강사로 활동했다. 전쟁이 끝난 뒤에는 하버드대학교에서 대학원을 다녔고 박사 학위를 취득했다. 그 후 1951년에 오스카 자리스키(Oscar Zariski)의 지도하에 대수기하학에 대해 연구했다. 그의 논문에서는 현재 그의 이름을 딴 어떤 환의 종류를 소개했다. 1951년 고렌슈타인은 매사추세츠주 우스터에 있는 클라크대학교에 자리를 잡았고, 1964년 노스이스턴대학교로 옮길 때까지 그곳에 머물렀다. 1969년부터 그가 사망한 1992년 8월 26일까지는 럿거스대학교에 재직했다.

Courtesy of the Clark University Achives

1957년에 고렌슈타인은 대수기하학에서 유한군으로 연구를 전환했고, 몇 년에 걸쳐 허스튼(Herstein)과 함께 기본 자료에 대해 연구했다.

고렌슈타인이 군 이론가로서 성장할 수 있었던 획기적인 계기는 1960~1961년에 시카고대학교의 '군 이론의 해(group theory year)'에 초대받았을 때였다. 그곳에서 고렌슈타인은 당시 존 톰슨(John Thompson)이 개발하고 있던 혁신적인 기술을 흡수하여 유한 단순군의 분류에 기여한 기초적인 연구를 시작했다. 선구적인 연구 논문, 역동적인 강의, 수많은 개인적인 만남, 유한군에 관한 영향력 있는 책을 통해 고렌슈타인은 수백명의 수학자들이 25년에 걸쳐 연구한 유한 단순군의 분류 문제의 선구자가 되었다.

고렌슈타인은 미국수학회로부터 스틸상(Steele prize)을 받았으며, 미국국립과학원과 미국예술과학아카데미 회원으로 선출되었다.

존 톰슨(John Thompson)

그의 힘에는 한계가 없는 것 같다.

다니엘 고렌슈타인(Daniel Gorenstein)

Courtesy of University of Florida

톰슨은 1932년 10월 13일 캔자스주 오타와에서 태어났다. 1951년에 그는 예일대학교 신학과에 입학했으나, 2학년 때 수학으로 전공을 바꿨다. 1955년 시카고대학교 대학원에 입학하여 4년 후에 박사 학위를 받았다. 하버드대학교 교수로 1년을 보낸 뒤, 그는 시카고대학교로 돌아왔다. 그리고 1968년까지 그곳에 머물다가 영국 케임브리지대학교로 옮겼으며, 1993년에는 플로리다대학교로 이직했다.

톰슨의 탁월함은 일찍부터 드러났다. 논문을 통해 그는 특정한 종류의 자기동형사상을 갖는 유한군에 대한 50년된 추측을 해결했다(그의 업적에 관한 기사는 뉴욕 타임스에 실렸다). 톰슨이 논문에서 사용한 새로운 방법은 그가 훗날 페이트-톰슨(Feit-Thompson) 논문에서 소개할 혁신적인 아이디어와 최소 단순군(비가환 단순 진부분군을 포함하지 않는 단순군)의 분류를 예고했다. 1960년대와 1970년대에 걸쳐 다른 연구자들이 톰슨의 방법을 동화하고 확장함으로써 궁극적으로 유한 단순군의 분류를 이끌어냈다.

1970년대 후반에 톰슨은 코딩 이론, 유한 사영평면 이론, 모듈러 함수 이론에 중요한 공헌을 했다. 갈루아군에 대한 그의 연구는 20세기 후반에 이 분야에서 가장 중요한 업적으로 간주되었다.

톰슨의 수많은 영예 중에는 대수학 분야의 콜상(Cole prize)과 필즈상(Fields medal)이 있다. 그는 1967년에 미국국립과학원, 1979년에 런던왕립학회, 1998년에 미국예술과학아카데미 회원으로 선출되었고, 1985년에 실베스터 메달(Sylvester medal), 1992년에 울프상(Wolf prize)과 푸앵카레상(Poincaré prize), 2000년에 미국국가과학상, 2013년에는 드 모르간 메달(De Morgan medal)을 받았다. 2008년에는 노르웨이과학및문학아카데미에서 수여하는 1,000,000달러 상당의 아벨상(Abel prize)을 공동 수상했다.

25

생성원과 관계식
Generators and Relations

"이러한 수학 공식은 독립적인 존재성과 그 자체의 지능을 가지고 있고, 우리들, 더 나아가 그 공식을 발견한 사람보다 현명하며, 우리가 원래 수학 공식에 입력한 것보다 더 많은 것을 얻을 수 있다는 생각을 떨칠 수 없다."

하인리히 헤르츠(Heinrich Hertz)

"초심자에게 공식은 차갑고 재미없어 보일 것이다."

벤자민 피어스(Benjamin Pierce)

25.1 개요

이 장에서는 특정 성질을 갖는 군을 정의하는 편리한 방법을 제시한다. 간단히 말하면, 그 군을 생성하는 원소들과 군의 생성원이 만족해야 하는 조건들을 결정하는 관계식으로 이루어진 집합으로 시작한다. 관계식을 만족하는 가능한 모든 군 중에서 가장 큰 군을 선택할 것이다. 이러한 군은 유일하게 결정된다(동형인 군은 같은 군으로 간주).

관련 이론에 대한 동기부여를 위해 구체적인 예부터 시작하자. 정사각형의 대칭군 D_4를 생각해보자. $R = R_{90}$과 수평축을 기준으로 한 반사이동인 H가 군을 생성한다는 점을 기억하자. R과 H 사이에는 다음과 같은 관계가 성립한다.

$$R^4 = H^2 = (RH)^2 = R_0 \text{(항등원)} \tag{25.1}$$

$HR = R^3H$, $RHR = H$와 같은 R과 H 사이의 다른 관계식도 존재하는데, 이러한 식들은 식 (25.1)로부터 유도될 수 있다. 예를 들어 $(RH)^2 = R_0$은 $HR = R^{-1}H^{-1}$을 유도하고, $R^4 = H^2 = R_0$은 $R^{-1} = R^3$, $H^{-1} = H$를 유도한다. 따라서 $HR = R^3H$이다. 실제로 R과 H 사이의 모든 관계식은 식 (25.1)로부터 유도될 수 있다.

따라서 D_4는 관계식 $a^4 = b^2 = (ab)^2 = e$를 만족하는 원소 a, b에 의해 생성되는 군이고, a와 b 사이의 다른 모든 관계식은 이 관계식으로부터 유도될 수 있다. D_4의 부분군 $\{R_0, R_{180}, H, V\}$도 관계식 $a^4 = b^2 = (ab)^2 = e$를 만족하는 두 원소 $a = R_{180}$, $b = H$에 의해 생성되므로, a와 b 사이의 다른 모든 관계식이 주어진 관계식으로부터 유도될 수 있다는 규칙이 필요하다. 그러나 이 부분군에서 성립하는 '추가적인' 관계식 $a^2 = e$는 원래의 규칙에서 유도될 수 없다($R_{90}^2 \neq R_0$이므로). D_4에 대한 이러한 설명이 D_4와 동형이 아닌 군을 정의할 수 있는지 궁금할 수 있다. 답은 '정의할 수 없다.'이다. 관계식 $\alpha^4 = \beta^2 = (\alpha\beta)^2 = e$와 이 관계식으로부터 얻을 수 있는 관계식만을 만족하는 두 원소 α, β에 의해 생성되는 임의의 군은 D_4와 동형이다.

비슷하게 군 $\mathbb{Z}_4 \oplus \mathbb{Z}_2$는 $a^4 = b^2 = e$, $ab = ba$를 만족하는 두 원소 a, b에 의해 생성되고, a와 b 사이의 다른 관계식은 이 관계식으로부터 유도될 수 있다. 이 장의 목적은 이 과정을 거꾸로 유도할 수 있음을 보이는 것이다. 즉, 생성원들의 집합과 생성원 사이에 성립하는 관계식에서 시작하여 생성원과 관계식으로 설명되는 유일한 군을 만들 수 있고, 이때 생성원들 사이의 다른 모든 관계식은 원래의 관계식으로부터 유도될 수 있다.

25.2 정의와 기호

몇 가지 정의와 기호를 알아보자. 서로 다른 기호에 대한 임의의 집합 $S=\{a,\ b,\ c, \cdots\}$에서 S의 각 원소 x를 x^{-1}으로 대치하여 새로운 집합 $S^{-1}=\{a^{-1},\ b^{-1},\ c^{-1}, \cdots\}$을 만들 수 있다. 집합 $W(S)$를 각 $x_i \in S \cup S^{-1}$에 대해 $x_1 x_2 \cdots x_k$ 형태와 같이 형식적으로 나열한 모든 유한문자열의 모임으로 정의하자. 이때 $W(S)$의 원소를 S로부터 만들어진 **단어**(word)라고 한다. $W(S)$의 원소를 하나도 포함하지 않는 빈 문자열도 허용한다. 이 단어를 **빈 단어**(empty word)라 하고 e로 표기한다.

집합 $W(S)$의 원소들을 나란히 나열하는 방식으로 이항연산을 정의할 수 있다. 즉, $x_1 x_2 \cdots x_k$와 $y_1 y_2 \cdots y_t$가 $W(S)$의 원소이면 $x_1 x_2 \cdots x_k y_1 y_2 \cdots y_t$도 마찬가지로 $W(S)$의 원소이다. 이 연산은 결합법칙을 만족하고 빈 단어는 항등원이다. 또한 aa^{-1}과 같은 단어는 항등원이 아니다. 왜냐하면 $W(S)$의 원소를 그 원소가 무엇을 의미하는지를 고려하지 않는 형식적 기호로 취급하기 때문이다.

지금까지 한 논의를 통해 역원을 제외하면 $W(S)$를 군으로 만드는 데 필요한 모든 조건을 갖췄다. 그런데 여기에 한 가지 어려움이 있다. 예를 들어 ab라는 단어의 역원은 $b^{-1}a^{-1}$인 것이 합리적인 것처럼 보이는데, $abb^{-1}a^{-1}$은 빈 단어가 아니다. 앞서 정역의 분수체를 만들 때 비슷한 어려움에 직면했다. 이 경우에는 a/b 형태의 형식적 기호가 있고 a/b의 역원이 b/a이기를 원했다. 그러나 둘의 곱인 $(ab)/(ba)$는 항등원, 형식적 기호 $1/1$과는 다른 형식적 기호였다. 따라서 앞서 했던 것처럼 동치류를 이용해 역원을 정의한다.

정의 단어의 동치류

$W(S)$의 임의의 한 쌍의 원소 $u,\ v$에 대해 u와 v 사이에 관계가 있다는 것은, $x \in S$에 대해 xx^{-1} 또는 $x^{-1}x$ 형태의 단어를 삽입하거나 제거함으로써 얻은 유한수열에 의해 u로부터 v를 얻을 수 있음을 의미한다.

이 관계가 $W(S)$ 위의 동치관계임을 보이는 것은 [연습문제 25.1]로 남긴다.

EX 25.1 $S = \{a, b, c\}$라 하자. 그러면 $acc^{-1}b$는 ab와 동치이고, $aab^{-1}bbaccc^{-1}$은 $aabac$와 동치이다. 또 단어 $a^{-1}aabb^{-1}a^{-1}$은 빈 단어와 동치이고, 단어 $ca^{-1}b$는 $cc^{-1}caa^{-1}a^{-1}bbca^{-1}ac^{-1}b^{-1}$과 동치이다. 그러나 $cac^{-1}b$는 ab와 동치가 아니다.

25.3 자유군

정리 25.1 동치류가 군을 만든다

S를 서로 다른 기호들의 집합이라 하고, $W(S)$의 임의의 단어 u에 대해 u와 동치인 $W(S)$의 모든 단어들의 집합을 $\overline{u}$라 하자(즉, $\overline{u}$는 u를 포함하는 동치류이다). 그러면 $W(S)$의 원소에 대한 모든 동치류의 집합은 연산 $\overline{u} \cdot \overline{v} = \overline{uv}$에 대해 군이다.

증명

이 정리의 증명은 독자에게 남긴다. ■

[정리 25.1]에서 정의한 군을 S 위의 **자유군**(free group)이라고 한다. [정리 25.2]는 자유군이 중요한 이유를 보여준다.

정리 25.2 보편 사상 성질(universal mapping property)

모든 군은 자유군의 어떤 준동형사상에 의한 상이다.

증명

G를 군이라 하고 S를 G의 생성원들의 집합이라 하자(S를 G 자체로 선택할 수 있으므로 이러한 집합은 존재한다). 이제 F를 S 위의 자유군이라 하자. 유감스럽게도 $W(S)$의 단어의 표기와 G의 원소의 표기가 같기 때문에, 표기를 구분해야 한다. 두 경우를 구별하기 위해 $W(S)$의 단어 $x_1x_2\cdots x_n$을 $(x_1x_2\cdots x_n)_F$로 표기하고, G의 원소들의 곱 $x_1x_2\cdots x_n$을 $(x_1x_2\cdots x_n)_G$로 표기한다. 이전과 마찬가지로 $(x_1x_2\cdots x_n)_F$라는 단어를 포함하는 F의 동치류를 $\overline{x_1x_2\cdots x_n}$으로 표기한다. F와 G 위에서의 연산이 서로 다르므로 $\overline{x_1x_2\cdots x_n}$과 $(x_1x_2\cdots x_n)_G$는 전혀 다른 원소이다.

이제 다음과 같이 주어진 F에서 G로의 사상을 생각해보자.

$$\phi(\overline{x_1 x_2 \cdots x_n}) = (x_1 x_2 \cdots x_n)_G$$

이때 F에서의 곱을 G에서의 곱으로 생각한다. 예를 들어 G가 a에 의해 생성된 위수가 4인 순환군인 경우 $\phi(\overline{aaaaa}) = (aaaaa)_G = a$이다.

ϕ는 분명히 잘 정의되어 있다. 왜냐하면 $W(S)$의 원소에서 xx^{-1} 또는 $x^{-1}x$ 형태의 식을 삽입하거나 제거하는 것은 G에서 항등원을 삽입하거나 제거하는 것에 대응하기 때문이다. ϕ가 연산을 보존하는지 확인하기 위해 다음을 계산한다.

$$\begin{aligned}\phi(\overline{x_1 x_2 \cdots x_n})(\overline{y_1 y_2 \cdots y_m}) &= \phi(\overline{x_1 x_2 \cdots x_n y_1 y_2 \cdots y_m}) \\ &= (x_1 x_2 \cdots x_n y_1 y_2 \cdots y_m)_G \\ &= (x_1 x_2 \cdots x_n)_G (y_1 y_2 \cdots y_m)_G\end{aligned}$$

끝으로 S가 G를 생성하므로 ϕ는 G로 가는 전사이다. ■

다음 [따름정리]는 [정리 25.2]와 군에 대한 제1동형정리로부터 바로 알 수 있는 결과이다.

따름정리 보편 잉여군 성질

모든 군은 자유군의 잉여군과 동형이다.

25.4 생성원과 관계식

이제 생성원과 관계식을 이용해 군을 정의하기 위한 기초를 마련했다. 정의를 하기에 앞서, 한 가지 예를 들어 기본 개념을 설명하고자 한다.

EX 25.2 F를 집합 $\{a, b\}$ 위의 자유군이라 하고 N을 집합 $\{a^4, b^2, (ab)^2\}$을 포함하는 F의 가장 작은 정규부분군이라 하자. F/N이 D_4와 동형임을 보일 것이다. a를 R_{90}으로, b를 H(수평축에 대한 반사이동)로 보내는 F에서 D_4로의 전사인 사상 ϕ를 정의하자. 이 사상은 핵이 N을 포함하는 준동형사상이다. 따라서 $F/\text{Ker}\,\phi$는 D_4와 동형이다.

한편, 다음과 같은 N의 좌잉여류들의 모임인 K가 F/N임을 보이자.

$$K = \{N,\ aN,\ a^2N,\ bN,\ abN,\ a^2bN,\ a^3bN\}$$

이를 확인하기 위해 F/N의 모든 원소는 N으로 시작하며 N의 왼쪽에 a, b의 다양한 조합을 연속으로 곱해서 생성할 수 있음에 주목한다. 따라서 K가 a, b의 왼쪽 곱셈에 대해서 닫혀있음을 보이면 충분하다. K가 a의 왼쪽 곱셈에 대해 닫혀있음을 보이는 것은 간단하므로 생략한다. b에 대해서는 8가지 경우 중 하나만 보인다. 나머지 경우도 비슷한 방식으로 보일 수 있다. $b(aN)$을 생각해보자. b^2, $abab$, $a^4 \in N$이고 $Nb = bN$이므로, $baN = baNb^2 = babNb = a^{-1}(abab)Nb = a^{-1}Nb = a^{-1}a^4Nb = a^3Nb = a^3bN$이다. 다른 경우도 확인해보면([연습문제 25.3] 참고), F/N의 원소는 최대 8개임을 알 수 있다. 동시에 $F/\mathrm{Ker}\ \phi$는 정확히 8개의 원소를 갖는다. $F/\mathrm{Ker}\ \phi$는 F/N의 잉여군이므로(실제로 $F/\mathrm{Ker}\ \phi \approx (F/N)/(\mathrm{Ker}\ \phi/N)$), F/N도 8개의 원소를 갖고 $F/N = F/\mathrm{Ker}\ \phi \approx D_4$이다.

정의 생성원과 관계식

G는 어떤 부분집합 $A = \{a_1,\ a_2, \cdots,\ a_n\}$에 의해 생성된 군이고, F는 A 위의 자유군이라 하자. 또 $W = \{w_1,\ w_2, \cdots,\ w_t\}$는 F의 부분집합이고 N은 W를 포함하는 F의 가장 작은 정규부분군이라 하자. a_iN을 a_i로 보내는 F/N에서 G로의 전사인 동형사상이 존재하는 경우, G는 **생성원**(generators) $a_1,\ a_2, \cdots,\ a_n$과 **관계식**(relations) $w_1 = w_2 = \cdots = w_t = e$에 의해 주어진다고 한다.

위 정의를 기호로 나타내면 다음과 같다.

$$G = \langle a_1,\ a_2, \cdots,\ a_n \mid w_1 = w_2 = \cdots = w_t = e \rangle$$

편의상 위 정의에서 생성원과 관계식의 수를 유한한 경우로 제한했다. 그러나 이 제한이 반드시 필요한 것은 아니다. 또한 관계식을 함축적으로 나타내면 더 편리한 경우도 있다. 예를 들어 관계식 $a^{-1}b^{-3}ab = e$는 종종 $ab = b^3a$로 나타낸다. 실제로 관계식을 포함하는 정규부분군 N을 꼭 쓸 필요는 없다. 대신, 표기법에서 알 수 있듯이 생성원을 조작하고 N의 모든 원소를 항등원으로 처리한다. 많은 저자들은 G가 $\langle a_1,\ a_2, \cdots,\ a_n \mid w_1 = w_2 = \cdots = w_t = e \rangle$로 주어진다고 말하는 것보다, G가 다음과 같은 **표현**(presentation)을 갖는다고 말한다.

$$\langle a_1,\ a_2, \cdots,\ a_n \mid w_1 = w_2 = \cdots = w_t = e \rangle$$

자유군은 관계식이 '자유로운' 군임에 유의한다. 즉, 빈 단어를 포함하는 동치류가 유일한 관계식이다. 참고로 자유군의 부분군도 자유군이다. 자유군은 조합적 군론이라는 대수학 분야에서 기본적으로 중요하다.

EX 25.3 [EX 25.2]의 논의는 다음과 같이 정리할 수 있다.

$$D_4 = \langle a,\ b \mid a^4 = b^2 = (ab)^2 = e \rangle$$

EX 25.4 정수군은 한 문자에 대한 자유군이다. 즉, $\mathbb{Z} \approx \langle a \rangle$ 이다(이 군은 자유군이며 자명하지 않은 가환군으로 유일하다).

다음 정리는 [EX 25.2]에서 정의한 군이 8개의 원소를 가짐을 증명하기 위해 사용한 논증을 공식화한 것이다.

정리 25.3 다이크 정리(Dyck's theorem, 1882)

G와 $\overline{G}$가 다음과 같다고 하자.

$$G = \langle a_1,\ a_2, \cdots,\ a_n \mid w_1 = w_2 = \cdots = w_t = e \rangle$$
$$\overline{G} = \langle a_1,\ a_2, \cdots,\ a_n \mid w_1 = w_2 = \cdots = w_t = w_{t+1} = \cdots = w_{t+k} = e \rangle$$

그러면 $\overline{G}$는 G의 준동형사상에 의한 상이다.

증명

[연습문제 25.5]를 참고한다. ■

즉, [정리 25.3]에 따르면 군 G에 대한 생성원과 관계식으로 시작하고, 추가적인 관계를 적용해 군 $\overline{G}$를 생성하면 $\overline{G}$는 G의 준동형사상에 의한 상이다.

따름정리 관계식의 정의를 만족하는 가장 큰 군

K가 유한군 G에서 정의된 관계식을 만족하는 군이고 $|K| \geq |G|$이면 K는 G와 동형이다.

증명

[연습문제 25.5]를 참고한다. ■

EX 25.5 사원수군(quaternions)

군 $G = \langle a,\ b \mid a^2 = b^2 = (ab)^2 \rangle$을 생각해보자. G는 어떤 형태일까? 물론 공식적으로 G는 F/N과 동형이다. 여기서 F는 $\{a,\ b\}$ 위의 자유군이고, N은 $b^{-2}a^2$과 $(ab)^{-2}a^2$을 포함하는 F의 가장 작은 정규부분군이다. 이제 $H = \langle b \rangle$이고 $S = \{H,\ aH\}$라 하자. 그러면 [EX 25.2]와 마찬가지로 S는 $a,\ b$를 왼쪽에 곱하는 연산에 대해 닫혀있다. 따라서 [EX 25.2]에서처럼 $G = H \cup aH$이다. 그러므로 H의 원소가 정확히 몇 개인지 알면 G의 원소를 구할 수 있다(여기서 다시 세 가지 관계식이 나온다).

이를 구하기 위해, 먼저 $b^2 = (ab)^2 = abab$를 살펴보면 $b = aba$이다. 그러면 $a^2 = b^2 = (aba)(aba) = aba^2ba = ab^4a$이므로 $b^4 = e$이다. 따라서 H는 최대 4개의 원소를 갖고 G는 최대 8개의 원소 $(e,\ b,\ b^2,\ b^3,\ a,\ ab,\ ab^2,\ ab^3)$를 갖는다. 이 8가지 원소 중 같은 원소가 있으리라 생각할 수 있다. 예를 들어 $\mathbb{Z}_2 \oplus \mathbb{Z}_2$는 정의된 관계식을 만족하며 원소를 4개만 갖는다. 아마도 이 군이 관계식을 만족하는 가장 큰 군일 것이다. 앞에서 나열한 8개의 원소가 서로 다르다는 것을 어떻게 보일 수 있을까? $i = \sqrt{-1}$에 대해 다음 행렬에 의해 생성되는 군 $\overline{G}$를 생각해보자.

$$A = \begin{bmatrix} 0 & 1 \\ -1 & 0 \end{bmatrix},\quad B = \begin{bmatrix} 0 & i \\ i & 0 \end{bmatrix}$$

직접 계산해보면 $\overline{G}$에서 원소 $e,\ B,\ B^2,\ B^3,\ A,\ AB,\ AB^2,\ AB^3$은 서로 다르며, $\overline{G}$는 관계식 $A^2 = B^2 = (AB)^2$을 만족한다. 따라서 다이크 정리에 대한 [따름정리]에 의해 $\overline{G}$는 G와 동형이므로 G의 위수는 8이다.

[EX 25.6]은 [EX 25.2]와 [EX 25.5]에서 군에 나열된 원소 8개가 서로 다르다는 것을 보여야 하는 이유를 설명한다.

EX 25.6 $G = \langle a,\ b \mid a^3 = b^9 = e,\ a^{-1}ba = b^{-1} \rangle$이라 하자. $H = \langle b \rangle$라 하면 $G = H \cup aH \cup a^2H$이다. 그러므로 $G = \{a^ib^j \mid 0 \le i \le 2,\ 0 \le j \le 8\}$이다. 따라서 G는 최대 27개의 원소를 갖는다. 그러나 이번에는 G와 동일한 관계식을 만족하는 위수가 27인 구체적인 군을 찾을 수 없다. $b^{-1} = a^{-1}ba$이면 $b = (a^{-1}ba)^{-1} = a^{-1}b^{-1}a$이므로 다음이 성립한다.

$$b = ebe = a^{-3}ba^3 = a^{-2}(a^{-1}ba)a^2 = a^{-2}b^{-1}a^2 = a^{-1}(a^{-1}b^{-1}a)a = a^{-1}ba = b^{-1}$$

그러므로 원래의 세 가지 관계식은 추가적인 관계식 $b^2 = e$를 유도한다. 또한 $b^2 = e = b^9$은 $b = e$를 유도한다. 그러면 G는 기껏해야 3개의 서로 다른 원소, 즉 e, a, a^2을 갖는다. $\mathbb{Z}_3$은 $a = 1$, $b = 0$에 대해 주어진 관계식을 만족하므로 $|G| = 3$이다.

[EX 25.6]을 통해 생성원과 관계식에 의해 주어진 군의 원소 목록을 얻은 후, 이 목록에 중복이 없는지 추가로 확인해야 한다는 사실을 알았다. 일반적으로 이 확인 과정은 주어진 생성원과 관계식을 만족하는 주어진 군과 크기가 동일한 특정한 군을 직접 찾음으로써 보인다. 이 과정은 많은 경험이 필요하다. 다음은 25장 참고문헌 [1]을 적용한 재미있는 예이다.

EX 25.7 G가 알파벳 문자 26개를 생성원으로 갖는 군이라고 하자. A와 B가 발음은 같지만 의미는 다른 단어[1](참고문헌 [2] 확인)일 때, 관계식을 문자열 $A = B$라고 하자. 예를 들어 buy=by=bye, hour=our, lead=led, whole=hole이다. 이와 같은 문자열과 소거법칙에 의해 u=e=h=a=w=θ(θ는 문자열의 항등원)임을 알 수 있다. 이 예를 염두에 두고, 이러한 생성원과 관계식에 의해 주어진 군이 무엇인지 생각해보자. 놀랍게도 그 군은 v에 의해 생성된 무한 순환군이다. 이를 확인하려면 v를 제외한 모든 문자가 θ와 동치이며, 서로 다른 개수의 v를 갖는 두 동음이의어는 존재하지 않음을 보여야 한다. 전자의 경우 일반적인 단어로 쉽게 확인할 수 있다. 예를 들어 inn=in, plumb=plum, knot=not에서 n=b=k=θ이다. 또 too=to에서 o=θ이다. 참고문헌 [2]에서 v의 개수가 서로 다른 두 동음이의어가 존재하지 않음을 보이기 위해서는 단순히 모든 경우를 확인하면 된다. 대조적으로 윌리엄 캐머런 타운센드(William Cameron Townsend)의 『Handbook of Homophones』에서는 felt와 veldt를 동음이의어로 분류한다. 물론 이들을 포함하면 군이 자명해진다.

25.5 위수가 15 이하인 군의 분류

[정리 25.4]는 이 장에 제시한 이론들이 얼마나 유용한지를 보여준다.

1 이러한 단어를 **동음이의어**(homophones)라고 한다.

정리 25.4 위수가 8인 군의 분류(케일리(Cayley), 1859)

위수가 8인 군은 다음과 같이 오직 5개이다(동형인 군은 같은 군으로 간주).

$$\mathbb{Z}_8,\ \mathbb{Z}_4 \oplus \mathbb{Z}_2,\ \mathbb{Z}_2 \oplus \mathbb{Z}_2 \oplus \mathbb{Z}_2,\ D_4,\ \text{사원수군}$$

증명

유한 가환군의 기본정리에 의해 가환군인 경우에는 정리가 성립한다. 이제 G를 위수가 8인 비가환군이라 하자. 또한 $G_1 = \langle a,\ b \mid a^4 = b^2 = (ab)^2 = e \rangle$이고 $G_2 = \langle a,\ b \mid a^2 = b^2 = (ab)^2 \rangle$이라 하자. [EX 25.3]과 [EX 25.5]에 의해 G_1이 D_4와 동형이고 G_2가 사원수군과 동형임을 알고 있다. 따라서 G가 G_1 또는 G_2에서 정의된 관계식을 만족함을 보이면 충분하다. [연습문제 2.45]와 라그랑주 정리에 의해 G는 위수가 4인 원소를 갖는다. 이 원소를 a라 하자. b가 $\langle a \rangle$에 속하지 않는 G의 임의의 원소이면 다음과 같다.

$$G = \langle a \rangle \cup \langle a \rangle b = \{e,\ a,\ a^2,\ a^3,\ b,\ ab,\ a^2b,\ a^3b\}$$

G의 원소 b^2을 생각해보자. G의 원소 8개 중 무엇이 b^2이 될 수 있을까? 소거법칙에 의해 $b,\ ab,\ a^2b,\ a^3b$는 아니다. a도 아니다. 왜냐하면 b^2과 b 사이에는 교환법칙이 성립하지만 a와는 성립하지 않기 때문이다. 같은 이유로 a^3도 아니다. 따라서 $b^2 = e$ 또는 $b^2 = a^2$이다. $b^2 = e$라 하자. 그러면 $\langle a \rangle$는 G의 정규부분군이므로 $bab^{-1} \in \langle a \rangle$이다. 이 사실과 $|bab^{-1}| = |a|$에 의해 $bab^{-1} = a$ 또는 $bab^{-1} = a^{-1}$이다. 첫 번째 관계식은 G가 가환군임을 의미하므로 $bab^{-1} = a^{-1}$이다. 그러나 $b^2 = e$이므로 $(ab)^2 = e$이다. 따라서 G는 G_1에서 정의된 관계식을 만족한다.

마지막으로 $b^2 = e$ 대신 $b^2 = a^2$이 성립하면 $bab^{-1} = a^{-1}$에 의해 $(ab)^2 = a(bab^{-1})b^2 = aa^{-1}b^2 = b^2$이 성립한다. 따라서 G는 G_2에서 정의된 관계식을 만족한다. ■

23장의 위수가 p^2, $2p$, pq인 군에 대한 결과와 위수가 8인 군의 분류를 통해 위수가 12인 군을 제외하고 최대 위수가 15인 군을 분류할 수 있다. 위수가 12인 4개의 군, 즉 $\mathbb{Z}_{12}$, $\mathbb{Z}_6 \oplus \mathbb{Z}_2$, D_6, A_4는 이미 알고 있다. [정리 25.4]의 증명에 있는 논증에 따라 위수가 12인 군이 하나 더 존재함을 보일 수 있다. 이 군을 위수가 12인 **쌍순환군**(dicyclic group)이라 하고 Q_6으로 표기하며, $\langle a,\ b \mid a^6 = e,\ a^3 = b^2,\ b^{-1}ab = a^{-1} \rangle$과 같이 나타낸다. [표 25.1]는 위수가 최대 15인 군을 보여준다. 사원수군은 Q_4로 표기한다([EX 25.5] 참고).

[표 25.1] 위수가 15 이하인 군의 분류

위수	가환군	비가환군
1	$\mathbb{Z}_1$	
2	$\mathbb{Z}_2$	
3	$\mathbb{Z}_3$	
4	$\mathbb{Z}_4$, $\mathbb{Z}_2 \oplus \mathbb{Z}_2$	
5	$\mathbb{Z}_5$	
6	$\mathbb{Z}_6$	D_3
7	$\mathbb{Z}_7$	
8	$\mathbb{Z}_8$, $\mathbb{Z}_4 \oplus \mathbb{Z}_2$, $\mathbb{Z}_2 \oplus \mathbb{Z}_2 \oplus \mathbb{Z}_2$	D_4, Q_4

위수	가환군	비가환군
9	$\mathbb{Z}_9$, $\mathbb{Z}_3 \oplus \mathbb{Z}_3$	
10	$\mathbb{Z}_{10}$	D_5
11	$\mathbb{Z}_{11}$	
12	$\mathbb{Z}_{12}$, $\mathbb{Z}_6 \oplus \mathbb{Z}_2$	D_6, A_4, Q_6
13	$\mathbb{Z}_{13}$	
14	$\mathbb{Z}_{14}$	D_7
15	$\mathbb{Z}_{15}$	

25.6 정이면체군의 특성화

생성원과 관계식의 또 다른 좋은 응용으로, 100년 이상 알려진 정이면체군의 특성화에 대해 알아보자. $n \geq 3$인 경우, 정n각형의 대칭군을 D_n으로 표기했다. [EX 25.2]를 이용하면 $D_n \approx \langle a, b \mid a^n = b^2 = (ab)^2 = e \rangle$임을 보일 수 있다([연습문제 25.9] 참고). 비슷하게 이 생성원과 관계식은 D_1과 D_2도 정의한다(이들 역시 정이면체군이라고 한다). 마지막으로 무한 정이면체군 D_∞를 $\langle a, b \mid a^2 = b^2 = e \rangle$로 정의한다. D_∞의 원소는 e, a, b, ab, ba, $(ab)a$, $(ba)b$, $(ab)^2$, $(ba)^2$, $(ab)^2a$, $(ba)^2b$, $(ab)^3$, $(ba)^3$, $\cdots$과 같이 나열할 수 있다.

> **정리 25.5 정이면체군의 특성화**
> 위수가 2인 한 쌍의 원소에 의해 생성된 임의의 군은 정이면체군이다.

증명

G를 위수가 2인 원소 a, b의 쌍에 의해 생성된 군이라 하자. ab의 위수를 생각해보자. 만약 $|ab| = \infty$이면 G는 무한군이고 D_∞의 관계식을 만족한다. 이제 G가 D_∞와 동형임을 보이자. 다이크 정리에 따르면 G는 D_∞의 어떤 잉여군, 예를 들어 D_∞/H와 동형이다. 이제 $h \in H$이고 $h \neq e$라 가정하자. 그러면 D_∞의 모든 원소는 $(ab)^i$, $(ba)^i$, $(ab)^ia$, $(ba)^ib$ 중 하나의 형태를 가지므로, 대칭에 의해 $h = (ab)^i$ 또는 $h = (ab)^ia$라 가정할 수 있다. 만약 $h = (ab)^i$이면 D_∞/H가 [연습문제 25.9]에 주어진 D_i에서 정의된 관계식을 만족함을 보일 것이다. $(ab)^i$이 H의 원소이므로 다음이 성립한다.

$$H = (ab)^iH = (abH)^i$$

따라서 $(abH)^{-1} = (abH)^{i-1}$이다. 그러나 $(ab)^{-1}H = b^{-1}a^{-1}H = baH$이고, 따라서 다음이 성립한다.

$$aHabHaH = a^2HbHaH = eHbaH = baH = (abH)^{-1}$$

그러므로 다음과 같다([연습문제 25.7] 참고).

$$D_\infty / H = \langle aH, bH \rangle = \langle aH, abH \rangle$$

그리고 D_∞ / H는 D_i에서 정의된 관계식을 만족한다($x = aH$, $y = abH$로 두고 [연습문제 25.9]를 이용한다). 특히 G는 유한군이다. 그러나 이는 불가능하다. 만약 $h = (ab)^i a$이면 $H = (ab)^i aH = (ab)^i HaH$이다. 그러므로 $(abH)^i = (ab)^i H = (aH)^{-1} = a^{-1}H = aH$이다. 따라서 $\langle aH, bH \rangle = \langle aH, abH \rangle \subseteq \langle abH \rangle$이다. 그러나 $(abH)^{2i} = (aH)^2 = a^2H = H$이므로, D_∞ / H는 다시 유한하다. 이러한 모순으로 인해 $H = \{e\}$이고 G는 D_∞와 동형이다.

마지막으로 $|ab| = n$이라 하자. $G = \langle a, b \rangle = \langle a, ab \rangle$이므로, $b(ab)b = (ab)^{-1}$을 증명하면 G가 D_n과 동형임을 보일 수 있다. 이때 $b(ab)b = (ab)^{-1}$은 $ba = (ab)^{-1}$과 동일하다([연습문제 25.9] 참고). 그러나 a와 b의 위수는 2이므로 $(ab)^{-1} = b^{-1}a^{-1} = ba$이다. ■

군을 정의하기 위해 생성원과 관계식을 이용하는 것의 장점과 단점에 대해 설명하며 이 장을 마무리한다. 주요 장점은 많은 상황(특히 매듭 이론, 대수적 위상수학, 기하학)에서 생성원과 관계식을 통해 정의된 군이 자연스럽게 발생한다는 것이다. 군 이론 안에서는 생성원과 관계식을 이용해 예와 반례를 구성하는 것이 편리한 경우가 많다. 생성원과 관계식으로 군을 정의하는 것의 단점 중 하나는 군이 유한군인지 아닌지 또는 특정 원소가 항등원인지 아닌지를 결정하는 것이 종종 어렵다는 것이다. 더욱이 동일한 군이 전혀 다른 생성원과 관계식의 집합으로 정의될 수 있고, 생성원과 관계식으로 정의된 두 군이 동형인지의 여부를 확인하는 것이 종종 매우 어렵다. 요즘에는 이러한 질문을 컴퓨터의 도움으로 해결하는 경우가 많다.

25장 연습문제

> 쉬운 것은 없다.
>
> **링고 스타(Ringo Starr), "*It Don't Come Easy,*" single**

25.1 S를 서로 다른 기호들의 집합이라 하자. 이 장에서 $W(S)$에서 정의한 관계식이 동치관계임을 보여라.

25.2 짝수인 정수 n에 대해 $D_n/\mathbb{Z}(D_n)$이 $D_{n/2}$과 동형임을 증명하라.

25.3 [EX 25.2]의 집합 K가 왼쪽에 b를 곱하는 연산에 대해 닫혀있음을 확인하라.

25.4 $\langle a,\ b \mid a^5 = b^2 = e,\ ba = a^2b \rangle$는 $\mathbb{Z}_2$와 동형임을 보여라.

25.5 [정리 25.3]과 그 [따름정리]를 증명하라.

25.6 G를 연산이 [연습문제 9.54]에서 정의한 곱셈인 군 $\{\pm 1,\ \pm i,\ \pm j,\ \pm k\}$라 하자. G가 $\langle a,\ b \mid a^2 = b^2 = (ab)^2 \rangle$임을 증명하라(이 군의 이름이 사원수군이다).

25.7 임의의 군에서 $\langle a,\ b \rangle = \langle a,\ ab \rangle$임을 보여라.[2]

25.8 $\alpha = (12)(34)$, $\beta = (24)$라 하자. α와 β에 의해 생성된 군이 D_4와 동형임을 보여라.

25.9 $G = \langle x,\ y \mid x^2 = y^n = e,\ xyx = y^{-1} \rangle$이 D_n과 동형임을 증명하라.[3]

25.10 $\mathbb{Z}_2 \oplus \mathbb{Z}_2 \oplus \mathbb{Z}_2$를 생성하는 데 필요한 최소 생성원의 개수를 구하라. 그리고 이 군에 대한 생성원과 관계식의 집합을 구하라.

25.11 $x^2 = y^2 = e$, $yz = zxy$일 때, $xy = yx$임을 보여라.

25.12 $G = \langle a,\ b \mid a^2 = b^4 = e,\ ab = b^3a \rangle$일 때, 다음 물음에 답하라.

(a) $a^3b^2abab^3$을 $b^ia^j(0 \le i \le 1,\ 0 \le j \le 3)$ 형태로 표현하라.

(b) b^3abab^3a를 $b^ia^j(0 \le i \le 1,\ 0 \le j \le 3)$ 형태로 표현하라.

25.13 $G = \langle a,\ b \mid a^2 = b^2 = (ab)^2 \rangle$일 때, 다음 물음에 답하라.

(a) b^2abab^3을 b^ia^j 형태로 표현하라.

(b) b^3abab^3a를 b^ia^j 형태로 표현하라.

2 이 문제는 [정리 25.5]의 증명에서 살펴봤다.

3 이 문제는 [정리 25.5]의 증명에서 살펴봤다.

25.14 다음 표에 의해 정의된 군을 G라 할 때, G가 D_n과 동형임을 보여라.

	1	**2**	**3**	**4**	**5**	**6**	$\cdots$	$\mathbf{2n}$
1	1	2	3	4	5	6	$\cdots$	$2n$
2	2	1	$2n$	$2n-1$	$2n-2$	$2n-3$	$\cdots$	3
3	3	4	5	6	7	8	$\cdots$	2
4	4	3	2	1	$2n$	$2n-1$	$\cdots$	5
5	5	6	7	8	9	10	$\cdots$	4
6	6	5	4	3	2	1	$\cdots$	7
$\vdots$	$\vdots$	$\vdots$	$\vdots$	$\vdots$	$\vdots$	$\vdots$	$\vdots$	$\vdots$
$\mathbf{2n}$	$2n$	$2n-1$	$2n-2$	$2n-3$	$2n-4$	$2n-5$	$\cdots$	1

25.15 $G=\langle x,\ y \mid x=(xy)^3,\ y=(xy)^4\rangle$일 때, G와 동형인 친숙한 군을 찾으라.

25.16 $G=\langle z \mid z^6=1\rangle$, $H=\langle x,\ y \mid x^2=y^3=1,\ xy=yx\rangle$일 때, G와 H가 동형임을 보여라.

25.17 $G=\langle x,\ y \mid x^8=y^2=e,\ yxyx^3=e\rangle$일 때, $|G|\le 16$임을 보여라. 또 $|G|=16$이라 가정하여 G의 중심을 찾고 xy의 위수를 구하라.

25.18 이 장에서 정의한 위수가 12인 쌍순환군 Q_6의 모든 원소는 a^i 또는 $a^ib(0\le i<6)$ 형태로 표현될 수 있으며, $a^3=b^2$은 위수가 2인 유일한 원소임을 증명하라.

25.19 군 G가 어떤 생성원과 관계식의 집합에 의해 정의된다고 하자. 이때 G의 모든 잉여군이 G를 정의하는 관계식을 만족한다는 것을 보여라.

25.20 $G=\langle s,\ t \mid sts=tst\rangle$라 하자. 치환 (23)과 (13)이 G에서 정의된 관계식을 만족함을 보여라. 그리고 이 결과를 이용해 G가 가환군이 아님을 증명하라.

25.21 $D_{12}=\langle x,\ y \mid x^2=y^{12}=e,\ xyx=y^{-1}\rangle$에서 부분군 $H=\langle x,\ y^3\rangle$(D_4와 동형)이 정규부분군이 아님을 증명하라.

25.22 $G=\langle x,\ y \mid x^{2n}=e,\ x^n=y^2,\ y^{-1}xy=x^{-1}\rangle$일 때, $Z(G)=\{e,\ x^n\}$임을 보여라. $|G|=4n$이라 하면 $G/Z(G)$가 D_n과 동형임을 보여라(군 G를 위수가 $4n$인 쌍순환군이라 한다).

25.23 $G=\langle a,\ b \mid a^6=b^3=e,\ b^{-1}ab=a^3\rangle$의 원소는 몇 개인가? G와 동형인 친숙한 군을 찾으라.

25.24 $G=\langle x,\ y \mid x^4=y^4=e,\ xyxy^{-1}=e\rangle$일 때, $|G|\le 16$임을 보여라. 또 $|G|=16$일 때, G의 중심을 찾고 $G/\langle y^2\rangle$이 D_4와 동형임을 보여라.

25.25 D_∞의 원소들의 위수를 구하라.

25.26 $G=\left\{\begin{bmatrix}1 & a & b\\ 0 & 1 & c\\ 0 & 0 & 1\end{bmatrix} \middle| a,\ b,\ c\in \mathbb{Z}_2\right\}$가 D_4와 동형임을 증명하라.

25.27 $G=\langle a,\ b,\ c,\ d \mid ab=c,\ bc=d,\ cd=a,\ da=b\rangle$일 때, $|G|$를 구하라.

25.28 $G=\langle a,\ b \mid a^2=e,\ b^2=e,\ aba=bab\rangle$라 하자. 친숙한 군 중에 G와 동형인 것은 무엇인가?

25.29 $G=\langle a, b \mid a^3=e, b^2=e, aba^{-1}b^{-1}=e\rangle$일 때, G와 동형인 친숙한 군을 찾으라.

25.30 위수가 유한한 원소를 정확히 3개 갖는 비가환군의 예를 제시하라.

25.31 [EX 25.7]을 참고하여 θ와 동치인 알파벳을 최대한 많이 찾으라.

25.32 위수가 8인 군이 위수가 2인 원소를 정확히 5개 갖는다고 할 때, 이 군을 구하라.

마셜 홀(Marshall Hall Jr)

홀 교수는 넓은 의미로 말해서 군 이론, 기하학, 조합론을 선호하는 수학자였다.

한스 차센하우스(Hans Zassenhaus), *Notices of the American Mathematical Society*

홀은 1910년 9월 17일 미주리주 세인트루이스에서 태어났다. 홀은 11세의 나이에 1,000까지의 양의 정수에 대한 7자리 로그표를 만들면서 수학에 대한 관심을 보였다. 1932년 예일대학교에서 학사 학위를 취득했고, 케임브리지대학교에서 1년간 필립 홀(Philip Hall), 해럴드 데이븐포트(Harold Davenport), 고드프리 해럴드 하디(Godfrey Harold Hardy)와 함께 연구한 후에 박사 학위를 취득하기 위해 다시 예일대학교로 돌아왔다. 제2차세계대전이 발발하자, 그는 해군정보국에 합류하여 일본의 암호와 독일의 에니그마 메시지를 해독하는 데 상당한 성공을 거두었다. 이러한 성공은 전쟁의 흐름을 바꾸는 데 도움이 되었다. 전쟁이 끝난 후 홀은 오하이오주립대학교, 칼텍, 에모리대학교의 교수로 임명되었다. 그는 1990년 7월 4일에 사망했다.

Courtesy of Jonathan Hall

군 이론과 조합론에 관한 홀의 책은 높은 평가를 받고 있는 고전서이다. 그의 수학적 업적으로는 군 이론, 코딩 이론, 디자인 이론에 관한 120편 이상의 연구 논문이 있다. 사영평면에 관한 그의 1943년 논문은 수학 분야에서 매우 많이 인용된 논문 중 하나이다. 여러 가지 기본 개념과 산발적 단순군에 홀의 이름이 붙었다. 홀의 유명한 결과 중 하나는 지수 6에 해당하는 '번사이드 문제(Burnside Problem)'를 해결한 것이다. 즉, 홀은 모든 원소의 위수가 6으로 나누어지는 유한 생성군은 유한해야 한다는 것을 증명했다. 홀은 유한군 이론에 위대한 공헌을 한 존 톰슨(John Thompson)과 마이클 애쉬배처(Michael Aschbacher)에게 큰 영향을 주었다. 톰슨에게 박사 학위 논문 주제를 제안한 사람은 바로 홀이었다. 홀의 칼텍 제자들 중에는 도널드 커누스(Donald Knuth)와 로버트 매켈리스(Robert McEliece)가 있다.

26

대칭군
Symmetry Groups

"물리학자들은 난해하고 복잡한 우주를 정리하고 설명하기 위해 대칭을 중심 개념의 위치로 격상시켰다."

마리오 리비오(Mario Livio), *The Equation That Could Not Be Solved*

"나는 수학을 잘하지 못한다. 그러나 내가 그것을 이해하거나 못하거나 관계없이 우주는 수학적 원리로 구성되어 있음을 알기 때문에 그 원리를 따르겠다."

밥 딜런(Bob Dylan), *Chronicles, Volume One*

26.1 등거리변환

이 책의 앞부분에서 대칭군에 대해 간략히 논의했다. 이 장과 다음 장에서는 근본적으로 중요한 이 개념에 대해 좀 더 자세히 살펴볼 것이다. 먼저 $\mathbb{R}^n$에서의 등거리변환('동등한 측정'을 의미하는 그리스어 isometros에서 유래)의 정의로 논의를 시작하면 편리하다.

정의 등거리변환

n차원공간 $\mathbb{R}^n$에서의 **등거리변환**(isometry)은 거리를 보존하는 $\mathbb{R}^n$에서 $\mathbb{R}^n$으로의 전사함수이다.

다시 말해 $\mathbb{R}^n$에서 $\mathbb{R}^n$으로의 전사함수 T가 등거리변환이라는 것은, $\mathbb{R}^n$의 임의의 두 점 p, q에 대해 $T(p)$에서 $T(q)$까지의 거리가 p에서 q까지의 거리와 같은 경우를 말한다. 이 정의를 통해 이제 n차원 도형에 대한 대칭군을 정확히 정의할 수 있다.

정의 $\mathbb{R}^n$에서의 도형에 대한 대칭군

F를 $\mathbb{R}^n$의 점들의 집합이라 하자. $\mathbb{R}^n$에서 F의 **대칭군**(symmetry group)은 F에서 자기 자신으로 가고 F에서 전사인 $\mathbb{R}^n$의 모든 등거리변환의 집합이다. 이 군의 연산은 함수의 합성이다.

도형에 대한 대칭군은 그 도형뿐 아니라 그 도형을 어느 공간에서 보느냐에 따라서도 달라진다. 예를 들어 $\mathbb{R}^1$에서 선분에 대한 대칭군의 위수는 2이고, $\mathbb{R}^2$의 점들의 집합으로 간주되는 선분에 대한 대칭군의 위수는 4이며, $\mathbb{R}^3$의 점들의 집합으로 간주되는 선분에 대한 대칭군의 위수는 무한이다([연습문제 26.9] 참고).

모든 유한차원에 대해 대칭군을 정의했지만, 주요 관심은 2차원인 경우이다. 1831년 이후로 $\mathbb{R}^2$의 모든 등거리변환은 회전이동, 반사이동, 평행이동, 미끄럼 반사이동의 4가지 유형 중 하나임이 알려져 있다. 평면의 한 점을 중심으로 한 **회전이동**(rotation)은 설명할 필요가 없다. **직선 L에 대한 반사이동**(reflection across a line L)은 L의 모든 점은 고정하고, L 위에 있지 않은 모든 점 Q는 점 Q'으로 보내는 변환인데 이때 점 Q'은 L이 Q에서 Q'까지의 선분의 수직이등분선이 되게 하는 점이다([그림 26.1] 참고). 이때 직선 L을 **반사축**(axis of reflection)이라고 한다. xy 좌표평면에서 변환 $(x, y) \to (x, -y)$는 x축에 대한 반사이동이고, 변환 $(x, y) \to (y, x)$는 직선 $y = x$에 대한 반사이동이다.

어떤 저자들은 L이 양면 거울처럼 대칭이라고 해서 반사축 L을 **거울**(mirror)이라고도 한다. 즉, 직선 L 위에 놓인 거울 속의 점 Q의 상은 실제로 직선 L에 대한 반사이동에 의한 Q의 상이다. 반사이동은 방향이 반전되므로 **반대 등거리변환**(opposite isometry)이라고 한다. 예를 들어 시계방향 나선의 반사이동에 대한 상은 반시계방향 나선이다. 마찬가지로 오른손의 반사이동에 의한 상은 왼손이다([그림 26.1] 참고).

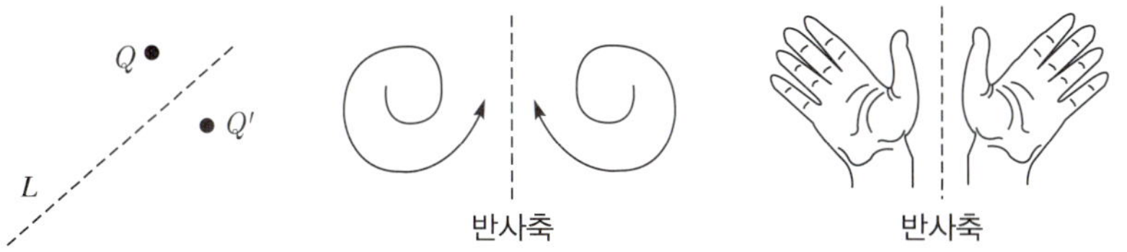

[그림 26.1] 반사이동에 의한 상

평행이동(translation)은 단순히 모든 점을 같은 방향의 같은 거리로 이동하는 함수이다. 예를 들어 p, q가 평면 위의 점이고 T가 평행이동인 경우, p를 $T(p)$로 연결하고 q를 $T(q)$로 연결하는 두 방향 선분의 길이와 방향이 같다. **미끄럼 반사이동**(glide-reflection)은 평행이동과 평행이동된 선분을 포함한 직선에 대한 반사이동의 곱이다. 이 직선을 **미끄럼축**(glide-axis)이라고 한다. [그림 26.2]에서 화살표는 평행이동의 방향과 길이를 나타내며 반사축에 포함된다. 미끄럼 반사이동도 반대 등거리변환이다. 젖은 모래 위의 연속적인 발자국은 미끄럼 반사이동과 관련이 있다.

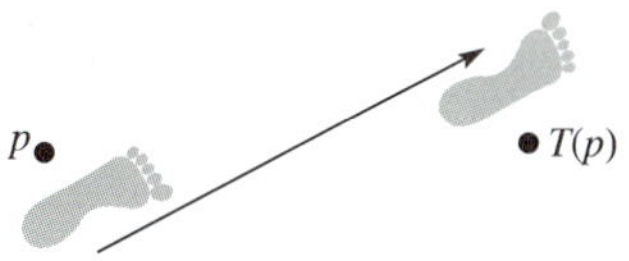

[그림 26.2] 미끄럼 반사이동

26.2 유한 평면대칭군의 분류

이 장의 첫 번째 목표는 모든 유한 평면대칭군을 분류하는 것이다. 이전 장에서 보았듯이, 정이면체군 D_n은 정n각형의 평면대칭군이다(편의상 D_2를 정사각형이 아닌 직사각형의 평면대칭군, D_1을 문자 'V'의 평면대칭군이라 한다. 특히 $D_2 \approx \mathbb{Z}_2 \oplus \mathbb{Z}_2$, $D_1 \approx \mathbb{Z}_2$이다). 순환군 $\mathbb{Z}_n$은 평면대칭군에서 쉽게 볼 수 있다. [그림 26.3]은 4개의 회전이동으로 구성된 평면대칭군으로 $\mathbb{Z}_4$와 동형인 유기체의 그림이다. 놀라운 사실은 순환군과 정이면체군이 유일한 유한 평면대칭군이라는 점이다. 유명한 수학자인 헤르만 바일(Hermann Weyl)은 [정리 26.1]을 레오나르도 다 빈치의 공로로 여겼다.

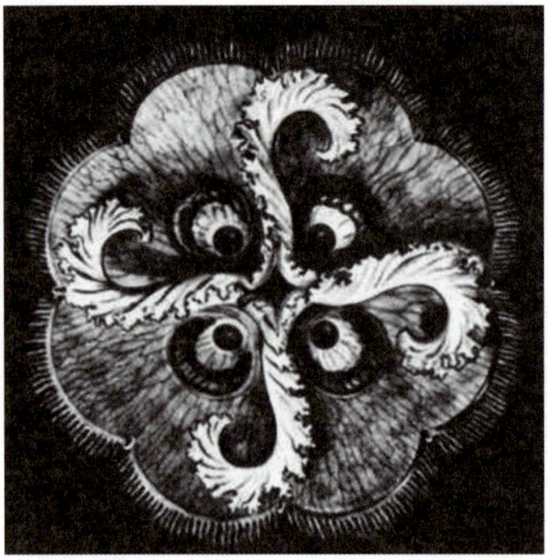

[그림 26.3] 평면대칭군이 $\mathbb{Z}_4$인 유기체인 아우렐리아 인슐린다(Aurelia insulinda)[1]

정리 26.1 유한 평면대칭군

유한 평면대칭군은 $\mathbb{Z}_n$과 D_n뿐이다.

증명

G를 어떤 도형에 대한 유한 평면대칭군이라 하자. 먼저 G가 평행이동 또는 미끄럼 반사이동을 포함할 수 없음을 알 수 있다. 왜냐하면 두 경우 모두 G가 무한이 되기 때문이다. 이제 두 반사이동의 합성이 방향을 보존한다는 것을 관찰하고 나면, 이러한 합성이 평행이동 또는 회전이동임을 알 수 있다. 두 반사이동의 반사축이 서로 평행할 경우, 고정점이 없으므로 합성이 평행이동이 된다. 따라서 G의 임의의 두 반사이동은 어떤 점에서 교차하는 반사축을 갖는다. 모든 반사이동은 같은 점에서 교차함을 보이자. f와 f'이 G의 서로 다른 두 반사이동이라 하자. 그러면 ff'은 방향을 보존하므로, ff'은 회전이동이다. 유한 회전이동군이 P라는 공통 중심을 가져야 한다는 기하학적 사실을 이용해보자. 이는 두 반사이동이 점 P에서 교차해야 함을 의미한다. 따라서 G의 모든 원소는 공통 고정점 P를 갖는다는 것을 보였다.

편의상 P를 중심으로 한 $\sigma°$만큼의 회전이동을 R_σ로 나타내자. 이제 G의 모든 회전이동 중 가장 작은 양의 회전각을 $\beta°$라 하자(G는 유한하고 R_{360}은 G에 속하므로 이러한 각이 존재한다). 이제 G의 모든 회전이동이 R_β의 거듭제곱이라고 주장하자. 이를 확인하기 위해 R_σ가 G에 속한다고 가정하자. $0° < \sigma \le 360°$라 가정해도 된다. 그러면 $\beta \le \sigma$이고 적당한 정수 t가 존재하여 $t\beta \le \sigma < (t+1)\beta$이다. 그러나 $R_{\sigma - t\beta} = R_\sigma (R_\beta)^{-t}$은 G에 속하고 $0 \le \sigma - t\beta < \beta$이다. β는 G의 원

1 From Symmetry in Science and Art by A.V. Shubnikov and V.A. Kopstik, Copyright 1974 Plenum Publishing Co.

소 중 가장 작은 양의 회전각을 나타내므로 $\sigma - t\beta = 0$이어야 한다. 따라서 $R_\sigma = (R_\beta)^t$이다. 이로써 주장을 확인했다.

편의상 $|R_\beta| = n$이라 하자. G가 반사이동을 갖지 않으면 $G = \langle R_\beta \rangle \approx \mathbb{Z}_n$임을 증명한 것이다. 만약 G가 적어도 하나의 반사이동, 예를 들어 f를 갖는다면 f, fR_β, $f(R_\beta)^2, \cdots, f(R_\beta)^{n-1}$도 반사이동이다. 더욱이 이들은 G의 반사이동의 전체집합이다. 왜냐하면 g가 G의 임의의 반사이동이면 fg는 회전이동이고, 따라서 어떤 k에 대해 $fg = (R_\beta)^k$이며, 따라서 $g = f^{-1}(R_\beta)^k = f(R_\beta)^k$이기 때문이다. 그러므로

$$G = \left\{R_0,\ R_\beta,\ (R_\beta)^2, \cdots, (R_\beta)^{n-1},\ f,\ fR_\beta,\ f(R_\beta)^2, \cdots, f(R_\beta)^{n-1}\right\}$$

이고, G는 반사이동 f와 fR_β 쌍에 의해 생성된다. 따라서 정이면체군의 특성화(정리 25.5)에 의해 G는 정이면체군 D_n이다. ■

26.3 $\mathbb{R}^3$에서의 유한 회전이동군의 분류

3차원에서 가능한 모든 유한 평면대칭군의 집합은 2차원인 경우보다 훨씬 더 다양할 것이라 생각할 수 있다. 놀랍게도 그렇지 않다. 예를 들어 3차원에서는 3개의 새로운 회전이동군만 추가한다. 이 사실은 물리학자이자 광물학자인 오구스트 브라베(Auguste Bravais)가 1849년 결정체의 가능한 구조를 연구하는 과정에서 처음 관찰되었다.

정리 26.2 $\mathbb{R}^3$에서의 유한 회전이동군

$\mathbb{R}^3$에서의 유한 회전이동군은 $\mathbb{Z}_n$, D_n, A_4, S_4, A_5뿐이다(단, 동형인 군은 같은 군으로 간주).

[정리 26.2]는 궤도-안정자 정리(정리 7.4)와 함께 $\mathbb{R}^3$에서 도형의 회전이동군을 쉽게 구하는 방법을 제공한다.

EX 26.1 [그림 26.4]의 정육팔면체에 대한 회전이동군 G를 결정하자. 정육팔면체는 6개의 합동인 정사각형과 8개의 합동인 정삼각형으로 구성된 도형이다. 먼저 정사각형 중 임의로 1개를 선택하자. 분명히 이 정사각형을 자기 자신으로 보내는 4개의 회전이동이 존재하고, 또한 선택한 정사각형은 다른 5개의 정사각형 중 어느 위치로든 회전이동할 수 있다. 따라서 궤도-안정자 정리(정리 7.4)에 의해 회전이동군의 위수는 $4 \cdot 6 = 24$이다. [정리 26.2]에 의해 G는 $\mathbb{Z}_{24}$, D_{12}, S_4 중 하나이다. 그러나 처음 두 군은 각각 위수가 4인 원소를 정확히 2개 갖는 반면, G는 2개 이상의 원소를 갖는다. 따라서 G는 S_4와 동형이다.

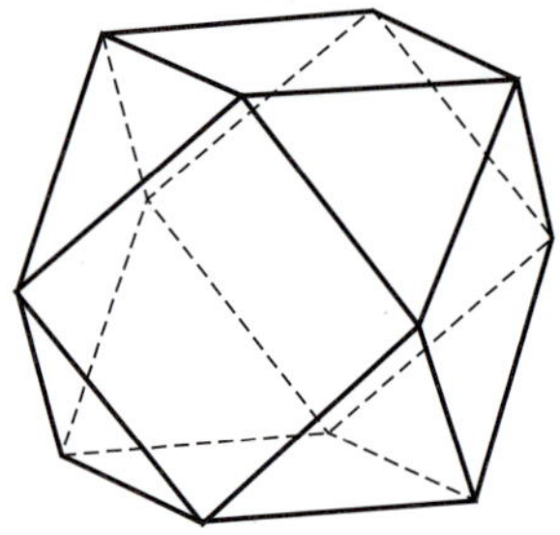

[그림 26.4] 정육팔면체

정사면체에 대한 회전이동군(**정사면체군**(tetrahedral group))은 A_4와 동형이다. 정육면체에 대한 회전이동군 또는 정팔면체에 대한 회전이동군(**정팔면체군**(octahedral group))은 S_4와 동형이다. 정십이면체에 대한 회전이동군 또는 정이십면체에 대한 회전이동군(**정이십면체군**(icosahedral group))은 A_5와 동형이다. [그림 26.5]는 이 5개의 입체도형을 보여준다.

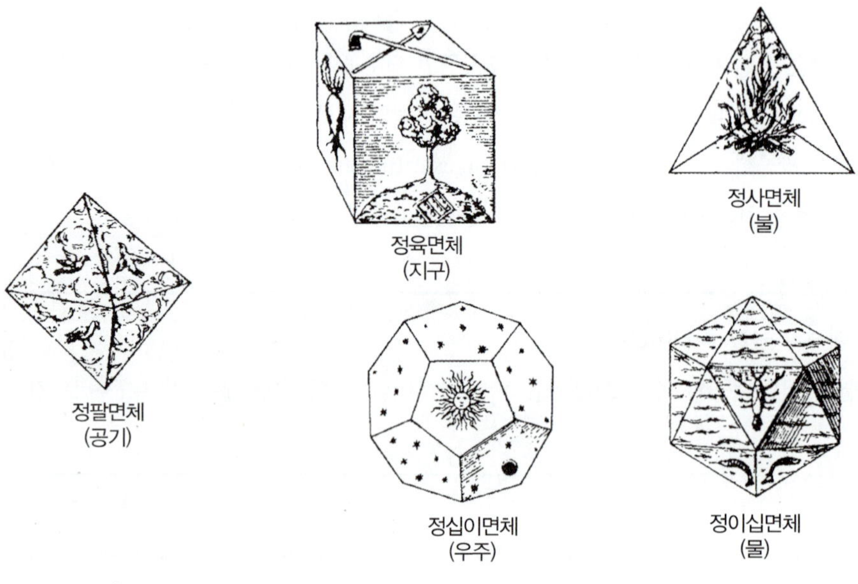

[그림 26.5] 『Harmonices Mundi, Book II (1619)』에서 요하네스 케플러(Johannes Kepler)가 설명한 5개의 정다면체

26장 연습문제

> 아마 모든 교육의 가장 가치 있는 결과는 원하든, 원치 않든 해야 할 때에 해야 할 일을 스스로 하게 만드는 능력일 것이다.
>
> **토머스 헨리 헉슬리(Thomas Henry Huxley),** *Technical Education*

26.1 $\mathbb{R}^n$에서의 등거리변환은 단사임을 보여라.

26.2 $\mathbb{R}^n$에서의 평행이동의 모임은 군을 만든다는 것을 보여라.

26.3 평면대칭군이 $\mathbb{Z}_5$인 평면도형을 찾으라.

26.4 $\mathbb{R}^3$에서 다음 그림과 같이 양 끝이 정삼각형인 삼각기둥(3-prism)에 대한 회전이동군이 D_3과 동형임을 보여라.

26.5 $\mathbb{R}^3$에서 위 삼각기둥에 대한 (전체) 대칭군의 위수를 구하라.

26.6 $\mathbb{R}^3$에서 사각기둥(양 끝이 정사각형인 상자이고 정육면체는 아님)에 대한 대칭군의 위수를 구하라.

26.7 $\mathbb{R}^3$에서 n각기둥에 대한 대칭군의 위수를 구하라.

26.8 $\mathbb{R}^3$에서 크기가 $2'' \times 3'' \times 4''$인 상자에 대한 대칭군이 $\mathbb{Z}_2 \oplus \mathbb{Z}_2 \oplus \mathbb{Z}_2$와 동형임을 보여라.

26.9 다음과 같은 각 경우에서의 선분에 대한 대칭군을 설명하라.[2]

(a) $\mathbb{R}^1$의 부분집합

(b) $\mathbb{R}^2$의 부분집합

(c) $\mathbb{R}^3$의 부분집합

---

2 이 문제는 이 장의 본문에서 살펴봤다.

26.10 **[1994년 12월 11일, 『Parade Magazine』의 'Ask Marilyn' 칼럼에서 발췌][3]** 알파벳 문자는 다음 범주에 따라 분류될 수 있다. 범주를 정의하는 것은 무엇일까?

(a) FGJLNPQRSZ (b) BCDEK

(c) AMTUVWY (d) HIOX

26.11 [EX 26.1]의 군에는 위수가 4인 원소가 정확히 몇 개 존재하는가?

26.12 반전(즉, $\phi(x, y) = (-x, -y)$)이 $\mathbb{R}^2$의 4가지 등거리변환 중 하나가 아닌 이유는 무엇일까?

26.13 $\mathbb{R}^3$에서 한 점에 대한 반전을 $\mathbb{R}^3$의 회전이동으로 나타낼 수 없는 이유를 설명하라.

26.14 $\mathbb{R}^3$에서 직선 L에 대한 반사이동은 다음을 만족하는 각 점 Q를 점 Q'으로 보내는 등거리변환이다(L이 선분 $\overline{QQ'}$의 수직이등분선이다). 이와 동일한 결과를 보이는 회전이동에 대해 설명하라.

26.15 $\mathbb{R}^2$에서 회전이동은 점을 고정하고, $\mathbb{R}^3$에서 회전이동은 직선을 고정한다. $\mathbb{R}^4$에서 회전이동은 무엇을 고정할까? 이러한 관찰의 결과를 $\mathbb{R}^n$에 대해 일반화하라.

26.16 평면에서의 등거리변환은 각을 보존함을 보여라.

26.17 평면에서의 등거리변환은 하나의 직선 위에 있지 않은 세 점의 상에 의해 완전히 결정됨을 보여라.

26.18 평면에서의 어떤 등거리변환이 하나의 직선 위에 있지 않은 세 점을 고정한다고 할 때, 이 등거리변환은 무엇인가?

26.19 평면에서의 어떤 등거리변환이 정확히 한 점을 고정한다고 할 때, 이 등거리변환은 어떤 형태인가?

26.20 A와 B가 각각 점 a와 b를 중심으로 하는 $180°$ 회전이동이라고 가정하자. A를 적용한 후에 B를 적용한 등거리 변환은 무엇인가? 이 합성은 점 a, b와 어떤 관련이 있을까?

27

대칭과 계산
Symmetry and Counting

"대칭의 솟아오르는 샘에서 마지막으로 갈증을 해소하기 위해 잠시 쉬어가자."

티모시 페리스(Timothy Ferris), *Coming of Age in the Milky Way*

"가능할 때마다 계산하라."

프랜시스 골턴(Francis Galton, 1822~1911)

27.1 개요

치환군은 대칭적인 디자인이나 배열에 관한 다양한 상황에서 자연스럽게 발견할 수 있다. 예를 들어 정육각형의 꼭짓점 6개 중 3개는 검은색, 3개는 흰색으로 색칠하는 작업을 생각해보자. [그림 27.1]을 보면 이 작업은 $\binom{6}{3} = 20$가지가 가능하다. 그러나 이러한 디자인이 정육각형 도자기 타일의 한 면에 나타난다면 [그림 27.1(a)]의 6가지 디자인을 다른 것으로 보는 것은 의미가 없다. 왜냐하면 이 6가지 디자인은 모두 이들 중 하나를 회전이동하면 얻을 수 있기 때문이다(즉, 제조업체는 6개 중 하나만 만들 것이다). 이 경우 [그림 27.1(a)]의 디자인은 정육각형의 회전이동군에서 동등(equivalent)하다고 한다. 마찬가지로 [그림 27.1(b)]의 디자인은 회전이동군에서 동등하고, [그림 27.1(c)]와 [그림 27.1(d)]의 디자인도 마찬가지이다. 그리고 [그림 27.1(a)]~[그림 27.1(d)]의 어떤 디자인도 회전이동에 의해 다른 영역의 디자인으로부터 얻을 수 없으므로, 각 영역에 있는 디자인은 서로 동등하지만 다른 영역의 어떤 디자인과도 동등하지 않다. 그러나 [그림 27.1(b)]와 [그림 27.1(c)]의 디자인은 정이면체군 D_6에서 동등하다. 왜냐하면 [그림 27.1(b)]의 디자인을 반사이동하면 [그림 27.1(c)]의 디자인을 만들 수 있기 때문이다. 예를 들어 검은색 구슬 3개와 흰색 구슬 3개를 배열하여 목걸이를 만들 때, [그림 27.1(b)]와 [그림 27.1(c)]의 디자인은 동등한 것으로 본다.

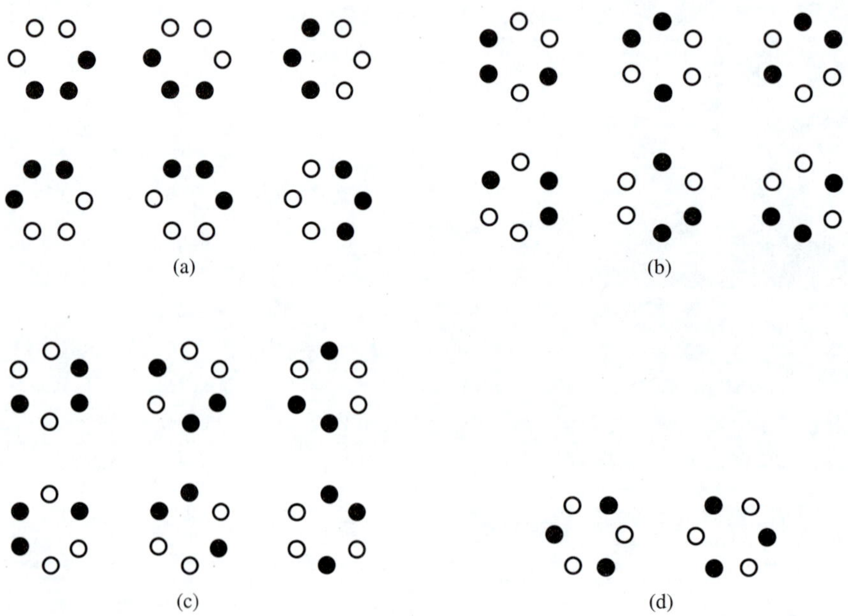

[그림 27.1] 검은색 구슬 3개와 흰색 구슬 3개를 배열한 목걸이

일반적으로 배열들의 치환군 G에 어떤 원소 ϕ가 존재하여 $\phi(A) = B$이면 G에서 두 디자인(구슬의 배열) A와 B가 동등하다고 한다. 즉, 두 디자인이 G에서 동일한 궤도 안에 있는 경우 두 디자

인은 G에서 동등하다. 그러면 G에서 동등하지 않은 디자인의 개수는 단순히 G에서의 디자인의 궤도의 개수이다(치환되는 집합은 가능한 모든 디자인 또는 배열의 집합이다).

[그림 27.1]의 디자인은 회전이동군에서 4개의 궤도로 나뉘지만, 군 D_6에서는 3개의 궤도로 나뉜다. 왜냐하면 [그림 27.1(b)]와 [그림 27.1(c)]의 디자인은 군 D_6에서 하나의 동일한 궤도를 형성하기 때문이다. 따라서 4개의 타일에서 20개의 타일 디자인을 모두 얻을 수 있지만, 3개의 타일에서도 20개의 목걸이를 모두 얻을 수 있다.

27.2 번사이드 정리

방금 살펴본 문제는 관찰을 통해 충분히 해결할 수 있을 만큼 간단하지만, 더 복잡한 문제에는 더 정교한 접근 방식이 필요하다. 이러한 접근법은 1887년 프로베니우스(Frobenius)가 제시했다. 프로베니우스 정리는 1911년 윌리엄 번사이드(William Burnside)의 군 이론에 관한 고전서에 등장할 때까지 널리 알려지지 않았다. 역사상 우연으로 프로베니우스 정리는 번사이드 정리로 알려졌다. 이 정리를 언급하기 전에 7장에서 소개한 몇 가지 표기법을 상기하며 새로운 표기법을 소개한다. G가 집합 S의 치환군이고 $i \in S$이면 $\mathrm{stab}_G(i) = \{\phi \in G \mid \phi(i) = i\}$, $\mathrm{orb}_G(i) = \{\phi(i) \mid \phi \in G\}$이다. 참고로 임의의 집합 X에 대해 집합 X의 원소 개수를 $|X|$로 표기한다.

정의 ϕ에 의해 고정된 원소

집합 S의 임의의 치환군 G와 G의 임의의 원소 ϕ에 대해 $\mathrm{fix}(\phi) = \{i \in S \mid \phi(i) = i\}$라 하자. 이 집합의 원소를 **$\phi$에 의해 고정된 원소**(elements fixed by ϕ)라고 한다. 또는 좀 더 간단하게 **ϕ의 고정**(fix of ϕ)이라 한다.

정리 27.1 번사이드 정리(Burnside's theorem)

G가 집합 S의 유한 치환군이면, G 위에서 S의 원소들의 궤도의 개수는 다음과 같다.

$$\frac{1}{|G|} \sum_{\phi \in G} |\mathrm{fix}(\phi)|$$

증명

$\phi \in S$, $i \in S$, $\phi(i) = i$인 쌍 (ϕ, i)의 개수를 n이라 하자. 먼저 이 쌍의 개수를 두 가지 방법으로

계산해보자. 첫째로, G의 각 특정한 원소 ϕ에 대해 이러한 쌍의 개수는 정확히 $|\mathrm{fix}(\phi)|$이다. 따라서 다음과 같다.

$$n = \sum_{\phi \in G} |\mathrm{fix}(\phi)| \qquad (1)$$

둘째로, S의 각 특정한 원소 i에 대해 $\phi(i) = i$인 쌍 (ϕ, i)의 개수는 정확히 $|\mathrm{stab}_G(i)|$이다. 따라서 다음과 같다.

$$n = \sum_{i \in S} |\mathrm{stab}_G(i)| \qquad (2)$$

[연습문제 7.67]에 의해 s와 t가 G의 동일한 궤도 안에 있으면 $\mathrm{orb}_G(s) = \mathrm{orb}_G(t)$이므로, 궤도-안정자 정리(정리 7.4)에 의해 다음과 같다.

$$|\mathrm{stab}_G(s)| = |G|/|\mathrm{orb}_G(s)| = |G|/|\mathrm{orb}_G(t)| = |\mathrm{stab}_G(t)|$$

따라서 $s \in S$를 선택하고 $\mathrm{orb}_G(s)$에 대한 합을 계산하면 다음과 같다.

$$\sum_{t \in \mathrm{orb}_G(s)} |\mathrm{stab}_G(t)| = |\mathrm{orb}_G(s)||\mathrm{stab}_G(s)| = |G| \qquad (3)$$

끝으로 한 번에 하나의 궤도씩 G의 모든 원소를 합하면 식 (1), (2), (3)에 의해 다음 결과를 얻고, 이로써 증명을 마친다.

$$\sum_{\phi \in G} |\mathrm{fix}(\phi)| = \sum_{i \in S} |\mathrm{stab}_G(i)| = |G| \cdot (\text{궤도의 개수})$$ ■

27.3 응용

번사이드 정리를 응용하는 방법을 설명하기 위해, 도자기 타일과 목걸이 문제로 돌아가보자. 3개의 검은색 꼭짓점과 3개의 흰색 꼭짓점으로 이루어진 정육각형 타일의 경우의 수를 계산하는 경우, 각 대상의 치환은 20가지 디자인이고, 치환군은 정육각형의 6가지 회전이동 대칭군이다. 분명히 항등원은 20가지 디자인 모두를 고정한다. [그림 27.1]에서 60°, 180°, 300° 회전이동은 20가지 디자인 중 어느 것도 고정하지 않음을 알 수 있다. 끝으로 [그림 27.2]는 120°와 240° 회전이동에 대한 $\mathrm{fix}(\phi)$를 보여준다. 이와 관련한 자료는 [표 27.1]에서 확인할 수 있다.

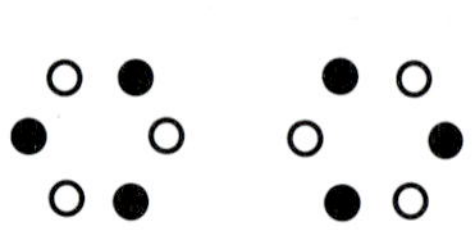

[그림 27.2] 120°와 240° 회전이동에 의해 고정된 디자인

[표 27.1] 각 원소에 의해 고정된 디자인의 개수

원소	원소에 의해 고정된 디자인의 개수
항등원	20
60° 회전이동	0
120° 회전이동	2
180° 회전이동	0
240° 회전이동	2
300° 회전이동	0

따라서 번사이드 정리를 적용하면 다음과 같이 회전이동군에 대한 궤도의 개수를 구할 수 있다.

$$\frac{1}{6}(20+0+2+0+2+0)=4$$

이제 번사이드 정리를 이용해 검은색 구슬 3개와 흰색 구슬 3개로 구성된 목걸이 배열의 개수를 구해보자(이를 분석하기 위해 구슬을 정육각형 모양으로 배열할 수 있다). 이 문제의 경우 두 배열이 D_6에서 동일한 궤도 안에 있으면 동등하다. [그림 27.3]은 대각선에 대한 반사이동에 의해 고정되는 배열을 보여준다. [표 27.2]는 번사이드 정리를 적용하는 데 필요한 정보를 요약한 내용이다.

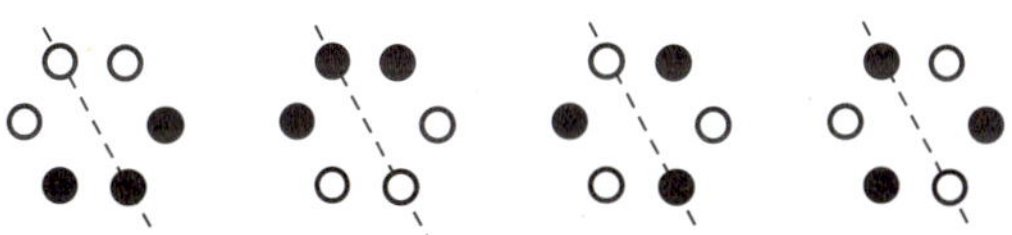

[그림 27.3] 대각선에 대한 반사이동에 의해 고정된 구슬의 배열

[표 27.2] 각 유형의 원소 개수와 원소에 의해 고정된 배열의 개수

원소의 유형	각 유형의 원소의 개수	각 유형의 원소에 의해 고정된 배열의 개수
항등원	1	20
위수가 2인 회전이동(180°)	1	0
위수가 3인 회전이동(120° 또는 240°)	2	2
위수가 6인 회전이동(60° 또는 300°)	2	0
대각선에 대한 반사이동	3	4
변 이등분선에 대한 반사이동	3	0

따라서 검은색 구슬 3개와 흰색 구슬 3개로 목걸이를 만드는 서로 다른 방법은 다음과 같이 3가지이다.

$$\frac{1}{12}(1\cdot 20+1\cdot 0+2\cdot 2+2\cdot 0+3\cdot 4+3\cdot 0)=3$$

몇 가지 쉬운 문제를 살펴봤으니, 이제 더 어려운 문제를 시도해보자. 한 정사면체의 변을 색칠하는 데 사용할 수 있는 색깔이 빨간색(R), 흰색(W), 파란색(B)이라 하자([그림 5.1] 참고). 먼저 동등한 경우를 고려하지 않고 색칠하는 방법은 $3^6 = 729$가지임을 알 수 있다. 정사면체의 변을 색칠하는 어떤 두 가지 방법이 동등하지 않다는 것은 어떻게 결정할 수 있을까? 확실히 어떤 방식으로 색칠한 정사면체를 집어 들어 회전이동한 다음 다시 내려놓는다면, 정사면체가 다르게 색칠된 것이 아니라 다른 위치에 놓인다고 생각할 것이다(일반적인 방식으로 숫자를 표기한 주사위를 굴렸다고 해서 굴려진 주사위의 숫자를 다른 방식으로 표기했다고 할 수 없는 것과 같다). 따라서 이 문제에 대한 치환군은 [그림 5.1]에 나타낸 정사면체의 12개 회전이동으로 구성된 군이며 A_4와 동형이다(이 군은 항등원과 하나의 꼭짓점을 고정하는 위수가 3인 원소 8개와 어느 꼭짓점도 고정하지 않는 위수가 2인 원소 3개로 구성된다). 모든 회전이동은 729가지 색칠 방법을 치환한다. 번사이드 정리를 적용하려면 군의 12개 회전이동 각각에 대한 $\text{fix}(\phi)$의 크기를 구해야 한다.

분명히 항등원은 729가지 색칠 방법을 모두 고정한다. 다음으로 [그림 5.1]의 맨 아랫줄의 두 번째에 있는 위수가 3인 원소 (234)를 생각하고, 특정한 색깔이 이 원소에 의해 고정된다고 가정하자(즉, 정사면체는 이 회전이동의 전후에 동일한 색깔로 나타난다). (234)는 변 12를 변 13으로, 변 13을 변 14로, 변 14를 변 12로 옮기므로, 이 세 변의 색깔이 일치해야 한다(변 ij는 꼭짓점 i와 꼭짓점 j를 연결하는 변이다). 같은 논증으로 세 변 23, 34, 42도 색깔이 같아야 한다. 따라서 세 변으로 구성된 두 집합 각각에 대해 세 가지 선택이 있기 때문에 $|\text{fix}(234)| = 3^2$이다. [표 27.3]의 9개 열은 세 변으로 구성된 두 집합에 대해 가능한 색깔을 보여준다. 위수가 3인 다른 7개의 원소에 대해서도 유사한 분석을 적용한다.

[표 27.3] (234)에 의해 고정되는 9가지 색깔

변	색깔								
12	R	R	R	W	W	W	B	B	B
13	R	R	R	W	W	W	B	B	B
14	R	R	R	W	W	W	B	B	B
23	R	W	B	W	R	B	B	R	W
34	R	W	B	W	R	B	B	R	W
24	R	W	B	W	R	B	B	R	W

이제 위수가 2인 회전이동 (12)(34)를 생각해보자([그림 5.1]의 맨 윗줄의 두 번째 정사면체 참고). 변 12와 34는 고정되어 있으므로, 두 변은 어떤 방식으로든 색깔을 지정할 수 있으며 회전이동 (12)(34) 이후에도 색깔이 동일하다. 그러면 해당 두 변에 대해 $3 \cdot 3$가지 선택이 있다. 변 13을 변 24로 옮기므로 두 변의 색깔은 일치해야 한다. 마찬가지로 변 23과 14도 일치해야 한다. 따라서 한 쌍의 변 13과 24에 대해 세 가지 선택이 있고, 한 쌍의 변 23과 14에 대해 세 가지 선택이 있다.

즉, (12)(34)에서 정사면체의 변을 색칠하는 동등한 방법은 3 · 3 · 3 · 3가지이다([표 27.4]는 색칠하는 방법 81가지 목록 전체를 보여준다). 따라서 $|\mathrm{fix}((12)(34))| = 3^4$이고, 위수가 2인 다른 두 원소는 동일한 결과를 낸다.

[표 27.4] (12)(34)에 의해 고정된 색깔(X와 Y는 R, W, B 중 하나일 수 있다)

변	색깔								
12	X	X	X	X	X	X	X	X	X
34	Y	Y	Y	Y	Y	Y	Y	Y	Y
13	R	R	R	W	W	W	B	B	B
24	R	R	R	W	W	W	B	B	B
23	R	W	B	W	R	B	B	R	W
14	R	W	B	W	R	B	B	R	W

이제 세 가지 유형의 군의 원소에 대해 분석했으므로 번사이드 정리를 적용할 수 있다. 특히 세 가지 색깔로 정사면체의 변을 색칠하는 방법의 수는 다음과 같다.

$$\frac{1}{12}(1 \cdot 3^6 + 8 \cdot 3^2 + 3 \cdot 3^4) = 87$$

확실히 번사이드 정리 없이 이 문제를 해결하기는 어려울 것이다. 앞에서 논의한 문제에 대해 관심을 가질 사람이 수학자 외에 누가 있을까? 화학자들이 그렇다. 실제로 하나의 벤젠 유도체는 정육각형으로 배열된 6개의 각 탄소 원자에 3개의 라디칼 NH_2, COOH, OH 중 하나가 부착된 것이다. [그림 27.4]에서 한 가지 예를 살펴보자.

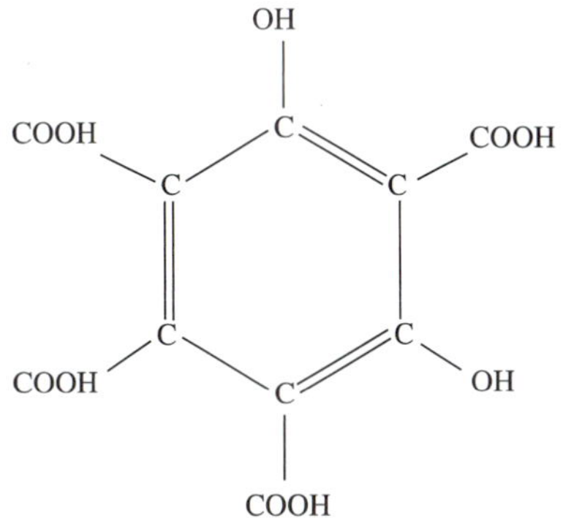

[그림 27.4] 벤젠 유도체

따라서 번사이드 정리를 통해 화학자는 벤젠 분자의 수를 결정할 수 있다([연습문제 27.4] 참고). 화학자들이 고려하는 또 다른 종류의 분자는 중앙에 탄소 원자가 있고 4개의 꼭짓점에 4개의 라디칼 $HOCH_2$(하이드록시메틸), C_2H_5(에틸), Cl(염소), H(수소)가 있는 정사면체로 시각화할 수 있다. 다시 말해, 번사이드 정리를 이용하면 이와 같은 분자의 수를 쉽게 계산할 수 있다.

27.4 군의 작용

동등하지 않은 것으로 간주되는 대상의 개수를 구하는 비공식적 접근 방식을 다음과 같이 공식화할 수 있다. G가 군이고 S가 대상들의 집합일 때, G에서 S의 모든 치환군 $\mathrm{sym}(S)$로의 준동형사상 γ가 존재하면 **G가 S에 작용한다**(G acts on S)고 한다(이 준동형사상을 종종 **군의 작용**(group action)이라고도 함). 편의상 γ에 의한 g의 상을 γ_g로 표기한다. 그러면 S의 두 대상 x, y가 G의 작용 아래에서 동등한 것으로 간주될 필요충분조건은 G의 어떤 원소 g에 대해 $\gamma_g(x) = y$인 것이다.

γ가 단사일 때, G의 원소는 S의 치환으로 간주할 수 있다. γ가 단사가 아닌 경우에도 G의 원소는 여전히 S의 치환으로 간주할 수 있다. 그러나 G의 서로 다른 원소 g, h가 존재하여 γ_g와 γ_h가 S에서 동일한 치환을 유도한다(즉, S의 모든 원소 x에 대해 $\gamma_g(x) = \gamma_h(x)$이다). 따라서 집합에 대한 군의 작용은 치환군 개념의 자연스러운 일반화이다.

군의 작용에 대한 첫 번째 예로, S를 정사각형의 두 대각선의 집합이라 하고 G를 정사각형의 대칭군 D_4라 하자. 그러면 γ_{R_0}, $\gamma_{R_{180}}$, γ_D, $\gamma_{D'}$은 항등원이고 $\gamma_{R_{90}}$, $\gamma_{R_{270}}$, γ_H, γ_V는 두 대각선을 교환한다. 그리고 D_4에서 $\mathrm{sym}(S)$로의 사상 $g \to \gamma_g$는 군 준동형사상이다. 두 번째 예로, 체 F의 원소를 성분으로 갖는 $n \times n$ 정칙행렬군 $GL(n, F)$는 F의 원소를 성분으로 갖는 $n \times 1$ 열벡터의 집합 S에 대해 벡터의 왼쪽에 행렬을 곱함으로써 작용한다. 이 경우 $GL(n, F)$에서 $\mathrm{sym}(S)$로의 사상 $g \to \gamma_g$는 단사인 준동형사상이다.

이 책에서는 군의 작용을 직접 언급하지 않고 여러 번 사용했다. 케일리 정리(정리 6.5)의 증명에는 G의 원소에 작용하는 군 G가 존재한다. 또 실로우 제2정리(정리 23.4)와 제3정리(정리 23.5)의 증명에는 실로우 p-부분군의 켤레집합에 작용하는 군이 존재한다. 일반화된 케일리 정리(정리 24.3)의 증명에서는 군 G가 부분군 H의 좌잉여류에 작용한다.

27장 연습문제

> 더 큰 어려움일수록 극복하는 영광도 커진다.
>
> 에피쿠로스(Epicurus)

27.1 정사각형의 네 꼭짓점을 두 가지 색깔로 색칠하는 방법의 수를 구하라(단, 네 꼭짓점 모두 단일 색깔로 색칠하는 것이 허용된다).

27.2 흰색 구슬 13개와 검은색 구슬 3개로 만들 수 있는 서로 다른 목걸이의 수를 구하라.

27.3 정삼각형의 꼭짓점을 다섯 가지 색깔로 색칠할 때, 최소한 두 가지 색깔로 색칠하는 방법의 수를 구하라.

27.4 벤젠 분자는 평면에서 정육각형으로 배열된 6개의 탄소 원자로 모델링할 수 있다. 각 탄소 원자에는 3개의 라디칼 NH_2, COOH, OH 중 하나가 부착될 수 있다. 이러한 화합물은 몇 가지나 가능할까? (원자 사이의 단일 결합과 이중 결합을 구분하지 않는다.)

27.5 [연습문제 27.4]에서 라디칼을 NH_2와 COOH만 허용한다고 할 때, 몇 가지의 화합물이 가능할까?

27.6 정십이면체의 면을 세 가지 색깔로 색칠하는 방법의 수를 구하라.

27.7 2개 이상의 변에 같은 색깔이 사용하지 않고, 정사각형의 변을 6가지 색깔로 색칠하는 방법의 수를 구하라.

27.8 한 가지 색을 여러 번 사용할 수 있을 때, 사각형의 모서리를 6가지 색깔로 색칠하는 방법의 수를 구하라.

27.9 두 가지 색깔을 이용해 만들 수 있는 11개의 구슬로 이루어진 목걸이의 수를 구하라.

27.10 정육면체의 면을 세 가지 색깔로 색칠하는 방법의 수를 구하라.

27.11 케이크를 6개의 동일한 조각으로 잘랐다. 각 조각을 하나의 색깔로만 색칠한다고 할 때, 이 케이크를 n개의 색깔로 색칠하는 방법의 수를 구하라.

27.12 세 가지 색깔의 물감을 사용할 수 있을 때, 뾰족한 부분이 5개인 왕관에서 이 5개의 꼭짓점을 색칠하는 방법의 수를 구하라.

27.13 G를 유한군이라 하고 $\mathrm{sym}(S)$를 G의 모든 치환들의 모임인 치환군이라 하자. G의 각 원소 g에 대해 ϕ_g는 G의 모든 원소 x에 대해 $\phi_g(x)=gxg^{-1}$으로 정의되는 $\mathrm{sym}(S)$의 원소를 나타낸다. 작용 $g \to \phi_g$를 통해 G가 자기 자신에게 작용함을 보여라. 또 사상 $g \to \phi_g$가 단사가 아닌 예를 제시하라.

27.14 G를 유한군, H를 G의 부분군이라 하고, S를 G에서 H의 좌잉여류라 하자. G의 각 원소 g에 대해 γ_g를 $\gamma_g(xH)=gxH$로 정의되는 $\mathrm{sym}(S)$의 원소라 하자. 작용 $g \to \gamma_g$를 통해 G가 S에 작용함을 보여라.

27.15 고정된 정사각형에 대해, L_1을 정사각형의 위아래 변의 수직 이등분선이라 하고, L_2를 정사각형의 좌우 변의 수직 이등분선이라 하자. D_4가 $\{L_1, L_2\}$에 작용함을 보이고 사상 $g \to \gamma_g$의 핵을 구하라.

윌리엄 번사이드(William Burnside)

가장 추상적인 사고 영역 중 하나에서, 번사이드는 그 범위를 체계화하고 확장하여 지식을 확장하는 한 이정표가 되었다. 후손들이 번사이드를 어떻게 평가하든, 동시대 사람들은 그를 동시대 수학자 중 거장으로 추앙했다.

앤드류 포사이스(Andrew Forsyth)

By permission of the Master and Fellows of Pembroke College in the University of Oxford

번사이드는 1852년 7월 2일 런던에서 태어났다. 1875년 케임브리지대학교를 졸업한 후, 케임브리지대학교의 강사로 임명되어 1885년까지 그곳에 머물렀다. 이후 그는 그리니치에 있는 왕립해군대학에서 직위를 얻어 남은 경력을 그곳에서 보냈다.

번사이드는 다양한 분야에서 150편 이상의 연구 논문을 발표했다. 그는 군 이론 분야에서 선구적인 업적을 인정받았고 1897년에 처음 출간한 그의 고전서인 『Theory of Groups』로 가장 잘 알려져 있다. 번사이드가 추상적인 접근 방식을 강조했기 때문에 많은 사람들은 그를 최초의 순수 군 이론자로 알고 있다. 수학자의 위대함 중 하나는 중요하고 도전적인 문제를 제기하고, 그 문제들로 미래 세대를 위한 새로운 연구 영역을 여는 것이다. 이 부분에서 번사이드는 탁월했다. 위수가 홀수인 군 G가 일련의 정규부분군 $G = G_0 \geq G_1 \geq G_2 \geq \cdots \geq G_n = \{e\}$를 가지며, G_i / G_{i+1}이 가환군이라고 처음 추측한 사람이 바로 번사이드였다. 이 중요한 추측은 50여년 후 페이트(Feit)와 톰슨(Thompson)이 255쪽 분량의 논문에서 마침내 증명했다(자세한 내용은 24장 참고). 1994년 예핌 젤마노프(Efim Zelmanov)는 번사이드의 추측 중 하나를 변형한 연구로 필즈상(Fields medal)을 받았다.

번사이드는 왕립학회 회원으로 선출되었으며 2개의 왕립 메달을 받았다. 그는 런던수학회 의회의 회장을 역임했으며, 드 모르간 메달(De Morgan medal)을 받았다. 번사이드는 1927년 8월 21일에 사망했다.

28

군의 케일리 유향그래프
Cayley Digraphs of Groups

"과학에서 중요한 것은 새로운 사실을 얻는 것보다 그 사실에 대한 새로운 사고방식을 발견하는 것이다."

윌리엄 로런스 브래그 경(Sir William Lawrence Bragg), *Beyond Reductionism*

"막연한 어려움을 구체적인 형태로 바꾸는 것은 사고에 있어 매우 필수적인 요소이다."

J. P. 모건(J. P. Morgan)

28.1 개요

이 장에서는 생성원과 관계식의 집합에 의해 주어지는 군의 그래프 표현을 소개한다. 이 아이디어는 1878년 케일리(Cayley)에 의해 시작되었다. 이 주제는 일반적으로 추상대수학 책에서 다루지 않지만 다음과 같은 5가지 이유로 이 책에 포함했다. 첫째, 이 주제는 군을 시각화하는 방법을 제공한다. 둘째, 현대수학의 두 가지 중요한 분야인 군과 그래프를 연결한다. 셋째, 컴퓨터 과학에서 다양하게 응용할 수 있다. 넷째, 우리에게 친숙한 순환군, 정이면체군, 직적, 생성원과 관계식 개념을 복습하게 한다. 마지막으로 가장 중요한 이유는 재미있다는 것이다.

직관적으로 **유향그래프**(directed graph, digraph)는 **꼭짓점**(vertices)이라고 하는 유한개의 점들과 꼭짓점들을 연결하는 **호**(arcs)라고 하는 화살표들의 집합으로 이루어진다. 다양하게 응용할 수 있는 유향그래프에 대해 아주 중요한 일반적인 이론이 있지만 여기서는 군에서 발생하는 이론만 소개할 것이다.

28.2 군의 케일리 유향그래프

정의 군의 케일리 유향그래프

G를 유한군이라 하고 S를 G의 생성원들의 집합이라 하자. 다음 두 조건을 만족하는 유향그래프 $\text{Cay}(S:G)$를 **생성집합이 S인 G의 케일리 유향그래프**(Cayley digraph of G with generating set S)라고 한다.

(1) G의 각 원소는 $\text{Cay}(S:G)$의 꼭짓점이다.

(2) G의 원소 x, y에 대해 x에서 y로 가는 호가 존재할 필요충분조건은 어떤 $s \in S$에 대해 $xs = y$가 성립하는 것이다.

유향그래프에서 두 꼭짓점을 연결하는 특정 생성원을 구분하기 위해, 케일리는 각 생성원에 색깔을 지정하고 x와 xs를 연결하는 화살표를 s에 지정된 색깔로 나타낼 것을 제안했다. 그는 이렇게 그린 그림을 **군의 색 그래프**(color graph of the group)라고 했다. 이 용어는 아직도 자주 사용된다. 서로 다른 생성원을 구별하기 위해 색깔을 사용하는 대신 실선 화살표와 점선 화살표를 사용한다. 일반적으로 x에서 y로 가는 호가 있다고 해서 y에서 x로 가는 호가 있을 필요는 없다. x에서 나와 y로 향하는 화살표는 x에서 y로 가는 호가 있음을 나타낸다.

다음으로 케일리 유향그래프에 관한 다양한 예를 살펴보자. 특정한 생성원 집합에 의해 주어지는 군의 유향그래프를 그리는 방법에는 여러 가지가 있다. 여기서 중요한 것은 그래프의 모양이 아니라 꼭짓점을 연결하는 방식이다. 이러한 연결 방식은 생성원 집합에 의해 유일하게 결정된다. 따라서 꼭짓점 사이의 거리와 호가 이루는 각은 아무런 의미가 없다(아래 예에 있는 모든 유향그래프에서 두 꼭짓점 x와 y를 연결하는 머리 없는 화살표는 x에서 y로 가는 호와 y에서 x로 가는 호가 모두 존재함을 나타낸다. 이 경우는 생성원 집합에 한 원소와 그 원소의 역원이 모두 포함될 때 발생한다. 예를 들어 위수가 2인 생성원은 자기 자신이 역원이다).

EX 28.1 $\mathbb{Z}_6 = \langle 1 \rangle$의 케일리 유향그래프는 다음과 같다.

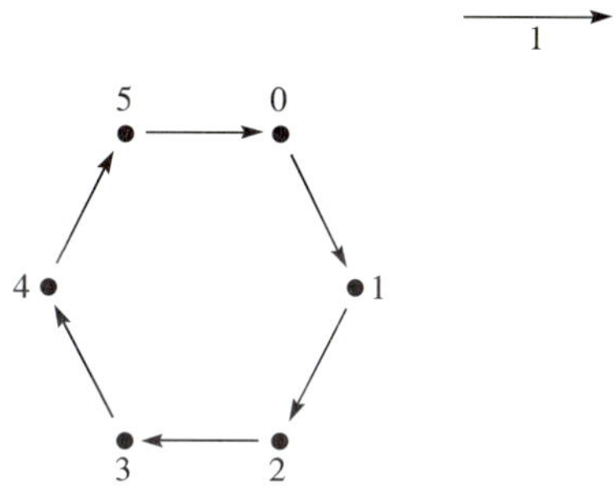

Cay({1}: $\mathbb{Z}_6$)

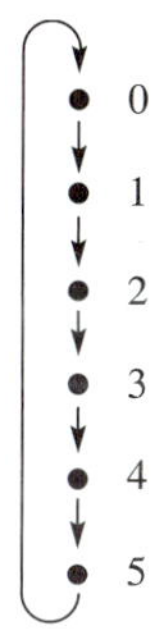

Cay({1}: $\mathbb{Z}_6$)

EX 28.2 $\mathbb{Z}_3 \oplus \mathbb{Z}_2 = \langle (1, 0), (0, 1) \rangle$의 케일리 유향그래프는 다음과 같다.

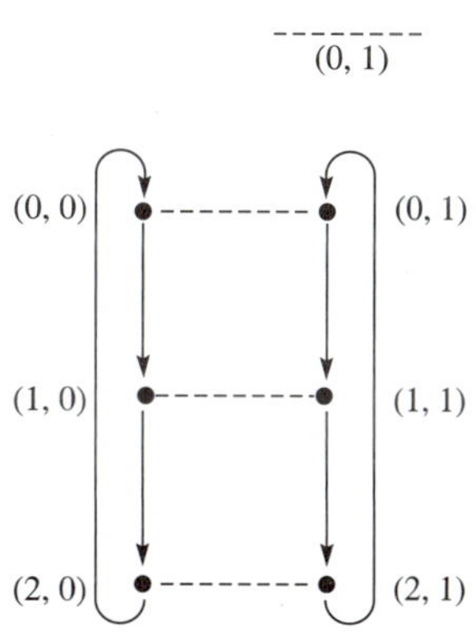

Cay({(1, 0), (0, 1)}: $\mathbb{Z}_3 \oplus \mathbb{Z}_2$)

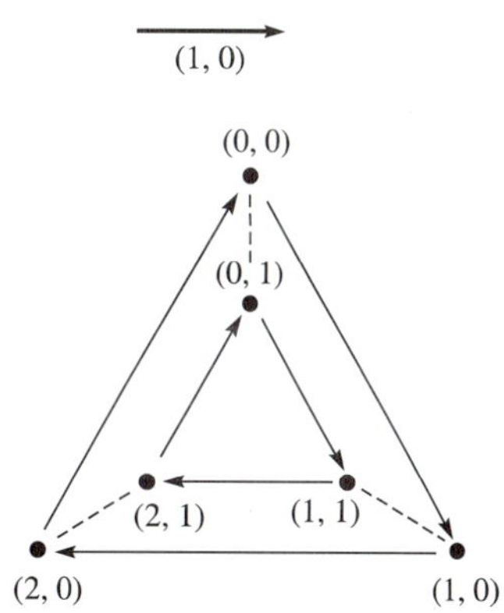

Cay({(1, 0), (0, 1)}: $\mathbb{Z}_3 \oplus \mathbb{Z}_2$)

EX 28.3 $D_4 = \langle R_{90}, H \rangle$의 케일리 유향그래프는 다음과 같다.

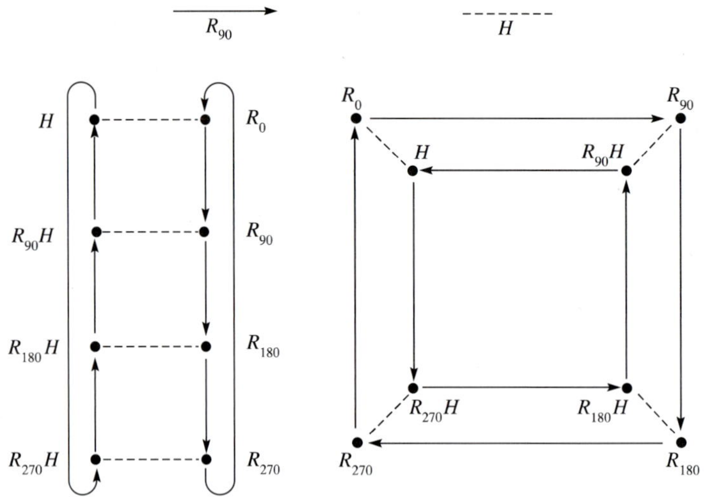

Cay($\{R_{90}, H\}$:D_4)　　　　Cay($\{R_{90}, H\}$:D_4)

EX 28.4 $S_3 = \langle (12), (123) \rangle$의 케일리 유향그래프는 다음과 같다.

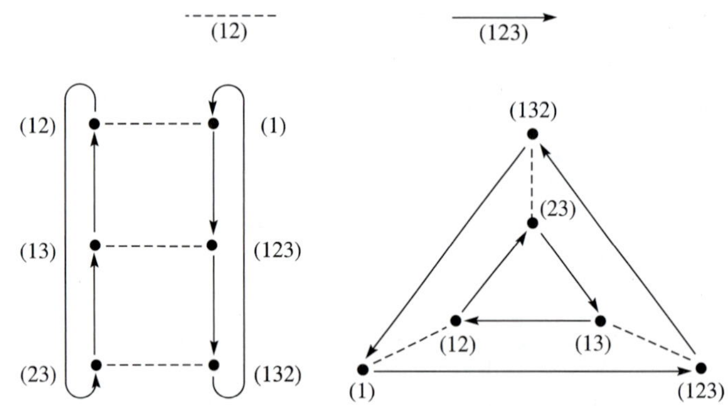

Cay($\{(12), (123)\}$:S_3)　　　　Cay($\{(12), (123)\}$:S_3)

EX 28.5 $S_3 = \langle (12), (13) \rangle$의 케일리 유향그래프는 다음과 같다.

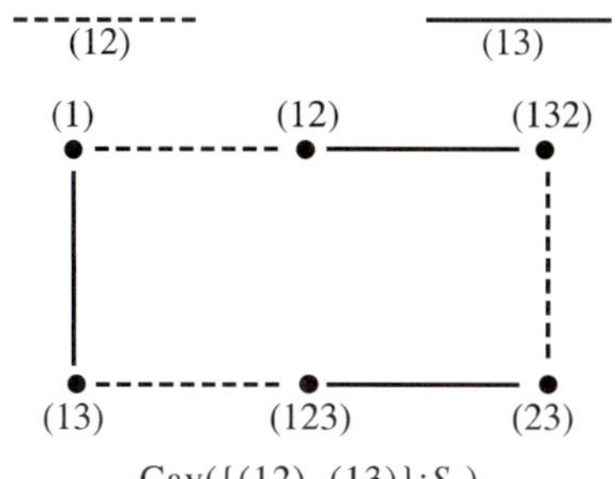

Cay({(12), (13)}:S_3)

EX 28.6 $A_4 = \langle (12)(34), (123) \rangle$의 케일리 유향그래프는 다음과 같다.

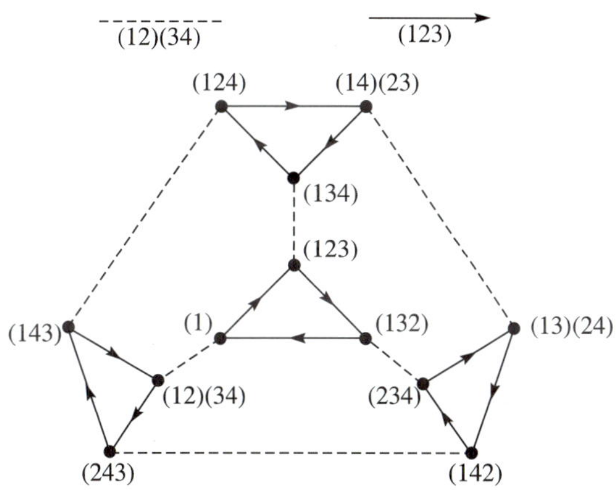

Cay({(12)(34), (123)}:A_4)

EX 28.7 $Q_4 = \langle a,\ b \mid a^4 = e,\ a^2 = b^2,\ b^{-1}ab = a^3 \rangle$의 케일리 유향그래프는 다음과 같다.

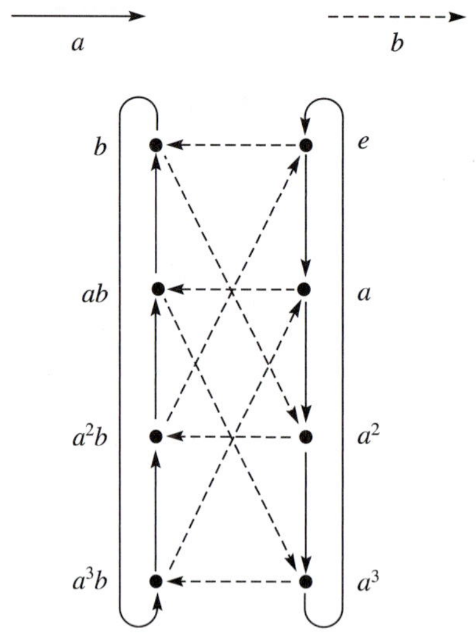

Cay$(\{a, b\}: Q_4)$

EX 28.8 $D_\infty = \langle a,\ b \mid a^2 = b^2 = e \rangle$의 케일리 유향그래프는 다음과 같다.

Cay$(\{a, b\}: D_\infty)$

케일리 유향그래프는 생성원들과 생성원들의 역원의 곱을 빠르고 쉽게 구하는 방법을 알려준다. 예를 들어 [EX 28.7]의 군에서 곱 ab^3ab^{-2}을 생각해보자. 이를 꼭짓점으로 사용된 8개 원소 중 하나로 축약시켜 나타내려면, 꼭짓점 e에서 시작하여 주어진 곱에 나타나는 원소들에 대응하는 호를 따라가기만 하면 된다. b^{-1}은 호 b를 역방향으로 횡단한다는 의미이다($b^{-3} = b$라는 사실 역시 도움이 될 것이다). 곱을 추적하면 b를 얻는다. 비슷한 방법으로 생성원들 사이의 다른 관계식을 확인하거나 발견할 수도 있다.

28.3 해밀턴 회로와 경로

이제 유향그래프에 대해 알고 싶은 것은 무엇일까? 많은 연구의 대상이었던 유향그래프에 관한 한 가지 질문은 1859년 아일랜드 수학자 윌리엄 로언 해밀턴(William Rowan Hamilton)이 '세계일주(around the world)'라는 퍼즐 문제를 발견하면서 대중화되었다. 그의 아이디어는 정십이면체의 꼭짓점 20개에 유명한 도시의 이름을 붙이는 것이었다. 특정 도시(꼭짓점)에서 시작하여 '세계일주'를 하며 각 도시를 정확히 한 번 방문하고 시작 지점으로 돌아가는 방식으로 호를 따라 이동하여 이 퍼즐 문제를 해결하고자 한다. 이 퍼즐 문제에 대한 한 가지 해결 방법이 [그림 28.1]에 나와 있다. 여기서 꼭짓점은 표시된 순서대로 방문하면 된다.

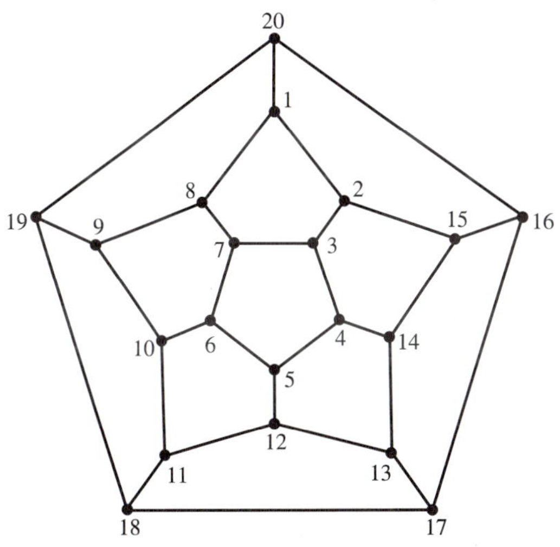

[그림 28.1] 세계일주

분명히 이 아이디어는 모든 유향그래프에 적용할 수 있다. 즉, 어떤 꼭짓점에서 시작하여 시작한 꼭짓점으로 돌아오기 전에 각 꼭짓점을 정확히 한 번씩만 방문하는 방식으로 호를 따라 이동하여 유향그래프를 횡단하려고 시도한다(x에서 y로 가려면 x에서 y로 가는 호가 있어야 한다). 이러한 일련의 호를 유향그래프에서는 **해밀턴 회로**(Hamiltonian circuit)라고 한다. 그리고 시작 지점으로 돌아오지 않고 각 꼭짓점을 정확히 한 번만 통과하는 일련의 호를 **해밀턴 경로**(Hamiltonian path)라고 한다. 이 장의 나머지 부분에서는 케일리 유향그래프의 해밀턴 회로와 해밀턴 경로의 존재에 대해 논의한다.

[그림 28.2]는 [EX 28.2]에 주어진 유향그래프의 해밀턴 경로를, [그림 28.3]은 [EX 28.7]에 주어진 유향그래프의 해밀턴 회로를 보여준다.

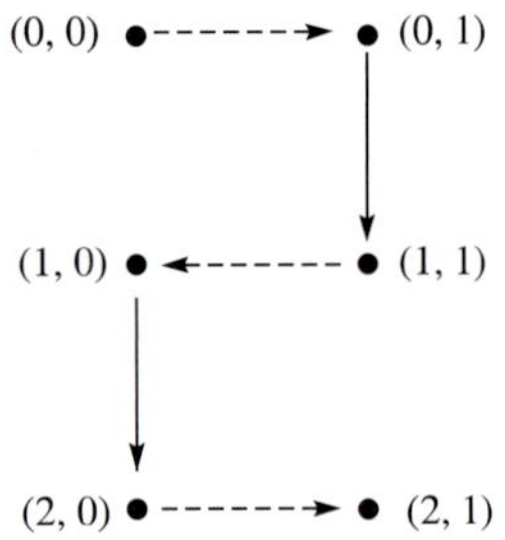

[그림 28.2] [EX 28.2]에 주어진 유향그래프의 해밀턴 경로

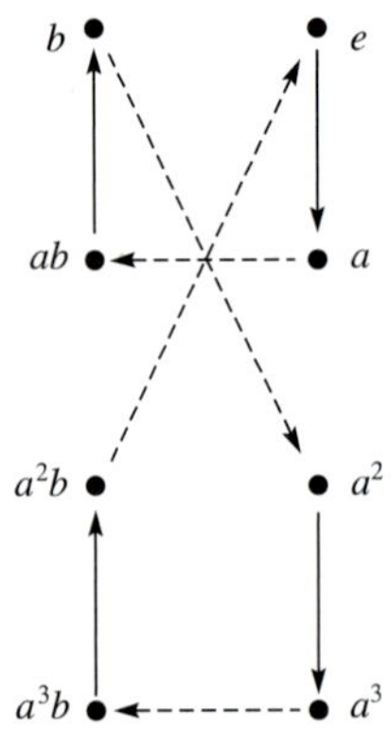

[그림 28.3] [EX 28.7]에 주어진 유향그래프의 해밀턴 회로

$\text{Cay}(\{(1,\ 0),\ (0,\ 1)\}:\ \mathbb{Z}_3 \oplus \mathbb{Z}_2)$에 해밀턴 회로가 존재할까? 좀 더 일반적으로 다음 케일리 유향그래프의 해밀턴 회로의 존재성에 대해 알아보자.

$$\text{Cay}(\{(1,\ 0),\ (0,\ 1)\}:\ \mathbb{Z}_m \oplus \mathbb{Z}_n)$$

여기서 m과 n은 서로소이며 둘 다 1보다 크다. [그림 28.4]에서와 같이 케일리 유향그래프를 $\mathbb{Z}_m \oplus \mathbb{Z}_n$으로 좌표화된 직사각형 격자로 시각화하자. 이 유향그래프에 해밀턴 회로가 존재한다고 가정하고, 꼭짓점 $(a,\ b)$에서 수평으로 빠져나간다고 하자(이러한 꼭짓점은 분명히 존재한다). 그러면 회로는 $(a-1,\ b+1)$에서도 수평으로 빠져나가야 한다. 그렇지 않으면 회로가 $(a,\ b+1)$을 두 번 통과하기 때문이다. [그림 28.5]를 참고하자. 이 주장을 반복하면 회로가 각 꼭짓점 $(a,\ b)$, $(a-1,\ b+1)$, $(a-2,\ b+2), \cdots$ 에서 수평으로 빠져나가는 것을 확인할 수 있다. 이 꼭짓점들은 잉여류 $(a,\ b)+\langle(-1,\ 1)\rangle$에 포함된다. 그러나 m과 n이 서로소일 경우 $\langle(-1,\ 1)\rangle$은 군 전체이다. 분명히 수평 이동만으로 구성된 해밀턴 회로는 존재할 수 없다. 방금 증명한 내용을 기록해보자.

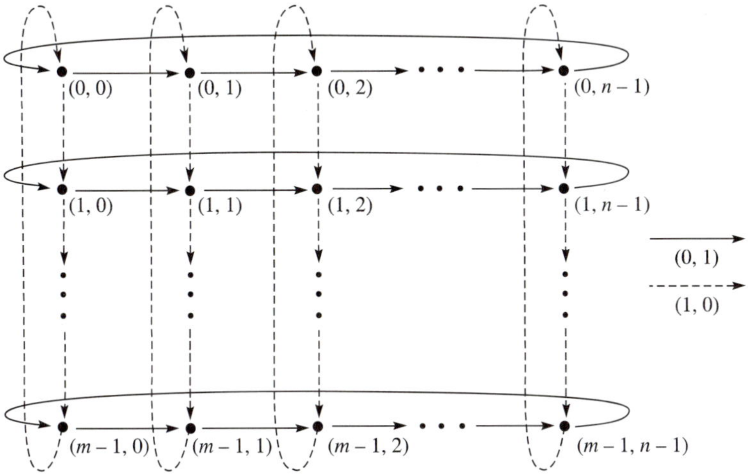

[그림 28.4] Cay$(\{(1,\ 0),\ (0,\ 1)\}:\ \mathbb{Z}_m \oplus \mathbb{Z}_n)$

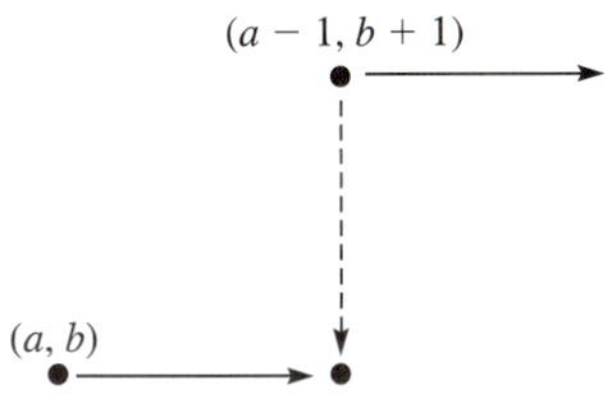

[그림 28.5]

> **정리 28.1 필요조건**
>
> m과 n이 서로소이고 1보다 클 경우, Cay$(\{(1,\ 0),\ (0,\ 1)\}:\ \mathbb{Z}_m \oplus \mathbb{Z}_n)$은 해밀턴 회로를 갖지 않는다.

m과 n이 서로소가 아닌 경우는 어떨까? 일반적으로는 다소 복잡하지만 다음과 같은 특별한 경우는 쉽게 증명할 수 있다.

> **정리 28.2 충분조건**
>
> n이 m을 나눌 경우, Cay$(\{(1,\ 0),\ (0,\ 1)\}:\ \mathbb{Z}_m \oplus \mathbb{Z}_n)$은 해밀턴 회로를 갖는다.

증명

$m = kn$이라 하면 $\mathbb{Z}_m \oplus \mathbb{Z}_n$을 $n \times n$ 크기의 k개 블록으로 생각할 수 있다(예를 들어 [그림 28.6]을 보자). $(0,\ 0)$에서 시작하여 다음과 같이 최상단 블록의 꼭짓점을 덮어보자. 먼저 생성원 $(0,\ 1)$을 이용해 첫 번째 행을 가로질러 끝까지 수평으로 이동한다. 그런 다음 생성원 $(1,\ 0)$을 이용해

바로 아래에 있는 꼭짓점으로 이동하고, 다시 수평으로 이동하여 두 번째 행의 나머지 꼭짓점을 덮는다. 첫 번째 블록의 왼쪽 하단 끝에 있는 꼭짓점 $(n-1,\ 0)$에 도달할 때까지 이 과정을 계속한다. 그런 다음 수직으로 두 번째 블록으로 이동하고, 첫 번째 블록에서 진행한 과정을 반복한다. 최하단 블록을 덮을 때까지 이 과정을 계속 진행한다. 마지막으로 수직으로 다시 $(0,\ 0)$으로 이동하여 회로를 완성한다.

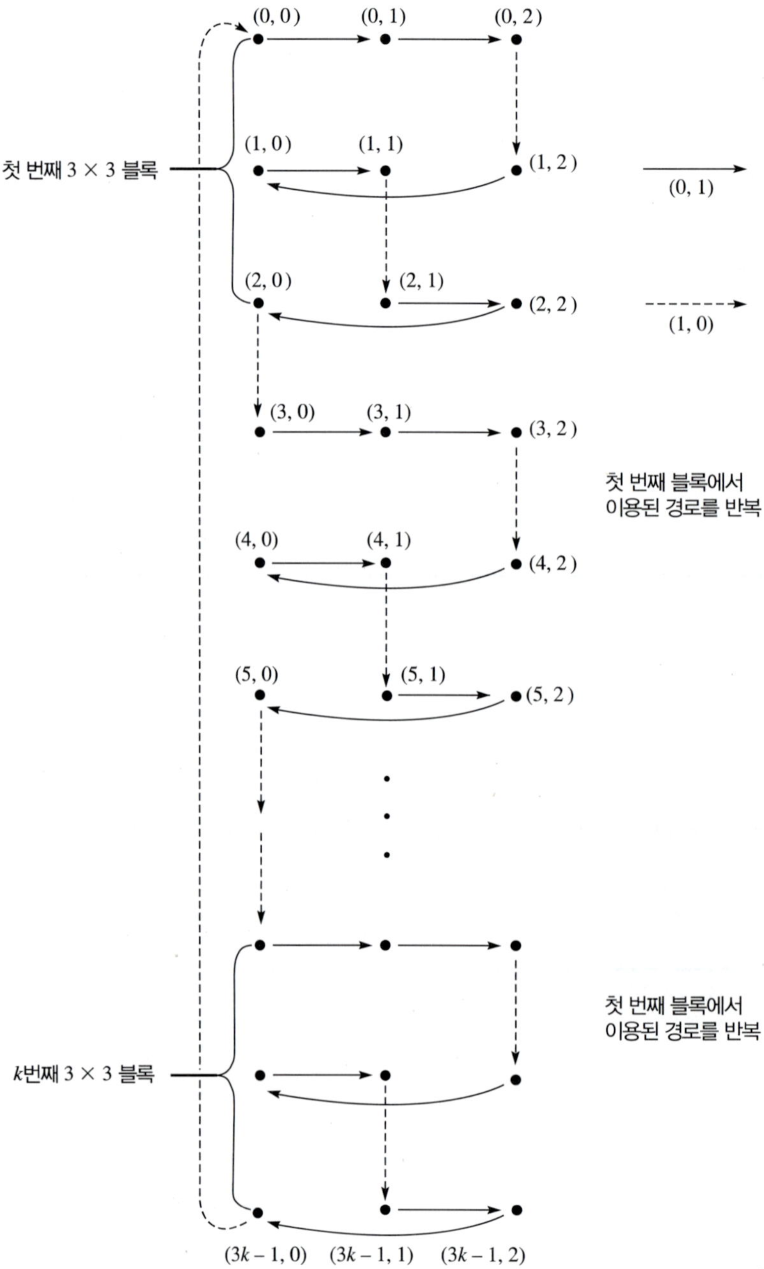

[그림 28.6] $\mathrm{Cay}(\{(1,\ 0),\ (0,\ 1)\}:\ \mathbb{Z}_{3k} \oplus \mathbb{Z}_3)$

[정리 28.2]의 증명에 제시된 회로는 시각화하기 쉽지만 말로 설명하기에는 다소 번거롭다. 해밀턴 경로 또는 회로에 대해 훨씬 더 간편히 설명하는 방법은 첫 꼭짓점과 적용되는 순서대로 나열한 생성원을 구체화하여 적는 것이다. 예를 들어 [EX 28.5]에서는 (1)에서 시작하여 (1)로 돌아갈 때까지 생성원 (12)와 (13)을 교대로 적용할 수 있다. [EX 28.3]에서는 R_0에서 시작하여 R_{90}, R_{90}, R_{90}, H, R_{90}, R_{90}, R_{90}, H를 연속적으로 적용할 수 있다. k가 양의 정수이고 $a, b, \cdots, c$가 군의 원소 나열일 때, k개의 $(a, b, \cdots, c)$를 차례대로 나열한 것을 $k*(a, b, \cdots, c)$로 표기한다. 따라서 $2*(R_{90}, R_{90}, R_{90}, H)$, $2*(3*R_{90}, H)$는 모두 $R_{90}, R_{90}, R_{90}, H, R_{90}, R_{90}, R_{90}, H$를 의미한다. 이 표기법을 이용하면 [정리 28.2]에서 다음과 같이 주어진 해밀턴 회로를 간단히 나타낼 수 있다.

$$k*((n-1)*(0, 1), (1, 0))$$

만약 $x_1, x_2, \cdots, x_n$이 어떤 꼭짓점에서 시작하는 해밀턴 회로를 만드는 생성원의 나열일 때, 이 나열이 임의의 꼭짓점에서 시작하는 해밀턴 회로를 만든다는 것을 [연습문제 28.11]에서 직접 보이자.

[정리 28.1]을 통해 해밀턴 회로가 없는 가환군의 케일리 유향그래프가 존재한다는 것을 알고 있다. 그러나 [정리 28.3]은 이러한 케일리 유향그래프 각각이 해밀턴 경로를 갖는다는 것을 보여준다. 해밀턴 경로조차 없는 비가환군의 케일리 유향그래프도 있지만 여기서는 이에 대해 논의하지 않는다.

정리 28.3 가환군은 해밀턴 경로를 갖는다

G를 유한 가환군이라 하고 S를 G의 임의의 생성원 집합이라 하자. 그러면 $\mathrm{Cay}(S:G)$는 해밀턴 경로를 갖는다.

증명

$|S|$에 대해 수학적 귀납법을 적용한다. 만약 $|S|=1$이면, 예를 들어 $S=\{a\}$이면 유향그래프는 $|a|=m$일 때 $e, a, a^2, \cdots, a^{m-1}$이 표시된 원일 뿐이다. 분명히 이 경우에는 해밀턴 경로가 존재한다. 이제 $|S|>1$이라 하자. 어떤 $s \in S$를 선택하고 $T=S-\{s\}$라 하자. 즉, T는 S에서 s를 제거한 것이다. $S=\{s_1, s_2, \cdots, s_n\}$이고 $s=s_n$일 때, $H=\langle s_1, s_2, \cdots, s_{n-1}\rangle$이라 하자($H$는 G와 동일할 수 있다).

$|T|<|S|$이고 H는 유한 가환군이므로 수학적 귀납법의 가정은 $\mathrm{Cay}(T:H)$에 해밀턴 경로 $(a_1, a_2, \cdots, a_k)$가 존재함을 보장한다. 다음이 $\mathrm{Cay}(S:G)$의 해밀턴 경로임을 보이자.

$$(a_1, a_2, \cdots, a_k, s, a_1, a_2, \cdots, a_k, s, a_1, a_2, \cdots, a_k, s, a_1, a_2, \cdots, a_k)$$

여기서 $a_1, a_2, \cdots, a_k$는 $|G|/|H|$번 나타나고 s는 $(|G|/|H|-1)$번 나타난다.

$S = T \cup \{s\}$이고 T가 H를 생성하므로, 잉여류 Hs는 잉여군 G/H를 생성한다(G가 가환군이면 이 군은 존재한다). 그러므로 $n = |G|/|H| - 1$이라 하면 H의 잉여류는 H, Hs, $Hs^2, \cdots$, Hs^n이다. G의 항등원에서 시작하여 $(a_1, a_2, \cdots, a_k)$에 의해 주어진 경로는 H의 각 원소를 정확히 한 번씩만 방문한다($(a_1, a_2, \cdots, a_k)$는 $\mathrm{Cay}(T : H)$의 해밀턴 경로이기 때문이다). 그런 다음 생성원 s는 잉여류 Hs의 어떤 원소로 이동한다. 여기에서 시작하여 경로 $(a_1, a_2, \cdots, a_k)$는 Hs의 각 원소를 정확히 한 번씩만 방문한다. 그런 다음 s는 잉여류 Hs^2으로 이동하고 이 잉여류의 각 원소를 정확히 한 번씩만 방문한다. 이 과정을 계속하면 이러한 각 잉여류의 각 꼭짓점을 정확히 한 번씩만 방문하면서 연속적으로 Hs^3, $Hs^4, \cdots$, Hs^n으로 이동한다. $\mathrm{Cay}(S : G)$의 각 꼭짓점은 정확히 하나의 잉여류 Hs^i에 존재하므로, 이는 $\mathrm{Cay}(S : G)$의 각 꼭짓점을 정확히 한 번씩만 방문함을 의미한다. 따라서 해밀턴 경로를 갖는다. ■

이제 3개의 생성원을 갖는 케일리 유향그래프를 살펴보자.

EX 28.9 $D_3 = \langle r, f \mid r^3 = f^2 = e, rf = fr^2 \rangle$이라 하면 $\mathrm{Cay}(\{(r, 0), (f, 0), (e, 1)\} : D_3 \oplus \mathbb{Z}_6)$에 있는 해밀턴 회로는 [그림 28.7]과 같이 주어진다.

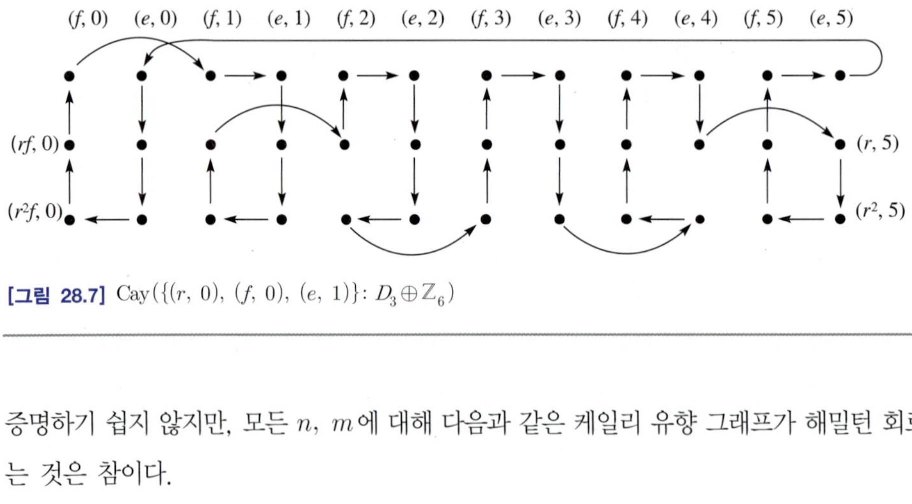

[그림 28.7] $\mathrm{Cay}(\{(r, 0), (f, 0), (e, 1)\} : D_3 \oplus \mathbb{Z}_6)$

증명하기 쉽지 않지만, 모든 n, m에 대해 다음과 같은 케일리 유향 그래프가 해밀턴 회로를 갖는다는 것은 참이다.

$$\mathrm{Cay}(\{(r, 0), (f, 0), (e, 1)\} : D_n \oplus \mathbb{Z}_m)$$

[EX 28.10]은 m이 짝수일 때 위와 같은 유향그래프에 대한 회로를 보여준다.

EX 28.10 $D_n = \langle r, f \mid r^n = f^2 = e, rf = fr^{-1} \rangle$이라 하자. 그러면 m이 짝수일 때 다음 케일리 유향그래프에 있는 해밀턴 회로는 [그림 28.8]과 같이 주어진다.

$$\text{Cay}(\{(r, 0), (f, 0), (e, 1)\}: D_n \oplus \mathbb{Z}_m)$$

회로를 나타내는 생성원을 나열하면 다음과 같다.

$$m^* [(n-1)^*(r, 0), (f, 0), (n-1)^*(r, 0), (e, 1)]$$

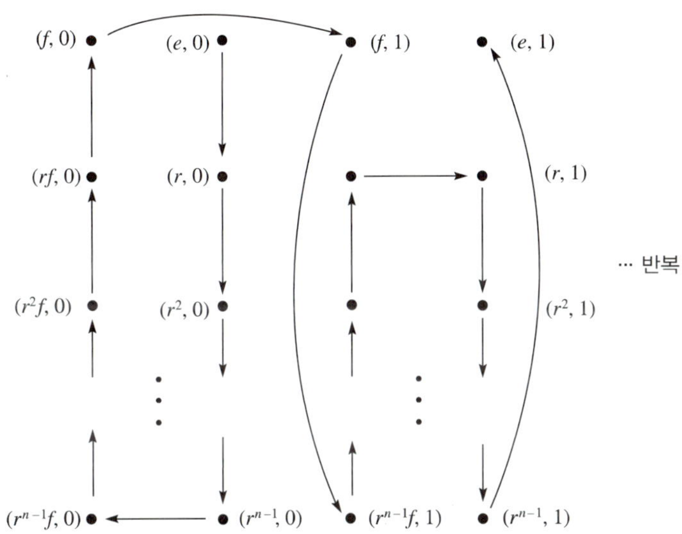

[그림 28.8] $\text{Cay}(\{(r, 0), (f, 0), (e, 1)\}: D_n \oplus \mathbb{Z}_m)$

28.4 응용

케일리 유향그래프는 컴퓨터 설계의 상호 연결 네트워크에 대한 자연스러운 모델이고, 해밀턴이 되는 것은 이러한 네트워크의 알고리즘 정렬과 관련한 중요한 성질이다. 병렬 기계의 상호 연결 네트워크를 설계하고 분석하는 데 사용되는 특정 케일리 유향그래프 중 하나는 모든 호환들의 집합을 생성원 집합으로 갖는 대칭군 S_n이다. 케일리 유향그래프의 해밀턴 경로와 회로는 다양한 군 이론의 맥락에서 나타난다. 군의 케일리 유향그래프에서 해밀턴 경로는 단순히 반복 없이 군의 원소를 순서대로 나열한 것이다. 유향그래프의 꼭짓점은 군의 원소이고 경로의 호는 군의 생성원이다. 1948년 로버트 알렉산더 랜킨(Robert Alexander Rankin)은 이러한 아이디어를 이용해 종을 울리는 문제는 기존에 종을 치는 사람들이 사용하는 전통적인 방법으로는 특정한 종 치기 연습을 할 수 없음을 증명했다(실제로 랜킨이 사용한 표현과 용어는 다르다). 1981년에 케일리 유향그래프의 해밀턴 경로는 쌍곡평면에서 에셔 유형(Escher-type)의 반복 패턴에 대한 컴퓨터 그래픽을 생성하는 알고리즘에 사용되었다. 이 프로그램은 대칭군의 다양한 무한 클래스에서 색깔이 반복되는 쌍곡 패턴을 생성할 수 있다. 이제 사용자가 다양한 종류의 색깔 대칭 중에서 선택할 수 있도록 프로그램이 개선되었다. 2003년 수학 인식의 달(Mathematics Awareness Month) 포스터에 이와 같은 그림이 포함되어 있다.[1] 두 개의 에셔 그림과 컴퓨터로 그린 그림을 [그림 28.9]~[그림 28.12]에서 확인할 수 있다.

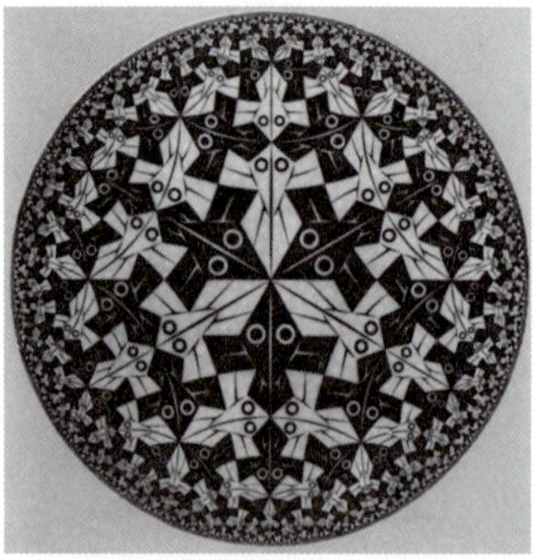

[그림 28.9] M. C. 에셔(M. C. Escher)의 『원의 극한 I』[2]

[그림 28.10] M. C. 에셔의 『원의 극한 I』의 패턴에서 영감을 받은 컴퓨터 그림이다. 이 프로그램은 기본적인 대칭군의 케일리 유향그래프에서 해밀턴 경로를 사용했다.[3]

1 mathaware.org/mam/03을 참고한다.

2

3 Courtesy of Douglas Dunham.

[그림 28.11] M. C. 에셔의 『원의 극한 IV』[4]

[그림 28.12] M. C. 에셔의 『원의 극한 IV』의 패턴에서 영감을 받은 컴퓨터 그림이다. 이 프로그램은 기본적인 대칭군의 케일리 유향그래프에서 해밀턴 경로를 사용했다.[5]

이 장에서는 군에서 유향그래프를 구성하는 방법을 살펴봤다. **자기동형군**(automorphism group)이라고 하는 군은 모든 유향그래프와 연관시킬 수 있다. 실제로 26개의 산발적 단순군 중 몇 가지는 처음에 이러한 방식으로 구성되었다.

28장 연습문제

> 수학자는 커피를 정리로 바꾸는 기계이다.
>
> **알프레드 레니(Alfréd Rényi)**

28.1 [EX 28.7]의 케일리 유향그래프에서 [그림 28.3]의 회로와는 다른 해밀턴 회로를 찾으라.

28.2 $\text{Cay}(\{(a, 0), (b, 0), (e, 1)\}: Q_4 \oplus \mathbb{Z}_2)$에서 해밀턴 회로를 찾으라.

4 M.C. Escher's Circle Limit IV

5 Courtesy of Douglas Dunham.

28.3 $\mathrm{Cay}(\{(a,\ 0),\ (b,\ 0),\ (e,\ 1)\}:\ Q_4 \oplus \mathbb{Z}_m)$에서 해밀턴 회로를 찾으라. 여기서 m은 짝수이다.

28.4 [연습문제 28.1]~[연습문제 28.3]에서 찾은 각 회로의 생성원 나열을 작성하라.

28.5 [EX 28.7]의 케일리 유향그래프를 이용해 곱 $a^3ba^{-1}ba^3b^{-1}$을 계산하라.

28.6 x와 y를 케일리 유향그래프의 두 꼭짓점이라 하자. 유향그래프의 꼭짓점 x에서 y까지의 두 경로가 군의 관계식, 즉 케일리 유향그래프의 생성원 a_i, b_j에 대해 $a_1a_2\cdots a_m = b_1b_2\cdots b_n$ 형태의 방정식을 만드는 이유를 설명하라.

28.7 [EX 28.7]의 케일리 유향그래프를 이용해 관계식 $aba^{-1}b^{-1}a^{-1}b^{-1} = a^2ba^3$을 확인하라.

28.8 다음은 우리에게 친숙한 군에 대한 케일리 유향그래프이다. 이 군이 어떤 군인지 확인하라.

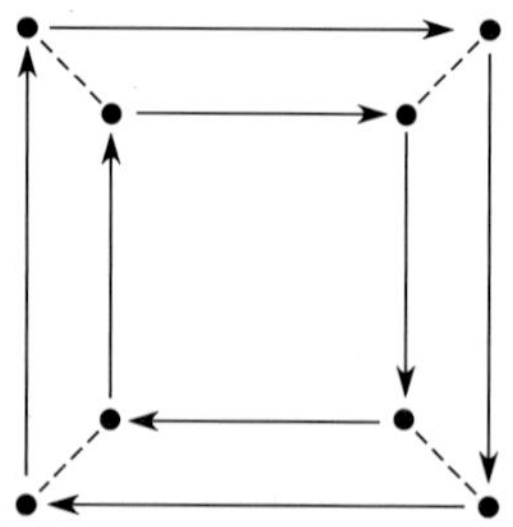

28.9 $D_4 = \langle r,\ f \mid r^4 = e = f^2,\ rf = fr^{-1}\rangle$이라고 할 때, $6*(3*(r,\ 0),\ (f,\ 0),\ 3*(r,\ 0),\ (e,\ 1))$이 $\mathrm{Cay}(\{(r,\ 0),\ (f,\ 0),\ (e,\ 1)\}:\ D_4 \oplus \mathbb{Z}_6)$의 해밀턴 회로임을 확인하라.

28.10 $\mathrm{Cay}(\{2,\ 5\}:\ \mathbb{Z}_8)$을 그림으로 나타내라.

28.11 $s_1,\ s_2, \cdots,\ s_n$이 어떤 꼭짓점에서 시작하는 해밀턴 회로를 나타내는 생성원 나열일 때, 동일한 나열이 임의의 꼭짓점에서 시작하는 해밀턴 회로를 나타내는 이유를 설명하라.[6]

28.12 [EX 28.7]에 주어진 케일리 유향그래프가 e에서 a로 가는 해밀턴 경로를 가짐을 보여라.

28.13 $\mathrm{Cay}(\{(1,\ 0),\ (0,\ 1)\}:\ \mathbb{Z}_3 \oplus \mathbb{Z}_2)$에 $(0,\ 0)$에서 $(2,\ 0)$으로 가는 해밀턴 경로가 존재하지 않음을 보여라.

6 이 문제는 이 장의 본문에서 살펴봤다.

28.14 $\text{Cay}(\{2,\ 3\}:\ \mathbb{Z}_6)$을 그림으로 나타내라. 이 유향그래프에는 해밀턴 회로가 존재할까?

28.15 다음 물음에 답하라.

(a) G를 집합 S에 의해 생성된 위수가 n인 군이라 하자. S의 원소들의 나열 $s_1,\ s_2, \cdots,\ s_{n-1}$이 $\text{Cay}(S:G)$의 해밀턴 경로일 필요충분조건은 $1 \le i \le j < n$인 모든 $i,\ j$에 대해 $s_i s_{i+1} \cdots s_j \neq e$임을 보여라.

(b) 수열 $s_1 s_2 \cdots s_n$이 해밀턴 회로일 필요충분조건은 $s_1 s_2 \cdots s_n = e$이고 $1 \le i \le j < n$에 대해 $s_i s_{i+1} \cdots s_j \neq e$임을 보여라.

28.16 $D_4 = \langle a,\ b \mid a^2 = b^2 = (ab)^4 = e \rangle$일 때, $\text{Cay}(\{a,\ b\}:\ D_4)$를 그림으로 나타내라. 이 유향그래프의 방향이 없는 무향그래프(undirected graph)로 간주할 수 있는 이유는 무엇일까?

28.17 D_n이 [EX 28.10]과 같을 때, $2 * [(n-1) * r,\ f]$가 $\text{Cay}(\{r,\ f\}:\ D_n)$의 해밀턴 회로임을 보여라.

28.18 $Q_8 = \langle a,\ b \mid a^8 = e,\ a^4 = b^2,\ b^{-1}ab = a^{-1} \rangle$일 때, $\text{Cay}(\{a,\ b\}:\ Q_8)$에서 해밀턴 회로를 찾으라.

28.19 Q_8이 [연습문제 28.18]과 같을 때, $\text{Cay}(\{(a,\ 0),\ (b,\ 0),\ (e,\ 1)\}:\ Q_8 \oplus \mathbb{Z}_5)$에서 해밀턴 회로를 찾으라.

28.20 [EX 28.6]에 주어진 케일리 유향그래프가 해밀턴 회로를 갖지 않음을 증명하라. 그렇다면 해밀턴 경로는 가질까?

28.21 $\text{Cay}(\{(R_{90},\ 0),\ (H,\ 0),\ (R_0,\ 1)\}:\ D_4 \oplus \mathbb{Z}_3)$에서 해밀턴 회로를 찾으라. 찾은 회로를 모든 $n \ge 3$에 대해 $D_{n+1} \oplus \mathbb{Z}_n$인 경우로 일반화할 수 있을까?

28.22 Q_8이 [연습문제 28.18]과 같을 때, 모든 짝수 m에 대해 $\text{Cay}(\{(a,\ 0),\ (b,\ 0),\ (e,\ 1)\}:\ Q_8 \oplus \mathbb{Z}_m)$에서 해밀턴 회로를 찾으라.

28.23 Q_4가 [EX 28.7]과 같을 때, $\text{Cay}(\{(a,\ 0),\ (b,\ 0),\ (e,\ 1)\}:\ Q_4 \oplus \mathbb{Z}_3)$에서 해밀턴 회로를 찾으라.

28.24 Q_4가 [EX 28.7]과 같을 때, 모든 홀수 $m \ge 3$에 대해 $\text{Cay}(\{(a,\ 0),\ (b,\ 0),\ (e,\ 1)\}:\ Q_4 \oplus \mathbb{Z}_m)$에서 해밀턴 회로를 찾으라.

28.25 [EX 28.9]의 해밀턴 회로를 설명하는 생성원 나열을 작성하라.

28.26 D_n이 [EX 28.10]과 같을 때, $\text{Cay}(\{(r, 0), (f, 0), (e, 1)\}: D_4 \oplus \mathbb{Z}_5)$에서 해밀턴 회로를 찾으라. 찾은 회로를 모든 $n \geq 4$에 대해 $D_n \oplus \mathbb{Z}_{n+1}$인 경우로 일반화할 수 있을까?

28.27 1보다 큰 모든 m, n에 대해 $\text{Cay}(\{(0, 1), (1, 1)\}: \mathbb{Z}_m \oplus \mathbb{Z}_n)$에 해밀턴 회로가 존재함을 증명하라.

28.28 $\text{Cay}(\{(0, 1), (1, 1)\}: \mathbb{Z}_m \oplus \mathbb{Z}_n)$에 해밀턴 회로가 존재하고, 이 회로가 꼭짓점 (a, b)에서 수직으로 나온다고 가정하자. 회로가 잉여류 $(a, b) + \langle (1, -1) \rangle$의 모든 원소에서 수직으로 나온다는 것을 보여라.

28.29 $D_2 = \langle r, f \mid r^2 = f^2 = e, rf = fr^{-1} \rangle$일 때, $\text{Cay}(\{(r, 0), (f, 0), (e, 1)\}: D_2 \oplus \mathbb{Z}_3)$에서 해밀턴 회로를 찾으라.

28.30 Q_8이 [연습문제 28.18]과 같을 때, $\text{Cay}(\{(a, 0), (b, 0), (e, 1)\}: Q_8 \oplus \mathbb{Z}_3)$에서 해밀턴 회로를 찾으라.

28.31 $\text{Cay}(\{(1, 0), (0, 1)\}: \mathbb{Z}_4 \oplus \mathbb{Z}_5)$에서 한 꼭짓점을 정확히 두 번 방문하고 다른 모든 꼭짓점을 정확히 한 번씩만 방문하면서 시작한 꼭짓점으로 돌아가는 생성원 나열을 작성하라.

28.32 $\text{Cay}(\{(1, 0), (0, 1)\}: \mathbb{Z}_4 \oplus \mathbb{Z}_5)$에서 두 꼭짓점을 정확히 두 번 방문하고 다른 모든 꼭짓점을 정확히 한 번씩만 방문하면서 시작한 꼭짓점으로 돌아가는 생성원 나열을 작성하라.

28.33 $\text{Cay}(\{(1, 0), (0, 1)\}: \mathbb{Z}_4 \oplus \mathbb{Z}_6)$에서 해밀턴 회로를 찾으라.

28.34 G를 $\text{Cay}(\{(1, 0), (0, 1)\}: \mathbb{Z}_3 \oplus \mathbb{Z}_5)$에서 꼭짓점 $(0, 0)$을 제거하여 얻은 유향그래프라 하자(또한 $(0, 0)$에 연결된 각 호를 제거한다). G가 해밀턴 회로를 갖는다는 것을 증명하라.

28.35 $\text{Cay}(\{(1, 0), (0, 1)\}: \mathbb{Z}_4 \oplus \mathbb{Z}_7)$에서 꼭짓점 $(0, 0)$을 제거하여 얻은 유향그래프가 해밀턴 회로를 갖는다는 것을 증명하라.

28.36 a와 b에 의해 생성된 유한군을 G라 하자. 또 $s_1, s_2, \cdots, s_n$을 유향그래프 $\text{Cay}(\{a, b\}: G)$에서 해밀턴 회로의 호라 하자. $s_{i+1} = a$이면 꼭짓점 $s_1 s_2 \cdots s_i$가 a로 이동한다고 한다. 꼭짓점 x가 a로 이동하면 잉여류 $x\langle ab^{-1} \rangle$의 모든 꼭짓점이 a로 이동함을 보여라.

28.37 모든 부분군이 정규부분군인 유한군을 **해밀턴군**(Hamiltonian group)이라 한다(가환군이 아닌 해밀턴군의 예 중 하나는 Q_4이다). [정리 28.3]이 모든 해밀턴군을 포함하도록 일반화할 수 있음을 보여라.

윌리엄 로언 해밀턴(William Rowan Hamilton)

아이작 뉴턴(Isaac Newton) 다음으로 영어권에서 가장 위대한 수학자는 윌리엄 로완 해밀턴이다.

에드먼드 휘태커 경(Sir Edmund Whittaker), *Scientific American*

Stock Montage

해밀턴은 1805년 8월 3일 아일랜드 더블린에서 태어났다. 3세부터 그는 읽기와 산수에 능숙했고, 5세의 나이에 라틴어, 그리스어, 히브리어를 읽고 번역했다. 14세에는 아랍어, 산스크리트어, 힌두스탄어, 말레이어, 벵골어를 포함한 14개 언어를 마스터했다.

1833년에 해밀턴은 복소수에 대한 최초의 현대적 처리 방법을 제시했다. 1843년에는 그의 가장 위대한 발견이라고 할 수 있는 사원수에 대한 대수학을 만들었다. 사원수는 제곱해서 -1이 되는 세 수 i, j, k를 이용해 복소수의 자연스러운 일반화를 표현한다. 이를 통해 3차원과 4차원에서의 회전이동을 대수적으로 처리할 수 있다.

그러나 더 중요한 것은 사원수가 곱셈에 대해 비가환이라는 사실이다. 이 환은 교환법칙이 성립하지 않는 최초로 발견된 환이다. 사원수에 대한 본질적인 아이디어는 아무런 성과 없이 15년이 지난 후에 갑자기 해밀턴이 떠올렸다. 오늘날 해밀턴의 이름은 물리적 시스템의 총 에너지를 나타내는 해밀턴 함수를 비롯하여 해밀턴-야코비 미분방정식, 선형대수학의 케일리-해밀턴 정리 등의 다양한 개념에 남아 있다. 또한 그는 벡터, 스칼라, 텐서라는 용어를 만들었다. 말년에 해밀턴은 알코올 중독에 시달리다가 1865년 9월 2일에 60세의 나이로 사망했다.

에르되시 팔(Erdős Pál)

에르되시 팔은 사회적으로는 힘없는 헝가리인이었지만, 역사상 그 누구보다 수학 문제에 대해 많이 고민한 인물이다.

The Atlantic

Photo by Seymour Schuste Carleton College

에르되시는 20세기에 아주 유명하고 존경받는 수학자 중 하나였다. 이론 수립에 집중했던 대부분의 동시대 사람들과 달리 에르되시는 문제 해결과 문제 제기에 집중했다. 특별한 문제에 대한 해법으로 오늘날 수학 이론의 많은 부분을 이끌어낸 오일러(Euler)와 마찬가지로, 에르되시의 문제와 해법은 조합적 수론, 확률적 수론, 조합기하학, 확률적 초월조합론, 그래프 이론 등과 같은 새로운 이론을 개척하는 데 도움을 주었다.

에르되시는 1913년 3월 26일 헝가리에서 태어났다. 그의 부모는 모두 고등학교 수학 교사였다. 유대인인 에르되시는 유럽 전역에서 반유대주의 운동이 고조되자 1934년 21세의 나이에 헝가리를 떠났다. 남은 생애 동안 그는 끊임 없이 여행을 다녔으며, 어느 한 곳에서 한 달 이상 머무는 일이 거의 없었다. 또 적은 사례금을 받고 강의하며 동료 수학자들과 함께 지냈다. 그는 재산이 거의 없었고 고정된 주거지도 없었다.

그는 자신이 소유한 모든 것을 중간 크기의 여행 가방에 넣고 한 달에 15곳 이상의 장소를 방문했다. 그의 좌우명은 '또 다른 지붕(roof), 또 다른 증명(proof)'이었다. 그는 80대의 나이에도 수학을 연구하는 데 하루에 19시간을 투자했다. 에르되시는 1,500개 이상의 연구 논문을 썼다. 그리고 500명 이상의 사람들과 함께 논문을 공동 집필했다. 이러한 사람들을 에르되시 수 1을 갖는다고 했다. 에르되시 수 1을 갖지 않지만, 에르되시 수 1을 가진 사람과 함께 논문을 쓴 사람들은 귀납적으로 에르되시 수 2를 갖는다고 했다.

에르되시는 미국수학회로부터 정수론 부문에서 콜상(Cole prize)을 받았고, 평생에 걸친 공헌으로 울프상(Wolf prize)을 받았으며, 미국국립과학원 회원으로 선출되었다. 에르되시는 1996년 9월 20일 심장마비로 사망했다.

29

대수적 부호 이론의 개요
Introduction to Algebraic Coding Theory

"아무리 추상적인 수학 분야라고 해도 언젠가는 현실 세계에서 일어나는 현상에 적용된다."

니콜라이 로바쳅스키(Nikolai Lobatchevsky)

"젠장, 기계가 오류를 감지할 수는 있는데 왜 오류 위치를 찾아내서 수정하지는 못할까?"

리처드 W. 해밍(Richard W. Hamming)

29.1 개요

유한체의 아주 흥미롭고 중요한 응용 중 하나는 바로 대수적 부호 이론의 발전이다. 1940년대 후반에 시작된 이 이론은 실제적인 의사소통 문제에 대응하여 만들어졌다(대수적 부호는 비밀 부호화와는 아무런 관련이 없다). 대수적 부호는 오늘날 CD와 DVD 플레이어, 팩스기, 디지털 TV, 바코드스캐너 등에 사용되며 컴퓨터 유지 관리에 필수이다.

이 이론에 대한 동기부여를 위해 화성에 접근하는 우주선에 두 가지의 가능한 신호 중 하나를 전송한다고 가정해보자. 예정된 착륙 장소가 좋지 않으면 우주선을 향해 행성 궤도를 돌라는 명령을 하고, 그렇지 않으면 착륙하라는 명령을 할 것이다. 궤도 선회에 대한 신호는 0이고 착륙 신호는 1이다. 그러나 일종의 간섭(**잡음**(noise)이라고 함)으로 인해 잘못된 메시지가 수신될 수 있다. 이런 일이 발생할 가능성을 줄이기 위해 전송 과정에 중복성이 내장되어 있다. 예를 들어 우주선이 화성 궤도를 돌기를 원한다면 5개의 0을 보낼 수 있다. 우주선에 내장된 컴퓨터는 다섯 자리 메시지를 받아 다수결 원칙에 따라 그 결과를 복호화하도록 프로그래밍되어 있다. 따라서 00000을 보내고 10001을 받으면 컴퓨터는 0을 의도된 메시지라고 결정한다. 컴퓨터가 잘못된 결정을 하려면 전송 중에 최소 3개의 오류가 발생해야 한다. 오류가 독립적으로 발생한다고 가정하면 오류가 3개 이상 발생할 확률은 오류가 2개 이하 발생할 확률보다 적다. 이러한 이유로 이 결정 과정을 흔히 **최대가능도 복호화**(maximum-likelihood decoding) 과정이라 한다. 이에 관한 특별한 상황은 [그림 29.1]을 통해 확인할 수 있고, 일반적인 부호화 과정은 [그림 29.2]를 통해 확인할 수 있다.

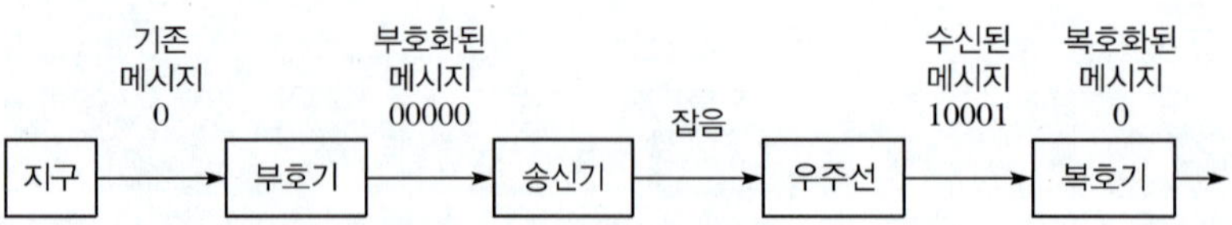

[그림 29.1] 5회의 중복된 반복을 통한 부호화와 복호화

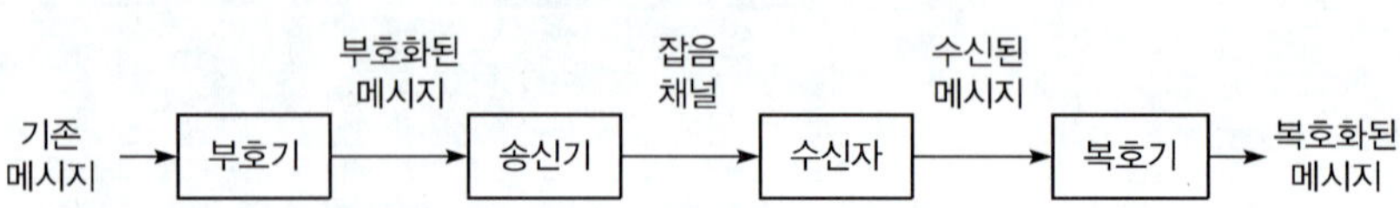

[그림 29.2] 일반적인 부호화와 복호화

실제로 전송 수단은 전화기, 전파, 마이크로파 또는 자기 디스크이다. 잡음은 인간의 실수, 누화(crosstalk), 번개, 열 잡음, 디스크 성능의 저하일 수 있다. 이 장에서는 전송 오류가 독립적으로 발생한다고 가정한다. 그렇지 않은 경우에는 다른 방법이 필요하다.

이제 좀 더 복잡한 상황을 생각해보자. 이번에는 길이가 500인 0과 1의 수열을 전송한다고 하자. 특정한 자리의 수를 전송할 때 오류가 발생할 확률은 0.01이라 가정한다. 중복 없이 이 메시지를 직접 보내는 경우 오류 없이 수신될 확률은 $(0.99)^{500}$이 되어, 대략 0.0066이다.

한편, 각 자리의 수를 3회 전송하고 수신된 세 자릿수의 각 블록을 다수결 원칙에 따라 복호화하는 삼중반복체계(threefold repetition scheme)를 채택하면 훨씬 더 나은 결과를 얻을 수 있다. 예를 들어 수열 1011은 111000111111로 부호화된다. 수신된 메시지가 011000001110이면 복호화된 메시지는 1001이다. 이제 500자리 메시지에 오류가 없을 확률은 얼마일까? 예를 들어 1을 보낼 경우, 이 수가 0으로 복호화될 필요충분조건은 수신된 블록이 001, 010, 100, 000인 것이다. 이와 같은 경우가 발생할 확률은 다음과 같다.

$$\begin{aligned}(0.01)(0.01)(0.99)+(0.01)(0.99)(0.01)+(0.99)(0.01)(0.01)+(0.01)(0.01)(0.01)\\ =(0.01)^2[3(0.99)+0.01]\\ =0.000298<0.0003\end{aligned}$$

따라서 수열의 특정한 자리의 수가 올바르게 복호화될 확률은 0.9997보다 크고, 500자리 메시지 전체가 올바르게 복호화될 확률은 $(0.9997)^{500}$보다 커서 대략 0.86이다. 이는 0.0066에 비해 극적인 개선이 이루어진 결과이다.

위의 예는 부호의 3가지 기본적인 특성인 메시지 집합, 메시지를 부호화하는 방법, 수신된 메시지를 복호화하는 방법을 설명한다. 부호화 과정은 기존 메시지 안에 약간의 반복을 만든다. 복호화 과정은 규정된 특정 오류를 수정하거나 감지한다. 반복 부호는 부호화와 복호화가 간편하다는 장점이 있지만 너무 비효율적이다. 5회 반복 부호에서는 전송되는 정보의 80%가 중복된다. 부호 이론의 목표는 안정적이고 효율적이며 합리적으로 구현하기 쉬운 메시지 부호화 및 복호화 방법을 고안하는 것이다.

공식적인 이론에 들어가기 전에 좀 더 복잡한 예를 살펴보자.

EX 29.1 해밍 (7, 4) 부호

이번에는 메시지 집합이 0과 1로 이루어진 가능한 모든 4-튜플로 구성된다(즉, 길이가 4인 0과 1의 수열을 전송한다). 이러한 메시지를 성분이 $\mathbb{Z}_2$의 원소로 이루어진 1×4 행렬로 보고, 16개 메시지 각각에 다음 행렬을 오른쪽에 곱하여 부호화한다(모든 연산은 법 2에 대해 수행된다).

$$G=\begin{bmatrix}1&0&0&0&1&1&0\\0&1&0&0&1&0&1\\0&0&1&0&1&1&1\\0&0&0&1&0&1&1\end{bmatrix}$$

연산 결과인 7-튜플을 **부호어**(code words)라고 한다([표 29.1] 참고).

[표 29.1]

메시지	부호기 G	부호어	메시지	부호기 G	부호어
0000	→	0000000	0110	→	0110010
0001	→	0001011	0101	→	0101110
0010	→	0010111	0011	→	0011100
0100	→	0100101	1110	→	1110100
1000	→	1000110	1101	→	1101000
1100	→	1100011	1011	→	1011010
1010	→	1010001	0111	→	0111001
1001	→	1001101	1111	→	1111111

각 부호어의 처음 네 자릿수는 해당 부호어에 대응하는 기존 메시지로 구성된다. 부호어의 마지막 세 자릿수는 중복수로 구성된다. 이 부호에서는 **최근접 이웃 복호화**(nearest-neighbor decoding)[1] 방법을 사용한다. 임의의 수신된 단어 v에 대해 전송된 단어인 부호어가 v와 다르며 v와 가장 근접한 위치에 있다고 가정하자. 이러한 전송된 단어를 v'이라 하자. v'의 선택이 유일하지 않은 경우, 복호화하지 않거나 v에 가장 근접한 부호어 중 하나를 임의로 선택할 수 있다(전자의 경우에는 일반적으로 재전송이 실용적인 경우에 선택한다).

수신된 단어를 복호화한 후에는 v'의 마지막 세 자릿수를 삭제함으로써 메시지를 얻을 수 있다. 예를 들어 1000이 의도한 메시지라고 가정하자. 이 메시지는 $u = 1000110$으로 부호화되어 전송된다. 수신된 단어가 $v = 1100110$(두 번째 자리의 수가 오류임)인 경우, 여전히 u로 복호화된다. 왜냐하면 v와 u는 한 자리의 수만 다른 반면에, v와 임의의 다른 부호어는 최소 두 자리의 수가 다르기 때문이다. 마찬가지로 의도한 메시지 1111은 1111111로 부호화된다. 대신 0111111이라는 단어가 수신되면 복호화 과정은 여전히 의도한 메시지 1111을 제공한다.

[EX 29.1]의 부호는 리처드 W. 해밍(Richard W. Hamming)이 1948년에 발견한 많은 종류의 중요한 부호들 중 하나이다. 그중 해밍 부호는 가장 널리 사용되는 부호이다.

해밍 (7, 4) 부호화 체계는 [그림 29.3]과 같이 벤 다이어그램을 이용해 간편히 설명할 수 있다. 4개의 겹치는 영역 I, II, III, IV에 4개의 메시지 숫자를 배치하는 것으로 시작한다. 첫 번째 자리의 수는 영역 I에, 두 번째 자리의 수는 영역 II에 배치하는 방식으로 나머지도 진행한다. 영역 V, VI, VII의 경우 각 원에 있는 전체 1의 개수가 짝수가 되도록 0 또는 1을 할당한다.

1 오류가 독립적으로 발생하는 경우, 최대가능도 복호화 과정과 동일하다.

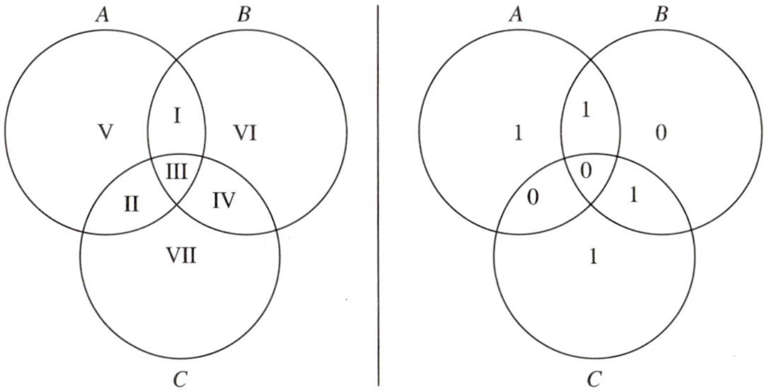

[그림 29.3] 메시지 1001과 부호화된 메시지 1001101에 대한 벤 다이어그램

수신된 단어 0001101에 대한 다음의 벤 다이어그램을 생각해보자.

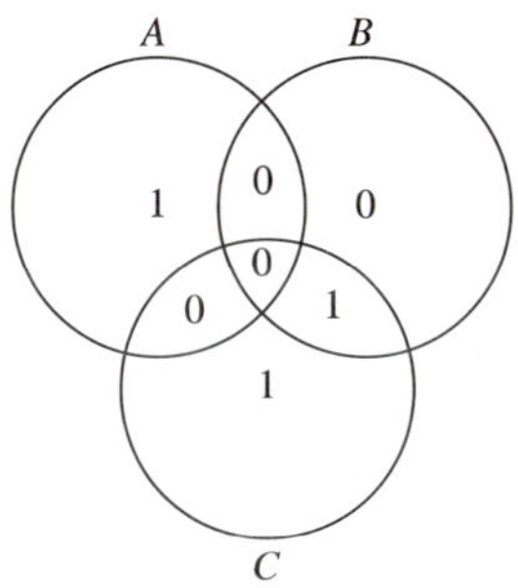

오류를 어떻게 감지하고 수정할 수 있을까? 원 A와 B 각각에는 홀수 개의 1이 있다. 이는 무언가 잘못되었음을 보여준다. 동시에 원 C에는 짝수 개의 1이 있다. 따라서 A와 B에 속하지만 C에는 속하지 않는 벤 다이어그램의 부분이 오류의 원인이다. [그림 29.4]를 참고한다.

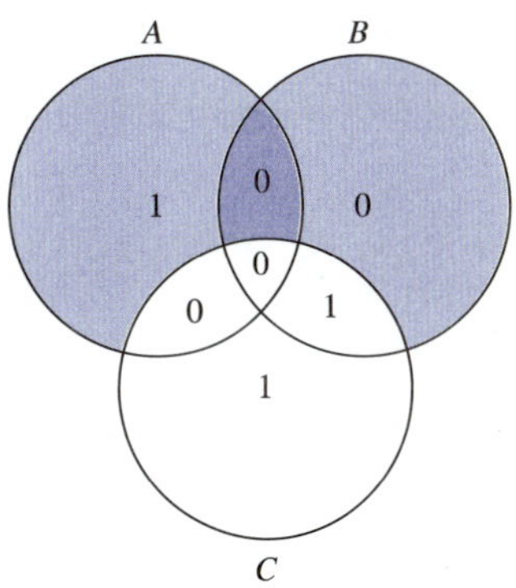

[그림 29.4] 원 A, B는 잘못된 패리티[2]를 갖고 있지만, 원 C는 그렇지 않다.

2 (감수) **패리티**(parity)란 홀짝성을 의미한다. 이는 데이터 오류를 확인하기 위한 방식으로, 1의 개수가 짝수인지 홀수인지를 검사하는 것이다.

부호는 오류를 수정하기보다는 오류를 감지하는 데 사용되는 경우가 많다. 이는 메시지 재전송이 쉬울 때 특히 적합하다. 수신된 단어가 부호어가 아니면 오류를 감지한다. 예를 들어 컴퓨터는 수에 대해 **패리티 검사**(parity check)를 사용하도록 설계되었다. 컴퓨터 내부에서는 각 수가 0과 1의 문자열로 표현된다. 이 표현에 짝수 개의 1이 있으면 문자열에 0을 첨부하고, 표현에 홀수 개의 1이 있으면 문자열에 1을 첨부한다. 따라서 컴퓨터 기억장치에 저장된 각 수에는 짝수 개의 1이 있다. 이제 컴퓨터는 기억장치에서 수를 읽을 때 패리티 검사를 실행한다. 읽은 수에 홀수 개의 1이 있으면 컴퓨터는 오류가 발생했음을 알고 해당 수를 다시 읽는다. 짝수 개의 오류는 패리티 검사로 감지되지 않는다. 0장과 5장에서 소개한 오류 감지 방법도 기본적으로 동일한 원리이다. 특정 조건을 만족하도록 수들의 문자열에 문자를 추가한다. 그러한 문자열이 해당 조건을 만족하지 않음을 발견하면 오류가 발생했음을 알 수 있다.

29.2 선형 부호

이제 이전 논의에서 소개한 아이디어 중 일부를 공식화한다.

정의 선형 부호

유한체 F 위의 $(n,\ k)$ **선형 부호**(linear code)는 F 위의 다음과 같은 벡터공간 F^n의 k차원 부분공간 V이다.

$$F^n = \underbrace{F \oplus F \oplus \cdots \oplus F}_{n\text{번}}$$

V의 원소를 **부호어**(code words)라 한다. F가 $\mathbb{Z}_2$이면 부호를 **이진 부호**(binary code)라 한다.

F 위의 $(n,\ k)$ 선형 부호는 F로부터 만들어진 n-튜플 집합으로 생각해야 한다. 여기서 각 n-튜플은 두 부분으로 구성된다. 즉, k개의 자리로 구성된 메시지 부분과 나머지 $(n-k)$개의 자리로 구성된 중복 부분이다. 위수가 q인 유한체 F 위의 $(n,\ k)$ 선형 부호는 q^k개의 부호어를 갖는다는 점에 유의한다. 왜냐하면 부호의 모든 원소는 F의 원소인 계수와 k개의 기저벡터의 선형결합으로 유일하게 표현될 수 있기 때문이다. q^k개의 부호어들의 집합은 덧셈과 F의 원소들의 스칼라곱에 대해 닫혀있다. 또한 전송 오류는 n개의 위치 중 어느 곳에서나 발생할 수 있으므로 수신할 수 있는 가능한 벡터는 q^n개이다. 혼동할 가능성이 없는 경우, [EX 29.1]에서 한 것처럼 n-튜플 $(a_1,\ a_2,\ \cdots,\ a_n)$을 더 간단하게 $a_1a_2 \cdots a_n$으로 표기하는 것이 관례이다.

EX 29.2 집합 {0000000, 0010111, 0101011, 1001101, 1100110, 1011010, 0111100, 1110001}은 (7, 3) 이진 부호이다.

EX 29.3 집합 {0000, 0101, 1010, 1111}은 (4, 2) 이진 부호이다.

이진 부호가 가장 중요한 부호이지만 종종 다른 부호도 사용된다.

EX 29.4 집합 {0000, 0121, 0212, 1022, 1110, 1201, 2011, 2102, 2220}은 $\mathbb{Z}_3$ 위의 (4, 2) 선형 부호이다. $\mathbb{Z}_3$ 위의 선형 부호를 **삼진 부호**(ternary code)라 한다.

부호의 오류 수정 및 오류 감지 기능에 대한 논의를 용이하게 하기 위해 다음 용어를 소개한다.

정의 해밍 거리, 해밍 가중치

F^n에서 두 벡터 사이의 **해밍 거리**(Hamming distance)는 서로 다른 성분의 개수이다. 벡터의 **해밍 가중치**(Hamming weight)는 벡터의 0이 아닌 성분의 개수이다. 선형 부호의 해밍 가중치는 부호에서 영벡터가 아닌 벡터의 최소 가중치이다.

두 벡터 u와 v 사이의 해밍 거리를 $d(u, v)$로 표기하고, 벡터 u의 해밍 가중치를 $\mathrm{wt}(u)$로 표기한다.

EX 29.5 $s = 0010111$, $t = 0101011$, $u = 1001101$, $v = 1101101$이라 하자. 그러면 $d(s, t) = 4$, $d(s, u) = 4$, $d(s, v) = 5$, $d(u, v) = 1$이고, $\mathrm{wt}(s) = 4$, $\mathrm{wt}(t) = 4$, $\mathrm{wt}(u) = 4$, $\mathrm{wt}(v) = 5$이다.

해밍 거리와 해밍 가중치는 다음과 같은 중요한 성질을 갖는다.

정리 29.1 해밍 거리와 해밍 가중치의 성질

임의의 벡터 u, v, w에 대해 $d(u, v) \le d(u, w) + d(w, v)$이고 $d(u, v) = \mathrm{wt}(u - v)$이다.

증명

$d(u, v) = \mathrm{wt}(u-v)$임을 증명하기 위해, 단순히 $d(u, v)$와 $\mathrm{wt}(u-v)$는 모두 u와 v의 서로 다른 성분들의 개수와 같음을 확인한다. $d(u, v) \le d(u, w) + d(w, v)$를 증명하기 위해, u와 v의 i번째 성분이 다르고 u와 w의 i번째 성분이 같으면 w와 v의 i번째 성분이 서로 다름을 확인한다. ■

해밍 거리와 해밍 가중치의 정의와 [정리 29.1]을 이용해 [EX 29.1], [EX 29.2], [EX 29.4]에 주어진 부호는 임의의 단일 오류를 수정할 수 있지만, [EX 29.3]에 주어진 부호는 그렇지 않은 이유를 설명할 수 있다.

> **정리 29.2 선형 부호의 오류 수정 능력**
> 선형 부호의 해밍 가중치가 최소 $2t+1$이면 부호는 t개 이하의 오류를 수정할 수 있다. 또는 그 부호가 $2t$개 이하의 오류를 감지할 수 있다.

증명

최근접 이웃 복호화를 사용하자. 즉, 수신된 벡터 v에 대응하는 전송된 부호어는 해밍 거리 $d(v, v')$이 최소가 되는 부호어 v'이라 가정하자(이러한 v'이 2개 이상 존재하면 복호화하지 않는다). 이제 전송된 부호어 u가 벡터 v로 수신되고 전송할 때 최대 t개의 오류가 발생했다고 가정하자. 그러면 u와 v 사이의 해밍턴 거리에 대한 정의에 의해 $d(u, v) \le t$이다. w가 u와 다른 임의의 부호어인 경우, $w-u$는 영이 아닌 부호어이다. 따라서 가정에 의해 다음이 성립한다.

$$2t+1 \le \mathrm{wt}(w-u) = d(w, u) \le d(w, v) + d(v, u) \le d(w, v) + t$$

그러므로 $t+1 \le d(w, v)$이다. 따라서 수신된 벡터 v에 가장 근접한 부호어는 u이므로 v는 u로 올바르게 복호화된다.

부호가 $2t$개의 오류를 감지할 수 있음을 보이기 위해, 전송된 부호어 u가 벡터 v로 수신되고, 전송할 때 적어도 하나의 오류(그러나 $2t$개 이하의 오류)가 발생했다고 가정하자. 부호어만 전송되므로 수신된 단어가 부호어가 아닐 때마다 오류가 감지된다. 그러나 $d(v, u) \le 2t$이고 서로 다른 부호어 사이의 최소 거리는 $2t+1$이므로, v는 부호어가 될 수 없다. ■

EX 29.6

- 이진 부호 $\{000, 001, 010, 100, 110, 101, 011, 111\}$의 가중치는 $1 = 2t + 1$이므로, 임의의 오류$(t = 0)$를 감지하지 못할 것이다.
- 이진 부호 $\{0000, 0101, 1010, 1111\}$의 가중치는 $2 = 2t + 1$이므로, 임의의 1개의 오류 $\left(t = \dfrac{1}{2}\right)$를 수정하지 못하지만 임의의 1개의 오류를 감지할 것이다.
- 이진 부호 $\{00000, 10011, 01010, 11001, 00101, 10110, 01111, 11100\}$의 가중치는 $3 = 2t + 1$이므로, 임의의 1개의 오류$(t = 1)$를 수정하거나 임의의 2개 이하의 오류를 감지할 것이다.
- 이진 부호 $\{0000000, 00101111, 0101011, 1001101, 1100110, 1011010, 0111100, 1110001\}$의 가중치는 $4 = 2t + 1$이므로, 임의의 1개의 오류$\left(t = \dfrac{3}{2}\right)$를 수정하거나 임의의 3개 이하의 오류를 감지할 것이다.

[정리 29.2]는 해밍 가중치가 $2t + 1$인 선형 부호가 모든 t개의 오류를 수정하고 동시에 $2t$개 이하의 오류를 감지할 수 있다는 의미로 잘못 해석되는 경우가 많다. 사실은 그렇지 않다. 사용자는 부호에 대해 둘 중 하나의 역할을 선택해야 한다. 예를 들어 [표 29.1]에 주어진 해밍 (7, 4) 부호를 생각해보자. 검사 결과 부호의 해밍 가중치는 $3 = 2 \cdot 1 + 1$이므로, 단일 오류를 수정하거나 1개 또는 2개의 오류를 감지하도록 선택할 수 있다. 두 가지를 모두 수행할 수 없는 이유를 이해하기 위해 수신된 단어 0001010을 생각해보자. 의도한 메시지는 0000000일 수 있으며, 이 경우 2개의 오류가 발생한다(의도한 메시지가 1011010과 0101110인 경우와 유사). 또는 의도한 메시지가 0001011일 수 있으며, 이 경우 1개의 오류가 발생한다. 그러나 이러한 가능성 중 어떤 경우가 발생했는지 알 수 있는 방법은 없다. 우리의 선택이 오류를 수정하는 경우였다면 아마 실수로 0001011을 의도한 메시지라 가정했을 것이다. 또 우리의 선택이 오류를 감지하는 경우였다면 단순히 복호화하지는 않을 것이다(일반적으로 재전송을 요청한다).

한편, 선형 부호의 해밍 가중치를 $2t + s + 1$ 형태로 작성하면 t개의 오류를 수정하고 $t + s$개 이하의 오류를 감지할 수 있다. 따라서 해밍 가중치가 5인 부호일 때, 선택할 수 있는 경우는 다음과 같다.

(1) 임의의 4개의 오류를 감지한다$(t = 0,\ s = 4)$.
(2) 임의의 1개의 오류를 수정하고 임의의 2개 또는 3개의 오류를 감지한다$(t = 1,\ s = 2)$.
(3) 임의의 2개의 오류를 수정한다$(t = 2,\ s = 0)$.

EX 29.7 [EX 29.2]에 주어진 선형 부호의 해밍 가중치가 4이므로, 임의의 단일 오류를 수정하고 임의의 2개의 오류를 감지하거나($t=1,\ s=1$), 임의의 3개의 오류를 감지한다($t=0,\ s=3$).

이제 [EX 29.1]에서 해밍 부호를 만드는 데 사용된 행렬 G가 어떻게 선택되었는지 궁금할 것이다. 일반적으로 V의 임의의 k-튜플 벡터 v에 대해 벡터 vG의 처음 k개의 성분은 벡터 v와 일치하고 나머지 $(n-k)$개의 성분은 몇 가지 성분이 중복되는 방식으로, F^k의 부분공간 V를 F^n의 부분공간으로 보내는 행렬 G를 어떻게 찾을 수 있을까? 이러한 행렬은 다음과 같은 형태의 $k\times n$ 행렬이다.

$$\left[\begin{array}{cccc|ccc} 1 & 0 & \cdots & 0 & a_{11} & \cdots & a_{1n-k} \\ 0 & 1 & \cdots & 0 & \vdots & & \vdots \\ \vdots & \vdots & & \vdots & \vdots & & \vdots \\ 0 & 0 & \cdots & 1 & a_{k1} & \cdots & a_{kn-k} \end{array}\right]$$

이때 a_{ij}는 F의 원소이다. 이와 같은 형태의 행렬을 결과 부호에 대한 **표준 생성원 행렬**(standard generator matrix) 또는 **표준 부호화 행렬**(standard encoding matrix)이라 한다.

행들이 선형독립인 임의의 $k\times n$ 행렬은 F^k에서 F^n의 k차원 부분공간으로 가는 선형변환이며 중복성을 만들 수 있다. 그러나 표준 생성원 행렬을 이용하면 기존 메시지가 변환된 벡터의 처음 k개의 성분을 구성한다는 이점이 있다. 각 부호어의 시작 부분에 k개의 정보 숫자가 나타나는 $(n,\ k)$ 선형 부호를 **체계적 부호**(systematic code)라 한다. 개략적으로 보면 다음과 같다.

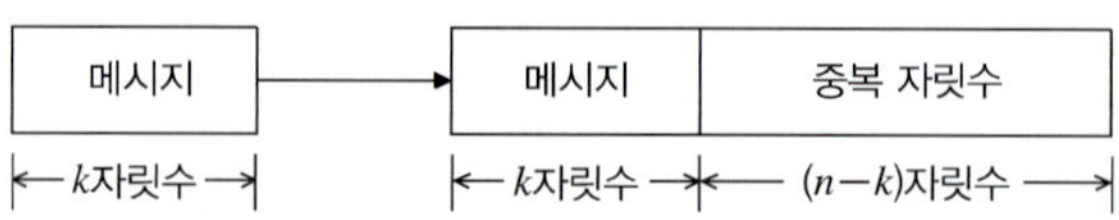

정의에 따르면 표준 생성원 행렬은 체계적 부호를 생성한다.

EX 29.8 메시지 집합 {000, 001, 010, 100, 110, 101, 011, 111}로부터, 다음과 같은 표준 생성원 행렬을 이용해 $\mathbb{Z}_2$ 위의 (6, 3) 선형 부호를 구성할 수 있다.

$$G=\begin{bmatrix} 1 & 0 & 0 & 1 & 1 & 0 \\ 0 & 1 & 0 & 1 & 0 & 1 \\ 0 & 0 & 1 & 1 & 1 & 1 \end{bmatrix}$$

결과 부호어는 [표 29.2]에서 확인할 수 있다. 0이 아닌 임의의 부호어의 최소 가중치는 3이므로, 이 부호는 임의의 단일 오류를 수정하거나 임의의 이중 오류를 감지한다.

[표 29.2]

메시지	부호기 G	부호어
000	→	000000
001	→	001111
010	→	010101
100	→	100110
110	→	110011
101	→	101001
011	→	011010
111	→	111100

EX 29.9 메시지 집합 {00, 01, 02, 10, 11, 12, 20, 21, 22}로부터, 다음과 같은 표준 생성원 행렬을 이용해 $\mathbb{Z}_3$ 위의 (4, 2) 선형 부호를 구성할 수 있다.

$$G = \begin{bmatrix} 1 & 0 & 2 & 1 \\ 0 & 1 & 2 & 2 \end{bmatrix}$$

결과 부호어는 [표 29.3]에서 확인할 수 있다. 부호의 최소 가중치는 3이므로, 임의의 단일 오류를 수정하거나 임의의 이중 오류를 감지한다.

[표 29.3]

메시지	부호기 G	부호어
00	→	0000
01	→	0122
02	→	0211
10	→	1021
11	→	1110
12	→	1202
20	→	2012
21	→	2101
22	→	2220

29.3 패리티 검사 행렬의 복호화

이제 표준 생성원 행렬을 이용해 메시지를 편리하게 부호화할 수 있으므로 수신된 메시지를 복호화하는 편리한 방법이 필요하다. 불행히도 이는 쉬운 일이 아니다. 그러나 부호어마다 최대 1개의 오류가 발생하는 경우에는 매우 간단한 복호화 방법이 있다(부호어에 1개보다 많은 오류가 발생하면 이 복호화 방법은 적용되지 않는다).

이 방법을 설명하기 위해 V가 표준 생성원 행렬 $G=[I_k \mid A]$에 의해 주어진 체 F 위의 체계적 선형 부호라 가정하자. 이때 I_k는 $k\times k$ 크기의 단위행렬을 나타내고, A는 G의 처음 k개 열을 제거함으로써 G로부터 얻는 $k\times(n-k)$ 크기의 행렬이다. 그러면 다음과 같은 $n\times(n-k)$ 크기의 행렬을 V에 대한 **패리티 검사 행렬**(parity-check matrix)이라 한다.

$$H=\left[\frac{-A}{I_{n-k}}\right]$$

이때 $-A$는 A의 행렬 덧셈에 대한 역원이고, I_{n-k}는 $(n-k)\times(n-k)$ 크기의 단위행렬이다(일부 책에서는 H의 전치행렬을 패리티 검사 행렬이라 한다. 그러나 H가 우리의 목적에 훨씬 더 편리하다). 복호화 과정은 다음과 같다.

(1) 임의의 수신된 단어 w에 대해 wH를 계산한다.

(2) wH가 영벡터일 때 오류가 발생하지 않는다고 가정한다.

(3) 영이 아닌 원소 $s\in F$와 H의 한 행 i에 대해 wH가 i행의 s배가 되는 경우가 오직 한 가지일 때, 전송된 단어가 $w-(0\cdots s\cdots 0)$이라 가정한다(이때 s는 i번째 성분에 나타난다). 만약 이러한 경우가 2가지 이상이면 복호화하지 않는다.

(3′) 부호가 이진 부호인 경우 (3)은 다음과 같이 축소된다. wH가 오직 하나의 i에 대해 H의 i행인 경우, w의 i번째 성분에서 오류가 발생한다고 가정한다. 만약 wH가 H의 2개 이상의 행과 일치하면 복호화하지 않는다.

(4) wH가 (2) 또는 (3)의 경우를 만족하지 않으면 전송 중에 적어도 2개의 오류가 발생한 것으로 알고 복호화하지 않는다.

EX 29.10 [EX 29.1]에 주어진 해밍 (7, 4) 부호를 다시 생각해보자. 표준 생성원 행렬은 다음과 같다.

$$G=\begin{bmatrix}1&0&0&0&1&1&0\\0&1&0&0&1&0&1\\0&0&1&0&1&1&1\\0&0&0&1&0&1&1\end{bmatrix}$$

그리고 이에 대응하는 패리티 검사 행렬은 다음과 같다.

$$H=\begin{bmatrix}1&1&0\\1&0&1\\1&1&1\\0&1&1\\1&0&0\\0&1&0\\0&0&1\end{bmatrix}$$

만약 수신된 벡터가 $v=0000110$이면 $vH=110$이다. 이는 H의 첫 번째 행이고 다른 행은 아니므로 v의 첫 번째 위치에서 오류가 발생한다고 가정한다. 따라서 전송된 부호어를 1000110이라 가정하고, 이에 대응하는 메시지는 1000이라 가정한다. 마찬가지로 $w=1011111$이 수신된 단어이면 $wH=101$이며, 이 경우에는 v의 두 번째 위치에서 오류가 발생한다고 가정한다. 따라서 1111111이 전송되었으며 1111이 의도한 메시지라고 가정한다. 부호화된 메시지 1001101이 $z=1001011$(다섯 번째와 여섯 번째 위치에서 오류 발생)로 수신되면 $zH=110$이다. 이는 H의 첫 번째 행과 일치하므로 z를 0001011로 복호화하고, 메시지 0001이 의도한 메시지라고 잘못 가정하게 된다. 한편, 최근접 이웃 복호화도 동일한 잘못된 결과를 산출한다.

전송 중에 오류가 1개만 발생한 경우, 패리티 검사 복호화 과정을 통해 원래 의도한 메시지가 전달된다. 이 결과가 어떤 조건에서 참이 되는지 곧 알게 될 것이다. 그러나 먼저 표준 생성원 행렬에 의해 주어진 부호와 이에 대응하는 패리티 검사 행렬 사이의 관계에 대한 중요한 사실이 필요하다.

보조정리 29.1 직교 관계

C가 표준 생성원 행렬 G와 패리티 검사 행렬 H를 갖는 F 위의 체계적 $(n,\ k)$ 선형 부호라 하자. 그러면 F^n의 임의의 벡터 v에 대해 $vH=0$(영벡터)일 필요충분조건은 v가 C에 포함되는 것이다.

증명

먼저 H의 계수(rank)가 $(n-k)$이므로, H를 F^n에서 F^{n-k}으로 가는 전사인 선형변환으로 생각할 수 있다. 따라서 선형변환에 대한 차원 정리에 따르면 $n=(n-k)+\dim(\text{Ker}\,H)$이므로, $\text{Ker}\,H$의 차원은 k이다(또는 $|\text{Ker}\,H|=|F|^k$임을 보이기 위해 군 이론을 이용할 수 있다). 그러면 C의 차원도 k이므로 $C\subseteq \text{Ker}\,H$임을 보이면 된다. 이를 보이기 위해 $G=[I_k \mid A]$라 하자. 즉, $H=\left[\dfrac{-A}{I_{n-k}}\right]$이다. 그러면 다음과 같다.

$$GH=[I_k \mid A]\left[\frac{-A}{I_{n-k}}\right]=-A+A=[0]\ (\text{영행렬})$$

이제 정의에 의해 C의 모든 벡터 v는 mG 형태이며, 여기서 m은 메시지 벡터이다. 따라서 $vH=(mG)H=m(GH)=m[0]=0$(영벡터)이다. ■

H가 정의된 방식으로 인해, 패리티 검사 행렬 방법은 오류가 발생하지 않는 임의의 수신된 단어를 올바르게 복호화한다. 그러나 이는 더 많은 일을 할 것이다.

정리 29.3 패리티 검사 행렬의 복호화

패리티 검사 행렬의 복호화가 임의의 단일 오류를 수정할 수 있는 필요충분조건은 패리티 검사 행렬의 행이 영이 아니며 모든 행이 서로 다른 것이다.

증명

간단히 살펴보기 위해 이진 부호의 경우에 대해서만 증명한다. 이 특별한 경우에 행의 조건은 영이 아니고 서로 달라야 한다는 것이다. 따라서 H를 패리티 검사 행렬이라 하고 H의 행이 이러한 조건을 만족한다고 하자. 그리고 전송된 부호어 w가 오직 1개의 오류를 갖고 수신되었으며, 이 오류가 i번째 위치에서 발생했다고 가정하자. i번째 위치에 1이 있고 나머지 위치에 0이 있는 벡터를 e_i로 표기하면 수신된 단어를 $w+e_i$로 표기할 수 있다. 이제 직교 관계에 대한 [보조정리]를 이용해 다음을 얻는다.

$$(w+e_i)H=wH+e_iH=0+e_iH=e_iH$$

그러나 위 식의 마지막 벡터는 정확히 H의 i행이다. 따라서 전송 중에 정확히 1개의 오류가 있는 경우, 패리티 검사 행렬의 행을 이용해 오류 위치를 식별할 수 있다. 단, 이때 패리티 검사 행렬의 행은 서로 달라야 한다(만약 두 행이, 예를 들어 i행과 j행이 동일하면 i번째 위치 또는 j번째 위치에서 오류가 발생했음을 알 수 있지만 어느 위치에서 발생했는지는 알 수 없다).

역으로 패리티 검사 행렬 방법이 전송 시 최대 1개의 오류가 발생하는 임의의 수신된 단어를 정확하게 복호화한다고 가정하자. 패리티 검사 행렬 H의 i행이 영벡터이고 부호어 $u = 0 \cdots 0$이 e_i로 수신되었다고 하자. 그러면 $e_i H = 0 \cdots 0$이 되고 벡터 e_i가 전송되었다고 잘못 가정하게 된다. 따라서 H의 어떤 행도 영벡터가 아니다. 이제 H의 i행과 j행이 동일하고 $i \neq j$라 가정하자. 그러면 일부 부호어 w가 전송되고 수신된 단어가 $w + e_i$인 경우(즉, i번째 위치에 단일 오류가 있는 경우) 다음과 같은 결과를 얻는다.

$$(w + e_i)H = wH + e_i H = (H\text{의 } i\text{행}) = (H\text{의 } j\text{행})$$

따라서 복호화 과정은 복호화하지 말아야 한다고 지시한다. 이 결과는 이 방법이 최대 1개의 오류가 발생하는 임의의 수신된 단어를 올바르게 복호화한다는 가정에 모순이다. ■

29.4 잉여류 복호화

유한체 F 위의 (n, k) 선형 부호 C가 덧셈군 $V = F^n$의 부분군이라는 사실을 이용하는 또 다른 편리한 복호화 방법이 있다. 이 방법은 데이비드 슬레피안(David Slepian)이 1956년에 고안한 것으로, **잉여류 복호화**(coset decoding) 또는 **표준 복호화**(standard decoding)라고 한다. 이 방법을 이용하기 위해 **표준 배열**(standard array)이라고 하는 하나의 표를 구성하여 진행한다. 표의 첫 번째 행은 부호어들의 집합 C이고, 1열은 항등원 $0 \cdots 0$으로 시작한다. 이 표의 다른 행들을 추가로 작성하기 위해 지금까지 표에 나열하지 않은 V의 원소 v를 선택한다. 잉여류 $v + C$의 모든 원소들 중 최소 가중치를 갖는 한 원소를 선택하여 v'이라 하자. 부호어 c가 있는 열 아래에 벡터 $v' + c$를 배치하여 표의 다음 행을 완성한다. V의 모든 벡터가 표에 나열될 때까지 이 과정을 계속한다(q개의 원소를 갖는 체 위의 (n, k) 선형 부호는 $|V : C| = q^{n-k}$개의 행을 갖는다). 첫 번째 열의 단어를 **잉여류 리더**(coset leaders)라 한다. 복호화 과정은 단순히 임의의 수신된 단어 w를 포함하는 열의 맨 위에 있는 부호어로 복호화하는 것이다.

EX 29.11 다음과 같은 (6, 3) 이진 선형 부호를 생각해보자.

$$C = \{000000,\ 100110,\ 010101,\ 001011,\ 110011,\ 101101,\ 011110,\ 111000\}$$

표준 배열의 첫 번째 행은 단지 C의 원소이다. 분명히 100000은 C에 포함되지 않으며 $100000 + C$의 원소들 중 최소 가중치를 갖는 원소이므로, 두 번째 행을 구성하는 데 사용할 수 있다. [표 29.4]는 완성된 표준 배열이다.

[표 29.4] (6, 3) 선형 부호에 대한 표준 배열

잉여류 리더	단어						
000000	100110	010101	001011	110011	101101	011110	111000
100000	000110	110101	101011	010011	001101	111110	011000
010000	110110	000101	011011	100011	111101	001110	101000
001000	101110	011101	000011	111011	100101	010110	110000
000100	100010	010001	001111	110111	101001	011010	111100
000010	100100	010111	001001	110001	101111	011100	111010
000001	100111	010100	001010	110010	101100	011111	111001
100001	000111	110100	101010	010010	001100	111111	011001

101001이라는 단어가 수신되면 이는 101101로 복호화된다. 왜냐하면 101101로 시작되는 열에 101001이 있기 때문이다. 마찬가지로 수신된 단어 011001도 111000으로 복호화된다.

첫 번째로 소개한 복호화 방법은 최근접 이웃 복호화 방법이었다. 즉 임의의 수신된 단어 w는, $d(w, c)$를 최소로 만드는 단 하나의 부호어 c가 존재하는 경우 $d(w, c)$를 최소로 만드는 부호어 c로 복호화된다. 다음 결과는 이 상황에서 잉여류 복호화가 최근접 이웃 복호화와 동일하다는 것을 보여준다.

정리 29.4 잉여류 복호화는 최근접 이웃 복호화이다

잉여류 복호화에서 수신된 단어 w는 $d(w, c)$를 최소로 만드는 부호어 c로 복호화된다.

증명

C를 선형 부호라 하고, w를 임의의 수신된 단어라 하자. v를 잉여류 $w+C$에 대한 잉여류 리더라 가정하자. 그러면 $w+C=v+C$이므로, C의 적당한 원소 c에 대해 $w=v+c$이다. 따라서 잉여류 복호화에 의해 w는 c로 복호화된다. 이제 c'이 임의의 부호어이면 $w-c' \in w+C=v+C$이므로 $\mathrm{wt}(w-c') \geq \mathrm{wt}(v)$이다. 왜냐하면 잉여류 리더 v는 $v+C$의 원소들 중 최소 가중치를 갖는 벡터로 선택되었기 때문이다. 그러므로 다음과 같다.

$$d(w, c') = \mathrm{wt}(w-c') \geq \mathrm{wt}(v) = \mathrm{wt}(w-c) = d(w, c)$$

따라서 잉여류 복호화를 이용하면 w는 $d(w, c)$를 최소로 만드는 부호어 c로 복호화된다. ■

최근접 이웃 복호화 방법에 대한 설명에서, 수신된 단어 v에 가장 근접한 이웃의 선택이 유일하지 않으면 v에 가장 근접한 단어들 중 임의로 v'을 복호화하거나 복호화하지 않기로 결정할 수 있었다. 잉여류 복호화의 경우, v를 복호화한 값은 수신된 단어를 포함하는 행의 잉여류 리더에 의해 항상

유일하게 결정된다. 물론 이 복호화한 값은 전송된 단어가 아닐 수도 있다.

선형 부호에 대한 패리티 검사 행렬을 알면 잉여류 복호화를 상당히 단순화할 수 있다.

정의 신드롬

F 위의 선형 부호 (n, k)가 패리티 검사 행렬 H를 가지면 F^n의 임의의 벡터 u에 대해 uH를 u의 **신드롬**(syndrome)이라 한다.

신드롬의 중요성은 다음 정리로부터 알 수 있다.

정리 29.5 동일한 잉여류는 동일한 신드롬을 갖는다

C가 패리티 검사 행렬 H를 갖는 F 위의 선형 부호 (n, k)라 하자. 그러면 F^n의 두 벡터가 C의 동일한 잉여류에 포함될 필요충분조건은 두 벡터가 동일한 신드롬을 갖는 것이다.

증명

두 벡터 u와 v가 C의 동일한 잉여류에 포함될 필요충분조건은 $u-v$가 C에 포함되는 것이다. 또 직교 관계에 대한 [보조정리]에 의해 u와 v가 동일한 잉여류에 포함될 필요충분조건은 $0=(u-v)H=uH-vH$이다. ■

이제 임의의 수신된 단어 w를 복호화하기 위해 다음과 같이 신드롬을 이용할 수 있다.

(1) w의 신드롬 wH를 계산한다.

(2) $wH=vH$를 만족하는 잉여류 리더 v를 찾는다.

(3) 보낸 벡터가 $w-v$라고 가정한다.

이 방법에 따라 두 행(한 행은 잉여류 리더로 구성된 행, 다른 행은 대응하는 신드롬이 포함된 행)만 포함하는 표를 이용해 임의의 수신된 단어를 복호화할 수 있다.

EX 29.12 [EX 29.11]에 주어진 부호를 생각해보자. 이 부호에 대한 패리티 검사 행렬은 다음과 같다.

$$H = \begin{bmatrix} 1 & 1 & 0 \\ 1 & 0 & 1 \\ 0 & 1 & 1 \\ 1 & 0 & 0 \\ 0 & 1 & 0 \\ 0 & 0 & 1 \end{bmatrix}$$

잉여류 리더와 대응하는 신드롬의 목록은 다음과 같다.

잉여류 리더	000000	100000	010000	001000	000100	000010	000001	100001
신드롬	000	110	101	011	100	010	001	111

따라서 수신된 단어 $w = 101001$을 복호화하기 위해 $wH = 100$을 계산한다. 잉여류 리더 $v = 000100$의 신드롬은 100이므로, $w - 000100 = 101101$이 전송되었다고 가정한다. 만약 수신된 단어가 $w' = 011001$이면 $w'H = 111$을 계산하고, 100001이 신드롬 111을 가진 잉여류 리더이므로 $w' - 100001 = 111000$이 전송되었다고 가정한다. 이 결과는 [EX 29.11]의 표준 배열 방법을 이용해 얻은 결과와 일치한다.

신드롬이라는 용어는 서술적인 용어이다. 의학에서는 신체의 장애를 대표하는 징후들을 나타낼 때 이 용어를 사용한다. 잉여류 복호화에서 신드롬은 오류 패턴을 나타낸다.

이 장에서 대수적 부호화 이론을 가장 간단한 형태로 설명했다. 좀 더 자세하게 다루려면 군 이론, 환 이론, 특히 유한체 이론을 훨씬 더 많이 활용해야 한다. 예를 들어 고렌슈타인(Gorenstein)(24장 참고)과 지에러(Zierler)는 1961년에 유한체의 곱셈 부분군이 순환군이라는 사실을 이용했다. 오류가 발생하는 위치에서 해가 결정되는 대수방정식이 유도되는 방식으로 어떤 부호의 각 자릿수를 체의 원소와 대응시켰다.

어떤 경우에는 2개의 오류 정정 부호가 사용된다. 1986년에 핼리(Halley) 혜성의 핵으로부터 370마일 이내에 있던 유럽 우주국의 우주 탐사선 조토(Giotto)는 전자장치에 2개의 오류 정정 부호가 내장되어 있었다. 하나의 부호는 독립적으로 발생하는 오류를 검사했고, 리드-솔로몬 부호라고 하는 다른 부호는 연속적인 오류를 검사했다. 조토의 오류 감지율은 0.9999999에 달했다. 리드-솔로몬 부호는 CD 플레이어에도 사용된다. 이들은 수천 개의 연속적인 오류를 정정할 수 있다.

29.5 역사적 기록

보편화된 리드-솔로몬 부호(Reed-Solomen codes)[3]

어빙 리드(Irving Reed)와 구스타브 솔로몬(Gustave Solomon)은 1989년 제트 추진 연구소에서 해왕성과 보이저 2호(Voyager II)의 만남을 모니터링했다.

SIAM NEWS January 1993, Volume 25, Number 1, pages 1 and 11

리드-솔로몬 부호에 관한 배리 아서 시프라(Barry Arthur Cipra)의 기사의 수정 버전을 살펴보며 이 장을 마무리한다. 이는 미국 산업응용수학회의 뉴스 저널인 SIAM News에 게재된 『Mathematics That Counts』라는 연재물 중 첫 번째 기사였다. 이 기사는 산업계와 일반 대중에게 상당한 이익을 가져다 주는 제품과 프로세스로 이어진 수학 분야의 발전을 조명한다.

'정보화 시대'에는 데이터의 저장, 검색, 전송에 있어 속도뿐만 아니라 정확성도 중요하다. 기계는 오류를 생성하며, 인간의 실수가 아닌 이 오류는 완벽한 프로그래밍을 가치 없고 심지어 위험하기까지 한 쓰레기로 만들 수 있다. 건축가가 지진이 발생해도 버틸 수 있는 건물을 설계하는 것처럼, 컴퓨터도 디지털 재해에 대응할 수 있는 정교한 기술을 개발해왔다.

컴퓨터 하드 디스크 드라이브에서 CD 플레이어에 이르기까지 모든 것에 대한 현재의 오류 정정 기술에 대한 아이디어는 1960년 당시 MIT 링컨 연구소의 직원이었던 리드와 솔로몬에 의해 처음 소개되었다.

칼텍 전기공학과의 부호 이론가인 로버트 매켈리스(Robert McEliece)는 "CD 플레이어, 디지털 오디오 테이프, 현재의 디지털 TV, 기타 다양한 디지털 영상 시스템에 대해 이야기할 때 시스템의 필수적인 부분으로 리드-솔로몬 부호가 필요하다."라고 말했다.

왜 그럴까? 사실상 디지털 정보는 정의상 '비트'(0과 1)의 문자열로 구성되어 있는데, 아무리 훌륭하게 제조된 물리적 장치라고 해도 종종 이 둘을 혼동할 수 있다. 예를 들어 보이저 2호는 (거의 속삭임과 같은) 믿을 수 없을 정도로 낮은 전력으로 수천만 마일에 걸쳐 데이터를 전송하고 있었다.

3 Adapted version of an article called, "The Ubiquitous Reed-Solomon Codes" in SIAM News, the news journal of the Society for Industrial and Applied Mathematics, by Barry A. Cipra. Reprinted from SIAM News, Volume 26-1, January 1993.

디스크 드라이브가 데이터를 매우 조밀하게 압축하기 때문에 판독 기록 헤드(read/write head)가 1비트가 멈추고 다음의 1(또는 0)이 시작되는 위치를 구분하지 못해도 (거의) 용서할 수 있다. 세심한 공학 기술을 통해 오류 발생률(하드 디스크 드라이브의 업계의 표준은 100억 분의 1)을 무시할 수 있는 수준으로 줄일 수 있다. 그러나 오늘날에 처리되는 정보량을 고려하면 그 '무시할 수 있는' 수준은 매일매일 재앙을 초래한다. 오류 정정 부호는 일종의 안전망, 즉 불완전한 물질세계에서 발생하는 예상 밖의 변화에 대한 수학적 보험이다.

1960년에 오류 정정 부호 이론은 세상에 나온 지 불과 10년밖에 되지 않았다. 신뢰할 수 있는 디지털 통신의 기본 이론은 1940년대 후반 클로드 섀넌(Claude Shannon)이 제시했다. 동시에 해밍은 단일 오류 수정 및 이중 오류 감지에 대한 우아한 접근 방식을 도입했다. 1950년대를 거치면서 많은 연구자들이 다양한 오류 정정 부호들을 시험하기 시작했다. 매켈리스는 SIAM 저널 논문을 통해 리드와 솔로몬이 "대박을 터트렸다."라고 말했다.

성공의 결정적 요인은 개개의 0과 1을 취급하는 것이 아니라 바이트와 같은 비트의 모임을 기반으로 처리하는 부호 시스템이었다. 이 기능 덕분에 리드-솔로몬 부호는 '폭발적인' 오류를 처리하는 데 특히 유용했다. 예를 들어 6개의 연속 비트 오류는 기껏해야 2바이트에 영향을 미칠 수 있다. 따라서 리드-솔로몬 부호의 이중 오류 정정 버전도 안정성을 제공할 수 있다.

수학적으로 리드-솔로몬 부호는 유한체의 연산을 기반으로 한다. 실제로 1960년의 한 논문은 '유한체 K 위의 m차원 벡터공간에서 동일한 체 위의 더 높은 차원의 벡터공간으로 가는 사상'으로 부호를 정의하면서 시작한다. 각 a_k가 체 K의 원소일 때, '메시지' $(a_0,\ a_1,\ \cdots,\ a_{m-1})$에서 시작하여 리드-솔로몬 부호는 $(P(0),\ P(g),\ P(g^2),\ \cdots,\ P(g^{N-1}))$을 생성한다. 이때 N은 K의 원소 개수이고, g는 K의 0이 아닌 원소들로 이루어진 (순환)군의 생성원이며, $P(x)$는 다항식 $a_0 + a_1x + \cdots + a_{m-1}x^{m-1}$이다. N이 m보다 크면 P 값이 다항식을 과결정(overdetermine)하고 유한체의 성질에 의해 P의 계수, 즉 원래 메시지가 모든 m 값에서 복구될 수 있음을 알 수 있다.

예를 들어 오늘날의 바이트 단위의 세계에서는 K를 위수가 2^8인 체로 설정하여 K의 각 원소가 단일 바이트에 대응하도록 하는 것이 합리적일 수 있다(컴퓨터 전문용어로 1니블(nibble)은 4비트이고, 1바이트는 2니블이다). 이 경우 $N = 2^8 = 256$이므로, $P(0),\ P(g),\ \cdots,\ P(g^{255})$ 값을 전송하는 데 두 가지 오류가 발생하더라도 최대 251바이트 길이의 메시지를 복구할 수 있다. 이는 매번 5번 반복하는 방식에 필요한 1,255바이트에 비하면 훨씬 낫다.

이와 같은 장점에도 불구하고 리드-솔로몬 부호는 바로 사용되지 못하고 하드웨어 기술이 뒷받침될 때까지 기다려야 했다. 매켈리스는 "(적어도 오늘날의 기준으로는) 1960년대에는 빠른 디지털 전자 장치와 같은 것이 없었다."라고 말했다. 리드-솔로몬의 논문은 데이터를 처리하는 몇 가지 좋은 방법을 제안했지만, 그것이 실용적인지 아닌지는 아무도 몰랐으며 1960년에는 아마도 실용적이지 않았을 것이다.

그러나 기술이 날로 발전했고 수많은 연구자들이 부호를 구현하기 시작했다. 그리고 많은 부가 기능(기본적이며 이론적으로 중요한 몇 가지 부분)도 추가되었다. 예를 들어 CD는 리드-솔로몬 부호 버전을 사용한다.

리드는 오류 정정 부호의 기초로서 추상대수학의 중요성을 최초로 인지한 사람 중 하나이다. 그는 SIAM News에서 "돌이켜보면 명확했던 것 같다."고 말했다. 그러나 "우리가 그 논문을 발표할 당시에는 부호 이론이 주목받는 주제가 아니었다."고 덧붙였다. 두 저자는 그들이 좋은 결과를 도출했음을 알았지만 그 논문이 어떤 영향을 미칠지는 몰랐다.

30년이 지난 오늘날 그 영향력은 분명하다. 현재 이용되고 있거나 이용 대기 중인 다양한 응용을 보면 리드-솔로몬 부호의 실용성과 중요성이 명확해졌다. 얼윈 벌리캄프(Elwyn Berkekamp)는 "실용적인 것은 분명하다. 이제는 모두가 그것을 사용하기 때문이다."라고 말했다. 현대 기술의 수십억 달러에 달하는 부분이 리드와 솔로몬의 독창적인 작업에서 비롯된 아이디어에 의존하고 있다. 간단히 말해, 매켈리스는 "그것은 매우 영향력 있는 논문이었다."라고 말했다.

29장 연습문제

> 신약성서는 이진수 체계의 어떤 확고한 형태로 현대 컴퓨터 부호 이론의 기초를 제공한다. "오직 너희 말은 옳다 옳다, 아니라 아니라 하라. 이에서 지나는 것은 악으로부터 나느니라."
>
> **익명**

29.1 [표 29.1]에 있는 각 부호어의 해밍 가중치를 구하라.

29.2 다음 벡터쌍들 사이의 해밍 거리를 구하라.

$$\{1101,\ 0111\},\ \{0220,\ 1122\},\ \{11101,\ 00111\}$$

29.3 [EX 29.1]을 참고하여 최근접 이웃 복호화 방법을 이용해 수신된 단어 0000110과 1110100을 복호화하라.

29.4 임의의 벡터공간 V와 F^n의 임의의 원소 u, v, w에 대해 해밍 거리가 다음과 같은 성질을 만족함을 증명하라.

(a) $d(u, v) = d(v, u)$ (대칭성)

(b) $d(u, v) = 0$일 필요충분조건은 $u = v$이다.

(c) $d(u, v) = d(u+w, v+w)$ (변환 불변)

29.5 다음과 같은 표준 생성원 행렬을 갖는 $(6, 3)$ 이진 선형 부호를 구하라.

$$G = \begin{bmatrix} 1 & 0 & 0 & 0 & 1 & 1 \\ 0 & 1 & 0 & 1 & 0 & 1 \\ 0 & 0 & 1 & 1 & 1 & 0 \end{bmatrix}$$

29.6 이진 벡터의 경우 $\mathrm{wt}(u+v) \geq \mathrm{wt}(u) - \mathrm{wt}(v)$를 만족하고, 이 식의 등호가 성립할 필요충분조건은 모든 i에 대해 v의 i번째 성분이 1일 때마다 u의 i번째 성분이 1인 것임을 보여라.

29.7 0이 아닌 부호어의 최소 가중치가 2이면, 부호의 오류 감지 능력에 대해 무엇을 말할 수 있을까?

29.8 C는 해밍 가중치가 3인 선형 부호이고 C'은 해밍 가중치가 4인 선형 부호라 가정하자. C는 할 수 없지만 C'은 할 수 있는 것은 무엇일까?

29.9 C를 이진 선형 부호라 하자. 가중치가 짝수인 부호어들이 C의 부분부호를 형성한다는 것을 보여라(부호의 **부분부호**(subcode)는 그 자체가 부호인 부호의 부분집합이다).

29.10 $C = \{0000000, 1110100, 0111010, 0011101, 1001110, 0100111, 1010011, 1101001\}$이라 하자. C의 오류 수정 능력은 무엇일까? 또 C의 오류 감지 능력은 무엇일까?

29.11 이진 선형 부호에 대한 패리티 검사 행렬이 다음과 같을 때, 부호는 임의의 단일 오류를 수정할 수 있을까?

$$H = \begin{bmatrix} 1 & 0 \\ 0 & 1 \\ 1 & 1 \\ 1 & 0 \\ 0 & 1 \end{bmatrix}$$

29.12 다음과 같은 표준 생성원 행렬을 이용해 $(4, 2)$ 삼진 선형 부호를 구성하라. 이 부호에 대한 패리티 검사 행렬은 무엇일까? 또 이 부호의 오류 수정 능력과 오류 감지 능력은 무엇일까? 패리티 검사 복호화를 이용해 수신된 단어 1201을 복호화하라.

$$G = \begin{bmatrix} 1 & 0 & 1 & 1 \\ 0 & 1 & 2 & 1 \end{bmatrix}$$

29.13 다음과 같은 표준 생성원 행렬을 이용해 (7, 4) 이진 선형 부호의 모든 부호어를 구하라. 또 이 부호에 대한 패리티 검사 행렬을 구하라. 이 부호는 임의의 단일 오류를 수정할까?

$$G=\begin{bmatrix}1&0&0&0&1&1&1\\0&1&0&0&1&0&1\\0&0&1&0&1&1&0\\0&0&0&1&0&1&1\end{bmatrix}$$

29.14 이진 선형 부호에서 모든 부호어가 0으로 끝나거나, 부호어의 정확히 절반이 0으로 끝난다는 것을 보여라. 부호어의 다른 성분은 어떻게 될까?

29.15 부호어 v가 벡터 u로 수신된다고 가정하자. 잉여류 복호화가 u를 부호어 v로 복호화할 필요충분조건은 $u-v$가 잉여류 리더인 경우임을 보여라.

29.16 이진 선형 부호가 다음과 같다고 하자.

$$C=\{00000,\ 10011,\ 01010,\ 11001,\ 00101,\ 10110,\ 01111,\ 11100\}$$

C에 대한 표준 배열을 구성하라. 최근접 이웃 복호화 방법을 이용해 11101과 01100을 복호화하라. 만약 수신된 단어 11101에 오류가 정확히 1개 있다면 의도한 부호어를 결정할 수 있을까? 또 수신된 단어 01100에 오류가 정확히 1개 있다면 의도한 부호어를 결정할 수 있을까?

29.17 다음과 같은 표준 생성원 행렬을 갖는 (6, 3) 이진 선형 부호를 구하라.

$$G=\begin{bmatrix}1&0&0&1&1&0\\0&1&0&0&1&1\\0&0&1&1&0&1\end{bmatrix}$$

다음 방법에 따라 수신된 단어 001001, 011000, 000110, 100001 각각을 복호화하라.

(a) 최근접 이웃 복호화 방법

(b) 패리티 검사 행렬의 복호화 방법

(c) 표준 배열을 이용한 잉여류 복호화 방법

(d) 신드롬을 이용한 잉여류 복호화 방법

29.18 선형 부호에서 0이 아닌 부호어의 최소 가중치가 6이라 하자. 오류 수정과 오류 감지를 위한 가능한 선택에 대해 논의하라.

29.19 [EX 29.10]에 주어진 부호와 패리티 검사 행렬을 이용해, 패리티 검사 행렬의 복호화가 임의의 다중 오류(2개 이상의 오류)를 감지할 수 없음을 보여라.

29.20 이진 선형 부호에 대한 표준 배열의 마지막 행이 다음과 같을 때, 이 부호를 구하라.

10000 00011 11010 01001 10101 00110 11111 01100

29.21 $(6, 4)$ 삼진 선형 부호에는 부호어가 몇 개 존재하는가? 또한 이 부호에 대해 가능한 수신된 단어는 몇 개인가?

29.22 이진 선형 부호에 대한 패리티 검사 행렬이 다음과 같을 때, 이 부호가 임의의 단일 오류를 수정할 수 있을까? 답변에 대한 이유를 설명하라.

$$H = \begin{bmatrix} 1 & 1 & 0 \\ 0 & 1 & 1 \\ 1 & 0 & 1 \\ 1 & 0 & 0 \\ 0 & 1 & 0 \\ 0 & 0 & 1 \end{bmatrix}$$

29.23 삼진 부호에 대한 패리티 검사 행렬이 다음과 같을 때, 이 부호가 임의의 단일 오류를 수정할 수 있을까? 답변에 대한 이유를 설명하라.

$$H = \begin{bmatrix} 2 & 1 \\ 2 & 2 \\ 1 & 2 \\ 1 & 0 \\ 0 & 1 \end{bmatrix}$$

29.24 최근접 이웃 복호화인 경우, [정리 29.2]의 역이 참임을 증명하라.

29.25 $(6, 3)$ 이진 선형 부호가 최근접 이웃 복호화 방법을 이용해 이중 오류를 수정할 수 있을까? 이때 부호를 체계적 부호라고 가정하지 않는다.

29.26 모든 삼중 오류를 감지할 수 있는 $\mathbb{Z}_3$ 위의 $(5, 2)$ 선형 부호를 생성하는 2×5 크기의 표준 생성원 행렬 G가 존재하지 않음을 증명하라.

29.27 $(4, 2)$ 이진 선형 부호가 최근접 이웃 복호화 방법을 이용해 임의의 단일 오류를 수정할 수 없는 이유를 설명하라.

29.28 이진 부호에 대한 표준 배열의 한 행이 다음과 같을 때, 100001을 포함하는 행을 구하라.

000100 110000 011110 111101 101010 001001 100111 010011

29.29 체 $F = \mathbb{Z}_2[x]/\langle x^2 + x + 1 \rangle$을 이용해 임의의 단일 오류를 수정하는 $(5, 2)$ 선형 부호를 구하라.

29.30 $\mathbb{Z}_3$ 위의 $(4, 2)$ 선형 부호에 대해 20을 2012로, 11을 1100으로 부호화하는 표준 생성원 행렬을 구하라. 전체 부호를 구하고, 부호에 대한 패리티 검사 행렬을 구하라. 부호가 임의의 단일 오류를 수정할까?

29.31 C가 $(n,\ k)$ 이진 선형 부호이고, 각 위치 $i=1,\ 2,\cdots,\ n$에 대해 부호 C가 i번째 성분이 1인 벡터를 적어도 하나 갖는다고 가정하자. 부호어의 평균 가중치가 $\dfrac{n}{2}$임을 보여라.

29.32 C가 F 위의 $(n,\ k)$ 선형 부호라 하자. 이때 0이 아닌 모든 부호어의 최소 가중치가 $2t+1$이라 하자. 잉여류 리더로 사용될 수 없으며 F^n에서 가중치가 $t+1$인 벡터가 존재함을 보여라.

29.33 C를 $F=\mathbb{Z}_2$ 위의 $(n,\ k)$ 이진 선형 부호라 하자. $v\in F^n$이고 $v\notin C$이면 $C\cup(v+C)$가 선형 부호임을 보여라.

29.34 C를 이진 선형 부호라 하자. C의 모든 원소의 가중치가 짝수이거나, C의 정확히 절반의 원소의 가중치가 짝수임을 보여라([연습문제 5.27]과 비교하라).

29.35 C를 $(n,\ k)$ 선형 부호라 하고, $1\le i\le n$인 각 i에 대해 $C_i=\{v\in C\mid v$의 i번째 성분이 0이다$\}$라 하자. C_i가 C의 부분부호임을 보여라.

리처드 W. 해밍(Richard W. Hamming)

오류 정정 부호의 도입을 위한 운영 체계, 프로그래밍 언어를 개척하는 업적과 수치 계산의 발전에 기여했다.

피오레상(Piore award) 인용, 1979

해밍은 1915년 2월 11일 일리노이주 시카고에서 태어났다. 그는 시카고대학교에서 수학 학사 학위를 취득했다. 1939년에 그는 네브라스카대학교에서 수학 석사 학위를 취득했으며, 1942년에 일리노이대학교에서 수학 박사 학위를 취득했다.

Courtesy of Louis Bachrach

제2차 세계대전 후반기에 해밍은 로스앨러모스에 있었고, 그곳에서 원자폭탄 설계 계산에 참여했다. 1946년에 그는 벨 전화 연구소에 입사하여 수학, 컴퓨팅, 엔지니어링 및 과학 분야에서 연구했다. 1950년에 해밍은 오류 감지 및 오류 정정 부호에 관한 유명한 논문을 발표했다. 이 작업은 정보 이론의 한 분야의 시작이었다.

해밍 부호는 현대 컴퓨터에서 많이 사용되었다. 수치해석 분야에서도 해밍의 연구가 근본적으로 중요했다.

해밍은 컴퓨터기계협회(ACM)의 튜링상(Turing prize), 전기전자공학자협회(IEEE)의 피오레상(Piore award), 펜실베니아대학교의 오엔더상(Oender award) 등 수많은 권위 있는 상을 받았다. 1986년 IEEE 이사회는 '정보과학, 시스템 및 기술에 대한 위대한 공헌'을 기리기 위해 리처드 해밍 메달(Richard Hamming medal)을 제정했고 해밍을 첫 번째 수상자로 지정했다. 해밍은 1998년 1월 7일 82세의 나이에 심장마비로 사망했다.

제시 맥윌리엄스(Jessie MacWilliams)

그녀는 오류 정정 부호의 초기 개발 단계부터 수학적 이론을 개발하는 데 중요한 역할을 한 수학자였다. 그녀의 박사 학위 논문에는 부호 이론의 가장 강력한 정리 중 하나가 포함되어 있다.

베라 플레스(Vera Pless), *SIAM News*

Courtesy Walter MacWilliams

맥윌리엄스는 부호 이론에 중요한 기여를 했다. 그녀는 1917년 영국에서 태어났다. 케임브리지대학교를 졸업한 후 맥윌리엄스는 1939년에 미국으로 건너가 존스홉킨스대학교에 입학했다. 그곳에서 1년을 지낸 후 하버드대학교로 옮겨 1년간 공부했다.

1955년 맥윌리엄스는 벨 연구소에서 개발자가 되었고, 그곳에서 부호 이론을 배웠다. 그녀는 개발자로서 부호에 대한 중요한 발견을 했지만 박사 학위 없이는 수학 연구 직원으로 승진할 수 없었다. 그녀는 벨 연구소에서 정규직으로 일하고 가족을 부양하는 동안 박사 학위 취득 요건 중 일부를 이수했다. 그 후 그녀는 하버드 대학교로 돌아와 1년간(1961~1962) 공부한 후 박사 학위를 취득했다.

흥미롭게도 맥윌리엄스와 그녀의 딸 앤(Ann)은 동시에 하버드대학교에서 수학을 공부하고 있었다. 맥윌리엄스는 벨 연구소로 돌아와 1983년 은퇴할 때까지 그곳에 머물렀다. 1983년 전기전자공학자협회(IEEE)는 그녀에게 헌정하는 논문이 담긴 『Information Theory Transactions』라는 저널을 발행했다. 벨 연구소에 있는 동안 그녀는 많은 공헌을 했다. 닐 슬론(Neil Sloane)과 공동으로 집필한 『The Theory of Error-Correcting Codes』를 포함하여 오류 정정 부호 이론 분야에 많은 공헌을 했다. 이론적으로 매우 중요한 그녀의 결과 중 하나가 맥윌리엄스 항등식(MacWilliams identity)이다. 그녀는 1990년 5월 27일 73세의 나이에 사망했다.

베라 플레스(Vera Pless)

베라 플레스는 부호 이론 분야의 선구자이다.

Courtesy Vera Pless

플레스는 1931년 3월 5일 시카고 웨스트사이드의 러시아 이민자 가정에서 태어났다. 그녀는 15세의 나이에 장학생으로 시카고대학교에 입학했다. 시카고대학교의 프로그램은 문학을 지나치게 강조했으며 물리학과 수학에는 소홀했다. 18세에 그녀는 수학과에서 겨우 예비 미분적분학(precalculus) 과목 하나만 수강하고 시카고대학교 수학과의 유명한 대학원 과정에 입학했다. 당시 그곳의 수학과는 교수진뿐 아니라 초빙강사 중에도 여성이 없었다. 석사 학위 시험을 통과한 후, 그녀는 박사 과정을 밟으면서 노스웨스턴대학교에서 연구원으로 일했고 1957년에 박사 학위를 취득했다. 그 후 몇 년간 플레스는 보스턴대학교에서 시간강사로 일하며 자녀를 양육했다.

그녀가 정규직으로 일하기로 결정했을 때 대부분의 대학교에서는 여성을 환영하지 않았다. 한 사람은 그녀에게 "나는 절대로 여자를 고용하지 않을 것이다."라고 노골적으로 말했다. 다행히도 그 지역에는 오류 정정 부호를 연구하는 모임이 있는 공군 연구소가 있었다. 그녀는 비록 부호 이론에 대해 들어본 적도 없었지만 대수학에 대한 배경지식 때문에 채용되었다. 연구소에서 기초적인 연구를 중단하자, 그녀는 1972년 MIT에서 연구원으로 자리를 잡았다. 1975년에는 시카고에 있는 일리노이대학교로 가서 은퇴할 때까지 그곳에서 일했다.

그녀는 재직하는 동안 100편 이상의 연구 논문을 발표했고, 부호 이론에 대해 널리 사용되는 책을 집필했으며 11명의 박사 과정 학생을 배출했다. 플레스는 2020년 3월 2일 88세의 나이로 사망했다.

30

갈루아 이론의 개요
Introduction to Galois Theory

"갈루아의 연구는 이제 현대수학의 기둥 중 하나로 자리 잡았다."

에드워드 프렌켈(Edward Frenkel), *Love and Math*

"오늘날 '갈루아군'은 문헌 어디에서나 흔히 찾아볼 수 있다. 군 개념에 대한 아이디어는 매우 다양한 심오한 수수께끼를 풀어냄으로써 모든 수학 분야에서 아주 유용한 것으로 입증되었다. 위대한 수학자 앙드레 베유(André Weil)는 '의심스러울 경우' 군을 찾으라고 조언했다. 그것이 바로 수학계의 Cherchez la Femme이다."

짐 홀트(Jim Holt), *The New York Review of Books, December 5, 2013*

30.1 갈루아 이론의 기본정리

갈루아 이론의 기본정리는 수학에서 아주 우아한 정리 중 하나이다. [그림 30.1]과 [그림 30.2]를 살펴보자. [그림 30.1]은 체 $\mathbb{Q}(\sqrt[4]{2}, i)$의 자기동형군의 부분군 도표이다. 군 H_1에서 군 H_2까지 위쪽으로 연결되는 선 위에 적힌 정수는 H_2에서 H_1의 지표이다. [그림 30.2]는 $\mathbb{Q}(\sqrt[4]{2}, i)$의 부분체 도표이다. 체 K_1에서 체 K_2까지 위쪽으로 연결되는 선 위에 적힌 정수는 K_1 위의 K_2의 차수이다. [그림 30.2]의 도표는 [그림 30.1]의 도표를 거꾸로 뒤집은 형태임에 주목하자. 이는 두 도표 사이의 많은 관계 중 하나일 뿐이다. 갈루아 이론의 기본정리는 체 F의 대수적 확장체 E의 부분체 도표가 F의 각 원소를 자신으로 보내는 E의 자기동형군의 부분군 구조와 관련 있음을 보여준다. 이 관계는 제곱근을 이용해 다항방정식 $f(x)=0$을 풀려고 하는 과정에서 발견되었다.

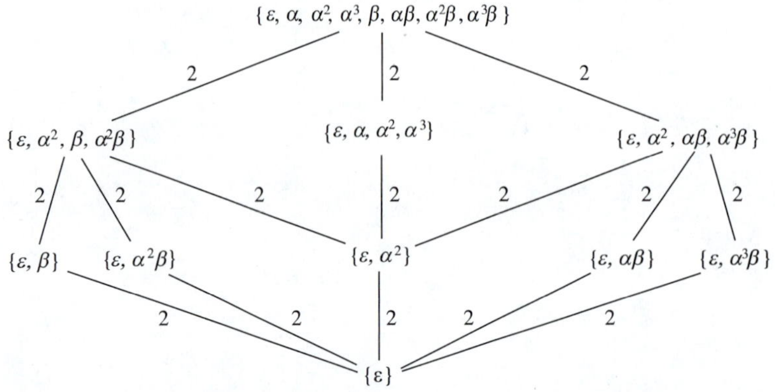

[그림 30.1] 체 $\mathbb{Q}(\sqrt[4]{2}, i)$의 자기동형군의 부분군 도표($\alpha: i \to i,\ \sqrt[4]{2} \to -i\sqrt[4]{2}$, $\beta: i \to -i,\ \sqrt[4]{2} \to \sqrt[4]{2}$)

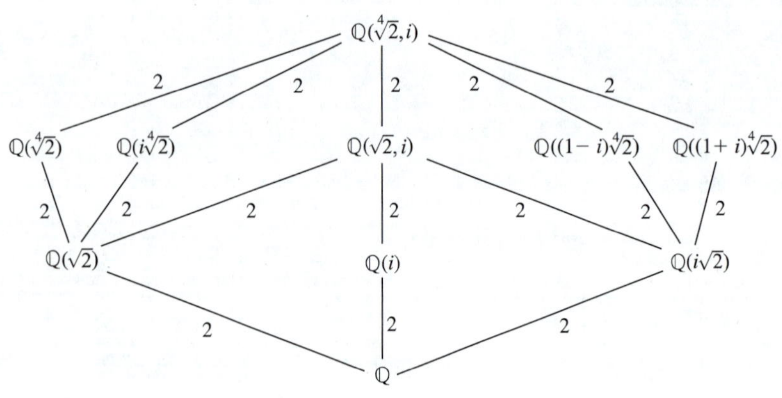

[그림 30.2] $\mathbb{Q}(\sqrt[4]{2}, i)$의 부분체 도표

갈루아 이론의 기본정리에 대한 정확한 설명을 제공하기 전에 몇 가지 용어와 기호에 대해 알아보자.

정의 자기동형사상, 갈루아군, H의 고정체

E를 체 F의 확장체라 하자. 체 E의 **자기동형사상**(automorphism)은 E에서 E로 가는 환 동형사상이다. F 위의 E의 **갈루아군**(Galois group) $\mathrm{Gal}(E/F)$는 F의 모든 원소를 자기 자신으로 보내는 E의 모든 자기동형사상의 집합이다. H가 $\mathrm{Gal}(E/F)$의 부분군이면 다음 집합을 H의 **고정체**(fixed field)라고 한다.

$$E_H = \{x \in E \mid \text{모든 } \phi \in H\text{에 대해 } \phi(x) = x\}$$

E의 자기동형사상 집합이 합성 연산에 대해 군을 만든다는 것은 쉽게 보일 수 있다. F를 고정하는 E의 자기동형군은 E의 자기동형군의 부분군이고, $\mathrm{Gal}(E/F)$의 임의의 부분군 H에 대해 H의 고정체 E_H는 E의 부분체임을 확인하는 것은 [연습문제 30.3]과 [연습문제 30.5]로 남긴다. $\mathrm{Gal}(E/F)$를 잉여환이나 잉여군과 관련이 있는 것으로 잘못 해석하지 않도록 주의하자. 아무 관계도 없다.

다음으로 살펴볼 예들은 이 정의를 이해하는 데 도움이 될 것이다. 각 예에서는 자기동형사상이 어떻게 정의되는지를 간단히 보여준다. 그 사상이 실제로 자기동형사상임을 확인하는 것은 독자에게 남긴다.

EX 30.1 $\mathbb{Q}$의 확장체 $\mathbb{Q}(\sqrt{2})$를 생각해보자. $\mathbb{Q}(\sqrt{2}) = \{a + b\sqrt{2} \mid a,\ b \in \mathbb{Q}\}$이고, $\mathbb{Q}$를 포함하는 체의 임의의 자기동형사상은 $\mathbb{Q}$ 위에서 항등사상이므로([연습문제 30.1] 참고), $\mathbb{Q}(\sqrt{2})$의 자기동형사상 ϕ는 $\phi(\sqrt{2})$에 의해 완전히 결정된다. 즉, $2 = \phi(2) = \phi(\sqrt{2}\sqrt{2}) = (\phi(\sqrt{2}))^2$이므로 $\phi(\sqrt{2}) = \pm\sqrt{2}$이다. 이 결과는 군 $\mathrm{Gal}(\mathbb{Q}(\sqrt{2})/\mathbb{Q})$가 2개의 원소, 즉 항등사상과 $a + b\sqrt{2}$를 $a - b\sqrt{2}$로 보내는 사상을 갖는다는 것을 증명한다.

EX 30.2 $\mathbb{Q}$의 확장체 $\mathbb{Q}(\sqrt[3]{2})$를 생각해보자. $\mathbb{Q}(\sqrt[3]{2})$의 자기동형사상 ϕ는 $\phi(\sqrt[3]{2})$에 의해 완전히 결정된다. [EX 30.1]의 논리와 비슷하게 $\phi(\sqrt[3]{2})$는 2의 세제곱근이다. $\mathbb{Q}(\sqrt[3]{2})$는 실수 집합의 부분집합이고, $\sqrt[3]{2}$는 2의 세제곱근 중 유일한 실수이므로 $\phi(\sqrt[3]{2}) = \sqrt[3]{2}$여야 한다. 그러므로 ϕ는 항등 자기동형사상이고 $\mathrm{Gal}(\mathbb{Q}(\sqrt[3]{2})/\mathbb{Q})$는 오직 하나의 원소를 갖는다. 분명히 $\mathrm{Gal}(\mathbb{Q}(\sqrt[3]{2})/\mathbb{Q})$의 고정체는 $\mathbb{Q}(\sqrt[3]{2})$이다.

EX 30.3 $\mathbb{Q}(i)$의 확장체 $\mathbb{Q}(\sqrt[4]{2}, i)$를 생각해보자. $\mathbb{Q}(i)$를 고정하는 $\mathbb{Q}(\sqrt[4]{2}, i)$의 임의의 자기동형사상 ϕ는 $\phi(\sqrt[4]{2})$에 의해 완전히 결정된다. $2=\phi(2)=\phi((\sqrt[4]{2})^4)=(\phi(\sqrt[4]{2}))^4$이므로, $\phi(\sqrt[4]{2})$는 2의 네제곱근이어야 한다. 따라서 $\mathbb{Q}(i)$를 고정하는 $\mathbb{Q}(\sqrt[4]{2}, i)$의 자기동형사상은 최대 4개까지 가능하다. 자기동형사상 α를 $\alpha(i)=i$, $\alpha(\sqrt[4]{2})=i\sqrt[4]{2}$로 정의하면 $\alpha\in \mathrm{Gal}(\mathbb{Q}(\sqrt[4]{2}, i)/\mathbb{Q}(i))$이고 α의 위수는 4이다. 그러므로 $\mathrm{Gal}(\mathbb{Q}(\sqrt[4]{2}, i)/\mathbb{Q}(i))$는 위수가 4인 순환군이다. $\{\epsilon, \alpha^2\}$(ϵ은 항등 자기동형사상)의 고정체는 $\mathbb{Q}(\sqrt{2}, i)$이다. $\mathrm{Gal}(\mathbb{Q}(\sqrt[4]{2}, i)/\mathbb{Q}(i))$의 부분군 도표와 $\mathbb{Q}(i)$를 포함하는 $\mathbb{Q}(\sqrt[4]{2}, i)$의 부분체 도표는 [그림 30.3]과 같다. [그림 30.1]과 [그림 30.2]에서와 같이 부분군 도표에서 선 위에 적힌 정수는 위쪽 군의 부분군인 아래쪽 군의 지표를 나타내고, 부분체 도표에서 선 위에 적힌 정수는 아래쪽 체와 위쪽 체에 대한 확장체의 차수를 나타낸다.

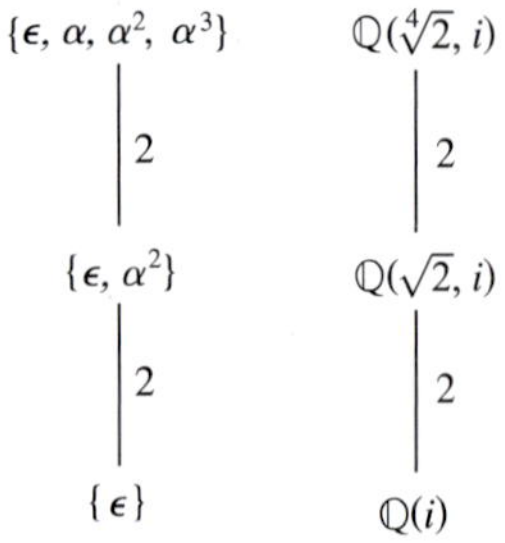

[그림 30.3] $\mathrm{Gal}(\mathbb{Q}(\sqrt[4]{2}, i)/\mathbb{Q}(i))$의 부분군 도표와 $\mathbb{Q}(i)$를 포함하는 $\mathbb{Q}(\sqrt[4]{2}, i)$의 부분체 도표

EX 30.4 $\mathbb{Q}$의 확장체 $\mathbb{Q}(\sqrt{3}, \sqrt{5})$는 다음과 같다.

$$\mathbb{Q}(\sqrt{3}, \sqrt{5})=\{a+b\sqrt{3}+c\sqrt{5}+d\sqrt{3}\sqrt{5} \mid a, b, c, d\in\mathbb{Q}\}$$

따라서 $\mathbb{Q}(\sqrt{3}, \sqrt{5})$의 임의의 자기동형사상 ϕ는 두 값 $\phi(\sqrt{3})$과 $\phi(\sqrt{5})$에 의해 완전히 결정된다. 자기동형사상은 다음과 같이 4개 존재한다.

ϵ	α	β	$\alpha\beta$
$\sqrt{3}\to\sqrt{3}$	$\sqrt{3}\to-\sqrt{3}$	$\sqrt{3}\to\sqrt{3}$	$\sqrt{3}\to-\sqrt{3}$
$\sqrt{5}\to\sqrt{5}$	$\sqrt{5}\to\sqrt{5}$	$\sqrt{5}\to-\sqrt{5}$	$\sqrt{5}\to-\sqrt{5}$

분명히 $\mathrm{Gal}(\mathbb{Q}(\sqrt{3}, \sqrt{5})/\mathbb{Q})$는 $\mathbb{Z}_2\oplus\mathbb{Z}_2$와 동형이다. 이때 $\{\epsilon, \alpha\}$의 고정체는 $\mathbb{Q}(\sqrt{5})$이고, $\{\epsilon, \beta\}$의 고정체는 $\mathbb{Q}(\sqrt{3})$이며, $\{\epsilon, \alpha\beta\}$의 고정체는 $\mathbb{Q}(\sqrt{3}\sqrt{5})$이다. 또한 $\mathrm{Gal}(\mathbb{Q}(\sqrt{3}, \sqrt{5})/\mathbb{Q})$의 부분군 도표와 $\mathbb{Q}(\sqrt{3}, \sqrt{5})$의 부분체 도표는 [그림 30.4]와 같다.

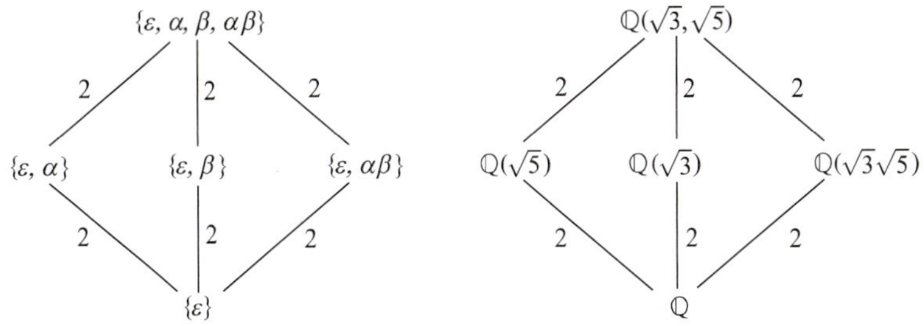

[그림 30.4] $\text{Gal}(\mathbb{Q}(\sqrt{3},\ \sqrt{5})/\mathbb{Q})$의 부분군 도표와 $\mathbb{Q}(\sqrt{3},\ \sqrt{5})$의 부분체 도표

[EX 30.5]는 앞의 예들보다 조금 더 복잡하다. 특히 자기동형군이 비가환군이다.

EX 30.5 직접 계산하면 $\omega = -\dfrac{1}{2} + i\dfrac{\sqrt{3}}{2}$은 방정식 $\omega^3 = 1$과 $\omega^2 + \omega + 1 = 0$을 만족한다. 이제 $\mathbb{Q}$의 확장체 $\mathbb{Q}(\omega,\ \sqrt[3]{2})$를 생각해보자. $\mathbb{Q}(\omega,\ \sqrt[3]{2})$의 자기동형사상은 ω와 $\sqrt[3]{2}$가 어떻게 대응하느냐에 따라 구체화할 수 있다. 자기동형사상은 다음과 같이 6개 존재한다.

ϵ	α	β	β^2	$\alpha\beta$	$\alpha\beta^2$
$\omega \to \omega$	$\omega \to \omega^2$	$\omega \to \omega$	$\omega \to \omega$	$\omega \to \omega^2$	$\omega \to \omega^2$
$\sqrt[3]{2} \to \sqrt[3]{2}$	$\sqrt[3]{2} \to \sqrt[3]{2}$	$\sqrt[3]{2} \to \omega\sqrt[3]{2}$	$\sqrt[3]{2} \to \omega^2\sqrt[3]{2}$	$\sqrt[3]{2} \to \omega^2\sqrt[3]{2}$	$\sqrt[3]{2} \to \omega\sqrt[3]{2}$

$\alpha\beta \neq \beta\alpha$이므로 $\text{Gal}(\mathbb{Q}(\omega,\ \sqrt[3]{2})/\mathbb{Q})$는 S_3과 동형이다([정리 7.3] 참고). 부분군 도표와 부분체 도표는 [그림 30.5]와 같다.

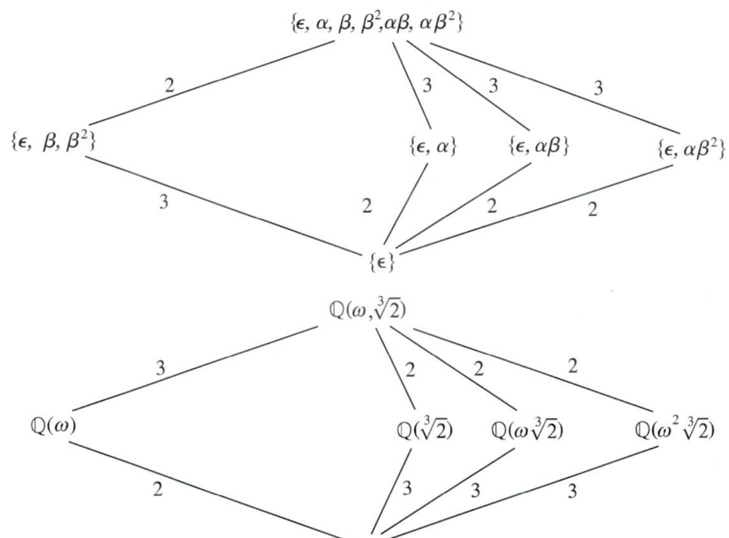

[그림 30.5] $\text{Gal}(\mathbb{Q}(\omega,\ \sqrt[3]{2})/\mathbb{Q})$의 부분군 도표와 $\mathbb{Q}(\omega,\ \sqrt[3]{2})$의 부분체 도표($\omega = -\dfrac{1}{2} + i\dfrac{\sqrt{3}}{2}$)

[그림 30.5]의 도표는 어떤 군과 동일한 위치에 배열되는 자명하지 않는 각 진부분체를 해당 군의 고정체가 되도록 배열했다. 예를 들어 $\mathbb{Q}(\omega\sqrt[3]{2})$는 $\{\epsilon,\ \alpha\beta\}$의 고정체이다.

[EX 30.5]는 특정한 경우에 E와 F 사이의 부분체 도표와 $\mathrm{Gal}(E/F)$의 부분군 도표 사이에 밀접한 관계가 있음을 보여준다. 일반적으로 E가 F의 확장체이고, $\mathbb{F}$가 F를 포함하는 E의 부분체 도표이며 $\mathbb{G}$가 $\mathrm{Gal}(E/F)$의 부분군 도표라 하면 $\mathbb{F}$의 각 원소 K에 대해 군 $\mathrm{Gal}(E/K)$는 $\mathbb{G}$에 존재하고, $\mathbb{G}$의 각 원소 H에 대해 체 E_H는 $\mathbb{F}$에 존재한다. 따라서 사상 $g: \mathbb{F} \to \mathbb{G}$를 $g(K) = \mathrm{Gal}(E/K)$로, 사상 $f: \mathbb{G} \to \mathbb{F}$를 $f(H) = E_H$로 정의할 수 있다. K와 L이 $\mathbb{F}$의 원소이고 $K \subseteq L$이면 $g(K) \supseteq g(L)$임을 보이는 것은 쉽다. 마찬가지로 G와 H가 $\mathbb{G}$의 원소이고 $G \subseteq H$이면 $f(G) \supseteq f(H)$이다. 따라서 f와 g는 $\mathbb{F}$와 $\mathbb{G}$ 사이의 포함관계가 반전되는 사상(inclusion-reversing mappings)이다. $\mathbb{F}$의 모든 원소 K에 대해 $(fg)(K) \supseteq K$이고, $\mathbb{G}$의 모든 원소 G에 대해 $(gf)(G) \supseteq G$이다. E가 F의 임의의 확장체인 경우에는, 이 포함관계가 진부분집합이 될 수 있다. 그러나 E가 F의 적당한 어떤 확장체인 경우, 갈루아 이론의 기본정리(정리 30.1)에 의해 f와 g는 서로의 역사상이므로 이 포함관계가 등호가 된다. 특히 f와 g는 도표 $\mathbb{F}$와 $\mathbb{G}$ 사이의 포함관계가 반전되는 전단사사상이다. [정리 30.1]에 주어진 것보다 더 강력한 결과가 참이지만, [정리 30.1]은 관련된 기본 원리만 포함한다.

정리 30.1 갈루아 이론의 기본정리

F가 표수가 0인 체이거나 유한체라 하자. E가 F 위에서 $F[x]$의 어떤 다항식의 분해체인 경우, F를 포함하는 E의 부분체 집합에서 $\mathrm{Gal}(E/F)$의 부분군 집합으로 가는 사상 $K \to \mathrm{Gal}(E/K)$는 일대일 대응이다. 또한 F를 포함하는 E의 임의의 부분체 K에 대해 다음이 성립한다.

(1) $[E:K] = |\mathrm{Gal}(E/K)|$이고 $[K:F] = |\mathrm{Gal}(E/F)|/|\mathrm{Gal}(E/K)|$이다. 즉, $\mathrm{Gal}(E/F)$에서 $\mathrm{Gal}(E/K)$의 지표는 F 위의 K의 차수와 같다.

(2) K가 $F[x]$의 어떤 다항식의 분해체이면 $\mathrm{Gal}(E/K)$는 $\mathrm{Gal}(E/F)$의 정규부분군이고 $\mathrm{Gal}(K/F)$는 $\mathrm{Gal}(E/F)/\mathrm{Gal}(E/K)$와 동형이다.

(3) $K = E_{\mathrm{Gal}(E/K)}$이다. 즉, $\mathrm{Gal}(E/K)$의 고정체는 K이다.

(4) H가 $\mathrm{Gal}(E/F)$의 부분군이면 $H = \mathrm{Gal}(E/E_H)$이다. 즉, E_H를 고정하는 E의 자기동형군은 H이다.

일반적으로 부분체 도표보다 부분군 도표를 구하는 것이 훨씬 쉽다. 예를 들어 주어진 체의 부분체가 얼마나 많은지 직접 구하는 것은 일반적으로 매우 어렵고, 두 확장체가 동형인지의 여부를 결정하는 것 또한 어렵다. 그러나 군에 대한 같은 문제는 훨씬 더 다루기 쉽다. 따라서 갈루아 이론의 기본정리를 통해 시간을 많이 절약할 수 있다. 이와 관련하여 [EX 30.6]을 살펴보자(19장에서 $f(x)\in F[x]$이고 F의 어떤 확장체에서 $f(x)$의 근이 $a_1,\ a_2, \cdots,\ a_n$이면 $F(a_1,\ a_2, \cdots, a_n)$은 F 위에서 $f(x)$의 분해체였음을 기억하자).

EX 30.6 $\omega=\cos\left(\frac{2\pi}{7}\right)+i\sin\left(\frac{2\pi}{7}\right)$라 하면 $\omega^7=1$이다. 체 $\mathbb{Q}(\omega)$를 생각해보자. 이 체는 얼마나 많은 부분체를 갖는가? 그리고 그 부분체는 무엇인가? 먼저 $\mathbb{Q}(\omega)$는 $\mathbb{Q}$ 위에서 x^7-1의 분해체이므로 갈루아 이론의 기본정리를 적용할 수 있다. 간단한 계산을 통해 ω를 ω^3으로 보내는 자기동형사상 ϕ의 위수는 6임을 알 수 있다. 그러므로 다음이 성립한다.

$$[\mathbb{Q}(\omega):\mathbb{Q}]=|\mathrm{Gal}(\mathbb{Q}(\omega)/\mathbb{Q})|\geq 6$$

또 $x^7-1=(x-1)(x^6+x^5+x^4+x^3+x^2+x+1)$이고 ω가 x^7-1의 근이므로 다음과 같다.

$$|\mathrm{Gal}(\mathbb{Q}(\omega)/\mathbb{Q})|=[\mathbb{Q}(\omega):\mathbb{Q}]\leq 6$$

그러므로 $\mathrm{Gal}(\mathbb{Q}(\omega)/\mathbb{Q})$는 위수가 6인 순환군이다. 따라서 $\mathrm{Gal}(\mathbb{Q}(\omega)/\mathbb{Q})$의 부분군 도표는 쉽게 구할 수 있다. [그림 30.6]을 참고하자. 이는 $\mathbb{Q}(\omega)$가 $\mathbb{Q}$의 진 확장체를 정확히 2개 포함함을 의미한다. 하나는 $\langle\phi^3\rangle$의 고정체에 해당하는 차수가 3인 확장체이고, 다른 하나는 $\langle\phi^2\rangle$의 고정체에 해당하는 차수가 2인 확장체이다. $\langle\phi^3\rangle$의 고정체를 구하기 위해 $\mathbb{Q}$에 속하지 않고 ϕ^3에 의해 고정되는 $\mathbb{Q}(\omega)$의 원소를 찾아야 한다. 가능한 다양한 경우에 대해 확인해보면 $\omega+\omega^{-1}$은 ϕ^3에 의해 고정되고([연습문제 30.9] 참고), 이에 따라 $\mathbb{Q}\subset\mathbb{Q}(\omega+\omega^{-1})\subseteq\mathbb{Q}(\omega)_{\langle\phi^3\rangle}$임을 알 수 있다. $[\mathbb{Q}(\omega)_{\langle\phi^3\rangle}:\mathbb{Q}]=3$이고, $[\mathbb{Q}(\omega+\omega^{-1}):\mathbb{Q}]$는 $[\mathbb{Q}(\omega)_{\langle\phi^3\rangle}:\mathbb{Q}]$를 나누므로 $\mathbb{Q}(\omega+\omega^{-1})=\mathbb{Q}(\omega)_{\langle\phi^3\rangle}$이다. 비슷한 논리로 $\mathbb{Q}(\omega^3+\omega^5+\omega^6)$이 $\langle\phi^2\rangle$의 고정체이다. 따라서 $\mathbb{Q}(\omega)$의 모든 부분체를 찾았다.

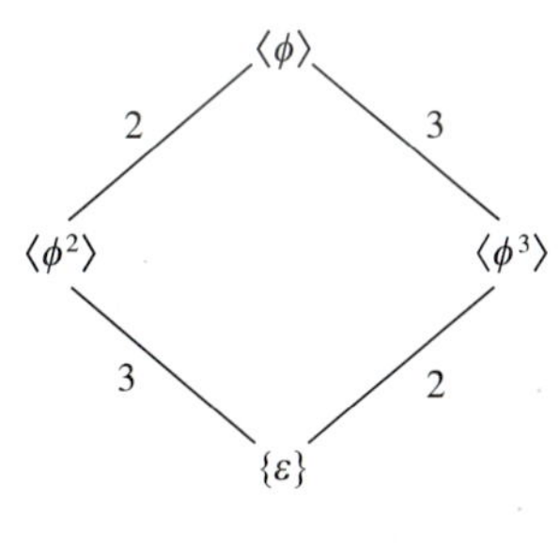

[그림 30.6] $\mathrm{Gal}(\mathbb{Q}(\omega)/\mathbb{Q})$의 부분군 도표($\omega=\cos\left(\frac{2\pi}{7}\right)+i\sin\left(\frac{2\pi}{7}\right)$)

EX 30.7 $F = \mathrm{GF}(p)$의 확장체 $E = \mathrm{GF}(p^n)$에 대해 $\mathrm{Gal}(E/F)$를 구해보자. [정리 21.2]의 [따름정리 2]에 의해 E는 어떤 b에 대해 $F(b)$ 형태이다. 이때 b는 F의 원소 a_{n-1}, a_{n-2}, $\cdots$, a_0에 대해 $x^n + a_{n-1}x^{n-1} + \cdots + a_1x + a_0$ 형태인 기약다항식 $p(x)$의 근이다. E의 임의의 체 자기동형사상 ϕ는 1을 자기 자신으로 보내므로, ϕ는 F 위에서 항등사상이다. 따라서 $p(b) = 0$이면 $p(\phi(b)) = 0$이다. 그리고 $p(x)$는 최대 n개의 근을 가지므로, $\phi(b)$로 가능한 것은 최대 n개임을 알 수 있다. 한편, [연습문제 13.49]에 의해 모든 $a \in E$에 대해 사상 $\sigma(a) = a^p$은 E의 자기동형사상이고, E^*가 순환군이라는 사실(정리 21.2)에 의해 군 $\langle \sigma \rangle$의 위수는 n이다([연습문제 21.9] 참고). 따라서 $\mathrm{Gal}(\mathrm{GF}(p^n)/\mathrm{GF}(p)) \approx \mathbb{Z}_n$이다.

30.2 거듭제곱근에 의한 다항방정식의 풀이가능성

갈루아에게 있어, [정리 30.1]에 주어진 군과 체 사이의 우아한 대응관계는 그 목적을 위한 수단일 뿐이었다. 갈루아는 수 세기 동안 수학자들을 괴롭혔던 문제를 해결하려고 노력했다. 1차방정식과 2차방정식을 푸는 방법(근의 공식)은 수천 년 전에 알려졌다. 16세기에 이탈리아 수학자들은 3차 또는 4차방정식을 푸는 공식을 발견했다. 그들의 공식에는 덧셈, 뺄셈, 곱셈, 나눗셈, 거듭제곱근 연산만 포함되어 있었다. 예를 들어 방정식 $x^3 + bx + c = 0$은 다음과 같은 3개의 근을 갖는다.

$$A + B, \quad -\frac{(A+B)}{2} + \frac{(A-B)\sqrt{-3}}{2}, \quad -\frac{(A+B)}{2} - \frac{(A-B)\sqrt{-3}}{2}$$

여기서 $A = \sqrt[3]{\frac{-c}{2} + \sqrt{\frac{b^3}{27} + \frac{c^2}{4}}}$이고 $B = \sqrt[3]{\frac{-c}{2} - \sqrt{\frac{b^3}{27} + \frac{c^2}{4}}}$이다. 일반적인 3차방정식 $x^3 + ax^2 + bx + c = 0$과 일반적인 4차방정식에 대한 공식은 훨씬 더 복잡하지만, 그럼에도 불구하고 계수들의 유리식 표현에 대한 제곱근 형태로 주어질 수 있다.

아벨과 갈루아는 거듭제곱근에 의한 5차방정식의 일반적인 해가 존재하지 않음을 증명했다. 특히 '5차방정식에 대한 근의 공식'은 없다고 말했다. 거듭제곱근을 이용해 방정식의 해를 구하는 것에 대한 군 이론적 판정법을 제공하고 오늘날의 갈루아 이론으로 이어지는 갈루아의 방법을 논의하기 전에 먼저 몇 가지 정의가 필요하다.

정의 거듭제곱근에 의한 풀이가능성(solvable)

F를 체라 하고 $f(x) \in F[x]$라 하자. $f(x)$가 F의 어떤 확장체 $F(a_1, a_2, \cdots, a_n)$에서 분해되고, 적당한 양의 정수 $k_1, k_2, \cdots, k_n$이 존재하여 $i = 2, \cdots, n$에 대해 $a_1^{k_1} \in F$이고 $a_i^{k_i} \in F(a_1, \cdots, a_{i-1})$이면 $f(x)$가 **F 위에서 거듭제곱근에 의해 풀이가능하다**(solvable by radicals over F)고 한다.

따라서 $F[x]$의 다항식이 거듭제곱근에 의해 풀이가능하다는 것은, (다양한 n에 대해) 여러 차수의 n제곱근을 F에 추가하여 모든 근을 얻을 수 있다는 의미이다. 즉, 다항식의 각 근은 F의 원소에 대해 덧셈, 뺄셈, 곱셈, 나눗셈, 거듭제곱근 연산으로 표현한 식으로 나타낼 수 있다(보통 이 식의 형태는 깔끔하지 않다).

EX 30.8 $\omega = \cos\left(\frac{2\pi}{8}\right) + i\sin\left(\frac{2\pi}{8}\right) = \frac{\sqrt{2}}{2} + i\frac{\sqrt{2}}{2}$라 하자. 그러면 $x^8 - 3$은 $\mathbb{Q}(\omega, \sqrt[8]{3})$에서 분해되고, $\omega^8 \in \mathbb{Q}$, $(\sqrt[8]{3})^8 \in \mathbb{Q} \subset \mathbb{Q}(\omega)$이다. 따라서 $x^8 - 3$은 $\mathbb{Q}$ 위에서 거듭제곱근에 의해 풀이가능하다. 물론 $x^8 - 3$의 근은 $\sqrt[8]{3}$, $\sqrt[8]{3}\,\omega$, $\sqrt[8]{3}\,\omega^2, \cdots$, $\sqrt[8]{3}\,\omega^7$의 형태로 가장 편리하게 나타낼 수 있지만, 거듭제곱근에 의한 풀이가능성의 개념은 다음과 같은 형태로 나타낼 때 가장 잘 설명된다.

$$\pm\sqrt[8]{3},\ \pm\sqrt{-1}\,\sqrt[8]{3},\ \pm\sqrt[8]{3}\left(\frac{\sqrt{2}}{2} + \frac{\sqrt{-1}\,\sqrt{2}}{2}\right),\ \pm\sqrt[8]{3}\left(\frac{\sqrt{2}}{2} - \frac{\sqrt{-1}\,\sqrt{2}}{2}\right)$$

따라서 다항방정식의 근을 구하는 문제는 체를 확장하는 문제로 변환할 수 있다. 동시에 갈루아 이론의 기본정리를 이용하면 체의 확장에 관한 문제를 군에 관한 문제로 변환할 수 있다. 이 결과가 바로 갈루아가 거듭제곱근으로 풀 수 없는 5차방정식이 존재함을 보인 것이며, 이제 우리도 이를 보일 것이다. 이러한 방정식의 예를 살펴보기 전에 몇 가지 군 이론이 필요하다.

정의 풀이가능군

군 G가 다음과 같은 부분군 열을 갖고, $0 \le i < k$에 대해 H_i가 H_{i+1}의 정규부분군이며 H_{i+1}/H_i가 가환군일 때, 군 G를 **풀이가능군**(solvable group)이라 한다.

$$\{e\} = H_0 \subset H_1 \subset H_2 \subset \cdots \subset H_k = G$$

분명히 가환군은 풀이가능군이다. 정이면체군과 소수 p에 대해 위수가 p^n인 모든 군도 마찬가지이다([연습문제 30.28], [연습문제 30.29] 참고). 기념비적인 페이트-톰슨 정리(24장 참고)에서는 위수가 홀수인 모든 군을 풀이가능군이라 했다. 어떤 의미에서 풀이가능군은 거의 가환군이다. 한편, 정의에 의해 가환군이 아닌 단순군은 풀이가능군이 아니다. 특히 A_5는 풀이가능군이 아니다. 또 [연습문제 24.21]에 의해 S_5는 풀이가능군이 아니다. 목표는 거듭제곱근에 의한 방정식의 풀이가능성 개념을 풀이가능군의 개념과 연결하는 것이다. 다음 정리는 이 방향으로 나아가는 단계이다.

정리 30.2 $\mathrm{Gal}(E/F)$가 풀이가능군이기 위한 조건

F를 표수가 0인 체라 하고 $a \in F$라 하자. E가 F 위에서 $x^n - a$의 분해체이면 $\mathrm{Gal}(E/F)$는 풀이가능군이다.

증명

먼저 F가 단위원의 원시 n제곱근 ω를 포함하는 경우를 살펴보자. b가 E에서 $x^n - a$의 근이라 하자. 그러면 $x^n - a$의 근은 $b,\ \omega b,\ \omega^2 b, \cdots,\ \omega^{n-1}b$이므로 $E = F(b)$이다. 이 경우 $\mathrm{Gal}(E/F)$가 가환군임을 증명함으로써 풀이가능군임을 증명할 것이다. 이 주장을 확인하기 위해 $\mathrm{Gal}(E/F)$의 임의의 자기동형사상이 b가 어디로 가는지에 따라 완전히 결정됨을 관찰하자. 또한 b는 $x^n - a$의 근이므로, $\mathrm{Gal}(E/F)$의 임의의 원소가 b를 $x^n - a$의 다른 근으로 보낸다는 사실도 알고 있다. 즉, $\mathrm{Gal}(E/F)$의 임의의 원소는 어떤 i에 대해 b를 $\omega^i b$로 보낸다. ϕ와 σ를 $\mathrm{Gal}(E/F)$의 두 원소라 하자. 그러면 $\omega \in F$이므로 ϕ와 σ는 ω를 고정하고, 어떤 $j,\ k$에 대해 $\phi(b) = \omega^j b,\ \sigma(b) = \omega^k b$이다. 그러므로 다음이 성립한다.

$$(\sigma\phi)(b) = \sigma(\phi(b)) = \sigma(\omega^j b) = \sigma(\omega^j)\sigma(b) = \omega^j\omega^k b = \omega^{j+k}b$$
$$(\phi\sigma)(b) = \phi(\sigma(b)) = \phi(\omega^k b) = \phi(\omega^k)\phi(b) = \omega^k\omega^j b = \omega^{k+j}b$$

따라서 $\sigma\phi$와 $\phi\sigma$는 b에 대해 일치하고 F의 원소를 고정한다. 따라서 $\sigma\phi = \phi\sigma$이므로 $\mathrm{Gal}(E/F)$는 가환군이다.

이제 F가 단위원의 원시 n제곱근을 포함하지 않는다고 가정하자. ω를 단위원의 원시 n제곱근이라 하고 b를 E에서의 $x^n - a$의 근이라 하자. $a = 0$인 경우는 자명하므로 $a \neq 0$이라 가정하자. ωb도 $x^n - a$의 근이므로 b와 ωb가 모두 E에 속한다. 따라서 $\omega = \dfrac{\omega b}{b}$도 E에 속한다. 그러므로 $F(\omega)$는 E에 포함되고, $F(\omega)$는 F 위에서 $x^n - 1$의 분해체이다. 위의 경우와 비슷하게 $\mathrm{Gal}(F(\omega)/F)$의 임의의 자기동형사상 $\phi,\ \sigma$에 대해, 어떤 j에 대해 $\phi(\omega) = \omega^j$이고 어떤 k에 대해 $\sigma(\omega) = \omega^k$이다. 그러므로 다음이 성립한다.

$$(\sigma\phi)(\omega) = \sigma(\phi(\omega)) = \sigma(\omega^j) = (\sigma(\omega))^j = (\omega^k)^j$$
$$= (\omega^j)^k = (\phi(\omega))^k = \phi(\omega^k) = \phi(\sigma(\omega)) = (\phi\sigma)(\omega)$$

$\mathrm{Gal}(F(\omega)/F)$의 원소는 ω가 어디로 가는지에 따라 완전히 결정된다. 따라서 $\mathrm{Gal}(F(\omega)/F)$는 가환군이다.

E가 $F(\omega)$ 위에서 $x^n - a$의 분해체이고 $F(\omega)$가 단위원의 원시 n제곱근을 포함하므로, 이미 알고 있는 것과 같이 $\mathrm{Gal}(E/F(\omega))$는 가환군이다. [정리 30.1]의 (2)에 의해 다음은 정규부분군 열이다.

$$\{e\} \subseteq \mathrm{Gal}(E/F(\omega)) \subseteq \mathrm{Gal}(E/F)$$

결국 $\mathrm{Gal}(E/F(\omega))$와 $\mathrm{Gal}(E/F)/\mathrm{Gal}(E/F(\omega)) \approx \mathrm{Gal}(F(\omega)/F)$는 가환군이므로, $\mathrm{Gal}(E/F)$는 풀이가능군이다. ■

거듭제곱근에 의해 풀이가능한 다항식에 대한 주요 결과를 얻기 위해, 풀이가능군에 대한 두 가지 중요한 사실이 필요하다.

정리 30.3 풀이가능군의 잉여군

풀이가능군의 잉여군은 풀이가능군이다.

증명

G가 다음과 같은 부분군 열을 갖는다고 가정하자.

$$\{e\} = H_0 \subset H_1 \subset H_2 \subset \cdots \subset H_k = G$$

$0 \le i < k$에 대해 H_i가 H_{i+1}의 정규부분군이며 H_{i+1}/H_i가 가환군이다. N이 G의 임의의 정규부분군이면 다음은 G/N이 풀이가능군임을 보장하는 필수 부분군 열이다([연습문제 30.31] 참고).

$$\{e\} = H_0N/N \subset H_1N/N \subset H_2N/N \subset \cdots \subset H_kN/N = G/N$$ ■

정리 30.4 N과 G/N이 풀이가능군이면 G도 풀이가능군이다

N을 군 G의 정규부분군이라 하자. N과 G/N이 풀이가능군이면 G도 풀이가능군이다.

증명

인자(N_{i+1}/N_i)가 모두 가환군인 다음과 같은 N의 부분군 열을 생각해보자.

$$N_0 \subset N_1 \subset \cdots \subset N_t = N$$

또 인자$((H_{i+1}/N)/(H_i/N))$가 모두 가환군인 다음과 같은 G/N의 부분군 열을 생각해보자.

$$N/N = H_0/N \subset H_1/N \subset \cdots \subset H_s/N = G/N$$

그러면 다음 나열은 모두 가환군이다([연습문제 30.33] 참고).

$$N_0 \subset N_1 \subset \cdots \subset N_t = H_0 \subset H_1 \subset \cdots \subset H_s = G$$ ■

이제 거듭제곱근에 의해 풀이가능한 다항식과 풀이가능군 사이에 중요한 연결을 만들 수 있다.

정리 30.5 거듭제곱근에 의한 풀이가능성은 풀이가능군을 유도한다(갈루아)

F를 표수가 0인 체라 하고 $f(x) \in F[x]$라 하자. $i = 2, \cdots, t$에 대해 $f(x)$가 $F(a_1, a_2, \cdots, a_t)$에서 분해된다고 하자(여기서 $a_1^{n_1} \in F$이고 $a_i^{n_i} \in F(a_1, \cdots, a_{i-1})$이다). 그리고 E를 $F(a_1, a_2, \cdots, a_t)$ 안에 있는 F 위에서의 $f(x)$의 확장체라 하자. 그러면 갈루아군 $\mathrm{Gal}(E/F)$는 풀이가능군이다.

증명

t에 대한 수학적 귀납법을 이용하자. $t=1$인 경우 $F \subseteq E \subseteq F(a_1)$이다. $a = a_1^{n_1}$이고 L이 F 위에서의 $x^{n_1} - a$의 분해체라 하자. 그러면 $F \subseteq E \subseteq L$이고, E와 L은 모두 F의 다항식의 분해체이다. [정리 30.1]의 (2)에 따르면 $\mathrm{Gal}(E/F) \approx \mathrm{Gal}(L/F)/\mathrm{Gal}(L/E)$이다. [정리 30.2]에 의해 $\mathrm{Gal}(L/F)$가 풀이가능군이고, [정리 30.3]에 의해 $\mathrm{Gal}(L/F)/\mathrm{Gal}(L/E)$가 풀이가능군이다. 따라서 $\mathrm{Gal}(E/F)$는 풀이가능군이다.

이제 $t > 1$이라 하자. $a = a_1^{n_1} \in F$이고, L이 E 위에서 $x^{n_1} - a$의 분해체이며, $K \subseteq L$이 F 위에서 $x^{n_1} - a$의 분해체라 하자. 그러면 L은 F 위에서 $(x^{n_1} - a)f(x)$의 분해체이고, L은 K 위에서 $f(x)$의 분해체이다. $F(a_1) \subseteq K$이므로 $f(x)$는 $K(a_2, \cdots, a_t)$에서 분해된다. 따라서 수학적 귀납법에 의해 $\mathrm{Gal}(L/K)$는 풀이가능군이다. 또한 [정리 30.2]에 의해 $\mathrm{Gal}(K/F)$는 풀이가능군이고, [정리 30.1]에 의해 $\mathrm{Gal}(L/F)/\mathrm{Gal}(L/K)$는 풀이가능군이다. 따라서 [정리 30.4]에 의해 $\mathrm{Gal}(L/F)$는 풀이가능군이다. 그러므로 [정리 30.1]의 (2)와 [정리 30.3]에 의해 잉여군 $\mathrm{Gal}(L/F)/\mathrm{Gal}(L/E) \approx \mathrm{Gal}(E/F)$는 풀이가능군이다. ■

[정리 30.5]의 역도 참이라는 점은 의미 있는 사실이다. 즉, E가 표수가 0인 체 F 위에서 다항식 $f(x)$의 분해체이고 $\mathrm{Gal}(E/F)$가 풀이가능군인 경우, $f(x)$는 F 위에서 거듭제곱근에 의해 풀이가능하다.

모든 유한군은 어떤 체 위에서 갈루아군이라고 알려져 있다. 그러나 에미 뇌터(Emmy Noether)가 처음 제기한 대수학의 주요 미해결 문제 중 하나는 어떤 유한군이 $\mathbb{Q}$ 위에서 갈루아군으로 표현될 수 있는지를 결정하는 것이다. 많은 사람들은 '모두 될 것이다.'라는 답에 의문을 가졌다. 모든 풀이가능군은 $\mathbb{Q}$ 위에서 갈루아군이라고 알려져 있다. 존 톰슨(John Thompson)은 몬스터를 포함한 특정한 종류의 단순군들이 $\mathbb{Q}$ 위에서 갈루아군임을 증명했다.

30.3 5차방정식의 풀이불가능성

정수 계수를 갖고 $\mathbb{Q}$ 위에서 거듭제곱근에 의해 풀이불가능한 다항식을 명시적으로 나타내면서 갈루아 이론에 대한 소개를 마친다.

$g(x) = 3x^5 - 15x + 5$를 생각해보자. 아이젠슈타인 판정법(정리 17.4)에 의해 $g(x)$는 $\mathbb{Q}$ 위에서 기약이다. $g(x)$는 연속이고 $g(-2) = -61$, $g(-1) = 17$이므로, $g(x)$는 -2와 -1 사이에서 실근을 갖는다. 비슷한 논리로 $g(x)$는 0과 1 사이, 1과 2 사이에서 실근을 갖는다.

각각의 실근은 장제법이나 [정리 19.6]을 이용해 확인할 수 있듯이 중복도 1을 갖는다. 더욱이 $g(x)$는 3개 이하의 실근을 갖는다. 왜냐하면 미분적분학의 롤의 정리에 의해 $g(x)$의 실근들의 각 쌍 사이에 $g'(x) = 15x^4 - 15$의 근이 존재해야 하기 때문이다. 따라서 $g(x)$가 4개의 실근을 가지려면 $g'(x)$는 3개의 실근을 가져야 하는데 그렇지 않다. 따라서 $g(x)$의 다른 두 근은 실수가 아닌 복소수, 즉 $a+bi$와 $a-bi$이다([연습문제 15.73] 참고).

이제 $g(x)$의 근 5개를 a_1, a_2, a_3, a_4, a_5로 나타내자. $K = \mathbb{Q}(a_1, a_2, a_3, a_4, a_5)$의 임의의 자기동형사상은 a_i가 어디로 가느냐에 따라 완전히 결정되며, 그 결과는 a_i들을 치환한 것이므로 $\mathrm{Gal}(K/\mathbb{Q})$가 5개 기호에 대한 대칭군인 S_5의 부분군과 동형임을 알 수 있다. a_1은 $\mathbb{Q}$ 위의 5차 기약다항식의 근이므로, $[\mathbb{Q}(a_1):\mathbb{Q}] = 5$이다. 따라서 5는 $[K:\mathbb{Q}]$를 나눈다. 그러므로 갈루아 이론의 기본정리에 의해 5는 $|\mathrm{Gal}(K/\mathbb{Q})|$를 나눈다. 따라서 코시 정리(23장의 [따름정리])에 의해 $\mathrm{Gal}(K/\mathbb{Q})$가 위수가 5인 원소를 갖는다고 결론내릴 수 있다. S_5에서 위수가 5인 원소는 모두 5-순환치환 형태이므로, $\mathrm{Gal}(K/\mathbb{Q})$는 5-순환치환을 포함한다. $a+bi$를 $a-bi$로 보내는 $\mathbb{C}$에서 $\mathbb{C}$로의 사상도 $\mathrm{Gal}(K/\mathbb{Q})$의 원소이다. 이 사상은 3개의 실근을 고정하고 $g(x)$의 2개의 복소근을 교환하므로, $\mathrm{Gal}(K/\mathbb{Q})$는 2-순환치환을 포함한다. 그러나 5-순환치환과 2-순환치환을 모두 포함하는 S_5의 유일한 부분군은 S_5이다([연습문제 24.25] 참고). 따라서 $\mathrm{Gal}(K/\mathbb{Q})$는 S_5와 동형이다. 마지막으로 S_5는 풀이가능군이 아니므로([연습문제 30.27] 참고), 거듭제곱근에 의해 풀이불가능한 5차다항식이 존재함을 보였다.

30장 연습문제

> 많이 보고, 많이 겪고, 많이 공부하는 것이 배움의 커다란 세 기둥이다.
>
> **벤저민 디즈레일리**(Benjamin Disraeli)

30.1 E를 $\mathbb{Q}$의 확장체라 하자. E의 임의의 자기동형사상이 $\mathbb{Q}$ 위에서 항등사상임을 보여라.[1]

30.2 체 $\mathrm{GF}(4)$의 자기동형군을 구하라.

30.3 E를 F의 확장체라 하자. F를 고정하는 E의 자기동형군이 실제로 군이 됨을 보여라.[2]

30.4 $\mathbb{Q}(\sqrt{2}, \sqrt{5}, \sqrt{7})$의 자기동형군이 $\mathbb{Z}_2 \oplus \mathbb{Z}_2 \oplus \mathbb{Z}_2$와 동형이라는 점을 고려하여, $\mathbb{Q}$ 위에서 차수가 4인 $\mathbb{Q}(\sqrt{2}, \sqrt{5}, \sqrt{7})$의 부분체의 개수를 구하라.

30.5 E를 F의 확장체라 하고 H를 $\mathrm{Gal}(E/F)$의 부분군이라 하자. H의 고정체가 실제로 체가 됨을 보여라.[3]

30.6 E를 $\mathbb{Q}$ 위에서 x^4+1의 분해체라 하자. $\mathrm{Gal}(E/\mathbb{Q})$를 구하고, E의 모든 부분체를 구하라. 그리고 고정체 $\mathbb{Q}(\sqrt{2})$, $\mathbb{Q}(\sqrt{-2})$, $\mathbb{Q}(i)$를 갖는 E의 자기동형사상을 구하라. 고정체가 $\mathbb{Q}$인 E의 자기동형사상이 존재할까?

30.7 $f(x) \in F[x]$이고 $f(x)$의 근이 $a_1, a_2, \cdots, a_n$이라 하자. $K = F(a_1, a_2, \cdots, a_n)$이면 $\mathrm{Gal}(K/F)$가 a_i들을 치환하는 어떤 군과 동형임을 보여라(K가 F 위에서 $f(x)$의 분해체인 경우, 군 $\mathrm{Gal}(K/F)$를 $f(x)$의 **갈루아군**(Galois group)이라 한다).

30.8 n차다항식의 갈루아군이 $n!$의 약수를 위수로 가짐을 보여라.

30.9 [EX 30.6]을 참고하여, 자기동형사상 ϕ의 위수가 6임을 보여라. $\omega+\omega^{-1}$은 ϕ^3에 의해 고정되고, $\omega^3+\omega^5+\omega^6$은 ϕ^2에 의해 고정됨을 보여라.[4]

30.10 $E=\mathbb{Q}(\sqrt{2}, \sqrt{5})$일 때, 군 $\mathrm{Gal}(E/\mathbb{Q})$의 위수를 구하라. $\mathrm{Gal}(\mathbb{Q}(\sqrt{10})/\mathbb{Q})$의 위수는 얼마일까?

---

1 이 문제는 이 장의 본문에서 살펴봤다.
2 이 문제는 이 장의 본문에서 살펴봤다.
3 이 문제는 이 장의 본문에서 살펴봤다.
4 이 문제는 이 장의 본문에서 살펴봤다.

30.11 F가 표수가 0인 체이고 E가 F 위에서 어떤 다항식의 분해체라 하자. $\mathrm{Gal}(E/F)$가 $\mathbb{Z}_{20} \oplus \mathbb{Z}_2$와 동형인 경우, L이 F를 포함하고 다음이 성립하도록 하는 E의 부분체 L의 개수를 구하라.

(a) $[L:F]=4$

(b) $[L:F]=25$

(c) $\mathrm{Gal}(E/L)$은 $\mathbb{Z}_5$와 동형이다.

30.12 $\mathbb{Q}$ 위에서 $x^2-10x+21$의 갈루아군을 구하라.[5]

30.13 $\mathbb{R}$ 위에서 x^2+9의 갈루아군을 구하라.[6]

30.14 F가 표수가 0인 체이고 E가 F 위에서 어떤 다항식의 분해체라 하자. $\mathrm{Gal}(E/F)$가 D_6과 동형인 경우, $E \supseteq L \supseteq F$이고 $[E:L]=6$인 체 L이 정확히 3개 존재함을 증명하라.

30.15 E가 $\mathrm{GF}(p)$ 위에서 어떤 다항식의 분해체라 하자. $|\mathrm{Gal}(E/\mathrm{GF}(p))|=p^6$이면 E와 $\mathrm{GF}(p)$ 사이에 $\mathrm{GF}(p)$가 아닌 진부분체가 몇 개 존재하는가?

30.16 소수 p에 대해 $|\mathrm{Gal}(E/F)|=p^2$이라 하자. E와 F 사이의 체에 대해 가능한 모든 부분체 도표를 그려라.

30.17 F가 표수가 0인 체이고 E가 F 위에서 어떤 다항식의 분해체라 하자. $\mathrm{Gal}(E/F)$가 A_4와 동형인 경우, $[K:F]=2$인 E의 부분체 K가 존재하지 않음을 보여라.

30.18 $\mathbb{Q}$ 위에서 x^3-1과 x^3-2의 갈루아군을 구하라.[7]

30.19 K가 표수가 0인 체 F 위에서 어떤 다항식의 분해체라 하자. $[K:F]=p^2q$(p, q는 서로 다른 소수)인 경우, K가 $[K:L_1]=p$, $[K:L_2]=p^2$, $[K:L_3]=q$인 부분체 L_1, L_2, L_3을 가짐을 보여라.

30.20 E가 표수가 0인 체 F 위에서 어떤 다항식의 분해체라 하자. $\mathrm{Gal}(E/F)$가 D_5와 동형인 경우, E와 F 사이의 체에 대한 부분체 도표를 그려라.

30.21 $F \subset K \subset E$가 체이고 E가 $F[x]$의 어떤 다항식의 분해체라 하자. 예를 제시하여 K가 $F[x]$의 어떤 다항식의 분해체일 필요는 없음을 보여라.

---

5 갈루아군의 정의는 [연습문제 30.7]을 참고한다.
6 갈루아군의 정의는 [연습문제 30.7]을 참고한다.
7 갈루아군의 정의는 [연습문제 30.7]을 참고한다.

30.22 E가 표수가 0인 체 F 위에서 어떤 다항식의 분해체라 하자. $[E:F]$가 유한하면 E와 F 사이의 체의 개수가 유한개임을 보여라.

30.23 E가 표수가 0인 체 F 위에서 어떤 다항식의 분해체라 하자. $\mathrm{Gal}(E/F)$가 위수 10인 가환군인 경우, E와 F 사이의 체에 대한 부분체 도표를 그려라.

30.24 ω가 $\omega^5=1$을 만족하는 실수가 아닌 복소수라 하자. ϕ가 ω를 ω^4으로 보내는 $\mathbb{Q}(\omega)$의 자기동형사상인 경우, $\langle\phi\rangle$의 고정체를 구하라.

30.25 군 $\mathrm{Gal}(\mathrm{GF}(64)/\mathrm{GF}(2))$의 동치류를 구하라.

30.26 군 $\mathrm{Gal}(\mathrm{GF}(729)/\mathrm{GF}(9))$의 동치류를 구하라.

30.27 S_5가 풀이가능군이 아님을 보여라.[8]

30.28 정이면체군이 풀이가능군임을 보여라.[9]

30.29 위수가 p^n(p는 소수)인 군이 풀이가능군임을 보여라.[10]

30.30 $n \le 4$일 때 S_n이 풀이가능군임을 보여라.

30.31 [정리 30.3]에서 주어진 군의 나열이 풀이가능군의 정의를 만족함을 보임으로써, 이 정리의 증명을 완성하라.

30.32 풀이가능군의 부분군도 풀이가능군임을 보여라.

30.33 N이 G의 정규부분군이고 K/N이 G/N의 정규부분군일 때, K가 G의 정규부분군임을 증명하라.[11]

30.34 $\mathrm{GF}(p^n)$의 임의의 자기동형사상이 $\mathrm{GF}(p)$에서는 항등사상의 역할을 한다는 것을 보여라.

30.35 G가 풀이가능군인 유한군이면 H_{i+1}/H_i의 위수가 소수인 G의 다음 부분군 열이 존재함을 보여라.

$$\{e\}=H_0 \subset H_1 \subset H_2 \subset \cdots \subset H_n = G$$

30.36 $\mathbb{Q}$ 위의 다항식 x^5-6x+3이 거듭제곱근에 의해 풀이불가능함을 보여라.

8 이 문제는 이 장의 본문에서 살펴봤다.
9 이 문제는 이 장의 본문에서 살펴봤다.
10 이 문제는 이 장의 본문에서 살펴봤다.
11 이 문제는 이 장의 본문에서 살펴봤다.

31

원분확장체
Cyclotomic Extensions

"오래된 문제를 새로운 각도에서 바라보려면 창의적인 상상력이 필요하며, 이를 통해 과학의 진정한 발전이 이루어진다."

알베르트 아인슈타인(Albert Einstein)

"혁신은 이미 존재하는 두 가지를 새로운 방식으로 결합하는 것이다."

톰 프레스턴(Tom Freston)

31.1 개요

이 책의 마지막 장에서는 군, 환, 체, 기하 작도, 수학의 역사에 관한 결과들을 하나로 통합하는 주제를 선택하여 다룬다. 이에 적합한 주제가 바로 **원분확장체**(cyclotomic extensions)이다. 그 역사부터 알아보자.

고대 그리스인들은 자와 컴퍼스를 이용해 3, 4, 5, 6, 8, 10, 12, 15, 16개의 변을 갖는 정다각형을 작도할 수 있었다. 정n각형이 작도가능하면 정$2n$각형은 쉽게 작도할 수 있다. 그리스인들은 변의 개수가 7, 9, 11, 13, 14, 17, $\cdots$ 개인 정다각형도 작도하려고 시도했지만 실패했다. 이 문제에 대한 지식이 그리스인들을 능가할 정도로 발전하기까지 2,200년이 넘는 세월이 흘렀다. 놀랍게도 19세의 가우스는 정17각형이 작도가능함을 보였고, 얼마 지나지 않아 정확히 어떤 정n각형이 작도가능한지에 대한 문제를 완전히 해결했다. 정17각형의 작도가능성에 대한 발견은 가우스가 수학 연구에 평생을 바치게 된 계기가 되었다. 가우스는 이 업적을 굉장히 자랑스럽게 여겨 자신의 묘비에 정17각형을 새겨달라고 요청했다.

가우스는 $\mathbb{Q}$ 위에서 x^n-1 형태인 다항식의 인수분해에 대한 조사를 통해 작도가능한 정다각형을 발견했다. 이 장에서는 x^n-1의 인수들을 조사하고, 자와 컴퍼스를 이용해 정n각형이 작도가능한지를 결정하는 데 갈루아 이론이 어떻게 이용되는지를 살펴본다. x^n-1의 기약 인수는 정수론과 조합론에서 중요하다.

31.2 원분다항식

[EX 16.2]에서 x^n-1의 복소근은 1, $\omega=\cos\left(\frac{2\pi}{n}\right)+i\sin\left(\frac{2\pi}{n}\right)$, ω^2, ω^3, $\cdots$, ω^{n-1}이었다. 따라서 $\mathbb{Q}$ 위에서 x^n-1의 분해체는 $\mathbb{Q}(\omega)$이다. 이 체를 $\mathbb{Q}$의 ***n*차 원분확장체**(nth cyclotomic extensions)라 하며, $\mathbb{Q}$ 위에서 x^n-1의 기약 인수를 **원분다항식**(cyclotomic polynomials)이라 한다.

$\omega=\cos\left(\frac{2\pi}{n}\right)+i\sin\left(\frac{2\pi}{n}\right)$는 곱셈에 대해 위수가 n인 순환군을 생성하므로, [정리 4.2]의 [따름정리 3]에 의해 $\langle\omega\rangle$의 생성원은 $1\le k\le n$, $\gcd(n, k)$에 대해 ω^k 형태의 원소이다. 이러한 생성원을 **단위원의 원시 *n*제곱근**(primitive nth roots of unity)이라 한다. n보다 작거나 같고 n과 서

로수인 양의 정수의 개수를 $\phi(n)$으로 표기한다는 것을 상기하면, 각 양의 정수 n에 대해 정확히 $\phi(n)$개의 단위원의 원시 n제곱근이 존재함을 알 수 있다. $\phi(n)$개의 단위원의 원시 n제곱근을 근으로 갖는 다항식은 특별한 이름을 갖는다.

정의 원분다항식

임의의 양의 정수 n에 대해 $\omega_1, \omega_2, \cdots, \omega_{\phi(n)}$을 단위원의 원시 n제곱근이라 하자. $\mathbb{Q}$ **위의 n차 원분다항식**(nth cyclotomic polynomials over $\mathbb{Q}$)은 다항식 $\Phi_n(x) = (x-\omega_1)(x-\omega_2)\cdots(x-\omega_{\phi(n)})$이다.

특히 $\Phi_n(x)$는 위수가 $\phi(n)$인 모닉다항식임을 알 수 있다. [정리 31.2]에서 $\Phi_n(x)$가 정수 계수를 가짐을 증명할 것이다. 그리고 [정리 31.3]에서 $\Phi_n(x)$가 $\mathbb{Z}$ 위에서 기약임을 증명할 것이다.

EX 31.1 $x-1$의 유일한 근은 1이므로 $\Phi_1(x) = x-1$이다. x^2-1의 근은 1과 -1이고, -1이 유일한 원시근이므로 $\Phi_2(x) = x+1$이다. $\omega = \cos\left(\frac{2\pi}{3}\right) + i\sin\left(\frac{2\pi}{3}\right) = \frac{-1+i\sqrt{3}}{2}$에 대해 $\Phi_3(x) = (x-\omega)(x-\omega^2)$이고, 계산하면 $\Phi_3(x) = x^2+x+1$이다. x^4-1의 근은 ± 1과 $\pm i$이고, i와 $-i$만 원시근이므로 $\Phi_4(x) = (x-i)(x+i) = x^2+1$이다.

실제로는 원분다항식을 구하기 위해 $\Phi_n(x)$의 정의를 이용하지 않는다. 대신 연습문제에 주어진 공식을 이용하고 다음 결과를 재귀적으로 이용한다.

정리 31.1 $x^n - 1 = \prod_{d \mid n} \Phi_d(x)$

모든 양의 정수 n에 대해 $x^n - 1 = \prod_{d \mid n} \Phi_d(x)$이다. 여기서 곱은 n의 모든 양의 약수 d에 대해 계산한다.

이 정리를 증명하기 전에, 이 명제가 명확한지 확인해보자. 예를 들어 $n=6$인 경우, 이 정리에 따라 $x^6 - 1 = \Phi_1(x)\Phi_2(x)\Phi_3(x)\Phi_6(x)$이다. 왜냐하면 1, 2, 3, 6이 6의 양의 약수이기 때문이다.

증명

정리의 두 다항식은 모두 모닉다항식이므로, 두 다항식이 동일한 근을 가지며 모든 근의 중복도가

1임을 보이면 된다. $\omega = \cos\left(\frac{2\pi}{n}\right) + i\sin\left(\frac{2\pi}{n}\right)$라 하자. 그러면 $\langle \omega \rangle$는 위수가 n인 순환군이고, $\langle \omega \rangle$는 단위원의 원시 n제곱근을 모두 포함한다. [정리 4.3]에 의해 각 j에 대해 $|\omega^j|$이 n을 나누므로, $(x-\omega^j)$이 $\Phi_{|\omega^j|}(x)$의 한 인수로 나타난다. 반면에, $x-\alpha$가 n의 어떤 약수 d에 대해 $\Phi_d(x)$의 일차 인수이면 $\alpha^d = 1$이므로 $\alpha^n = 1$이다. 따라서 $x-\alpha$는 x^n-1의 인수이다. 마지막으로 x^n-1의 모든 근이 서로 다른 2개의 d에 대해 $\Phi_d(x)$의 근이 될 수 없으므로 결과가 증명된다. ■

[정리 31.1]을 이용해 $\Phi_n(x)$를 재귀적으로 계산하는 방법을 설명하기 전에, 중요한 정리의 결과를 설명한다.

정리 31.2 $\Phi_n(x)$는 정수 계수를 갖는다

모든 양의 정수 n에 대해 $\Phi_n(x)$는 정수 계수를 갖는다.

증명

$n=1$인 경우는 자명하다. 수학적 귀납법에 의해 $g(x) = \prod_{d<n,\ d|n} \Phi_d(x)$가 정수 계수를 갖는다고 가정하자. [정리 31.1]에 의해 $x^n - 1 = \Phi_n(x)g(x)$이고, $g(x)$가 모닉다항식이므로 $\mathbb{Z}[x]$에서 나눗셈을 할 수 있다. 즉, $\Phi_n(x) \in \mathbb{Z}[x]$이다. ■

이제 몇 가지 계산을 해보자. p가 소수이면 [정리 31.1]에 의해 $x^p - 1 = \Phi_1(x)\Phi_p(x) = (x-1)\Phi_p(x)$이므로 다음과 같다.

$$\Phi_p(x) = \frac{x^p - 1}{x-1} = x^{p-1} + x^{p-2} + \cdots + x + 1$$

[정리 31.1]로부터 $x^6 - 1 = \Phi_1(x)\Phi_2(x)\Phi_3(x)\Phi_6(x)$이므로 $\Phi_6(x) = \frac{x^6-1}{(x-1)(x+1)(x^2+x+1)}$이다. 그러므로 장제법에 의해 $\Phi_6(x) = x^2 - x + 1$임을 알 수 있다. 마찬가지로 $\Phi_{10}(x) = \frac{x^{10}-1}{(x-1)(x+1)(x^4+x^3+x^2+x+1)} = x^4 - x^3 + x^2 - x + 1$이다.

연습문제에서는 장제법을 이용하지 않아도 되는 방법을 제공한다. 1부터 15까지의 모든 정수 n에 대해 $\Phi_n(x)$는 [표 31.1]과 같다. 이 장에 대한 컴퓨터 연습문제는 1부터 1,000까지의 모든 정수

n에 대해 $\Phi_n(x)$를 제공한다. [표 31.1]을 통해 1과 -1이 원분다항식의 0이 아닌 유일한 계수라고 추측할 수 있다. 그러나 모든 정수는 어떤 원분다항식의 계수가 될 수 있음이 알려져 있다.

[표 31.1] $n=15$까지의 원분다항식 $\Phi_n(x)$

n	$\Phi_n(x)$
1	$x-1$
2	$x+1$
3	x^2+x+1
4	x^2+1
5	$x^4+x^3+x^2+x+1$
6	x^2-x+1
7	$x^6+x^5+x^4+x^3+x^2+x+1$
8	x^4+1
9	x^6+x^3+1
10	$x^4-x^3+x^2-x+1$
11	$x^{10}+x^9+x^8+x^7+x^6+x^5+x^4+x^3+x^2+x+1$
12	x^4-x^2+1
13	$x^{12}+x^{11}+x^{10}+x^9+x^8+x^7+x^6+x^5+x^4+x^3+x^2+x+1$
14	$x^6-x^5+x^4-x^3+x^2-x+1$
15	$x^8-x^7+x^5-x^4+x^3-x+1$

다음 정리는 원분다항식이 중요한 이유를 보여준다.

정리 31.3 $\Phi_n(x)$는 $\mathbb{Z}$ 위에서 기약이다(가우스)

원분다항식 $\Phi_n(x)$는 $\mathbb{Z}$ 위에서 기약이다.

증명

$f(x)\in\mathbb{Z}[x]$를 $\Phi_n(x)$의 모닉다항식인 기약 인수라 하자. $\Phi_n(x)$가 모닉다항식이고 중근을 갖지 않으므로 $\Phi_n(x)$의 모든 근이 $f(x)$의 근임을 보이면 된다.

$\mathbb{Z}[x]$에서 $\Phi_n(x)$가 x^n-1을 나누므로, $x^n-1=f(x)g(x)$를 만족하는 $g(x)\in\mathbb{Z}[x]$가 존재한다. ω가 $f(x)$의 근이며 단위원의 원시 n제곱근이라 하자. 그러면 $f(x)$는 $\mathbb{Q}$ 위에서 ω에 대한 최소다항식이다. p가 n을 나누지 않는 임의의 소수라 하자. 그러면 [정리 4.2]의 [따름정리 3]에 의해 ω^p도 단위원의 원시 n제곱근이므로, $0=(\omega^p)^n-1=f(\omega^p)g(\omega^p)$이 되어 $f(\omega^p)=0$ 또는 $g(\omega^p)=0$이다. $f(\omega^p)\neq 0$이라 가정하면 $g(\omega^p)=0$이고, 따라서 ω는 $g(x^p)$의 근이다. 그러므로

[정리 21.3]에 의해 $f(x)$는 $\mathbb{Q}[x]$에서 $g(x^p)$을 나눈다. $f(x)$가 모닉다항식이므로, $f(x)$는 실제로 $\mathbb{Z}[x]$에서 $g(x^p)$을 나눈다([연습문제 16.71] 참고). $h(x) \in \mathbb{Z}[x]$에 대해 $g(x^p) = f(x)h(x)$라 하자. $g(x)$, $f(x)$, $h(x)$의 각 계수를 법 p에 대해 축소한 $\mathbb{Z}_p[x]$의 다항식을 각각 $\overline{g}(x)$, $\overline{f}(x)$, $\overline{h}(x)$라 하자. [연습문제 16.13]과 [정리 7.1]의 [따름정리 5]에 의해 $(\overline{g}(x))^p = \overline{g}(x^p) = \overline{f}(x)\overline{h}(x)$이다. 그리고 $\mathbb{Z}_p[x]$는 유일인수분해정역이므로, $\overline{g}(x)$와 $\overline{f}(x)$는 $\mathbb{Z}_p[x]$에서 공통 기약 인수를 갖는다. 그 기약 인수를 $m(x)$라 하자. 그러므로 $k_1(x)$, $k_2(x) \in \mathbb{Z}_p[x]$에 대해 $\overline{f}(x) = k_1(x)m(x)$, $\overline{g}(x) = k_2(x)m(x)$로 나타낼 수 있다. 그러면 $x^n - 1$을 $\mathbb{Z}_p[x]$의 원소로 볼 때, $x^n - 1 = \overline{f}(x)\overline{g}(x) = k_1(x)k_2(x)(m(x))^2$이다. 특히 $x^n - 1$은 $\mathbb{Z}_p$의 어떤 확장체에서 중근을 갖는다. 그러나 p는 n을 나누지 않으므로 도함수 nx^{n-1} 또는 $x^n - 1$은 0이 아니다. 따라서 nx^{n-1}과 $x^n - 1$은 $\mathbb{Z}_p[x]$에서 양의 차수의 공통 인수를 갖지 않는다. 이는 [정리 19.5]에 모순이므로 $f(\omega^p) = 0$이어야 한다.

지금까지 증명한 내용을 다음과 같이 재구성해보자. β가 $f(x)$의 근이며 임의의 단위원의 원시 n제곱근이고, p가 n을 나누지 않는 소수인 경우 β^p은 $f(x)$의 근이다. 이제 k를 n과 서로소인 1과 n 사이의 임의의 정수라 하자. 그러면 n을 나누지 않는 소수 p_i에 대해 $k = p_1 p_2 \cdots p_t$로 나타낼 수 있다(소수의 중복은 허용된다). 그러면 ω, ω^{p_1}, $(\omega^{p_1})^{p_2}, \cdots$, $(\omega^{p_1 p_2 \cdots p_{t-1}})^{p_t} = \omega^k$은 $f(x)$의 근이다. $\Phi_n(x)$의 모든 근은 ω^k(k는 n과 서로소인 1과 n 사이의 정수) 형태이므로, $\Phi_n(x)$의 모든 근이 $f(x)$의 근임을 증명했다. 이로써 증명이 완료되었다. ■

물론 [정리 31.3]과 [정리 31.1]에 의해 $x^n - 1$의 인수분해를 $\mathbb{Q}$ 위의 기약다항식들의 곱으로 나타낼 수 있다. 그러나 [정리 31.1]은 $\mathbb{Z}_p$ 위에서 $x^n - 1$의 기약 인수분해를 구하는 데에도 유용하다. [EX 31.2]에서는 이와 관련한 예를 제공한다. $\mathbb{Z}_p$ 위에서 $x^n - 1$의 기약 인수는 오류 정정 코드를 구성하는 데 이용된다.

EX 31.2 $\mathbb{Z}_2$와 $\mathbb{Z}_3$ 위에서 $x^6 - 1$을 기약 인수분해해보자. [표 31.1]에 의해 $x^6 - 1 = (x-1)(x+1)(x^2+x+1)(x^2-x+1)$이다. 양변의 모든 계수에 mod2를 취하면 동일한 표현식으로 나타낼 수 있지만, 이러한 인수들이 $\mathbb{Z}_2$ 위에서 기약인지를 확인해야 한다. x^2+x+1은 $\mathbb{Z}_2$ 위에서 근을 갖지 않으므로 $\mathbb{Z}_2$ 위에서 기약이다([정리 17.1] 참고). 마지막으로 $\mathbb{Z}_2$ 위에서 $-1 = 1$이므로, 기약 인수분해 $x^6 - 1 = (x+1)^2(x^2+x+1)^2$을 얻는다. $\mathbb{Z}_3$에 대해 이 과정을 다시 해보자. $\mathbb{Z}$ 위의 인수분해 $x^6 - 1 = (x-1)(x+1)(x^2+x+1)(x^2-x+1)$에서 시작하고, 모든 계수에 mod3을 취한다. 1이 $\mathbb{Z}_3$에서 x^2+x+1의 근이고, 장제법에 의해 $x^2+x+1 =$

$(x-1)(x+2)=(x+2)^2$을 얻는다. 비슷한 방법을 적용하면 $x^2-x+1=(x-2)(x+1)=(x+1)^2$이다. 그러므로 $\mathbb{Z}_3$ 위에서 x^6-1의 기약 인수분해는 $(x+1)^3(x+2)^3$이다.

다음으로 $\mathbb{Q}$의 원분확장체에 대한 갈루아군을 구해보자.

> **정리 31.4** $\mathrm{Gal}(\mathbb{Q}(\omega)/\mathbb{Q}) \approx U(n)$
>
> ω를 단위원의 원시 n제곱근이라 하면 $\mathrm{Gal}(\mathbb{Q}(\omega)/\mathbb{Q}) \approx U(n)$이다.

증명

$1,\ \omega,\ \omega^2, \cdots,\ \omega^{n-1}$은 단위원의 원시 n제곱근이므로, $\mathbb{Q}(\omega)$는 $\mathbb{Q}$ 위에서 x^n-1의 분해체이다. $U(n)$의 각 원소 k에 대해 ω^k은 단위원의 원시 n제곱근이고, [정리 19.4] 앞의 [보조정리]에 의해 ω를 ω^k으로 보내며 $\mathbb{Q}$ 위에서 항등사상으로 작용하는 $\mathbb{Q}(\omega)$의 체 자기동형사상 ϕ_k가 존재한다. $\mathbb{Q}(\omega)$의 임의의 자기동형사상은 단위원의 원시 n제곱근을 단위원의 원시 n제곱근으로 보내야 하므로, $U(n)$의 각 원소 k에 대한 ω^k의 모임이 $\mathbb{Q}(\omega)$의 모든 자기동형사상이 된다. 임의의 $r,\ s \in U(n)$에 대해 다음이 성립한다.

$$(\phi_r\phi_s)(\omega)=(\phi_r)(\omega^s)=(\phi_r(\omega))^s=(\omega^r)^s=\omega^{rs}=\phi_{rs}(\omega)$$

따라서 $U(n)$에서 $\mathrm{Gal}(\mathbb{Q}(\omega)/\mathbb{Q})$로 가는 사상 $k \to \phi_k$는 전사인 군 준동형사상이다. 분명히 $r,\ s \in U(n)$이고 $r \neq s$일 때, $\omega^r \neq \omega^s$이므로 이 사상은 동형사상이다. ■

[EX 31.3]은 [정리 31.4]와 8장의 결과를 이용해 원분확장체의 갈루아군을 구하는 방법을 보여준다.

EX 31.3 $\alpha=\cos\left(\frac{2\pi}{9}\right)+i\sin\left(\frac{2\pi}{9}\right)$이고 $\beta=\cos\left(\frac{2\pi}{15}\right)+i\sin\left(\frac{2\pi}{15}\right)$이면 다음이 성립한다.

$$\mathrm{Gal}(\mathbb{Q}(\alpha)/\mathbb{Q}) \approx U(9) \approx \mathbb{Z}_6$$

$$\mathrm{Gal}(\mathbb{Q}(\beta)/\mathbb{Q}) \approx U(15) \approx U(5) \oplus U(3) \approx \mathbb{Z}_4 \oplus \mathbb{Z}_2$$

31.3 작도가능한 정n각형

원분확장체 이론과 갈루아 이론을 적용하면 자와 컴퍼스를 이용해 어떤 정n각형을 작도할 수 있는지 정확히 결정할 수 있다. 먼저 기술적인 [보조정리]를 증명해보자.

보조정리 $\mathbb{Q}\left(\cos\left(\frac{2\pi}{n}\right)\right) \subseteq \mathbb{Q}(\omega)$

n이 양의 정수이고 $\omega = \cos\left(\frac{2\pi}{n}\right) + i\sin\left(\frac{2\pi}{n}\right)$라 하자. 그러면 $\mathbb{Q}\left(\cos\left(\frac{2\pi}{n}\right)\right) \subseteq \mathbb{Q}(\omega)$이다.

증명

$\left(\cos\left(\frac{2\pi}{n}\right) + i\sin\left(\frac{2\pi}{n}\right)\right)\left(\cos\left(\frac{2\pi}{n}\right) - i\sin\left(\frac{2\pi}{n}\right)\right) = \cos^2\left(\frac{2\pi}{n}\right) + \sin^2\left(\frac{2\pi}{n}\right) = 1$이므로,

$\cos\left(\frac{2\pi}{n}\right) - i\sin\left(\frac{2\pi}{n}\right) = \frac{1}{\omega}$이다. 또한 $\frac{\omega + \frac{1}{\omega}}{2} = \frac{2\cos\left(\frac{2\pi}{n}\right)}{2} = \cos\left(\frac{2\pi}{n}\right)$이다. 그러므로 $\cos\left(\frac{2\pi}{n}\right) \in \mathbb{Q}(\omega)$이다. ■

정리 31.5 정n각형의 작도가능성 판정법(가우스, 1796)

자와 컴퍼스를 이용해 정n각형을 작도할 수 있을 필요충분조건은 n이 $2^k p_1 p_2 \cdots p_t$($k \geq 0$이고 p_i는 $2^m + 1$ 형태의 서로 다른 소수) 형태인 것이다.

증명

정n각형을 작도할 수 있으면 각 $\frac{2\pi}{n}$를 작도할 수 있으므로, $\cos\left(\frac{2\pi}{n}\right)$를 작도할 수 있다. 22장의 결과에 의해 $\left[\mathbb{Q}\left(\cos\left(\frac{2\pi}{n}\right)\right) : \mathbb{Q}\right]$가 2의 거듭제곱인 경우에만 $\cos\left(\frac{2\pi}{n}\right)$를 작도할 수 있다. 이 경우가 언제 성립하는지 확인하기 위해 갈루아 이론을 이용한다.

$\omega = \cos\left(\frac{2\pi}{n}\right) + i\sin\left(\frac{2\pi}{n}\right)$라 하자. 그러면 $|\mathrm{Gal}(\mathbb{Q}(\omega)/\mathbb{Q})| = [\mathbb{Q}(\omega) : \mathbb{Q}] = \phi(n)$이다. 앞서 살펴본 [보조정리]에 의해 $\mathbb{Q}\left(\cos\left(\frac{2\pi}{n}\right)\right) \subseteq \mathbb{Q}(\omega)$이고, [정리 30.1]에 의해 다음이 성립한다.

$$\begin{aligned}\left[\mathbb{Q}\left(\cos\left(\frac{2\pi}{n}\right)\right) : \mathbb{Q}\right] &= \frac{|\mathrm{Gal}(\mathbb{Q}(\omega)/\mathbb{Q})|}{\left|\mathrm{Gal}\left(\mathbb{Q}(\omega)/\mathbb{Q}\left(\cos\left(\frac{2\pi}{n}\right)\right)\right)\right|} \\ &= \frac{\phi(n)}{\left|\mathrm{Gal}\left(\mathbb{Q}(\omega)/\mathbb{Q}\left(\cos\left(\frac{2\pi}{n}\right)\right)\right)\right|}\end{aligned}$$

Gal($\mathbb{Q}(\omega)/\mathbb{Q}$)의 원소 σ는 $1 \le k \le n$에 대해 $\sigma(\omega) = \omega^k$이라는 성질을 갖는다. 즉, 다음과 같다.

$$\sigma\left(\cos\left(\frac{2\pi}{n}\right) + i\sin\left(\frac{2\pi}{n}\right)\right) = \cos\left(\frac{2k\pi}{n}\right) + i\sin\left(\frac{2k\pi}{n}\right)$$

만약 이러한 σ가 $\mathrm{Gal}\left(\mathbb{Q}(\omega)/\mathbb{Q}\left(\cos\left(\frac{2\pi}{n}\right)\right)\right)$에 속한다면 $\cos\left(\frac{2k\pi}{n}\right) = \cos\left(\frac{2\pi}{n}\right)$여야 한다. 분명히 이 식은 $k=1$이고 $k=n-1$인 경우에만 성립한다. 따라서 $\left|\mathrm{Gal}\left(\mathbb{Q}(\omega)/\mathbb{Q}\left(\cos\left(\frac{2\pi}{n}\right)\right)\right)\right| = 2$이므로 $\left[\mathbb{Q}\left(\cos\left(\frac{2\pi}{n}\right)\right) : \mathbb{Q}\right] = \frac{\phi(n)}{2}$이다. 따라서 정$n$각형이 작도가능하면 $\frac{\phi(n)}{2}$은 2의 거듭제곱이어야 한다. 물론 이 결과는 $\phi(n)$이 2의 거듭제곱임을 의미한다.

서로 다른 홀수인 소수 p_i와 양수 n_i에 대해 $n = 2^k p_1^{n_1} p_2^{n_2} \cdots p_t^{n_t}\ (k \ge 0)$으로 나타내면 다음 식은 2의 거듭제곱이다.

$$\begin{aligned}\phi(n) = |U(n)| &= |U(2^k)||U(p_1^{n_1})||U(p_2^{n_2})| \cdots |U(p_t^{n_t})| \\ &= 2^{k-1} p_1^{n_1-1}(p_1-1) p_2^{n_2-1}(p_2-1) \cdots p_t^{n_t-1}(p_t-1)\end{aligned}$$

분명히 각 $n_i = 1$이고 각 $p_i - 1$은 2의 거듭제곱이다. 이로써 주어진 명제의 필요조건을 증명했다.

이제 [정리 31.5]의 충분조건을 증명하기 위해 n이 $2^k p_1^{n_1} p_2^{n_2} \cdots p_t^{n_t}$ 형태라 가정한다. 여기서 p_i는 $2^m + 1$ 형태의 서로 다른 홀수인 소수이다. $\omega = \cos\left(\frac{2\pi}{n}\right) + i\sin\left(\frac{2\pi}{n}\right)$라 하자. [정리 31.3]에 따르면 $\mathbb{Q}(\omega)$는 $\mathbb{Q}$ 위에서 기약다항식의 분해체이므로, 갈루아 이론의 기본정리에 의해 $\phi(n) = [\mathbb{Q}(\omega) : \mathbb{Q}] = |\mathrm{Gal}(\mathbb{Q}(\omega)/\mathbb{Q})|$이다. $\phi(n)$은 2의 거듭제곱이고 Gal($\mathbb{Q}(\omega)/\mathbb{Q}$)는 가환군이므로, 수학적 귀납법에 의해 다음과 같은 부분군 열이 존재한다([연습문제 31.15] 참고).

$$H_0 \subset H_1 \subset \cdots \subset H_t = \mathrm{Gal}(\mathbb{Q}(\omega)/\mathbb{Q})$$

이때 H_0은 자명한 부분군이고 H_1은 $\cos\left(\frac{2\pi}{n}\right)$를 고정하는 위수가 2인 Gal($\mathbb{Q}(\omega)/\mathbb{Q}$)의 부분군이며, $i = 0, 1, 2, \cdots, t-1$에 대해 $|H_{i+1} : H_i| = 2$이다. 갈루아 이론의 기본정리에 의해 다음과 같은 실수체의 부분체 열이 존재한다.

$$\mathbb{Q} = E_{H_t} \subset E_{H_{t-1}} \subset \cdots \subset E_{H_1} = \mathbb{Q}\left(\cos\left(\frac{2\pi}{n}\right)\right)$$

이때 $|E_{H_{i+1}} : E_{H_i}| = 2$이다. 따라서 각 i에 대해 $E_{H_{i-1}} = E_{H_i}(\beta_i)$를 만족하는 $\beta_i \in E_{H_{i-1}}$을 선택할 수 있다. 그러면 β_i는 $x^2 + b_i x + c_i \in E_{H_i}[x]$ 형태인 다항식의 근이고, 따라서 $E_{H_{i-1}} = E_{H_i}\left(\sqrt{b_i^2 - 4c_i}\right)$이다. 그러므로 [연습문제 22.3]에 의해 $\mathbb{Q}\left(\cos\left(\frac{2\pi}{n}\right)\right)$의 모든 원소는 작도가능하다. ■

가우스가 그의 증명에서 갈루아 이론을 이용하지 않았다는 점은 흥미롭다. 사실 가우스는 갈루아가 태어나기 15년 전에 이미 증명을 완료했다.

어떤 책의 경우에는 [정리 31.5]에서 $2^{2^k}+1$을 2^n+1로 표현한다. 소수 $p>2$를 2^m+1 형태로 표현할 수 있으면 m은 2의 거듭제곱이어야 하므로 두 표현은 동일하다([연습문제 31.21] 참고).

31장 연습문제

> 어려움은 강장제 역할을 해야 한다. 그것들은 더 열심히 노력하도록 자극해야 한다.
>
> B. C. 포브스(B. C. Forbes)

31.1 $\mathbb{Q}$ 위에서 $\cos\left(\frac{\pi}{3}\right)+i\sin\left(\frac{\pi}{3}\right)$의 최소다항식을 구하라.

31.2 $x^{12}-1$을 $\mathbb{Z}$ 위에서 기약다항식들의 곱으로 인수분해하라.

31.3 x^8-1을 $\mathbb{Z}_2$, $\mathbb{Z}_3$, $\mathbb{Z}_5$ 위에서 각각 기약다항식들의 곱으로 인수분해하라.

31.4 임의의 $n>1$에 대해 모든 단위원의 n제곱근의 합이 0임을 증명하라.

31.5 임의의 $n>1$에 대해 단위원의 n제곱근의 곱이 $(-1)^{n+1}$임을 증명하라.

31.6 ω를 $\mathbb{Q}$ 위의 단위원의 원시 12제곱근이라 하자. $\mathbb{Q}$ 위에서 ω^4의 최소다항식을 구하라.

31.7 F를 $\mathbb{Q}$ 위의 유한 확장체라 하자. F에서 단위원의 제곱근은 유한개 존재함을 증명하라.

31.8 임의의 $n>1$에 대해 $\mathbb{Z}$ 위에서 $x^{n-1}+x^{n-2}+\cdots+x+1$의 기약 인수분해는 $\prod \Phi_d(x)$이며, 이때 곱은 1보다 큰 n의 모든 양의 약수 d에 대해 연산한다.

31.9 어떤 $n\geq 1$에 대해 2^n+1이 소수이면 n이 2의 거듭제곱임을 증명하라(2^n+1 형태의 소수를 **페르마 소수**(Fermat primes)라 한다).

31.10 모든 $n>1$에 대해 $\Phi_n(0)=1$임을 증명하라.

31.11 어떤 체가 홀수 n에 대해 단위원의 n제곱근을 포함하면 그 체는 단위원의 $2n$제곱근도 포함함을 증명하라.

31.12 m과 n이 서로소인 양의 정수라 하자. $\mathbb{Q}$ 위에서의 $x^{mn}-1$의 분해체가 $\mathbb{Q}$ 위에서의 $(x^m-1)(x^n-1)$의 분해체와 동일함을 증명하라.

31.13 모든 홀수인 정수 $n>1$에 대해 $\Phi_{2n}(x)=\Phi_n(-x)$임을 증명하라.

31.14 p가 소수이고 k가 양의 정수이면 $\Phi_{p^k}(x)=\Phi_p(x^{p^{k-1}})$임을 증명하라. 이 결과를 이용해 $\Phi_8(x)$, $\Phi_{27}(x)$를 구하라.

31.15 [정리 31.5]의 증명에서 $i=0,\ 1,\ 2,\cdots,\ t-1$에 대해 $|H_{i+1}:H_i|=2$인 부분군 열 $H_0\subset H_1\subset\cdots\subset H_t$가 존재한다는 주장을 증명하라.[1]

31.16 $\mathbb{Q}$ 위에서 x^9-1과 x^7-1의 갈루아군이 동형임을 증명하라.[2]

31.17 p가 n을 나누지 않는 소수일 때, $\Phi_{pn}(x)=\Phi_n(x^p)/\Phi_n(x)$임을 증명하라.

31.18 $\mathbb{Q}$ 위에서 $x^{10}-1$과 x^8-1의 갈루아군이 동형이 아님을 증명하라.

31.19 E를 $\mathbb{Q}$ 위에서의 x^5-1의 분해체라 하자. $\mathbb{Q}\subset K\subset E$를 만족하는 체 K가 유일하게 존재함을 보여라.

31.20 E를 $\mathbb{Q}$ 위에서의 x^6-1의 분해체라 하자. $\mathbb{Q}\subset K\subset E$를 만족하는 체 K가 존재하지 않음을 보여라.

31.21 $p>2$가 2^m+1 형태의 소수이면 m이 2의 거듭제곱임을 증명하라.

31.22 $\omega=\cos\left(\frac{2\pi}{15}\right)-i\sin\left(\frac{2\pi}{15}\right)$에 대해 $\mathrm{Gal}(\mathbb{Q}(\omega)/\mathbb{Q})$의 위수가 2인 원소를 3개 구하라.

* n이 서로 다른 소수들의 곱일 때, n차 원분다항식을 구하는 컴퓨터 연습문제는 http://www.d.umn.edu/~jgallian에서 확인할 수 있다.

---

1 이 문제는 이 장의 본문에서 살펴봤다.

2 갈루아군의 정의는 [연습문제 30.7]을 참고한다.

카를 프리드리히 가우스(Carl Friedrich Gauss)

가우스는 수학의 모든 곳에 살고 있다.

에릭 템플 벨(Eric Temple Bell), *Men of Mathematics*

가우스는 많은 사람들에게 역사상 가장 위대한 수학자로 알려져 있다. 그는 1777년 4월 30일 독일 브런스윅에서 태어났다. 10대에 그는 중요한 발견을 많이 했는데, 그중에는 통계 데이터를 처리하기 위한 '최소제곱법'과 자와 컴퍼스를 이용한 정17각형의 작도가능에 대한 증명이 있다(이러한 유형의 발견은 2,000년 전 그리스인이 발견한 이후 최초의 결과였다). 1799년에는 박사 학위 논문을 통해 대수학의 기본정리를 증명했다.

The Granger Collection, New York

평생 동안 가우스는 동시대 사람들의 업적을 거의 무시했으며, 실제로 많은 사람들을 적으로 만들었다. 그에게 격려를 받고자 한 젊은 수학자들은 대개 단호하게 거절당했다. 그럼에도 불구하고 가우스는 아이젠슈타인(Eisenstein), 베른하르트 리만(Bernhard Riemann), 쿠머(Kummer), 디리클레(Dirichlet), 데데킨트(Dedekind) 등의 뛰어난 제자들을 많이 두었다.

가우스는 1855년 2월 23일 77세의 나이로 괴팅겐에서 사망했다. 브런스윅에는 그의 동상이 있다. 동상의 밑받침 모양은 17각형의 별 모양이다. 1989년에 독일에서는 가우스의 얼굴과 가우스 분포를 새긴 지폐를 발행했다([그림 5.3] 참고).

만줄 바르가바(Manjul Bhargava)

우리는 그를 아주 면밀히 관찰하고 있다. 그는 유명인이 될 것이다. 그는 수학적으로 놀랍도록 성숙하다. 그는 주제들을 근본적인 방법으로 변화시키고 있다.

피터 사낙(Peter Sarnak)

Office of Communications, Princeton University

바르가바는 1974년 8월 8일에 캐나다에서 태어났고 뉴욕, 롱아일랜드에서 자랐다. 1996년 하버드대학교를 졸업한 후, 그는 앤드루 와일스(18장 참고)의 지도 아래에 박사 학위를 취득하기 위해 프린스턴대학교로 갔다. 바르가바는 1801년 가우스가 두 2차방정식($x^2+3xy+6y^2=0$과 같은 형태의 방정식)을 일반적인 덧셈과는 다른 방식으로 결합하기 위해 처음 공식화한 '합성법칙(composition law)'을 조사하여 수 체계에 대한 많은 정보를 밝혀냈다. 바르가바는 200년이 넘도록 아무 진전이 없었던 그 문제와 씨름했다. 그는 해당 분야의 새로운 지평을 열었을 뿐만 아니라, 13개의 합성법칙을 추가로 발견했고 이를 설명하기 위한 일관적인 수학적 체계를 개발했다. 그런 다음 그가 발전시킨 합성법칙을 이용해 유리수의 확장체나 이와 관련한 대수적 대상의 분포에 관한 여러 가지 근본적인 문제를 해결했다. 바르가바의 업적이 특히 뛰어난 이유는 오직 초등수학만을 이용해 그의 모든 혁명적인 이론을 설명할 수 있었기 때문이다. 바르가바의 결과에 대해 와일스는 "그는 가우스가 스스로 이해하고 평가할 수 있는 방식으로 해냈다."라고 말했다.

바르가바가 받은 많은 상들 중에는 순수수학 연구 발전을 위한 블루멘탈상(Blumenthal award), SASTRA 라마누잔상(SASTRA Ramanujan prize), 정수론 분야의 콜상(Cole prize), 페르마상(Fermat prize), 인포시스상(Infosys prize), 필즈상(Fields medal)(24장 참고)이 있다. 그는 미국국립과학원과 미국예술과학아카데미의 회원으로 선출되었으며 왕립학회 회원이다.

바르가바는 수학 외에도, 세계에서 가장 뛰어난 타블라 마스터들과 함께 공부한 뛰어난 타블라 연주자이다. 그는 뉴욕과 보스턴의 광범위한 지역에서 공연하고 있다. 아래 사이트에서 그의 타블라 연주를 들을 수 있다.

http://www.npr.org/templates/story/story.php?storyId=4111253

참고문헌

2장

[1] Max Born, *My Life : Recollections of a Nobel Laureate*, New York : Charles Scribner's Sons, 1978.

[2] J. Mehra and H. Rechenberg, *The Historical Development of Quantum Theory*, Vol. 3, New York: Springer-Verlag, 1982.

25장

[1] J.-F. Mestre, R. Schoof, L. Washington, D. Zagier, "Quotient homophones des groupes libres [Homophonic Quotients of Free Groups]," *Experimental Mathematics* 2 (1993): 153-155.

[2] H. C. Whitford, *A Dictionary of American Homophones and Homographs*, New York: Teachers College Press, 1966.

기호 목록

집합론

$\bigcap_{i \in I} S_i$	집합 $S_i(i \in I)$들의 교집합	
$\bigcup_{i \in I} S_i$	집합 $S_i(i \in I)$들의 합집합	
$[a]$	$\{x \in S \mid x \sim a\}$, 집합 S의 a를 포함하는 동치류	32쪽
$\lvert S \rvert$	집합 S의 원소의 개수	

특별한 집합

$\mathbb{Z}$	정수 집합, 덧셈에 대한 정수 집합의 군, 정수환	
$\mathbb{Q}$	유리수 집합, 유리수체	
$\mathbb{Q}^+$	곱셈에 대한 양의 유리수 집합의 군	
F^*	F의 0이 아닌 원소들의 집합	
$\mathbb{R}$	실수 집합, 실수체	
$\mathbb{R}^+$	곱셈에 대한 양의 실수 집합의 군	
$\mathbb{C}$	복소수 집합	

함수와 연산

f^{-1}	함수 f의 역함수	
$t \mid s$	t가 s의 약수이다.	18쪽
$t \nmid s$	t가 s의 약수가 아니다.	18쪽
$\gcd(a, b)$	정수 a와 b의 최대공약수	19쪽
$\operatorname{lcm}(a, b)$	정수 a와 b의 최소공배수	21쪽
$\lvert a+bi \rvert$	$\sqrt{a^2+b^2}$	26쪽
$\phi(a)$	ϕ에 대한 a의 상	35쪽
$\phi : A \to B$	집합 A에서 집합 B로의 함수(사상)	35쪽
$\psi\phi$	합성함수	35쪽

대수 체계

D_4	위수가 8인 정이면체군	45쪽
D_n	위수가 $2n$인 정이면체군	47쪽
e	항등원	56쪽

$\mathbb{Z}_n$	법 n에 관한 덧셈에 대한 정수 집합의 군, $\{0, 1, 2, \cdots, n-1\}$	58쪽
$\det A$	A의 행렬식	58쪽
$U(n)$	법 n에 대한 단원군(즉, 법 n에 관한 곱셈에 대해 n보다 작고 n과 서로소인 모든 양의 정수들의 집합)	60쪽
$\mathbb{R}^n$	$\{(a_1, a_2, \cdots, a_n) \mid a_1, a_2, \cdots, a_n \in \mathbb{R}\}$	62쪽
$SL(2, F)$	행렬식이 1인 F 위의 2×2 행렬에 대한 특수선형군	62쪽
$GL(2, F)$	행렬식이 0이 아닌 F 위의 2×2 행렬에 대한 일반선형군	62쪽
g^{-1}	g의 곱셈에 대한 역원	65쪽
$-g$	g의 덧셈에 대한 역원	65쪽
$\lvert G\rvert$	군 G의 위수	74쪽
$\lvert g\rvert$	원소 g의 위수	74쪽
$H\leq G$	H는 G의 부분군	75쪽
$H< G$	H는 $H\neq G$인 G의 진부분군	75쪽
$\langle a\rangle$	원소 a에 의해 생성된 순환군, $\{a^n \mid n\in\mathbb{Z}\}$	79쪽
$\langle S\rangle$	집합 S에 의해 생성된 부분군	81쪽
$Z(G)$	군 G의 중심, $\{a\in G \mid G$의 임의의 원소 x에 대해 $ax=xa\}$	81쪽
$C(a)$	군 G에서 a의 중심화부분군, $\{g\in G \mid ga=ag\}$	83쪽
$C(H)$	군 G의 부분군 H의 중심화부분군, $\{x\in G \mid$ 모든 $h\in H$에 대해 $xh=hx\}$	88쪽
$\phi(n)$	n에 대한 오일러 ϕ-함수	102쪽
S_n	n차 대칭군, $\{1, 2, 3, \cdots, n\}$에서 자기 자신으로 가는 전단사함수들의 집합	115쪽
A_n	n차 교대군	126쪽
$G\approx\overline{G}$	G와 $\overline{G}$는 동형이다.	144쪽
ϕ_a	임의의 x에 대해 $\phi_a(x)=axa^{-1}$으로 주어지는 사상	151쪽
$\mathrm{Aut}(G)$	군 G의 모든 자기동형사상들의 군	152쪽
$\mathrm{Inn}(G)$	군 G의 모든 내부자기동형사상들의 군	152쪽
aH	$\{ah \mid h\in H\}$	166쪽
aHa^{-1}	$\{aha^{-1} \mid h\in H\}$	166쪽
$\lvert G:H\rvert$	G에서 H의 지표	170쪽
HK	$\{hk \mid h\in H, k\in K\}$	172쪽

$\mathrm{cl}(a)$	a의 켤레류, $\{xax^{-1} \mid x \in G\}$	450쪽
n_p	군의 실로우 p-부분군의 개수	456쪽
$W(S)$	S로부터 만들어진 모든 단어들의 집합	489쪽
$\langle a_1, a_2, \cdots, a_n \mid w_1 = w_2 = \cdots = w_t \rangle$	생성원 $a_1, a_2, \cdots, a_n$과 관계식 $w_1 = w_2 = \cdots = w_t = e$ 에 의해 주어진 군	492쪽
Q_4	사원수군	494쪽
Q_6	위수가 12인 쌍순환군	496쪽
D_∞	무한 정이면체군	497쪽
$\mathrm{fix}(\phi)$	ϕ에 의해 고정된 원소, $\{i \in S \mid \phi(i) = i\}$	513쪽
$\mathrm{Cay}(S: G)$	생성집합이 S인 G의 케일리 유향그래프	522쪽
$k * (a, b, \cdots, c)$	k개의 $(a, b, \cdots, c)$의 나열	531쪽
(n, k) 선형 부호	벡터공간 F^n의 k차원 부분공간	546쪽
F^n	체 F의 n개의 직적, $F \oplus F \oplus \cdots \oplus F$	546쪽
$d(u, v)$	두 벡터 u와 v 사이의 해밍 거리	547쪽
$\mathrm{wt}(u)$	벡터 u의 0이 아닌 성분의 개수 (벡터 u의 해밍 가중치)	547쪽
$\mathrm{Gal}(E/F)$	F 위의 E의 갈루아군, F를 고정하는 E의 자기동형군	571쪽
E_H	H의 고정체	571쪽
$\Phi_n(x)$	n차 원분다항식	587쪽

찾아보기

ㄹ

ㅁ

ㅂ

ㅈ

ㅊ

ㅋ